# 토목
## 기사·산업기사 필기
### 토질 및 기초

예문사

토목을 사랑하는 토준생 여러분 안녕하세요?
토질 및 기초 고수 쪼박입니다.

**첫째**  공부는 재미있어야 합니다.
재미있으면 포기하지 않습니다.
포기하지 않으면 합격할 수 있습니다.
쪼박과 함께 하면 절대 실패하지 않습니다.

**둘째**  토준생의 가장 큰 스트레스는 그 많은 공식을 암기해야 한다는 생각입니다.
절대 공식을 암기하지 마세요! 마하(Mach) 암기법의 창안자로서 외우지 않고
재미있게 머릿속에 넣어 드리겠습니다.

**셋째**  토목 기초가 부족합니까? 수학 지식이 약합니까?
쪼박과 함께 하면 전혀 문제가 안 됩니다. 단, 열정만 가지고 오십시오.
딱 10%만 하세요. 나머지 90%는 쪼박이 책임지겠습니다.
진정한 강의 예술의 혼이 담긴 토질 및 기초 기출 분석서를 확인하세요!

저자 조준호

## ■ 토목기사

| | | | |
|---|---|---|---|
| • 직무분야 : 건설 | • 중직무분야 : 토목 | • 자격종목 : 토목기사 | • 적용기간 : 2022.1.1. ~ 2025.12.31. |
| • 직무내용 : 도로, 공항, 철도, 하천, 교량, 댐, 터널, 상하수도, 사면, 항만 및 해양시설물 등 다양한 건설사업을 계획, 설계, 시공, 관리 등을 수행 | | | |
| • 필기검정방법 : 객관식 | • 문제수 : 120 | | • 시험시간 : 3시간 |

| 필기과목명 | 문제수 | 주요항목 | 세부항목 | 세세항목 |
|---|---|---|---|---|
| 응용역학 | 20 | 1. 역학적인 개념 및 건설 구조물의 해석 | 1. 힘과 모멘트 | 1. 힘<br>2. 모멘트 |
| | | | 2. 단면의 성질 | 1. 단면 1차 모멘트와 도심<br>2. 단면 2차 모멘트<br>3. 단면 상승 모멘트<br>4. 회전반경<br>5. 단면계수 |
| | | | 3. 재료의 역학적 성질 | 1. 응력과 변형률<br>2. 탄성계수 |
| | | | 4. 정정보 | 1. 보의 반력<br>2. 보의 전단력<br>3. 보의 휨모멘트<br>4. 보의 영향선<br>5. 정정보의 종류 |
| | | | 5. 보의 응력 | 1. 휨응력<br>2. 전단응력 |
| | | | 6. 보의 처짐 | 1. 보의 처짐<br>2. 보의 처짐각<br>3. 기타 처짐 해법 |
| | | | 7. 기둥 | 1. 단주<br>2. 장주 |
| | | | 8. 정정트러스(Truss), 라멘(Rahmen), 아치(Arch), 케이블(Cable) | 1. 트러스<br>2. 라멘<br>3. 아치<br>4. 케이블 |
| | | | 9. 구조물의 탄성변형 | 1. 탄성변형 |
| | | | 10. 부정정 구조물 | 1. 부정정구조물의 개요<br>2. 부정정구조물의 판별<br>3. 부정정구조물의 해법 |

| 필기과목명 | 문제수 | 주요항목 | 세부항목 | 세세항목 |
|---|---|---|---|---|
| 측량학 | 20 | 1. 측량학 일반 | 1. 측량기준 및 오차 | 1. 측지학개요<br>2. 좌표계와 측량원점<br>3. 측량의 오차와 정밀도 |
| | | | 2. 국가기준점 | 1. 국가기준점 개요<br>2. 국가기준점 현황 |
| | | 2. 평면기준점<br>측량 | 1. 위성측위시스템(GNSS) | 1. 위성측위시스템(GNSS) 개요<br>2. 위성측위시스템(GNSS) 활용 |
| | | | 2. 삼각측량 | 1. 삼각측량의 개요<br>2. 삼각측량의 방법<br>3. 수평각 측정 및 조정<br>4. 변장계산 및 좌표계산<br>5. 삼각수준측량<br>6. 삼변측량 |
| | | | 3. 다각측량 | 1. 다각측량 개요<br>2. 다각측량 외업<br>3. 다각측량 내업<br>4. 측점전개 및 도면작성 |
| | | 3. 수준점측량 | 1. 수준측량 | 1. 정의, 분류, 용어<br>2. 야장기입법<br>3. 종 · 횡단측량<br>4. 수준망 조정<br>5. 교호수준측량 |
| | | 4. 응용측량 | 1. 지형측량 | 1. 지형도 표시법<br>2. 등고선의 일반개요<br>3. 등고선의 측정 및 작성<br>4. 공간정보의 활용 |
| | | | 2. 면적 및 체적 측량 | 1. 면적계산<br>2. 체적계산 |
| | | | 3. 노선측량 | 1. 중심선 및 종횡단 측량<br>2. 단곡선 설치와 계산 및 이용방법<br>3. 완화곡선의 종류별 설치와 계산 및 이용방법<br>4. 종곡선 설치와 계산 및 이용방법 |
| | | | 4. 하천측량 | 1. 하천측량의 개요<br>2. 하천의 종횡단측량 |

| 필기과목명 | 문제수 | 주요항목 | 세부항목 | 세세항목 |
|---|---|---|---|---|
| 수리학 및 수문학 | 20 | 1. 수리학 | 1. 물의 성질 | 1. 점성계수<br>2. 압축성<br>3. 표면장력<br>4. 증기압 |
| | | | 2. 정수역학 | 1. 압력의 정의<br>2. 정수압 분포<br>3. 정수력<br>4. 부력 |
| | | | 3. 동수역학 | 1. 오일러방정식과 베르누이식<br>2. 흐름의 구분<br>3. 연속방정식<br>4. 운동량방정식<br>5. 에너지 방정식 |
| | | | 4. 관수로 | 1. 마찰손실<br>2. 기타손실<br>3. 관망 해석 |
| | | | 5. 개수로 | 1. 전수두 및 에너지 방정식<br>2. 효율적 흐름 단면<br>3. 비에너지<br>4. 도수<br>5. 점변 부등류<br>6. 오리피스<br>7. 위어 |
| | | | 6. 지하수 | 1. Darcy의 법칙<br>2. 지하수 흐름 방정식 |
| | | | 7. 해안 수리 | 1. 파랑<br>2. 항만구조물 |
| | | 2. 수문학 | 1. 수문학의 기초 | 1. 수문 순환 및 기상학<br>2. 유역<br>3. 강수<br>4. 증발산<br>5. 침투 |
| | | | 2. 주요 이론 | 1. 지표수 및 지하수 유출<br>2. 단위 유량도<br>3. 홍수추적<br>4. 수문통계 및 빈도<br>5. 도시 수문학 |
| | | | 3. 응용 및 설계 | 1. 수문모형<br>2. 수문조사 및 설계 |

| 필기과목명 | 문제수 | 주요항목 | 세부항목 | 세세항목 | |
|---|---|---|---|---|---|
| 철근<br>콘크리트 및<br>강구조 | 20 | 1. 콘크리트 및<br>강구조 | 1. 철근콘크리트 | 1. 설계일반<br>2. 설계하중 및 하중조합<br>3. 휨과 압축<br>4. 전단과 비틀림<br>5. 철근의 정착과 이음<br>6. 슬래브, 벽체, 기초, 옹벽, 라멘, 아치 등의 구조<br>물 설계 | |
| | | | 2. 프리스트레스트<br>콘크리트 | 1. 기본개념 및 재료<br>2. 도입과 손실<br>3. 휨부재 설계<br>4. 전단 설계<br>5. 슬래브 설계 | |
| | | | 3. 강구조 | 1. 기본개념<br>2. 인장 및 압축부재<br>3. 휨부재<br>4. 접합 및 연결 | |
| 토질 및<br>기초 | 20 | 1. 토질역학 | 1. 흙의 물리적 성질과 분류 | 1. 흙의 기본성질<br>3. 흙의 입도분포<br>5. 흙의 분류 | 2. 흙의 구성<br>4. 흙의 소성특성 |
| | | | 2. 흙속에서의 물의 흐름 | 1. 투수계수<br>2. 물의 2차원 흐름<br>3. 침투와 파이핑 | |
| | | | 3. 지반 내의 응력분포 | 1. 지중응력<br>2. 유효응력과 간극수압<br>3. 모관현상<br>4. 외력에 의한 지중응력<br>5. 흙의 동상 및 융해 | |
| | | | 4. 압밀 | 1. 압밀이론<br>3. 압밀도<br>5. 압밀침하량 산정 | 2. 압밀시험<br>4. 압밀시간 |
| | | | 5. 흙의 전단강도 | 1. 흙의 파괴이론과 전단강도<br>2. 흙의 전단특성<br>3. 전단시험<br>4. 간극수압계수<br>5. 응력경로 | |
| | | | 6. 토압 | 1. 토압의 종류<br>2. 토압 이론<br>3. 구조물에 작용하는 토압<br>4. 옹벽 및 보강토옹벽의 안정 | |

| 필기과목명 | 문제수 | 주요항목 | 세부항목 | 세세항목 |
|---|---|---|---|---|
| 토질 및 기초 | 20 | 1. 토질역학 | 7. 흙의 다짐 | 1. 흙의 다짐특성<br>2. 흙의 다짐시험<br>3. 현장다짐 및 품질관리 |
| | | | 8. 사면의 안정 | 1. 사면의 파괴거동<br>2. 사면의 안정해석<br>3. 사면안정 대책공법 |
| | | | 9. 지반조사 및 시험 | 1. 시추 및 시료 채취<br>2. 원위치 시험 및 물리탐사<br>3. 토질시험 |
| | | 2. 기초공학 | 1. 기초일반 | 1. 기초일반<br>2. 기초의 형식 |
| | | | 2. 얕은기초 | 1. 지지력<br>2. 침하 |
| | | | 3. 깊은기초 | 1. 말뚝기초 지지력<br>2. 말뚝기초 침하<br>3. 케이슨기초 |
| | | | 4. 연약지반개량 | 1. 사질토 지반개량공법<br>2. 점성토 지반개량공법<br>3. 기타 지반개량공법 |
| 상하수도 공학 | 20 | 1. 상수도 계획 | 1. 상수도 시설 계획 | 1. 상수도의 구성 및 계통<br>2. 계획급수량의 산정<br>3. 수원<br>4. 수질기준 |
| | | | 2. 상수관로 시설 | 1. 도수, 송수계획<br>2. 배수, 급수계획<br>3. 펌프장 계획 |
| | | | 3. 정수장 시설 | 1. 정수방법<br>2. 정수시설<br>3. 배출수 처리시설 |
| | | 2. 하수도 계획 | 1. 하수도 시설계획 | 1. 하수도의 구성 및 계통<br>2. 하수의 배제방식<br>3. 계획하수량의 산정<br>4. 하수의 수질 |
| | | | 2. 하수관로 시설 | 1. 하수관로 계획<br>2. 펌프장 계획<br>3. 우수조정지 계획 |
| | | | 3. 하수처리장 시설 | 1. 하수처리 방법<br>2. 하수처리 시설<br>3. 오니(Sludge)처리 시설 |

## ■ 토목산업기사

| • 직무분야 : 건설 | • 중직무분야 : 토목 | • 자격종목 : 토목산업기사 | • 적용기간 : 2023.1.1. ~ 2025.12.31. |
|---|---|---|---|
| • 직무내용 : 도로, 공항, 철도, 하천, 교량, 댐, 터널, 상하수도, 사면, 항만 및 해양시설물 등 다양한 건설사업을 계획, 설계, 시공, 관리 등을 수행 | | | |
| • 필기검정방법 : 객관식 | • 문제수 : 60 | | • 시험시간 : 1시간 30분 |

| 필기과목명 | 문제수 | 주요항목 | 세부항목 | 세세항목 |
|---|---|---|---|---|
| 구조설계 | 20 | 1. 역학적인 개념 및 건설 구조물의 해석 | 1. 힘과 모멘트 | 1. 힘<br>2. 모멘트 |
| | | | 2. 단면의 성질 | 1. 단면 1차 모멘트와 도심<br>2. 단면 2차 모멘트<br>3. 단면 상승 모멘트<br>4. 회전반경<br>5. 단면계수 |
| | | | 3. 재료의 역학적 성질 | 1. 응력과 변형률<br>2. 탄성계수 |
| | | | 4. 정정구조물 | 1. 반력<br>2. 전단력<br>3. 휨모멘트 |
| | | | 5. 보의 응력 | 1. 휨응력<br>2. 전단응력 |
| | | | 6. 보의 처짐 | 1. 보의 처짐<br>2. 보의 처짐각<br>3. 기타 처짐 해법 |
| | | | 7. 기둥 | 1. 단주<br>2. 장주 |
| | | 2. 철근콘크리트 및 강구조 | 1. 철근콘크리트 | 1. 설계일반<br>2. 설계하중 및 하중조합<br>3. 휨과 압축<br>4. 전단<br>5. 철근의 정착과 이음<br>6. 슬래브, 벽체, 기초, 옹벽 등의 구조물 설계 |
| | | | 2. 프리스트레스트 콘크리트 | 1. 기본개념 및 재료<br>2. 도입과 손실 |
| | | | 3. 강구조 | 1. 기본개념<br>2. 인장 및 압축부재<br>3. 휨부재<br>4. 접합 및 연결 |

| 필기과목명 | 문제수 | 주요항목 | 세부항목 | 세세항목 |
|---|---|---|---|---|
| 측량 및 토질 | 20 | 1. 측량학 일반 | 1. 측량기준 및 오차 | 1. 측지학개요<br>2. 좌표계와 측량원점<br>3. 국가기준점<br>4. 측량의 오차와 정밀도 |
| | | 2. 기준점 측량 | 1. 위성측위시스템(GNSS) | 1. 위성측위시스템(GNSS) 개요<br>2. 위성측위시스템(GNSS) 활용 |
| | | | 2. 삼각측량 | 1. 삼각측량의 개요<br>2. 삼각측량의 방법<br>3. 수평각 측정 및 조정 |
| | | | 3. 다각측량 | 1. 다각측량 개요<br>2. 다각측량 외업<br>3. 다각측량 내업 |
| | | | 4. 수준측량 | 1. 정의, 분류, 용어<br>2. 야장기입법<br>3. 교호수준측량 |
| | | 3. 응용측량 | 1. 지형측량 | 1. 지형도 표시법<br>2. 등고선의 일반개요<br>3. 등고선의 측정 및 작성<br>4. 공간정보의 활용 |
| | | | 2. 면적 및 체적 측량 | 1. 면적계산<br>2. 체적계산 |
| | | | 3. 노선측량 | 1. 노선측량 개요 및 방법(추가)<br>2. 중심선 및 종횡단 측량<br>3. 단곡선 계산 및 이용방법<br>4. 완화곡선의 종류 및 특성<br>5. 종곡선의 종류 및 특성 |
| | | | 4. 하천측량 | 1. 하천측량의 개요<br>2. 하천의 종횡단측량 |
| | | 4. 토질역학 | 1. 흙의 물리적 성질과 분류 | 1. 흙의 기본성질<br>2. 흙의 구성<br>3. 흙의 입도분포<br>4. 흙의 소성특성<br>5. 흙의 분류 |
| | | | 2. 흙속에서의 물의 흐름 | 1. 투수계수<br>2. 물의 2차원 흐름<br>3. 침투와 파이핑 |

| 필기과목명 | 문제수 | 주요항목 | 세부항목 | 세세항목 |
|---|---|---|---|---|
| 측량 및 토질 | 20 | 4. 토질역학 | 3. 지반내의 응력분포 | 1. 지중응력<br>2. 유효응력과 간극수압<br>3. 모관현상 |
| | | | 4. 흙의 압밀 | 1. 압밀이론<br>2. 압밀시험<br>3. 압밀도 |
| | | | 5. 흙의 전단강도 | 1. 흙의 파괴이론과 전단강도<br>2. 흙의 전단특성<br>3. 전단시험<br>4. 간극수압계수 |
| | | | 6. 토압 | 1. 토압의 종류<br>2. 토압 이론 |
| | | | 7. 흙의 다짐 | 1. 흙의 다짐특성<br>2. 흙의 다짐시험 |
| | | | 8. 사면의 안정 | 1. 사면의 파괴거동 |
| | | 5. 기초공학 | 1. 기초일반 | 1. 기초일반<br>2. 기초의 종류 및 특성 |
| | | | 2. 지반조사 | 1. 시추 및 시료 채취<br>2. 원위치 시험 및 물리탐사 |
| | | | 3. 얕은기초와 깊은기초 | 1. 지지력<br>2. 침하 |
| | | | 4. 연약지반개량 | 1. 사질토 지반개량공법<br>2. 점성토 지반개량공법<br>3. 기타 지반개량공법 |
| 수자원설계 | 20 | 1. 수리학 | 1. 물의 성질 | 1. 점성계수<br>2. 압축성<br>3. 표면장력<br>4. 증기압 |
| | | | 2. 정수역학 | 1. 압력의 정의<br>2. 정수압 분포<br>3. 정수력<br>4. 부력 |
| | | | 3. 동수역학 | 1. 오일러방정식과 베르누이식<br>2. 흐름의 구분<br>3. 연속방정식<br>4. 운동량방정식<br>5. 에너지 방정식 |

| 필기과목명 | 문제수 | 주요항목 | 세부항목 | 세세항목 |
|---|---|---|---|---|
| 수자원설계 | 20 | 1. 수리학 | 4. 관수로 | 1. 마찰손실<br>2. 기타손실<br>3. 관망 해석 |
| | | | 5. 개수로 | 1. 효율적 흐름 단면<br>2. 비에너지 및 도수<br>3. 점변 부등류<br>4. 오리피스 및 위어 |
| | | 2. 상수도계획 | 1. 상수도 시설 계획 | 1. 상수도의 구성 및 계통<br>2. 계획급수량의 산정<br>3. 수원<br>4. 수질기준 |
| | | | 2. 상수관로 시설 | 1. 도수, 송수계획<br>2. 배수, 급수계획<br>3. 펌프장 계획 |
| | | | 3. 정수장 시설 | 1. 정수방법<br>2. 정수시설<br>3. 배출수 처리시설 |
| | | 3. 하수도계획 | 1. 하수도 시설계획 | 1. 하수도의 구성 및 계통<br>2. 하수의 배제방식<br>3. 계획하수량의 산정<br>4. 하수의 수질 |
| | | | 2. 하수관로 시설 | 1. 하수관로 계획<br>2. 펌프장 계획<br>3. 우수조정지 계획 |
| | | | 3. 하수처리장 시설 | 1. 하수처리 방법<br>2. 하수처리 시설<br>3. 오니(Sludge)처리 시설 |

# 이책의 차례 CONTENTS

CHAPTER 08 전단강도

CHAPTER 09 수평토압

# 이책의 차례 CONTENTS

CHAPTER **13** 직접기초

CHAPTER **14** 깊은 기초

CHAPTER **15** 지반개량공법

# 이책의 차례 CONTENTS

※ 토목기사는 2022년 3회, 토목산업기사는 2020년 4회 시험부터 CBT(Computer-Based Test)로 전면 시행됩니다.

## 부록2 │ 파이널 핵심정리

CHAPTER
01

# 흙의 기본적 성질

# 01 흙의 생성

## 1. 지각

| 지각 | 내용 |
|---|---|
| 화성암 | 지구 중심에 있던 암장이 지표에서 냉각 응고된 암석 |
| 퇴적암 | 토출된 암석이 바람, 물, 빙하 등의 물리적 작용에 의해 퇴적된 암석 |
| 변성암 | 지중에 묻혀있는 화성암 또는 지열 지압으로 변질된 암석 |
| 운반토 | 풍화작용에 의해 생성된 흙이 다른 장소로 운반된 흙 |
| 잔적토 (잔류토) | 풍화작용에 의해 생성된 흙이 운반되지 않고 원래 암반상에 남아서 토층을 형성하고 있는 흙 |

## 2. 비점성토의 입자구조

| 단립구조(사질토) | 봉소(벌집)구조 |
|---|---|
| | |
| ① 입경이 0.02mm 이상인 큰 입자(안정성이 크다.)<br>② 입자 사이에 인력이나 점착력이 없이 입자 간 마찰력으로 구성되는 구조 | ① 미세한 모래와 실트가 작은 아치를 형성한 고리모양의 구조<br>② 단립구조보다 간극(간극비)이 크고 충격에 약하다(충격하중을 받으면 흙 구조가 부서짐). |

## 3. 점성토의 입자구조

| 면모(응집)구조 | 이산(분산, 랜덤)구조 |
|---|---|
| | |
| ① 면모구조는 점토입자로 결합(이산구조보다 투수성, 전단강도가 크다.)<br>② 면대단의 구조<br>③ 기초지반 흙으로 부적당 | ① 면모구조보다 투수성, 강도가 작다.<br>② 면대면의 구조<br>③ 자연 점토 시료를 되비빔(remolding)한 구조 |

GUIDE

• 지각(earth crust)
  지구의 표면을 둘러싸고 있는 부분

• 해성점토
  바다에 존재하는 염분 때문에 입자들이 엉성하게 면모구조를 하고 있는 점토이며 압축성이 대단히 크고 연약함

• 비점성토(사질토)
  모래나 자갈과 같이 찰진 느낌이 없는 흙(중력에 의존)

• 점성토
  점토와 같이 찰진 느낌을 나타내는 흙(전기력에 의존)

• 투수성
  모래 > 점토

• 간극
  모래 > 점토

**01** 풍화작용에 의하여 분해되어 원위치에서 이동하지 않고 모암의 광물질을 덮고 있는 상태의 흙은?

① 호상토(lacustrine soil)
② 충적토(alluvial soil)
③ 빙적토(glacial soil)
④ 잔적토(residual soil)

해설
**잔적토**
풍화작용에 의해 생성된 흙이 운반되지 않고 남아 있는 것

**02** 미세한 모래와 실트가 작은 아치를 형성한 고리모양의 구조로서 간극비가 크고 보통의 정적 하중을 지탱할 수 있으나 무거운 하중 또는 충격 하중을 받으면 흙 구조가 부서지고 큰 침하가 발생하는 흙의 구조는?

① 면모구조     ② 벌집구조
③ 분산구조     ④ 중구조

해설
**벌집구조(봉소구조)**
• 미세한 모래와 실트가 작은 아치를 형성한 고리모양의 구조
• 간극비가 크고 충격에 약하다(충격하중을 받으면 흙 구조가 부서짐).

**03** 실트, 점토가 물속에서 침강하여 이루어진 구조로 단립구조보다 간극비가 크고 충격과 진동에 약한 흙의 구조는?

① 분산구조     ② 면모구조
③ 낱알구조     ④ 봉소구조

해설
**봉소구조**
단립구조보다 간극이 크고 충격, 진동에 약하다.

**04** 흙 속에서의 물의 흐름에 대한 설명으로 틀린 것은?

① 흙의 간극은 서로 연결되어 있어 간극을 통해 물이 흐를 수 있다.
② 특히 사질토의 경우에는 실험실에서 현장 흙의 상태를 재현하기 곤란하기 때문에 현장에서 투수시험을 실시하여 투수계수를 결정하는 것이 좋다.
③ 점토가 이산구조로 퇴적되었다면 면모구조인 경우보다 더 큰 투수계수를 갖는 것이 보통이다.
④ 흙이 포함되지 않았다면 포화된 경우보다 투수계수는 낮게 측정된다.

해설

| 면모(응집)구조 | 이산(분산)구조 |
| --- | --- |
| 투수성이 크다. | 투수성이 작다. |
| 면대단의 구조 | 면대면의 구조 |
| 전단강도가 크다. | 전단강도가 작다. |

**05** 자연 점토시료를 함수비가 변하지 않은 상태로 되비빔(remolding)하였다. 그 구조는 다음 중 어느 것인가?

① 단립구조     ② 봉소구조
③ 이산(분산)구조     ④ 면모구조

해설
**이산(분산, 랜덤)구조**
• 면모구조보다 투수성, 강도가 작다.
• 면대면의 구조
• 자연점토 시료를 되비빔(remolding)한 구조

**06** 점토광물과 가장관계가 먼 것은?

① 격자구조(sheet)     ② 결정구조(crystal)
③ Kaolinite     ④ 단립구조

해설
단립구조는 비점성토(사질토)이다.

# 02 흙의 구성과 물리적 성질

## 1. 체적, 중량과 관련되는 값

| 흙(Soil) 속에 포함된 재료 | 체적 | 중량 |
|---|---|---|
| 흙입자(토립자, Soil Particle) | $V_s$ | $W_s$ |
| 물(Water) | $V_w$ | $W_w$ |
| 공기(Air) | $V_a$ | – |

## 2. 흙의 3상(주상도)

| 흙의 3상도 | | | |
|---|---|---|---|
| 간극(Void) | 물 + 공기 | 간극의 체적($V_v$) | $V_w + V_a$ |
| 총체적($V$) | $V_s + V_v(V_w + V_a)$ | 총 중량($W$) | $W_s + W_w$ |

## 3. 흙의 상대정수

| 부피와 관계된 상대정수 | | 중량과 관계된 상대정수 | |
|---|---|---|---|
| 간극비($e$) | $e = \dfrac{V_v}{V_s}$ | 함수비($\omega$) | $\omega = \dfrac{W_w}{W_s} \times 100$ |
| 간극률($n$) | $n = \dfrac{V_v}{V} \times 100$ | 함수율($\omega'$) | $\omega' = \dfrac{W_w}{W} \times 100$ |
| 포화도(S) | $S = \dfrac{V_w}{V_v} \times 100$ | 비중($G_s$) | $G_s = \dfrac{W_s}{W_w}$ |
| 체적과 중량의 상호관계 | | $G_s \cdot \omega = S \cdot e$ | |

$$S = \frac{V_w}{V_v} = \frac{\dfrac{W_w}{\gamma_w}}{V_v} = \frac{\dfrac{\omega W_s}{\gamma_w}}{V_v} = \frac{\dfrac{\omega(G_s V_s \gamma_w)}{\gamma_w}}{V_v} = \frac{\omega G_s V_s}{V_v} = \frac{\omega G_s}{e}$$

- 흙은 비압축성, 비균질, 비등방성

- **흙(Soil)의 구성**
  흙입자(Soil Particle)+간극(Void)

- **간극의 구성**
  물(Water)+공기(Air)

- **흙의 3상**
  흙을 구성하고 있는 세 가지 성분 (흙입자, 물, 공기)의 체적 및 무게 사이의 관계를 나타낸 그림

- **포화도에 따른 흙의 상태**

| $S = 0$ | 건조토 |
|---|---|
| $0 < S < 100(\%)$ | 습윤토 |
| $S = 100(\%)$ | 포화토 |

- ~비
  $\dfrac{일부분}{일부분(기준)}$

- ~율
  $\dfrac{일부분}{전체} \times 100$

- **포화도(S)가 100%이면**
  $V_w = V_v = W_w$

- **물의 단위중량(밀도, 4℃)**
  $\gamma_w = \dfrac{W_w}{V_w} = 1\text{g/cm}^3 = 1\text{t/m}^3$
  $= 9.8\text{kN/m}^3$

**01** 토립자 부분의 부피($V_s$)를 1이라 할 때 흙의 공극에 들어있는 물의 부피($V_w$)를 나타내는 것은?

① $S \cdot e$          ② $S - e$
③ $S + e$          ④ $e$

**해설**

간극비

$e = \dfrac{V_v}{V_s}$,  $V_v = e \times V_s = e \times 1 = e$

포화도

$S = \dfrac{V_w}{V_v} = \dfrac{V_w}{e}$

$\therefore V_w = S \cdot e$

**02** 흙의 삼상에서 흙만의 체적 "1"로 가정하는 경우 물만의 무게는 다음 중 어느 것인가?

① $e \cdot \gamma_w$                    ② $\dfrac{w}{100} \gamma_w$

③ $\dfrac{w \cdot e}{100} \gamma_w$          ④ $\dfrac{S \cdot e}{100} \gamma_w$

**해설**

포화도

$S = \dfrac{V_w}{V_v} \times 100$,  $\therefore V_w = \dfrac{S \cdot V_v}{100}$

간극비

$e = \dfrac{V_v}{V_s}$,  $\therefore V_v = e \times V_s$

물의 단위중량

$\gamma_w = \dfrac{W_w}{V_w}$,  $\therefore W_w = V_w \cdot \gamma_w$

$\therefore W_w = V_w \gamma_w = \dfrac{S \cdot V_v}{100} \gamma_w$

$\qquad = \dfrac{S \cdot (e \cdot V_s)}{100} \gamma_w = \dfrac{S \cdot e}{100} \gamma_w$

**03** 포화상태에 있는 흙의 함수비가 40%이고, 비중이 2.60이다. 이 흙의 공극비는 얼마인가?

① 0.65          ② 0.065
③ 1.04          ④ 1.40

**해설**

간극비(공극비, $e$)
$G_s \cdot \omega = S \cdot e$

$\therefore e = \dfrac{G_s \cdot \omega}{S} = \dfrac{2.60 \times 40}{100} = 1.04$

**04** 포화도가 100%인 시료의 체적이 1,000cm³이었다. 노건조 후에 무게를 측정한 결과 물의 무게($W_w$)가 400g이었다면 이 시료의 간극률($n$)은 얼마인가?

① 15%          ② 20%
③ 40%          ④ 60%

**해설**

간극률($n$) $= \dfrac{V_v}{V} \times 100$

• $V = 1,000 \text{cm}^3$

• $V_v$

   ㉠ 포화도 100% → $V_w = V_v$

   ㉡ $\gamma_w = \dfrac{W_w}{V_w} = \dfrac{400g}{V_w} = 1\text{g/cm}^3$

   따라서 $V_w = 400\text{cm}^3 = V_v$

$\therefore$ 간극률($n$) $= \dfrac{V_v}{V} \times 100 = \dfrac{400}{1,000} \times 100 = 40\%$

**05** 흙의 비중이 2.60, 함수비 30%, 간극비 0.80일 때 포화도는?

① 24.0%          ② 62.0%
③ 78.0%          ④ 97.5%

**해설**

$G_s \cdot \omega = S \cdot e$

$S = \dfrac{G_s \cdot \omega}{e} = \dfrac{2.60 \times 30}{0.8} = 97.5\%$

**정답**  01 ①  02 ④  03 ③  04 ③  05 ④

# 03 비체적으로 나타낸 삼상구조

## 1. 토립자의 체적을 1로($V_s=1$) 가정할 때 흙의 삼상

| 비체적으로 나타낸 흙의 삼상 관계 |
|---|

• **비체적**

$V_s=1$일 때의 체적

$V=1+e$

• $V_v=e$

$e=\dfrac{V_v}{V_s}, \ V_v=e\times V_S$

$\therefore \ V_v=e(V_s=1)$

## 2. 간극비, 간극률

| 부피와 관계된 상대정수 | | 식 | $e$와 $n$의 관계식 |
|---|---|---|---|
| 간극비($e$) | 흙 속의 토립자와 공극의 부피비율 | $e=\dfrac{V_v}{V_s}$ <br> $V_v=e\times V_s$ <br> $=e\times1=e$ | $e=\dfrac{n}{1-n}$ |
| 간극률($n$) | 흙 전체와 공극의 부피비율 ($0\leq n\leq100\%$) | $n=\dfrac{V_v}{V}\times100$ | $n=\dfrac{e}{1+e}\times100$ |
| 포화도($S$) | 공극 중에 물이 차 있는 비율 | $S=\dfrac{V_w}{V_v}\times100, \quad V_w=S\times V_v=S\cdot e$ | |
| 만약 $S=1(100\%)$ | | $V_w=V_v=W_w$ | |

$n=\dfrac{V_v}{V}=\dfrac{V_w}{V}\ (S=\dfrac{V_w}{V_v}=1, \ V_w=V_v, \ \gamma_w=\dfrac{W_w}{V_w}=1)$

• **투수성**

모래 > 점토

• **간극**

모래 > 점토

• **간극비($e$)**

모래 < 점토

(입경이 작을수록 일정한 부피의 흙속에 빈 공간이 많다.)

• **포화도에 따른 흙의 상태**

| $S=0$ | 건조토 |
|---|---|
| $0<S<100(\%)$ | 습윤토 |
| $S=100(\%)$ | 포화토 |

## 3. 함수비, 함수율

| 면적과 관계된 상대정수 | | 식 | $\omega$와 $\omega'$의 관계식 |
|---|---|---|---|
| 함수비($\omega$) | 흙 속의 토립자와 물의 무게와의 비율 | $\omega=\dfrac{W_w}{W_s}\times100$ | $\omega=\dfrac{\omega'}{1-\omega'}$ |
| 함수율($\omega'$) | 흙 전체와 물의 무게와의 비율 | $\omega'=\dfrac{W_w}{W}\times100$ | $\omega'=\dfrac{\omega}{1+\omega}$ |

• **실험을 통해 함수비를 구하는 식**

$\omega=\dfrac{W_w}{W_s}=\dfrac{W-W_s}{W_s}$

$=\dfrac{\text{젖은 흙무게} - \text{마른 흙무게}}{\text{마른 흙무게}}$

$=\dfrac{\text{물의 무게}}{\text{흙입자만의 무게}}$

• $W_s$

건조시킨 흙 중량

**01** 흙의 삼상(三相)에서 흙입자인 고체부분만의 체적을 "1"로 가정한다면 공기부분만이 차지하는 체적은 다음 중 어느 것인가?(단, 포화도 $S$ 및 간극률 $n$은 %이다.)

① $e \cdot (1 - \frac{S}{100})$  　　② $\frac{S \cdot e}{100}$

③ $\frac{n}{100} \cdot (1 - \frac{S}{100})$  　　④ $\frac{S \cdot e}{10,000}$

> 해설

$V_s = 1$일 때

$e = \frac{V_v}{V_s} = \frac{V_a + V_w}{1} = \frac{V_a + S \cdot e}{1}$

$\therefore V_a = e - Se = e(1-S) = e(1 - \frac{S}{100}\%)$

**02** 흙의 구성도에서 체적 $V$를 1로 했을 때의 간극의 체적은?(단, 간극률 $n$, 함수비 $\omega$, 흙입자의 비중 $G_s$, 물의 단위무게 $\gamma_w$)

① $n$  　　② $\omega G_s$

③ $\gamma_w(1-n)$  　　④ $[G_s - n(G_s - 1)]\gamma_w$

> 해설

$V = 1$일 때

간극률$(n) = \frac{V_v}{V} \times 100 = \frac{V_v}{1} \times 100$

$\therefore V_v = n$

**03** 포화도가 75%이고, 비중이 2.60인 흙에 대한 함수비는 15%였다. 이 흙의 공극률은?

① 74.3%  　　② 68.2%

③ 50.5%  　　④ 34.2%

> 해설

공극률$(n) = \frac{V_v}{V} \times 100 = \frac{e}{1+e} \times 100$

$G_s \cdot \omega = S \cdot e$

$(2.60 \times 0.15 = 0.75 \times e \quad \therefore e = 0.52)$

$\therefore$ 공극률$(n) = \frac{e}{1+e} = \frac{0.52}{1+0.52} \times 100 = 34.2\%$

**04** 직경 60mm, 높이 20mm인 점토시료의 습윤중량이 250g, 건조로에서 건조시킨 후의 중량이 200g이었다. 함수비는?

① 20%  　② 25%  　③ 30%  　④ 40%

> 해설

함수비$(\omega) = \frac{W_w}{W_s} \times 100$

• $W_w = W - W_s = 250 - 200 = 50g$  　• $W_s = 200g$

$\therefore \omega = \frac{W_w}{W_s} = \frac{50}{200} \times 100 = 25\%$

**05** 흙의 함수비 측정시험을 하였다. 먼저 용기의 무게를 잰 결과 10g이었다. 시료를 용기에 넣은 무게를 재니 35g, 그대로 건조시킨 무게는 25g이었다. 함수비는 얼마인가?

① 35%  　② 55%  　③ 67%  　④ 80%

> 해설

함수비$(\omega) = \frac{W_w}{W_s} \times 100 = \frac{물의 무게}{흙입자만의 무게} \times 100$

$= \frac{35 - 25}{25 - 10} \times 100 = 67\%$

**06** 그림과 같이 흙입자가 크기가 균일한 구(직경 : $d$)로 배열되어 있을 때 간극비는?

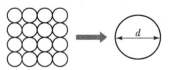

① 0.91  　② 0.71  　③ 0.51  　④ 0.35

> 해설

간극비$(e) = \frac{V_v}{V_s} = \frac{V - V_s}{V_s}$

• $V$(흙 전체의 체적) $= 4d \times 4d \times d = 16d^3$

• $V_s$(흙 입자의 체적) $= \frac{4}{3}\pi r^3 \times$ 토립자의 개수

$= \frac{4}{3}\pi \times (\frac{d}{2})^3 \times 16 = \frac{8}{3}\pi d^3$

$\therefore e = \frac{V - V_s}{V_s} = \frac{16d^3 - \frac{8}{3}\pi d^3}{\frac{8}{3}\pi d^3} = 0.91$

## 4. 무게

| 흙 입자 만의 무게($W_s$) | 물 만의 무게($W_w$) |
|---|---|
| 함수비$(\omega) = \dfrac{W_w}{W_s} = \dfrac{W-W_s}{W_s} \times 100$ | 함수비$(\omega) = \dfrac{W_w}{W_s} = \dfrac{W_w}{W-W_w} \times 100$ |
| $\therefore W_s = \dfrac{W}{1+\dfrac{\omega}{100}}$ | $\therefore W_w = \dfrac{\omega W}{100+\omega}$ |

## 5. 부피와 무게의 관계

| 부피와 중량의 관계 | 식 유도 |
|---|---|
| $V_w = S\,e$ | $S = \dfrac{V_w}{V_v}, \quad V_w = S\,V_v = S\,e$ |
| $W_w = S\,e\,\gamma_w$ | $\gamma_w = \dfrac{W_w}{V_w}, \quad W_w = V_w\,\gamma_w = S\,e\,\gamma_w$ |

## 6. 흙입자의 비중($G_s$)

| 비중(진비중) | 식 |
|---|---|
| ① 흙입자 중량에 대한 흙입자 체적과 동일한 체적의 물 중량의 비를 말함 | $G_s = \dfrac{W_s}{V_s \gamma_w} = \dfrac{\gamma_s}{\gamma_w}$ |
| ② 일반적으로 토질에서는 15℃에 대한 흙입자의 비중으로 나타낸다. <br> ③ 대부분의 흙의 비중은 2.60~2.75이다. | $W_s$ : 토립자만의 무게 <br> $V_s$ : 토립자만의 체적 <br> $\gamma_s$ : 토립자의 단위중량 |

## 7. 정리

| $G_s\,\omega = S e$ | ① $G_s = \dfrac{\gamma_s}{\gamma_w} = \dfrac{W_s}{V_s \gamma_w}$ <br><br> ② $\omega = \dfrac{W_w}{W_s} = \dfrac{W-W_s}{W-W_w}$ <br><br> ③ $S = \dfrac{V_w}{V_v}$ <br><br> ④ $e = \dfrac{V_v}{V_s} = \dfrac{n}{1-n}$ |
|---|---|

- 포화도($S$)=100%
$$V_v = V_w = W_w = W - W_s$$

- $S$=100%일 때 간극비는?
$$e = G_s \cdot \omega$$
$$(G_s \cdot \omega = S \cdot e)$$

- $\gamma_s = \dfrac{W_s}{V_s}$

- $Se = V_w$
- $V_s = V - V_v$

**01** 어떤 흙의 중량이 4.41N이고 함수비가 20%인 경우 이 흙을 완전히 건조시켰을 때의 중량은 얼마인가?

① 3.53N      ② 4.24N

③ 3.99N      ④ 3.67N

**해설**

- 함수비$(\omega) = \dfrac{W_w}{W_s} = \dfrac{W - W_s}{W_s}$

- $0.2 = \dfrac{4.41 - W_s}{W_s}$

$\therefore W_s = 375g$

**02** 함수비 18%의 흙 500kg을 함수비 24%로 만들려고 한다. 추가해야 하는 물의 양은?

① 80.41kg(788.018N)    ② 54.52kg(534.296N)

③ 38.92kg(381.416N)    ④ 25.43kg(249.214N)

**해설**

- 함수비 18%일 때 물의 양

  ㉠ $\omega = \dfrac{W_w}{W_s} \times 100 = \dfrac{W_w}{W - W_w} \times 100$

  ㉡ $0.18 = \dfrac{W_w}{500 - W_w}$

  ㉢ $W_w = 76.27kg$ (함수비 18%)

- 함수비 24%로 증가시킬 때 물의 양

  $18\% : 76.27kg = 24\% : W_w$

  $\therefore W_w = 101.69kg$ (함수비 24%)

- 추가해야 하는 물의 양

  $101.69 - 76.27 = 25.43kg(249.214N)$

**03** 어떤 흙 1,200g(함수비 20%)과 흙 2,600g(함수비 30%)을 섞으면 그 흙의 함수비는 약 얼마인가?

① 21.1%      ② 25.0%

③ 26.7%      ④ 29.5%

**해설**

$\text{함수비}(\omega) = \dfrac{W_w}{W_s} \times 100 = \dfrac{W_{w_1} + W_{w_2}}{W_{s_1} + W_{s_2}} \times 100$

- $W = 1,200g$ $(\omega = 20\%)$

  ㉠ $W_w$(물 무게)

  $- \omega = \dfrac{W_w}{W_s} = \dfrac{W_{w_1}}{W - W_{w_1}}$

  $- 0.2 = \dfrac{W_{w_1}}{1,200 - W_{w_1}}$    $\therefore W_{w_1} = 200g$

  ㉡ $W_{s_1}$(흙 무게)

  $- \omega = \dfrac{W_w}{W_s} = \dfrac{W - W_{s_1}}{W_{s_1}}$

  $- 0.2 = \dfrac{1,200 - W_{s_1}}{W_{s_1}}$    $\therefore W_{s_1} = 1,000g$

- $W = 2,600g$ $(\omega = 30\%)$

  ㉠ $W_{w_2}$(물 무게)

  $- \omega = \dfrac{W_w}{W_s} = \dfrac{W_{w_2}}{W - W_{w_2}}$

  $- 0.3 = \dfrac{W_{w_2}}{2,600 - W_{w_2}}$    $\therefore W_{w_2} = 600$

  ㉡ $W_{s_2}$(흙 무게)

  $- \omega = \dfrac{W_w}{W_s} = \dfrac{W - W_{s_2}}{W_{s_2}}$

  $- 0.3 = \dfrac{2,600 - W_{s_2}}{W_{s_2}}$    $\therefore W_{s_2} = 2,000g$

$\therefore \text{함수비}(\omega) = \dfrac{W_{w_1} + W_{w_2}}{W_{s_1} + W_{s_2}} \times 100$

$= \dfrac{200 + 600}{1,000 + 2,000} \times 100 = 26.7\%$

**04** 포화도 75%, 함수비 25%, 비중 2.70일 때 간극비는 얼마인가?

① 0.9      ② 8.1

③ 0.08      ④ 1.8

**해설**

$G_s \cdot \omega = S \cdot e$

$\therefore e = \dfrac{G \cdot \omega}{S} = \dfrac{2.7 \times 0.25}{0.75}$    $\therefore e = 0.9$

---

**정답**    **01** ④    **02** ④    **03** ③    **04** ①

# 04 단위중량(밀도)

## 1. 흙의 단위중량(밀도)

| 단위중량, 밀도$(kN/m^3)$ | 내용 | 식 |
|---|---|---|
| 1. 습윤단위중량$(\gamma_t)$<br>$0 < S < 100$<br>(습윤밀도) | ① 어떤 함수상태에 있는 흙의 단위중량을 의미한다.<br>② 시험에 의해 직접 얻는다. | $\gamma_t = \dfrac{W}{V}$<br>$= \dfrac{G_s + Se}{1+e}\gamma_w$ |
| 2. 건조단위중량$(\gamma_d)$<br>$S = 0$<br>(건조밀도) | ① 흙의 전 체적에 대한 흙 입자만의 중량비<br>② 흙 입자가 얼마나 촘촘하게 들어 있는지 나타내는 값(다짐정도 기준) | $\cdot\ \gamma_d = \dfrac{W_s}{V}$<br>$= \dfrac{G_s\gamma_w}{1+e}$<br>$\cdot\ \gamma_d = \dfrac{\gamma_t}{1+\omega}$ |
| 3. 포화단위중량$(\gamma_{sat})$<br>$S = 100\%$<br>(포화밀도) | ① 체적의 변화가 없이 간극 속이 물로 가득 채워졌을 때 단위중량<br>② 포화도$(S)$는 100% 이므로 $S = 1$ | $\cdot\ \gamma_{sat} = \dfrac{W_{sat}}{V}$<br>$\cdot\ \gamma_{sat} = \dfrac{G_s + e}{1+e}\gamma_w$ |
| 4. 수중단위중량$(\gamma_{sub})$<br>$\gamma_{sub} = \gamma_{sat} - \gamma_w$<br>(수중밀도) | ① 흙이 물 속에 잠겨 있을 때 흙 입자의 중량(부력을 고려)을 수중단위중량이라 한다.<br>② 부력의 크기는 흙입자의 체적 만큼의 물의 중량과 같다. | $\gamma_{sub} = \dfrac{G_s - 1}{1+e}\gamma_w$ |

## 2. 간극비$(e)$를 구하는 방법

| 간극비$(e)$와 간극률$(n)$의 관계 | $e = \dfrac{V_v}{V_s} = \dfrac{n}{1-n}$ |
|---|---|
| 체적과 중량의 상호관계 | $G_s \cdot \omega = S \cdot e, \quad \therefore\ e = \dfrac{G_s \cdot \omega}{S}$ |
| 건조단위중량$(\gamma_d)$을 이용 | $\gamma_d = \dfrac{W_s}{V} = \dfrac{G_s}{1+e}\gamma_w, \quad \therefore\ e = \dfrac{G_s}{\gamma_d}\gamma_w - 1$ |
| 습윤단위중량$(\gamma_t)$을 이용 | $\gamma_t = \dfrac{W}{V} = \dfrac{G_s + Se}{1+e}\gamma_w = \dfrac{G_s + G_s\omega}{1+e}\gamma_w,$<br>$\therefore\ e = \dfrac{G_s + G_s\omega}{\gamma_t}\gamma_w - 1$ |

GUIDE

- 단위중량, 밀도
  흙의 단위중량은 단위체적중량이라고도 하며 중량 대신 질량을 사용하면 밀도가 된다.

- 습윤단위중량
  (습윤밀도)

- 흙의 단위중량의 대소관계
  $\gamma_{sat} > \gamma_t > \gamma_d > \gamma_{sub}$

- 수중단위중량
  물속에 잠겨 있는 무게이므로 부력만큼 가벼워진다.

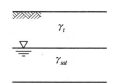
$\gamma_t$
$\gamma_{sat}$

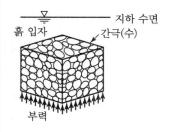
지하 수면
흙 입자
간극(수)
부력

**01** 공극비 $e = 0.65$, 함수비 $\omega = 20.5\%$, 비중 $G_s$ $= 2.69$인 사질 점토가 있다. 이 흙의 습윤밀도는?

① $0.016N/cm^3$  ② $0.019N/cm^3$
③ $0.001N/cm^3$  ④ $0.013N/cm^3$

**해설**

- 습윤밀도(습윤단위중량, $\gamma_t$) $= \dfrac{W}{V} = \dfrac{(G+Se)}{1+e}\gamma_w$
- S(포화도)
  $G_s \cdot \omega = S \cdot e$
  $2.69 \times 0.205 = S \times 0.65$
  $\therefore S = 0.848$
- $\gamma_t = \dfrac{2.69 + (0.848 \times 0.65)}{1+0.65} \times 1 = 1.96 g/cm^3$
$\therefore 1.96 g/cm^3 \times 10^{-3} kg \times 0.95N = 0.019 N/cm^3$

**02** 함수비가 18%, 습윤단위중량이 $1.72g/cm^3$인 현장토의 건조단위중량은 얼마인가?

① $1.46g/cm^3$  ② $1.75g/cm^3$
③ $1.94g/cm^3$  ④ $2.06g/cm^3$

**해설**

건조단위중량($\gamma_d$, $S=0$)
$\gamma_d = \dfrac{G_s}{1+e}\gamma_w = \dfrac{\gamma_t}{1+\omega} = \dfrac{1.72}{1+0.18} = 1.46 g/cm^3$

**03** 어떤 흙의 습윤단위중량이 $20kN/m^3$, 함수비 20%, 비중 $G_s = 2.7$인 경우 포화도는 얼마인가? (단, 물의 단위중량은 $10kN/m^3$이다.)

① $86.1\%$  ② $87.1\%$
③ $95.6\%$  ④ $100\%$

**해설**

- 포화도($S$) $= \dfrac{G_s \cdot \omega}{e}$
- $e$(간극비)
  $\gamma_d = \dfrac{G_s}{1+e}\gamma_w$, $\therefore e = \dfrac{G_s \cdot \gamma_w}{\gamma_d} = \dfrac{2.7 \times 10}{16.67} = 0.62$
  $\left(\gamma_d = \dfrac{\gamma_t}{1+\omega} = \dfrac{20}{1+0.2} = 16.67 kN/m^3\right)$
$\therefore S = \dfrac{G_s \cdot \omega}{e} = \dfrac{2.7 \times 0.2}{0.62} = 87.1\%$

**04** 포화된 흙의 건조단위중량이 $16.66kN/m^3$이고, 함수비가 20%일 때 비중은 얼마인가?(단, 물의 단위중량은 $9.81kN/m^3$이다.)

① $2.58$  ② $2.68$
③ $2.78$  ④ $2.88$

**해설**

- $\gamma_d = \dfrac{G_s}{1+e}\gamma_w$, $16.66 = \dfrac{G_s}{1+e} \times 9.8$
- $e$
  $G_s \cdot \omega = S \cdot e$
  $G_s \times 0.2 = 1 \times e$  $\therefore e = 0.2G_s$
- $16.66 = \dfrac{G_s}{1+e} \times 9.8 = \dfrac{G_s}{1+0.2G_s} \times 9.8$  $\therefore G_s = 2.58$

**05** 100% 포화된 흐트러지지 않은 시료의 부피가 $20cm^3$이고 무게는 36g이었다. 이 시료를 건조로에서 건조시킨 후의 무게가 24g일 때 간극비는 얼마인가?

① $1.36$  ② $1.50$
③ $1.62$  ④ $1.70$

**해설**

- 간극비($e$) $= \dfrac{V_v}{V_s} = \dfrac{V_v}{V-V_v}$
- $S = 100\%$
  $(V_v = V_w = W_w) = W - W_s = 36 - 24 = 12cm^3$
$\therefore e = \dfrac{V_v}{V-V_v} = \dfrac{12}{20-12} = 1.5$

**▌참고**

- $S = \dfrac{V_w}{V_v} = 1$, $\therefore V_w = V_v$
- $\gamma_w = \dfrac{W_w}{V_w} = 1g/cm^3$, $\therefore W_w = V_w$

**정답**   **01** ②   **02** ①   **03** ②   **04** ①   **05** ②

# 05 상대밀도

## 1. 상대밀도(%)

| 상대밀도 | 가장 느슨한 상태 | 가장 조밀한 상태 |
|---|---|---|
| ① 사질토(모래)가 느슨한 상태에 있는지 조밀한 상태에 있는지를 나타내는 것<br>② 간극비나 건조밀도로 구함 | | |
| • $e_{max}$ (최대 간극비)<br>• $e_{min}$ (최소 간극비)<br>• $e$ (자연상태 간극비) | $e = e_{max} = \gamma_{d\,min}$ | $e = e_{min} = \gamma_{d\,max}$ |

• **간극비 최대**
  **(가장 느슨한 상태, 불안정)**
  ① $e_{max} = \gamma_{d\,min}$
  ② $D_r = 0(\%)$

• **간극비 최소**
  **(가장 조밀한 상태, 안정)**
  ① $e_{min} = \gamma_{d\,max}$
  ② $D_r = 100(\%)$

## 2. 상대밀도($D_r$) 구하는 식

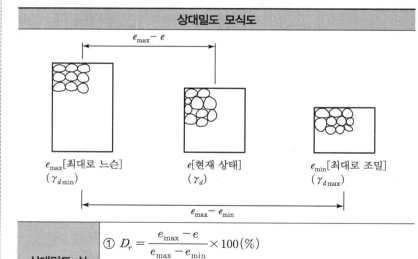

| 상대밀도 모식도 |
|---|

$e_{max}[\text{최대로 느슨}]$ ($\gamma_{d\,min}$)  $e[\text{현재 상태}]$ ($\gamma_d$)  $e_{min}[\text{최대로 조밀}]$ ($\gamma_{d\,max}$)

| 상대밀도 식 | ① $D_r = \dfrac{e_{max} - e}{e_{max} - e_{min}} \times 100(\%)$ <br><br> ② $D_r = \left(\dfrac{\gamma_d - \gamma_{d\,min}}{\gamma_{d\,max} - \gamma_{d\,min}}\right)\left(\dfrac{\gamma_{d\,max}}{\gamma_d}\right) \times 100(\%)$ |
|---|---|

• $e_{max}$ : 최대 간극비
• $e_{min}$ : 최소 간극비
• $e$ : 자연상태 간극비
• $\gamma_{d\,max}$ : 가장 조밀한 상태의 건조밀도
• $\gamma_{d\,min}$ : 가장 느슨한 상태의 건조밀도

• $\gamma_d$ : 자연상태의 건조밀도
• $\gamma_d = \dfrac{G_s \gamma_w}{1+e}$, ∴ $e = \dfrac{G_s \gamma_w}{\gamma_d} - 1$
• $\gamma_d \propto \dfrac{1}{e}$, ∴ $\gamma_d$와 $e$는 반비례

• $D_r$ : 상대밀도(%)
• $D_r$가 클수록 전단강도가 크다.

• 상대밀도에 따른 조밀 정도

| $D_r(\%)$ | 조밀 정도 |
|---|---|
| 0~15 | 매우 느슨 |
| 15~35 | 느슨 |
| 35~65 | 보통 |
| 65~85 | 조밀 |
| 85~100 | 매우 조밀 |

**01** 어떤 시료가 조밀한 상태에 있는지, 느슨한 상태에 있는지를 나타내는 데 쓰이며, 주로 모래와 같은 조립토에서 사용되는 것은?

① 상대밀도      ② 건조밀도

③ 포화밀도      ④ 수중밀도

[해설]
- 상대밀도($D_r$) : 사질토가 느슨한 상태인지 조밀한 상태인지 나타내는 데 쓰인다.
- $D_r = \left(\dfrac{\gamma_d - \gamma_{d\,\min}}{\gamma_{d\,\max} - \gamma_{d\,\min}}\right) \cdot \dfrac{\gamma_{d\,\max}}{\gamma_d} \times 100$

**02** 흙의 구조 조직에 관한 설명 중 옳지 않은 것은?

① 면모 구조는 공극비가 크고 압축성이 크므로 기초 지반 흙으로는 부적합하다.

② 입도의 배합이 좋으면 입경이 균등한 흙보다 공극비가 적어지고 밀도가 증가한다.

③ 모래 시료가 느슨한 상태에 있는가, 조밀한 상태에 있는가는 공극비로만 구할 수 있다.

④ 붕소구조는 실트와 같은 세립자가 물속으로 침강하여 이루어진 구조이다.

[해설]
상대밀도
- 사질토(모래)의 느슨하고 조밀한 정도를 나타낸다.
- 상대밀도는 간극비(공극비)나 건조밀도로 구할 수 있다.

**03** 모래의 현장 간극비가 0.641, 이 모래를 채취하여 실험실에서 가장 조밀한 상태 및 가장 느슨한 상태에서 측정한 간극비가 각각 0.595, 0.685를 얻었다. 이 모래의 상대밀도는?

① 58.9%      ② 48.9%

③ 41.1%      ④ 51.1%

[해설]
$\begin{aligned} 상대밀도(D_r) &= \dfrac{e_{\max} - e}{e_{\max} - e_{\min}} \times 100 = \dfrac{0.685 - 0.641}{0.685 - 0.595} \times 100 \\ &= 48.9\% \end{aligned}$

**04** 어떤 모래의 건조단위중량이 17kN/m³이고, 이 모래의 $\gamma_{d\,\max} = 18$kN/m³, $\gamma_{d\,\min} = 16$kN/m³ 이라면, 상대밀도는?

① 47%      ② 49%

③ 51%      ④ 53%

[해설]
상대밀도($D_r$)

$\begin{aligned} D_r &= \left(\dfrac{\gamma_d - \gamma_{d\,\min}}{\gamma_{d\,\max} - \gamma_{d\,\min}}\right) \times \dfrac{\gamma_{d\,\max}}{\gamma_d} \times 100 \\ &= \left(\dfrac{17 - 16}{18 - 16}\right) \times \dfrac{18}{17} \times 100 \\ &= 53\% \end{aligned}$

**05** 모래지반의 현장상태 습윤단위중량을 측정한 결과 18kN/m³으로 얻어졌으며 동일한 모래를 채취하여 실내에서 가장 조밀한 상태의 간극비를 구한 결과 $e_{\min} = 0.45$, 가장 느슨한 상태의 간극비를 구한 결과 $e_{\max} = 0.92$를 얻었다. 현장상태의 상대밀도는 약 몇 %인가?(단, 모래의 비중 $G_s = 2.70$이고, 현장상태의 함수비 $\omega = 10\%$, $\gamma_w = 10$kN/m³)

① 44%      ② 57%

③ 64%      ④ 80%

[해설]
- $\gamma_d = \dfrac{\gamma_t}{1 + \omega} = \dfrac{18}{1 + 0.1} = 16.36$kN/m³
- $e = \dfrac{G_s \cdot \gamma_w}{\gamma_d} - 1 = \dfrac{2.7 \times 10}{16.36} - 1 = 0.65$

$\begin{aligned} \therefore\ D_r &= \dfrac{e_{\max} - e}{e_{\max} - e_{\min}} \times 100 \\ &= \dfrac{0.92 - 0.65}{0.92 - 0.45} \times 100 = 57\% \end{aligned}$

# 06 흙의 연경도

## 1. 애터버그 한계(Atterberg Limits)

| 애터버그 한계(컨시스턴시 한계, 함수비가 변하는 경계) | |
|---|---|
| ① 액성한계($\omega_L$)<br>　액체상태를 나타내는<br>　최소의 함수비 | |
| ② 소성한계($\omega_P$)<br>　소성상태를 나타내는<br>　최소의 함수비 | |
| ③ 수축한계($\omega_S$)<br>　함수비를 감소시켜도<br>　더 이상 체적이 감소되<br>　지 않는 한계의 함수비 | |

④ 비소성($N_P$) : 액성한계나 소성한계를 구할 수 없을 경우

## 2. 수축한계($\omega_S$)

| 수축한계 | 수축한계식 |
|---|---|
| 고체상태에 존재하는 최대의 함수비 함수<br>비가 더 감소하여도 흙의 체적변화가 없는<br>최대함수비(반고체와 고체의 경계 함수비) | $\omega_S = \left( \dfrac{1}{R} - \dfrac{1}{G_s} \right) \times 100(\%)$ |

① 수축비($R$) $= \dfrac{W_S}{V_0 \gamma_w}$ 　　　② $\omega_S$ : 노건조 시료의 중량(g)

③ $V_0$ : 노건조 시료의 체적(cm$^3$) 　④ 비중($G_s$) $= \dfrac{W_S}{V_s \gamma_w}$

（$V = V_0$, 습윤상태의 흙을 건조시켜도 흙의 부피는 변화 없음）

## 3. 흙의 연경도지수

| 소성지수($I_P$, $PI$) | 액성지수($I_L$) |
|---|---|
| ① $I_P = \omega_L - \omega_P (LL - PL)$<br>② 액성한계와 소성한계의 차이<br>　（$I_P$ 범위가 좁을수록 안정）<br>③ 흙이 소성상태에 존재할 수 있는 함수<br>　비의 범위<br>③ 액성한계와 소성한계가 가깝다는 것<br>　은 소성지수가 작다는 의미(소성지수<br>　는 점성이 클수록 크다.) | ① $I_L = \dfrac{\omega_n - \omega_P}{I_P}$<br><br>② 자연함수비와 소성한계의 차이값을<br>　소성지수로 나눈 값<br>③ 자연함수비($\omega_n$)가 얼마나 액성한계($\omega_L$)<br>　에 가까운가를 나타냄<br>④ 0에 가까울수록 안정된 상태(액성지<br>　수가 적을수록 흙은 안정) |

GUIDE

• 연경도(Consistency)
　① 점성토에서 흙의 함수량이 차
　　차 감소하면 액성, 소성, 반고
　　체, 고체 상태로 변하는 성질
　② 함수비가 증가할수록 체적이
　　팽창하면서 강도는 감소하는 관
　　계의 그래프
　③ 터프니스 지수가 클수록 Colloid
　　가 많은 흙이다.

• 흙의 애터버그(Atterberg limits)
　한계는 함수비로 표시하고 No.40
　체(0.425mm) 통과시료를 사용한
　다.(흐트러진 시료 이용)

• 액성한계($\omega_L$, $LL$)
　① 액성과 소성의 경계 함수비(전
　　단저항은 0)
　② 액성한계가 큰 흙은 점토성분
　　을 많이 포함
　③ 액성한계가 크면 습윤밀도, 건
　　조밀도는 작아진다.

• 소성한계($\omega_P$ $PL$)
　① 소성체와 반고체의 경계 함수비
　② 소성상태에서 가장 작은 함수비
　③ 시료가 3mm 굵기에서 끊어질
　　때의 함수비

• 비화작용(Slaking)
　고체상태의 점토가 물을 흡수해 토
　립자 간의 결합력이 약해져서 붕괴
　되는 현상

• 소성지수(액성한계)가 클수록
　① 점토의 함유량은 많아지며
　② 물을 보유하는 성질이 높아지며
　③ 팽창수축, 압축침하가 증가하며
　④ 습윤밀도, 건조밀도는 낮아지며
　⑤ 간극비는 증가한다.

**01** 흙의 애터버그(Atterberg) 한계는 무엇으로 나타내는가?

① 공극비　　　　　② 상대밀도
③ 포화도　　　　　④ 함수비

**해설**

애터버그 한계는 함수비와 체적의 관계
• 액성한계($\omega_L$)
• 소성한계($\omega_P$)
• 수축한계($\omega_S$)

**02** 어느 흙의 자연함수비가 그 흙의 액성한계보다 높다면 그 흙은 어떤 상태인가?

① 소성상태에 있다.
② 액체상태에 있다.
③ 반고체상태에 있다.
④ 고체상태에 있다.

**해설**

자연함수비가 액성한계보다 높으면 액체상태에 있다.

**03** 체적이 $V=5.83\text{cm}^3$인 점토를 건조로에서 건조시킨 결과 무게 $W_s=11.26\text{g}$이었다. 이 점토의 비중이 $G_s=2.67$이라고 하면 수축한계 값은 약 얼마인가?

① 28%　　　　　② 24%
③ 14%　　　　　④ 8%

**해설**

수축한계

• $\omega_s = \left(\dfrac{1}{R} - \dfrac{1}{G_s}\right) \times 100$

• $R(\text{수축비}) = \dfrac{W_s}{V_0 \cdot \gamma_w} = \dfrac{11.26}{5.83 \times 1} = 1.931$

（$V_0 = V$, 습윤상태의 흙을 건조시키면 흙의 부피는 변화되지 않는다.）

∴ $\omega_s = \left(\dfrac{1}{R} - \dfrac{1}{G_s}\right) \times 100$

$\quad = \left(\dfrac{1}{1.931} - \dfrac{1}{2.67}\right) \times 100 = 14\%$

**04** 다음 중 흙의 연경도에 대한 설명으로 옳지 않은 것은?

① 액성한계가 큰 흙은 점토분을 많이 포함하고 있다는 것을 의미한다.
② 소성한계가 큰 흙은 점토분을 많이 포함하고 있다는 것을 의미한다.
③ 액성한계나 소성지수가 큰 흙은 연약 점토지반이라고 볼 수 있다.
④ 액성한계와 소성한계가 가깝다는 것은 소성이 크다는 것을 의미한다.

**해설**

• 액성한계와 소성한계가 가깝다는 것은 소성이 작다는 것을 의미한다.
• $I_p = \omega_L - \omega_P$

**05** 연경도 지수에 대한 설명으로 틀린 것은?

① 소성지수는 흙이 소성상태로 존재할 수 있는 함수비의 범위를 나타낸다.
② 액성지수는 자연상태인 흙의 함수비에서 소성한계를 뺀 값을 소성지수로 나눈 값이다.
③ 액성지수 값이 1보다 크면 단단하고 압축성이 작다.
④ 컨시스턴시 지수는 흙의 안정성 판단에 이용하며, 지수값이 클수록 고체상태에 가깝다.

**해설**

• 액성지수 값은 0에 가까울수록 안정된 상태이다.
• 액성지수 값이 1보다 크면 액성상태(불안정)이며, 압축성이 크다.

**06** 흙의 연경도(Consistency)에 관한 설명으로 틀린 것은?

① 소성지수는 점성이 클수록 크다.
② 터프니스 지수는 Colloid가 많은 흙일수록 값이 작다.
③ 액성한계시험에서 얻어지는 유동곡선의 기울기를 유동지수라 한다.
④ 액성지수와 컨시스턴시 지수는 흙지반의 무르고 단단한 상태를 판정하는 데 이용된다.

**해설**

터프니스 지수가 클수록 점토함유율, 활성도가 크고 콜로이드가 많은 흙이다.

---

**정답**　01 ④　02 ②　03 ③　04 ④　05 ③　06 ②

# 07 활성도

## 1. 활성도(Activity, $A$)

| 활성도 | 점토의 활성도 |
|---|---|
| ① $I_P$(소성지수)의 크기는 점토성분이 포함된 비율에 비례한다.<br>② 점토의 활성도가 클수록 물을 많이 흡수하여 팽창이 일어난다.<br>③ 흙 입자의 크기가 작을수록 비표면적이 커져 물을 많이 흡수하므로 흙의 활성은 점토에서 활발히 나타난다.<br>④ 활성도가 크면 공학적으로 불안하며 팽창, 수축의 가능성이 커진다. | (그래프) 세로축: 소성지수, $I_P$ (0~500), 가로축: 0.002mm 이하의 점토분(%) (0~100)<br>Sodium montmorillonite ($A=7.2$)<br>Kaolinite ($A=0.38$)<br>Illite ($A=0.9$) |

## 2. 활성도(Activity, $A$) 식

| 활성도($A$) 식 | 내용 |
|---|---|
| $$A = \dfrac{I_P(\%)}{2\mu \text{ 이하의 점토 함유율}(\%)}$$ | ① $I_P = \omega_L - \omega_P$<br>② $2\mu = 0.002\text{mm}$ |

## 3. 점토광물

| 점토광물 | 점토 | 층상구조 | 활성도($A$) | 공학적 안정성 | 팽창 수축성 |
|---|---|---|---|---|---|
| Kaolinite (카올리나이트) | 비활성 점토 | 2층 | $A < 0.75$ | 안정 | 작다. |
| illite (일라이트) | 보통 점토 | 3층 | $0.75 \leq A \leq 1.25$ | 보통 | 보통 |
| Montmorillonite (몬모릴로나이트) | 활성 점토 | 3층 | $A > 1.25$ | 불안정 | 크다. |

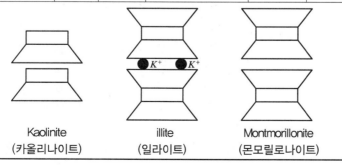

Kaolinite (카올리나이트)　　illite (일라이트)　　Montmorillonite (몬모릴로나이트)

GUIDE

• 활성도는 점토광물의 종류에 따라 다르므로 활성도로부터 점토를 구성하는 광물을 추정

• 직선의 기울기를 활성도라 하고 직선의 기울기가 급할수록 소성지수($I_P$)가 커서 활성도(A)가 크다.

• 활성도가 클수록 소성지수($I_P$)가 커지고 공학적으로 불안정함(비배수)

• 모래(비소성, $NP$)
  $I_P = 0$

• 점토(소성)
  $I_P \neq 0$

• 점토입자가 작을수록 활성도가 크다.

• $\omega_L$ : 액성한계
• $\omega_P$ : 소성한계

• 활성도가 가장 큰 점토광물은 몬모릴로나이트(Montmorillonite)이며 수축, 팽창이 크고 안정성도 제일 약하다.

• illite
  3층 구조 사이에 칼륨이온($K^+$)으로 결합

**01** 시료가 점토인지 아닌지를 알아보고자 할 때 다음 중 가장 거리가 먼 사항은?

① 소성지수
② 소성도 A선
③ 포화도
④ 200번(0.075mm)체 통과량

해설

**점토시료 여부 판정 시 필요한 특성값**
- 200번(0.075mm)체 통과량
- 소성지수
- 소성도 A선

**02** 흙의 물리적 성질 중 잘못된 것은?

① 점성토는 흙 구조 배열에 따라 면모구조와 이산구조로 대별하는데, 면모구조가 전단강도가 크고 투수성이 크다.
② 점토는 확산이중층까지 흡착되는 흡착수에 의해 점성을 띤다.
③ 소성지수가 클수록 비배수성이 된다.
④ 활성도가 클수록 안정해지며 소성지수가 작아진다.

해설

활성도가 클수록 소성지수가 커지며 공학적으로 불안정하다.

**03** 흙의 활성(活性)도에 대한 설명으로 틀린 것은?

① 활성도는 (액성지수/점토함유율)로 정의된다.
② 활성도는 점토광물의 종류에 따라 다르므로 활성도로부터 점토를 구성하는 점토광물을 추정할 수 있다.
③ 점토의 활성도가 클수록 물을 많이 흡수하여 팽창이 많이 흡수하여 팽창이 많이 일어난다.
④ 흙입자의 크기가 작을수록 비표면적이 커져 물을 많이 흡수하므로, 흙의 활성은 점토에서 뚜렷이 나타난다.

해설

- 활성도$(A) = \dfrac{I_p(\%)}{2\mu \text{ 이하의 점토함유율}(\%)}$
- 활성도는 (소성지수/점토함유율)로 정의

**04** 점토광물 중에서 3층 구조로 구조결합 사이에 치환성 양이온이 있어서 활성이 크고, Sheet 사이에 물이 들어가 팽창, 수축이 크고 공학적 안정성은 제일 약한 점토광물은?

① Kaolinite
② illite
③ Montmorillonite
④ Vermiculite

해설

Montmorillonite는 활성도가 크므로 팽창, 수축이 크고 공학적으로 불안정하다.

**05** 어느 점토의 체가름시험과 액, 소성시험 결과 0.002mm($2\mu$m) 이하의 입경이 전시료 중량의 90%, 액성한계 60%, 소성한계 20%이었다. 이 점토 광물의 주성분은 어느 것으로 추정되는가?

① Kaolinite
② illite
③ Halloysite
④ Montmorillonite

해설

- 활성도$(A) = \dfrac{I_p(W_L - W_P)}{2\mu \text{ 이하의 점토함유율}(\%)}$
  $= \dfrac{60-20}{90} = 0.44$
- $A < 0.75 -$ Kaolinite(0.44)

**06** 두 개의 규소판 사이에 한 개의 알루미늄판이 결합된 3층 구조가 무수히 많이 연결되어 형성된 점토광물로서 각 3층 구조 사이에는 칼륨이온($K^+$)으로 결합되어 있는 것은?

① 몬모릴로나이트(Montmorillonite)
② 할로이사이트(Halloysite)
③ 고령토(Kaolinite)
④ 일라이트(illite)

해설

**일라이트(Illite)**
- 보통 점토로서 3층 구조(칼륨이온($K^+$)으로 결합)
- $0.75 \leq$ 활성도$(A) \leq 1.25$

**정답** 01 ③ 02 ④ 03 ① 04 ③ 05 ① 06 ④

**01** 흙 속에서의 물의 흐름에 대한 설명으로 틀린 것은?

① 흙의 간극은 서로 연결되어 있어 간극을 통해 물이 흐를 수 있다.

② 특히 사질토의 경우에는 실험실에서 현장 흙의 상태를 재현하기 곤란하기 때문에 현장에서 투수시험을 실시하여 투수계수를 결정하는 것이 좋다.

③ 점토가 이산구조로 퇴적되었다면 면모구조인 경우보다 더 큰 투수계수를 갖는 것이 보통이다.

④ 흙이 포화되지 않았다면 포화된 경우보다 투수계수는 낮게 측정된다.

**해설**

- 면모구조가 이산구조보다 투수성, 전단강도가 크다.
- 흙의 포화도가 클수록 투수계수는 커진다(공기가 있으면 물의 흐름을 방해).

**02** 점토광물에서 점토입자의 동형치환(同形置換)의 결과로 나타나는 현상은?

① 점토입자의 모양이 변화되면서 특성도 변하게 된다.

② 점토입자가 음(−)으로 대전된다.

③ 점토입자의 풍화가 빨리 진행된다.

④ 점토입자의 화학성분이 변화되었으므로 다른 물질로 변한다.

**해설**

**동형치환**
어떤 한 종류의 원자가 같은 형태를 갖는 다른 원자로 치환되는 것으로, 치환으로 인해 −1가 음이온이 남게 되어 점토입자가 음(−)으로 대전되는 것을 말한다.

**03** 흙의 비중 2.60, 함수비 30%, 간극비 0.80일 때 포화도는?

① 24.0%  ② 62.4%

③ 78.0%  ④ 97.5%

**해설**

$$G_s \cdot \omega = S \cdot e$$
$$2.6 \times 0.3 = S \times 0.8$$
$$\therefore 포화도\ S = 97.5\%$$

**04** 흙의 건조 밀도가 $1.60\text{g/cm}^2$일 때 이 흙의 공극비(void ratio)는?(단, 이 흙의 비중은 2.80이다.)

① 0.43  ② 0.57

③ 0.75  ④ 1.33

**해설**

- 건조 밀도 $\gamma_d = \dfrac{G_s}{1+e}\gamma_w$ 에서

- 공극비 $e = \dfrac{\gamma_w}{\gamma_d}G_s - 1 = \dfrac{1}{1.60} \times 2.80 - 1 = 0.75$

  ($\because$ 물의 밀도 $\gamma_w = 1\text{g/cm}^3$이다.)

**05** 습윤 밀도가 $20\text{kN/m}^3$, 함수비가 20.0%, 비중이 2.70인 흙의 공극비는 얼마인가?(단, $\gamma_w = 10\text{kN/m}^3$)

① 0.62  ② 0.26

③ 1.62  ④ 1.12

**해설**

- 건조밀도 $\gamma_d = \dfrac{\gamma_t}{1+w} = \dfrac{20}{1+0.20} = 16.7\text{kN/m}^3$

- 공극비 $e = \dfrac{\gamma_w}{\gamma_d}G_s - 1 = \dfrac{10}{16.7} \times 2.70 - 1 = 0.62$

**06** 어느 포화된 점토의 자연함수비는 45%이었고, 비중은 2.70이었다. 이 점토의 간극비 $e$는 얼마인가?

① 1.22  ② 1.32

③ 1.42  ④ 1.52

**해설**

$$G_s \cdot \omega = S \cdot e$$
$$2.7 \times 0.45 = 1 \times e$$
$$\therefore 간극비\ e = 1.22$$

**정답**  01 ③  02 ②  03 ④  04 ③  05 ①  06 ①

**07** 함수비 15%인 흙 2,300g이 있다. 이 흙의 함수비를 25%로 증가시키려면 얼마의 물을 가해야 하는가?

① 200g ② 230g
③ 345g ④ 575g

해설

함수비 15%일 때의 물의 무게

$$\omega = \frac{W_w}{W_s} \times 100 = \frac{W_w}{W - W_w} \times 100$$

$$0.15 = \frac{W_w}{2,300 - W_w}, \quad \therefore W_w = 300g$$

함수비 25%로 증가시킬 때 물의 무게

$$15 : 300 = 25 : W_w$$

$$\therefore W_w = 500g$$

추가해야 할 물의 무게

$$500 - 300 = 200g$$

**08** 도로를 축조하기 위하여 토취장에서 시료를 채취하여 함수비를 측정하였더니 10%밖에 안 되어 다짐이 잘 되지 않았다. 이 흙을 최적함수비인 22% 정도로 올리려면 1m³당 몇 kg의 물이 필요한가? (단, 이 흙의 습윤밀도는 2.50t/m³이고 공극비는 일정하다고 본다.)

① 168.2kg ② 204.6kg
③ 272.8kg ④ 290.7kg

해설

함수비 10%일 때 물의 무게

$$\omega = \frac{W_w}{W_s} \times 100 = \frac{W_w}{W - W_w} \times 100$$

$$0.1 = \frac{W_w}{2,500 - W_w}, \quad \therefore W_w = 227.27kg$$

$$\left( \gamma_t = \frac{W}{V}, \ 2,500 = \frac{W}{1}, \quad W = 2.5t = 2,500kg \right)$$

함수비 22%일 때의 물의 무게

$$10 : 227.27 = 22 : W_w$$

$$\therefore W_w = 500kg$$

추가해야 하는 물의 무게

$$500 - 227.27 = 272.73kg$$

**09** 어떤 젖은 시료의 무게가 207g, 건조 전 시료의 부피가 110cm³이고, 노에서 건조한 시료의 무게가 163g이었다. 이때 비중이 2.68이라면 노건조상태의 시료부피($V_s$)와 간극비($e$)는?

① $V_s = 80.8cm^3$, $e = 1.01$
② $V_s = 70.8cm^3$, $e = 0.91$
③ $V_s = 60.8cm^3$, $e = 0.81$
④ $V_s = 50.8cm^3$, $e = 0.71$

해설

• $G_s = \dfrac{W_s}{V_s \cdot \gamma_w}$, $2.68 = \dfrac{163}{V_s \times 1}$

$\therefore V_s = 60.8 cm^3$

• $\gamma_d = \dfrac{W_s}{V} = \dfrac{G_s}{1+e}\gamma_w = \dfrac{163}{110} = \dfrac{2.68}{1+e} \times 1$

$\therefore e = 0.81$

**10** 다음 중 흙의 포화단위중량을 나타낸 식은? (단, $e$ : 공극비, $S$ : 포화도, $G_s$ : 비중, $\gamma_w$ : 물의 단위중량)

① $\dfrac{G_s + e}{1+e}\gamma_w$ ② $\dfrac{G_s + Se}{1+e}\gamma_w$

③ $\dfrac{G_s}{1+e}\gamma_w$ ④ $\dfrac{G_s - e}{1+e}\gamma_w$

해설

포화단위중량

$$\gamma_{sat} = \frac{G_s + e}{1+e}\gamma_w$$

**11** 흙의 함수비 측정 시험을 위하여 먼저 용기의 무게를 잰 결과 10g이었다. 시료를 용기에 넣은 후 무게를 측정하니 40g, 그대로 건조한 후 무게는 30g이었다. 이 흙의 함수비는?

① 25% ② 30%
③ 50% ④ 75%

정답 07 ① 08 ③ 09 ③ 10 ① 11 ③

해설

함수비 $\omega = \dfrac{\text{물의 무게}}{\text{흙입자만의 무게}} \times 100 = \dfrac{40-30}{30-10} \times 100 = 50\%$

**12** 모래치환법에 의한 현장 흙의 밀도시험 결과 흙을 파낸 부분의 체적이 1,800cm³이고 중량이 38.7kN이었다. 함수비가 10.8%일 때 건조단위밀도는?(단, $\gamma_w = 10$kN/m³ 이다.)

① 0.019N/cm³　　　② 2.94g/cm³
③ 0.018N/cm³　　　④ 2.84g/cm³

해설

$\gamma_d = \dfrac{\gamma_t}{1+\omega} = \dfrac{2.15}{1+0.108} = 1.94\text{g/cm}^3$

$\left(\gamma_t = \dfrac{W}{V} = \dfrac{3,870}{1,800} = 2.15\text{g/cm}^3\right)$

**13** 현장에서 들밀도 시험을 한 결과 파낸 구멍의 용적은 2,000cm³이고 파낸 흙의 중량이 3,240g이며 함수비는 8%였다. 이 흙의 간극비는 얼마인가? (여기서, 이 흙의 비중은 2.70이다.)

① 0.80　　　② 0.76
③ 0.70　　　④ 0.66

해설

1) $\gamma_t = \dfrac{W}{V} = \dfrac{3,240}{2,000} = 1.62\text{g/cm}^3$

2) $\gamma_d = \dfrac{\gamma_t}{1+w} = \dfrac{1.62}{1+0.08} = 1.50\text{g/cm}^3$

$\therefore$ 간극비$(e) = \dfrac{G_s \cdot \gamma_w}{\gamma_d} - 1$

$\quad\quad = \dfrac{2.70 \times 1}{1.50} - 1 = 0.80$

**14** 흙입자의 비중은 2.56, 함수비는 35%, 습윤단위중량은 1.75g/cm³일 때 간극률은?

① 32.63%　　　② 37.36%
③ 43.56%　　　④ 49.37%

해설
간극률

$n = \dfrac{e}{1+e}$

• 건조단위중량$(\gamma_d) = \dfrac{G_s}{1+e}\gamma_w$

$e = \dfrac{G_s \cdot \gamma_w}{\gamma_d} - 1 = \dfrac{2.56 \times 1}{1.3} - 1 = 0.97$

$\left(\gamma_d = \dfrac{\gamma_t}{1+\omega} = \dfrac{1.75}{1+0.35} = 1.3\,\text{g/cm}^3\right)$

• 간극률$(n) = \dfrac{e}{1+e} = \dfrac{0.97}{1+0.97} = 0.4924$

$\therefore n = 49.24\%$

**15** 1m³의 포화점토를 채취하여 습윤단위무게와 함수비를 측정한 결과 각각 16.8kN/m³와 60%였다. 이 포화점토의 비중은 얼마인가?($\gamma_w = 10$kN/m³ 이다.)

① 2.14　　　② 2.84
③ 1.58　　　④ 1.31

해설

$\gamma_t = \dfrac{G_s + Se}{1+e}\gamma_w$

$16.8 = \dfrac{G_s + 1 \times 0.6\,G_s}{1 + 0.6\,G_s} \times 10$

$\therefore G_s = 2.8$

$(G_s \cdot \omega = S \cdot e,\ G_s \times 0.6 = 1 \times e,\ \therefore e = 0.6\,G_s)$

**16** 부피 100cm³의 시료가 있다. 젖은 흙의 무게가 180g인데 노 건조 후 무게를 측정하니 140g이었다. 이 흙의 간극비는?(단, 이 흙의 비중은 2.65이다.)

① 1.472
② 0.893
③ 0.627
④ 0.470

---

정답　12 ①　13 ①　14 ④　15 ②　16 ②

**해설**

건조단위중량

$$\gamma_d = \frac{W_s}{V} = \frac{G_s}{1+e}\gamma_w$$

$$= \frac{140}{100} = \frac{2.65}{1+e} \times 1$$

$$\therefore \text{간극비}(e) = \frac{G_s \cdot \gamma_w}{\gamma_d} - 1 = \frac{2.65 \times 1}{1.4} - 1$$

$$= 0.893$$

**17** 어떤 흙의 습윤단위중량이 19.6kN/m³, 함수비 20%, 비중 $G_s = 2.7$인 경우 포화도는 얼마인가? (단, $\gamma_w = 9.8$kN/m³ 이다.)

① 86.1%       ② 87.1%
③ 95.6%       ④ 100%

**해설**

- 습윤단위중량$(\gamma_t) = \dfrac{G_s + S \cdot e}{1+e}\gamma_w$

 (여기서 $G_s \cdot \omega = S \cdot e$)

 $\gamma_t = \dfrac{G_s + G_s \omega}{1+e}\gamma_w$ 에서

 $$19.6 = \frac{2.7 + (2.7 \times 0.2)}{1+e} \times 9.8$$

 $$\therefore e = 0.62$$

- $G_s \cdot \omega = S \cdot e$

 $2.7 \times 0.2 = S \times 0.62$

 $$\therefore S = 0.871 = 87.1\%$$

**18** 100% 포화된 흐트러지지 않은 시료의 부피가 20.5cm³이고 무게는 34.2g이었다. 이 시료를 오븐(oven) 건조한 후의 무게는 22.6g이었다. 공극비(void ratio)는?

① 1.3       ② 1.5
③ 2.1       ④ 2.6

**해설**

- 물의 중량 $W_w = W - W_s = 34.2 - 22.6 = 11.6$g
- 물의 부피 $V_w = \dfrac{W_w}{\gamma_w} = \dfrac{11.6}{1} = 11.6$cm³

 $$\left( \because \frac{W_w}{V_w} = \gamma_w = 1\text{g/cm}^3 \right)$$

- 토립자의 부피 $V_s = V - V_v = 20.5 - 11.6 = 8.9$cm³

 (100% 포화된 시료는 $V_w = V_v$이다.)

- 공극비 $e = \dfrac{V_v}{V_s} = \dfrac{11.6}{8.9} = 1.30$

**19** 어떤 흙의 건조단위중량이 1.724g/cm³이고, 비중이 2.65일 때 다음 설명 중 틀린 것은?

① 간극비는 0.537이다.
② 간극률은 34.94%이다.
③ 포화상태의 함수비는 20.26%이다.
④ 포화단위중량은 2.223g/cm³이다.

**해설**

- 건조단위중량$(\gamma_d) = \dfrac{G_s}{1+e}\gamma_w$ 에서

 $$1.724 = \frac{2.65}{1+e} \times 1$$

 $$\therefore e = 0.537$$

- 간극률$(n) = \dfrac{e}{1+e} \times 100$

 $$= \frac{0.537}{1+0.537} \times 100 = 34.94\%$$

- $G_s \cdot \omega = S \cdot e$

 $2.65 \times \omega = S \times e$

 $$\therefore \text{함수비}(\omega) = 20.26\%$$

- 포화단위중량$(\gamma_{sat}) = \dfrac{G_s + e}{1+e}\gamma_w = \dfrac{2.65 + 0.537}{1 + 0.537} \times 1$

 $$= 2.07 \text{ g/cm}^3$$

**20** 현장에서 모래의 건조단위중량을 측정하니 0.0156N/cm³이었다. 이 모래를 채취하여 시험실에서 가장 조밀한 상태 및 가장 느슨한 상태에서 건조단위중량을 측정한 결과 각각 0.0168N/cm³, 0.0146N/cm³를 얻었다. 현장에서 이 모래의 상대밀도는?

① 49%  ② 45%

③ 39%  ④ 35%

해설

$$D_r = \frac{\gamma_d - \gamma_{d\min}}{\gamma_{d\max} - \gamma_{d\min}} \times \frac{\gamma_{d\max}}{\gamma_d} \times 100$$

$$= \left(\frac{0.0156 - 0.0146}{0.0168 - 0.0146}\right) \times \left(\frac{0.0168}{0.0156}\right) \times 100 = 49\%$$

**21** 현장 흙의 단위중량을 구하기 위해 부피 500cm³의 구멍에서 파낸 젖은 흙의 무게가 900g이고, 건조시킨 후의 무게가 800g이다. 건조한 흙 400g을 몰드에 가장 느슨한 상태로 채운 부피가 280cm³이고, 진동을 가하여 조밀하게 다진 후의 부피는 210cm³이다. 흙의 비중이 2.7일 때 이 흙의 상대밀도는?

① 33%  ② 38%

③ 43%  ④ 48%

해설

$$D_r = \frac{\gamma_d - \gamma_{d\min}}{\gamma_{d\max} - \gamma_{d\min}} \times \frac{\gamma_{d\max}}{\gamma_d} \times 100$$

$$= \frac{1.6 - 1.43}{1.9 - 1.43} \times \frac{1.9}{1.6} \times 100 = 43\%$$

$$\left(\gamma_d = \frac{800}{500} = 1.6,\ \gamma_{d\min} = \frac{400}{280} = 1.43,\ \gamma_{d\max} = \frac{400}{210} = 1.9\right)$$

**22** 흙의 연경도에 관한 설명 중에서 틀린 것은?

① 소성지수는 액성한계와 소성한계의 차로 표시된다.
② 수축한계를 지나서도 수축이 계속되는 것이 보통이다.

③ 유동지수는 유동곡선의 기울기이다.
④ 어떤 흙의 함수비가 소성한계보다 높으면 그 흙은 소성상태 또는 액성상태에 있다고 할 수 있다.

해설

수축한계
흙의 함수량을 어떤 양 이하로 감하여도 그 체적이 감소하지 않고 함수량을 그 이상으로 하면 체적이 증대하는 한계

**23** A, B 두 종류의 흙에 관한 토질 시험 결과가 아래 표와 같다. 다음 설명 중 옳은 것은?

| 구분 | A | B |
|---|---|---|
| 액성한계 | 30% | 10% |
| 소성한계 | 15% | 5% |
| 함수비 | 23% | 12% |
| 비중 | 2.73 | 2.67 |

① A는 B보다 공극비가 크다.
② A는 B보다 점토분을 많이 함유하고 있다.
③ A는 B보다 습윤밀도가 크다.
④ A는 B보다 건조밀도가 크다.

해설

• 액성한계와 소성지수가 클수록 점토의 함유량이 많다.(A > B)
• 액성한계가 크면 습윤밀도, 건조밀도는 작아진다.

**24** 연경도 지수에 대한 설명으로 잘못된 것은?

① 소성지수는 흙이 소성상태로 존재할 수 있는 함수비의 범위를 나타낸다.
② 액성지수는 자연상태인 흙의 함수비에서 소성한계를 뺀 값을 소성지수로 나눈 값이다.
③ 액성지수 값이 1보다 크면 단단하고 압축성이 작다.
④ 컨시스턴시지수는 흙의 안정성 판단에 이용하며, 지수 값이 클수록 고체상태에 가깝다.

해설

액성지수 값이 1보다 크면 액체상태이기 때문에 흙이 연약하고 압축성은 크다.

**25** 노건조된 점토 시료의 중량이 12.38g, 수은을 사용하여 수축한계에 도달한 시료의 용적을 측정한 결과 5.98cm³였다. 이때의 수축한계는?(단, 비중은 2.65이다.)

① 10.6%  ② 12.5%
③ 14.7%  ④ 15.5%

$\boxed{\text{해설}}$

• 수축비 $R = \dfrac{W_s}{V_o \gamma_w} = \dfrac{12.38}{5.98 \times 1} = 2.07$

• 수축한계 $W_s = \left( \dfrac{1}{R} - \dfrac{1}{G_s} \right) \times 100\%$

$= \left( \dfrac{1}{2.07} - \dfrac{1}{2.65} \right) \times 100\% = 10.57\%$

**26** 어느 점토의 체가름시험과 액·소성시험 결과 0.002mm(2μm) 이하의 입경이 전시료 중량의 90%, 액성한계 60%, 소성한계 20%이었다. 이 점토광물의 주성분은 어느 것으로 추정되는가?

① Kaolinite
② Illite
③ Halloysite
④ Montmorillonite

$\boxed{\text{해설}}$

활성도 $A = \dfrac{I_p}{2\mu \text{ 이하의 점토 함유율}} = \dfrac{60-20}{90}$

$= 0.44$

| 활성도 | 점토광물 |
|--------|----------|
| A < 0.75 | Kaolinite |
| 0.75 < A < 1.25 | Illite |
| 1.25 < A | Montmorillonite |

∴ 0.44 < 0.75이므로 Kaolinite

**27** 두 개의 규소판 사이에 한 개의 알루미늄판이 결합된 3층구조가 무수히 많이 연결되어 형성된 점토광물로서 각 3층 구조 사이에는 칼륨이온($K^+$)으로 결합되어 있는 것은?

① 고령토(Kaolinite)
② 일라이트(Illite)
③ 몬모릴로나이트(Montmorillonite)
④ 할로이사이트(Halloysite)

$\boxed{\text{해설}}$

일라이트(Illite)
3층 구조로 결합되어 있어서 결합력이 중간 정도이다.

CHAPTER

# 02

# 흙의 분류

# 01 흙의 분류

## 1. 흙의 분류

| 분류 | 내용 |
|---|---|
| 조립토 | 자갈(G) |
| | 모래(S) |
| 세립토 | 실트(M) |
| | 점토(C) |
| | 유기질 소량의 흙(O) |
| 유기질토 | 이탄(Pt) |

## 2. 입경에 따른 분류

| 자갈 | | 모래 | | | 실트 | 점토 |
|---|---|---|---|---|---|---|
| 큰자갈 | 작은자갈 | 굵은 모래 | 중간 모래 | 가는 모래 | | |

76.2     19.0     4.75     2.00     0.42     0.075     0.002mm

## 3. 조립토와 세립토의 비교

| 공학적 성질 | 조립토(자갈, 모래) | 세립토(실트, 점토) |
|---|---|---|
| 구조 | 단립, 봉소구조 | 면모, 이산구조 |
| 간극 | 크다. | 작다. |
| 투수성 | 크다. | 작다. |
| 간극비 | 작다. | 크다. |
| 압축성 | 작다. | 크다. |
| 침하량 | 작다. | 크다. |
| 지지력 | 크다. | 작다. |
| 전단강도 | 크다. | 작다. |
| 마찰력 | 크다. | 작다. |
| 점착력 | 0 | 크다. |
| 소성 | NP | 크다. |

**01** 흙의 분류 중에서 유기질이 가장 많은 흙은?

① CH           ② CL

③ MH          ④ Pt

> **해설**
> 이탄(Pt)은 유기질이 가장 많다.

**02** 조립토와 세립토의 비교 설명으로 틀린 것은?

① 간극률은 조립토가 작고 세립토는 크다.
② 마찰력은 조립토가 작고 세립토는 크다.
③ 압축성은 조립토가 적고 세립토는 크다.
④ 투수성은 조립토가 크고 세립토는 적다.

> **해설**
> 조립토와 세립토의 비교

| 특성 | 조립토 | 세립토 |
|------|--------|--------|
| 간극비 | 작다. | 크다. |
| 투수성 | 크다. | 작다. |
| 압축성 | 작다. | 크다. |
| 지지력 | 크다. | 작다. |
| 마찰력 | 크다. | 작다. |

**03** 흙을 크게 분류하면 사질토나 점성토로 나눌 수 있는데, 이들의 차이점에 대한 다음 설명 중 틀린 것은?

① 흙의 내부 마찰각은 사질토가 점성토보다 크다.
② 지지력은 사질토가 점성토보다 크다.
③ 점착력은 사질토가 점성토보다 작다.
④ 침하량은 사질토가 점성토보다 크다.

> **해설**
> 침하량은 사질토가 점토보다 작다.

**04** 조립토의 성질과 관계없는 것은?

① 점착성이 거의 없다.     ② 소성은 거의 없다.
③ 마찰력이 크다.          ④ 투수성이 적다.

> **해설**
> 조립토는 세립토보다 투수성이 크다.

**05** 조립토와 세립토의 비교설명 중 옳지 않은 것은?

① 공극률은 조립토가 작고 세립토가 크다.
② 마찰력은 조립토가 작고 세립토는 크다.
③ 압축성은 조립토가 적고 세립토는 크다.
④ 투수성은 조립토가 크고 세립토는 적다.

> **해설**
> 마찰력은 조립토가 크고 세립토가 적다.

**정답**    01 ④    02 ②    03 ④    04 ④    05 ②

# 02 입도

## 1. 입경에 따른 분류

| | 체분석 | 침강분석(비중계 시험) |
|---|---|---|
| 내용 | ① 조립토(입경이 큰 흙) 입도분석<br>② 0.075mm 이상의 입도를 분석<br>③ No.200체에 잔류한 흙 | ① 세립토 입도분석<br>② 0.075mm 미만의 입도를 분석<br>③ No.200체를 통과한 가벼운 흙 |

## 2. 비중계(침강) 분석

| 비중계(침강) 분석 | 스톡스(Stokes) 법칙 |
|---|---|
| ① 수중에서 흙입자가 침강하는 원리인 스톡스의 법칙 이용<br>② 0.075mm 체를 통과하는 세립자의 양을 침강속도를 통해 분석하는 방법<br>③ 흙 입자는 모두 구로 간주(실제와는 오차가 생김)<br>④ #200 이하의 부분에 대한 입도분석을 위해 #10체 통과분 시료에 대하여 비중계 시험법 실시<br>⑤ 시료의 면모화를 방지하기 위해 분산제를 사용 | $v_s = \dfrac{\gamma_s - \gamma_w}{18\eta}d^2$<br><br>$v_s \propto d^2$ |
| | 입자의 침강속도($V_s$)는 침강입자 직경($d$)의 제곱에 비례 |

## 3. 체가름 시험방법

| 모식도 | 순서 |
|---|---|
| 건조시료 : 중량 T<br> | ① 잔류율$(P_r) = \dfrac{\text{각 체에 남은 시료의 중량}}{\text{전 시료의 노건조중량}} \times 100(\%)$<br>② 가적잔류율$(P_R) = \sum P_r$<br>③ 가적통과율$(P) = 100 - P_R$(가적잔류율) |

## 4. 분석결과의 정리

| 흙입자의 입경<br>(체눈금 크기) | 체에 남는 흙<br>중량(잔류량) | 잔류율(%) | 가적<br>잔류율(%) | 가적통과율(%)<br>(통과중량백분율) |
|---|---|---|---|---|
| No.4<br>(4.75mm) | a | $A_a = \dfrac{a}{T} \times 100$ | $A_a$ | $100 - A_a$ |
| No.10<br>(2.0mm) | b | $A_b = \dfrac{b}{T} \times 100$ | $A_a + A_b$ | $100 - (A_a + A_b)$ |
| ⋮ | ⋮ | ⋮ | ⋮ | ⋮ |

GUIDE

- **흙의 입도**
  흙의 입자크기별 함유량의 분포

- **흙의 분류**
  ① 입경에 따른 분류(입경은 토립자의 크기)
  ② 삼각좌표 분류법(점성토의 연경도에 대한 고려가 없기 때문에 농학적인 분류방법으로 이용)

- 체분석에서 분석되는 입경은 0.075 mm(#200체)~2.0mm(#10체)

- **스톡스 법칙**
  $\gamma_s$ : 구의 단위중량(g/cm$^3$)
  $\gamma_w$ : 물의 단위중량(g/cm$^3$)
  $\eta$ : 물의 점성계수
  $d$ : 구의 직경(cm)

- **체분석(체가름시험)**
  ① 7개의 표준체를 이용하여 각 체에 남은 양의 무게로 잔류율과 통과율을 구한다.
  ② 0.075mm 체에 잔류한 흙을 분석

- **표준체와 체눈의 크기**

| 체 번호 | 눈금(mm) |
|---|---|
| No.4 | 4.75 |
| No.10 | 2.00 |
| No.20 | 0.841 |
| No.40 | 0.420 |
| No.60 | 0.250 |
| No.140 | 0.105 |
| No.200 | 0.075 |

- 액성한계($\omega_L$)와 소성한계($\omega_P$) 측정은 No.40체(0.42mm)를 통과한 시료를 사용한다.

- **시험**
  정형화된 방법에 의해 값을 구하는 것

- **실험**
  모르는 현상을 알아내기 위해 행하는 것

**01** 삼각 좌표에 의한 흙의 분류는 일반적으로 공학적 성질을 잘 나타내지 못한다고 한다. 그 이유 중 가장 타당한 것은?

① 분류 시에 자갈(gravel)은 제외시키기 때문이다.
② 삼각 좌표 눈금을 읽을 때 많은 오차가 발생한다.
③ 일반적인 흙의 성질은 컨시스턴시(consistency)에 영향을 받는다.
④ 분류 시에 군지수(group index)를 이용하지 않는다.

[해설]
삼각좌표에 의한 방법은 입자의 크기(모래, 실트, 점토)에 의해 구별되었을 뿐 흙의 성질인 연경도(consistency)에 대한 고려가 없기 때문에 공학적 분류 방법으로 잘 이용되지 않는다.

**02** 다음은 시험종류와 시험으로부터 얻을 수 있는 값을 연결한 것이다. 틀린 것은?

① 비중계분석시험 – 흙의 비중($G_s$)
② 삼축압축시험 – 강도정수($c$, $\phi$)
③ 일축압축시험 – 흙의 예민비($S_t$)
④ 평판재하시험 – 지반반력계수($K_s$)

[해설]
비중계 분석시험은 세립토의 흙의 입도를 분석하는 방법이다.

**03** No. 200체의 체눈 크기는?

① 0.75mm
② 0.075mm
③ 0.47mm
④ 0.047mm

**04** 흙의 입도시험을 할 때 체가름시험용 체로 구성된 것은?

① #4,#10,#20,#40,#60,#140,#200 (7종)
② #4,#10,#20,#40,#60,#80,#120,#200 (8종)
③ #4,#8,#20,#40,#60,#120,#200 (7종)
④ #4,#8,#16,#30,#50,#100,#140,#200 (8종)

**05** 흙 시료의 소성한계 측정은 몇 번 체를 통과한 것을 사용하는가?

① 40번 체
② 80번 체
③ 100번 체
④ 200번 체

[해설]
액성한계와 소성한계 측정은 No.40체(0.42mm) 통과한 시료를 사용한다.

**06** 어떤 흙을 No. 10번체로 체분석한 결과 가적잔류율이 35%였다. 이 흙의 No. 10번체 통과율은?

① 35%
② 45%
③ 55%
④ 65%

[해설]
가적통과율($P$) $= 100 - P_R$ (가적잔류율)
$= 100 - 35 = 65\%$

**07** A, B, C 및 팬(pan)으로 이루어진 한 조의 체로 체분석 시험을 한 결과 각 체의 잔류량이 표와 같았다. B체의 가적통과율은?

| 체 | 잔류량(g) |
|---|---|
| A | 20 |
| B | 120 |
| C | 50 |
| pan | 10 |

① 30%
② 70%
③ 60%
④ 40%

[해설]

| 체 | 잔류량(g) | 잔류율(%) | 가적 잔류율(%) | 가적 통과율(%) |
|---|---|---|---|---|
| A | 20 | 10 | 10 | 90 |
| B | 120 | 60 | 70 | 30 |
| C | 50 | 25 | 95 | 5 |
| pan | 10 | 5 | 100 | 0 |
| 계 | 200 | 100 | | |

# 03 입도시험 결과의 이용

## 1. 입도분포 곡선

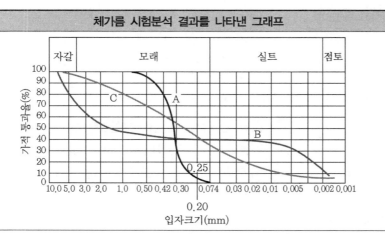

**체가름 시험분석 결과를 나타낸 그래프**

① 흙입자의 전체구성이 무게비로 볼 때 어느 정도의 입경으로 분포되어 있는지 판별
② 흙의 종류, 입도분포, 입도양부 판정
③ 입도곡선이 오른편에 있을수록 입경이 작다.
④ 입도곡선의 중간에 요철부분이 있을 수 없다.

| 가로축 | 입경(mm) | 대수(log)눈금 |
|---|---|---|
| 세로축 | 가적 통과율, 통과중량 백분율(%) | 산술눈금 |

## 2. 유효입경(effective size, $D_{10} = D_e$)

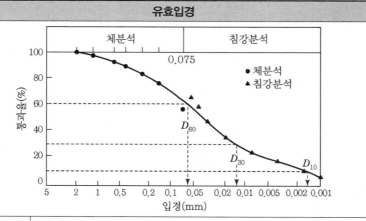

**유효입경**

| 유효입경 $(D_{10})$ | ① 토체의 성질을 좌우할 수 있는 최소한의 입경 |
|---|---|
| | ② 입도분포곡선에서 가적통과율 10%에 해당하는 입경의 크기(mm) |
| | ③ 입경가적곡선에서 통과백분율 10%에 대응하는 입경 |

**01** 그림과 같은 입도곡선에서 다음 설명 중 틀린 것은 어느 것인가?

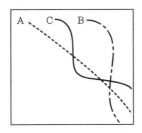

① 횡축은 입경의 크기를 log 좌표로 잡는다.
② 횡축은 오른편으로 갈수록 입경의 크기는 작다.
③ 입도곡선이 오른편에 있을수록 입경이 작다.
④ 입도곡선의 중간에 요철부분이 있을 수 있다.

> **해설**
>
> 입도곡선의 중간에 요철 부분이 있을 수 없다.

**02** 입경가적곡선에서 가적통과율 30%에 해당하는 입경이 $D_{30} = 1.2mm$일 때, 다음 설명 중 옳은 것은?

① 균등계수를 계산하는 데 사용된다.
② 이 흙의 유효입경은 1.2mm이다.
③ 시료의 전체 무게 중에서 30%가 1.2mm보다 작은 입자이다.
④ 시료의 전체 무게 중에서 30%가 1.2mm보다 큰 입자이다.

> **해설**
>
> • $D_{30}$ : 가적통과율 30%에 해당하는 입경(mm)
> • $D_{30} = 1.2mm$
> 　시료의 30%가 1.2mm를 통과
> 　시료의 30%가 1.2mm보다 작은 입자

**03** 흙의 입도 분석결과 입경가적곡선이 입경의 좁은 범위 내에 대부분 몰려있는 입경 분포도가 나쁜 빈입도일 때 다음 중 옳지 않은 것은?

① 균등계수가 작을 것이다.
② 공극비가 클 것이다.
③ 다짐에 적합한 흙이 아닐 것이다.
④ 투수계수가 낮을 것이다.

> **해설**
>
> 입도분포가 나쁜 빈입도의 특징
> • 입경가적곡선의 기울기가 급한 구배
> • 입자가 균질하다.
> • 투수계수가 크다.
> • 균등계수가 작다.

**04** 흙의 입도시험에서 얻어지는 유효입경(有效粒徑 : $D_{10}$)이란?

① 10mm체 통과분을 말한다.
② 입도분포곡선에서 10% 통과 백분율을 말한다.
③ 입도분포곡선에서 10% 통과 백분율에 대응하는 입경을 말한다.
④ 10번체 통과 백분율을 말한다.

> **해설**
>
> 유효입경($D_{10}$)
> 입경가적곡선에서 통과 백분율 10%에 대응하는 입경을 말한다.

**05** 아래와 같은 흙의 입도분포곡선에 대한 설명으로 옳은 것은?

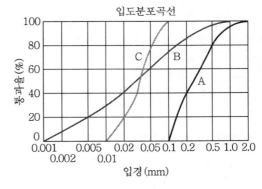

① A는 B보다 유효경이 작다.
② A는 B보다 균등계수가 작다.
③ C는 B보다 균등계수가 크다.
④ B는 C보다 유효경이 크다.

> **해설**
>
> B곡선(경사 완만)
> • 입도 분포가 좋은 양입도
> • 투수계수가 작다.
> • 균등계수가 크다.

# 04 균등계수와 곡률계수

## 1. 균등계수($C_u$)

| 균등계수($C_u$) | 식 |
|---|---|
| ① 입도곡선의 기울기가 완만한지 급한지를 나타내는 값(입자의 직경이 균등한 정도)<br>② 균등계수($C_u$)가 클수록 기울기가 완만하여 입자가 골고루 분포되어 있다.(입도 양호) | $C_u = \dfrac{D_{60}}{D_{10}}$ |

• $D_{60}$

입도분포곡선에서 가적통과율 60%에 해당하는 입경의 크기(mm)

• $D_{10}$

입도분포곡선에서 가적통과율 10%에 해당하는 입경의 크기(mm)

• 균등계수가 가장 큰 흙은 모래, 자갈, 실트, 점토가 골고루 섞인 흙이며 균등계수가 증가되면 입도분포도 넓어진다.

## 2. 곡률계수($C_g$)

| 곡률계수($C_g$) | 식 |
|---|---|
| ① 곡률계수($C_g$)는 입도곡선이 굽어 있는 정도, 평평한 정도를 나타내는 계수<br>② 곡률계수($C_g$)가 클수록 기울기가 급하고 빈입도를 의미 | $C_g = \dfrac{(D_{30})^2}{D_{10} \times D_{60}}$ |
| | $D_{30}$ : 입도분포곡선에서 가적통과율 30%에 해당하는 입경의 크기(mm) |

## 3. 입도분포가 좋은 양입도

| 양입도 | 내용 | 구배 |
|---|---|---|
|  | ① 입경가적곡선의 기울기가 완만한 구배<br>② 조세립토가 적당히 혼합되어야 입도가 양호하다.<br>③ 균등계수가 크다.<br>④ 투수계수 및 간극비가 작다. | ![구배곡선] |

• 입도분포가 나쁜 빈입도
  ① 입경 가적곡선의 기울기가 급한 구배

  ② 균등한 입경으로만 구성
  ③ 균등계수가 작다.
  ④ 투수계수가 크다.
  ⑤ 간극비가 크다.
  ⑥ 공학적 성질 불량(흙을 다지기 힘들다.)

## 4. 양입도(입도양호)의 판정

| 양입도 판정조건 | | |
|---|---|---|
| 균등계수와 곡률계수의 양입도 조건을 동시에 만족할 때 양입도(well-graded)로 판정한다. | 일반흙 | $C_u > 10$, 그리고 $C_g = 1 \sim 3$ |
| | 모래 | $C_u > 6$, 그리고 $C_g = 1 \sim 3$ |
| | 자갈 | $C_u > 4$, 그리고 $C_g = 1 \sim 3$ |

**01** 어떤 흙의 입경가적곡선에서 $D_{10}=0.05$mm, $D_{30}=0.09$mm, $D_{60}=0.15$mm이었다. 균등계수 $C_u$와 곡률계수 $C_g$의 값은?

① $C_u=3.0$, $C_g=1.08$
② $C_u=3.5$, $C_g=2.08$
③ $C_u=3.0$, $C_g=2.45$
④ $C_u=3.5$, $C_g=1.82$

> 해설

• 균등계수$(C_u)=\dfrac{D_{60}}{D_{10}}=\dfrac{0.15}{0.05}=3$

• 곡률계수$(C_g)=\dfrac{(D_{30})^2}{D_{10}\times D_{60}}=\dfrac{0.09^2}{0.05\times0.15}=1.08$

**02** 유효입경이 0.1mm이고, 통과 백분율 80%에 대응하는 입경이 0.5mm, 60%에 대응하는 입경이 0.4mm, 40%에 대응하는 입경이 0.3mm, 20%에 대응하는 입경이 0.2mm일 때 이 흙의 균등계수는?

① 2      ② 3
③ 4      ④ 5

> 해설

균등계수$(C_u)=\dfrac{D_{60}}{D_{10}}=\dfrac{0.4}{0.1}=4$

**03** 흙의 입경가적곡선에 대한 설명으로 틀린 것은?

① 입경가적곡선에서 균등한 입경의 흙은 완만한 구배를 나타낸다.
② 균등계수가 증가되면 입도분포도 넓어진다.
③ 입경가적곡선에서 통과백분율 10%에 대응하는 입경을 유효입경이라 한다.
④ 입도가 양호한 흙의 곡률계수는 1~3 사이에 있다.

> 해설

입경가적곡선의 기울기가 완만한 구배
• 양입도(입자는 비균질)
• 균등계수가 크다.
• 투수계수가 작다.

**04** 어떤 흙의 입도분석 결과 입경가적곡선의 기울기가 급경사를 이룬 빈입도일 때 예측할 수 있는 사항으로 틀린 것은?

① 균등계수는 작다.
② 간극비는 크다.
③ 흙을 다지기가 힘들 것이다.
④ 투수계수는 작다.

> 해설

빈입도(기울기가 급경사)
• 입도분표 불량(입자는 균질)
• 균등계수가 작다.
• 투수계수가 크다.

**05** 아래와 같은 흙의 입도분포곡선에 대한 설명으로 옳은 것은?

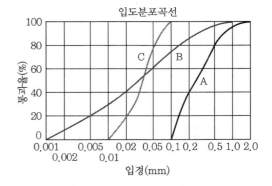

① A는 B보다 유효경이 작다.
② A는 B보다 균등계수가 작다.
③ C는 B보다 균등계수가 크다.
④ B는 C보다 유효경이 크다.

> 해설

입경가적 곡선의 기울기가 완만하면 균등계수는 크다.

# 05 통일 분류법

## 1. 제1문자

| 구분 | 조립토와 세립토의 분류기준 | 표기 |
|---|---|---|
| 조립토 | No.200체(0.075mm) 통과량이 50% 이하<br>(No.200체 통과량 ≤ 50%) | G, S |
| 세립토 | No.200체(0.075mm) 통과량이 50% 이상<br>(No.200체 통과량 ≥ 50%) | M, C, O |
| **조립토에서 자갈(S)과 모래(S)의 분류기준** | | |
| 자갈(G) | No.4체(4.75mm) 통과량이 50% 이하 (No.4체 통과량 ≤ 50%) | |
| 모래(S) | No.4체(4.75mm) 통과량이 50% 이상 (No.4체 통과량 ≥ 50%) | |

## 2. 제2문자

| 구분 | 조립토와 세립토의 분류기준 | 표기 |
|---|---|---|
| 조립토 | $C_u$ (균등계수)와 $C_g$ (곡률계수)에 의해 표기<br>(No.200체 통과량이 5% 이하일 때) | W, P |
| 세립토 | $\omega_L \leq 50\%$ | L |
| | $\omega_L \geq 50\%$ | H |

## 3. 통일 분류법

| | 제1문자(입경) | | 제2문자(입도 및 성질) | |
|---|---|---|---|---|
| | 설명 | 기호 | 설명 | 기호 |
| **조립토** | 자갈(Gravel) | G | 입도양호, 양립도 | W |
| | | | 입도불량, 빈립도 | P |
| | 모래(Sand) | S | 실트질 | M |
| | | | 점토질 | C |
| **세립토** | 실트(M.Silt) | M | 압축성이 낮음(Low), 저압축성 | L |
| | 점토(Clay) | C | | |
| | 유기질 점토<br>(Organic clay) | O | 압축성이 높음(High), 고압축성 | H |
| **유기질토** | 이탄(Peat) | $Pt$ | 유기질토의 제2문자는 없음 | |

- **흙의 공학적 분류**
  ① 통일 분류법(입도분포, 액성한계, 소성지수 등을 주요인자로 분류)
  ② AASHTO 분류법(군지수 사용)

- **조립토**
  0.075mm체 통과량(P#200)이 50% 이하 → 체가름시험 행함

- **세립토의 분류**
  세립토는 입경에 의해 분류할 수 없고 소성도를 이용하여 분류한다.

- **W**
  양입도, Well graded

- **P**
  빈입도, Poor graded

- $\omega_L$ : 액성한계

- **GW**
  입도가 양호한 자갈(최적함수비가 가장 작은 흙, 도로노반으로 가장 좋은 재료)

- **SM**
  실트질의 모래

- **CH**
  압축성이 높은 점토

- **CL**
  압축성이 낮은 점토

**01** 흙을 공학적 분류방법으로 분류할 때 필요한 요소가 아닌 것은?

① 입도분포  ② 액성한계
③ 소성지수  ④ 수축한계

> **해설**
> • 통일 분류법(입도분포, 액성한계, 소성지수 등을 주요 인자로 분류)
> • AASHTO 분류법(군지수 사용)

**02** 통일분류법에 의한 흙의 분류에서 조립토와 세립토를 구분할 때 기준이 되는 체의 호칭번호와 통과율로 옳은 것은?

① No.4(4.75mm)체, 35%
② No.10(2mm)체, 50%
③ No.200(0.075mm)체, 35%
④ No.200(0.075mm)체, 50%

> **해설**
> 조립토와 세립토의 분류기준
> • 조립토 : No.200체(0.075mm) 통과량≤50%
> • 세립토 : No.200체(0.075mm) 통과량≥50%
>
> 자갈과 모래의 분류기준
> • 자갈(G) : No.4체(4.75mm) 통과량≤50%
> • 모래(S) : No.4체(4.75mm) 통과량≥50%

**03** 여러 종류의 흙을 같은 조건으로 다짐시험을 하였다. 일반적으로 최적함수비가 가장 작은 흙은?

① GW  ② ML
③ SW  ④ CH

> **해설**
> GW : 입도분포가 좋은 자갈(최적함수비가 가장 작은 흙)

**04** 다음 통일분류법에 의한 흙의 분류 중 압축성이 가장 큰 것은?

① SP  ② SW
③ CL  ④ CH

> **해설**
> • SW : 입도가 양호한 모래
> • CL : 압축성이 낮은 점토
> • CH : 압축성이 높은 점토

**05** 통일 분류법에서 실트질 자갈을 표시하는 약호는?

① GW  ② GP
③ GM  ④ GC

> **해설**
> • GW : 입도가 양호한 자갈
> • GP : 입도가 불량한 자갈
> • GM : 실트질 자갈

**06** 통일 분류법에 의해 분류한 흙의 분류기호 중 도로 노반으로서 가장 좋은 흙은?

① CL  ② ML
③ SP  ④ GW

> **해설**
> 도로 노반으로 가장 좋은 재료는 GW(입도가 양호한 자갈)

**07** 흙의 분류 중에서 유기질이 가장 많은 흙은?

① CH  ② CL
③ Pt  ④ OL

> **해설**
> 유기질이 많은 흙은 이탄(Pt)이다.

## 4. 양입도 판정

| 통일<br>분류법 | 조립토 | #200체(0.075mm) 통과량 50% 이하인 흙 |
|---|---|---|
| | 세립토 | #200체(0.075mm) 통과량 50% 이상인 흙 |
| | 자갈 | #4체(4.75mm) 통과량 50% 이하인 흙 |
| | 모래 | #4체(4.75mm) 통과량 50% 이상인 흙 |
| 양입도 | | ① 일반흙 : $C_u > 10$, 그리고 $C_g = 1 \sim 3$<br>② 모래 : $C_u > 6$, 그리고 $C_g = 1 \sim 3$<br>③ 자갈 : $C_u > 4$, 그리고 $C_g = 1 \sim 3$ |

**통일분류법 목적**

비행기 활주로, 도로, 흙댐, 기초 지반설계에 이용(Casagrande가 고안)

## 5. 소성도표

| 소성도표(Cassagrande) | 방정식 |
|---|---|
| ① 세립토에서 압축성의 높고 낮음을 분류하는 데 이용<br>② 가로축 : $\omega_L$(액성한계)<br>③ 세로축 : $I_P$(소성지수, PI) | ① A선의 방정식 : $I_P = 0.73(\omega_L - 20)$<br>② B선의 방정식 : $\omega_L = 50(\%)$ |

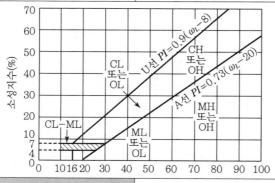

| 압축성이 낮은 (L, 저소성) | ① $\omega_L \leqq 50\%$(액성한계가 50% 이하) |
|---|---|
| 압축성이 높은 (H, 고소성) | ② $\omega_L \geqq 50\%$(액성한계가 50% 이상) |

- A선 위의 흙은 점토(C)
  A선 아래의 흙은 실트(M)
  (색과 냄새 등으로 무기질 구분)

- U선은 액성한계와 소성지수의 상한선으로 U선 위쪽으로는 측점이 있을 수 없다.

**B선의 방정식**
① $\omega_L \leqq 50\%$ : 압축성이 낮음
② $\omega_L \geqq 50\%$ : 압축성이 높음

## 6. 통일분류법에 직접 사용하는 요소

| 흙을 분류하는 데 필요한 요소 | |
|---|---|
| ① No.200체 통과율 | ② No.4체 통과율 |
| ③ 액성한계($\omega_L$) | ④ 소성한계($\omega_P$) |
| ⑤ 소성지수($I_P$, PI) | ⑥ 색, 냄새 |

- 색, 냄새가 없으면 무기질

**01** 통일분류법으로 흙을 분류하는 데 직접 사용되지 않는 요소는?

① 200번체 통과율  ② 4번체 통과율
③ 군지수  ④ 액성 한계

 해설
군지수는 AASHTO 분류법에 사용

**02** 어떤 흙의 체분석 시험결과가 4.75mm(4번체) 통과율이 37.5%, #200체 통과율이 2.3%였으며, 균등계수는 7.9, 곡률계수는 1.4이었다. 통일분류법에 따라 이 흙을 분류하면?

① GW  ② GP
③ SW  ④ SP

해설
**흙의 분류**
- 조립토 [#200체(0.075mm) 통과량 ≤ 50%]
  세립토 [#200체(0.075mm) 통과량 ≥ 50%]
- 자갈 [#4체(4.75mm) 통과량 ≤ 50%]
  모래 [#4체(4.75mm) 통과량 ≥ 50%]
- 양입도
  ㉠ 일반흙 $C_u$ > 10 그리고 1 < $C_g$ < 3
  ㉡ 모래 $C_u$ > 6 그리고 1 < $C_g$ < 3
  ㉢ 자갈 $C_u$ > 4 그리고 1 < $C_g$ < 3

∴ ① #200체 통과율 2.3% → 조립토
  ② #4체 통과율 37.5% → 자갈
  ③ 균등계수($C_u$) 7.9 → 양입도 자갈
  ④ 곡률계수($C_g$) 1.4 → 양입도 자갈

따라서 입도가 양호한 자갈(GW)

**03** 흙의 분류에 사용되는 Cassagrande 소성도에 대한 설명으로 틀린 것은?

① 세립토를 분류하는 데 이용된다.
② U선은 액성한계와 소성지수의 상한선으로 U선 위쪽으로는 측점이 있을 수 없다.
③ 액성한계 50%를 기준으로 저소성(L) 흙과 고소성(H) 흙으로 분류한다.
④ A선 위의 흙은 실트(M) 또는 유기질토(O)이며, A선 아래의 흙은 점토(C)이다.

해설

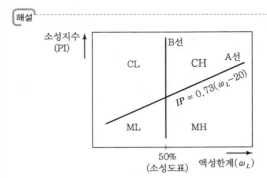

- 압축성이 높은(H) : $\omega_L \geq 50\%$
- 압축성이 낮은(L) : $\omega_L \leq 50\%$
- 점토(C) : A선 위쪽
- 실트(M) : A선 아래쪽
∴ A선 위의 흙은 점토(C)이며, A선 아래의 흙은 실트(M)

**04** 어떤 시료를 입도분석한 결과, 0.075mm(NO 200)체 통과량이 65%이었고, 애터버그한계 시험결과 액성한계가 40%이었으며 소성도표(Plasticity Chart)에서 A선 위의 구역에 위치한다면 이 시료의 통일분류법(USCS)상 기호로서 옳은 것은?

① CL  ② SC
③ MH  ④ SM

해설
- 0.075mm(No.200)체 통과량 65% → 세립토
- 액성한계($\omega_L$) = 40% → 압축성이 낮은(L)
- A선 위에 위치 → 점토(C)
∴ 세립토인 저압축성 점토(CL)

# 06 AASHTO 분류법

## 1. AASHTO 분류법

| AASHTO 분류법 | 군지수($GI$)공식 |
|---|---|
| 입도분석, 액성한계, 소성지수로부터 군지수(Group Index, $GI$)를 구하여 도로 노상토 재료로서의 양·부를 판정한다. (유기질토 분류 방법은 없다.) | $GI = 0.2a + 0.005ac + 0.01bd$ <br> ① $a = P\#200 - 35(0 \leq a \leq 40)$ <br> ② $b = P\#200 - 15(0 \leq b \leq 40)$ <br> ③ $c = \omega_L - 40(0 \leq c \leq 20)$ <br> ④ $d = I_P - 10(0 \leq d \leq 20)$ |

## 2. AASHTO 분류법에 의한 흙의 분류

| 대분류 | 조립토($P\#200 \leq 35\%$) | | | 세립토($P\#200 \geq 35\%$) | | | |
|---|---|---|---|---|---|---|---|
| 소분류 | A-1 | A-3 | A-2 | A-4 | A-5 | A-6 | A-7 |
| $GI$ | 0 | 0 | 4 이하 | 8 이하 | 12 이하 | 16 이하 | 20 이하 |
| 주성분 | 자갈 모래 | 세사 (가는 모래) | 실트질 자갈 점토질 자갈 실트질 모래 점토질 모래 | 실트질 흙 | | 점토질 흙 | |
| 양·부 | 우수 또는 양호 | | | 가능 또는 불가능 | | | |

## 3. 통일분류법과 AASHTO 분류법의 분류

| 구분 | 조립토 | 세립토 |
|---|---|---|
| 통일 분류법 | #200체 통과량 50% 이하 | #200체 통과량 50% 이상 |
| AASHTO 분류법 | #200체 통과량 35% 이하 | #200체 통과량 35% 이상 |

**01** 통일분류법으로 흙을 분류할 때 사용하는 인자가 아닌 것은?

① 입도 분포      ② 애터버그 한계

③ 색, 냄새      ④ 군지수

**해설**
흙의 공학적 분류
• 통일분류법(입도분포, 액성한계, 소성지수)
• AASHTO분류법(군지수)

**02** 군지수(Group Index)를 구하는 아래 표와 같은 공식에서 $a$, $b$, $c$, $d$에 대한 설명으로 틀린 것은?

$$GI = 0.2a + 0.005ac + 0.01bd$$

① $a$ : No.200체 통과율에서 35%를 뺀 값으로 0~40의 정수만 취한다.

② $b$ : No.200체 통과율에서 15%를 뺀 값으로 0~40의 정수만 취한다.

③ $c$ : 액성한계에서 40%를 뺀 값으로 0~20의 정수만 취한다.

④ $d$ : 소성한계에서 10%를 뺀 값으로 0~20의 정수만 취한다.

**해설**
군지수
$GI = 0.2a + 0.005ac + 0.01bd$
∴ $d$는 소성지수($I_p$)에서 10%를 뺀 값으로 0~20의 정수만 취한다.

**03** 아래와 같은 조건에서 AASHTO 분류법에 따른 군지수($GI$)는?

• 흙의 액성한계 : 45%
• 흙의 소성한계 : 25%
• 200번체 통과율 : 50%

① 7      ② 10

③ 13      ④ 16

**해설**
$GI = 0.2a + 0.005ac + 0.01db$

• $a = P\#200 - 35 = 50 - 35 = 15\,(0 \le a \le 40)$
• $b = P\#200 - 15 = 50 - 15 = 35\,(0 \le a \le 40)$
• $c = \omega_L - 40 = 45 - 40 = 5\,(0 \le c \le 20)$
• $d = I_P - 10 = 20 - 10 = 10\,(0 \le c \le 20)$
  $(I_P = \omega_L - \omega_P = 45 - 25 = 20)$
∴ $GI = 0.2 \times 15 + 0.005 \times 15 \times 5 + 0.01 \times 10 \times 35 = 6.9 = 7$

**04** 흙의 분류법인 AASHTO 분류법과 통일분류법을 비교 · 분석한 내용으로 틀린 것은?

① AASHTO 분류법은 입도분포, 군지수 등을 주요 분류인자로 한 분류법이다.

② 통일분류법은 입도분포, 액성한계, 소성지수 등을 주요 분류인자로 한 분류법이다.

③ 통일분류법은 0.075mm체 통과율을 35%를 기준으로 조립토와 세립토로 분류하는데, 이것은 AASHTO 분류법보다 적절하다.

④ 통일분류법은 유기질토 분류방법이 있으나 AASHTO 분류법은 없다.

**해설**

| 구분 | 조립토 | 세립토 |
|------|--------|--------|
| 통일<br>분류법 | 0.075mm<br>(#200체) 통과량<br>50% 이하 | 0.075mm<br>(#200체) 통과량<br>50% 이상 |
| AASHTO<br>분류법 | 0.075mm<br>(#200체) 통과량<br>35% 이하 | 0.075mm<br>(#200체) 통과량<br>35% 이상 |

**05** AASHTO 분류 및 통일분류법은 No.200(0.075 mm)체 통과율을 기준으로 하여 흙을 조립토와 세립토로 구분한다. AASHTO 방법에서는 NO.200체 통과량이 ( ⓐ ) 이상인 흙을 세립토로, 통일분류법에서는 ( ⓑ ) 이상을 세립토로 한다. ( )에 맞는 수치는?

① ⓐ 50%, ⓑ 35%    ② ⓐ 40%, ⓑ 40%

③ ⓐ 35%, ⓑ 50%    ④ ⓐ 45%, ⓑ 45%

**해설**
세립토
• AASHTO 분류법 : $P\#200 \ge 35\%$
• 통일분류법 : $P\#200 \ge 50\%$

**01** 흙의 입도 분석 결과 입경가적곡선이 입경의 좁은 범위 내에 대부분이 몰려 있는 입경 분포도가 나쁜 빈입도(poor grading)일 때 다음 중 옳지 않은 것은?

① 균등계수가 작을 것이다.
② 공극비가 클 것이다.
③ 다짐에 적합한 흙이 아닐 것이다.
④ 투수계수가 낮을 것이다.

> **해설**
>
> **입도분포가 나쁜 빈입도의 특성**
> • 균등계수가 작다.
> • 공극비가 크다.
> • 투수성이 크다.
> • 다짐에 부적합하다.

**02** 흙의 입경가적곡선에 관한 설명 중 옳은 것은?

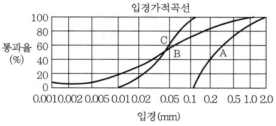

입경가적곡선

① A는 B보다 유효경이 작다.
② A는 B보다 균등계수가 작다.
③ A는 B보다 균등계수가 크다.
④ B는 C보다 유효경이 크다.

> **해설**
>
> • 유효입경($D_{10}$)은 입경 가적 곡선에서 통과율 10%에 해당하는 입경이므로 A는 B보다 크고, B는 C보다 작다.
>   ∴ A > C > B
> • 균등계수는 급경사일수록 작고 완경사일수록 크다. 따라서 균등계수 A는 B보다 작다.
>   ∴ B > C > A

**03** 어떤 흙의 입경가적곡선에서 $D_{10} = 0.05$mm, $D_{30} = 0.09$mm, $D_{60} = 0.15$mm이었다. 균등계수 $C_u$와 곡률계수 $C_g$의 값은?

① $C_u = 3.0$, $C_g = 1.08$
② $C_u = 3.5$, $C_g = 2.08$
③ $C_u = 1.7$, $C_g = 2.45$
④ $C_u = 2.4$, $C_g = 1.82$

> **해설**
>
> • 균등계수 $C_u = \dfrac{D_{60}}{D_{10}} = \dfrac{0.15}{0.05} = 3.0$
>
> • 곡률계수 $C_g = \dfrac{D_{30}^{\,2}}{D_{10} \times D_{60}} = \dfrac{0.09^2}{0.05 \times 0.15} = 1.08$

**04** 통일분류법에 의한 흙의 분류에서 조립토와 세립토를 구분할 때 기준이 되는 체의 호칭번호와 통과율로 옳은 것은?

① No.4(4.75mm)체, 35%
② No.10(2mm)체, 50%
③ No.200(0.075mm)체, 35%
④ No.200(0.075mm)체, 50%

> **해설**
>
> **조립토와 세립토의 분류기준**
> • 조립토 : No.200체(0.075mm) 통과량 ≤ 50%
> • 세립토 : No.200체(0.075mm) 통과량 ≥ 50%
>
> **자갈과 모래의 분류기준**
> • 자갈(G) : No.4체(4.75mm) 통과량 ≤ 50%
> • 모래(S) : No.4체(4.75mm) 통과량 ≥ 50%

**05** 통일 분류법에 의해 분류한 흙의 분류기호 중 도로 노반으로서 가장 좋은 흙은?

① CL
② ML
③ SP
④ GW

> **해설**
>
> 도로 노반으로 가장 좋은 재료는 GW(입도가 양호한 자갈)

**정답** 01 ④ 02 ② 03 ① 04 ④ 05 ④

**06** 입도분석 시험결과가 다음과 같을 때 이 흙을 통일분류법에 의해 분류하면?

> 0.074mm체 통과율 = 3%
> 2mm체 통과율 = 40%
> 4.75mm 통과율 = 65%
> $D_{10} = 0.10mm$, $D_{30} = 0.13mm$, $D_{60} = 3.2mm$

① GW

② GP

③ SW

④ SP

[해설]

• #200체(0.075mm) 통과율 3% → 조립토(G, S)
• #4체(4.75 mm) 통과율 65% → 모래(S)
• 균등계수$(C_u) = \dfrac{D_{60}}{D_{10}} = \dfrac{3.2}{0.1} = 32$
• 곡률계수$(C_g) = \dfrac{D_{30}^2}{D_{10} \times D_{60}} = \dfrac{0.13^2}{0.1 \times 3.2} = 0.0528$

　　　→ 입도분포 불량(P)

∴ SP(입도분포가 불량한 모래)

**07** 어떤 시료를 입도분석한 결과, 0.075mm(No.200) 체 통과량이 65%였고, 애터버그한계 시험결과 액성한계가 40%였으며 소성도표(Plasticity Chart)에서 A선 위의 구역에 위치한다면 이 시료의 통일분류법(USCS)상 기호로서 옳은 것은?

① CL

② SC

③ MH

④ SM

[해설]

• #200체(0.075mm) 통과량 65% → 세립토

• 액성한계 40% → L
• A선 위 구역 → C
∴ CL : 저압축성(저소성)의 점토

**08** 통일분류법(統一分類法)에 의해 SP로 분류된 흙의 설명으로 옳은 것은?

① 모래질 실트를 말한다.

② 모래질 점토를 말한다.

③ 압축성이 큰 모래를 말한다.

④ 입도분포가 나쁜 모래를 말한다.

[해설]

**통일분류법**
• 제1문자 S : 모래
• 제2문자 P : 입도분포 불량
∴ SP : 입도분포가 불량한 모래

**09** 다음 중 압축성이 큰 점토의 통일 분류 기호는?

① SW

② CL

③ MH

④ CH

[해설]

| 세립토의 분류 | 실트[M] | 점토[C] | 유기질토[O] |
|---|---|---|---|
| 압축성이 낮은 흙[L] | ML | CL | OL |
| 압축성이 높은 흙[H] | MH | CH | OH |

**10** 통일 분류법에 의해 그 흙이 MH로 분류되었다면 이 흙의 대략적인 공학적 성질은?

① 액성한계가 50% 이상인 실트이다.

② 액성한계가 50% 이하인 점토이다.

③ 소성한계가 50% 이상인 점토이다.

④ 소성한계가 50% 이하인 실트이다.

[해설]

• M : 실트, C : 점토, O : 유기질토
• H : 액성한계가 50% 이상인 흙
• L : 액성한계가 50% 이하인 흙
• MH : 액성한계가 50% 이상인 실트
• ML : 액성한계가 50% 이하인 실트

## 11 통일분류법에 의한 분류기호와 흙의 성질을 표현한 것으로 틀린 것은?

① GP – 입도분포가 불량한 자갈
② GC – 점토 섞인 자갈
③ CL – 소성이 큰 무기질 점토
④ SM – 실트 섞인 모래

[해설]
**통일분류법**
• 제1문자 C : 무기질 점토
• 제2문자 L : 저소성, 액성한계 50% 이하(Low)
∴ CL : 저소성의 점토

## 12 흙의 분류법인 AASHTO 분류법과 통일분류법을 비교 · 분석한 내용으로 틀린 것은?

① AASHTO 분류법은 입도분포, 군지수 등을 주요 분류인자로 한 분류법이다.
② 통일분류법은 입도분포, 액성한계, 소성지수 등을 주요 분류인자로 한 분류법이다.
③ 통일분류법은 0.075 mm체 통과율을 35%를 기준으로 조립토와 세립토로 분류하는데, 이것은 AASHTO 분류법보다 적절하다.
④ 통일분류법에는 유기질토 분류방법이 있으나 AASHTO 분류법에는 없다.

[해설]
• 통일분류법은 0.075 mm체(#200체) 통과율 50%를 기준으로 조립토와 세립토로 분류한다.
• AASHTO 분류법은 35%를 기준으로 분류한다.

## 13 어떤 흙의 No.200체 통과율이 60%, 액성한계가 40%, 소성지수가 10%일 때 군지수는?

① 3
② 4
③ 5
④ 6

[해설]
• $a = $ No.200체 통과량 $- 35 = 60 - 35 = 25\%$
• $b = $ No.200체 통과량 $- 15 = 60 - 15 = 45\%$
• $c = $ 액성 한계 $- 40 = 40 - 40 = 0$
• $d = $ 소성 지수 $- 10 = 10 - 10 = 0$
∴ $GI = 0.2a + 0.005ac + 0.01bd = 0.2 \times 25 + 0 + 0 = 5$

## 14 통일 분류법으로 흙을 분류하는 데 직접 사용되지 않는 요소는?

① 200번 체 통과율
② 4번 체 통과율
③ 군지수
④ 액성한계

[해설]
**통일 분류법**

| 방법 \ 통과율 | 50% 이하인 흙 | 50% 이상인 흙 |
|---|---|---|
| No.200체 통과율 | 조립토 | 세립토 |
| No.4체 통과율 | 자갈(G) | 모래(S) |
| 액성한계 | 압축성이 낮은 흙(L) | 압축성이 높은 흙(H) |

CHAPTER

# 03

# 지반 내의
# 물의 흐름

# 01 모세관 현상

G U I D E

## 1. 모세관 현상

| 모세관 현상 | 모식도 |
|---|---|
| 정수 중에 모세관을 세우면 모세관의 표면장력에 의해 모세관 내의 물인 모관수가 상승해서 어떤 높이에서 정지하는 현상 ($h_c$ : 모관상승고) | |

• **모관 상승고($h_c$) 공식**

$$\frac{\pi D^2}{4} h_c \gamma_w = \pi D T \cos\alpha$$

$$\therefore h_c = \frac{4 T \cos\alpha}{\gamma_w D}$$

## 2. 흙의 모관상승고(모관수두) $\propto \dfrac{1}{D}$

| 모관상승고($h_c$) 공식 | $\alpha = 0°$, 수온 15℃일 때 ($T = 0.075\text{g/cm}$) |
|---|---|
| $h_c = \dfrac{4 T \cos\alpha}{\gamma_w D}$ | $h_c = \dfrac{0.3}{D}$ |

| ① $h_c$ : 모관상승고(모세관 높이, cm) <br> ② $T$ : 물의 표면장력(15℃, 0.075g/cm) <br> ③ $\alpha$ : 접촉각(°) <br> ④ $\gamma_w$ : 물의 단위중량(1g/cm³) <br> ⑤ $D$ : 유리관의 안지름(cm) | **실험적 모관수두** <br> $h_c = \dfrac{C}{e D_{10}}$ <br> ① $e$ : 간극비 <br> ② $D_{10}$ : 유효입경(cm) <br> ③ $C$ : 입자의 모양, 간극 크기의 상수 |

• $\alpha = 0°$, 수온 15℃일 때
 ($T = 0.075\text{g/cm}$)
 $h_c = \dfrac{4 \times 0.075 \times \cos 0°}{1.0 \times D}$
 $\therefore h_c = \dfrac{0.3}{D}$

• **모관 상승고($h_c$)**
 ① 모관 상승고는 표면장력($T$)에 비례하고 마찰각($\alpha$)에 반비례한다.
 ② 물의 단위중량($\gamma_w$)에 반비례
 ③ 관 직경($D$)에 반비례
 ④ 유효입경($D_{10}$)에 반비례

• $h_c \propto \dfrac{1}{D} \propto \dfrac{1}{\alpha} \propto \dfrac{1}{e} \propto \dfrac{1}{D_{10}}$

## 3. 모관상승고 순서

| 모관상승고 순서 | 모관상승속도 순서 |
|---|---|
| 자갈 < 모래 < 실트 < 점토 | 자갈 > 모래 > 실트 > 점토 |

## 4. 모관상승고의 특징

| 구분 | 조립토 | 세립토 |
|---|---|---|
| 간극 | 크다. | 작다. |
| 모관상승고 | 낮다. | 높다. |
| 모관상승속도 | 빠르다. | 느리다. |
| 투수계수(투수성) | 크다. | 작다. |

• 모관상승영역에서는 부압($-u$)이 발생하여 유효응력은 증가된다.

• 모관상승고는 간극이 크면 직경이 크므로 모관상승고는 낮아진다.(조립토가 세립토보다 모관상승고는 더 낮다.)

**01** 지름 2mm의 유리관을 15℃의 정수 중에 세웠을 때 모관상승고는 얼마인가?(단, 물과 유리관의 접촉각은 9°, 표면장력은 0.075g/cm이다.)

① 0.15cm      ② 1.48cm
③ 1.58cm      ④ 1.68cm

해설

$$모관상승고(h_c) = \frac{4T\cos\alpha}{\gamma_w D} = \frac{4 \times 0.075 \times \cos 9°}{1 \times 0.2} = 1.48cm$$

**02** 유효입경이 0.02mm, 공극비가 0.5인 흙의 모관상승고는 4m였다. 이때 이 흙의 입자와 표면상태에 의해서 정해지는 정수는?

① 0.16cm$^2$      ② 0.1cm$^2$
③ 0.3cm$^2$      ④ 0.4cm$^2$

해설

$$h_c = \frac{C}{e D_{10}}$$
$$\therefore C = h_c \cdot e \cdot D_{10} = 400 \times 0.5 \times 0.002 = 0.4cm^2$$

**03** 간극률 50%이고, 투수계수가 $9 \times 10^{-2}$cm/sec인 지반의 모관 상승고는 대략 어느 값에 가장 가까운가?(단, 흙입자의 형상에 관련된 상수 $C = 0.3cm^2$, Hazen 공식 : $k = C_1 \times D_{10}^2$에서 $C_1 = 100$으로 가정)

① 1.0cm      ② 5.0cm
③ 10.0cm      ④ 15.0cm

해설

$$모관상승고(h_c) = \frac{C}{eD_{10}}$$
㉠ $e = \frac{n}{1-n} = \frac{0.5}{1-0.5} = 1$
㉡ $K = C_1 \times D_{10}^2$
$$D_{10} = \sqrt{\frac{k}{C_1}} = \sqrt{\frac{9 \times 10^{-2}}{100}} = 0.03$$
$$\therefore h_c = \frac{0.3}{1 \times 0.03} = 10.0cm$$

**04** 흙의 모세관 현상에 대한 설명으로 옳은 것은?

① 모관상승고가 가장 높게 발생되는 흙은 실트이다.
② 모관상승고는 흙입자의 직경과 관계없다.
③ 모관상승영역에서는 음의 간극수압이 발생되어 유효응력이 증가한다.
④ 모관현상으로 지표면까지 포화되면 지표면 바로 아래에서의 간극수압은 "0"이다.

해설

• 모관상승고 순서 : 점토 > 실트 > 모래 > 자갈
• 모관상승고는 직경에 반비례
• 모관상승영역에서는 부압($-u$)이 발생하여 유효응력은 증가

**05** 흙의 모세관 현상에 대한 설명으로 옳지 않은 것은?

① 모세관 현상은 물의 표면장력 때문에 발생된다.
② 흙의 유효입경이 크면 모관상승고는 커진다.
③ 모관상승영역에서 간극수압은 부압, 즉 ($-$)압력이 발생된다.
④ 간극비가 크면 모관상승고는 작아진다.

해설

$$h_c = \frac{C}{e \times D_{10}}$$
$\therefore$ 흙의 유효입경($D_{10}$)이 크면 모관상승고($h_c$)는 작아진다.

**06** 모관 상승속도가 가장 느리고, 상승고는 가장 높은 흙은 다음 중 어느 것인가?

① 점토      ② 실트
③ 모래      ④ 자갈

해설

모관상승고 순서 : 자갈 < 모래 < 실트 < 점토

**정답**   01 ②   02 ④   03 ③   04 ③   05 ②   06 ①

# 02 Darcy의 법칙

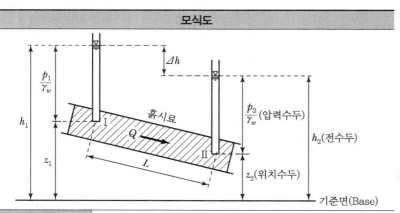

## 1. Darcy 법칙

| 모식도 |
|---|

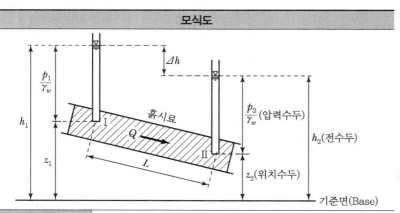

| 단위시간당<br>침투유량 | $$Q= Av= Ak\frac{\Delta h}{L} = Aki$$ <br> ① $v$ : 평균유출속도(cm/sec) <br> ② $k$ : 투수계수(cm/sec) <br> ③ $A$ : 흐름에 대한 시료단면적(cm²) <br> ④ $Q$ : 단위시간(1sec)당 유량(cm³/sec) <br> ⑤ $i$ : 동수경사($i=\dfrac{\Delta h}{L}$, 무차원) <br> ⑥ $L$ : 물이 통과한 시료의 길이(cm) <br> ⑦ $\Delta h$ : 수두차($h_1 - h_2$) |
|---|---|

## 2. 실제 침투유속

| 실제 침투유속($v_s$) | 실제유속($v_s$)와 평균유속($v$)과의 관계 |
|---|---|
| $Q= Av= A_v v_s$ $\therefore v_s = \dfrac{A}{A_v}v = \dfrac{v}{n}$ <br> ① $A_v$ : 공극 부분의 단면적 <br> ② $A$ : 흙 전체의 단면적 <br> ③ $n$ : 간극률(공극률) <br> ④ $v$ : 평균유속(가상유속) | $v_s > v$ <br><br> 실제침투유속($v_s$)이 <br> 평균유속($v$)보다 크다. <br><br> $\therefore v_s = \dfrac{v}{n}$ |

## 3. Darcy 법칙의 적용

| 적용 |
|---|
| ① 층류에서만 Darcy 법칙이 성립한다.(특히 $R_e < 4$ 인 층류에서 잘 적용) <br> ② 지하수는 레이놀즈($R_e$) ≒ 1이므로 Darcy 법칙이 적용된다. <br> ③ 흙 속의 유속은 매우 적어서 무시되며 층류라고 가정하고 Darcy 법칙을 적용 |

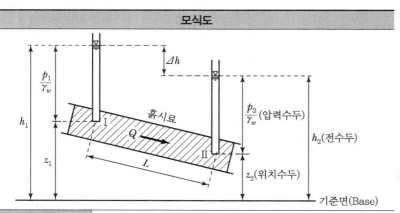

GUIDE

- **Darcy법칙**
  모래로 가득 찬 통에 물을 통과시키는데 압력과 이동거리에 따라 얼마나 잘 통과하는지에 대한 관계식

- **Darcy법칙에 의한 평균침투속도**
  $$v= ki = k \cdot \frac{\Delta h}{L}$$

- **전수두**
  기준면에서 수면까지의 높이

- **압력수두**
  임의점에서 스탠드파이프 내로 상승한 물기둥 높이

- **위치수두**
  기준면에서 임의점까지의 높이

- $v_s = \dfrac{A \times L}{A_v \times L} \cdot v$
  $= \dfrac{v \div v}{v_v \div v} \cdot v$
  $= \dfrac{v}{n}$

- **실제 침투유속($v_s$)**
  온도가 높아지면 점성이 작아져서 투수계수가 커지고 유속은 빠르다.

- **간극률($n$)**
  ① $n= \dfrac{V_v}{V} \times 100$
  ② $n= \dfrac{e}{1+e}$

**01** 다음 투수층에서 피에조미터를 꽂은 두 지점 사이의 동수경사 ($i$)는 얼마인가?(단, 두 지점 간의 수평거리는 50m이다.)

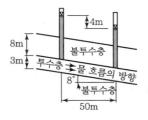

① 0.060　② 0.079　③ 0.080　④ 0.160

> **해설**
>
> 동수경사$(i) = \dfrac{\Delta h}{L}$
>
> • $\Delta h$(수두차) = 4m
> • $L$(시료길이)
>
> $\cos 8° = \dfrac{50}{L}$, $L = \dfrac{50}{\cos 8°} = 50.5\text{m}$
>
> ∴ 동수경사$(i) = \dfrac{\Delta h}{L} = \dfrac{4}{50.5} = 0.079$

**02** Darcy의 법칙 $q = kiA$에 대한 설명으로 틀린 것은?

① $k$는 투수계수로서 조립토는 크고, 세립토는 작다.
② $i$는 동수경사로 수두차를 물이 흙 속으로 흘러간 거리로 나눈 값이다.
③ Darcy의 평균유속은 실제유속보다 크다.
④ Darcy의 법칙은 층류일 때만 성립한다.

> **해설**
>
> • 조립토 : 간극, 투수계수가 크다.
>   세립토 : 간극, 투수계수가 작다.
> • $i$(동수경사) $= \dfrac{\Delta h(\text{수두차})}{L(\text{시료길이})}$
> • 실제유속$(v_s)$ > 평균유속$(v)$

**03** 어떤 모래지반에서 단위시간에 흙 속을 통과하는 물의 부피를 구하는 공식 $q = kiA = vA$에 의해 물의 유출속도 $v = 2\text{cm/sec}$를 얻었다. 이 흙에서의 실제 침투속도 $v_s$는?(단, 간극률이 40%인 모래지반이다.)

① 0.8cm/sec　　② 3.2cm/sec
③ 5.0cm/sec　　④ 7.6cm/sec

> **해설**
>
> 실제침투유속$(v_s) = \dfrac{v}{n} = \dfrac{2}{0.4} = 5\text{cm/sec}$

**04** 어떤 흙의 간극비($e$)가 0.52이고, 흙 속에 흐르는 물의 이론 침투속도($v$)가 0.214cm/sec일 때 실제의 침투유속($v_s$)은?

① 0.424　② 0.525　③ 0.626　④ 0.727

> **해설**
>
> 실제침투유속$(v_s) = \dfrac{v}{n}$
>
> • 평균유속$(v) = 0.214\text{cm/sec}$
> • 간극률$(n) = \dfrac{e}{1+e} = \dfrac{0.52}{1+0.52} = 0.342$
>
> ∴ $v_s = \dfrac{v}{n} = \dfrac{0.214}{0.342} = 0.626$

**05** 아래 그림에서 투수계수 $K = 4.8 \times 10^{-3}\,\text{cm/sec}$일 때 Darcy 유출속도 $v$와 실제 물의 속도(침투속도) $v_s$는?

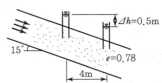

① $v = 3.4 \times 10^{-4}\text{cm/sec}$, $v_s = 5.6 \times 10^{-4}\text{cm/sec}$
② $v = 3.4 \times 10^{-4}\text{cm/sec}$, $v_s = 9.4 \times 10^{-4}\text{cm/sec}$
③ $v = 5.8 \times 10^{-4}\text{cm/sec}$, $v_s = 10.8 \times 10^{-4}\text{cm/sec}$
④ $v = 5.8 \times 10^{-4}\text{cm/sec}$, $v_s = 13.2 \times 10^{-4}\text{cm/sec}$

> **해설**
>
> • 유출속도$(v) = k \cdot i = k \cdot \dfrac{\Delta h}{L}$
>
> $v = 4.8 \times 10^{-3} \times \dfrac{0.5}{4.14} = 0.00058\text{cm/sec}$
>
> $= 5.8 \times 10^{-4}\text{cm/sec}\left(\cos 15° = \dfrac{4}{L} \quad ∴ L = 4.14\right)$
>
> • 침투속도$(v_s) = \dfrac{v}{n} = \dfrac{0.00058}{0.438} = 0.00132\text{cm/sec}$
>
> $= 13.2 \times 10^{-4}\text{cm/sec}$
>
> $\left[\text{간극률}(n) = \dfrac{e}{1+e} = \dfrac{0.78}{1+0.78} = 0.438\right]$

**정답**　**01** ②　**02** ③　**03** ③　**04** ③　**05** ④

# 03 투수계수($k$)

## 1. 투수계수 공식

| Taylor 공식 | 투수계수($k$)와 관계 |
|---|---|
| $k = D_s^2 \cdot \dfrac{\gamma_w}{\mu} \cdot \dfrac{e^3}{1+e} \cdot C$<br><br>$D_s$ : 흙의 입경, $\mu$ : 점성계수<br>$e$ : 간극비, $C$ : 합성형상계수 | ① 간극비($e$)가 클수록 $k$는 증가<br>② 물의 밀도가 클수록 $k$는 증가<br>③ 물의 점성이 클수록 $k$는 감소<br>④ 투수계수($k$)는 모래가 점토보다 크다.<br>⑤ $k$는 토립자 비중과 무관함<br>⑥ 포화도가 클수록 $k$는 증가(공기가 있으면 물의 흐름을 방해)<br>⑦ 온도가 높으면 $k$는 증가(온도가 높으면 점성계수가 감소하여 $k$는 증가) |

## 2. Hazen의 경험식

| 식 | 내용 |
|---|---|
| $k = CD_{10}^2$ | $k$ : 투수계수(cm/sec)<br>$D_{10}$ : 유효입경(cm)<br>$C$ : 100~150/cm · sec<br>(둥근 입자인 경우 $C = 150$) |

## 3. 투수계수와 간극비의 관계

| 식 | 간략식 |
|---|---|
| $k_1 : k_2 = \dfrac{e_1^3}{1+e_1} : \dfrac{e_2^3}{1+e_2}$ | $k_2 = \dfrac{\dfrac{e_2^3}{1+e_2}}{\dfrac{e_1^3}{1+e_1}} k_1$ |

## 4. 투수계수와 점성계수의 관계

| 식 | 간략식 |
|---|---|
| $k_1 : k_2 = \dfrac{1}{\mu_1} : \dfrac{1}{\mu_2}$ | $k_2 = k_1 \times \dfrac{\mu_1}{\mu_2}$ |

**GUIDE**

• 투수성
흙의 투수능력(투수성)을 나타내는 중요한 토질정수 $k$값이 큰 흙일수록 물이 쉽게 흐르게 되므로 투수성이 높다고 말한다.

• 투수계수($k$)
물이 흙의 간극을 통과하여 이동하는 속도(cm/sec)

• Hazen의 경험식
① 느슨하고 깨끗한 조립토에 적용
② 조립토의 투수계수는 유효입경의 제곱에 비례

• 투수계수는 수두차에 반비례한다.

• 투수계수($k$)는 점성계수($\mu$)에 반비례

**01** 흙의 투수계수에 관한 설명으로 틀린 것은?

① 흙의 투수계수는 흙 유효입경의 제곱에 비례한다.
② 흙의 투수계수는 물의 점성계수에 비례한다.
③ 흙의 투수계수는 물의 단위중량에 비례한다.
④ 흙의 투수계수는 형상계수에 따라 변화한다.

> **해설**
>
> $$k = D_s{}^2 \cdot \frac{\gamma_w}{\mu} \cdot \frac{e^3}{1+e} \cdot C$$
>
> - $k$(투수계수)는 $D_s{}^2$(입경)에 비례
> - $k$(투수계수)는 $\mu$(점성계수)에 반비례
> - $k$(투수계수)는 $\gamma_w$(물의 단위중량)에 비례
> - $k$(투수계수)는 $C$(형상계수)에 비례

**02** 다음 중 흙의 투수계수에 영향을 미치는 요소가 아닌 것은?

① 흙의 입경　　　② 침투액의 점성
③ 흙의 포화도　　④ 흙의 비중

> **해설**
>
> $k$(투수계수)는 토립자의 비중과 무관함

**03** 투수계수에 관한 다음 사항 중 옳지 않은 것은?

① 침투유량은 투수계수에 비례한다.
② 투수계수는 수온이 상승하면 증가한다.
③ 투수계수는 수두차에 비례한다.
④ 투수계수는 일반적으로 흙의 입자가 작을수록 작은 값을 나타낸다.

> **해설**
>
> - $Q = Av = k\dfrac{\Delta h}{L} A = kiA$
> - $k \propto \dfrac{1}{\Delta h}$
>
> 투수계수($k$)는 수두차($\Delta h$)에 반비례한다.

**04** 어떤 모래의 입경가적곡선에서 유효입경 $D_{10}$ $=0.01$mm였다. Hazen 공식에 의한 투수계수는? (단, 상수($C$)는 100을 적용한다.)

① $1 \times 10^{-4}$cm/sec　　② $1 \times 10^{-6}$cm/sec
③ $5 \times 10^{-4}$cm/sec　　④ $5 \times 10^{-6}$cm/sec

> **해설**
>
> $k = C \cdot D_{10}{}^2 = 100 \times 0.001^2 = 1 \times 10^{-4}$ cm/sec

**05** 간극비가 $e_1 = 0.80$인 어떤 모래의 투수계수가 $K_1 = 8.5 \times 10^{-2}$cm/sec일 때 이 모래를 다져서 간극비를 $e_2 = 0.57$로 하면 투수계수 $K_2$는?

① $8.5 \times 10^{-3}$cm/sec
② $3.5 \times 10^{-2}$cm/sec
③ $8.1 \times 10^{-2}$cm/sec
④ $4.1 \times 10^{-1}$cm/sec

> **해설**
>
> 간극비와 투수계수의 관계
>
> $$k_1 : k_2 = \frac{e_1{}^3}{1+e_1} : \frac{e_2{}^3}{1+e_2}$$
>
> $$8.5 \times 10^{-2} : k_2 = \frac{0.80^3}{1+0.80} : \frac{0.57^3}{1+0.57}$$
>
> $$\therefore \ k_2 = 3.5 \times 10^{-2} \text{cm/sec}$$

**06** 흙 속에서 물의 흐름에 대한 설명으로 틀린 것은?

① 투수계수는 온도에 비례하고 점성에 반비례한다.
② 불포화토는 포화토에 비해 유효응력이 작고, 투수계수가 크다.
③ 흙 속의 침투수량은 Darcy 법칙, 유선망, 침투해석 프로그램 등에 의해 구할 수 있다.
④ 흙 속에서 물이 흐를 때 수두차가 커져 한계동수구배에 이르면 분사현상이 발생한다.

> **해설**
>
> 불포화토는 투수계수($k$)가 작다.

# 04 투수계수($k$)의 측정

**GUIDE**

## 1. 정수위 투수시험(조립토에 적용)

| 모식도 | 식 |
|---|---|
| 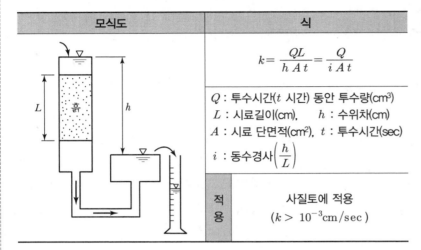 | $$k= \frac{QL}{hAt}= \frac{Q}{iAt}$$ |

$Q$ : 투수시간($t$ 시간) 동안 투수량(cm³)
$L$ : 시료길이(cm),   $h$ : 수위차(cm)
$A$ : 시료 단면적(cm²),  $t$ : 투수시간(sec)
$i$ : 동수경사$\left(\dfrac{h}{L}\right)$

| 적용 | 사질토에 적용 $(k> 10^{-3}\text{cm/sec})$ |
|---|---|

- 투수시험은 불교란시료를 이용하여 시험한다.

- **실내 투수시험**
  ① 정수위 투수시험법
  ② 변수위 투수시험법
  ③ 압밀시험

- **정수위 투수시험**
  ① 투수계수가 큰 조립토(사질토)에 적용
  ② 수두차를 일정하게 유지
  ③ Darcy 법칙 적용
  ④ 투수량 $Q$를 측정하여 투수계수($k$)를 결정한다.

## 2. 변수위 투수시험(세립토에 적용)

| 모식도 | 식 |
|---|---|
| 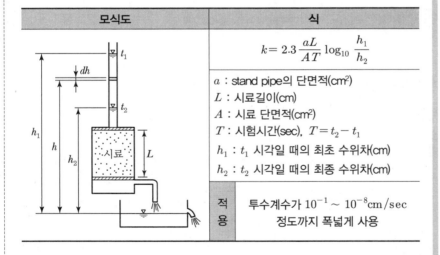 | $$k= 2.3\,\frac{aL}{AT}\log_{10}\frac{h_1}{h_2}$$ |

$a$ : stand pipe의 단면적(cm²)
$L$ : 시료길이(cm)
$A$ : 시료 단면적(cm²)
$T$ : 시험시간(sec),  $T= t_2- t_1$
$h_1$ : $t_1$ 시각일 때의 최초 수위차(cm)
$h_2$ : $t_2$ 시각일 때의 최종 수위차(cm)

| 적용 | 투수계수가 $10^{-1} \sim 10^{-8}\text{cm/sec}$ 정도까지 폭넓게 사용 |
|---|---|

- **변수위 투수시험**
  ① 투수계수가 낮은 세립토의 투수계수($k$)를 결정하는 시험
  ② 스탠드 파이프 내에 들어있는 물이 시료를 통과해 양 수두 ($h_1$, $h_2$) 사이를 흐르며 통과하는 데 소요되는 시간을 측정하여 투수계수($k$)를 결정

## 3. 압밀시험(불투수성 흙에 적용)

| 식 | 내용 | |
|---|---|---|
| $$k= C_v\,m_v\,\gamma_w$$ | $C_v$ : 압밀계수 $m_v= \dfrac{a_v}{1+e_1}$ $a_v$ : 압축계수 | $m_v$ : 체적변화계수 $\gamma_w$ : 물의 단위중량 $e_1$ : 초기간극비 |

- **압밀시험**
  투수성이 낮은 불투수성 흙($k= 10^{-7}$ cm/sec)에 대하여 행하는 간접적인 시험

**01** 다음 중 교란시료를 이용하여 수행하는 토질시험이 아닌 것은?

① 투수시험      ② 입도분석시험

③ 유기물 함량시험      ④ 액 · 소성한계시험

 **해설**

투수시험은 불교란 시료를 이용하여 시험한다.

**02** 정수위 투수시험에 있어서 투수계수($k$)에 관한 설명 중 옳지 못한 것은?

① $k$는 유출수량에 비례

② $k$는 시료 길이에 반비례

③ $k$는 수두에 반비례

④ $k$는 유출 소요시간에 반비례

 **해설**

**정수위 투수시험**

투수계수($k$) $= \dfrac{QL}{hAt}$

∴ 투수계수($k$)는 시료길이 $L$에 비례

**03** 아래 그림과 같이 정수두 투수시험을 실시하였다. 30분 동안 침투한 유량이 500cm³일 때 투수계수는?

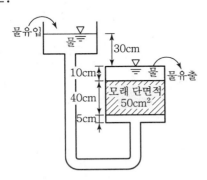

① $6.13 \times 10^{-3}$cm/sec

② $7.41 \times 10^{-3}$cm/sec

③ $9.26 \times 10^{-3}$cm/sec

④ $10.02 \times 10^{-3}$cm/sec

 **해설**

정수위 투수시험($k$) $= \dfrac{QL}{hAt}$

$t(\text{sec}) = 30분 \times 60초 = 1,800초$

∴ $k = \dfrac{500 \times 40}{30 \times 50 \times 1,800} = 7.41 \times 10^{-3}$cm/sec

**04** 어떤 흙의 변수위 투수시험을 한 결과 시료의 직경과 길이가 각각 5.0cm, 2.0cm이었으며, 유리관의 내경이 4.5mm, 1분 10초 동안에 수두가 40cm에서 20cm로 내렸다. 이 시료의 투수계수는?

① $4.95 \times 10^{-4}$cm/s      ② $5.45 \times 10^{-4}$cm/s

③ $1.60 \times 10^{-4}$cm/s      ④ $7.39 \times 10^{-4}$cm/s

**해설**

$k = 2.3 \dfrac{aL}{AT} \log_{10} \dfrac{h_1}{h_2}$

$= 2.3 \times \dfrac{\dfrac{\pi \times 0.45^2}{4} \times 2}{\dfrac{\pi \times 5^2}{4} \times 70} \log \dfrac{40}{20}$

$= 1.6 \times 10^{-4}$cm/s

**05** 조립토의 투수계수를 측정하는 데 적합한 시험방법은?

① 압밀시험      ② 정수위투수시험

③ 변수위투수시험      ④ 수평모관시험

**해설**

• 정수위투수시험 : 조립토에 사용

• 변수위투수시험 : 세립토에 적용

• 압밀시험 : 불투수성 흙에 적용

# 05 비균질 성토층의 투수계수

## 1. 수평방향 등가 투수계수($k_h$)

| 모식도 | 지하수 흐름이 성토층에 평행한 수평투수계수 |
|---|---|
| | $$k_h = \frac{k_1 H_1 + k_2 H_2 + k_3 H_3}{H_1 + H_2 + H_3}$$ |
| | 각 층에서 동수경사는 같아야 한다. |
| | 전체층의 유량 = 각 층의 유량의 합 |

## 2. 수직방향 등가 투수계수($k_v$)

| 모식도 | 지하수 흐름이 성토층에 직각인 수직투수계수 |
|---|---|
| | $$k_v = \frac{H_1 + H_2 + H_3}{\dfrac{H_1}{k_1} + \dfrac{H_2}{k_2} + \dfrac{H_3}{k_3}}$$ |
| | • 각 층에서의 유출속도가 같아야 한다.<br>$v_2 = K_z i_z = K_1 i_1 = K_2 i_2 = K_3 i_3$<br>$= constant$<br>• 전손실수두는 각 층에서의 손실수두의 합과 같다.<br>$h = h_1 + h_2 + h_3$ |

## 3. 비등방성(이방성) 투수계수

| 비등방성(이방성) 투수계수 | 평균(등가) 투수계수 |
|---|---|
| 균질한 흙이라도 지층을 형성하는 정에서 수평방향과 연직방향의 투수계수가 다르면 이방성 또는 비등방성이라 한다. | $$k = \sqrt{k_h \cdot k_v}$$<br>$k_h$ : 수평방향 투수계수<br>$k_v$ : 수직방향 투수계수 |

• 성토 지반의 투수계수는 토층에 수평방향 또는 수직방향으로 지하수가 흐를 때 투수계수가 동일하지 않다. 그래서 수평방향의 투수계수와 수직방향의 투수계수를 각각 구한다.

• **수평방향 수투계수($k_h$)**
  ① 흐름이 층에 평행한 경우
  ② 전층의 유량은 각 층의 유량의 합과 같다는 조건
  ③ Darcy법칙을 적용하여 투수계수($k$)를 구한다.

• **수직방향 투수계수($k_v$)**
  ① 흐름이 층에 직각인 경우
  ② 전층을 흐르는 시간은 각 층을 흐르는 시간의 합과 같아진다는 조건으로 투수계수($k$)를 구한다.

• **이방성 투수계수($k_v$)**
  ① 균질한 흙이라도 수평, 수직의 투수계수는 다르다.(이방성)
  ② 평균투수계수는 기하평균으로 구한다.(등방성으로 가정)

• $k_h > k_v$

**01** 그림과 같이 3층으로 되어 있는 성토층의 수평방향 평균투수계수는?

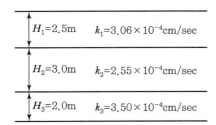

① $2.97 \times 10^{-4}$cm/sec  ② $3.04 \times 10^{-4}$cm/sec
③ $6.97 \times 10^{-4}$cm/sec  ④ $4.04 \times 10^{-4}$cm/sec

**해설**

수평방향 투수계수

$$k_h = \frac{k_1 H_1 + k_2 H_2 + k_3 H_3}{H_1 + H_2 + H_3}$$

$$= \frac{(3.06 \times 10^{-4} \times 250) + (2.55 \times 10^{-4} \times 300) + (3.5 \times 10^{-4} \times 200)}{250 + 300 + 200}$$

$$= 2.97 \times 10^{-4} \text{cm/sec}$$

**02** 다음 그림과 같은 다층지반에서 연직방향의 등가투수계수를 계산하면 몇 cm/sec인가?

① $5.8 \times 10^{-3}$
② $6.4 \times 10^{-3}$
③ $7.6 \times 10^{-3}$
④ $1.4 \times 10^{-3}$

| | |
|---|---|
| 1m | $k_1 = 5.0 \times 10^{-2}$cm/sec |
| 2m | $k_2 = 4.0 \times 10^{-3}$cm/sec |
| 1.5m | $k_3 = 2.0 \times 10^{-2}$cm/sec |

**해설**

연직방향 등가투수계수

$$k_v = \frac{H_1 + H_2 + H_3}{\dfrac{H_1}{k_1} + \dfrac{H_2}{k_2} + \dfrac{H_3}{k_3}} = \frac{100 + 200 + 150}{\dfrac{100}{5.0 \times 10^{-2}} + \dfrac{200}{4.0 \times 10^{-3}} + \dfrac{150}{2.0 \times 10^{-2}}}$$

$$= 7.6 \times 10^{-3} \text{cm/sec}$$

**03** 어떤 퇴적지반의 수평방향 투수계수가 $4.0 \times 10^{-3}$cm/sec, 수직방향 투수계수가 $3.0 \times 10^{-3}$cm/sec일 때 등가투수계수는 얼마인가?

① $3.46 \times 10^{-3}$cm/sec  ② $5.0 \times 10^{-3}$cm/sec
③ $6.0 \times 10^{-3}$cm/sec  ④ $6.93 \times 10^{-3}$cm/sec

**해설**

이방성인 경우 평균투수계수

$$k = \sqrt{k_h \times k_V} = \sqrt{(4.0 \times 10^{-3}) \times (3.0 \times 10^{-3})}$$

$$= 3.46 \times 10^{-3} \text{cm/sec}$$

**04** 투수계수에 관한 사실 중 옳지 않은 것은?

① 성토층에서는 층에 평행한 평균투수계수가 수직한 평균투수계수보다 보통 더 작다.
② 모래의 투수계수는 점토의 투수계수보다 보통 더 큰 값이다.
③ 수온이 상승하면 투수계수는 커진다고 본다.
④ 정수위 투수시험은 투수성이 큰 흙에 주로 사용한다.

**해설**

$k_h$ (수평방향 투수계수) $> k_v$ (수직방향 투수계수)

**05** 아래의 그림에서 각 층의 손실수두 $\Delta h_1$, $\Delta h_2$, $\Delta h_3$를 각각 구한 값으로 옳은 것은?

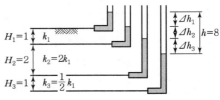

① $\Delta h_1 = 2$, $\Delta h_2 = 2$, $\Delta h_3 = 4$
② $\Delta h_1 = 2$, $\Delta h_2 = 3$, $\Delta h_3 = 3$
③ $\Delta h_1 = 2$, $\Delta h_2 = 4$, $\Delta h_3 = 2$
④ $\Delta h_1 = 2$, $\Delta h_2 = 5$, $\Delta h_3 = 1$

**해설**

비균질 흙에서는 각 층의 유출속도는 같다고 가정

• $v = k_1 i_1 = k_2 i_2 = k_3 i_3$

$$v = k_1 \frac{\Delta h_1}{H_1} = k_2 \frac{\Delta h_2}{H_2} = k_3 \frac{\Delta h_3}{H_3}$$

$$= k_1 \times \left(\frac{\Delta h_1}{1}\right) = 2k_1 \left(\frac{\Delta h_2}{2}\right) = \frac{1}{2} k_1 \left(\frac{\Delta h_3}{1}\right)$$

$$\therefore \Delta h_1 = \Delta h_2 = \frac{\Delta h_3}{2}$$

• $h = \Delta h_1 + \Delta h_2 + \Delta h_3 = 8$

$$\therefore \Delta h_1 = 2, \ \Delta h_2 = 2, \ \Delta h_3 = 4$$

**정답** 01 ① 02 ③ 03 ① 04 ① 05 ①

# 06 유선망

## 1. 유선망(flow net) 분석

| 유선망 | 유선망의 기본원리(Laplace 기본가정) |
|---|---|
| 지하수계는 3차원으로 표시되지만 대표적인 2차원 단면의 수두 분포로부터 지하수의 유동을 쉽게 알 수 있다. | ① 흙은 등방성($k_h = k_v$)이고 균질하다.<br>② Darcy법칙이 적용<br>③ 흙은 포화되어 있고 모관현상은 무시한다.<br>④ 흙과 물은 비압축성이다.(형상이 변해도 체적이 변하지 않음)<br>⑤ 물이 흐르는 동안 흙의 압축과 팽창은 생기지 않는다. |

## 2. 유선망

| 유선망(물막이 구조) |
|---|

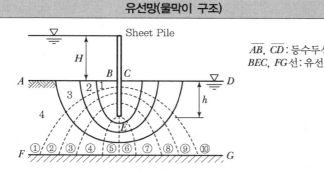

$\overline{AB}$, $\overline{CD}$ : 등수두선
$BEC$, $FG$선 : 유선

| 유선 | 지하수의 흐름방향을 나타내는 선 | 유선＝5 |
|---|---|---|
| 등수두선 | 전수두가 동일한 점을 연결하는 선 | 등수두선＝11 |
| 유로(유면, $N_f$) | 유선과 유선이 이루는 통로(유선 －1) | 유로＝4 |
| 등수두면 ($N_d$) | 등수두선 사이의 공간(등수두선 －1) | 등수두면＝10 |

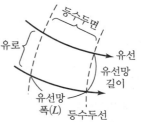

## 3. 유선망의 특징

| 유선망의 특징 |
|---|
| ① 각 유량의 침투 유량은 같다. |
| ② 인접한 등수두선 사이에서 수두차(손실수두, 수두감소량)는 모두 같다. |
| ③ 유선과 등수두선은 서로 직교(유선과 다른 유선은 교차하지 않는다.) |
| ④ 유선망을 이루는 사각형은 이론상 정사각형(폭＝길이) |
| ⑤ 침투속도 및 동수구배는 유선망의 폭($L$)에 반비례한다.<br>침투속도$(v) = ki = k\dfrac{\triangle h}{L}$ |

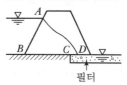

**01** 유선망을 이용하여 구할 수 없는 것은?

① 간극수압
② 침투수량
③ 동수경사
④ 투수계수

〔해설〕

유선망의 작도목적
• 침투유량(수량) 결정
• 간극수압 결정
• 동수경사 결정

**02** 유선망에서 사용되는 용어를 설명한 것으로 틀린 것은?

① 유선 : 흙 속에서 물입자가 움직이는 경로
② 등수두선 : 유선에서 전수두가 같은 점을 연결한 선
③ 유선망 : 유선과 등수두선의 조합으로 이루어지는 그림
④ 유로 : 유선과 등수두선이 이루는 통로

〔해설〕

유로 : 유선과 유선이 이루는 통로

**03** 다음은 지하수 흐름의 기본 방정식인 Laplace 방정식을 유도하기 위한 기본 가정이다. 틀린 것은?

① 물의 흐름은 Darcy의 법칙을 따른다.
② 흙과 물은 압축성이다.
③ 흙은 포화되어 있고 모세관현상은 무시한다.
④ 흙은 등방성이고 균질하다.

〔해설〕

흙과 물은 비압축성으로 가정

**04** 유선망의 특징에 관한 다음 설명 중 옳지 않은 것은?

① 각 유로의 침투수량은 같다.
② 유선과 등수두선은 서로 직교한다.
③ 유선망으로 되는 사각형은 이론상으로 정사각형이다.
④ 침투속도 및 동수경사는 유선망의 폭에 비례한다.

〔해설〕

침투속도 및 동수경사는 유선망 폭($L$)에 반비례

(침투속도 $v = ki = k\dfrac{\Delta h}{L}$)

**05** 유선망의 특징에 대한 설명으로 틀린 것은?

① 균질한 흙에서 유선과 등수두선은 상호 직교한다.
② 유선 사이에서 수두감소량(Head Loss)은 동일하다.
③ 유선은 다른 유선과 교차하지 않는다.
④ 유선망은 경계조건을 만족하여야 한다.

〔해설〕

유선망의 특징
• 유선과 등수두선은 서로 직교
• 등수두선 간의 수두차(손실수두)는 동일
• 유선과 다른 유선은 교차하지 않는다.

**06** 유선망(Flow Net)의 특징에 대한 설명 중 옳지 않은 것은?

① 인접한 두 등수두선 사이의 손실수두는 같다.
② 유선과 등수두선은 서로 직교한다.
③ 유선망의 4각형은 이론상 정사각형이다.
④ 침투유속과 동수경사는 유선망의 폭에 비례한다.

〔해설〕

유선망의 특징
• 유선망은 이론상 정사각형
• 침투속도 및 동수경사는 유선망 폭에 반비례

**07** 유선망에서 등수두선이란 수두가 같은 점들을 연결한 선이다. 이때 수두란?

① 압력수두
② 위치수두
③ 속도수두
④ 전수두

〔해설〕

유선망에서 등수두선은 각각의 전수두가 동일한 점들을 연결한 선이다.

정답   **01** ④   **02** ④   **03** ②   **04** ④   **05** ②   **06** ④   **07** ④

# 07 널말뚝의 침투유량($Q$) 계산

## 1. 침투유량(침투수량)

| 유선망 |
|---|
| 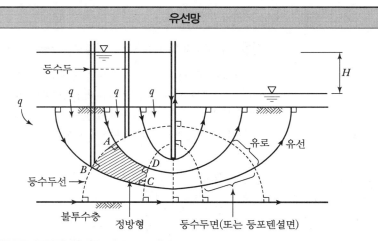 |

| | |
|---|---|
| **1개의 유로에 대한 단위시간당 침투유량(q)** | $q = k \cdot \dfrac{H}{N_d}$ |
| **전체 유로($N_f$)에 대한 전 침투유량(단위폭)** | $Q = k \cdot H \cdot \dfrac{N_f}{N_d}$ |
| **널말뚝 전체 폭($B$)에 대해서 전체 유로($N_f$)에 대한 단위시간 동안의 침투유량($Q'$)** | $Q' = k \cdot H \cdot \dfrac{N_f}{N_d} \cdot B$ |
| **유선망의 정밀도가 침투수량에 큰 영향을 끼치지 않는 이유** | 유선망은 유로의 수($N_f$)와 등수두면의 수($N_d$)의 비에 의해 좌우되기 때문이다. |

• **널말뚝**(sheet pile)

흙막이나 가물막이에 사용되는 판형 말뚝

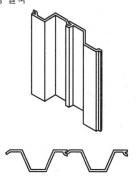

• $H$ : 수위차(m)
• $N_d$ : 등수두면수
• $N_f$ : 유로수

• $k = \sqrt{k_h \cdot k_v}$ (cm/sec)

• 침투유량을 구할 때 $H$(m)와 $k$ (cm/sec)의 단위를 맞춰야 한다.

**01** 어떤 유선망도에서 상하류면의 수두차가 4m, 등수두면의 수가 13개, 유로의 수가 7개일 때 단위 폭 1m당 1일 침투수량은 얼마인가?(단, 투수층의 투수계수 $K = 2.0 \times 10^{-4}$cm/sec이다.)

① $8.0 \times 10^{-1}$ m³/day
② $9.62 \times 10^{-1}$ m³/day
③ $3.72 \times 10^{-1}$ m³/day
④ $1.83 \times 10^{-1}$ m³/day

[해설]
침투유량

$$Q = k \cdot H \cdot \frac{N_f}{N_d} = 2.0 \times 10^{-4} \times (10^{-2} \times 60 \times 60 \times 24) \times 4 \times \frac{7}{13}$$

$$= 3.72 \times 10^{-1} \text{ m}^3/\text{day}$$

**02** 투수계수가 $2 \times 10^{-5}$cm/sec, 수위차 15m인 필댐의 단위폭 1cm에 대한 1일 침투유량은?(단, 등수두선으로 싸인 간격 수=15, 유선으로 싸인 간격 수=5)

① $1 \times 10^{-2}$cm³/day
② 864cm³/day
③ 36cm³/day
④ 14.4cm³/day

[해설]
침투유량($Q$) $= k \cdot H \cdot \dfrac{N_f}{N_d}$

$$= 2 \times 10^{-5} \times 1500 \times \frac{5}{15} \times (60 \times 60 \times 24)$$

$$= 864 \text{cm}^3/\text{day}$$

**03** 수직방향의 투수계수가 $4.5 \times 10^{-8}$m/sec이고, 수평방향의 투수계수가 $1.6 \times 10^{-8}$m/sec 인 균질하고 비등방(非等方)인 흙댐의 유선망을 그린 결과 유로(流路) 수가 4개이고 등수두선의 간격 수가 18개였다. 단위길이(m)당 침투수량은?(단, 댐의 상하류의 수면의 차는 18m이다.)

① $1.1 \times 10^{-7}$m³/sec
② $2.3 \times 10^{-7}$m³/sec
③ $2.3 \times 10^{-8}$m³/sec
④ $1.5 \times 10^{-8}$m³/sec

[해설]
침투수량($Q$) $= k \cdot H \cdot \dfrac{N_f}{N_d}$

$$k = \sqrt{k_h \times k_v} = \sqrt{(1.6 \times 10^{-8}) \times (4.5 \times 10^{-8})}$$

$$= 2.68 \times 10^{-8}$$

$$\therefore Q = 2.68 \times 10^{-8} \times 18 \times \frac{4}{18} = 1.1 \times 10^{-7} \text{m}^3/\text{sec}$$

**04** 그림과 같은 지반 내의 유선망이 주어졌을 때 폭 10m에 대한 침투유량은?($K = 2.2 \times 10^{-2}$ cm/sec)

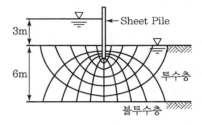

① 3.96cm³/sec
② 39.6cm³/sec
③ 396cm³/sec
④ 3,960cm³/sec

[해설]
침투수량($Q$) $= k \cdot H \cdot \dfrac{N_f}{N_d}$

$$= 2.2 \times 10^{-2} \times 300 \times \frac{6}{10} \times 1,000 = 3,960 \text{cm}^3/\text{sec}$$

**05** 그림과 같은 유선망에서 단위폭당 1일의 침투유량은 얼마인가?(단, $K = 2.4 \times 10^{-3}$cm/sec)

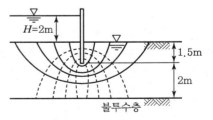

① 1.65m³/day
② 1.8m³/day
③ 2.07m³/day
④ 2.3m³/day

[해설]

$$Q = kH\frac{N_f}{N_d}$$

$$= (2.4 \times 10^{-3} \times \frac{1}{100} \times 60 \times 60 \times 24) \times 2 \times \frac{5}{9} \times 1$$

$$= 2.30 \text{m}^3/\text{day}$$

정답   **01** ③   **02** ②   **03** ①   **04** ④   **05** ④

**01** 두께 2m인 투수성 모래층에서 동수경사가 $\frac{1}{10}$이고, 모래의 투수계수가 $5 \times 10^{-2}$cm/sec라고 하면 이 모래층의 폭 1m에 대하여 흐르는 수량은 매 분당 얼마나 되는가?

① 6,000cm³/min　　② 600cm³/min

③ 60cm³/min　　　④ 100cm³/min

 해설

$$Q = KiA = 5 \times 10^{-2} \times \frac{1}{10} \times 200 \times 100$$
$$= 100 \text{cm}^3/\text{sec} = 6,000 \text{cm}^3/\text{min}$$
$$(\because 1\text{cm}^3/\text{sec} = 60\text{cm}^3/\text{min})$$

**02** 어떤 흙의 공극비($e$)가 0.52이고, 흙 속에 흐르는 물의 이론침투속도($V$)가 0.214cm/sec일 때 실제의 침투유속($V_s$)은?

① 0.424cm/sec　　② 0.525cm/sec

③ 0.626cm/sec　　④ 0.727cm/sec

 해설

• 공극률 $n = \dfrac{e}{1+e} = \dfrac{0.52}{1+0.52} = 0.342$

• 침투유속 $V_s = \dfrac{V}{n} = \dfrac{0.214}{0.342} = 0.626$cm/sec

**03** 다음 그림에서 투수계수 $K = 4.8 \times 10^{-3}$ cm/sec일 때 Darcy의 유출속도 $V$와 실제 물의 속도(침투속도) $V_s$는?

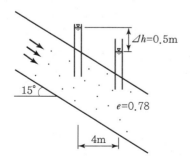

① $V = 3.4 \times 10^{-4}$cm/sec
　$V_s = 5.6 \times 10^{-4}$cm/sec

② $V = 4.6 \times 10^{-4}$cm/sec
　$V_s = 9.4 \times 10^{-4}$cm/sec

③ $V = 5.2 \times 10^{-4}$cm/sec
　$V_s = 10.8 \times 10^{-4}$cm/sec

④ $V = 5.8 \times 10^{-4}$cm/sec
　$V_s = 13.2 \times 10^{-4}$cm/sec

해설

• Darcy의 유출속도

$$V = K\frac{\Delta h}{l} = 4.8 \times 10^{-3} \times \frac{50}{\frac{400}{\cos 15°}} = 5.8 \times 10^{-4} \text{cm/sec}$$

• 침투속도

$$V_s = \frac{V}{n} = \frac{5.8 \times 10^{-4}}{0.44} = 13.2 \times 10^{-4} \text{cm/sec}$$
$$\left(\because n = \frac{e}{1+e} = \frac{0.78}{1+0.78} = 0.44\right)$$

**04** 직경 2mm의 유리관을 15℃의 정수 중에 세웠을 때 모관상승고는 얼마인가?(단, 물과 유리관의 접촉각은 9°, 표면장력은 0.075g/cm)

① 0.15cm　　　② 1.1cm

③ 1.48cm　　　④ 15.0cm

해설

$$\text{모관상승고}(h_c) = \frac{4 \times T \times \cos\alpha}{\gamma_w \times D}$$
$$= \frac{4 \times 0.075 \times \cos 9°}{1 \times 0.2} = 1.48 \text{cm}$$

**05** 안지름이 0.6mm인 유리관 속을 증류수가 상승할 때 그 높이는?(단, 접촉각 $\alpha$는 0°이고 수온은 15℃, 표면 장력은 0.0750g/cm이다.)

① 6cm　　　　② 5cm

③ 4cm　　　　④ 3cm

**해설**

- $h_c = \dfrac{4T\cos\alpha}{\gamma_w D} = \dfrac{4\times0.075\cos0°}{1\times0.06} = 5\text{cm}$

- $\alpha = 0°$, 수온 15℃일 때 $T = 0.0750\text{g/cm}$

  $h_c = \dfrac{0.3}{D} = \dfrac{0.3}{0.06} = 5\text{cm}$

**06** 쓰레기매립장에서 누출되어 나온 침출수가 지하수를 통하여 100m 떨어진 하천으로 이동한다. 매립장 내부와 하천의 수위차가 1m이고 포화된 중간지반은 평균 투수계수 $1\times10^{-3}\text{cm/sec}$의 자유면 대수층으로 구성되어 있다고 할 때 매립장으로부터 침출수가 하천에 처음 도착하는 데 걸리는 시간은 약 몇 년인가?(이때, 대수층의 간극비($e$)는 0.25이었다.)

① 3.45년　　　　　② 6.34년
③ 10.56년　　　　④ 17.23년

**해설**

- $v = k \cdot i = k \cdot \dfrac{\Delta h}{L}$

  $= 1\times10^{-3} \times \dfrac{100}{10,000} = 1\times10^{-5}\text{cm/sec}$

- 실제유속 $(v_s) = \dfrac{v}{n} = \dfrac{1\times10^{-5}}{0.2} = 5\times10^{-5}\text{cm/sec}$

  여기서, 공극률$(n) = \dfrac{e}{1+e} = \dfrac{0.25}{1+0.25} = 0.2$

- 도착시간$(t) = \dfrac{L}{v_s} = \dfrac{10,000}{5\times10^{-5}} = 2\times10^8\text{sec}$

  $\therefore\ 200,000,000 \times \dfrac{1}{60\times60\times24\times365} = 6.34$년

**07** 단면적 20cm², 길이 10cm의 시료를 15cm의 수두차로 정수위 투수시험을 한 결과 2분 동안 150cm³의 물이 유출되었다. 이 흙의 $G_s = 2.67$이고, 건조중량 420g일 때 공극을 통하여 침투하는 실제 침투유속$(v_s)$은?

① 0.180cm/sec　　　② 0.293cm/sec
③ 0.376cm/sec　　　④ 0.434cm/sec

**해설**

- $v = k \cdot i = k \cdot \dfrac{\Delta h}{L} = 0.042 \times \dfrac{15}{10} = 0.0625\text{cm/sec}$

  $\left(k = \dfrac{Q \cdot L}{A \cdot h \cdot t} = \dfrac{150\times10}{20\times15\times2\times60} = 0.042\text{cm/sec}\right)$

- $e = \dfrac{G_s \cdot \gamma_w}{\gamma_d} - 1 = \dfrac{2.67\times1}{2.1} - 1 = 0.271$

  $\left(\gamma_d = \dfrac{W}{V} = \dfrac{G_s}{1+e}\gamma_w = \dfrac{420}{20\times10} = \dfrac{2.67}{1+e}\times1 = 2.1\text{g/cm}^3\right)$

- $\therefore$ 실제침투유속

  $v_s = \dfrac{v}{n} = \dfrac{0.0625}{0.213} = 0.293\text{cm/sec}$

  $\left(n = \dfrac{e}{1+e} = \dfrac{0.271}{1+0.271} = 0.213\right)$

**08** 아래의 그림에서 각 층의 손실수두 $\Delta h_1$, $\Delta h_2$, $\Delta h_3$를 각각 구한 값으로 옳은 것은?

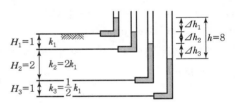

① $\Delta h_1 = 2,\ \Delta h_2 = 2,\ \Delta h_3 = 4$
② $\Delta h_1 = 2,\ \Delta h_2 = 3,\ \Delta h_3 = 3$
③ $\Delta h_1 = 2,\ \Delta h_2 = 4,\ \Delta h_3 = 2$
④ $\Delta h_1 = 2,\ \Delta h_2 = 5,\ \Delta h_3 = 1$

**해설**

비균질 흙에서는 각 층의 유출속도는 같다고 가정

- $v = k_1 i_1 = k_2 i_2 = k_3 i_3$

  $v = k_1 \dfrac{\Delta h_1}{H_1} = k_2 \dfrac{\Delta h_2}{H_2} = k_3 \dfrac{\Delta h_3}{H_3}$

  $= k_1 \times \left(\dfrac{\Delta h_1}{1}\right) = 2k_1\left(\dfrac{\Delta h_2}{2}\right) = \dfrac{1}{2}k_1\left(\dfrac{\Delta h_3}{1}\right)$

  $\therefore\ \Delta h_1 = \Delta h_2 = \dfrac{\Delta h_3}{2}$

- $h = \Delta h_1 + \Delta h_2 + \Delta h_3 = 8$

  $\therefore\ \Delta h_1 = 2,\ \Delta h_2 = 2,\ \Delta h_3 = 4$

**09** 투수계수에 영향을 미치는 인자가 아닌 것은?

① 물의 점성
② 흙의 비중
③ 흙의 공극비
④ 흙의 입경

> 해설

- 투수계수 $K = D_s^{\,2} \cdot \dfrac{\gamma_w}{\mu} \cdot \dfrac{e^3}{1+e} \cdot C$

  여기서, $D_s$ : 흙의 입경
  $\gamma_w$ : 물의 단위중량
  $\mu$ : 물의 점성계수
  $e$ : 공극비
  $C$ : 형상계수

- 포화도 $S$가 증가하면 투수계수 $K$도 증가한다.
- 물의 비중($\gamma_w$)은 투수계수에 영향을 미치나, 흙의 비중($G_s$)는 투수계수에 영향이 없다.

**10** 투수계수에 관한 다음 사항 중 옳지 않은 것은?

① 침투유량은 투수계수에 비례한다.
② 투수계수는 수온이 상승하면 증가한다.
③ 투수계수는 수두차에 비례한다.
④ 투수계수는 일반적으로 흙의 입자가 작을수록 작은 값을 나타낸다.

> 해설

- $Q = KiA = K \cdot \dfrac{h}{L} \cdot A \ \left( \because K = \dfrac{Q \cdot L}{h \cdot A} \right)$
- $K = D_s^{\,2} \cdot \dfrac{\gamma_w}{\mu} \cdot \dfrac{e^3}{1+e} \cdot C$
- 투수계수 $K$는 수두차 $h$에 반비례한다.

**11** 흙의 투수계수 $k$에 관한 설명으로 옳은 것은?

① $k$는 간극비에 반비례한다.
② $k$는 형상계수에 반비례한다.
③ $k$는 점성계수에 반비례한다.
④ $k$는 입경의 제곱에 반비례한다.

> 해설

투수계수에 영향을 주는 인자

$k = D_s^{\,2} \cdot \dfrac{\gamma_w}{\eta} \cdot \dfrac{e^3}{1+e} \cdot C$

∴ 투수계수 $k$는 점성계수($\eta$)에 반비례한다.

**12** 다음 중 투수계수를 좌우하는 요인이 아닌 것은?

① 토립자의 크기
② 공극의 형상과 배열
③ 포화도
④ 토립자의 비중

> 해설

투수계수에 영향을 주는 인자

$k = D_s^{\,2} \cdot \dfrac{\gamma_w}{\eta} \cdot \dfrac{e^3}{1+e} \cdot C$

∴ 흙입자의 비중은 투수계수와 관계가 없다.

**13** 투수계수에 영향을 미치는 요소들로만 구성된 것은?

| ㉠ 흙입자의 크기 | ㉡ 간극비 |
| ㉢ 간극의 모양과 배열 | ㉣ 활성도 |
| ㉤ 물의 점성계수 | ㉥ 포화도 |
| ㉦ 흙의 비중 | |

① ㉠, ㉡, ㉣, ㉥
② ㉠, ㉡, ㉢, ㉤, ㉥
③ ㉠, ㉡, ㉣, ㉤, ㉦
④ ㉡, ㉢, ㉤, ㉦

> 해설

투수계수에 영향을 주는 인자

$k = D_s^{\,2} \cdot \dfrac{\gamma_w}{\eta} \cdot \dfrac{e^3}{1+e} \cdot C$

- 입자의 모양
- 간극비
- 포화도
- 점토의 구조
- 유체의 점성계수
- 유체의 밀도 및 농도

**14** 조립토의 투수계수는 일반적으로 그 흙의 유효입경과 어떠한 관계가 있는가?

① 제곱에 비례한다.
② 제곱에 반비례한다.
③ 3제곱에 비례한다.
④ 3제곱에 반비례한다.

해설

투수계수에 영향을 주는 인자

$$k = D_s^2 \cdot \frac{\gamma_w}{\eta} \cdot \frac{e^3}{1+e} \cdot C$$

∴ 투수계수(k)는 유효입경의 제곱에 비례한다.

**15** 흙의 모관 상승에 대한 설명 중 잘못된 것은?

① 흙의 모관상승고는 간극비에 반비례하고, 유효입경에 반비례한다.
② 모관상승고는 점토, 실트, 모래, 자갈의 순으로 결정한다.
③ 모관 상승이 있는 부분은 (−)의 간극수압이 발생하여 유효응력이 증가한다.
④ Stokes법칙은 모관 상승에 중요한 영향을 미친다.

해설

• 흙 속의 모관상승고$(h_c) = \dfrac{C}{e \times D_{10}}$

  (e : 반비례, $D_{10}$ : 반비례)
• 조립토는 모관상승속도가 빠르고 모관상승고는 낮으며 세립토는 모관상승속도가 느리고 모관상승고는 높다.
• 모관영역에서는 부(−)의 간극수압이 생기므로 유효응력이 증가한다.
• Stokes법칙은 비중계실험에서 입자의 침강속도 예측 시 사용한다.

**16** 다음 그림에서 $A$점의 전수두는?

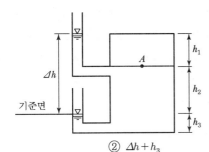

① $h_1$
② $\Delta h + h_3$
③ $h_2 + h_3$
④ $h_1 + h_2$

해설

• 전수두 = 위치수두 + 압력수두(기준면에서 수면까지 높이)
• 위치수두 = $h_2$(기준면에서 임의점까지의 높이)
• 압력수두 = $h_1$(임의점에서 스탠드파이프 내로 상승한 물기둥 높이)
  ∴ 전수두 = $h_1 + h_2$

**17** 공극비가 $e_1 = 0.80$인 어떤 모래의 투수계수가 $K_1 = 8.5 \times 10^{-2}$cm/sec일 때 이 모래를 다져서 공극비를 $e_2 = 0.57$로 하면 투수계수 $K_2$는?

① $8.5 \times 10^{-3}$cm/sec
② $3.5 \times 10^{-2}$cm/sec
③ $8.1 \times 10^{-2}$cm/sec
④ $4.1 \times 10^{-1}$cm/sec

해설

• $K_1 : K_2 = \dfrac{e_1^3}{1+e_1} : \dfrac{e_2^3}{1+e_2}$

• $K_2 = \dfrac{\dfrac{e_2^3}{1+e_2}}{\dfrac{e_1^3}{1+e_1}} \times K_1 = \dfrac{\dfrac{0.57^3}{1+0.57}}{\dfrac{0.80^3}{1+0.80}} \times 8.5 \times 10^{-2}$

  $= 3.52 \times 10^{-2}$cm/sec

**18** 정수위 투수시험에서 투수계수($K$)에 관한 설명 중 옳지 않은 것은?

① $K$는 유출수량에 비례
② $K$는 시료길이에 반비례
③ $K$는 수두에 반비례
④ $K$는 유출소요시간에 반비례

해설

$Q = AK\dfrac{h}{L}t$에서 $K = \dfrac{Q \cdot L}{A \cdot h \cdot t}$

∴ $K$는 시료길이($L$)에 비례한다.

**19** 투수계수에 대한 설명으로 틀린 것은?

① 투수계수는 속도와 같은 단위를 갖는다.
② 불포화된 흙의 투수계수는 높으며, 포화도가 증가함에 따라 급속히 낮아진다.
③ 점성토에서 확산이중층의 두께는 투수계수에 영향을 미친다.
④ 점토질 흙에서는 흙의 구조가 투수계수에 중대한 역할을 한다.

> **해설**
> 투수계수에 영향을 주는 인자
> $$k = D_s{}^2 \cdot \frac{\gamma_w}{\eta} \cdot \frac{e^3}{1+e} \cdot C$$
> ∴ 포화도가 클수록 투수계수는 증가한다.

**20** 단면적 100cm², 길이 30cm인 모래 시료에 대한 정수두 투수시험 결과가 아래와 같을 때 이 흙의 투수계수는?

- 수두차 : 50cm
- 물을 모은 시간 : 5분
- 모은 물의 부피 : 500cm³

① 0.001cm/sec       ② 0.005cm/sec
③ 0.01cm/sec        ④ 0.05cm/sec

> **해설**
> 정수위 투수시험 투수계수
> $$k = \frac{Q \cdot L}{A \cdot h \cdot t} = \frac{500 \times 30}{100 \times 50 \times (5 \times 60)} = 0.001\text{cm/sec}$$

**21** 그림과 같이 정수위 투수시험을 한 결과 10분 동안에 40.5cm³ 물이 유출되었다. 이 흙의 투수계수는?

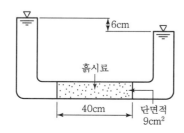

① 2.5×10⁻¹cm/sec       ② 5.0×10⁻²cm/sec
③ 2.5×10⁻³cm/sec       ④ 5.0×10⁻⁴cm/sec

> **해설**
> 정수위 투수시험 투수계수
> $$k = \frac{Q \cdot L}{A \cdot h \cdot t} = \frac{40.5 \times 40}{9 \times 6 \times (10 \times 60)}$$
> $$= 0.05\text{cm/sec} = 5.0 \times 10^{-2}\text{cm/sec}$$

**22** 사질토의 정수위 투수시험을 하여 다음의 결과를 얻었다. 이 흙의 투수계수는?(단, 시료의 단면적은 78.54cm², 수두차는 15cm, 투수량은 400cm³, 투수시간은 3분, 시료의 길이는 12cm이다.)

① $3.15 \times 10^{-3}$cm/sec
② $2.26 \times 10^{-2}$cm/sec
③ $1.78 \times 10^{-2}$cm/sec
④ $1.36 \times 10^{-1}$cm/sec

> **해설**
> 정수위 투수시험 투수계수
> $$k = \frac{Q \cdot L}{A \cdot h \cdot t} = \frac{400 \times 12}{78.54 \times 15 \times (3 \times 60)}$$
> $$= 2.26 \times 10^{-2}\text{cm/sec}$$

**23** 어떤 흙시료의 변수위 투수시험을 한 결과 다음 값을 얻었다. 15℃에서의 투수계수는?(단, 스탠드 파이프 내경 $d = 4.3$mm, 측정 개시 기간 $t_1 = 09 : 20$, 시료의 직경 $D = 5.0$cm, 측정 완료 시간 $t_2 = 09 : 30$, 시료 길이 $L = 20.0$cm, $t_1$에서 수위 $H_1 = 30$cm, $t_2$에서 수위 $H_2 = 15$cm, 수온 15℃이다.)

① $1.746 \times 10^{-3}$cm/sec       ② $1.706 \times 10^{-4}$cm/sec
③ $3.93 \times 10^{-4}$cm/sec       ④ $7.423 \times 10^{-5}$cm/sec

> **해설**
> $$K = 2.3\frac{a \cdot L}{A \cdot T}\log\frac{H_1}{H_2}$$
> $$= 2.3\frac{\frac{\pi \times 0.43^2}{4} \times 20}{\frac{\pi \times 5^2}{4} \times 10 \times 60}\log\frac{30}{15} = 1.706 \times 10^{-4}\text{cm/sec}$$

**24** 실내에서 투수성이 매우 낮은 점성토의 투수 계수를 알 수 있는 실험방법은?

① 정수위 투수실험법    ② 변수위 투수실험법
③ 일축압축실험    ④ 압밀실험

**[해설]**

**실내 투수시험**
• 정수위 투수시험 : 조립토(투수계수가 큰 모래질 흙)
• 변수위 투수시험 : 세립토(투수계수가 조금 작은 흙)
• 압밀시험 : 불투수성 흙(투수계수가 매우 작은 흙)

**25** 그림과 같이 3층으로 되어 있는 성층토의 수평 방향의 평균투수계수는?

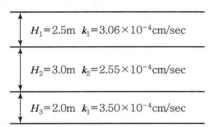

① $2.97 \times 10^{-4}$cm/sec    ② $3.04 \times 10^{-4}$cm/sec
③ $6.04 \times 10^{-4}$cm/sec    ④ $4.04 \times 10^{-4}$cm/sec

**[해설]**

**수평방향 평균투수계수**

$$k_h = \frac{(k_1 H_1 + k_2 H_2 + k_3 H_3)}{H_1 + H_2 + H_3}$$

$$= \frac{(3.06 \times 10^{-4} \times 250 + 2.55 \times 10^{-4} \times 300 + 3.50 \times 10^{-4} \times 200)}{250 + 300 + 200}$$

$$= 2.97 \times 10^{-4} \text{cm/sec}$$

**26** 그림과 같이 같은 두께의 3층으로 된 수평 모 래층이 있을 때 모래층 전체의 연직방향 평균투수계 수는?(단, $k_1$, $k_2$, $k_3$는 각 층의 투수계수임)

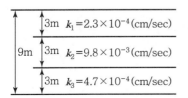

① $2.38 \times 10^{-3}$cm/s    ② $4.56 \times 10^{-4}$cm/s
③ $3.01 \times 10^{-4}$cm/s    ④ $3.36 \times 10^{-5}$cm/s

**[해설]**

**수직방향 투수계수**

$$k_v = \frac{H_1 + H_2 + H_3}{\dfrac{H_1}{k_1} + \dfrac{H_2}{k_2} + \dfrac{H_3}{k_3}}$$

$$= \frac{300 + 300 + 300}{\dfrac{300}{2.3 \times 10^{-4}} + \dfrac{300}{9.8 \times 10^{-3}} + \dfrac{300}{4.7 \times 10^{-4}}}$$

$$= 4.56 \times 10^{-4} \text{cm/sec}$$

**27** 그림과 같은 지반에 대해 수직방향 등가투수 계수를 구하면?

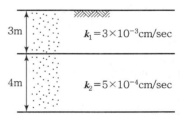

① $3.89 \times 10^{-4}$cm/sec    ② $7.78 \times 10^{-4}$cm/sec
③ $1.57 \times 10^{-3}$cm/sec    ④ $3.14 \times 10^{-3}$cm/sec

**[해설]**

**수직방향 등가투수계수**

$$k_v = \frac{H_1 + H_2}{\dfrac{H_1}{k_1} + \dfrac{H_2}{k_2}} = \frac{300 + 400}{\dfrac{300}{3 \times 10^{-3}} + \dfrac{400}{5 \times 10^{-4}}}$$

$$= 7.78 \times 10^{-4} \text{cm/sec}$$

**28** 어떤 퇴적지반의 수평방향 투수계수가 $4.0 \times 10^{-3}$cm/sec, 수직방향 투수계수가 $3.0 \times 10^{-3}$cm/ sec일 때 등가투수계수는 얼마인가?

① $3.46 \times 10^{-3}$cm/sec
② $5.0 \times 10^{-3}$cm/sec
③ $6.0 \times 10^{-3}$cm/sec
④ $6.93 \times 10^{-3}$cm/sec

**정답**    **24** ④   **25** ①   **26** ②   **27** ②   **28** ①

해설

이방성인 경우 평균투수계수

$k = \sqrt{k_v \times k_h} = \sqrt{(4.0 \times 10^{-3}) \times (3 \times 10^{-3})}$

$= 3.46 \times 10^{-3} \text{cm/sec}$

**29** $\Delta h_1 = 5$이고, $K_{v2} = 10 K_{v1}$일 때, $K_{v3}$의 크기는?

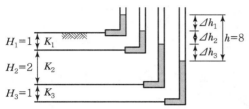

① $1.0 K_{v1}$   ② $1.5 K_{v1}$

③ $2.0 K_{v1}$   ④ $2.5 K_{v1}$

해설

수직방향 평균투수계수(동수경사 다름, 유량 일정)

$v = K_{v1} i_1 = K_{v2} i_2 = K_{v3} i_3$

$= K_{v1} \dfrac{\Delta h_1}{1} = K_{v2} \dfrac{\Delta h_2}{2} = K_{v3} \dfrac{\Delta h_3}{1}$

$= 5 K_{v1} = \dfrac{10 K_{v1} \Delta h_2}{2} = K_{v3} \Delta h_3$

$= 5 K_{v1} = 5 K_{v1} \Delta h_2$

$\therefore \Delta h_2 = 1$

전체 손실수두 $h = 8$, $\Delta h_1 = 5$이므로,

$\Delta h_3 = 2$

$v = K_{v3} \times \dfrac{\Delta h_3}{H_3} = K_{v3} \times \dfrac{2}{1} = 2 K_{v3} = 5 K_{v1}$

$\therefore K_{v3} = 2.5 K_{v1}$

**30** 유선망의 특징에 관한 다음 설명 중 옳지 않은 것은?

① 각 유로의 침투수량은 같다.

② 유선과 등포텐셜선은 직교한다.

③ 유선망으로 되는 사각형은 이론상으로 정사각형이다.

④ 침투 속도 및 동수 구배는 유선망의 폭에 비례한다.

해설

유선망의 성질

• 각 유로의 침투량은 같다.

• 유선과 등수두선은 같다.

• 유선망으로 이루어진 사각형은 정사각형이다.

• 인접한 2개의 등수두선 사이의 수두 손실은 서로 동일하다.

• 침투 속도 및 동수 구배는 유선망의 폭에 반비례한다.

**31** 다음은 지하수 흐름의 기본 방정식인 Laplace 방정식을 유도하기 위한 기본 가정이다. 틀린 것은?

① 물의 흐름은 Darcy의 법칙을 따른다.

② 흙과 물은 압축성이다.

③ 흙은 포화되어 있고 모세관 현상은 무시한다.

④ 흙은 등방성이고 균질하다.

해설

흙이나 물은 비압축성으로 본다.

**32** 유선망(流線網)의 특징에 대한 설명으로 틀린 것은?

① 두 개의 등수두선의 수압강하량은 다른 두 개의 등수두선에서도 같다.

② 침투속도 및 동수경사는 유선망의 폭에 비례한다.

③ 각 유로의 침투량은 같고 유선은 등수두선과 직교한다.

④ 유선망으로 되는 사변형은 이론상 정사각형이다.

해설

Darcy법칙

침투속도 $v = ki = k \dfrac{\Delta h}{L}$

∴ 침투속도($v$) 및 동수경사 $\left( i = k \dfrac{\Delta h}{L} \right)$는 유선망의 폭($L$)에 반비례한다.

**33** 유선망을 이용하여 구할 수 없는 것은?

① 간극수압   ② 침투수압

③ 동수경사   ④ 투수계수

정답   29 ④   30 ④   31 ②   32 ②   33 ④

해설

유선망은 수류의 등위선을 그림으로 나타낸 것으로 분사현상 및 파이핑 추정, 침투속도, 침투유량, 간극수압 추정 등에 쓰인다.

## 34 그림의 유선망에 대한 설명 중 틀린 것은?(단, 흙의 투수계수는 $2.5 \times 10^{-3}$cm/sec)

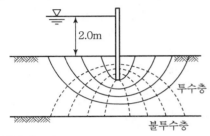

① 유선의 수=6
② 등수두선의 수=6
③ 유로의 수=5
④ 전침투유량 Q=0.278cm³/s

해설

• 유선의 수=6, 등수두선의 수=10
• 유로의 수=5, 등수두선면의 수=9
• 전침투유량

$$Q = k \cdot H \cdot \frac{N_f}{N_d} = 2.5 \times 10^{-3} \times 200 \times \frac{5}{9}$$

$$= 0.278 \text{cm}^3/\text{s}$$

## 35 유선망을 작성하여 침투수량을 결정할 때 유선망의 정밀도가 침투수량에 큰 영향을 끼치지 않는 이유는?

① 유선망은 유로의 수와 등수두면의 수의 비에 좌우되기 때문이다.
② 유선망은 등수두선의 수에 좌우되기 때문이다.
③ 유선망은 유선의 수에 좌우되기 때문이다.
④ 유선망은 투수계수에 좌우되기 때문이다.

해설

침투유량

$$Q = k \cdot H \cdot \frac{N_f}{N_d}$$

∴ 유선망은 유로의 수($N_f$)와 등수두면의 수($N_d$)의 비에 좌우되기 때문이다.

## 36 그림과 같은 경우의 투수량은?(단, 투수지반의 투수계수는 $2.4 \times 10^{-3}$cm/sec이다.)

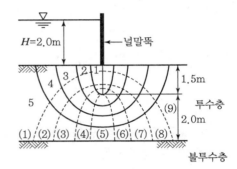

① 0.0267cm³/sec
② 0.267cm³/sec
③ 0.864cm³/sec
④ 0.0864cm³/sec

해설

$$Q = KH\frac{N_f}{N_d} = 2.4 \times 10^{-3} \times 200 \times \frac{5}{9} = 0.267 \text{cm}^3/\text{sec}$$

## 37 어떤 유선망도에서 상하류면의 수두차가 4m, 등수두면의 수가 13개, 유로의 수가 7개일 때 단위폭 1m당 1일 침투유량은 얼마인가?(단, 투수층의 투수계수 $K = 2.0 \times 10^{-4}$cm/sec)

① $8.0 \times 10^{-1}$m³/day
② $9.62 \times 10^{-1}$m³/day
③ $3.72 \times 10^{-1}$m³/day
④ $4.8 \times 10^{-1}$m³/day

해설

$$Q = KH\frac{N_f}{N_d} = 2.0 \times 10^{-4} \times \frac{1}{100} \times 4 \times \frac{7}{13}$$

$$= 4.308 \times 10^{-6} \text{m}^3/\text{sec} = 3.72 \times 10^{-1} \text{m}^3/\text{day}$$

**38** 어떤 유선망도에서 상하류의 수두차가 3m, 투수계수가 $2.0 \times 10^{-3}$cm/sec, 등수두면의 수가 9개, 유로의 수가 6개일 때 단위폭 1m당 침투량은?

① 0.0288m³/hr

② 0.1440m³/hr

③ 0.3240m³/hr

④ 0.3436m³/hr

해설

침투유량

$$Q = k \cdot H \cdot \frac{N_f}{N_d}$$

$$= 2.0 \times 10^{-3} \times (10^{-2} \times 60 \times 60) \times 3 \times \frac{6}{9}$$

$$= 0.1440\text{m}^3/\text{hr}$$

**39** 그림과 같은 흙댐의 유선망을 작도하는 데 있어서 경계조건으로 틀린 것은?

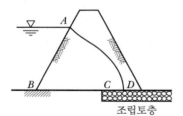
조립토층

① $\overline{AB}$는 등수두선이다.

② $\overline{BC}$는 유선이다.

③ $\overline{AD}$는 유선이다.

④ $\overline{CD}$는 침유선이다.

해설

• 유선 : $BC$, $AD$(침유선)

• 등수수선 : $AB$, $CD$

**40** 수평방향 투수계수가 0.12cm/sec이고, 연직방향 투수계수가 0.03cm/sec일 때 1일 침투유량은?

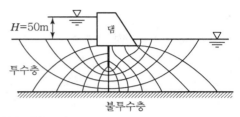
투수층
불투수층

① 870m³/day/m

② 1,080m³/day/m

③ 1,220m³/day/m

④ 1,410m³/day/m

해설

침투유량(다층토인 경우)

$$Q = \sqrt{K_h \cdot K_v} \cdot H \cdot \frac{N_f}{N_d}$$

$$= \sqrt{0.12 \times 0.03} \times 10^{-2} \times 60 \times 60 \times 24 \times 50 \times \frac{5}{12}$$

$$= 1,080\text{m}^3/\text{day/m}$$

# 흙의 동해

# 01 흙의 동해

GUIDE

## 1. 동상현상

| 동상현상 |
|---|
| ① 흙 속의 물이 얼어서 빙층(ice lens)이 형성되기 때문에 지표면이 떠오르는 현상 |
| ② 하층으로부터 물의 공급이 충분할 때 잘 일어난다. |
| ③ 동상작용을 받으면 흙 입자의 팽창으로 수분이 증가되어 함수비도 증가된다. (얼음이 얼면서 옆 공극에 존재하는 수분을 당겨 얼음이 더 커짐) |
| ④ 동해현상이 가장 잘 일어날 수 있는 흙은 실트(Silt) |

## 2. 동상의 조건

| 모식도 | 동상의 조건 |
|---|---|
| | ① 0℃ 이하의 온도가 지속될 때 |
| | ② 동상을 받기 쉬운 흙(silt)이 존재할 때 |
| | ③ 지하수 공급이 충분(아이스렌즈가 형성)될 때 |
| | ④ 모관상승고($h_c$), 투수성($k$)이 클 때 |
| | ⑤ 동결심도 하단에서 지하수면까지의 거리가 모관상승고보다 작을 때 |

## 3. 실트와 점토의 비교

| 조건 | 대소 비교 |
|---|---|
| ① 입경 크기 | 실트 > 점토 |
| ② $h_c$(모관상승고) | 실트 < 점토 |
| ③ $k$(투수계수) | 실트 > 점토 |
| ④ 동해 발생 크기 | 실트 > 점토 |

• 동해가 가장 심하게 발생하는 토질은 실트질 흙이다.
• 실트는 모관상승 높이가 커서 동상이 잘 일어난다.
• 점토는 실트보다 모관상승 높이는 크지만 투수성이 작기 때문에 동상이 잘 일어나지 않는다.
• 점토는 동결이 장시간 계속될 때에만 동상을 일으킨다.

• **동상현상**
흙 속의 물(공극수)이 얼어서 지반이 상승하는 현상(물이 얼면 약 9%의 체적 팽창)

• **연화현상**
동상이 일어난 지반이 녹아서 약화되는 현상

• **동해**
동상 + 연화

• **아이스렌즈**
흙 속의 물(공극수)이 얼어서 생기는 빙층(ice lens)

• **모관상승고 순서**
자갈 < 모래 < 실트 < 점토

• **모관상승고는 직경에 반비례**
$$h_c \propto \frac{1}{D}$$
$$(h_c = \frac{4T\cos\alpha}{\gamma_w D})$$

• **동해가 심한 순서**
실트 > 점토 > 모래 > 자갈

• **점토는 불투수성**

**01** 흙이 동상작용을 받았다면 이 흙은 동상작용을 받기 전에 비해 함수비는?

① 증가한다.
② 감소한다.
③ 동일하다.
④ 증가할 때도 있고, 감소할 때도 있다.

[해설]
동상작용을 받으면 흙입자가 팽창하여 수분이 증가되고 함수비는 증가된다.


**02** 흙이 동상현상에 대하여 옳지 않은 것은?

① 점토는 동결이 장기간 계속될 때에만 동상을 일으키는 경향이 있다.
② 동상현상은 흙이 조립일수록 잘 일어나지 않는다.
③ 하층으로부터 물의 공급이 충분할 때 잘 일어나지 않는다.
④ 깨끗한 모래는 모관상승 높이가 작으므로 동상을 일으키지 않는다.

[해설]
하층으로부터 물의 공급이 충분할 때 동상현상은 잘 일어난다.


**03** 흙 속의 물이 얼어서 빙층(ice lens)이 형성되기 때문에 지표면이 떠오르는 현상은?

① 연화현상
② 다일러탠시(Dilatancy)
③ 동상현상
④ 분사현상


**04** 흙이 동상을 일으키기 위한 조건으로 가장 중요하지 않은 것은?

① 아이스렌즈를 형성하기 위한 충분한 물의 공급
② 양(+)이온의 다량 함유
③ 0℃ 이하의 온도가 오랫동안 지속될 것
④ 동상이 일어나기 쉬운 토질

[해설]
동상은 음(−)이온이 많을수록 잘 일어난다.


**05** 다음은 동상량을 지배하는 주요 인자이다. 틀린 것은 어느 것인가?

① 모관 상승고의 크기
② 동결 심도 하단에서 지하수면까지 거리가 모관 상승고보다 클 때
③ 흙의 투수성
④ 동결온도의 계속 기간

[해설]
동결심도 하단에서 지하수면까지 거리가 모관상승고보다 작을 때 동상이 발생


**06** 동해(凍害)의 정도는 흙의 종류에 따라 다르다. 다음 중 우리나라에서 가장 동해가 심한 것은?

① Silt
② Colloid
③ 점토
④ 굵은모래

[해설]
동해가 심한 순서
실트 > 점토 > 모래 > 자갈


**07** 흙의 동해(凍害)에 관한 다음 설명 중 옳지 않은 것은?

① 동상현상은 빙층(Ice Lens)의 생장이 주된 원인이다.
② 사질토는 모관상승 높이가 작아서 동상이 잘 일어나지 않는다.
③ 실트는 모관상승 높이가 작아서 동상이 잘 일어나지 않는다.
④ 점토는 모관상승 높이는 크지만 동상이 잘 일어나는 편은 아니다.

[해설]
• 동상현상은 빙층(Ice Lens)이 형성되어 지표면이 떠오르는 현상
• 사질토는 모관상승 높이가 작아서 동상이 잘 일어나지 않는다.
• 실트는 모관상승 높이가 커서 동상이 잘 일어난다.
• 점토는 실트보다 모관상승 높이는 크지만 투수성이 작기 때문에 동상이 잘 일어나지 않는다.


정답　01 ①　02 ③　03 ③　04 ②　05 ②　06 ①　07 ③

## 4. 동상의 발생 요소

| 동상의 발생 요소 | 내용 |
|---|---|
| ① 흙의 입경 | 동상을 받기 쉬운 흙이 존재(실트질) |
| ② 온도 | 0℃ 이하의 온도가 계속 지속될 경우 |
| ③ 지하수 | 충분한 물의 공급이 가능할 경우 |
| ④ 투수계수 | 실트 > 점토 |
| ⑤ 모관상승고 | 실트 < 점토 |

## 5. 동상현상의 방지대책

| 동상방지대책 공법 | 내용 |
|---|---|
| ① 치환공법 | 모관상승 억제를 위해 실트질 흙을 모래나 자갈로 치환 (동결깊이 상단의 흙을 동결하기 어려운 재료로 치환) |
| ② 단열공법 | 0℃ 이하가 안 되도록 스티로폼을 깔아서 온도 차단 (지표면에 단열재 시공) |
| ③ 차단공법 | 배수구 설치하여 지하수위 저하 (모관수 상승을 방지하기 위해 지하수위보다 높은 곳에 조립토로 차단층을 설치) |
| ④ 안정처리공법 | 지표의 흙을 화학약품으로 처리하여 동결온도를 내린다. |

• **동상현상의 방지**
아이스 렌스(ice Lense)가 생성되지 않도록 지표면을 단열시키고 물의 공급을 줄이면 동상현상이 방지된다.

## 6. 동결심도(동결깊이)

| 동결심도 | 공식 | 내용 |
|---|---|---|
| 지표면에서 동결선 (0℃)까지 깊이 | $Z = C\sqrt{F}$ | ① $Z$ : 동결심도(cm) ② $C$ : 정수(3~5) ③ $F$ : 동결지수 [영하의 온도(℃)×지속일수(days)] |

• **동결깊이**
① 지표면 온도가 낮을수록 동결 깊이는 커진다.
② 지속시간이 길수록 동결깊이는 커진다.

## 7. 연화현상

| 연화현상 | 연화현상의 원인 |
|---|---|
| 동결된 지반이 융해할 때 흙 속의 과잉 수분으로 인해 연약해지고 전단강도가 떨어지는 현상(흙속의 함수비는 원래보다 훨씬 큰 값이 된다.) | ① 지표수의 유입 ② 지하수의 상승 ③ 융해수가 배수되지 않고 흙 속에 저류될 때 |

• **연화현상 방지대책**
① 배수구를 설치
② 동결 부분의 함수량 증가를 방지
③ 융해수의 배제를 위해 배수층을 동결 깊이 아래 부분에 설치한다.

**01** 흙의 동상에 영향을 미치는 요소가 아닌 것은?

① 모관 상승고      ② 흙의 투수계수
③ 흙의 전단강도    ④ 동결온도의 계속시간

해설
흙의 동상에 영향을 주는 요소 : 모관상승고, 투수계수, 온도

**02** 동상방지대책에 대한 설명 중 옳지 않은 것은?

① 배수구 등을 설치해서 지하수위를 저하시킨다.
② 모관수의 상승을 차단하기 위해 조립의 차단층을 지하수위보다 높은 위치에 설치한다.
③ 동결 깊이보다 낮게 있는 흙을 동결하지 않는 흙으로 치환한다.
④ 지표의 흙을 화학약품으로 처리하여 동결온도를 내린다.

해설
치환공법 : 실트질 흙을 모래나 자갈로 치환(동결 깊이, 동결선보다 상부에 있는 흙을 동결되지 않는 흙으로 치환)

**03** 동상을 방지하기 위한 대책으로 잘못 설명된 것은?

① 배수구를 설치하여 지하수위를 저하시킨다.
② 지표의 흙을 화학약액으로 처리한다.
③ 흙 속에 단열재를 설치한다.
④ 모관수를 차단하기 위해 세립토층을 지하수면 위에 설치한다.

해설
모관수 상승을 방지하기 위해 지하수위보다 높은 곳의 조립토층에 차단층을 설치한다.

**04** 동상 방지대책에 대한 설명 중 옳지 않은 것은?

① 배수구 등을 설치하여 지하수위를 저하시킨다.
② 모관수의 상승을 차단하기 위해 조립의 차단층을 지하수위보다 높은 위치에 설치한다.
③ 동결 깊이보다 낮게 있는 흙을 동결하지 않는 흙으로 치환한다.

④ 지표의 흙을 화학약품으로 처리하여 동결온도를 내린다.

해설
동결 깊이 상단의 흙을 동결하지 않는 흙으로 치환한다.

**05** 동결 깊이를 구하는 데라다(寺田)의 공식에서 정수의 값을 4, 동결지수를 540℃ Days라 하면 동결깊이는?

① 94.0cm      ② 91.2cm
③ 93.0cm      ④ 100.8cm

해설
$Z = C\sqrt{F} = 4 \times \sqrt{540} = 93\text{cm}$

**06** 월평균 기온이 다음 표와 같을 때 동결 깊이는 얼마인가?(단, $C=4$, 데라다 공식 사용)

| 월 | 12 | 1 | 2 | 3 |
|---|---|---|---|---|
| 일수 | 31 | 31 | 28 | 31 |
| 평균기온(℃) | −2 | −8 | −6 | −1 |

① 100.2cm      ② 90.2cm
③ 80.2cm      ④ 70.2cm

해설
$Z = C\sqrt{F} = 4 \times \sqrt{(2\times31+8\times31+6\times28+1\times31)}$
$= 90.2\text{cm}$

**07** 동결된 지반이 해빙기에 융해되면서 얼음 렌즈가 녹은 물이 빨리 배수되지 않으면 흙의 함수비는 원래보다 훨씬 큰 값이 되어 지반의 강도가 감소하게 되는데 이러한 현상을 무엇이라 하는가?

① 동상현상      ② 연화현상
③ 분사현상      ④ 모세관현상

해설
연화현상은 동결지반이 융해할 때 흙 속의 과잉수분으로 인해 연약해지고 전단강도가 떨어지는 현상

**01** 흙의 동상현상(凍上現象)에 관한 다음 설명 중 옳지 않은 것은?

① 점토는 동결이 장기간 계속될 때에만 동상을 일으키는 경향이 있다.
② 동상현상은 흙이 조립일수록 잘 일어나지 않는다.
③ 하층으로부터 물의 공급이 충분할 때 잘 일어나지 않는다.
④ 깨끗한 모래는 모관 상승 높이가 작으므로 동상을 일으키지 않는다.

> **해설**
> 하층으로부터 물의 공급이 충분할 때 동상현상이 잘 일어난다.

**02** 흙이 동상(凍上)을 일으키기 위한 조건으로 가장 중요하지 않은 것은?

① 아이스렌스를 형성하기 위한 충분한 물의 공급
② 양(+)이온의 다량 함유
③ 0℃ 이하의 온도가 오랫동안 지속될 것
④ 동상이 일어나기 쉬운 토질

> **해설**
> 동상이 일어나는 조건
> • 동상을 받기 쉬운 흙 존재
> • 0℃ 이하의 온도가 오랫동안 지속될 것
> • 아이스렌스를 형성할 수 있도록 물의 공급이 충분할 때
> • 동결 심도 하단에서 지하수면까지의 거리가 모관 상승고보다 작을 때

**03** 흙의 동해(凍害)에 관한 다음 설명 중 옳지 않은 것은?

① 동상현상은 빙층(Ice Lens)의 생장이 주된 원인이다.
② 사질토는 모관 상승높이가 작아서 동상이 잘 일어나지 않는다.
③ 실트는 모관 상승높이가 작아서 동상이 잘 일어나지 않는다.
④ 점토는 모관 상승높이는 크지만 동상이 잘 일어나는 편은 아니다.

> **해설**
> 동상의 조건
> • 동상이 발생하기 쉬운 흙(실트질 흙)
> • 0℃ 이하가 오래 지속되어야 한다.
> • 물의 공급이 충분해야 한다.

**04** 다음 중에서 동해가 가장 심하게 발생하는 토질은?

① 점토
② 실트
③ 콜로이드
④ 모래

> **해설**
> 동상의 조건
> • 물의 공급이 충분
> • 0℃ 이하 온도 지속
> • 동상을 받기 쉬운 실트질 흙 존재

**05** 다음 중 동상을 발생시키는 주요 요소가 아닌 것은?

① 온도
② 지하수의 유무
③ 흙의 입경
④ 흙의 마찰각

> **해설**
> 동상을 발생시키는 주요 요소
> • 흙의 입경 : 동상을 받기 쉬운 흙 존재(실트질 흙)
> • 온도 : 0℃ 이하의 지속시간
> • 지하수 : 충분한 물 공급

정답   01 ③   02 ②   03 ③   04 ②   05 ④

**06** 흙의 동상에 관한 다음 설명 중 옳지 않은 것은?

① 토층의 동결은 보통 지표면에서 아래쪽을 향하여 진행된다.
② 모래나 자갈은 투수성이 크지만 모관현상은 낮으므로 동상은 그다지 일어나지 않는다.
③ 점토는 모관 상승고가 높으므로 실트질 흙보다 동상현상이 크게 일어난다.
④ 흙의 모관성이 클 때 동상현상이 현저하게 일어난다.

〔해설〕
점토는 모관 상승고가 실트질보다 높으나 투수성이 작기 때문에 동상현상은 실트질보다 작게 일어난다.

**07** 동상방지대책에 대한 설명 중 옳지 않은 것은?

① 배수구 등을 설치해서 지하수위를 저하시킨다.
② 모관수의 상승을 차단하기 위해 조립의 차단층을 지하수위보다 높은 위치에 설치한다.
③ 동결 깊이보다 낮게 있는 흙을 동결하지 않는 흙으로 치환한다.
④ 지표의 흙을 화학약품으로 처리하여 동결온도를 내린다.

〔해설〕
동결 깊이 상부에 있는 흙을 동결하지 않는 흙으로 치환한다.

**08** 평균기온에 따른 동결지수가 520℃ Days였다. 이 지반의 정수 C=4일 때 동결 깊이는?(단, 테라다 공식을 이용)

① 130cm    ② 91.2cm
③ 45.6cm   ④ 22.8cm

〔해설〕
동결깊이$(Z) = C\sqrt{F} = 4 \times \sqrt{520} = 91.2cm$

**09** 동상에 대한 방지대책으로 적당하지 못한 것은?

① 지표의 흙을 화학약액으로 처리하는 방법
② 흙 속에 단열재료를 매입하는 방법
③ 배수구 등의 설치로 지하수위를 저하시키는 방법
④ 동결 깊이 하부에 있는 흙을 동결되지 않는 재료로 치환하는 방법

〔해설〕
동결깊이 상부에 있는 흙을 동결되지 않는 재료로 치환한다.

**10** 흙이 동상작용을 받으면 이 흙은 동상작용을 받기 전의 흙에 비해 함수비가 어떻게 되는가?

① 감소한다.
② 증가한다.
③ 일정하다.
④ 증가하거나 감소한다.

〔해설〕
흙이 동상작용을 받으면 흙 입자의 팽창으로 수분이 증가되어 함수비도 증가한다.

**11** 같은 크기의 원통에 포화된 실트질 흙을 그림과 같이 설치하였을 때 동상량이 많은 것부터 옳게 나열한 것은 어느 것인가?(단, 시료의 상부는 빙점 이하, 하부는 빙점 이상이다.)

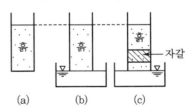

① (a) − (b) − (c)
② (c) − (b) − (a)
③ (b) − (c) − (a)
④ (b) − (a) − (c)

정답  06 ③  07 ③  08 ②  09 ④  10 ②  11 ③

해설

- 아이스렌스(Ice Lence)를 형성할 수 있도록 물의 공급이 충분해야 동상의 피해가 크다.
- (a) : 하층으로부터 물의 공급이 없으므로 동상량이 가장 적다.
- (b) : 하층으로부터 물의 공급이 충분하므로 동상량이 가장 많다.
- (c) : 하층으로부터 물의 공급이 있으나 자갈층으로부터 모관상승을 차단하므로 동상량은 (b)보다 적다.

∴ (b)>(c)>(a)

**12** 동결깊이를 구하는 데라다의 공식에서 정수의 값을 4, 동결지수를 540℃/day라 하면 동결깊이는?

① 94.0cm　　　② 91.2cm
③ 93.0cm　　　④ 100.8cm

해설

동결 깊이 $Z = C\sqrt{F} = 4\sqrt{540} = 93.0\text{cm}$

CHAPTER
**05**

# 유효응력

# 01 유효응력($\sigma'$)

## 1. 지중의 한 점에 작용하는 (수직)응력

| 모식도 | 용어 | |
|---|---|---|
| | 전응력 ($\sigma$) | 흙덩이 전체에 의한 응력<br>전응력 = 전압력<br>($\sigma = \sigma' + u$) |
| | 유효응력 ($\sigma'$) | ① 토립자의 접촉면을 통해 전달되는 응력($\sigma' = \sigma - u$)<br>② 흙입자가 부담하는 작용하중의 크기 |
| | 간극수압 ($u$) | 간극수가 부담하는 작용하중의 크기 |

| A점의 간극수압($u_A$) | A점의 유효응력($\sigma'_A$) |
|---|---|
| $u_A = \gamma_w (h + z)$ | $\sigma'_A = \sigma_A - u_A$ |
| **A점의 전응력($\sigma_A$)** | $= \gamma_w h + \gamma_{sat} z - \gamma_w (h+z)$ |
| $\sigma_A = \sigma'_A + u_A$ <br> $= \gamma_w h + \gamma_{sat} z$ | $= (\gamma_{sat} - \gamma_w) z$ <br> $= \gamma_{sub} z$ |

## 2. 토압계수($K$)

| 모식도 | 토압계수($K$) |
|---|---|
| | $K = \dfrac{\sigma_h}{\sigma_v} = \dfrac{\sigma'_h}{\sigma'_v}$ |
| | ① $K$ : 토압계수<br>② $\sigma_v$(연직 응력)$= \gamma z$<br>③ $\sigma_h$(수평 응력)$= \sigma_v K$<br>$\qquad = (\gamma \cdot z) K$ |

## 01 다음의 유효응력에 관한 설명 중 옳은 것은?

① 전응력은 일정하고 간극수압이 증가된다면, 흙의 체적은 감소하고 강도는 증가된다.
② 유효응력은 전응력에 간극수압을 더한 값이다.
③ 토립자의 접촉면을 통해 전달되는 응력을 유효응력이라 한다.
④ 공학적 성질이 동일한 2종류 흙의 유효응력이 동일하면 공학적 거동이 다르다.

**해설**
• $\sigma' = \sigma - u$(전응력이 일정하고 간극수압이 증가되면 유효응력($\sigma'$)은 감소한다.
• $\sigma' = \sigma - u$(유효응력은 전응력에서 간극수압을 뺀 값이다.)
• 유효응력($\sigma'$) : 토립자의 접촉면을 통해 전달되는 응력

## 02 유효응력에 대한 설명으로 옳은 것은?

① 지하수면에서 모관상승고까지의 영역에서는 유효응력은 감소한다.
② 유효응력만의 흙덩이의 변형과 전단에 관계된다.
③ 유효응력은 대부분 물이 받는 응력을 말한다.
④ 유효응력은 전응력에 간극수압을 더한 값이다.

**해설**
• 모관현상이 일어나면 부(−)의 공극수압이 발생하므로 유효응력은 증가한다.
• 유효응력은 유효응력만의 흙덩이의 변형과 전단에 관계된다.
• 간극수압은 물이 받는 응력
• 유효응력($\sigma'$) $= \sigma - u$

## 03 아래 그림과 같은 수중지반에서 Z지점의 유효연직응력은?(단, 1t = 10kN, $\gamma_w = 9.8kN/m^3$)

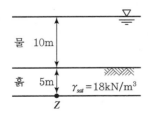

① 25kN/m²          ② 41kN/m²
③ 53kN/m²          ④ 79kN/m²

**해설**
$\sigma'_z = \sigma - u$
• $\sigma$(전응력)
$\sigma = \gamma_w \times H_1 + \gamma_{sat} \times H_2 = (9.8 \times 10) + (18 \times 5) = 188kN/m^2$
• $u$(간극수압) $= \gamma_w \times H = 9.8 \times 15 = 147kN/m^2$
$\therefore \sigma'_z = \sigma - u = 188 - 147 = 41kN/m^2$

[별해]
$\sigma' = \gamma_{sub} \times H_2 = (18 - 9.8) \times 5 = 41kN/m^2$

## 04 아래 그림에서 지표면에서 깊이 6m에서의 연직응력($\sigma_v$)과 수평응력($\sigma_h$)의 크기를 구하면? (단, 토압계수는 0.6이다.)

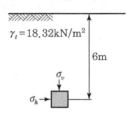

① $\sigma_v = 120.34kN/m^2$, $\sigma_h = 75.78kN/m^2$
② $\sigma_v = 95.42kN/m^2$, $\sigma_h = 65.65kN/m^2$
③ $\sigma_v = 109.92kN/m^2$, $\sigma_h = 65.95kN/m^2$
④ $\sigma_v = 109.92kN/m^2$, $\sigma_h = 57.71kN/m^2$

**해설**
• 연직응력($\sigma_v$)
$\sigma_v = \gamma_t \times z = 18.32 \times 6 = 109.92kN/m^2$
• 수평응력($\sigma_h$)
$\sigma_h = \sigma_v \times K = (\gamma_t \times z)K = 109.92 \times 0.6 = 65.95kN/m^2$

---

**정답**　01 ③　02 ②　03 ②　04 ③

# 02 유효응력의 형태

## 1. 흙의 자중으로 인한 응력($\sigma$)

| 모식도 | A점의 연직응력($\sigma_v$) |
|---|---|
| | $\sigma_v = \gamma_t z$ |
| | **A점의 수평응력($\sigma_h$)** |
| | $\sigma_h = K\sigma_v = K\gamma_t z$ |

- **유효응력 = 전응력 - 간극수압**
  $\sigma' = \sigma - u$
  만약 간극수압($u$)이 0이면
  $\sigma' = \sigma$

- $\gamma_t$ : 흙의 단위중량($t/m^3$)
  $K$ : 토압계수

## 2. 토층이 물 속에 있을 때 유효응력($\sigma'$)

| 모식도 | A점의 전응력($\sigma$) |
|---|---|
| | $\sigma = \gamma_w h + \gamma_{sat} z$ |
| | **A점의 간극수압($u$)** |
| | $u = \gamma_w h + \gamma_w z = (h+z)\gamma_w$ |
| | **A점의 유효응력($\sigma'$)** |
| | $\sigma' = \sigma - u = \gamma_{sat} z - \gamma_w z$ $= (\gamma_{sat} - \gamma_w)z = \gamma_{sub} z$ |

- 토층이 물 속에 있을 때는 지표면 위의 수위 $h$가 증가하여도 유효응력에는 전혀 영향을 주지 않는다.

- **유효응력 = 전응력 - 간극수압**
  $\sigma' = \sigma - u$

- $\gamma_{sat} - \gamma_w = \gamma_{sub}$

## 3. 간극수압계의 물이 상승 시 유효응력($\sigma'$)

| 모식도 | A점의 전응력($\sigma$) |
|---|---|
| | $\sigma = \gamma_{sat} z$ |
| | **A점의 간극수압($u$)** |
| | $u = \gamma_w h + \gamma_w z = (h+z)\gamma_w$ |
| | **A점의 유효응력($\sigma'$)** |
| | $\sigma' = \sigma - u = \gamma_{sat} z - (h+z)\gamma_w$ $= (\gamma_{sat} - \gamma_w)z - \gamma_w h$ $= \gamma_{sub} z - \gamma_w h$ |

- 토층에 간극수압계를 설치하였을 때 물이 상승하면 유효응력은 간극수압($\gamma_w h$)만큼 감소한다.

- 지하수위가 상승하면 간극수압은 증가되어 흙의 유효응력은 감소

**01** 다음 그림에 보인 바와 같이 지하수위면은 지표면 아래 2.0m의 깊이에 있고 흙의 단위중량은 지하수위면 위에서 18.62kN/m³, 지하수위면 아래에서 19.6kN/m³이다. 요소 $A$가 받는 연직 유효응력은?(단, $\gamma_w = 9.8$kN/m³)

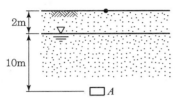

① 194.04kN/m²  ② 186.2kN/m²
③ 135.24kN/m²  ④ 127.4kN/m²

> **해설**
>
> • 전응력($\sigma$)
> $$\sigma = \gamma_t \cdot H_1 + \gamma_{sat} \cdot H_2$$
> $$= (18.62 \times 2) + (19.6 \times 10) = 233.24\text{kN/m}^2$$
> • 간극수압($u$) $= \gamma_w \cdot H_2 = 9.8 \times 10 = 98$kN/m²
> ∴ 유효응력($\sigma'$) $= \sigma - u = 233.24 - 98 = 135.24$kN/m²
>
> [별해]
> $$\sigma' = (\gamma_t \cdot H_1) + (\gamma_{sub} \cdot H_2)$$
> $$= (18.62 \times 2) + [(19.6 - 9.8) \times 10] = 135.24\text{kN/m}^2$$

**02** 아래 그림과 같은 지반의 $A$점에서 전응력 $\sigma$, 간극수압 $u$, 유효응력 $\sigma'$을 구하면?

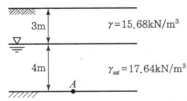

① $\sigma = 117.6$kN/m², $u = 52.5$kN/m², $\sigma' = 65.1$kN/m²
② $\sigma = 142.7$kN/m², $u = 39.2$kN/m², $\sigma' = 103.5$kN/m²
③ $\sigma = 117.6$kN/m², $u = 39.2$kN/m², $\sigma' = 78.4$kN/m²
④ $\sigma = 142.7$kN/m², $u = 52.5$kN/m², $\sigma' = 90.2$kN/m²

> **해설**
>
> • 전응력($\sigma$) $= (\gamma \cdot H_1) + (\gamma_{sat} \cdot H_2)$
> $$= (15.68 \times 3) + (17.64 \times 4) = 117.6\text{kN/m}^2$$
> • 간극수압($u$) $= \gamma_w \cdot H_w = 9.8 \times 4 = 39.2$kN/m²
> • 유효응력($\sigma'$) $= \sigma - u = 117.6 - 39.2 = 78.4$kN/m²

[별해]
$$\sigma' = (\gamma_t \cdot H_1) + (\gamma_{sub} \cdot H_2) = (15.68 \times 3) + [(17.64 - 9.8) \times 4]$$
$$= 78.4\text{kN/m}^2$$

**03** 아래 조건에서 점토층 중간면에 작용하는 유효응력과 간극수압은?

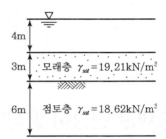

① 유효응력 : 54.69kN/m², 간극수압 : 98kN/m²
② 유효응력 : 45.72kN/m², 간극수압 : 98kN/m²
③ 유효응력 : 54.69kN/m², 간극수압 : 78kN/m²
④ 유효응력 : 45.72kN/m², 간극수압 : 78kN/m²

> **해설**
>
> • 점토층 중간면의 유효응력($\sigma'$)
> $$\sigma' = [(19.21 - 9.8) \times 3] + [(18.62 - 9.8) \times 3] = 54.69\text{kN/m}^2$$
> • 간극수압($u$) : $u = \gamma_w \cdot H_w = 9.8 \times \left(4 + 3 + \frac{6}{2}\right) = 98$kN/m²

**04** 그림과 같이 물이 위로 흐르는 경우 $Y - Y$ 단면에서의 유효응력은?

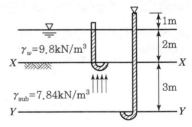

① 6.73kN/m²  ② 13.72kN/m²
③ 19.25kN/m²  ④ 25.92kN/m²

> **해설**
>
> 유효응력($\sigma'$) $= \gamma_{sub} h_3 - \gamma_w \Delta h = 7.84 \times 3 - 9.8 \times 1 = 13.72$kN/m²
> (∵ 물이 위로 흐르는 경우 상향 침투압만큼 유효응력은 감소한다.)

**정답**  01 ③  02 ③  03 ①  04 ②

## 4. 상재 하중이 작용할 때 유효응력

| 모식도 | 구분 | 내용 |
|---|---|---|
| | 전응력 | $\sigma = \gamma_{sat}z + q$ |
| | 간극수압 | $u = \gamma_w(h+z)$ |
| | 유효응력 | $\sigma' = \sigma - u = (\gamma_{sat}-\gamma_w)z + q - \gamma_w h$ $= (\gamma_{sub}z) + q - \gamma_w h$ |

# 03 모세관 현상이 발생할 때의 유효응력

## 1. 모관상승으로 완전 포화된 경우($S = 100\%$)

| 전응력($\sigma$) | 간극수압($u$) | 유효응력($\sigma'$) $= \sigma - u$ |
|---|---|---|
| $\sigma_A = 0$ | $u_A = 0$ | $\sigma'_A = 0$ |
| $\sigma_B = \gamma_t h_1$ | $u_B = -\gamma_w h_2$ | $\sigma'_B = \gamma_t h_1 + \gamma_w h_2$ |
| $\sigma_C = \gamma_t h_1 + \gamma_{sat1} h_2$ | $u_C = 0$ | $\sigma'_C = \gamma_t h_1 + \gamma_{sat1} h_2$ |
| $\sigma_D = \gamma_t h_1 + \gamma_{sat1} h_2 + \gamma_{sat2} z$ | $u_D = \gamma_w z$ | $\sigma'_D = \gamma_t h_1 + \gamma_{sat1} h_2 + \gamma_{sub} z$ |

## 2. 모관상승으로 부분적으로 포화된 경우($0 < S < 100\%$)

| 전응력($\sigma$) | 간극수압($u$) | 유효응력($\sigma'$) $= \sigma - u$ |
|---|---|---|
| $\sigma_A = 0$ | $u_A = 0$ | $\sigma'_A = 0$ |
| $\sigma_B = \gamma_t h_1$ | $u_B = -\gamma_w h_2 S$ | $\sigma'_B = \gamma_t h_1 + \gamma_w h_2 S$ |
| $\sigma_C = \gamma_t h_1 + \gamma_{sat1} h_2$ | $u_C = 0$ | $\sigma'_C = \gamma_t h_1 + \gamma_{sat1} h_2$ |
| $\sigma_D = \gamma_t h_1 + \gamma_{sat1} h_2 + \gamma_{sat2} z$ | $u_D = \gamma_w z$ | $\sigma'_D = \gamma_t h_1 + \gamma_{sat1} h_2 + \gamma_{sub} z$ |

\* 유효응력을 구할 때 지하수위 아래는 $\gamma_{sub}$로 계산

• 상재 하중이 있을 때 유효응력은 지표면 위의 상재 하중($q$)만큼 증가하고 간극수압($\gamma_w h$)만큼 감소한다.

• $\gamma_{sat} = \dfrac{G_s + e}{1+e}\gamma_w$

• $\gamma_{sub} = \dfrac{G_s - 1}{1+e}\gamma_w = \gamma_{sat} - 1$

• 모관현상이 있는 부분은 부(−)의 간극수압이 발생하여 유효응력은 증가(유효응력>전응력)

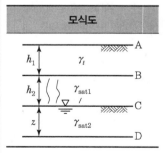

• $S$(포화도) $= \dfrac{V_w}{V_v} \times 100$

**01** 아래 그림과 같이 지표까지가 모관상승지역이라 할 때 지표면 바로 아래에서의 유효응력은?(단, 모관상승지역의 포화도는 90%이다.)

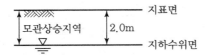

① $8.82\text{kN/m}^2$  　　② $9.8\text{kN/m}^2$

③ $17.64\text{kN/m}^2$  　　④ $19.6\text{kN/m}^2$

 **해설**

지표면 아래에서 유효응력$(\sigma') = \sigma - u$

• 전응력$(\sigma) = 0$(지표면)

• 간극수압$(u) = -\gamma_w z S = -(9.8 \times 2 \times 0.9) = -17.64\text{kN/m}^2$

∴ 유효응력$(\sigma') = \sigma - u = 0 - (-17.64) = 17.64\text{kN/m}^2$

**02** 그림과 같이 지표면에서 2m 부분이 지하수위이고, $e = 0.6$, $G_s = 2.68$이며 지표면까지 모관현상에 의하여 100% 포화되었다고 가정하였을 때 A점에 작용하는 유효응력의 크기는 얼마인가?

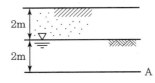

① $70.56\text{kN/m}^2$  　　② $65.66\text{kN/m}^2$

③ $60.76\text{kN/m}^2$  　　④ $55.86\text{kN/m}^2$

 **해설**

A점에 작용하는 유효응력의 크기$(\sigma'_A) = \sigma_A - u_A$

• 전응력$(\sigma_A)$

$\sigma = \gamma_{sat} \times H_1 = (\frac{G_s + e}{1 + e}\gamma_w) \times H_1$

$= (\frac{2.68 + 0.6}{1 + 0.6} \times 1) \times 4 = 8.2\text{t/m}^2 = 80.36\text{kN/m}^2$

• 간극수압$(u_A)$

$u = \gamma_w \times H_2 = 1 \times 2 = 2\text{t/m}^2 = 19.6\text{kN/m}^2$

∴ $\sigma'_A = \sigma - u = 8.2 - 2 = 6.2\text{t/m}^2 = 60.76\text{kN/m}^2$

[별해]

$\sigma'_A = \gamma_{sat} \cdot h_1 + \gamma_{sub} \cdot h_2$

$= (2.05 \times 2) + (1.05 \times 2) = 6.2\text{t/m}^2 = 60.76\text{kN/m}^2$

**03** 아래 그림에서 점토 중앙 단면에 작용하는 유효응력은 얼마인가?

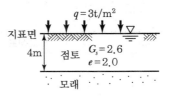

① $12.25\text{kN/m}^2$  　　② $23.23\text{kN/m}^2$

③ $31.85\text{kN/m}^2$  　　④ $39.79\text{kN/m}^2$

 **해설**

점토중앙단면에서 유효응력$(\sigma') = \sigma - u$

• 전응력$(\sigma) = (\gamma_{sat} \times \frac{H}{2}) + q = (1.53 \times \frac{4}{2}) + 3 = 6.06\text{t/m}^2$

$= 59.39\text{kN/m}^2$

$\left[ \gamma_{sat} = \frac{(G_s + e)\gamma_w}{1 + e} = \frac{(2.6 + 2) \times 1}{1 + 2} = 1.53 \right]$

• 간극수압$(u) = \gamma_w \times \frac{H}{2} = 1 \times \frac{4}{2} = 2\text{t/m}^2 = 19.6\text{kN/m}^2$

∴ $\sigma' = \sigma - u = 59.39 - 19.6 = 39.79\text{kN/m}^2$

**04** 그림과 같은 실트질 모래층에서 A점의 유효응력은?(단, 간극비 $e = 0.5$, 흙의 비중 $G_s = 2.65$, 모세관 상승영역의 포화도 $S = 50\%$)

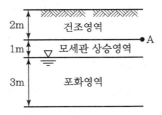

① $29.79\text{kN/m}^2$  　　② $34.69\text{kN/m}^2$

③ $39.59\text{kN/m}^2$  　　④ $44.49\text{kN/m}^2$

 **해설**

A점의 유효응력$(\sigma'_A = \sigma_A - u_A)$

• $\sigma_A = \gamma_d \times H_1 = 1.77 \times 2 = 3.54\text{t/m}^2 = 34.69\text{kN/m}^2$

$(\gamma_d = \frac{G_s \gamma_w}{1 + e} = \frac{2.65 \times 1}{1 + 0.5} = 1.77\text{t/m}^3)$

• $u_A = -(\gamma_w H_2 S) = -(1 \times 1 \times 0.5) = -0.5\text{t/m}^2 = -4.9\text{kN/m}^2$

∴ $\sigma'_A = \sigma_A - u_A = 34.69 - (-4.9) = 39.59\text{kN/m}^2$

# 04 침투가 없는 포화토층 내의 유효응력

## 1. 침투가 없는 포화토 지반

| 모식도 |
| --- |
| 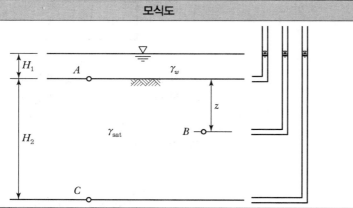 |

• 침투가 없는 포화토층에서의 간극수압은 흙이 일반지반과 같이 평형상태로 변형을 일으키지 않을 때는 정수압과 동일하다.

• 침투가 없는 포화토층에서의 유효응력은 지표면 상부의 수위($H_1$)와 무관하다.

| | | |
| --- | --- | --- |
| **A점** | 전응력 | $\sigma_A = \gamma_w H_1$ |
| | 간극수압 | $u_A = \gamma_w H_1$ |
| | 유효응력 | $\sigma_A' = \sigma_A - u_A$<br>$= \gamma_w H_1 - \gamma_w H_1 = 0$ |
| **B점** | 전응력 | $\sigma_B = \gamma_w H_1 + \gamma_{sat} z$ |
| | 간극수압 | $u_B = \gamma_w (H_1 + z)$ |
| | 유효응력 | $\sigma_B' = \sigma_B - u_B$<br>$= \gamma_w H_1 + \gamma_{sat} z - (\gamma_w H_1 + \gamma_w z)$<br>$= (\gamma_{sat} - \gamma_w) z$<br>$= \gamma_{sub} z$ |
| **C점** | 전응력 | $\sigma_C = \gamma_w H_1 + \gamma_{sat} H_2$ |
| | 간극수압 | $u_C = \gamma_w (H_1 + H_2)$ |
| | 유효응력 | $\sigma_C' = \sigma_C - u_C$<br>$= \gamma_w H_1 + \gamma_{sat} H_2 - (\gamma_w H_1 + \gamma_w H_2)$<br>$= \gamma_{sat} H_2 - \gamma_w H_2$<br>$= (\gamma_{sat} - \gamma_w) H_2$<br>$= \gamma_{sub} H_2$ |

**01** 다음 그림에서 흙 속 6cm 깊이에서의 유효응력은?(단, 포화된 흙의 $\gamma_{sat} = 0.0186\text{N/cm}^3$이다.)

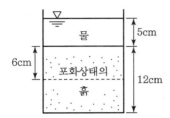

① $0.158\text{N/cm}^2$
② $0.11\text{N/cm}^2$
③ $0.10\text{N/cm}^2$
④ $0.05\text{N/cm}^2$

**해설**

흙 속 6cm 깊이에서의 유효응력$(\sigma') = \sigma - u$
• 전응력$(\sigma) = (\gamma_w \times H_1) + (\gamma_{sat} \times H_2)$
$$= (9.8 \times 10^{-3} \times 5) + (0.0186 \times 6) = 0.16\text{N/cm}^2$$
• 간극수압$(u) = \gamma_w(H_1 + H_2) = 1 \times (5 + 6)$
$$= 9.8 \times 10^{-3} \times 11 = 0.1078\text{N/cm}^2$$
∴ $\sigma' = \sigma - u = 0.16 - 0.1078 = 0.05\text{N/cm}^2$

[별해]
$\sigma' = \gamma_{sub} \cdot H_2 = [0.0186 - (9.8 \times 10^{-3})] \times 6 = 0.05\text{N/cm}^2$

**02** 단위중량$(\gamma_t) = 18.62\text{kN/m}^3$, 내부마찰각$(\phi) = 30°$, 정지토압계수$(K_o) = 0.5$인 균질한 사질토 지반이 있다. 지하수위면이 지표면 아래 2m 지점에 있고 지하수위면 아래의 단위중량$(\gamma_{sat}) = 19.6\text{kN/m}^3$이다. 지표면 아래 4m 지점에서 지반 내 응력에 대한 다음 설명 중 틀린 것은?

① 간극수압$(u)$은 $19.6\text{kN/m}^2$이다.
② 연직응력$(\sigma_v)$은 $78.4\text{kN/m}^2$이다.
③ 유효연직응력$(\sigma_v')$은 $56.84\text{kN/m}^2$이다.
④ 유효수평응력$(\sigma_h')$은 $28.42\text{kN/m}^2$이다.

**해설**

• 간극수압$(u) = \gamma_w \times H = 9.8 \times (4 - 2) = 19.6\text{kN/m}^2$
• 연직응력$(\sigma_v) = (\gamma_t \times H_1) + (\gamma_{sat} \times H_2)$
$$= (18.62 \times 2) + (19.6 \times 2) = 76.44\text{kN/m}^2$$
• 유효연직응력$(\sigma_v') = (\gamma_t \times H_1) + (\gamma_{sub} \times H_2)$
$$= (18.62 \times 2) + [(19.6 - 9.8) \times 2]$$
$$= 56.84\text{kN/m}^2$$

• 유효수평응력$(\sigma'_h)$
$$\sigma'_h = \sigma'_v \cdot K_0 = 58.84 \times 0.5 = 28.42\text{kN/m}^2$$

**03** 그림과 같은 지반에 널말뚝을 박고 기초굴착을 할 때 A점의 압력수두가 3m라면 A점의 유효응력은?(단, $\gamma_w = 10\text{kN/m}^3$이다.)

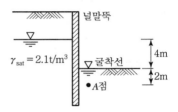

① $10\text{kN/m}^2$
② $12\text{kN/m}^2$
③ $40\text{kN/m}^2$
④ $70\text{kN/m}^2$

**해설**

$\sigma_A' = \sigma_A - u_A$
㉠ $\sigma_A = \gamma_{sat} \times h_A = 21 \times 2 = 42\text{kN/m}^2$
㉡ $u_A = \gamma_w \times h_p = 10 \times 3 = 30\text{kN/m}^2$
∴ $\sigma_A' = \sigma_A - u_A = 42 - 30 = 12\text{kN/m}^2$

[별해]
$\sigma_A' = [(21 - 10) \times 2] - (10 \times 1) = 12\text{kN/m}^2$

# 05 상향침투가 있는 포화토층 내의 유효응력

## 1. 연직 상향침투가 있는 경우

| 모식도 |
| --- |

| | | |
| --- | --- | --- |
| **A점**<br>(침투수압<br>없음) | 전응력($\sigma_A$) | $\sigma_A = \gamma_w H_1$ |
| | 침투수압($F_A$) | $F_A = i\gamma_w z = \dfrac{\Delta h}{H_2}\gamma_w \times 0 = 0$ |
| | 간극수압($u_A$) | $u_A = \gamma_w H_1$ |
| | 유효응력($\sigma_A{}'$) | $\sigma_A{}' = \sigma_A - u_A = 0$ |
| **B점**<br>(상향<br>침투수압<br>발생) | 전응력($\sigma_B$) | $\sigma_B = \gamma_w H_1 + \gamma_{sat} z$ |
| | 침투수압($F_B$) | $F_B = i\gamma_w z = \dfrac{\Delta h}{H_2}\gamma_w z$ |
| | 간극수압($u_B$) | $u_B = \gamma_w(H_1 + z) + F_B$ |
| | 유효응력($\sigma_B{}'$) | $\sigma_B{}' = (\sigma_B - u_B) - F_B = \gamma_{sub} z - i\gamma_w z$<br>$\quad = \gamma_{sub} z - \left(\dfrac{\Delta h}{H_2}\gamma_w z\right)$ |
| **C점**<br>(상향<br>침투수압<br>발생) | 전응력($\sigma_C$) | $\sigma_C = \gamma_w H_1 + \gamma_{sat} H_2$ |
| | 침투수압($F_C$) | $F_C = i\gamma_w z = \dfrac{h}{H_2}\gamma_w H_2 = h\gamma_w$ |
| | 간극수압($u_C$) | $u_C = \gamma_w(H_1 + H_2) + F_C$ |
| | 유효응력($\sigma_C{}'$) | $\sigma_C{}' = (\sigma_C - u_C) - F_C = \gamma_{sub} H_2 - i\gamma_w z$<br>$\quad = \gamma_{sub} H_2 - \left(\dfrac{h}{H_2}\gamma_w H_2\right)$<br>$\quad = \gamma_{sub} H_2 - h\gamma_w$ |

- **침투수압($F$)**
  ① 침투가 없는 포화토층에서의 간극수압은 정수압과 동일
  ② 외력의 영향으로 침투가 있으면 정수압 이외의 추가적인 간극수압이 발생
  ③ 이를 과잉간극수압 또는 침투수압($F$)이라 한다.

- **물이 상향으로 침투할 경우**
  ① 간극수압은 침투수압($F = i\gamma_w z$) 만큼 증가한다.
  ② 유효응력은 침투수압($F = i\gamma_w z$) 만큼 감소한다.
  ($z$는 지면에서 구하는 점까지 길이)

- **단위면적당 침투수압(과잉간극수압)**
  $F(\text{kN/m}^2) = i\gamma_w z$

- **시료면적의 침투수압**
  $F = i\gamma_w ZA$

- $i$ **(동수경사)**
  $i = \dfrac{\Delta h(\text{수두차})}{L(\text{시료길이})}$

- $z$
  (지면에서 구하는 점까지의 거리)

- **위치수두**
  기준면에서 임의점까지의 높이

- **압력수두**
  임의점에서 수면까지의 높이

- **전수두**
  ① 기준면에서 수면까지의 높이
  ② 위치수두 + 압력수두

- 먼저 위치수두, 압력수두를 구하고 전수두를 구한다.

**01** 다음 그림에서 흙의 저면에 작용하는 단위면적당 침투수압은?

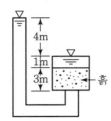

① $78.4\text{kN/m}^2$      ② $49\text{kN/m}^2$

③ $39.2\text{kN/m}^2$      ④ $29.4\text{kN/m}^2$

침투수압(과잉간극수압, $F$)

$F = i\gamma_w z$

$\quad = \dfrac{h(\text{수두차})}{H(\text{시료길이})} \times \gamma_w \times z(\text{지면에서 구하는 점까지의 길이})$

$\quad = \dfrac{4}{3} \times (1 \times 9.8) \times 3 = 39.2\text{kN/m}^2$

**02** 다음 그림에서 C점의 압력수두 및 전수두 값은 얼마인가?

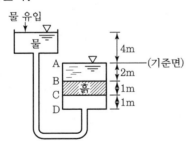

① 압력수두 3m, 전수두 2m

② 압력수두 7m, 전수두 0m

③ 압력수두 3m, 전수두 3m

④ 압력수두 7m, 전수두 4m

**해설**

• C점의 압력수두 $= 4 + 2 + 1 = 7\text{m}$

• C점의 위치수두 $= -(2+1) = -3\text{m}$

• C점의 전수두 = 위치수두 + 압력수두 $= -3 + 7 = 4\text{m}$

〈참고〉

• 위치수두 : 기준면에서 임의점까지의 높이

• 압력수두 : 임의점에서 스탠드파이프 내로 상승한 물기둥 높이

• 전수두 : 위치수두 + 압력수두(기준면에서 수면까지의 높이)

**03** 그림에서와 같이 물이 상방향으로 일정하게 흐를 때 A, B 양단에서의 전수두차를 구하면?

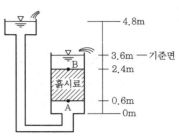

① 1.8m    ② 3.6m    ③ 1.2m    ④ 2.4m

**해설**

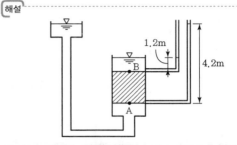

| 구분 | 압력 수두 | 위치 수두 | 전 수두 |
|------|---------|---------|--------|
| A점 | 4.2m | −3m | 1.2m |
| B점 | 1.2m | −1.2m | 0 |

**04** 그림에서 A−A면에 작용하는 유효수직응력은?(단, 흙의 포화단위중량은 $0.0176\text{N/cm}^3$이다.)

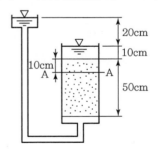

① $0.01\text{N/cm}^2$      ② $0.03\text{N/cm}^2$

③ $0.08\text{N/cm}^2$      ④ $0.10\text{N/cm}^2$

**해설**

침수압이 없을 때 A−A면에 작용하는 유효수직응력$(\sigma') = \sigma - u$

• 전응력$(\sigma) = (\gamma_w H_1) + (\gamma_{sat} H_2)$

$\quad = (9.8 \times 10^{-3} \times 10) + (0.0176 \times 10) = 0.27\text{N/cm}^2$

• 간극수압$(u) = \gamma_w \times H_w = 9.8 \times 10^{-3} \times 20 = 0.20\text{N/cm}^2$

∴ 침수압이 발생된 이후 유효응력$(\sigma')$

$\quad \sigma' = \sigma - u - (i\gamma_w z) = 0.27 - 0.20 - \left(\dfrac{20}{50} \times 9.8 \times 10^{-3} \times 10\right)$

$\quad = 0.03\text{N/cm}^2$

**정답**    01 ③    02 ④    03 ③    04 ②

# 06 하향침투가 있는 포화토층 내의 유효응력

GUIDE

## 1. 연직 하향침투가 있는 경우

| 모식도 |
| --- |
| 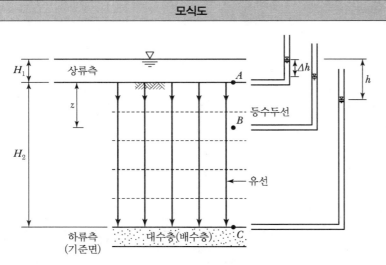 |

• **물이 하향으로 침투할 경우**
 ① 간극수압은 침투수압($F = i\gamma_w z$)
  만큼 감소한다.
 ② 유효응력은 침투수압($F = i\gamma_w z$)
  만큼 증가한다.($z$는 지면에서 구
  하는 점까지의 길이)

• $i\gamma_w z$ : 과잉간극수압(침투압에
 의해 발생된 간극수압, $F$)

• $i$(동수경사)
 $$i = \frac{\Delta h(수두차)}{L(시료길이)}$$

• 침투가 하향으로 발생되면 유효
 응력인 $\gamma_{sub} z$가 하향침투압에 의
 해 $i\gamma_w z$만큼 증가된다.(상향침투
 와 반대)

• $z$는 지면에서 구하는 점까지의 길이

| | | |
| --- | --- | --- |
| **A점**<br>(침투수압<br>없음) | 전응력($\sigma_A$) | $\sigma_A = \gamma_w H_1$ |
| | 침투수압($F_A$) | $F_A = i\gamma_w z = \dfrac{\Delta h}{H_2}\gamma_w \times 0 = 0$ |
| | 간극수압($u_A$) | $u_A = \gamma_w H_1$ |
| | 유효응력($\sigma_A{}'$) | $\sigma_A{}' = \sigma_A - u_A = 0$ |
| **B점**<br>(하향<br>침투수압<br>발생) | 전응력($\sigma_B$) | $\sigma_B = \gamma_w H_1 + \gamma_{sat} z$ |
| | 침투수압($F_B$) | $F_B = i\gamma_w z = \dfrac{\Delta h}{H_2}\gamma_w z$ |
| | 간극수압($u_B$) | $u_B = \gamma_w(H_1 + z) - F_B$ |
| | 유효응력($\sigma_B{}'$) | $\sigma_B{}' = (\sigma_B - u_B) + F_B = \gamma_{sub} z + i\gamma_w z$<br>$\quad = \gamma_{sub} z + (\dfrac{\Delta h}{H_2}\gamma_w z)$ |
| **C점**<br>(하향<br>침투수압<br>발생) | 전응력($\sigma_C$) | $\sigma_C = \gamma_w H_1 + \gamma_{sat} H_2$ |
| | 침투수압($F_C$) | $F_C = i\gamma_w z = \dfrac{\Delta h}{H_2}\gamma_w H_2 = h\gamma_w$ |
| | 간극수압($u_C$) | $u_C = \gamma_w(H_1 + H_2) - F_C$ |
| | 유효응력($\sigma_C{}'$) | $\sigma_C{}' = (\sigma_C - u_C) + F_C = \gamma_{sub} H_2 + i\gamma_w z$<br>$\quad = \gamma_{sub} H_2 + (\dfrac{h}{H_2}\gamma_w H_2)$<br>$\quad = \gamma_{sub} H_2 + h\gamma_w$ |

# 예/상/문/제

**01** 아래의 경우 중 유효응력이 증가하는 것은?

① 땅 속의 물이 정지해 있는 경우
② 땅 속의 물이 아래로 흐르는 경우
③ 땅 속의 물이 위로 흐르는 경우
④ 분사현상이 일어나는 경우

> 해설
물이 하향으로 침투할 때 유효응력은 과잉간극수압만큼 증가한다.

**02** 다음 그림에서 A점의 유효응력은?(단, $e = 0.8$, $G_s = 2.7$)

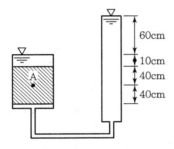

① $441\text{kN/m}^2$  ② $568.4\text{N/m}^2$
③ $637\text{kN/m}^2$  ④ $744.8\text{N/m}^2$

> 해설
$\bigcirc \ \gamma_{sub} = \dfrac{G_s - 1}{1 + e}\gamma_w = \dfrac{2.7 - 1}{1 + 0.8} \times 1 = 0.94\text{g/cm}^3 = 92.12\text{N/m}^3$

$\bigcirc \ \sigma_A' = \gamma_{sub}\,h - i\gamma_w z$

$= 0.94 \times 40 - \dfrac{60}{80} \times 1 \times 40 = 7.6\text{g/cm}^2 = 744.8\text{N/m}^2$

**03** 그림과 같이 물이 위로 흐르는 경우 Y−Y 단면에서의 유효응력은?

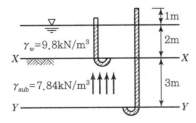

① $10.25\text{kN/m}^2$  ② $13.72\text{kN/m}^2$
③ $9.8\text{kN/m}^2$  ④ $16.87\text{kN/m}^2$

> 해설
Y−Y단면에서의 유효응력
$= \sigma' - $ 침투수압$(i\gamma_w z)$
$= (7.84 \times 3) - \left(\dfrac{1}{3} \times 9.8 \times 3\right) = 13.72\text{kN/m}^2$

**04** 두께 1m인 흙의 간극에 물이 흐른다. a−a면과 b−b면에 피에조미터(Piezometer)를 세웠을 때 그 수두 차가 0.1m이었다면 가장 올바른 설명은?

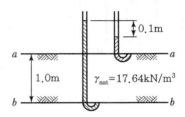

① 물은 a−a 면에서 b−b 면으로 흐르는데 그 침투압은 $9.8\text{kN/m}^2$이다.
② 물은 b−b 면에서 a−a 면으로 흐르는데 그 침투압은 $9.8\text{kN/m}^2$이다.
③ 물은 a−a 면에서 b−b 면으로 흐르는데 그 침투압은 $0.98\text{kN/m}^2$이다.
④ 물은 b−b 면에서 a−a 면으로 흐르는데 그 침투압은 $0.98\text{kN/m}^2$이다.

> 해설
피에조미터(Piezometer)의 수위가 a−a 면보다 b−b 면이 더 높으므로 물의 상향 침투가 발생하며 b−b 면에서 침투압은 $0.98\text{kN/m}^2(i\gamma_w z = \dfrac{0.1}{1} \times 9.8 \times 1)$이다.

**05** 흙속에서의 물의 흐름 중 연직 유효응력의 증가를 가져오는 것은?

① 정수압상태  ② 상향흐름
③ 하향흐름  ④ 수평흐름

> 해설
물이 하향침투하면 유효응력은 침투수압만큼 증가한다.

# 07 널말뚝의 침투

## 1. 널말뚝에서 침투에 의한 전수압(전수두) 및 유효응력

GUIDE

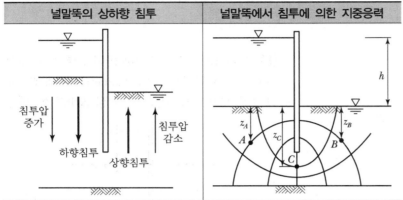

| | 널말뚝의 상하향 침투 | 널말뚝에서 침투에 의한 지중응력 |
|---|---|---|

| | | |
|---|---|---|
| **A점** | 전응력($\sigma_A$) | $\sigma_A = \gamma_w h + \gamma_{sat} z_A$ |
| | 침투수압($F_A$)<br>(전수두, 과잉<br>간극수압) | $F_A = i\gamma_w z = \dfrac{\Delta h}{L}\gamma_w z$<br><br>$= \dfrac{h}{6}\gamma_w \times 5$ |
| | 간극수압($u_A$)<br>(중립응력) | $u_A = \gamma_w(h + z_A) - \dfrac{5}{6}\gamma_w h$ |
| | 유효응력($\sigma_A'$) | $\sigma_A' = \sigma_A - u_A = \gamma_{sub} z_A + \dfrac{5}{6}\gamma_w h$ |
| **B점** | 전응력($\sigma_B$) | $\sigma_B = \gamma_{sat} z_B$ |
| | 침투수압($F_B$)<br>(전수두, 과잉<br>간극수압) | $F_B = i\gamma_w z = \dfrac{\Delta h}{L}\gamma_w z = \dfrac{h}{6}\gamma_w \times 1$ |
| | 간극수압($u_B$)<br>(중립응력) | $u_B = \gamma_w z_B + \dfrac{1}{6}\gamma_w h$ |
| | 유효응력($\sigma_B'$) | $\sigma_B' = \sigma_B - u_B = \gamma_{sub} z_B - \dfrac{1}{6}\gamma_w h$ |
| | 침투유량 | $Q = kH\dfrac{N_f}{N_d}$ |

- 널말뚝은 유선이 단순한 상하향 침투와 달리 유선과 등수두선의 곡선이므로 침투압이나 유효응력 등의 계산은 유선망을 이용한다.

- 침투수압(과잉간극수압)
  $F = i\gamma_w z$

- $z$ : 지면에서 구하는 점까지의 거리

- $i$ (동수경사)
  $i = \dfrac{\Delta h(수두차)}{L(시료길이)}$

- $H$ : 수위차

- $N_d$ : 등수두면수

- $N_f$ : 유로수

- $k = \sqrt{k_h k_v}$

**01** 침투유량($q$) 및 B점에서의 간극수압($u_B$)을 구한 값으로 옳은 것은?(단, 투수층의 투수계수는 $3 \times 10^{-1}$cm/sec이다.)

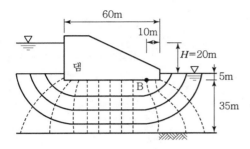

① $q=100$cm³/sec/cm, $u_B=0.5$kg/cm²
② $q=100$cm³/sec/cm, $u_B=1.0$kg/cm²
③ $q=200$cm³/sec/cm, $u_B=0.5$kg/cm²
④ $q=200$cm³/sec/cm, $u_B=1.0$kg/cm²

[해설]

- 침투유량($Q$)
$$= kH\frac{N_f}{N_d} = 3 \times 10^{-1} \times 2,000 \times \frac{4}{12} = 200\text{cm}^3/\text{sec/cm}$$

- $u_B = \gamma_w z_B + \left(\frac{\Delta h}{L}\gamma_w z\right) = (1 \times 5) + \left(\frac{20}{12} \times 1 \times 3\right)$
  $$= 10\text{t/m}^2 = 1\text{kg/cm}^2$$

**02** 그림과 같은 유선망에서 점 A에서 공극 수압은?

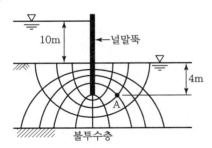

① $39.2$kN/m²
② $58.8$kN/m²
③ $68.6$kN/m²
④ $98$kN/m²

[해설]

A점의 간극(공극) 수압
$$u_A = \gamma_w z_A + i\gamma_w z$$

$$= (9.8 \times 4) + \left(\frac{10}{10} \times 9.8 \times 3\right)$$

$$= 68.6\text{kN/m}^2$$

**03** 다음 그림에 보인 댐에 대하여 A점에 대한 간극수압은?

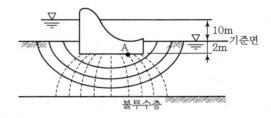

① $3$t/m²
② $4$t/m²
③ $5$t/m²
④ $6$t/m²

[해설]

A점의 간극수압
$$u_A = \gamma_w z_A + i\gamma_w z$$

$$= (1 \times 2) + \left(\frac{10}{10} \times 1 \times 3\right)$$

$$= 5\text{t/m}^2$$

**04** 다음 그림에서 $A$점의 간극수압은?

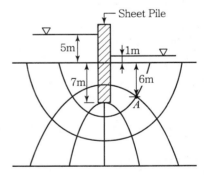

① $47.73$kN/m²
② $75.13$kN/m²
③ $120.64$kN/m²
④ $45.57$kN/m²

[해설]

$A$점의 간극수압
$$u_A = \gamma_w \cdot z_A + \left(\frac{\Delta h}{L} \cdot \gamma_w \cdot z\right)$$

$$= 9.8 \times 7 + \left(\frac{4}{6} \times 9.8 \times 1\right) = 75.13\text{kN/m}^2$$

정답  **01** ④  **02** ③  **03** ③  **04** ②

# 08 분사현상

## 1. 분사현상(quick sand)의 개념

| 개념 |
|---|
| ① 모래지반에서 상향침투가 있을 때, 모래 입자의 하향중량보다 상향침투압이 크면 모래 입자가 상향으로 떠올라서 지반이 파괴되는 현상 |
| ② 분사현상이 일어날 때는 유효응력이 0이 되어 흙 입자 간의 유동이 발생 |
| ③ 보일링(boiling)은 분사현상이 발생하면서 흙이 보글보글 올라오는 현상 |

## 2. 분사현상의 조건

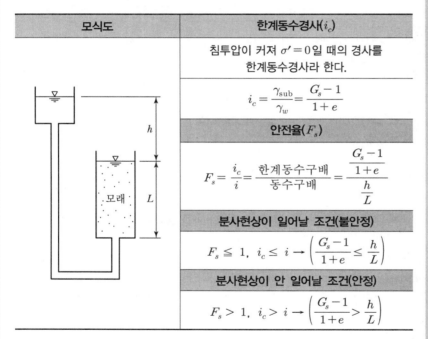

| 모식도 | 한계동수경사($i_c$) |
|---|---|
| | 침투압이 커져 $\sigma' = 0$일 때의 경사를 한계동수경사라 한다. |
| | $$i_c = \frac{\gamma_{sub}}{\gamma_w} = \frac{G_s - 1}{1 + e}$$ |
| | **안전율($F_s$)** |
| | $$F_s = \frac{i_c}{i} = \frac{한계동수구배}{동수구배} = \frac{\dfrac{G_s - 1}{1 + e}}{\dfrac{h}{L}}$$ |
| | **분사현상이 일어날 조건(불안정)** |
| | $$F_s \leq 1, \ i_c \leq i \rightarrow \left( \frac{G_s - 1}{1 + e} \leq \frac{h}{L} \right)$$ |
| | **분사현상이 안 일어날 조건(안정)** |
| | $$F_s > 1, \ i_c > i \rightarrow \left( \frac{G_s - 1}{1 + e} > \frac{h}{L} \right)$$ |

## 3. 파이핑(piping)

| 모식도 | 파이핑(piping) |
|---|---|
| | 분사현상에 의해 흙 입자가 계속 이탈되면 파이프와 같은 공동현상(물이 흐르는 통로)이 생기고 결국 파괴에 이르게 된다. 이렇게 모래를 유출시키는 현상을 파이핑이라 한다. |

GUIDE

- 분사현상은 흙의 투수성과 무관

- **Boiling 현상**
  보일링 현상은 모래지반에서 발생되며 관입깊이를 길게 하면 보일링이 발생되지 않는다.

- **Heaving 현상**
  히빙현상은 연약한 점토질 지반에서 주로 발생되며 굴착 저면이 부푸는 현상이다.

- **Heaving 방지대책**
  ① 흙막이 근입깊이를 깊게 한다.
  ② 표토를 제거(하중을 줄임)
  ③ 굴착면의 하중을 증가
  ④ 부분굴착(Trench cut)
  ⑤ 지반 개량(양질의 재료)

- $\gamma_{sat} = \dfrac{G_s + e}{1 + e} \gamma_w$

- $\gamma_{sub} = \dfrac{G_s - 1}{1 + e} \gamma_w$

- 동수구배($i$)가 클수록 분사현상이 잘 일어난다.

- 동수구배($i$)가 작을수록 분사현상은 발생하지 않는다.

- $G_s \cdot \omega = S \cdot e$

- $e = \dfrac{n}{100 - n}$

- 점성토지반의 바닥융기(heaving)에 대한 안전율
  $$F_s = \frac{5.7c}{\gamma \cdot H - \left( \dfrac{c \cdot H}{0.78} \right)}$$

**01** Boiling 현상은 주로 어떤 지반에 많이 생기는가?

① 모래 지반　　　② 사질점토 지반
③ 보통토　　　　④ 점토질 지반

> 해설

| Boiling | Heaving |
|---|---|
| 모래지반에서 주로 발생 | 연약한 점토질 지반에서 주로 발생 |

**02** 연약 점토지반을 굴착할 때 Sheet Pile을 박고 내부의 흙을 파내면 Sheet Pile 배면의 토괴중량이 굴착 저면의 지지력과 소성평형 상태에 이르러 굴착 저면이 부푸는 현상은?

① Heaving　　　② Biling
③ Quick Sand　　④ Slip

> 해설

히빙현상은 연약한 점토지반에서 주로 발생하며 굴착 저면이 부푸는 현상이다.

**03** 점성토지반의 성토 및 굴착 시 발생하는 Heaving 방지대책으로 틀린 것은?

① 지반개량을 한다.
② 표토를 제거하여 하중을 적게 한다.
③ 널말뚝의 근입장을 짧게 한다.
④ Trench Cut 및 부분 굴착을 한다.

> 해설

히빙 방지대책
• 흙막이의 근입장을 깊게 한다.
• 표토를 제거하여 하중을 줄인다.
• 부분굴착

**04** 어떤 모래의 비중이 2.64이고, 간극비가 0.75일 때 이 모래의 한계동수경사는?

① 0.45　　② 0.64　　③ 0.94　　④ 1.52

> 해설

한계동수경사

$$i_c = \frac{h}{L} = \frac{\gamma_{sub}}{\gamma_w} = \frac{G_s - 1}{1 + e} = \frac{2.64 - 1}{1 + 0.75} = 0.94$$

**05** 그림에서 수두차 $h$를 최소 얼마 이상으로 하면 모래시료에 분사현상이 발생하겠는가?

① 16.5cm
② 17.0cm
③ 17.4cm
④ 18.0cm

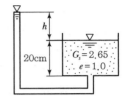

> 해설

분사현상 안전율

$$F_s = \frac{i_c}{i} = \frac{\dfrac{G_s - 1}{1 + e}}{\dfrac{h}{L}} = \frac{\dfrac{2.65 - 1}{1 + 1}}{\dfrac{h}{20}} = \frac{0.825}{\dfrac{h}{20}} = 1$$

$$\therefore h = 16.5\text{cm}$$

**06** 그림에서 안전율 3을 고려하는 경우, 수두차 $h$를 최소 얼마로 높일 때 모래시료에 분사현상이 발생하겠는가?

① 12.75cm
② 9.75cm
③ 4.25cm
④ 3.25cm

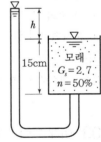

> 해설

분사현상 안전율

• $F_s = \dfrac{i_c}{i} = 3$

• $F_s = \dfrac{\dfrac{G - 1}{1 + e}}{\dfrac{h}{L}} = \dfrac{\dfrac{2.7 - 1}{1 + 1}}{\dfrac{h}{15}} = \dfrac{0.85}{\dfrac{h}{15}} = 3$

$$[간극비(e) = \frac{n}{1 - n} = \frac{0.5}{1 - 0.5} = 1]$$

$$\therefore h = \frac{0.85}{3} \times 15 = 4.25\text{cm}$$

## 01 흙속에서 물의 흐름을 설명한 것으로 틀린 것은?

① 투수계수는 온도에 비례하고 점성에 반비례한다.
② 불포화토는 포화토에 비해 유효응력이 작고, 투수계수가 크다.
③ 흙 속의 침투수량은 Darcy 법칙, 유선망, 침투해석 프로그램 등에 의해 구할 수 있다.
④ 흙 속에서 물이 흐를 때 수두차가 커져 한계동수구배에 이르면 분사현상이 발생한다.

[해설]

유효응력은 흙입자로 전달되는 압력으로 전응력에서 간극수압을 뺀 값이다. 따라서 흙입자만이 받는 응력으로 포화도와 무관하다.

## 02 아래의 경우 중 유효응력이 증가하는 것은?

① 땅 속의 물이 정지해 있는 경우
② 땅 속의 물이 아래로 흐르는 경우
③ 땅 속의 물이 위로 흐르는 경우
④ 분사현상이 일어나는 경우

[해설]

물이 하향으로 침투할 때 유효응력은 간극수압만큼 증가한다.

## 03 아래 그림과 같은 지반의 $A$점에서 전응력 $\sigma$, 간극수압 $u$, 유효응력 $\sigma'$을 구하면?

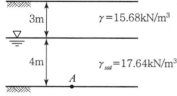

① $\sigma = 99.96\text{kN/m}^2$, $u = 39.2\text{kN/m}^2$, $\sigma' = 60.76\text{kN/m}^2$
② $\sigma = 99.96\text{kN/m}^2$, $u = 29.4\text{kN/m}^2$, $\sigma' = 70.56\text{kN/m}^2$
③ $\sigma = 117.6\text{kN/m}^2$, $u = 39.2\text{kN/m}^2$, $\sigma' = 78.4\text{kN/m}^2$
④ $\sigma = 117.6\text{kN/m}^2$, $u = 29.4\text{kN/m}^2$, $\sigma' = 88.2\text{kN/m}^2$

[해설]

• 전응력
$$\sigma = \gamma \cdot H_1 + \gamma_{sat} \cdot H_2$$

$$= 15.68 \times 3 + 17.64 \times 4$$
$$= 117.6\text{kN/m}^2$$

• 간극수압
$$u = \gamma_w \cdot h_w$$
$$= (1 \times 9.8) \times 4 = 39.2\text{kN/m}^2$$

• 유효응력
$$\sigma' = \sigma - u$$
$$= 117.6 - 39.2 = 78.4\text{kN/m}^2$$

## 04 다음 그림에서 흙 속 6cm 깊이의 유효압력은? (단, 포화된 흙의 단위 체적 중력은 $1.9\text{g/cm}^3$이다.)

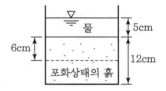

① $124.6\text{N/m}^2$      ② $158.3\text{N/m}^2$
③ $447.6\text{N/m}^2$      ④ $529.2\text{N/m}^2$

[해설]

• 전응력 $\sigma = \gamma_w h_1 + \gamma_{sat} h_2 = 1 \times 5 + 1.9 \times 6 = 16.4\text{g/cm}^2$
$$= 1,607.2\text{kN/m}^2$$
• 공극수압(중립응력) $u = \gamma_w h = 1 \times (5 + 6) = 11\text{g/cm}^2$
$$= 1,078\text{kN/m}^2$$
∴ 유효압력 $\sigma' = \sigma - u = 1,607.2 - 1,078 = 529.2\text{N/m}^2$

## 05 다음 그림에서 A점 위치에 공극 수압계를 설치한 결과 높이가 8.0m가 되었다. 이 흙의 전체 단위중량이 16kN/m³라 할 때 A점의 유효연직응력은?(단, $\gamma_w = 10\text{kN/m}^3$ 이다.)

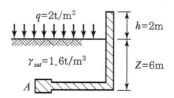

① $15.68\text{kN/m}^2$      ② $25.48\text{kN/m}^2$
③ $35.28\text{kN/m}^2$      ④ $94.08\text{kN/m}^2$

---

**정답**    01 ②    02 ②    03 ③    04 ④    05 ③

해설

- 전응력 $\sigma = \gamma_t \cdot h + q_s = 16 \times 6 + 2 = 113.68 \text{kN/m}^2$
- 공극수압 $u = \gamma_w h = 10 \times (6+2) = 78.4 \text{kN/m}^2$
- ∴ 유효응력 $\sigma' = \sigma - u = 113.68 - 78.4 = 35.28 \text{kN/m}^2$

## 06 다음 그림에서 X−X 단면에 작용하는 유효응력은?

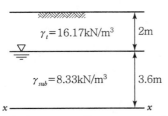

① $41.75 \text{kN/m}^2$  ② $51.35 \text{kN/m}^2$
③ $62.33 \text{kN/m}^2$  ④ $70.66 \text{kN/m}^2$

해설

유효응력
$$\sigma' = \sigma - u$$
$$= \gamma_t \cdot H_1 + \gamma_{sub} \cdot H_2$$
$$= 16.17 \times 2 + 8.33 \times 3.6$$
$$= 62.33 \text{kN/m}^2$$

## 07 아래 그림에서 점토 중앙 단면에 작용하는 유효응력은 얼마인가?

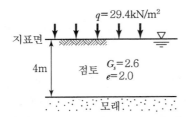

① $12.25 \text{kN/m}^2$  ② $23.23 \text{kN/m}^2$
③ $31.85 \text{kN/m}^2$  ④ $39.86 \text{kN/m}^2$

해설

- 점토층 중앙단면에 작용하는 유효응력
$$\sigma' = \gamma_{sub} H = 5.23 \times 2 = 10.46 \text{kN/m}^2$$
$$\left( \gamma_{sub} = \frac{G_s - 1}{1+e} \gamma_w = \frac{2.6-1}{1+2.0} \times 9.8 = 5.23 \text{kN/m}^2 \right)$$

- 유효 상재하중
$$\therefore \sigma' + q = 10.46 + 29.4 = 39.86 \text{kN/m}^2$$

## 08 그림에서 A−A면에 작용하는 유효수직응력은?(단, 흙의 포화단위중량은 $1.8 \text{g/cm}^3$이다.)

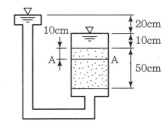

① $2.0 \text{g/cm}^2$  ② $4.0 \text{g/cm}^2$
③ $8.0 \text{g/cm}^2$  ④ $28.0 \text{g/cm}^2$

해설

유효연직응력 $\sigma' = \gamma_{sub} Z - \gamma_w \cdot \dfrac{\Delta h}{H_2} \cdot Z$

$$= (1.8-1) \times 10 - 1 \times \frac{20}{50} \times 10 = 4.0 \text{g/cm}^2$$

## 09 그림에서 지하 4m에서의 유효응력을 구한 값은?

0.0m

$\gamma_t = 16.17 \text{kN/m}^3$

−2.0m

$\gamma_{sat} = 18.13 \text{kN/m}^3$

−4.0m

① $3 \text{t/m}^2$  ② $4 \text{t/m}^2$
③ $5 \text{t/m}^2$  ④ $7 \text{t/m}^2$

해설

- 전응력 $\sigma = \gamma_t h_1 + \gamma_{sat} h_2 = 16.17 \times 2 + 18.18 \times 2 = 68.7 \text{kN/m}^2$
- 간극수압 $u = \gamma_w h = (1 \times 9.8) \times 2 = 19.6 \text{kN/m}^2$
- 유효응력 $\sigma' = \sigma - u = 68.7 - 19.6 = 49.1 \text{kN/m}^2 \div 9.8 = 5 \text{t/m}^2$

[별해]
$$\sigma' = \gamma_t h_1 + \gamma_{sub} h_2 = 16.17 \times 2 + (18.13 - 9.8) \times 2$$
$$= 49 \text{kN/m}^2 \div 9.8 = 5 \text{t/m}^2$$

**10** 그림에서 모관수에 의해 A–A면까지 완전히 포화되었다고 가정하면 B–B면에서의 유효 응력은 얼마인가?

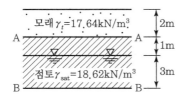

① $61.74\text{kN/m}^2$      ② $70.56\text{kN/m}^2$

③ $80.36\text{kN/m}^2$      ④ $119.56\text{kN/m}^2$

해설

유효응력 $\sigma' = \gamma_1 h_1 + \gamma_{sat} h_2 + (\gamma_{sat} - \gamma_w) h_3$

$= 17.64 \times 2 + 18.62 \times 1 + (18.62 - 9.8) \times 3$

$= 80.36\text{kN/m}^2$

**11** 포화된 지반의 간극비를 $e$, 함수비를 $\omega$, 간극률을 $n$, 비중을 $G_s$ 라 할 때 다음 중 한계 동수경사를 나타내는 식으로 적절한 것은?

① $\dfrac{G_s + 1}{1 + e}$

② $(1+n)(G_s - 1)$

③ $\dfrac{e - \omega}{\omega(1 + e)}$

④ $\dfrac{G_s(1 - \omega + e)}{(1 + G_s)(1 + e)}$

해설

$\therefore\ i_c = \dfrac{G_s - 1}{1 + e} = \dfrac{\dfrac{e}{\omega} - 1}{1 + e} = \dfrac{e - \omega}{\omega(1 + e)}$

($G_s \cdot \omega = S \cdot e$에서 포화토의 경우 $G_s = \dfrac{e}{\omega}$)

**12** 비중 $G_s = 2.35$, 간극비 $e = 0.35$인 모래지반의 한계동수경사는?

① 1.0      ② 1.5

③ 2.0      ④ 2.5

해설

한계동수경사

$i_c = \dfrac{G_s - 1}{1 + e} = \dfrac{2.35 - 1}{1 + 0.35} = 1.0$

**13** 간극률 50%, 비중이 2.50인 흙에서 한계동수경사는?

① 1.25      ② 1.50

③ 0.50      ④ 0.75

해설

한계동수경사

$i_c = \dfrac{G_s - 1}{1 + e} = \dfrac{2.5 - 1}{1 + 1} = 0.75$

(여기서, 간극비 $e = \dfrac{n}{1 - n} = \dfrac{0.5}{1 - 0.5} = 1$)

**14** 비중이 2.50, 함수비 40%인 어떤 포화토의 한계동수경사를 구하면?

① 0.75      ② 0.55

③ 0.50      ④ 0.10

해설

한계동수경사

$i_c = \dfrac{\gamma_{sub}}{\gamma_w} = \dfrac{G_s - 1}{1 + e} = \dfrac{2.5 - 1}{1 + 1}$

$= 0.75$

(여기서, $S \cdot e = G_s \cdot \omega$에서 $1 \times e = 2.5 \times 0.4$, $\therefore\ e = 1$)

**15** 널말뚝을 모래지반에 5m 깊이로 박았을 때 상류와 하류의 수두차가 4m였다. 이때 모래지반의 포화단위중량이 19.6kN/m³이다. 현재 이 지반의 분사현상에 대한 안전율은?

① 0.85      ② 1.25

③ 2.0      ④ 2.5

해설

분사현상 안전율

$$F_s = \frac{i_c}{i} = \frac{\dfrac{\gamma_{sat} - \gamma_w}{\gamma_w}}{\dfrac{h}{L}} = \frac{\dfrac{19.6 - 9.8}{9.8}}{\dfrac{4}{5}} = 1.25$$

**16** 비중이 2.65, 공극률이 40%인 모래 지반의 한계 동수 구배값은 어느 것인가?

① 0.99

② 1.18

③ 1.59

④ 1.89

해설

공극비 $e = \dfrac{n}{100 - n} = \dfrac{40}{100 - 40} = 0.67$

∴ 한계 동수 구배 $i_c = \dfrac{G_s - 1}{1 + e} = \dfrac{2.65 - 1}{1 + 0.67} = 0.99$

**17** 어느 흙댐의 동수경사가 1.0, 흙의 비중이 2.65, 함수비가 40%인 포화토에서 분사현상에 대한 안전율을 구하면?

① 0.8

② 1.0

③ 1.2

④ 1.4

해설

$$F_s = \frac{i_c}{i} = \frac{\dfrac{G_s - 1}{1 + e}}{\dfrac{h}{L}} = \frac{\dfrac{2.65 - 1}{1 + 1.06}}{1.0} = 0.8$$

(여기서, $S \cdot e = G_s \cdot \omega$에서 $1 \times e = 2.65 \times 0.4$  ∴ $e = 1.06$)

**18** 어떤 모래층에서 수두가 3m일 때 한계동수경사가 1.0이었다. 모래층의 두께가 최소 얼마를 초과하면 분사현상이 일어나지 않겠는가?

① 1.5m

② 3.0m

③ 4.5m

④ 6.0m

해설

분사현상 안전율

$$F_s = \frac{i_c}{i} = \frac{\dfrac{G_s - 1}{1 + e}}{\dfrac{h}{L}}, \quad 1 = \frac{1.0}{\dfrac{3}{L}}$$

∴ 시료의 길이(모래층의 두께) L = 3m

**19** 분사현상(quick sand action)에 관한 그림이 아래와 같을 때 수두차 $h$를 얼마 이상으로 하면 모래시료에 분사현상이 발생하겠는가?(단, $G_s = 2.60$, $n = 50\%$)

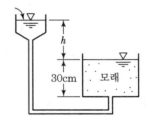

① 6cm

② 12cm

③ 24cm

④ 30cm

해설

• $e = \dfrac{n}{100 - n} = \dfrac{50}{100 - 50} = 1$

• 한계 동수 구배 $i_c = \dfrac{\gamma_{sub}}{\gamma_w} = \dfrac{G_s - 1}{1 + e} = \dfrac{2.60 - 1}{1 + 1} = 0.80$

• 분사현상 발생조건 : $i > i_c$

  $\dfrac{h}{L} > \dfrac{G_s - 1}{1 + e}$ 에서 $\dfrac{h}{30} > 0.8$  ∴ $h = 24$cm

**20** 그림과 같은 조건에서 분사현상에 대한 안전율을 구하면?(단, 모래의 $\gamma_{sat} = 19.6$kN/m³이다.)

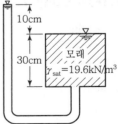

① 1.0

② 2.0

③ 2.5

④ 3.0

해설

분사현상 안전율

$$F_s = \frac{i_c}{i} = \frac{\dfrac{G_s-1}{1+e}}{\dfrac{h}{L}} = \frac{\dfrac{\gamma_{sub}}{\gamma_w}}{\dfrac{h}{L}} = \frac{\dfrac{19.6-9.8}{9.8}}{\dfrac{0.1}{0.3}} = 3$$

**21** 그림에서 안전율 3을 고려하는 경우, 수두차 h를 최소 얼마로 높일 때 모래시료에 분사현상이 발생하겠는가?

① 12.75cm
② 9.75cm
③ 4.25cm
④ 3.25cm

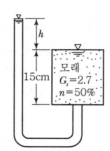

해설

분사현상 안전율

$$F_s = \frac{i_c}{i} = \frac{\dfrac{G_s-1}{1+e}}{\dfrac{h}{L}} \text{에서}$$

$$\therefore 3 = \frac{\dfrac{2.7-1}{1+1}}{\dfrac{h}{15}} \quad \therefore h = 4.25\text{cm}$$

(간극비 $e = \dfrac{n}{1-n} = \dfrac{0.5}{1-0.5} = 1$)

**22** 다음 그림과 같이 물이 흙 속으로 아래에서 침투할 때 분사현상이 생기는 수두차($\Delta h$)는 얼마인가?

① 1.16m
② 2.27m
③ 3.58m
④ 4.13m

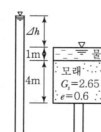

해설

분사현상 안전율

$$F_s = \frac{i_c}{i} = \frac{\dfrac{G_s-1}{1+e}}{\dfrac{h}{L}} = \frac{\dfrac{2.65-1}{1+0.6}}{\dfrac{h}{4}} = \frac{1.03}{\dfrac{h}{4}}$$

$$F_s \leq 1, \ \frac{1.03}{\dfrac{h}{4}} \leq 1$$

$$\therefore \frac{\Delta h}{4} \geq 1.03 \quad \therefore \Delta h \geq 4.125 \text{인 경우 분사현상 발생}$$

**23** 어떤 흙의 비중이 2.65, 간극률이 36%일 때 다음 중 분사현상이 일어나지 않을 동수경사는?

① 1.9
② 1.2
③ 1.1
④ 0.9

해설

• 한계동수경사

$$i_c = \frac{G_s-1}{1+e} = \frac{2.65-1}{1+0.56} = 1.05$$

(여기서, 간극비 $e = \dfrac{n}{1-n} = \dfrac{0.36}{1-0.36} = 0.56$)

• 분사현상이 일어나지 않을 조건
$F_s \geq 1, \ i_c \geq i$
∴ 한계동수경사($i_c$)=1.05보다 동수경사($i$)가 작아야 한다.

**24** 그림과 같이 모래층에 널말뚝을 설치하여 물막이공 내의 물을 배수하였을 때, 분사현상이 일어나지 않게 하려면 얼마의 압력을 가하여야 하는가?(단, 모래의 비중은 2.65, 간극비는 0.65, 안전율은 3)

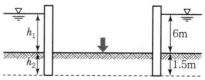

① 65kN/m²
② 130kN/m²
③ 330kN/m²
④ 161.7kN/m²

**해설**

$$F_s = \frac{\text{활동에 저항하는 저항력의 합}}{\text{활동을 일으키려는 작용력의 합}} = \frac{\sigma' + P}{F}$$

- $\sigma' = \gamma_{sub} \cdot h_2 = 9.8 \times 1.5 = 14.7 \text{kN/m}^2$

  $\left(\gamma_{sub} = \dfrac{G_s - 1}{1 + e}\gamma_w = \dfrac{2.65 - 1}{1 + 0.65} \times 9.8 = 9.8 \text{kN/m}^3\right)$

- $F = i\gamma_w z$

  $= \dfrac{h_1}{h_2} \cdot \gamma_w \cdot h_2 = h_1 \cdot \gamma_w = 6 \times 9.8 \text{kN} = 58.8 \text{kN/m}^2$

$\therefore F_s = \dfrac{\sigma' + P}{F} = \dfrac{14.7 + P}{58.8} = 3$

따라서 분사현상이 일어나지 않을 압력 $P = 161.7 \text{kN/m}^2$

---

**25** 다음 그림과 같은 점성토 지반의 굴착 저면에서 바닥융기에 대한 안전율을 Terzaghi 식에 의해 구하면?(단, $\gamma = 16.96 \text{kN/m}^3$, $c = 23.52 \text{kN/m}^2$이다.)

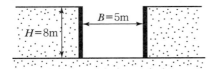

① 3.21
② 2.32
③ 1.64
④ 1.17

**해설**

히빙(Heaving) 안전율

Terzaghi 식 $F_s = \dfrac{5.7c}{\gamma \cdot H - \dfrac{c \cdot H}{0.7B}}$

$= \dfrac{5.7 \times 23.52}{19.96 \times 8 - \dfrac{23.52 \times 8}{0.7 \times 5}} = 1.64$

---

**26** Boiling 현상은 주로 어떤 지반에 많이 생기는가?

① 모래 지반
② 사질 점토 지반
③ 보통토
④ 점토질 지반

**해설**

- Boiling 현상 : 모래 지반
- Heaving 현상 : 연약한 점토질 지반

---

**27** 그림과 같이 모래지반에서 지하수위가 지표면 아래 1m에서 2m로 낮아진다면, A–A′면에 작용하는 연직유효응력의 변화[kN/m²]로 옳은 것은?(단, 지하수위가 하강 후 모래의 습윤단위중량은 17.64kN/m³로 한다.)

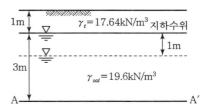

① 1.96 감소
② 1.96 증가
③ 7.84 감소
④ 7.84 증가

**해설**

- 지하수위 3m

  $\sigma' = 17.64 \times 1 + (19.6 - 9.8) \times 3 = 47.04 \text{kN/m}^2$

- 지하수위 2m

  $\sigma' = 17.64 \times 2 + (19.6 - 9.8) \times 2 = 54.88 \text{kN/m}^2$

$\therefore$ 유효응력은 $7.84 \text{kN/m}^2$ 증가

---

**28** 수조에 상방향의 침투에 의한 수두를 측정한 결과, 그림과 같이 나타났다. 이때, 수조 속에 있는 흙에 발생하는 침투력을 나타낸 식은?(단, 시료의 단면적은 $A$, 시료의 길이는 $L$, 시료의 포화단위중량은 $\gamma_{sat}$, 물의 단위중량은 $\gamma_w$이다.)

① $\Delta h \cdot \gamma_w \cdot \dfrac{A}{L}$

② $\Delta h \cdot \gamma_w \cdot A$

③ $\Delta h \cdot \gamma_{sat} \cdot A$

④ $\dfrac{\gamma_{sat}}{\gamma_w} \cdot A$

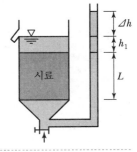

**해설**

- 단위면적당 침투수압

  $F = i\gamma_w z = \dfrac{\Delta h}{L} \times \gamma_w \times L = \Delta h \cdot \gamma_w$

- 시료면적에 작용하는 침투수압

  $F = \Delta h \cdot \gamma_w \cdot A$

---

CHAPTER

# 06

# 지중응력

# 01 집중하중에 의한 지중응력

## 1. 흙의 자중에 의한 응력

| 모식도 | 연직응력($\sigma_v$) |
|---|---|
| | $\sigma_v = \gamma_t z$ |
| | **수평응력($\sigma_h$)** |
| | $\sigma_h = K\sigma_v = K\gamma_t z$ |

- **지중응력**
  지표면에 하중이 작용하는 경우 지반 내에 생기는 응력

- **토압계수($K$)**
  $$K = \frac{\sigma_h{}'}{\sigma_v{}'} = \frac{\sigma_h}{\sigma_v}$$
  만약 간극수압($u$)이 0이면
  $\sigma' = \sigma - u$ 에서
  $\sigma' = \sigma$

- 연직응력 $= \sigma_v = $ 상재토압

## 2. 집중하중 작용 시 유효응력을 고려하지 않은 지중응력

| 모식도 | $z$ 깊이에서 흙덩어리 응력을 고려하지 않을 때 연직응력의 증가량 |
|---|---|
| | $$\Delta\sigma_z = \frac{Q}{z^2}I$$ |
| | ① $\sigma_{z1}$ : 집중하중 작용점에서 $r$만큼 떨어진 점의 지중응력<br>② $\sigma_{z2}$ : 집중하중 작용점 바로 아래(직하)의 지중응력<br>③ $I$ : 영향계수(Boussinesq 지수) |

| 집중하중 점에서 $r$만큼 떨어질 경우 $I$ | 집중하중점 직하 시 $I$ (바로 아래, $r=0$, $R=z$) |
|---|---|
| $I = \dfrac{3}{2\pi}\left(\dfrac{z}{R}\right)^5$ | $I = \dfrac{3}{2\pi}$ |

| 특징 | ① 지반을 반무한 탄성체로 가정(균질, 등방성)한다.<br>② 지중응력 증가량은 탄성계수($E$)와 무관하다.<br>③ 측정치와 탄성이론치가 비교적 잘 맞는다. |
|---|---|

## 3. 유효응력을 고려한 지중응력(유효연직응력)

| 유효연직응력($\sigma_z{}'$) | 내용 |
|---|---|
| $\sigma_z{}' = \sigma' + \Delta\sigma_z$ | ① $\sigma' = \sigma - u = (\gamma_t z) - (\gamma_w z)$<br>② $\Delta\sigma_z = \dfrac{Q}{z^2}I$<br>③ $I = \dfrac{3}{2\pi}\left(\dfrac{z}{R}\right)^5$ |

- **집중하중의 작용점**
  직하($r = 0$)에서 $I$(영향계수)는
  $$I = \frac{3}{2\pi} = 0.4775$$

- $\sigma_v{}'$ : 유효지중(연직)응력
- $\sigma'$ : 유효응력
- $\Delta\sigma_z$ : 연직응력의 증가량

**01** 그림과 같은 지표면에 98kN의 집중하중이 작용했을 때 작용점의 직하 3m 지점에서 이 하중에 의한 연직응력은?

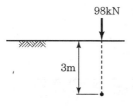

① 4.136kN/m²   ② 5.199kN/m²
③ 6.412kN/m²   ④ 6.938kN/m²

작용점 직하 3m 지점에서 연직응력

$$\Delta\sigma_z = \frac{Q}{z^2}I$$

$$I = \frac{3}{2\pi} = 0.4775$$

$$\therefore \Delta\sigma_z = \frac{Q}{z^2}I = \frac{98}{3^2}\times 0.4775 = 5.199\text{kN/m}^2$$

**02** 지표면에 집중하중이 작용할 때, 연직응력 증가량에 관한 설명으로 옳은 것은?(단, Boussinesq 이론을 사용, $E$는 Young 계수이다.)

① $E$에 무관하다.
② $E$에 정비례한다.
③ $E$의 제곱에 정비례한다.
④ $E$의 제곱에 반비례한다.

해설

지중응력(연직응력 증가량) $\Delta\sigma_z = \dfrac{Q}{z^2}I$

$\therefore E$(Young계수, 탄성계수)와는 무관

**03** 지표면에 78.4kN의 집중하중이 작용할 때 하중작용 위치 직하 2m 위치에 있어서 연직응력은 약 얼마인가?(단, 영향치는 0.4775임)

① 39.2kN/m²   ② 9.4kN/m²
③ 19.6kN/m²   ④ 53.8kN/m²

해설

직하 2m 위치의 연직응력

$$\Delta\sigma_z = \frac{Q}{z^2}I = \frac{78.4}{2^2}\times 0.4775 = 9.4\text{kN/m}^2$$

**04** 아래 그림과 같은 지표면에 2개의 집중하중이 작용하고 있다. 30kN의 집중하중 작용점 하부 2m 지점 $A$에서의 연직하중의 증가량은 약 얼마인가?(단, 영향 계수는 소수점 이하 넷째 자리까지 구하여 계산하시오.)

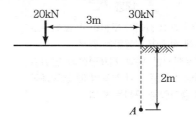

① 3.7kN/m²   ② 8.9kN/m²
③ 14.2kN/m²   ④ 19.4kN/m²

해설

연직응력의 증가량$(\Delta\sigma_z) = \dfrac{Q}{z^2}I_\sigma$

- $\Delta\sigma_z(3^{kN}) + \Delta\sigma_z(2^{kN})$

$$= \left(\frac{Q}{z^2}\times\frac{3}{2\pi}\right) + \left(\frac{Q}{z^2}\times\frac{3}{2\pi}\cdot\frac{z^5}{R^5}\right)$$

$$= \left(\frac{30}{2^2}\times\frac{3}{2\pi}\right) + \left(\frac{20}{2^2}\times\frac{3}{2\pi}\cdot\frac{2^5}{3.6^5}\right) = 3.7\text{kN/m}^2$$

(여기서 $R = \sqrt{r^2 + z^2} = \sqrt{3^2 + 2^2} = 3.6$)

**05** 그림과 같은 지반에 980kN의 집중하중이 지표면에 작용하고 있다. 하중 작용점 바로 아래 5m 깊이에서의 유효연직응력은 얼마인가?

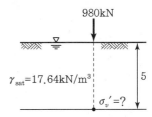

① 19.13kN/m²   ② 79.12kN/m²
③ 102.91kN/m²   ④ 57.92kN/m²

해설

작용점 직하 5m 깊이에서 유효연직응력$(\sigma'_v) = \sigma' + \Delta\sigma_z$

- $\sigma' = (\gamma_{sat} - \gamma_w)\times z = (17.64 - 9.8)\times 5 = 39.2\text{kN/m}^2$
- $\Delta\sigma_z = \dfrac{Q}{z^2}I = \dfrac{980}{5^2}\times\left(\dfrac{3}{2\pi}\right) = 18.72\text{kN/m}^2$

$\therefore \sigma'_v = \sigma' + \Delta\sigma_z = 39.2 + 18.72 = 57.92\text{kN/m}^2$

# 02 선하중에 의한 지중응력

## 1. 선하중에 의한 지중응력

| 내용 | 모식도 |
|---|---|
| ① 폭에 비해 길이가 무한히 긴 토목구조물에 하중이 작용하는 경우<br>② 반무한지반 위의 지표면상에 단위길이당 선하중 $P$가 작용할 때 연직응력의 증가량을 구하는 방법 | |

## 2. 연직응력 증가량

| 하중점 직하 | 편심거리만큼 떨어진 곳 |
|---|---|
| $\Delta\sigma_z = \dfrac{2P}{\pi z}$ | $\Delta\sigma_z = \dfrac{2Pz^3}{\pi(x^2 + z^2)^2}$ |

**01** 반무한지반의 지표상에 무한길이의 선하중 $q_1$, $q_2$가 다음의 그림과 같이 작용할 때 $A$점에서의 연직응력 증가는?

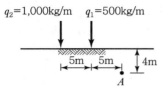

① $3.03\text{kg/m}^2$       ② $12.12\text{kg/m}^2$

③ $15.15\text{kg/m}^2$       ④ $18.18\text{kg/m}^2$

반무한지반에서 선하중 작용 시 응력 증가량

$$\Delta\sigma_z = \frac{2gz^3}{\pi(x^2+z^2)^2}$$

• $q_1 = 500\text{kg/m} = 0.5\text{t/m}$

$$\Delta\sigma_{z1} = \frac{2\times0.5\times4^3}{\pi(5^2+4^2)^2} = 0.012\text{t/m}^2$$

• $q_2 = 1,000\text{kg/m} = 1\text{t/m}$

$$\Delta\sigma_{z2} = \frac{2\times1\times4^3}{\pi(10^2+4^2)^2} = 0.003\text{t/m}^2$$

$\therefore \Delta\sigma_z = \Delta\sigma_{z1} + \Delta\sigma_{z2} = 0.012 + 0.003 = 0.015\text{t/m}^2$

         $= 15\text{kg/m}^2$

# 03 구형(직사각형) 등분포하중 작용

GUIDE

## 1. 구형 등분포하중에 의한 지중응력(모서리점 아래)

| 모식도 | 연직응력 증가량(모서리점 아래) |
|---|---|
|  | $$\sigma_z = I \cdot q$$ |
|  | ① $I = f(m, n)$ ② $m = \dfrac{B}{z}$ <br> ③ $n = \dfrac{L}{z}$ ④ $q = \dfrac{P}{A}$ |

- $\sigma_z$ : 연직응력 증가량
  $q$ : 구형 등분포하중의 크기$(t/m^2)$
  $I$ : 영향계수
  ($m$, $n$을 계산한 후 도표를 이용하여 산정)

- $B$ : 구형 등분포 하중의 폭
  $L$ : 구형 등분포 하중의 길이
  $z$ : 지표면으로부터 구하는 점까지의 연직깊이

## 2. 임의 점 $A$가 구형 안에 있는 경우

| 구하고자 하는 점의 위치가 직사각형 단면 안에 있을 때 | 지중응력(연직응력 증가량) |
|---|---|
|  | $\sigma_z = \sigma_{z(ACBI)} + \sigma_{z(ACDE)}$ <br> $\qquad + \sigma_{z(AGHI)} + \sigma_{z(AEFG)}$ <br> $= I \cdot q_{(1)} + I \cdot q_{(2)} + I \cdot q_{(3)}$ <br> $\qquad + I \cdot q_{(4)}$ |

- 모서리 아래가 아닌 점의 지중응력을 구할 때는 중첩의 원리를 이용

- 지중응력을 구할 점이 직사각형 단면 안에 있는 경우
  ① A점을 기준으로 직사각형의 모서리가 되도록 4부분으로 나눈다.
  ② 각 부분의 지중응력을 계산한다.

## 3. 임의 점 $A$가 구형 밖에 있는 경우

| 구하고자 하는 점의 위치가 직사각형 단면 밖에 있을 때 | 지중응력(연직응력 증가량) |
|---|---|
|  | $\sigma_z = \sigma_{z(ACEG)} - \sigma_{z(ACDH)}$ <br> $\qquad - \sigma_{z(ABFG)} + \sigma_{z(ABIH)}$ |

- 지중응력을 구할 점이 직사각형 단면 밖에 있는 경우는
  ① A점을 모서리로 하는 가상의 사각형을 작도한다.
  ② 각 부분의 지중응력을 계산한다.

- **Newmark 영향원법**
  임의 형태 기초에 작용하는 등분포 하중으로 인하여 발생하는 지중응력 계산에 사용되는 계산법

## 4. 중첩의 원리

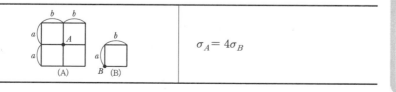

$$\sigma_A = 4\sigma_B$$

## 예 / 상 / 문 / 제

**01** 두 변의 길이가 각각 $L$과 $B$부분에 등분포하중이 모서리 작하 깊이 $z$ 되는 곳의 연직응력 $\sigma_z$는 다음과 같이 구한다. $\sigma_z = q \cdot I(m, n)$ 여기서, $q$는 하중강도, $I(m, n)$은 응력의 영향치 $m = \dfrac{B}{z}$, $n = \dfrac{L}{z}$

이때 중첩의 원리를 써서 다음 그림의 A점 작하 1m되는 곳의 $\sigma_z$는?

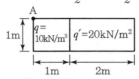

$$m=1, \ n=1이면, \ K_{(m, n)} = 0.175$$
$$m=1, \ n=2이면, \ K_{(m, n)} = 0.200$$
$$m=1, \ n=3이면, \ K_{(m, n)} = 0.203$$

① $5.75\text{kN/m}^2$      ② $4.03\text{kN/m}^2$

③ $3.38\text{kN/m}^2$      ④ $2.31\text{kN/m}^2$

〔해설〕

- $m = \dfrac{B}{z} = \dfrac{1}{1} = 1,$

  $n = \dfrac{L}{z} = \dfrac{1}{1} = 1$

  $\sigma_{z1} = I \cdot q$

    $= 0.175 \times 10 = 1.75\text{kN/m}^2$

- $m = \dfrac{B}{z} = \dfrac{1}{1} = 1,$

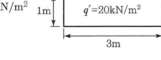

  $n = \dfrac{L}{z} = \dfrac{3}{1} = 3$

  $\sigma_{z2} = I \cdot q' = 0.203 \times 20 = 4.06\text{kN/m}^2$

∴ $\sigma_z = \sigma_{z2} - \sigma_{z1} = 4.06 - 1.75 = 2.31\text{kN/m}^2$

**02** 동일한 등분포하중이 작용하는 그림과 같은 (A)와 (B) 두 개의 구형 기초판에서 A와 B점의 수직 $z$ 되는 깊이에서 증가되는 지중응력을 각각 $\sigma_A$, $\sigma_B$라 할 때 다음 중 옳은 것은?(단, 지반 흙의 성질은 동일함)

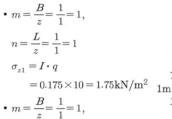

(A)      (B)

① $\sigma_A = \dfrac{1}{2}\sigma_B$      ② $\sigma_A = \dfrac{1}{4}\sigma_B$

③ $\sigma_A = 2\sigma_B$      ④ $\sigma_A = 4\sigma_B$

〔해설〕

중첩의 원리에 의해서 A점의 지중응력($\sigma_A$)은 B점의 지중응력의 4배이다.

∴ $\sigma_A = 4\sigma_B$

**03** 다음 그림과 같이 2m×3m 크기의 기초에 $100\text{kN/m}^2$의 등분포하중이 작용할 때 A점 아래 4m 깊이에서의 연직응력 증가량은?(단, 아래 표의 영향계수 값을 활용하여 구하며, $m = \dfrac{B}{z}$, $n = \dfrac{L}{z}$ 이고 B는 직사각형 단면의 폭, $L$은 직사각형 단면의 길이, $z$는 토층의 깊이이다.)

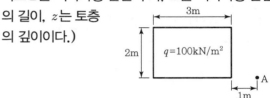

[영향계수($I$) 값]

| $m$ | 0.25 | 0.5 | 0.5 | 0.5 |
|---|---|---|---|---|
| $n$ | 0.5 | 0.25 | 0.75 | 1.0 |
| $I$ | 0.048 | 0.048 | 0.115 | 0.122 |

① $6.7\text{kN/m}^2$      ② $7.4\text{kN/m}^2$

③ $12.2\text{kN/m}^2$      ④ $17.0\text{kN/m}^2$

〔해설〕

구형 등분포하중에 의한 지중응력

$\sigma_z = \sigma_{z(1234)} - \sigma_{z(2546)}$

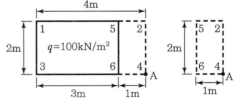

- $\sigma_{z(1234)} = I \cdot q$

  $(m = \dfrac{B}{z} = \dfrac{2}{4} = 0.5, \ n = \dfrac{L}{z} = \dfrac{4}{4} = 1, \ I = 0.1222)$

  ∴ $\sigma_{z(1234)} = I_\sigma g = 0.1222 \times 100 = 12.22$

- $\sigma_{z(2546)} = I \cdot q$

  $(m = \dfrac{B}{z} = \dfrac{1}{4} = 0.25, \ n = \dfrac{L}{z} = \dfrac{2}{4} = 0.5, \ I = 0.048)$

∴ $\sigma_{z(2546)} = I \cdot g = 0.048 \times 100 = 4.8$

따라서 $\sigma_z = \sigma_{z(1234)} - \sigma_{z(2546)} = 12.22 - 4.8 = 7.4\text{kN/m}^2$

# 04 간편법에 의한 지중응력

## 1. 간편법(2 : 1 분포법, $\tan\theta = \dfrac{1}{2}$ 법)

| 모식도 | 장방형 기초의 지중응력 |
|---|---|
| | $q \times B \times L = \Delta\sigma_z \times (B+Z) \times (L+Z)$ <br> $\therefore \Delta\sigma_z = \dfrac{qBL}{(B+Z)(L+Z)}$ |
| | **정방형 기초의 지중응력** |
| | $q \times B^2 = \Delta\sigma_z \times (B+Z)^2$ <br> $\therefore \Delta\sigma_z = \dfrac{qB^2}{(B+Z)^2}$ |
| | **연속 기초의 지중응력** |
| | $q \times B \times 1 = \Delta\sigma_z \times (B+Z) \times 1$ <br> $\therefore \Delta\sigma_z = \dfrac{qB}{B+Z}$ |

GUIDE

- 지중응력(연직응력=수직응력)

- **2대1 분포법의 기본가정**
  지표면에 등분포하중이 재하될 때 하중이 전달되는 수직거리와 수평거리의 비를 2 : 1로 본다.
  $\left(\tan\alpha = \dfrac{1}{2}\right)$

- $q(\text{kN/m}^2)$
- $qBL = P(\text{kN})$

- 장방형 기초=직사각형 기초
- 정방형 기초=정사각형 기초($B=L$)
- 연속기초=$(L+Z)$를 단위길이(1)로 해석

# 05 접지압

## 1. 휨성(가요성) 기초의 접지압

| 점토지반 | 모래지반 |
|---|---|
| | |
| 휨성(가요성) 기초의 밑면 접지압 분포는 어느 부분이나 동일 | |

- **접지압**
  하중에 의해 기초 저면에 접한 지반에 발생하는 지반 반력

## 2. 강성 기초의 접지압

| 점토지반 | 모래지반 |
|---|---|
| | |
| 기초 모서리에서 최대응력 발생 | 기초 중앙부에서 최대응력 발생 |

- 점토지반에 강성기초가 놓인다면 접지압은 양단에서 최대이고 중심부로 갈수록 감소한다.

- 모래지반에 강성기초가 놓인다면 접지압은 중심에서 최대이고 양단으로 갈수록 감소한다.

**01** $5m \times 10m$의 장방형 기초 위에 $q = 58.8 kN/m^2$ 의 등분포하중이 작용할 때 지표면 아래 5m에서의 증가 유효수직응력을 2 : 1 분포법으로 구한 값은?

① $9.8 kN/m^2$       ② $19.6 kN/m^2$
③ $29.4 kN/m^2$      ④ $39.2 kN/m^2$

해설
• 2 : 1 분포법에 의한 지중응력(연직응력, 수직응력)
• $\Delta\sigma_z = \dfrac{qBL}{(B+Z)(L+Z)} = \dfrac{6 \times 5 \times 10}{(5+5)(10+5)}$
$\qquad = 19.6 kN/m^2$

**02** 지표에 설치된 $3m \times 3m$의 정사각형 기초에 $80 kN/m^2$의 등분포하중이 작용할 때, 지표면 아래 5m 깊이에서의 연직응력의 증가량은?(단, 2 : 1 분포법을 사용한다.)

① $7.15 kN/m^2$      ② $9.20 kN/m^2$
③ $11.25 kN/m^2$     ④ $13.10 kN/m^2$

해설
$\Delta\sigma_z = \dfrac{qBL}{(B+Z)(L+Z)} = \dfrac{80 \times 3 \times 3}{(3+5)(3+5)} = 11.25 kN/m^2$

**03** 접지압(또는 지반반력)이 그림과 같이 되는 경우는?

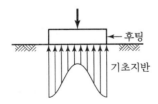

① 푸팅 : 강성, 기초지반 : 점토
② 푸팅 : 강성, 기초지반 : 모래
③ 푸팅 : 연성, 기초지반 : 점토
④ 푸팅 : 연성, 기초지반 : 모래

해설
강성기초의 접지압

| 점토 | 모래 |
| --- | --- |
| 기초 모서리에서 최대응력 발생 | 기초 중앙부에서 최대응력 발생 |

**04** 점성토 지반에 있어서 강성기초의 접지압 분포에 관한 다음 설명 중 옳은 것은?

① 기초의 모서리 부분에서 최대 응력이 발생한다.
② 기초의 중앙부에서 최대 응력이 발생한다.
③ 기초의 밑면 부분에서는 어느 부분이나 동일하다.
④ 기초의 모서리 및 중앙부에서 최대 응력이 발생한다.

해설
점토지반에서 강성기초의 접지압 분포는 기초모서리에서 최대 응력 발생

**05** 접지압의 분포가 기초의 중앙부분에 최대응력이 발생하는 기초형식과 지반은 어느 것인가?

① 연성기초이고 점성지반
② 연성기초이고 사질지반
③ 강성기초이고 점성지반
④ 강성기초이고 사질지반

해설
모래지반에서 강성기초의 접지압 분포는 기초 중앙에서 최대응력 발생

**06** 하중이 완전히 강성(剛性)인 푸팅(footing) 기초판을 통하여 지반에 전달되는 경우의 접지압 (contact pressure) 분포로서 다음 중 적당한 것은?

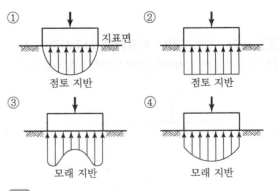

해설
• 강성기초 : 모래 지반
• 연성기초 : 점토 지반 및 모래 지반
• 강성기초 : 점토 지반
• 강성기초 : 모래 지반

CHAPTER **06** 실/전/문/제

**01** 100kN의 집중하중이 지표면에 작용하고 있다. 이때 하중점 직하 6m 깊이에서 연직응력의 증가량은 얼마인가?(단, 영향계수는 0.4775)

① 1.33kN/m²
② 2.24kN/m²
③ 3.24kN/m²
④ 4.24kN/m²

 해설

집중하중에 의한 지중응력 증가량

$$\triangle \sigma_z = \frac{Q}{z^2} I$$

여기서, $I = \frac{3}{2\pi} = 0.4775$

$$\therefore \sigma_z = \frac{Q}{z^2} I = \frac{100}{6^2} \times 0.4775 = 1.33 \text{kN/m}^2$$

**02** 지표면에 250kN의 집중하중이 작용하는 경우, 깊이 5m, 하중작용 위치에서 2.5m 떨어진 점의 연직응력을 Bonssinesq의 식으로 구한 값은?(단, 영향계수($I$)는 0.273을 적용한다.)

① 10.09kN/m²
② 8.76kN/m²
③ 5.46kN/m²
④ 2.73kN/m²

해설

집중하중에 의한 지중응력 증가량

$$\Delta \sigma_z = \frac{Q}{z^2} \cdot I = \frac{250}{5^2} \times 0.273 = 2.73 \text{kN/m}^2$$

**03** 아래 그림과 같이 지표면에 집중하중이 작용할 때 A점에서 발생하는 연직응력의 증가량은?

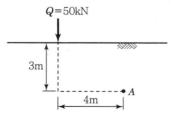

① 0.21kN/m²
② 9.20kN/m²
③ 11.25kN/m²
④ 13.10kN/m²

해설

$$\Delta \sigma_z = \frac{Q}{z^2} I = \frac{Q}{z^2} \times \frac{3}{2\pi} \left( \frac{z}{R} \right)^5$$

$$= \frac{50}{3^2} \times \frac{3}{2 \times \pi} \left( \frac{3}{5} \right)^5 = 0.21 \text{kN/m}^2$$

(여기서, $R = \sqrt{3^2 + 4^2} = 5$)

**04** 두 변의 길이가 각각 $L$과 $B$부분에 등분포하중이 모서리 작하 깊이 $z$ 되는 곳의 연직 응력 $\sigma_z$는 다음과 같이 구한다. $\sigma_z = q \cdot I(m, n)$ 여기서, $q$는 하중강도, $I(m, n)$은 응력의 영향치 $m = \frac{B}{z}$, $n = \frac{L}{z}$ 이때 중첩의 원리를 써서 다음 그림의 A점 작하 1m되는 곳의 $\sigma_z$는?

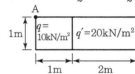

| $m = 1$, $n = 1$이면, $K_{(m, n)} = 0.175$ |
| $m = 1$, $n = 2$이면, $K_{(m, n)} = 0.200$ |
| $m = 1$, $n = 3$이면, $K_{(m, n)} = 0.203$ |

① 5.75kN/m²
② 4.03kN/m²
③ 3.38kN/m²
④ 2.31kN/m²

해설

- $m = \frac{B}{z} = \frac{1}{1} = 1$

  $n = \frac{L}{z} = \frac{1}{1} = 1$

  $\sigma_{z1} = I \cdot q$

  $= 0.175 \times 10 = 1.75 \text{kN/m}^2$

- $m = \frac{B}{z} = \frac{1}{1} = 1$

  $n = \frac{L}{z} = \frac{3}{1} = 3$

  $\sigma_{z2} = I \cdot q' = 0.203 \times 02 = 4.06 \text{kN/m}^2$

$\therefore \sigma_z = \sigma_{z2} - \sigma_{z1} = 4.06 - 1.75 = 2.31 \text{kN/m}^2$

정답    **01** ①    **02** ④    **03** ①    **04** ②

**05** 아래 그림과 같은 지표면에 2개의 집중하중이 작용하고 있다. 30kN의 집중하중 작용점 하부 2m 지점 $A$에서의 연직하중의 증가량은 약 얼마인가?(단, 영향 계수는 소수점 이하 넷째 자리까지 구하여 계산하시오.)

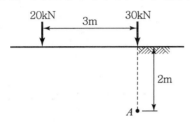

① $3.7\text{kN/m}^2$　　　② $8.9\text{kN/m}^2$

③ $14.2\text{kN/m}^2$　　④ $19.4\text{kN/m}^2$

해설

연직응력의 증가량$(\Delta\sigma_z) = \dfrac{Q}{z^2}I_\sigma$

• $\Delta\sigma_z(3^{\text{kN}}) + \Delta\sigma_z(2^{\text{kN}})$

$= \left(\dfrac{Q}{z^2} \times \dfrac{3}{2\pi}\right) + \left(\dfrac{Q}{z^2} \times \dfrac{3}{2\pi} \cdot \dfrac{z^5}{R^5}\right)$

$= \left(\dfrac{30}{2^2} \times \dfrac{3}{2\pi}\right) + \left(\dfrac{20}{2^2} \times \dfrac{3}{2\pi} \cdot \dfrac{2^5}{3.6^5}\right) = 3.7\text{kN/m}^2$

(여기서 $R = \sqrt{r^2 + z^2} = \sqrt{3^2 + 2^2} = 3.6$)

**06** $2\text{m} \times 3\text{m}$ 크기의 직사각형 기초에 $58.8\text{kN/m}^2$의 등분포하중이 작용할 때 기초 아래 10m 되는 깊이에서의 응력 증가량을 2 : 1 분포법으로 구한 값은?

① $2.26\text{kN/m}^2$　　② $5.31\text{kN/m}^2$

③ $1.33\text{kN/m}^2$　　④ $1.83\text{kN/m}^2$

해설

2 : 1 분포법에 의한 지중응력 증가량

$\Delta\sigma_z = \dfrac{qBL}{(B+Z)(L+Z)} = \dfrac{58.8 \times 2 \times 3}{(2+10)(3+10)} = 2.26\text{kN/m}^2$

**07** 지표에서 $1\text{m} \times 1\text{m}$인 기초에 50kN의 하중이 작용하고 있다. 깊이 4m 되는 곳에서의 연직응력을 2 : 1 분포법으로 구한 값은?

① $4\text{kN/m}^2$　　　② $3\text{kN/m}^2$

③ $1\text{kN/m}^2$　　　④ $2\text{kN/m}^2$

해설

$\Delta\sigma_z = \dfrac{qB^2}{(B+Z)^2} = \dfrac{50 \times 1^2}{(1+4)^2} = 2\text{kN/m}^2$

**08** 그림과 같이 $2\text{m} \times 2\text{m}$ 되는 기초에 $24.5\text{kN/m}^2$의 등분포 하중이 작용한다. 깊이 5m 되는 지점에서 이 하중에 의해 일어나는 연직응력$(\Delta P)$을 2 : 1 분포법으로 구한 값은?

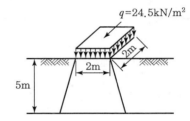

① $0.15\text{kN/m}^2$　　② $1.7\text{kN/m}^2$

③ $1.85\text{kN/m}^2$　　④ $2\text{kN/m}^2$

해설

2 : 1 분포법

$qBL = \Delta P(B+Z)(L+Z)$

$\Delta P = \dfrac{q_s \cdot B \cdot L}{(B+Z)(L+Z)} = \dfrac{24.5 \times 2 \times 2}{(2+5) \times (2+5)} = 2\text{kN/m}^2$

**09** $5\text{m} \times 10\text{m}$의 장방형 기초 위에 $q = 60\text{kN/m}^2$의 등분포하중이 작용할 때 지표면 아래 5m에서의 증가 유효수직응력을 2 : 1 분포법으로 구한 값은?

① $10\text{kN/m}^2$　　　② $20\text{kN/m}^2$

③ $30\text{kN/m}^2$　　　④ $40\text{kN/m}^2$

해설

2 : 1 분포법에 의한 지중응력 증가량

$$\Delta\sigma_z = \frac{qBL}{(B+Z)(L+Z)} = \frac{60 \times 5 \times 10}{(5+5) \cdot (10+5)}$$

$$= 20\text{kN/m}^2$$

**10** 접지압의 분포가 기초의 중앙부분에 최대응력이 발생하는 기초형식과 지반은 어느 것인가?

① 연성기초이고 점성지반
② 연성기초이고 사질지반
③ 강성기초이고 점성지반
④ 강성기초이고 사질지반

해설

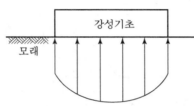

모래지반에서 강성기초의 접지압 분포 : 기초 중앙에서 최대응력 발생

**11** 점토의 지반에 있어서 강성기초의 접지압 분포에 관한 다음의 설명 중 옳은 것은?

① 기초 모서리 부분에서 최대응력이 발생한다.
② 기초 중앙 부분에서 최대응력이 발생한다.
③ 기초 밑면의 응력은 어느 부분이나 동일하다.
④ 기초의 모서리 및 중앙부에서 최대 응력이 발생한다.

해설

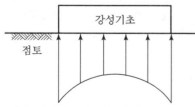

∴ 점토지반에서 강성기초의 접지압분포 : 기초 모서리에서 최대응력 발생

**12** 하중이 완전히 강성(剛性)인 푸팅(Footing) 기초판을 통하여 지반에 전달되는 경우의 접지압(Contact Pressure) 분포로서 다음 중 적당한 것은?

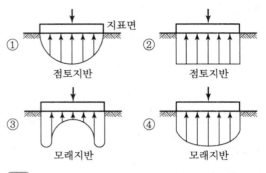

해설

• 강성 기초 : 모래 지반
• 연성 기초 : 점토 지반 및 모래 지반
• 강성 기초 : 점토 지반
• 강성 기초 : 모래 지반

**13** 접지압(또는 지반반력)이 그림과 같이 되는 경우는?

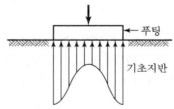

① 푸팅 : 강성, 기초지반 : 점토
② 푸팅 : 강성, 기초지반 : 모래
③ 푸팅 : 연성, 기초지반 : 점토
④ 푸팅 : 연성, 기초지반 : 모래

해설

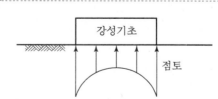

점토지반에서 강성기초의 접지압 분포 : 기초 모서리에서 최대응력 발생

**정답** 10 ④ 11 ① 12 ④ 13 ①

**14** 다음 중 임의 형태 기초에 작용하는 등분포하중으로 인하여 발생하는 지중응력계산에 사용하는 가장 적합한 계산법은?

① Boussinesq법      ② Osterberg법

③ Newmark 영향원법      ④ 2 : 1 간편법

해설
- Newmark 영향원법
  - ㉠ 등분포하중으로 인해 발생하는 지중응력 계산에 사용(불규칙 형상의 단면)
  - ㉡ $\sigma_z = 0.005nq$
    여기서, $n$ : 면적요소 수, $q$ : 등분포하중
- 2 : 1 간편법은 Boussinesq의 탄성이론을 근사화

CHAPTER

# 07

# 압밀

# 01 압밀침하현상

## 1. 압밀의 과정(S = 100%)

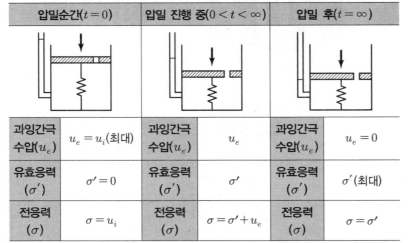

| 압밀의 정의 | | |
|---|---|---|
| 지반위의 상재하중으로 인해 흙 속의 간극에서 물이 배출되면서 서서히 압축(침하)되는 현상으로 투수성이 낮은 점토지반에서 일어난다. | | |

| 압밀순간($t = 0$) | | 압밀 진행 중($0 < t < \infty$) | | 압밀 후($t = \infty$) | |
|---|---|---|---|---|---|
| 과잉간극수압($u_e$) | $u_e = u_i$(최대) | 과잉간극수압($u_e$) | $u_e$ | 과잉간극수압($u_e$) | $u_e = 0$ |
| 유효응력($\sigma'$) | $\sigma' = 0$ | 유효응력($\sigma'$) | $\sigma'$ | 유효응력($\sigma'$) | $\sigma'$(최대) |
| 전응력($\sigma$) | $\sigma = u_i$ | 전응력($\sigma$) | $\sigma = \sigma' + u_e$ | 전응력($\sigma$) | $\sigma = \sigma'$ |

- 물로 가득한 주사기의 구멍을 막고 피스톤을 누르면 그 힘은 물이 받는다.(압밀순간, 압밀 전)
- 주사기 속에 가느다란 스프링을 넣으면 피스톤은 물이 빠져나가야만 스프링을 누를 수 있다.(스프링이 흙 입자, 물은 간극수)

## 2. 침하의 종류

| 탄성침하(즉시침하) | 소성침하 |
|---|---|
| 재하순간 침하가 발생되며 하중을 제거하면 원상태로 회복(함수비의 변화 없음) | 하중을 제거해도 원 상태로 회복되지 않는 처짐 |

## 3. 압밀의 단계

| 1차 압밀(침하) | 2차 압밀(침하) |
|---|---|
| ① 과잉 간극수압이 0이 되면서 일어나는 압밀(점성토에서 주로 발생) <br> ② 점토층의 두께에 비해 재하 면적이 매우 넓고 큰 경우(대단위 해안 매립지, 연약지반) <br> ③ 하중이 증가하면 압밀침하량은 증가하고 압밀도와는 무관하다. | ① 1차 압밀이 100% 진행된 이후의 압밀 <br> ② 유기질이 많은 흙에서 크게 일어나며 점토층 두께가 클수록 2차 압밀이 크다. <br> ③ 과잉간극수압이 0이 된 이후에도 계속되는 압밀 |

- 간극(공극)수압($u$)
  ① 물이 받는 압력
  ② 중립응력

- 과잉 간극수압($u_e$)
  외부하중으로 인하여 간극수에 작용하는 간극수압

- 초기 과잉 간극수압($u_i$)
  ① 시간 $t = 0$일 때 과잉간극수압
  ② 물이 배출되기 직전 과잉간극수압

- 압밀 후 과잉간극수압(간극수)
  소산되면 유효응력은 증가

- 압밀속도
  모래 > 점토
  (투수계수가 큰 모래에서 압밀속도는 빠르다.)

- 침하
  지반이 어떤 원인에 의해 연직변위가 발생할 때 이 연직변위를 침하라 하며 보통 즉시침하만 고려

- 침하량
  모래 < 점토
  (간극비가 큰 점토지반에서 침하량은 더 크다.)

- 압밀침하(장기침하)

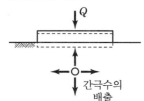

간극수의 배출

**01** 다음의 예들 가운데서 Terzaghi의 1차 압밀이론이 적용되는 것은?

① 연약 점토지반에 Sand Drain을 시공한 예
② 도로, 철도, 제방의 경우
③ 연약 점토층에 고층건물을 구축할 경우
④ 대단위 해안 매립지

**02** 점토 지반에 대한 다음과 같은 재하상태 가운데서 현재의 1차원 압밀이론(Terzaghi 압밀이론)에 가장 가까운 재하 상태는 어느 것인가?

① 점토층의 두께에 비해 재하 면적이 매우 넓고 큰 경우
② 점토층이 두껍고 재하 면적은 제방과 같이 좁고 긴 경우
③ 점토층의 두께에 비해 재하 면적이 매우 작은 경우
④ 재하 면적이 매우 넓고 점토 지반 내에 연직으로 모래 기둥이 많이 박혀 있는 경우

**03** 흙의 2차 압밀에 관한 사항 중 옳은 것은?

① 다량의 유기물을 포함하고 있으면 2차 압밀효과가 적게 나타난다.
② 2차 압밀은 실제 이론 계산에서 구한 압밀도 100%에 가까운 압밀을 말한다.
③ 이론 계산에서 구한 압밀도 100%를 넘어서도 압밀이 계속되는 부분을 2차 압밀이라 한다.
④ 간극 수압이 0이 되면 2차 압밀은 끝난다.

[해설]
• 2차 압밀(침하)은 1차 압밀이 100% 진행된 이후의 압밀이다.
• 유기질이 많은 흙에서 크게 일어나며 점토층 두께가 클수록 2차압밀이 크다.

**04** 포화된 점토에 압밀 하중 $\sigma(\text{kg/cm}^2)$를 작용시켰다. 압밀 하중이 재하된 순간의 응력 상태는? (단, $\sigma'$는 유효 응력, $u$는 공극 수압이다.)

① $\sigma = \sigma'$
② $\sigma = \sigma' + u$
③ $\sigma = u$
④ $\sigma = \sigma' - u$

[해설]

| 구분 | 경과 시간 ($t$) | 공극 수압 ($u$) | 유효 응력 ($\sigma'$) | 전응력 ($\sigma$) |
|---|---|---|---|---|
| 압밀 순간 | $t=0$ | $u$ | 0 | $\sigma = u$ |
| 압밀 진행 중 | $0 < t < \infty$ | $u$ | $\sigma'$ | $\sigma = \sigma' + u$ |
| 압밀 후 | $t=\infty$ | 0 | $\sigma'$ | $\sigma = \sigma'$ |

㉠ 포화된 점토에서 하중은 물에 의해서만 지지되므로 압밀 하중 $\sigma$와 공극 수압($u$)은 같다.
㉡ 압밀 순간의 전응력은 공극 수압과 같다.

**05** 점토의 압밀에 관한 다음 설명 중 틀린 것은?

① 재하된 순간($t=0$)에서의 과잉 공극 수압은 재하량과 같다.
② 과잉 공극 수압은 재하 시간이 경과함에 따라 감소해서 시간이 $\infty$가 될 때 0이 된다.
③ 과잉 공극 수압이 0이 될 때는 1차 압밀이 100% 진행되었다고 한다.
④ 유효 응력은 재하된 순간에 최대치가 된다.

[해설]
유효 응력 $\sigma'$는 재하된 순간($t=0$)에 0이다.

**06** 점토층의 A점에서 Stand pipe를 꽂은 결과 아래 그림과 같았다. A점에서의 과잉공극수압은 다음 중 어느 것인가?

① $(h_1 + h_2 + h_3 + h_4)\gamma_w$
② $(h_2 + h_3 + h_4)\gamma_w$
③ $(h_3 + h_4)\gamma_w$
④ $h_4 \gamma_w$

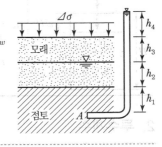

[해설]
• 하중작용 전 공극수압 $= \gamma_w(h_1 + h_2)$
• 하중작용 후 공극수압 $= \gamma_w(h_1 + h_2 + h_3 + h_4)$
• 과잉공극수압 $= \gamma_w(h_3 + h_4)$

정답  **01** ④  **02** ①  **03** ③  **04** ③  **05** ④  **06** ③

## 4. 1차 압밀이론의 기본가정(Terzaghi)

| Terzaghi의 1차 압밀이론의 기본가정 |
|---|
| ① 흙은 균질하다. |
| ② 흙은 완전 포화되어 있다. |
| ③ 토립자와 물은 비압축성이다.(압축성은 무시한다.) |
| ④ 투수와 압축은 수직적(1차원)이다. |
| ⑤ Darcy 법칙이 타당(투수계수는 압력의 크기에 관계없이 일정)하다. |
| ⑥ 압밀이 진행되면 투수계수는 일정하다. |
| ⑦ 대단위 해안 매립지 등에 적용한다. |
| ⑧ 압밀 시 압력−간극비 관계는 이상적으로 직선적 변화를 한다. |

**GUIDE**

• 투수계수($k$)

$k = C_v\, m_v\, \gamma_w$

투수계수는 압력의 크기에 관계 없이 일정하다.

## 5. 압밀시험에 따른 성과표

| 시간 침하곡선(각 하중단계) | $e-\log P$ 곡선(전 하중단계) |
|---|---|
| ① 압밀계수($C_v$) | ① 압축지수($C_c$) |
| ② 압축계수($a_v$) | ② 선행 압밀하중 |
| ③ 체적변화계수($m_v$) | |
| ④ 1차 압밀비 | |
| ⑤ 투수계수 | |

• 시간침하곡선

각 하중 단계마다 작성

• 간극비($e-\log P$)곡선

전 하중 단계에서 작성

# 02  시간침하곡선의 성과표

## 1. 체적변화계수

| 모식도 | 체적변화계수($m_v$, 용적변화율) |
|---|---|
| | $m_v = \dfrac{\dfrac{\Delta V}{V}}{\Delta P} = \dfrac{1}{\Delta P} \cdot \dfrac{\Delta V_v}{V_s + V_v} = \dfrac{1}{\Delta P} \cdot \dfrac{\Delta e}{1 + e_1}$ <br><br> $\therefore\ m_v = \dfrac{a_v}{1 + e_1}\,(\mathrm{cm^2/g})$ |

• 체적변화계수($m_v$)

용적변화율로 표시하며 압력의 증가에 대한 시료 체적의 감소비율 (시료의 높이 변화로 표시)

• 실내 투수시험

① 정수위 투수시험법

$k = \dfrac{QL}{h\,A\,t}$

② 변수위 투수시험법

$k = 2.3\,\dfrac{aL}{AT}\log_{10}\dfrac{h_1}{h_2}$

③ 압밀시험

$k = C_v\, m_v\, \gamma_w$

• 압축계수($a_v$)와 압밀계수($C_v$)는 반비례

## 2. 투수계수

| 식 | 내용 | |
|---|---|---|
| $k = C_v \cdot m_v \cdot \gamma_w$ | $C_v$ : 압밀계수 <br> $m_v = \dfrac{a_v}{1+e_1}$ <br> $a_v$ : 압축계수 | $m_v$ : 체적변화계수 <br> $\gamma_w$ : 물의 단위중량 <br> $e_1$ : 초기 간극비 |

**01** Terzaghi의 압밀이론에 대한 기본 가정으로 옳은 것은?

① 흙은 모든 불균질이다.
② 흙 속의 간극은 공기로만 가득 차 있다.
③ 토립자와 물의 압축량은 같은 양으로 고려한다.
④ 압력과 간극의 관계는 이상적으로 직선화된다.

해설

Terzaghi 압밀이론 기본가정
• 흙은 균질하다.
• 흙 속의 간극은 물로 완전 포화된다.
• 토립자와 물은 비압축성이다.
• 압력과 간극비의 관계는 이상적으로 직선 변화된다.

**02** Terzaghi는 포화점토에 대한 1차 압밀이론에서 수학적 해를 구하기 위하여 다음과 같은 가정을 하였다. 이 중 옳지 않은 것은?

① 흙은 균질하다.
② 흙입자와 물의 압축성은 무시한다.
③ 흙 속에서 물의 이동은 Darcy 법칙을 따른다.
④ 투수계수는 압력의 크기에 비례한다.

해설

투수계수는 압력의 크기에 관계없이 일정하다.

**03** Terzaghi의 1차원 압밀이론에 대한 가정으로 틀린 것은?

① 흙은 균질하다.
② 흙은 완전 포화되어 있다.
③ 압축과 흐름은 1차원적이다.
④ 압밀이 진행되면 투수계수는 감소한다.

해설

압밀이 진행되면 투수계수는 일정하다고 가정

**04** 어떤 점토의 압밀계수는 $1.92 \times 10^{-3} \text{cm}^2/\text{sec}$, 압축계수는 $2.86 \times 10^{-2} \text{cm}^2/\text{g}$이었다. 이 점토의 투수계수는?(단, 이 점토의 초기 간극비는 0.8이다.)

① $1.05 \ 10^{-5} \text{cm/sec}$　② $2.05 \ 10^{-5} \text{cm/sec}$
③ $3.05 \ 10^{-5} \text{cm/sec}$　④ $4.05 \ 10^{-5} \text{cm/sec}$

해설

투수계수 $(k) = C_v \cdot m_v \cdot \gamma_w$
• $C_v$ (압밀계수) $= 1.92 \times 10^{-3} \text{cm}^2/\text{sec}$
• $m_v$ (체적변화계수) $= \dfrac{a_v}{1+e_1} = \dfrac{2.86 \times 10^{-2}}{1+0.8} = 0.0159 \text{cm}^2/\text{g}$

$\therefore \ k = C_v \cdot m_v \cdot \gamma_w = (1.92 \times 10^{-3}) \times (0.0159) \times 1$
$\quad\quad = 3.05 \times 10^{-5} \text{cm/sec}$

**05** 압밀시험에서 시간-압축량 곡선으로부터 구할 수 없는 것은?

① 압밀계수 $(C_v)$　② 압축지수 $(C_c)$
③ 체적변화계수 $(m_v)$　④ 투수계수 $(k)$

해설

| 시간침하(압축)곡선 | 간극비하중 $(e - \log P)$곡선 |
|---|---|
| ① 투수계수 $(k)$ | ① 간극비 $(e)$ |
| ② 압밀계수 $(C_v)$ | ② 선행압밀하중 $(P_c)$ |
| ③ 체적변화계수 $(m_v)$ | ③ 압축지수 $(C_c)$ |

**06** 두께 20m의 점토층이 $100 \text{kN/m}^2$의 하중을 받아서 총 침하량이 8cm가 되었다. 이 토층의 용적변화율은?

① $4 \times 10^{-8} \text{cm}^2/\text{N}$　② $4 \times 10^{-5} \text{cm}^2/\text{N}$
③ $4 \times 10^{-4} \text{cm}^2/\text{N}$　④ $4 \times 10^{-3} \text{cm}^2/\text{N}$

해설

$m_v = \dfrac{\dfrac{\Delta H}{H}}{\Delta P} = \dfrac{1}{H} \cdot \dfrac{\Delta H}{\Delta P} = \dfrac{1}{20} \times \dfrac{0.08}{100}$
$\quad = 4 \times 10^{-5} \text{m}^2/\text{kN}$
$\quad = 4 \times 10^{-8} \text{cm}^2/\text{N}$
$\quad (V = A \times H, \ \Delta V = A \times \Delta H)$

## 3. 시간 침하곡선

| $\log t$ 법 | $\sqrt{t}$ 법 |
|---|---|
| 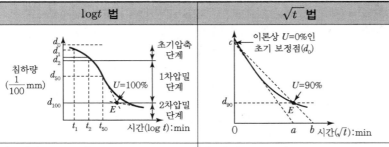 | |
| ① 압밀도 50% 기준 | ① 압밀도 90% 기준 |
| ② 시간계수($T_v$) : 0.197 | ② 시간계수($T_v$) : 0.848 |
| ③ 실제와 잘 맞음 | ③ 사용이 간편 |

## 4. 압밀계수($C_v$)

| 압밀계수 식 | |
|---|---|
| $C_v = \dfrac{k}{m_v \gamma_w} = \dfrac{k(1+e)}{a_v \gamma_w} = \dfrac{T_v \cdot H^2}{t}(\text{cm}^2/\text{sec})$ | $T_v$ : 시간계수<br>$H$ : 배수거리(cm)<br>$t$ : 압밀(침하)시간(sec) |

| $\log t$ 법 | $\sqrt{t}$ 법 |
|---|---|
| 압밀도 50%일 때 $T_v = 0.197$ | 압밀도 90%일 때 $T_v = 0.848$ |
| $C_v = \dfrac{T_{50} H^2}{t_{50}} = \dfrac{0.197 H^2}{t_{50}}$ | $C_v = \dfrac{T_{90} H^2}{t_{90}} = \dfrac{0.848 H^2}{t_{90}}$ |
| $t_{50}$ : 압밀이 50% 진행된 시간<br>(압밀도 50%에 대한 압밀도) | $t_{90}$ : 압밀이 90% 진행된 시간<br>(압밀도 90%에 대한 압밀도) |

## 5. 배수거리

| $H$ : 배수거리(cm) | |
|---|---|
| 일면(단면) 배수 : $H$ | 양면(이면) 배수 : $\dfrac{H}{2}$ |
| 투수층 / 점토층 $H$ / 불투수층 | 투수층 / $\dfrac{H}{2}$ 점토층 $H$ / 투수층 |
| 한쪽만 모래층 | 상하 모래층 |

GUIDE

• **압밀시험 결과**
  시간-침하곡선에서 압밀계수($C_v$)를 직접 구할 수 있다.

• **체적변화계수($m_v$)**
  $$m_v = \frac{a_v}{1 + e_1}(\text{cm}^2/\text{g})$$

• **압밀계수($C_v$)**
  지반의 압밀침하가 진행되는 데 소요되는 시간을 측정하기 위해 구한다.
  ① $\log t$법
   • 압밀도 기준 50%
   • $T_v = 0.197$
  ② $\sqrt{t}$ 법
   • 압밀도 기준 90%
   • $T_v = 0.848$

• 침하시간($t$) $\propto H^2$

• **압밀시험의 배수거리**
  양면(이면) 배수로 해석
  (배수거리 $= \dfrac{H}{2}$)

**01** 압밀시험 결과의 정리에서 $\sqrt{t}$ 방법, $\log t$ 방법의 곡선으로부터 직접 구할 수 있는 것은?

① 압밀계수        ② 압축지수
③ 압축계수        ④ 체적변화계수

해설

시간 − 침하곡선으로 입밀계수 $\left(C_v = \dfrac{T_v \cdot H^2}{t}\right)$ 를 직접 구할 수 있다.

**02** 두께 8m의 포화 점토층의 상하가 모래층으로 되어 있다. 이 점토층이 최종 침하량의 1/2의 침하를 일으킬 때까지 걸리는 시간은?(단, 압밀계수 $C_v$ $= 6.4 \times 10^{-4} cm^2/sec$이다.)

① 570일        ② 730일
③ 365일        ④ 964일

해설

- 압밀소요시간 : $t_{50}$

- $t_{50} = \dfrac{T_v \cdot H^2}{C_v} = \dfrac{0.197 \times \left(\dfrac{800}{2}\right)^2}{6.4 \times 10^{-4}}$

     $= 49,250,000$초 $= 570$일

(압밀도 50%일 때 $T_v = 0.197$, 양면배수 : $\dfrac{H}{2}$)

**03** 압밀계수가 $0.5 \times 10^{-2} cm^2/sec$이고, 일면배수 상태의 5m 두께 점토층에서 90% 압밀이 일어나는 데 소요되는 시간은?(단, 90% 압밀도에서의 시간계수($T_v$)는 0.848이다.)

① $2.12 \times 10^7 sec$        ② $4.24 \times 10^7 sec$
③ $6.36 \times 10^7 sec$        ④ $8.48 \times 10^7 sec$

해설

압밀소요시간(90% 압밀도, 일면배수)

$t_{90} = \dfrac{T_v \cdot H^2}{C_v} = \dfrac{0.848 \times 500^2}{0.5 \times 10^{-2}}$

     $= 42,400,000$초 $= 4.24 \times 10^7$초

**04** 모래지층 사이에 두께 6m의 점토층이 있다. 이 점토의 토질시험 결과가 아래 표와 같을 때, 이 점토층의 90% 압밀을 요하는 시간은 약 얼마인가? (단, 1년은 365일로 하고, 물의 단위중량($\gamma_w$)은 $9.81 kN/m^3$이다.)

- 간극비$(e) = 1.5$
- 압축계수$(a_v) = 4 \times 10^{-3} m^2/kN$
- 투수계수$(k) = 3 \times 10^{-7} cm/s$

① 50.7년        ② 12.7년
③ 5.07년        ④ 1.27년

해설

$C_v = \dfrac{T_v \cdot H^2}{t}$, $t = \dfrac{T_v \cdot H^2}{C_v}$

- $C_v$

   $k = C_v m_v \gamma_w$

   $C_v = \dfrac{k}{m_v \cdot \gamma_w} = \dfrac{3 \times 10^{-7} \times 0.01^m}{\left(\dfrac{4 \times 10^{-3}}{1 + 1.5} \times 9.81\right)}$

     $= 1.911 \times 10^{-7} m^2/sec$

- $t = \dfrac{0.848 \times \left(\dfrac{6}{2}\right)^2}{1.911 \times 10^{-7}} = 39,937,205.65$초

         $= 462.24$일 $= 1.27$년

**05** 두께 5m의 점토층을 90% 압밀하는 데 50일이 걸렸다. 같은 조건하에서 10m의 점토층을 90% 압밀하는 데 걸리는 시간은?

① 100일    ② 160일    ③ 200일    ④ 240일

해설

- 소요시간($t$)과 배수거리($H$)의 관계 $\left(t = \dfrac{T_v \cdot H^2}{C_v}\right)$

- $t \propto H^2$

- $t_1 : H_1^2 = t_2 : H_2^2$

   $50 : 5^2 = t_2 : 10^2$

   $\therefore t_2 = 200$일

정답    **01** ①    **02** ①    **03** ②    **04** ④    **05** ③

# 03 간극비 하중($e-\log P$) 곡선

## 1. 간극비 하중곡선($e-\log P$, 압밀곡선)

| 압밀시험 결과 | 간극비 하중($e-\log P$) 곡선 |
|---|---|
| | ① 압밀시험에서 압밀하중을 단계적으로 증가시킬 때 압밀압력과 최종간극비를 나타낸 곡선<br>② 이 곡선의 기울기를 압축계수($a_v$)<br>③ 이 곡선을 직선화시키기 위해 $e-\log P$ 곡선을 작성 |

| $e-\log P$(간극비 하중) 곡선 작도목적 | 시료가 교란되면 |
|---|---|
| ① 압축지수($C_c$)를 구하기 위해<br>② 압밀 침하량을 계산하기 위해<br>③ 선행압밀 하중을 구해서 흙의 이력상태를 파악하기 위해 | ① 압밀곡선의 기울기가 완만하다.<br>② 압축지수가 작아진다.<br>③ 압밀 진행속도가 느려진다.<br>④ 침하량이 작아진다. |

## 2. 압축계수($a_v$)

| 압축계수($a_v$) | 내용 |
|---|---|
| $a_v = \dfrac{e_1 - e_2}{P_2 - P_1}$ <br><br> $= \dfrac{\Delta e}{\Delta P}(\text{cm}^2/\text{kg})$ | $e_1$ : 초기 간극비<br>$e_2$ : 압밀 종료 시 간극비<br>$P_1$ : 초기 유효연직응력($\sigma'$)<br>$P_2$ : 압밀 종료 시 유효연직응력($P_1 + \Delta P$) |

## 3. 압축지수($C_c$)

| 압축지수($C_c$) | 내용 |
|---|---|
| $C_c = \dfrac{e_1 - e_2}{\log P_2 - \log P_1}$ <br><br> $= \dfrac{\Delta e}{\log \dfrac{P_2}{P_1}}$ | ① 압밀곡선($e-\log P$)에서 직선부분의 기울기(무차원)이며 처녀압축곡선의 기울기<br>② 시료가 교란되면(압밀곡선의 기울기가 완만) 압축지수($C_c$)와 침하량이 감소하고 압밀 진행속도가 느려진다.<br>따라서, 압밀시료는 불교란 시료를 이용한다. |

## 4. 압축지수($C_c$)의 경험식(Terzaghi 경험식)

| 불교란시료(정규압밀점토) | 교란시료 |
|---|---|
| $C_c = 0.009(\omega_L - 10)$ | $C_c = 0.007(\omega_L - 10)$ |

- $e-\log P$ 곡선에서 구할 수 있는 것
  ① 압축지수($C_c$)
  ② 선행 압밀하중($P_c$)

- 압밀시험은 불교란 시료를 이용

- 압밀이 진행되면 전단강도는 증가한다.

- 압밀속도가 증가하면 과잉간극수가 소산된다.

- **압축계수($a_v$)**
  압밀하중의 증가량에 대한 간극비의 감소율로 표기된다.

- **압축지수($C_c$)**
  ① 점토질 성분이 많을수록 압축지수가 크다.
  ② 압축지수가 크면 공극비의 변화와 압축성이 크다.

- **소성도표(A선의 방정식)**
  $I_P = 0.73(\omega_L - 20)$
- $\omega_L$ : 액성한계

**120** | 토질 및 기초

**01** 시험 결과에서 $e - \log P$ 곡선을 그리는 목적은?

① 압밀시간을 계산하려고
② 압밀침하량을 계산하려고
③ 압밀도를 계산하려고
④ 시간계수를 계산하려고

해설

$e - \log P$(간극비 하중) 곡선 작도목적
• 압축지수($C_c$)를 구하기 위해
• 압밀 침하량을 계산하기 위해
• 선행압밀 하중을 구해서 흙의 이력상태를 파악하기 위해

**02** 압밀시험 결과 $e - \log P$ 곡선으로부터 구할 수 없는 것은?

① 선행 압축력           ② 지중 공극비
③ 압축지수             ④ 압밀계수

해설

$e - \log P$ 곡선에서 구할 수 있는 것
• 압축지수($C_c$)           • 선행 압밀하중($P_c$)
• 공극비($e$)

**03** 점토층으로부터 흙시료를 채취하여 압밀시험을 한 결과, 하중강도가 3.0N/cm²로부터 4.6N/cm²로 증가했을 때 공극비는 2.7로부터 1.9로 감소하였다. 압축계수($a_v$)는 얼마인가?

① 0.5cm²/N           ② 0.6cm²/N
③ 0.7cm²/N           ④ 0.8cm²/N

해설

$a_v = \dfrac{e_1 - e_2}{P_2 - P_1} = \dfrac{2.7 - 1.9}{4.6 - 3.0} = 0.5 \text{cm}^2/\text{N}$

**04** 압밀곡선($e - \log P$)에서 처녀압축곡선의 기울기는 무엇을 의미하는가?

① 압축계수             ② 용적변화율
③ 압밀계수             ④ 압축지수

해설

압밀곡선에서 직선부분의 기울기는 압축지수를 의미하며 무차원 값이다.(처녀 압축곡선의 기울기)

**05** 압밀에 관련된 설명으로 잘못된 것은?

① $e - \log P$ 곡선은 압밀침하량을 구하는 데 사용된다.
② 압밀이 진행됨에 따라 전단강도가 증가한다.
③ 교란된 지반이 교란되지 않은 지반보다 더 빠른 속도로 압밀이 진행된다.
④ 압밀도가 증가해감에 따라 과잉간극수가 소산된다.

해설

시료가 교란되면
• 압밀곡선의 기울기가 완만하다.
• 압축지수가 작아진다.
• 압밀 진행속도가 느리고 침하량이 작아진다.
• 따라서, 압밀시험은 불교란 시료를 이용한다.

**06** 다음의 토질시험 중 불교란 시료를 사용해야 하는 시험은?

① 입도분석시험           ② 압밀시험
③ 액성 · 소성한계시험     ④ 흙입자의 비중시험

해설

압밀시험은 불교란 시료를 사용해야 한다. 교란시료는 압축지수와 침하량이 작아지고 압밀진행속도가 느려진다.

**07** 흐트러지지 않은 시료의 정규압밀점토의 압축지수($C_c$) 값은?(단, 액성한계는 45%이다.)

① 0.25                ② 0.27
③ 0.30                ④ 0.315

해설

압축지수($C_c$) $= 0.009(\omega_L - 10) = 0.009(45 - 10) = 0.315$

정답   01 ②   02 ④   03 ①   04 ④   05 ③   06 ②   07 ④

# 04 선행압밀하중

## 1. 선행압밀하중($P_c$)

| 선행압밀하중($P_c$) | 과압밀비($OCR$) |
|---|---|
| ① 시료가 과거에 받았던 최대의 압밀하중 | $$OCR = \dfrac{P_c}{P}$$ |
| ② 하중($\log P$)과 간극비($e$) 곡선(압밀곡선)으로 구한다. | $P_c$ : 선행압밀하중(선행압밀응력, $\sigma_{과거}$) |
| ③ 과압밀비($OCR$) 산정에 이용된다. | $P$ : 현재 하중(유효연직응력, $\sigma'_{현재}$) |

• 과압밀비($OCR$)로 현재의 지반 응력상태를 평가할 수 있다.

• 정규압밀 점토
  $OCR = 1$

• 과압밀 점토
  $OCR > 1$

## 2. 선행압밀하중($P_c$) 결정방법

| 모식도 | $P_c$(선행압밀하중) 결정방법 |
|---|---|
| | ① $e - \log P$ 곡선에서 곡률반경이 최소인 점(A)을 취해 수평선을 그린다.<br>② 곡률반경 최소인 점(A)에 접선을 그린다.<br>③ 수평선과 접선이 이루는 각의 2등분선을 그린다.<br>④ 직선부의 연장선을 그린다.<br>⑤ 각의 2등분선과 연장선이 만나는 점(E)을 구한다.<br>⑥ E점에서 가로축에 수선을 내리면 그 하중이 선행압밀하중($P_c$)이 된다. |

• 선행압밀하중($P_c$)은 $e - \log P$ 곡선에서 결정한다.

## 3. 정규압밀 점토 및 과압밀 점토

| 정규압밀 점토 | 과압밀 점토 |
|---|---|
| $OCR = 1$, $P_c = P$ | $OCR > 1$, $P_c > P$ |
| 현재의 유효연직응력이 선행압밀압력과 동일한 응력상태에 있는 흙<br>(공극비의 변화가 상대적으로 작다.) | 과거에 지금보다도 큰 하중을 받았던 상태로 제일 안정된 상태의 지반이다.<br>(공극비의 변화가 상대적으로 크다.) |
| 자연퇴적 | 절토·굴삭 |

• 압밀 진행 중
  $OCR < 1$, $P_c < P$

• 점토에서 과압밀 발생원인
  ① 전응력의 변화
  ② 흙구조의 변화
  ③ 환경적 요소의 변화

**01** 압밀이론에서 선행(先行) 압밀하중이란?

① 현재 받고 있는 최소의 압밀하중
② 현재 지반 중에서 과거에 최대로 받았던 압밀하중
③ 앞으로 받을 수 있는 최대의 압밀하중
④ 현재 받고 있는 최대의 압밀하중

[해설]
선행압밀하중($P_c$)
• 시료가 과거에 받았던 최대의 압밀하중
• 하중과 간극비 곡선으로 구한다.
• 과압밀비(OCR) 산정에 이용된다.

**02** 압밀시험 결과 시간−침하량 곡선에서 구할 수 없는 값은?

① 1차 압밀비                ② 초기 압축비
③ 선행압밀압력($P_c$)      ④ 압밀계수($C_v$)

[해설]
선행압밀하중은 압밀곡선(e−log P)에서 구할 수 있다.

**03** 압밀이론에서 선행압밀하중에 대한 설명 중 옳지 않은 것은?

① 현재 지반 중에서 과거에 받았던 최대의 압밀하중이다.
② 압밀소요시간의 추정이 가능하여 압밀도 산정에 사용된다.
③ 주로 압밀시험으로부터 작도한 $e-\log P$ 곡선을 이용하여 구할 수 있다.
④ 현재의 지반 응력상태를 평가할 수 있는 과압밀비 산정 시 이용된다.

[해설]
압밀소요시간$\left(t=\dfrac{T_v \cdot H^2}{C_v}\right)$과 선행압밀하중($P_c$)은 무관하다.

**04** 선행압밀하중을 결정하기 위해서는 압밀시험을 행한 다음 어느 곡선으로부터 구할 수 있는가?

① 간극비−압력(log 눈금) 곡선
② 압밀계수−압력(log 눈금) 곡선

③ 1차 압밀비−압력(log 눈금) 곡선
④ 2차 압밀계수−압력(log 눈금) 곡선

**05** 지표면 아래 1m 되는 곳에 점 A가 있다. 본래 이 지층은 건조했으나 댐 건설로 현재는 지표면까지 지하수위가 도달하였다. 다른 요인을 무시할 때 A점의 과압밀비(OCR)는?(단, 흙의 건조 단위중량은 16kN/m³, 포화 단위중량은 20kN/m³, $\gamma_w=10$kN/m³)

① 1.00      ② 1.25      ③ 1.60      ④ 0.80

[해설]
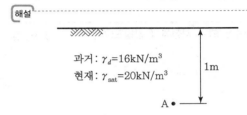

과거 : $\gamma_d$=16kN/m³
현재 : $\gamma_{sat}$=20kN/m³

$$OCR=\frac{P_c(\sigma)}{P(\sigma')}=\frac{\gamma_d \cdot z}{\gamma_{sub} \cdot z}=\frac{16\times1}{(20-10)\times1}=\frac{16}{10}=1.6$$

**06** 다음 그림 중 A점에서 자연 시료를 채취하여 압밀시험한 결과 선행 압축력이 7.94N/cm²이었다. 이 흙은 무슨 점토인가?(단, $\gamma_w=9.8$kN/m³ 이다.)

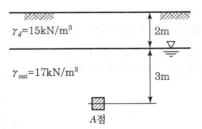

$\gamma_d$=15kN/m³

$\gamma_{sat}$=17kN/m³

A점

① 압밀 진행 중인 점토      ② 정규 압밀 점토
③ 과압밀 점토             ④ 이것으로는 알 수 없다.

[해설]
• 유효 상재 하중($P$) $= \gamma_d \cdot h_1 + \gamma_{sub} \cdot h_2$
$$= (15\times2)+(17-9.8)\times3=51.6\text{kN/m}^2$$
• $OCR$(과압밀비) $= \dfrac{P_c}{P}=\dfrac{79.4}{51.6}=1.54$
  $OCR(1.54)>1$
∴ 과압밀 점토
※ 7.94N/cm²=79.4kN/m²

# 05 압밀도

## 1. 압밀도

| 압밀도 | 특징 |
|---|---|
| ① 압밀의 진행 정도<br>② $U$로 표현 | 초기과잉간극수압이 가장 크면 압밀현상이 가장 늦게 일어난다. |
| | 압밀도는 배수층(투수층)에 근접할수록 증가한다. |

• **압밀도($U$)**
  임의시간 $t$가 경과한 후 지층 내에서의 압밀의 정도

• **평균압밀도($\overline{U}$)**
  점토층 전체의 압밀도(압밀도 $U_z$는 지층의 깊이에 따라 다르다.)

## 2. $Z$ 지점에서 압밀도($U_z$)와 평균압밀도($\overline{U}$)

| 깊이 z 되는 지점에서 압밀도($U_z$) | 전체 점토층의 평균압밀도($\overline{U}$) |
|---|---|
| $U_z = \dfrac{\text{소산된 과잉간극수압}}{\text{초기 과잉간극수압}}$<br>$= \dfrac{u_i - u_t}{u_i} \times 100$<br>$= \dfrac{P - u_t}{P} \times 100$ | $\overline{U} = \dfrac{\Delta H_t}{\Delta H} \times 100(\%)$ |
| ① $u_i$ : 초기 과잉간극수압(kg/cm²), $u_i = \gamma_w h$<br>② $u_t$ : $t$시간 이후의 과잉간극수압<br>③ $P$ : 점토층에 가해진 압력(kg/cm²)<br>④ $u$(전체 간극수압)$= u_i + u_t$ | ① $\Delta H_t$ : $t$ 시간 후의 압밀침하량<br>② $\Delta H$ : 전체 압밀침하량 |

• 과잉간극수압은 외부하중으로 인해 발생하는 수압

• **압밀순간**
  $\sigma(P) = u_i$

## 3. 압밀도(U)에 영향을 주는 요소

| 압밀도(U)는 시간계수에 비례한다. | 특징 |
|---|---|
| ① $U_z = f(T_v)$<br>② $T_v = \dfrac{C_v t}{H^2}$ | ① 시간계수($T_v$), 압밀계수($C_v$), 소요시간($t$)에 비례<br>② 배수거리(H)의 제곱에 반비례 |

• **압밀도와 시간계수**

| 압밀도 | 시간계수($T_v$) |
|---|---|
| $U_z = 50\%$ | 0.197 |
| $U_z = 90\%$ | 0.848 |

• 하중의 증가량과 압밀도와는 관계가 없다.

## 예 / 상 / 문 / 제

**01** 연약지반에 구조물을 축조할 때 피에조미터를 설치하여 과잉간극수압의 변화를 측정했더니 어떤 점에서 구조물 축조 직후 100kN/m²이었지만, 4년 후는 20kN/m²이었다. 이때의 압밀도는?

① 20%  ② 40%

③ 60%  ④ 80%

 해설

압밀도 $(U_z) = \dfrac{u_i - u_t}{u_i} \times 100$

$= \dfrac{100 - 20}{10} \times 100$

$= 80\%$

**02** 지표면에 40kN/m²의 성토를 시행하였다. 압밀이 70% 진행되었다고 할 때 현재의 과잉 간극 수압은?

① 8kN/m²  ② 12kN/m²

③ 22kN/m²  ④ 28kN/m²

해설

압밀도 $(U_z) = \dfrac{P - u_t}{P} \times 100$, $70 = \dfrac{40 - u_t}{40} \times 100$

∴ 현재 간극수압 $(u_t) = 12$kN/m²

**03** 다음과 같은 지반에서 재하 순간 수주(水柱)가 지표면(지하수위)으로부터 5m였다. 40% 압밀이 일어난 후 A점에서의 전체 간극수압은 얼마인가? (단, 물의 단위 중량은 9.81kN/m³이다.)

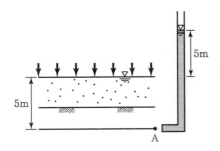

① 19.62kN/m²  ② 29.43kN/m²

③ 49.05kN/m²  ④ 78.48kN/m²

해설

압밀도 $(U_z) = \dfrac{u_i - u_t}{u_i} \times 100$

• $u_i$(초기과잉간극수압) $= \gamma_w \cdot H = 9.81 \times 5 = 49.05$kN/m²

• 압밀도 $(U_z) = 40\%$

$40\% = \dfrac{(5 \times 9.81) - u_i}{(5 \times 9.81)} \times 100$

∴ $u_t = 29.43$kN/m²

• A점 간극수압은

$(u) = $ 정수압 $(u_i) + $ 과잉간극수압 $(u_t)$

$= 49.05 + 29.43 = 78.48$kN/m²

**04** 그림과 같은 지반에 피에조미터를 설치하고 성토한 순간에 수주(水柱)가 지표면에서부터 4m였다. 4개월 후에 수주가 3m가 되었다면 지하 6m 되는 곳의 압밀도와 과잉간극수압은?(단, $\gamma_w = 10$kN/m³이다.)

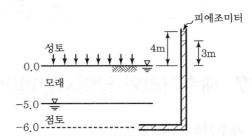

|  | 압밀도 | 과잉간극수압 |
|---|---|---|
| ① | 10% | 90kN/m² |
| ② | 25% | 30kN/m² |
| ③ | 75% | 60kN/m² |
| ④ | 90% | 50kN/m² |

해설

• 압밀도 $(U_z) = \dfrac{u_i - u_t}{u_i} \times 100 = \dfrac{40 - 30}{40} \times 100$

$= 25\%$

• $t$시간 후의 과잉간극수압 $(u_t) = 3$m $\times 10$kN/m³

$= 30$kN/m²

# 06 압밀침하량($\Delta H$)

## 1. 압밀침하량(정규압밀점토)

| $\Delta H$(압밀침하량) | 내용 |
|---|---|
| $\Delta H = m_v \Delta PH$<br><br>$\quad = \dfrac{a_v}{1+e_1}\Delta PH$<br><br>$\quad = \dfrac{e_1-e_2}{1+e_1}H$<br><br>$\quad = \dfrac{C_c}{1+e_1}\log\dfrac{P_2}{P_1}H$ | ① $m_v = \dfrac{a_v}{1+e_1}$<br><br>② $a_v = \dfrac{e_1-e_2}{P_2-P_1} = \dfrac{e_1-e_2}{\Delta P}$<br><br>③ $C_c = \dfrac{e_1-e_2}{\log P_2 - \log P_1} = \dfrac{e_1-e_2}{\log\dfrac{P_2}{P_1}}$ |
| | • $e_1$ : 초기 간극비(최초 간극비)<br>• $C_c$ : 압축지수<br>• $P_1$ : 자중에 의한 유효응력(초기 유효연직응력)<br>• $P_2$ : 상재하중에 의해 증가된 유효응력<br>$\quad(P_2 = P_1 + \Delta P)$<br>• $H$ : 점토층(압밀층) 두께 |

- $m_v$ : 체적변화계수
- $a_v$ : 압축계수
- $C_c$ : 압축지수
- 압밀침하량과 압밀계수($C_v$)와는 무관

- **압축지수($C_c$) 경험식**
  ① 불교란 시료
  $\quad C_c = 0.009(\omega_L - 10)$
  ② 교란 시료
  $\quad C_c = 0.007(\omega_L - 10)$

# 07 배수거리와 압밀시간과의 관계

## 1. 배수거리와 압밀층 두께

| 압밀시간과 배수거리의 관계 | 특징 |
|---|---|
| $t_1 : t_2 = H_1^2 : H_2^2$<br><br>$\therefore t_2 = \left(\dfrac{H_2}{H_1}\right)^2 \times t_1$ | ① $t_1$ : 시료의 압밀시간<br>② $H_1$ : 시료의 배수거리<br>③ $t_2$ : 현장 흙의 압밀시간<br>④ $H_2$ : 현장 시료의 배수거리 |

| 일면 배수층의 배수거리($H$) | 양면 배수층의 배수거리($H/2$) |
|---|---|
| 투수층<br><br>점토층 $\quad\quad H$<br><br>불투수층 | 투수층<br>$\dfrac{H}{2}$ ─점토층─ $\quad H$<br>투수층 |

- $T_v = \dfrac{C_v\, t}{H^2}$
  $\therefore t \propto H^2$

- **배수 길이**
  ① 일면 배수 : $H$
  ② 양면 배수 : $H/2$

**01** 다음 중 압밀침하량 산정 시 관련이 없는 것은?

① 체적변화계수　　② 압축지수

③ 압축계수　　　　④ 압밀계수

해설

압밀침하량과 압밀계수와는 무관

**02** 두께 5m의 점토층이 있다. 압축 전의 간극비가 1.32, 압축 후의 간극비가 1.01로 되었다면 이 토층의 압밀침하량은 약 얼마인가?

① 67cm　② 58cm　③ 52cm　④ 47cm

해설

$$\Delta H = \frac{e_1 - e_2}{1 + e_1} \cdot H = \frac{1.32 - 1.01}{1 + 1.32} \times 500 = 67 \text{cm}$$

**03** 두께 6m의 점토층이 있다. 이 점토의 간극비는 $e = 2.0$이고 액성한계는 $W_L = 70\%$이다. 지금 압밀하중을 20N/cm²에서 40N/cm²로 증가시키려고 한다. 예상되는 압밀침하량은?(단, 압축지수 $C_c$는 Skempton의 식 $C_c = 0.009(W_L - 10)$을 이용할 것)

① 0.27m　② 0.33m　③ 0.49m　④ 0.65m

해설

$$\Delta H(압밀침하량) = \frac{C_c}{1 + e} \log \frac{P_2}{P_1} H$$
$$= \frac{0.54}{1 + 2} \times \log \frac{40}{20} \times 6 = 0.33 \text{m}$$

※ $C_c = 0.009(\omega_L - 10) = 0.009(70 - 10) = 0.54$

**04** 두께 10m의 점토층에서 시료를 채취하여 압밀시험한 결과 압축지수가 0.37, 간극비는 1.24이었다. 이 점토층 위에 구조물을 축조하는 경우, 축조 이전의 유효압력은 100kN/m²이고 구조물에 의한 증가응력은 50kN/m²이다. 이 점토층이 구조물 축조로 인하여 생기는 압밀침하량은 얼마인가?

① 8.7cm　　　　　② 29.1cm

③ 38.2cm　　　　④ 52.7cm

해설

$$압밀침하량(\Delta H) = \frac{C_c}{1 + e_1} \log \frac{P_2}{P_1} H$$
$$= \frac{0.37}{1 + 1.24} \log \frac{100 + 50}{100} \times 10$$
$$= 0.291 \text{m} = 29.1 \text{cm}$$

**05** 점토층의 두께 5m, 간극비 1.4, 액성한계 50%이고 점토층 위의 유효 상재 압력이 100kN/m²에서 140kN/m²로 증가할 때의 침하량은?(단, 압축지수는 흐트러지지 않은 시료에 대한 Terzaghi & Peck의 경험식을 사용하여 구한다.)

① 8cm　② 11cm　③ 24cm　④ 36cm

해설

• 압축지수$(C_c) = 0.009(\omega_L - 10)$
$$= 0.009 \times (50 - 10) = 0.36$$

• 침하량$(\Delta H) = \frac{C_c}{1 + e} \log \frac{P_2}{P_1} H$
$$= \frac{0.36}{1 + 1.4} \times \log \frac{140}{100} \times 5$$
$$= 0.11 \text{m} = 11 \text{cm}$$

**06** 어떤 점토층의 어느 압밀도에 도달할 때까지의 소요시간을 양면 배수라고 생각하여 계산할 때 5년이라고 하면, 일면 배수라고 생각할 때는 몇 년인가?

① 10년　　　　　　② 20년

③ 30년　　　　　　④ 40년

해설

$$H^2 : x = \left(\frac{H}{2}\right)^2 : 5$$
$$x = \left(\frac{H}{\frac{H}{2}}\right)^2 \times 5 = 20년$$

압밀 소요시간에서 일면 배수는 양면 배수의 4배이다.

정답　01 ④　02 ①　03 ②　04 ②　05 ②　06 ②

# 08 압축지수와 팽창지수를 고려한 압밀침하량

## 1. 압축지수와 팽창지수를 고려한 압밀침하량

| $\Delta H$(압밀 침하량) : 압축지수와 팽창지수 고려 |
|:---:|
| $$\Delta H = \frac{C_s}{1+e_1} \log \frac{P_c}{P_1} H + \frac{C_c}{1+e_1} \log \frac{P_2}{P_c} H$$ |

$C_s$ : 팽창지수

$e_1$ : 초기 간극비(최초 간극비)

$C_c$ : 압축지수

$P_1$ : 자중에 의한 유효응력

$P_2$ : 상재하중에 의해 증가된 유효응력($P_2 = P_1 + \Delta P$)

$P_c$ : 선행압밀하중

$H$ : 점토층(압밀층) 두께

## 2. 평균압밀도($\overline{U}$)

| 전체 점토층의 평균 압밀도($\overline{U}$) | |
|:---:|:---|
| $$\overline{U} = \frac{\Delta H_t}{\Delta H} \times 100$$ | ① $\Delta H_t$ : $t$시간 후의 압밀 침하량<br>② $\Delta H$ : 전체 압밀 침하량 |

## 3. 전체 압밀 침하량($\Delta H$)

| $\Delta H$(압밀 침하량) |
|:---:|
| $$\Delta H = \frac{C_c}{1+e_1} \log \frac{P_2}{P_1} H$$ |

**01** 그림과 같은 하중을 받는 과압밀 점토의 1차 압밀침하량은 얼마인가?(단, 점토 중 중앙에서의 초기응력은 $0.6\text{kg/cm}^2$, 선행압밀하중 $1.0\text{kg/cm}^2$, 압축지수($C_c$) 0.1, 팽창지수($C_s$) 0.01, 초기간극비 1.15)

① 11.3cm

② 15.2cm

③ 20.3cm

④ 29.6cm

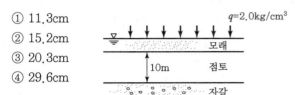

해설

압축지수와 팽창지수를 고려한 압밀침하량

$$\Delta H = \frac{C_s}{1+e} \log \frac{P_c}{P_1} H + \frac{C_c}{1+e} \log \frac{P_2}{P_c} H$$

$$= \frac{0.01}{1+1.15} \log \frac{1.0}{0.6} \times 1,000 + \frac{0.1}{1+1.15} \log \frac{2.6}{1.0} \times 1,000$$

$$= 20.3\text{cm}$$

(여기서, $P_2 = P_1 + \Delta P = 0.6 + 2.0 = 2.6\text{kg/cm}^2$)

**02** 10m 두께의 포화된 정규압밀점토층의 지표면에 매우 넓은 범위에 걸쳐 $50\text{kN/m}^2$의 등분포하중이 작용한다. 포화단위중량 $\gamma_{sat} = 20\text{kN/m}^3$, 압축지수($C_c$)=0.8, $e_o$=0.6, 압밀계수 $C_v = 4 \times 10^{-5}\text{cm}^2/\text{sec}$일 때 다음 설명 중 틀린 것은?(단, 지하수위는 점토층 상단에 위치하고 1t=10kN, $\gamma_w = 10\text{kN/m}^3$)

① 초기과잉간극수압의 크기는 $50\text{kN/m}^2$이다.

② 점토층에 설치한 피에조미터의 재하 직후 물의 상승고는 점토층 상면으로부터 5m이다.

③ 압밀침하량이 75.25cm 발생하면 점토층의 평균 압밀도는 50%이다.

④ 일면배수조건이라면 점토층이 50% 압밀하는 데 소요일수는 24,500일이다.

해설

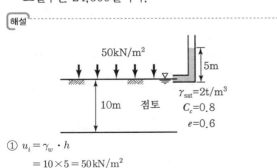

① $u_i = \gamma_w \cdot h$
$= 10 \times 5 = 50\text{kN/m}^2$

② $u_i = \gamma_w h$
$50 = 10 \times h$ ∴ $h = 5\text{m}$

③ ㉠ $P_1 = 10 \times \frac{10}{2} = 50\text{kN/m}^2$

㉡ $P_2 = P_1 + \Delta P = 50 + 50 = 100\text{kN/m}^2$

㉢ $\Delta H = \frac{C_c}{1+e_1} \log \frac{P_2}{P_1} H = \frac{0.8}{1+0.6} \times \log \frac{100}{50} \times 10$
$= 1.51\text{m}$

㉣ $\overline{U} = \frac{\Delta H_t}{\Delta H} = \frac{75.25}{151} = 0.498 = 49.8\%$

④ $t_{50} = \frac{0.197 H^2}{C_v} = \frac{0.197 \times 1,000^2}{4 \times 10^{-5}} = 4.925 \times 10^9$초
$= 57,002.3$일

**03** 그림과 같은 지층단면에서 지표면에 가해진 $50\text{kN/m}^2$의 상재하중으로 인한 점토층(정규압밀점토)의 1차 압밀최종침하량을 구하고, 침하량이 5cm일 때 평균압밀도를 구하면?($\gamma_w = 9.8\text{kN/m}^3$ 이다.)

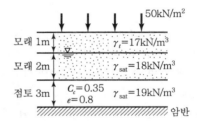

① S=18.5cm, U=27%  ② S=14.7cm, U=22%

③ S=18.5cm, U=22%  ④ S=14.7cm, U=27%

해설

압밀최종침하량

$$\Delta H = \frac{C_c}{1+e} \log \frac{P_2}{P_1} H$$

• $\sigma' = \gamma \cdot H_1 + \gamma_{sub} \cdot H_2 + \gamma_{sub} \cdot H_3$
$= 17 \times 1 + (18 - 9.8) \times 2 + (19 - 9.8) \times \frac{3}{2} = 47.2\text{kN/m}^2$

• $P_1 = 47.2\text{kN/m}^2$

• $P_2 = P_1 + P = 47.2 + 50 = 97.2\text{kN/m}^2$

∴ $\Delta H = \frac{C_c}{1+e} \log \frac{P_2}{P_1} H$

$= \frac{0.35}{1+0.8} \times \log \frac{97.2}{47.2} \times 300 = 18.3\text{cm}$

그리고 평균압밀도는

$$U = \frac{t\text{시간 후의 압밀량}}{\text{전체 압밀침하량}} = \frac{5}{18.3} \times 100 = 27\%$$

**01** 어느 점토의 압밀계수 $C_v = 1.640 \times 10^{-4} \text{cm}^2/$ sec, 압축계수$(a_v) = 2.820 \times 10^{-2} \text{cm}^2/\text{kg}$일 때 이 점토의 투수계수는?(단, 간극비 $e = 1.0$)

① $8.014 \times 10^{-9} \text{cm/sec}$  ② $6.646 \times 10^{-9} \text{cm/sec}$
③ $4.624 \times 10^{-9} \text{cm/sec}$  ④ $2.312 \times 10^{-9} \text{cm/sec}$

해설
압밀시험에 의한 투수계수
$$K = C_v m_v \gamma_w = C_v \frac{a_v}{1+e} \gamma_w$$
$$= 1.640 \times 10^{-4} \times \frac{2.820 \times 10^{-2} \times 10^{-3}}{1+1.0} \times 1$$
$$= 2.312 \times 10^{-9} \text{cm/sec}$$
(압축계수 $a_v$를 $\text{cm}^2/\text{kg}$에서 $\text{cm}^2/\text{g}$로 단위환산)

**02** Terzaghi의 1차 압밀에 대한 설명으로 틀린 것은?

① 압밀방정식은 점토 내에 발생하는 과잉간극수압의 변화를 시간과 배수거리에 따라 나타낸 것이다.
② 압밀방정식을 풀면 압밀도를 시간계수의 함수로 나타낼 수 있다.
③ 평균압밀도는 시간에 따른 압밀침하량을 최종압밀 침하량으로 나누면 구할 수 있다.
④ 하중이 증가하면 압밀침하량이 증가하고 압밀도도 증가한다.

해설
하중이 증가하면 압밀침하량은 증가하지만 압밀도와는 무관하다.

**03** 다음 중 테르자기(Terzaghi) 압밀 이론의 가정이 아닌 것은?

① 흙은 균질의 분체이다.
② 토립자의 공극은 항상 물로 포화되어 있다.
③ 흙의 압축은 3차원적이다.
④ 흙속의 물은 1차원적으로 배수되고 Darcy의 법칙이 성립된다.

해설
Terzaghi의 압밀 이론
• 흙은 균질하고 포화되어 있다.
• 흙 입자와 물의 압축성은 무시한다.
• 흙 속 물의 이동은 Darcy의 법칙에 따르며 투수계수는 일정하다.
• 흙의 압축은 1축 압축으로 행하여진다.

**04** Terzaghi는 포화 점토에 대한 1차 압밀 이론에서 수학적 해를 구하기 위하여 다음과 같은 가정을 하였다. 이 중 옳지 않은 것은?

① 흙은 균질이다.
② 흙 입자와 물의 압축성은 무시한다.
③ 흙속에서의 물의 이동은 Darcy 법칙을 따른다.
④ 투수 계수는 압력의 크기에 비례한다.

해설
④ 투수 계수는 압력의 크기에 관계없이 일정하다.

**05** Terzaghi의 압밀이론에서 2차 압밀이란 어느 것인가?

① 과대하중에 의해 생기는 압밀
② 과잉간극수압이 "0"이 되기 전의 압밀
③ 횡방향의 변형으로 인한 압밀
④ 과잉간극수압이 "0"이 된 후에도 계속되는 압밀

해설
2차압밀
• 과잉 간극수압이 완전히 배제된 후에도 계속 진행되는 압밀 (Creep 변형)을 말한다.
• 유기질토, 해성점토, 점토 층의 두께가 두꺼울수록 2차 압밀은 크다.

**06** 다음의 흙 중에서 2차 압밀량이 가장 큰 흙은?

① 모래         ② 점토
③ Silt         ④ 유기질토

정답    01 ④   02 ④   03 ③   04 ④   05 ④   06 ④

**해설**

2차 압밀이 가장 큰 흙은 유기질토, 해성점토 등이다.

---

**07** 10m 두께의 포화된 정규압밀점토층의 지표면에 매우 넓은 범위에 걸쳐 $5.0t/m^2$의 등분포하중이 작용한다. 포화단위중량 $\gamma_{sat}=2.0t/m^3$, 압축지수 $(C_c)=0.8$, $e_o=0.6$, 압밀계수 $C_v=4\times10^{-5}cm^2/sec$일 때 다음 설명 중 틀린 것은?(단, 지하수위는 점토층 상단에 위치한다.)

① 초기과잉간극수압의 크기는 $5.0t/m^2$이다.
② 점토층에 설치한 피에조미터의 재하 직후 물의 상승고는 점토층 상면으로부터 5m이다.
③ 압밀침하량이 75.25cm 발생하면 점토층의 평균 압밀도는 50%이다.
④ 일면배수조건이라면 점토층이 50% 압밀하는 데 소요일수는 24,500일이다.

**해설**

침하시간(일면배수조건)

$$t_{50}=\frac{T_v \cdot H^2}{C_v}=\frac{0.197\times1,000^2}{4\times10^{-5}}=4,925,000,000초$$

$$\therefore\ 4,925,000,000\times\frac{1}{60\times60\times24}=57,002.3일$$

---

**08** 두께 2m의 포화점토층의 상하가 모래층으로 되어 있을 때 이 점토층이 최종 침하량의 90% 침하를 일으킬 때까지 걸리는 시간은?(단, 압밀계수$(c_v)$는 $1.0\times10^{-5}cm^2/sec$, 시간계수$(T_{90})$는 0.848이다.)

① $0.788\times10^9 sec$
② $0.197\times10^9 sec$
③ $3.392\times10^9 sec$
④ $0.848\times10^9 sec$

**해설**

압밀 소요시간(양면배수)

$$t_{90}=\frac{T_v \cdot H^2}{C_v}=\frac{0.848\times\left(\dfrac{200}{2}\right)^2}{1.0\times10^{-5}}$$

$$=0.848\times10^9 sec$$

---

**09** 두께 10m 되는 포화 점토의 위아래에 모래층이 있을 때 압밀도 50%에 달할 때까지 소요되는 일수는 얼마인가?(단, 점토의 압밀계수는 $4.0\times10^{-4}$ $cm^2/sec$이다.)

① 1,425일
② 6,134일
③ 2,850일
④ 3,333일

**해설**

$$t_{50}=\frac{0.197H^2}{C_v}=\frac{0.197\times\left(\dfrac{1,000}{2}\right)^2}{4.0\times10^{-4}}=1.231\times10^8 sec=1,425일$$

---

**10** 모래지층 사이에 두께 6m의 점토층이 있다. 이 점토의 토질 실험결과가 다음과 같을 때, 이 점토층의 90% 압밀을 요하는 시간은 약 얼마인가?(단, 1년은 365일로 계산)

- 간극비 : 1.5
- 압축계수$(a_v)$ : $4\times10^{-4}(cm^2/g)$
- 투수계수 $k=3\times10^{-7}(cm/sec)$

① 12.9년
② 5.22년
③ 1.29년
④ 52.2년

**해설**

$$t_{90}=\frac{T_v \cdot H^2}{C_v}$$

- $K=C_v \cdot m_v \cdot \gamma_w = C_v \cdot \dfrac{a_v}{1+e} \cdot \gamma_w$

$$3\times10^{-7}=C_v\times\frac{4\times10^{-4}}{1+1.5}\times1$$

$\therefore$ 압밀계수$(C_v)=1.875\times10^{-3}cm^2/sec$

- 90% 압밀을 요하는 침하시간(양면배수조건)

$$t_{90}=\frac{T_v \cdot H^2}{C_v}=\frac{0.848\times\left(\dfrac{600}{2}\right)^2}{1.875\times10^{-3}}$$

$$=40,704,000초$$

$$\therefore\ 40,704,000\times\frac{1}{60\times60\times24\times365}=1.29년$$

---

**정답** 07 ④ 08 ④ 09 ① 10 ③

**11** 일면배수 상태인 10m 두께의 점토층이 있다. 지표면에 무한히 넓게 등분포압력이 작용하여 1년 동안 40cm의 침하가 발생되었다. 점토층이 90% 압밀에 도달할 때 발생되는 1차 압밀침하량은?(단, 점토층의 압밀계수는 $C_v = 19.7\text{m}^2/\text{yr}$이다.)

① 40cm
② 48cm
③ 72cm
④ 80cm

- 시간계수$(T_v) = \dfrac{C_v \cdot t}{H^2} = \dfrac{19.7 \times 1}{10^2} = 0.197$
- 시간계수$(T_v) = 0.197$인 경우는 압밀도 50일 때이다.
- 압밀도는 침하량과 비례
  $50\% : 40\text{cm} = 90\% : \Delta H$
  $\therefore$ 90% 압밀 시 침하량 $\Delta H = 72\text{cm}$

**12** 두께 $H$인 점토층에 압밀하중을 가하여 요구되는 압밀도에 달할 때까지 소요되는 기간이 단면배수일 경우 400일이었다면 양면배수일 때는 며칠이 걸리겠는가?

① 800일
② 400일
③ 200일
④ 100일

해설

압밀소요시간
$$t = \dfrac{T_v \cdot H^2}{C_v} \quad (t \propto H^2)$$
(압밀시간 $t$는 점토의 두께(배수거리) $H$의 제곱에 비례)
$$t_1 : H^2 = t_2 : \left(\dfrac{H}{2}\right)^2$$
$$400 : H^2 = t_2 : \left(\dfrac{H}{2}\right)^2$$
$$\therefore t_2 = \dfrac{400 \times \left(\dfrac{H}{2}\right)^2}{H^2} = 100일$$

**13** 두께 2cm인 점토시료의 압밀시험 결과 전 압밀량의 90%에 도달하는 데 1시간이 걸렸다. 만일 같은 조건에서 같은 점토로 이루어진 2m의 토층 위에 구조물을 축조한 경우 최종침하량의 90%에 도달하는 데 걸리는 시간은?

① 약 250일
② 약 368일
③ 약 417일
④ 약 525일

해설

$t_{90} = \dfrac{T_v \cdot H^2}{C_v}$에서, $t_{90} \propto H^2$
$$t_1 : H_1^2 = t_2 : H^2$$
$$1 : \left(\dfrac{2}{2}\right)^2 = t_2 : \left(\dfrac{200}{2}\right)^2$$
$\therefore t_2 = 10,000\text{hr} \fallingdotseq 417일$

**14** 두께 5m 되는 점토층 아래 위에 모래층이 있을 때 최종 1차 압밀침하량이 0.6m로 산정되었다. 아래의 압밀도($U$)와 시간계수($T_v$)의 관계 표를 이용하여 0.36m가 침하될 때 걸리는 총소요시간을 구하면?(단, 압밀계수 $C_v = 3.6 \times 10^{-4}\text{cm}^2/\text{sec}$이고, 1년은 365일)

| $U\%$ | $T_v$ |
|---|---|
| 40 | 0.126 |
| 50 | 0.197 |
| 60 | 0.287 |
| 70 | 0.403 |

① 약 1.2년
② 약 1.6년
③ 약 2.2년
④ 약 3.6년

해설

- 압밀도 $U = \dfrac{0.36}{0.6} \times 100 = 60\%$
- 침하시간(양면배수조건)
$$t_{60} = \dfrac{T_v \cdot H^2}{C_v} = \dfrac{0.287 \times \left(\dfrac{500}{2}\right)^2}{3.6 \times 10^{-4}}$$
$$= 49,826,388.89초$$
$$\therefore 49,826,388.89 \times \dfrac{1}{60 \times 60 \times 24 \times 365} = 1.6년$$

---

정답   11 ③   12 ④   13 ③   14 ②

**15** 그림과 같은 포화 점토층이 상재 하중에 의하여 압밀도 $U=60\%$에 도달하는 데 걸리는 시간은?
(단, $C_v=3.6\times10^{-4}\text{cm}^2/\text{sec}$, $T_v=0.287$)

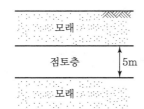

① 약 2.5년   ② 약 1.3년
③ 약 1.6년   ④ 약 2.2년

해설

$$t_{60}=\frac{T_v\cdot H^2}{C_v}=\frac{0.287\times\left(\frac{500}{2}\right)^2}{3.6\times10^{-4}\times60\times60\times24\times365}=1.58년$$

$(\because 1년(\text{sec})=60\times60\times24\times365)$

**16** 두께 10m의 점토층 상·하에 모래층이 있다. 점토층의 평균압밀계수가 $0.11\text{cm}^2/\text{min}$일 때 최종 침하량의 50%의 침하가 일어나는 데 며칠이 걸리겠는가?(단, 시간계수는 0.197을 적용한다.)

① 996일   ② 448일
③ 311일   ④ 224일

해설

$$t_{50}=\frac{T_v\cdot H^2}{C_v}=\frac{0.197\times\left(\frac{1,000}{2}\right)^2}{0.11}$$

$$=447,727.27분\times\frac{1}{60\times24}=311일$$

**17** 압밀계수를 구하는 목적은?

① 압밀침하량을 구하기 위하여
② 압축지수를 구하기 위하여
③ 선행압밀하중을 구하기 위하여
④ 압밀침하속도를 구하기 위하여

해설

시간 – 침하$(t-d)$ 곡선

압밀계수$(C_v)=\dfrac{T_v\cdot H^2}{t}$

∴ 압밀침하속도를 구하기 위해 압밀계수를 구한다.

**18** 그림과 같이 피에조미터를 설치하고 성토 직후에 수주가 지표면에서 3m였다. 6개월 후의 수주가 2.4m이면 지하 5m 되는 곳의 압밀도와 과잉간극수압의 소산량은 얼마인가?(단, $\gamma_w=10\text{kN/m}^3$이다.)

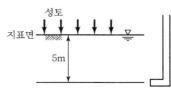

① 압밀도 : 20%, 과잉간극수압 소산량 : 6kN/m²
② 압밀도 : 20%, 과잉간극수압 소산량 : 24kN/m²
③ 압밀도 : 80%, 과잉간극수압 소산량 : 24kN/m²
④ 압밀도 : 80%, 과잉간극수압 소산량 : 6kN/m²

해설

• 압밀도$(U_z)=\dfrac{u_i-u_t}{u_i}\times100=\dfrac{3-2.4}{3}\times100=20\%$

• 과잉간극수압의 소산량 $=(10\times3)-(10\times2.4)=6\text{kN/m}^2$

**19** 연약지반에 흙댐을 축조할 때에 어느 위치에서 공극수압의 변화를 측정하였다. 흙댐을 축조한 직후의 공극수압이 100kN/m²이었고 5년 후에 20kN/m²이었을 때 이 측점의 압밀도는?

① 80%   ② 40%
③ 20%   ④ 10%

해설

$$U_z=\frac{u_i-u_t}{u_i}\times100=\frac{100-20}{100}\times100=80\%$$

**20** 그림과 같은 지반에 재하순간 수주(水柱)가 지표면으로부터 5m였다. 20% 압밀이 일어난 후 지표면으로부터 수주의 높이는?

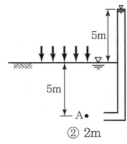

① 1m                    ② 2m
③ 3m                    ④ 4m

해설
압밀도

$U_z = \dfrac{u_i - u_t}{u_i} \times 100$ 에서

$20 = \dfrac{5 - u_t}{5} \times 100$

$\therefore u_t = 4m$

**21** 그림과 같이 6m 두께의 모래층 밑에 2m 두께의 점토층이 존재한다. 지하수면은 지표 아래 2m 지점에 존재한다. 이때, 지표면에 $\Delta P = 50kN/m^2$의 등분포하중이 작용하여 상당한 시간이 경과한 후, 점토층의 중간 높이 $A$점에 피에조미터를 세워 수두를 측정한 결과, $h = 4.0m$로 나타났다면 $A$점의 압밀도는?(단, $\gamma_w = 10kN/m^3$ 이다.)

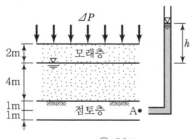

① 20%                   ② 30%
③ 50%                   ④ 80%

해설
압밀도

$U_z = \dfrac{u_i - u_t}{u_i} \times 100 = \dfrac{50 - 40}{50} \times 100 = 20\%$

**22** 선행압밀하중은 다음 중 어느 곡선에서 구하는가?

① 압밀하중($\log p$)－간극비($e$) 곡선
② 압밀하중($p$)－간극비($e$) 곡선
③ 압밀시간($\sqrt{t}$)－압밀침하량($d$) 곡선
④ 압밀하중($\log t$)－압밀침하량($d$) 곡선

해설
• 선행압밀하중은 시료가 과거에 받았던 최대의 압밀하중을 말한다.
• 하중($\log P$)과 간극비($e$) 곡선으로 구하며 과압밀비(OCR) 산정에 이용된다.

**23** 그림과 같은 지층단면에서 지표면에 가해진 50kN/m²의 상재하중으로 인한 점토층(정규압밀점토)의 1차 압밀최종침하량을 구하고, 침하량이 5cm일 때 평균압밀도를 구하면?($\gamma_w = 10kN/m^3$ 이다.)

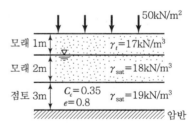

① S=18.5cm, U=27%
② S=14.7cm, U=22%
③ S=18.5cm, U=22%
④ S=14.7cm, U=27%

압밀최종침하량

$$\Delta H = \frac{C_c}{1+e} \log \frac{P_2}{P_1} H$$

- $\sigma' = \gamma \cdot H_1 + \gamma_{sub} \cdot H_2 + \gamma_{sub} \cdot H_3$

$$= 17 \times 1 + (18-9.8) \times 2 + (19-9.8) \times \frac{3}{2} = 47.2 \text{kN/m}^2$$

- $P_1 = 47.2 \text{kN/m}^2$
- $P_2 = P_1 + P = 47.2 + 50 = 97.2 \text{kN/m}^2$

$$\therefore \Delta H = \frac{C_c}{1+e} \log \frac{P_2}{P_1} H$$

$$= \frac{0.35}{1+0.8} \times \log \frac{97.2}{47.2} \times 300 = 18.3 \text{cm}$$

그리고 평균압밀도는

$$U = \frac{t\text{시간 후의 압밀량}}{\text{전체 압밀침하량}} = \frac{5}{18.3} \times 100 = 27\%$$

**24** 점토층의 두께 5m, 간극비 1.4, 액성한계 50%이고 점토층 위의 유효상재 압력이 100kN/m²에서 140kN/m²로 증가할 때의 침하량은?(단, 압축지수는 흐트러지지 않은 시료에 대한 Terzaghi & Peck의 경험식을 사용하여 구한다.)

① 7cm  ② 11cm
③ 24cm  ④ 36cm

$$\Delta H = \frac{C_c}{1+e} \log \frac{P_2}{P_1} H$$

$$= \frac{0.36}{1+1.4} \log \frac{140}{100} \times 500 = 11 \text{cm}$$

※ $C_c = 0.009(W_L - 10) = 0.009 \times (50-10) = 0.36$

**25** 토층 두께 20m의 견고한 점토지반 위에 설치된 건축물의 침하량을 관측한 결과 완성 후 어떤 기간이 경과하여 그 침하량이 5.5cm에 달한 후 침하는 정지되었다. 이 점토 지반 내에서 건축물에 의해 증가되는 평균압력이 0.6kg/cm²이라면 이 점토층의 체적압축계수($m_v$)는?

① $4.58 \times 10^{-3} \text{cm}^2/\text{kg}$
② $3.25 \times 10^{-3} \text{cm}^2/\text{kg}$
③ $2.15 \times 10^{-2} \text{cm}^2/\text{kg}$
④ $1.15 \times 10^{-2} \text{cm}^2/\text{kg}$

압밀침하량

$\Delta H = m_v \cdot \Delta P \cdot H$에서,

$5.5 = m_v \times 0.6 \times 2,000$

$\therefore m_v = 4.58 \times 10^{-3} \text{cm}^2/\text{kg}$

**26** 다짐되지 않은 두께 2m, 상대밀도 45%의 느슨한 사질토 지반이 있다. 실내시험 결과 최대 및 최소 간극비가 0.85, 0.40으로 각각 산출되었다. 이 사질토를 상대밀도 70%까지 다짐할 때 두께의 감소는 약 얼마나 되겠는가?

① 13.3cm  ② 17.2cm
③ 21.0cm  ④ 25.5cm

- 상대밀도 45%일 때 자연간극비($e_1$)

$$D_r = \frac{e_{max} - e_1}{e_{max} - e_{min}} \times 100$$

$$= \frac{0.85 - e_1}{0.85 - 0.40} \times 100 = 45\%\text{에서 } e_1 \text{을 구하면}$$

$$\therefore e_1 = 0.6475$$

- 상대밀도 70%일 때 자연간극비($e_2$)

$$D_r = \frac{e_{max} - e_2}{e_{max} - e_{min}} \times 100$$

$$= \frac{0.85 - e_2}{0.85 - 0.40} \times 100$$

$$= 70\%$$

$$\therefore e_2 = 0.535$$

- 침하량

$$\Delta H = \frac{e_1 - e_2}{1+e_1} \cdot H$$

$$= \frac{0.6475 - 0.535}{1+0.6475} \times 200$$

$$= 13.7 \text{cm}$$

**27** 현장에서 채취한 흙시료에 대해 압밀시험을 실시하였다. 압밀링에 담겨진 시료의 단면적은 30cm², 시료의 초기 높이는 2.6cm, 시료의 비중은 2.5이며 시료의 건조중량은 1.18N(120g)이었다. 이 시료에 320kPa(3.2kg/cm²)의 압밀압력을 가했을 때, 0.2cm의 최종 압밀침하가 발생되었다면 압밀이 완료된 후 시료의 간극비는?(단, 물의 단위중량은 9.81kN/m³이다.)

① 0.125 ② 0.385
③ 0.500 ④ 0.625

[해설]
• 초기 간극비($e_1$)

$V = A \cdot H = 30 \times 2.6 = 78\text{cm}^3$

$\gamma_d = \dfrac{W}{V} = \dfrac{120}{78} = 1.54\text{g/cm}^3$

$\gamma_d = \dfrac{G_s}{1+e}\gamma_w$ 에서 $1.54 = \dfrac{2.5}{1+e} \times 1$

∴ $e_1 = 0.62$

• 압밀침하량($\Delta H$) $= \dfrac{e_1 - e_2}{1 + e_1} \cdot H$ 에서

$0.2 = \dfrac{0.62 - e_2}{1 + 0.62} \times 2.6$

∴ 압밀이 완료된 후 시료의 간극비($e_2$) = 0.5

**28** 다음 점성토의 교란에 관련된 사항 중 잘못된 것은?

① 교란 정도가 클수록 $e - \log P$ 곡선의 기울기가 급해진다.
② 교란될수록 압밀계수는 작게 나타난다.
③ 교란을 최소화하려면 면적비가 작은 샘플러를 사용한다.
④ 교란의 영향을 제거한 SHANSEP 방법을 적용하면 효과적이다.

[해설]
시료의 교란 정도가 클수록 $e - \log P$ 곡선의 기울기가 완만해진다.

**29** 어떤 점토의 액성한계 값이 40%이다. 이 점토의 불교란 상태의 압축지수 $C_c$를 Skempton 공식으로 구하면 얼마인가?

① 0.27 ② 0.29
③ 0.36 ④ 0.40

[해설]
Skempton의 경험공식(불교란시료)
압축지수 $C_c = 0.009(\omega_L - 10)$
$= 0.009 \times (40 - 10)$
$= 0.27$

**30** 정규압밀점토의 압밀시험에서 하중강도를 4N/cm²에서 0.8N/cm²로 증가시킴에 따라 간극비가 0.83에서 0.65로 감소하였다. 압축지수는 얼마인가?

① 0.3 ② 0.45
③ 0.6 ④ 0.75

[해설]
$C_c = \dfrac{e_1 - e_2}{\log P_2 - \log P_1} = \dfrac{0.83 - 0.65}{\log 8 - \log 4} = 0.6$

**31** 점토에서 과압밀이 발생하는 원인으로 가장 거리가 먼 것은?

① 지질학적 침식으로 인한 전응력의 변화
② 2차 압밀에 의한 흙 구조의 변화
③ 선행하중 재하 시 투수계수의 변화
④ pH, 염분 농도와 같은 환경적인 요소의 변화

[해설]
점토에서 과압밀 발생원인
• 전응력 변화
• 흙구조 변화
• 환경적인 요소변화

CHAPTER

# 08

# 전단강도

# 01 수직응력과 전단강도

## 1. 응력과 강도

| 응력 | 강도 |
|---|---|
| ① 부재에 작용하는 힘(내부저항력) | ① 부재가 견디는 힘 |
| ② 전단응력은 외력(전단력)의 크기만큼 발생(단위면적당 외력과 동일) | ② 최대저항력(고정값) |
| | ③ 파괴 시 응력 |

## 2. 응력의 작용방향

| 응력이 작용하는 흙 요소 | 수직응력($\sigma$)의 작용방향 |
|---|---|
|  $(\sigma_y > \sigma_x)$ | 임의의 면에 직각방향으로 작용하는 응력 |
| | **전단응력($\tau$)의 작용방향** |
| | 임의의 면에 평행한 방향으로 작용하는 응력 |

## 3. 흙의 전단강도와 전단응력

| 흙의 활동파괴 모식도 | 흙의 전단응력($\tau$) |
|---|---|
| 전단응력 $\tau$<br>활동면 전단강도 $S(\tau_f)$ | 사면에 하중이 직접 작용하는 경우 흙 내부에 활동 파괴를 일으키는 힘 |
| | **흙의 전단강도($S = \tau_f$)** |
| | 전단응력에 저항하는 최대 전단저항 |

## 4. 흙 속의 전단응력(강도)을 증가, 감소시키는 요인

| 전단응력($\tau$)을 증가시키는 요인 | 전단강도($S$)를 감소시키는 요인 |
|---|---|
| ① 함수비 증가로 흙의 단위중량 증가<br>② 지반에 고결제(약액) 주입<br>③ 인장응력에 의한 균열 발생(인장응력 발생 부분에 압축잔류응력 발생)<br>④ 지진, 발파에 의한 충격 | ① 간극(공극)수압의 증가<br>② 흙다짐 불량, 동결 융해<br>③ 수분 증가에 따른 점토의 팽창<br>④ 수축, 팽창, 인장에 의한 미세균열<br>⑤ 포화된 느슨한 모래층에 지진 등의 충격이 가해졌을 때 |

- **응력**
  $$\sigma = \frac{P}{A} \, (\mathrm{N/cm^2})$$

- **강도**
  외력이 점점 커져서 파괴 시 응력 (최대저항력)

- **전단강도**(shear strength, $s$)
  $$S = \tau_f \, (\mathrm{failure})$$

- **응력**(압축, 인장)
  길이가 변함

- **전단**
  각도가 변함

- **응력 + 전단**(종합적 표시)

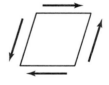

- **파괴면**
  전단면 = 활동면

**01** 다음 중 흙의 전단강도를 감소시키는 요인이 아닌 것은?

① 공극수압의 증가
② 수분 증가에 의한 점토의 팽창
③ 수축, 팽창 등으로 인하여 생긴 미세한 균열
④ 지진, 발파에 의한 충격

[해설]
전단강도 응력 감소요인
• 간극수압의 증가
• 흙다짐 불량, 동결융해
• 수분 증가에 따른 점토의 팽창
• 수축, 팽창, 인장에 의한 미세균열

**02** 전단응력을 증가시키는 외적인 요인이 아닌 것은?

① 간극수압의 증가
② 지진, 발파에 의한 충격
③ 인장응력에 의한 균열의 발생
④ 함수량 증가에 의한 단위중량 증가

[해설]
전단강도(응력) 증가요인
• 함수비 증가에 따른 흙의 단위중량 증가
• 지반에 고결제(약액) 주입
• 인장응력에 의한 균열의 발생
• 지진, 발파에 의한 충격
  간극수압이 증가되면 전단응력이 감소된다.

**03** 다음 중 흙 속의 전단강도를 감소시키는 요인이 아닌 것은?

① 공극수압의 증가
② 흙다짐의 불충분
③ 수분 증가에 따른 점토의 팽창
④ 지반에 약액 등의 고결제 주입

[해설]
지반에 약액 등의 고결제를 주입하면 전단응력이 증가된다.

**04** 다음 중 흙의 전단 강도가 대단히 적어지는 경우를 열거한 것으로 옳지 않은 것은?

① 포화된 가늘고 느슨한 모래층에 지진 등의 충격이 가해졌을 때
② 해성 점토(marine clay)가 민물에 씻기어 소금 성분을 잃었을 때
③ 가늘고 느슨한 모래층에서 동수 경사가 한계동수경사보다 클 때
④ 실트 지반에 모관현상이 활발한 때

[해설]
• 액화 현상 : 포화된 가늘고 느슨한 모래 지반에 지진과 같은 충격이 가해지면 유효응력이 작아 전단강도가 감소한다.
• 리칭 현상 : 해성 점토가 담수에 의해 소금 성분을 잃으면 전단강도가 저하된다.
• 분사 현상 : 동수경사가 한계동수경사보다 클 때 상향 침투가 생겨 유효응력이 작아 전단강도는 감소한다.
• 모관 현상 : 실트 지반에 모관현상이 활발할 때 유효응력의 증가로 인하여 전단강도가 증가한다.

**05** 흐트러진 흙을 자연상태의 흙과 비교하였을 때 잘못된 설명은?

① 투수성이 크다.　　② 전단강도가 크다.
③ 간극이 크다.　　　④ 압축성이 크다.

[해설]
흐트러진 흙은 전단강도가 작다.

# 02 흙의 전단강도

GUIDE

## 1. 전단강도(전단응력)

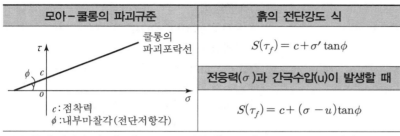

| 모아-쿨롱의 파괴규준 | 흙의 전단강도 식 |
|---|---|
| $\tau$ 쿨롱의 파괴포락선 $\phi$ $c$ $o$ $\sigma$ $c$:점착력 $\phi$:내부마찰각(전단저항각) | $S(\tau_f) = c + \sigma' \tan\phi$ |
| | **전응력($\sigma$)과 간극수압(u)이 발생할 때** |
| | $S(\tau_f) = c + (\sigma - u)\tan\phi$ |

$S$ : 흙의 전단강도(kg/cm²)　　$c$ : 점착력(kg/cm²)　　$\sigma$ : 수직(전)응력
$u$ : 간극수압　　　　　　　　　$\phi$ : 전단저항각(내부마찰각)
$\sigma'$ : 파괴면에 작용하는 유효수직응력(kg/cm²)

쿨롱의 파괴규준은 전단응력($\tau$)이 전단강도($s$)와 같아질 때 파괴 된다는 것

## 2. 흙의 종류에 따른 전단강도

| 일반 흙 및 실트 ($c \neq 0$, $\phi \neq 0$) | 모래(사질토) ($c = 0$, $\phi \neq 0$) | 점토(점성토) ($c \neq 0$, $\phi = 0$) |
|---|---|---|
| $\tau$ $\phi$ $c$ $\sigma$ | $\tau$ $\phi$ $\sigma$ | $\tau$ $S = c$ $c$ $\sigma$ |
| $S = c + \sigma' \tan\phi$ | $S = \sigma' \tan\phi$ | $S = c$ |

## 3. 강도정수($c$, $\phi$)를 구하기 위한 실내 전단강도시험

| 종류 | 시험방법 | 모식도 | 토질 |
|---|---|---|---|
| ① 직접 전단시험 | 축하중($P$)과 전단력($S$)을 가함 | | 모든 토질 |
| ② 일축 압축시험 | 축하중($P$)만 가함 | | 점성토 |
| ③ 3축 압축시험 | 횡방향 구속 후 측압 가함 | | 모든 토질 |

• 모아-쿨롱 파괴이론
　① $\tau_f = S$
　② 파괴 시 전단응력＝전단강도
• 유효응력($\sigma'$)
　$\sigma' = \sigma - u$
• 전단응력
　흙 속의 임의의 파괴면에 작용하는 응력
• $S$(흙의 전단강도)
　① 흙의 전단저항
　② 파괴 시 응력(최대전단응력)
　③ $S = \tau_f$(failure, 파괴면에 작용하는 전단응력)
• $10\text{t/m}^2 = 1\text{kg/cm}^2$

• 모래
　점착력($c$)＝0

• 점토
　내부마찰력($\phi$)＝0

• 전단시험
　전단시험은 흙의 강도 정수인 내부마찰각($\phi$)과 점착력($c$)을 구하는 데 목적이 있다.

• 전단강도시험의 종류
　① 실내 전단시험
　② 현장 전단시험
　　• 베인 전단시험(연약지반 점착력을 구하기 위해)
　　• 원추 관입시험
　　• 표준 관입시험

**01** 점착력이 10kN/m², 내부마찰각이 30°인 흙에 수직응력 2,000kN/m²를 가할 경우 전단응력은?

① 2,010kN/m²  ② 675kN/m²
③ 116kN/m²  ④ 1,165kN/m²

**해설**

전단응력

$$S(\tau_f) = c + \sigma'\tan\phi = 10 + 2,000\tan30°$$
$$= 1,165\text{kN/m}^2$$

**02** 토질시험 결과 내부마찰각($\phi$) = 30°, 점착력 $c$ = 50kN/m², 간극수압이 800kN/m²이고 파괴면에 작용하는 수직응력이 3,000kN/m²일 때 이 흙의 전단응력은?

① 1,273kN/m²  ② 1,320kN/m²
③ 1,583kN/m²  ④ 1,954kN/m²

**해설**

파괴 시 전단응력($S$, $\tau_f$)

$$= c + \sigma'\tan\phi = c + (\sigma - u)\tan\phi$$
$$= 50 + (3,000 - 800)\tan30° = 1,320\text{kN/m}^2$$

**03** 어떤 흙에 대해서 직접 전단시험을 한 결과 수직응력이 10kg/cm²(1MPa)일 때 전단저항이 5kg/cm²(0.5MPa)이었고, 또 수직응력이 20kg/cm²(2MPa)일 때에는 전단저항이 8kg/cm²(0.8MPa)이었다. 이 흙의 점착력은?

① 2kg/cm²(0.2MPa)  ② 3kg/cm²(0.3MPa)
③ 8kg/cm²(0.8MPa)  ④ 10kg/cm²(1MPa)

**해설**

전단저항(전단강도)

$\tau = c + \sigma'\tan\phi$

$5 = c + 10\tan\phi$ ·············· ㉠

$8 = c + 20\tan\phi$ ·············· ㉡

㉠, ㉡식을 연립방정식으로 정리

$$\ominus\begin{array}{r}10 = 2c + 20\tan\phi \\ 8 = c + 20\tan\phi \\ \hline 2 = c \end{array}$$

∴ 점착력($c$) = 2kg/cm² = 0.2MPa

**04** 그림과 같은 지반에서 유효응력에 대한 점착력 및 마찰각이 각각 $c'$ = 10kN/m², $\phi'$ = 20°일 때 A점에서의 전단강도는?(단, 물의 단위중량은 9.81 kN/m³이다.)

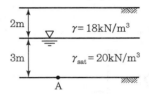

① 34.23kN/m²  ② 44.94kN/m²
③ 54.25kN/m²  ④ 66.17kN/m²

**해설**

$$S_A(\tau_f) = c' + \sigma'\tan\phi$$
$$= 10 + [(18\times2) + (20 - 9.81)\times3]\tan20°$$
$$= 34.23\text{kN/m}^2$$

**05** 다음 중 흙의 강도를 구하는 시험이 아닌 것은?

① 압밀시험  ② 직접전단시험
③ 일축압축시험  ④ 삼축압축시험

**해설**

| 실내 전단시험 | 현장 전단시험 |
|---|---|
| • 직접 전단시험 | • 베인 전단시험 |
| • 일축압축시험 | • 원추 관입시험 |
| • 3축압축시험 | • 표준 관입시험 |

**┃참고**

쿨롱의 파괴포락선을 $\sigma \sim \tau$ 좌표상에 표시할 때는
$\tau = c + \sigma'\tan\phi$가 되나 이때의 $\tau$는 파괴 시의 값이므로
$S(\tau_f) = c + \sigma'\tan\phi$로 표기

**정답** 01 ④ 02 ② 03 ① 04 ① 05 ①

# 03 Mohr 응력원

## 1. 주응력

| 모식도 | 주응력 |
|---|---|
| 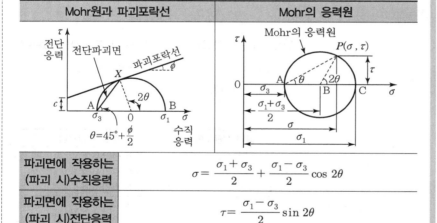 | 전단응력이 0인 면(주응력면)에 수직으로 작용하는 응력<br>① 최대 주응력 : $\sigma_1$(수직응력)<br>② 최소 주응력 : $\sigma_3$(수평응력) |
| | **주응력면** |
| | ① 주응력이 작용하는 면<br>② 전단응력(접선응력)이 0인 면 |

- **전단응력이 존재하지 않을 조건**
  $\sigma_1 = \sigma_3$

- **축차응력**
  ① 최대 주응력 − 최소 주응력
  ② $\sigma_1 - \sigma_3$

## 2. Mohr 응력원(해석적으로 수직응력, 전단응력 구함)

| Mohr원과 파괴포락선 | Mohr의 응력원 |
|---|---|
| | |

| 파괴면에 작용하는<br>(파괴 시)수직응력 | $\sigma = \dfrac{\sigma_1 + \sigma_3}{2} + \dfrac{\sigma_1 - \sigma_3}{2}\cos 2\theta$ |
|---|---|
| 파괴면에 작용하는<br>(파괴 시)전단응력 | $\tau = \dfrac{\sigma_1 - \sigma_3}{2}\sin 2\theta$ |

- **Mohr 응력원**
  ① $\sigma_1$과 $\sigma_3$의 차를 직경으로 그린 원
  ② 흙 속 임의면에 작용하는 전단력과 수직응력을 2차원 평면으로 표시

- **Mohr 원의 중심좌표**
  $\left(\dfrac{\sigma_1 + \sigma_3}{2}, 0\right)$

- **Mohr 원의 반경**
  $\left(\dfrac{\sigma_1 - \sigma_3}{2}\right)$

- 최대주응력면과 최소주응력면은 직교한다.

- $\theta + \theta' = 90°$

## 3. 주응력면과 파괴면이 이루는 각

| 모식도 | 파괴면과<br>최대 주응력(수평축)이<br>이루는 각도 | 파괴면과<br>최소 주응력(연직축)이<br>이루는 각도 |
|---|---|---|
| | $\theta = 45° + \dfrac{\phi}{2}$ | $\theta' = 45° - \dfrac{\phi}{2}$ |

**01** Mohr 응력원에 대한 설명 중 옳지 않은 것은?

① 임의 평면의 응력상태를 나타내는 데 매우 편리하다.

② 평면기점(Origin of Plane, $O_p$)은 최소주응력을 나타내는 원호 상에서 최소주응력면과 평행선이 만나는 점을 말한다.

③ $\sigma_1$과 $\sigma_3$의 차의 벡터를 반지름으로 해서 그린 원이다.

④ 한 면에 응력이 작용하는 경우 전단력이 0이면, 그 연직응력을 주응력으로 가정한다.

[해설]

Mohr 응력원은 $\sigma_1$과 $\sigma_3$의 차를 직경으로 그린 원이다.

**02** 흙 속에 있는 한 점의 최대 및 최소 주응력이 각각 200kN/m² 및 100kN/m²일 때 최대 주응력면과 30°를 이루는 평면상의 전단응력을 구한 값은?

① 10.5kN/m²  ② 21.5kN/m²

③ 32.3kN/m²  ④ 43.3kN/m²

[해설]

$$전단응력(\tau) = \frac{\sigma_1 - \sigma_3}{2}\sin 2\theta$$
$$= \frac{200 - 100}{2}\sin(2 \times 30°)$$
$$= 43.3 \text{kN/m}^2$$

**03** 다음은 정규압밀점토의 삼축압축시험 결과를 나타낸 것이다. 파괴 시의 전단응력 $\tau$와 수직응력 $\sigma$를 구하면?

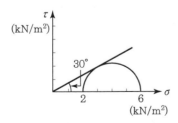

① $\tau = 1.73$kN/m², $\sigma = 2.50$kN/m²

② $\tau = 1.41$kN/m², $\sigma = 3.00$kN/m²

③ $\tau = 1.41$kN/m², $\sigma = 2.50$kN/m²

④ $\tau = 1.73$kN/m², $\sigma = 3.00$kN/m²

[해설]

- 최대주응력($\sigma_1$) = 6kN/m²
- 최소주응력($\sigma_3$) = 2kN/m²
- 파괴면과 주응력이 이루는 각($\theta$) = $45° + \dfrac{\phi}{2} = 45° + \dfrac{30°}{2} = 60°$

$$\therefore \text{수직응력}(\sigma) = \frac{\sigma_1 + \sigma_3}{2} + \frac{\sigma_1 - \sigma_3}{2}\cos 2\theta$$
$$= \frac{6+2}{2} + \frac{6-2}{2}\cos(2 \times 60°)$$
$$= 3\text{kN/m}^2$$

$$\therefore \text{전단응력}(\tau) = \frac{\sigma_1 - \sigma_3}{2}\sin 2\theta$$
$$= \frac{6-2}{2}\sin(2 \times 60°)$$
$$= 1.73\text{kN/m}^2$$

**04** 최대 주응력이 100kN/m², 최소 주응력이 40kN/m²일 때 최소 주응력면과 45°를 이루는 평면에 일어나는 수직응력은?

① 70kN/m²  ② 30kN/m²

③ 50kN/m²  ④ 40kN/m²

[해설]

$$\sigma = \frac{\sigma_1 + \sigma_3}{2} + \frac{\sigma_1 - \sigma_3}{2}\cos 2\theta$$
$$= \frac{100+40}{2} + \frac{100-40}{2}\cos(2 \times 45°)$$
$$= 70\text{kN/m}^2$$

($\theta$ : 최대주응력면과 파괴면이 이루는 각)

**05** 어떤 점토시료를 일축압축시험한 결과 수평면과 파괴면이 이루는 각이 48°였다. 점토시료의 내부마찰각은?

① 3°　　② 6°　　③ 18°　　④ 30°

[해설]

- 파괴면과 수평면이 이루는 각($\theta$) = $45° + \dfrac{\phi}{2}$
- 여기서 내부마찰각($\phi$)을 구하면

$$48° = 45° + \frac{\phi}{2}$$
$$\therefore \phi = 6°$$

## 4. Mohr – Coulomb 파괴포락선

| Mohr – Coulomb 파괴포락선 모식도 | Mohr 원 | 내용 |
|---|---|---|
| 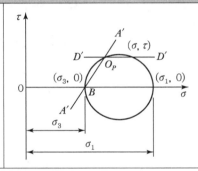 | A점 | 전단파괴가 일어나지 않는다. |
| | B점 | 전단파괴가 일어난다. |
| | C점 | 전단파괴가 이미 발생 (존재할 수 없음) |

## 5. 평면기점($O_P$)

| 평면기점으로 응력을 구하는 모식도 |
|---|
| |

① 좌표($\sigma_1$, 0)와 좌표($\sigma_3$, 0)을 기준으로 Mohr 원을 작도한다.

② B점(최소 주응력점)에서 최소 주응력면과 평행한 선을 작도한다.
(최대 주응력점에서 최대 주응력면과 평행한 선을 작도)

③ 이때 Mohr 원과 접하는 점이 평면기점($O_P$)이다.

④ 평면기점($O_P$)에서 파괴면($\overline{DD}$)에 평행한 선분을 그었을 때 Mohr 원과 만나는 교점의 좌표($\sigma$, $\tau$)가 구하는 응력이다.

GUIDE

· A점
Morh 원이 Mohr 파괴포락선 아래에 존재할 때는 평형상태를 의미(흙이 파괴되기 이전)한다.

· B점
Morh 원이 Mohr 파괴포락선에 접하는 경우는 흙이 파괴된 상태를 의미한다.

· Mohr 응력원
$\sigma_1$과 $\sigma_3$의 차를 직경으로 그린 원

· 평면기점, 극점($O_P$)
Mohr 원에서 평면기점을 이용하면 임의평면에 작용한 응력을 계산

· 최대 주응력 = $\sigma_1$

· 최소 주응력 = $\sigma_3$

· Mohr 원의 중심좌표
$\left( \dfrac{\sigma_1 + \sigma_3}{2} , \ 0 \right)$

· Mohr 원의 반경
$\left( \dfrac{\sigma_1 - \sigma_3}{2} \right)$

**01** Mohr 응력원에 대한 설명 중 틀린 것은?

① Mohr 응력원에 접선을 그었을 때 종축과 만나는 점이 점착력 $C$이고, 그 접선의 기울기가 내부마찰각 $\phi$이다.

② Mohr 응력원이 파괴포락선과 접하지 않을 경우 전단파괴가 발생됨을 뜻한다.

③ 비압밀비배수 시험조건에서 Mohr 응력원은 수평축과 평행한 형상이 된다.

④ Mohr 응력원에서 응력상태는 파괴포락선 위쪽에 존재할 수 없다.

해설

Mohr 응력원이 파괴포락선과 접하면 전단파괴가 발생된다.


**02** 다음 그림은 최대 주응력 $\sigma_1$, 최소 주응력 $\sigma_3$를 받고 있는 흙의 한 요소를 나타낸 것인데 흙의 요소 내에 각 $\alpha$를 이루고 있는 단면상의 수직응력과 전단응력을 구하기 위하여 모어원의 평면 기점을 이용하고 사용한다. 적당한 것은?

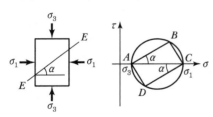

| | 평면 기점 | 구하는 점의 좌표 |
|---|---|---|
| ① | A | B |
| ② | B | C |
| ③ | C | D |
| ④ | D | A |

해설

• 좌표 $(\sigma_3, 0)$과 좌표 $(\sigma_1, 0)$을 통하는 원을 그리면 Mohr 원이 된다.

• 최대 주응력 $(\sigma_1)$에서 최대 주응력면에 평행선을 Mohr 원과 만나는 C점이 평면 기점 $O_P$가 된다.

• 평면 기점 $O_P$에서 E−E 면에 평행한 선분을 그어 Mohr 원과 만나는 점 D좌표 $(\sigma, \tau)$가 응력이다.


**03** 아래 그림은 일축압축시험 결과를 나타낸 Mohr 원이다. 그림에서 평면 기점(Origin of Plan : $O_P$)은 다음 중 어느 것인가?

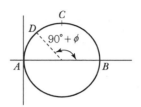

① A ② B
③ C ④ D

해설

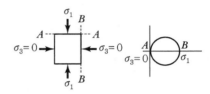

• Mohr 원의 B점(최대 주응력이 표시되는 좌표)에서 최대 주응력면($\overline{AA}$)과 평행하게 그은 선이 Mohr 원과 만나는 점 (즉 A점)

• Mohr 원의 A점(최소 주응력이 표시되는 좌표)에서 최소 주응력면($\overline{BB}$)과 평행하게 그은 선이 Mohr 원과 만나는 점 (즉 A점)

# 04 직접 전단시험

## 1. 직접 전단시험

| 직접 전단시험기의 전단상자 구조 | 내용 |
|---|---|
| | ① 흙 시료의 전단 파괴면을 미리 정함<br>② 일정한 수직응력을 가하면서 전단응력을 증가시켜 전단파괴가 발생될 때의 전단응력이 전단강도이다.<br>③ 직접 전단시험은 사질점토 지반에서 강도정수($c$, $\phi$)를 구하는 시험<br>④ 배수조절이 어려워 간극수압측정이 곤란 |

## 2. 수직응력 및 전단응력

| 1면 전단시험 | | 2면 전단시험 | |
|---|---|---|---|
| | | | |
| $\sigma = \dfrac{P}{A}$ | $\tau = \dfrac{S}{A}$ | $\sigma = \dfrac{P}{A}$ | $\tau = \dfrac{S}{2A}$ |

## 3. 직접 전단시험 시 시료의 변위

| 전단응력의 변화<br>(전단응력 – 변형률 곡선) | 시료체적의 변화<br>(수직변위 – 변형률 곡선) |
|---|---|
| | |
| ① 조밀한 모래는 최댓값(peak) 이후 전단응력이 줄어든다.<br>② 느슨한 모래에서는 시간이 경과됨에 따라 강도가 회복된다. | ① 조밀한 모래에서는 전단이 진행될 때 체적은 증가한다.<br>② 느슨한 모래에서는 전단이 진행될 때 체적은 감소한다. |

- 실내 전단시험(강도정수를 구함)
  ① 직접 전단시험
     (축하중과 전단력을 가함)
  ② 일축압축시험
     (축하중만 가함)
  ③ 삼축압축시험
     (횡방향 구속 후 측압 가함)

- 시료에 가해지는 수직력($P$)과 전단력($S$)을 시료단면적으로 나누면 수직응력($\sigma$), 전단응력($\tau$)이 구해진다.

- $\sigma$ : 수직응력(N/cm²)
  $\tau$ : 전단응력(N/cm²)
  $P$ : 수직하중(N)
  $S$ : 전단력(N)
  $A$ : 시료 단면적(N)

- 직접 전단시험의 특징
  ① 시험이 간단하고 조작이 용이하다.
  ② 결과정리가 용이하다.
  ③ 전단면이 미리 정해져 있다.
  ④ 배수조절이 곤란하다.(간극수압 측정 곤란)
  ⑤ 시료의 경계에 응력이 집중된다.(진행성 파괴가 일어난다.)

**01** 흙 시료의 전단파괴면을 미리 정해놓고 흙의 강도를 구하는 시험은?

① 일축압축시험　　　② 삼축압축시험
③ 직접전단시험　　　④ 평판재하시험

해설
직접전단시험은 전단파괴면을 미리 정해놓고 흙의 강도를 구하는 시험이다.

**02** 점성토의 비배수 전단강도를 구하는 시험으로 가장 적합하지 않은 것은?

① 일축압축시험
② 비압밀비배수 삼축압축시험(UU)
③ 베인시험
④ 직접전단강도시험

해설
직접전단시험은 배수조절이 곤란하며 사질점토 지반에서 강도정수를 구하는 시험이다.

**03** 흙의 2면 전단시험에서 전단응력을 구하려면 다음의 어느 식이 적용되는가?(단, $\tau$＝전단응력, $A$＝단면적, $S$＝전단력)

① $\tau = \dfrac{S}{A}$　　　② $\tau = \dfrac{S}{2A}$

③ $\tau = \dfrac{2A}{S}$　　　④ $\tau = \dfrac{2S}{A}$

해설
1면전단응력$(\tau) = \dfrac{S}{A}$(2면 전단 : $\dfrac{S}{2A}$)

**04** 어떤 흙의 직접 전단시험에서 수직하중 50N일 때 전단력이 23N이었다. 수직응력$(\sigma)$과 전단응력$(\tau)$은 얼마인가?(단, 공시체의 단면적은 20cm²이다.)

① $\sigma = 1.5\text{N/cm}^2$, $\tau = 0.90\text{N/cm}^2$
② $\sigma = 2.0\text{N/cm}^2$, $\tau = 1.05\text{N/cm}^2$
③ $\sigma = 2.5\text{N/cm}^2$, $\tau = 1.15\text{N/cm}^2$
④ $\sigma = 1.0\text{N/cm}^2$, $\tau = 0.65\text{N/cm}^2$

해설
수직하중$(P)$ : 50N, 전단력$(S)$ : 23N, 단면적$(A)$＝20cm²
• 수직응력$(\sigma) = \dfrac{P}{A} = \dfrac{50}{20} = 2.5\text{N/cm}^2$
• 전단응력$(\tau) = \dfrac{S}{A} = \dfrac{23}{20} = 1.15\text{N/cm}^2$

**05** 다음은 전단을 설명한 것이다. 잘못된 것은?

① 다시 성형한 시료의 강도는 적어지지만 조밀한 모래에서는 시간이 경과됨에 따라 강도가 회복된다.
② 전단저항과 내부마찰각$(\phi)$은 조밀한 모래일수록 크다.
③ 직접 전단시험에 있어서 전단응력과 수평변위곡선은 조밀한 모래에서는 peak가 생긴다.
④ 직접 전단시험에 있어 수평변위－수직변위곡선은 조밀한 모래에서는 전단이 진행됨에 따라 체적이 증가한다.

해설
다시 성형한 시료의 강도는 적어지지만 느슨한 모래에서는 시간이 경과됨에 따라 강도가 회복된다.

**06** 다음 중 직접 전단시험의 특징이 아닌 것은?

① 배수조건에 대한 완벽한 조절이 가능하다.
② 시료의 경계에 응력이 집중된다.
③ 전단면이 미리 정해진다.
④ 시험이 간단하고 결과 분석이 빠르다.

해설
직접 전단시험은 배수 조절이 어려워 간극수압 측정이 곤란하다.

# 05 일축압축시험

## 1. 일축압축시험

| 시험 시의 응력상태 | 시험결과(Mohr 원과 파괴포락선) |
|---|---|
| $\sigma_1$ <br> $\sigma_3=0$ | $\tau=c_u(\phi_u=0)$ <br> $c_u=\dfrac{q_u}{2}$ <br> $\sigma_3=0$ <br> $q_u$, $\sigma_1$ |

① 시료에 수직압력만을 가하여 파괴 시 시료의 하중과 변형량을 측정하여 점착력($c$)과 내부마찰력($\phi$)을 구하는 시험

② 측면은 구속하지 않는다.(측압을 받지 않는 공시체의 최대 압축응력)

③ 시료의 자립이 가능해야 하므로 내부마찰력($\phi$)이 0인 점성토 지반에서만 이용

④ 전단 시 배수조건을 조절할 수 없으므로 항상 비압밀, 비배수 조건에서만 적용 가능

⑤ Mohr 응력원은 1개만 얻을 수 있고 점성토의 일축압축강도와 예민비 파악 가능

## 2. 일축압축강도($q_u$)

**일축압축시험 결과의 정리**

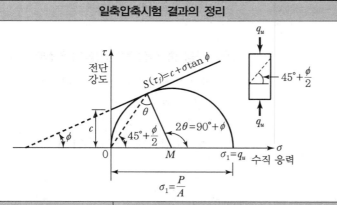

• 일축압축시험 특징
 ① Mohr 응력원을 1개밖에 그릴 수 없다.
 ② 파괴면이 최대 주응력면(수평축)과 이루는 파괴각($\theta$)
 $$\theta=45^\circ+\frac{\phi}{2}$$
 ③ 최소주응력($\sigma_3$)이 0일 때 삼축 압축시험과 같다.
 ④ UU(비압밀 비배수) test

• 모래
 점착력($c$)=0

• 점토
 내부마찰각($\phi$)=0

• 일축압축강도($q_u$) 단위
 $\text{kN/m}^2$

| 일축압축강도($q_u$) 산정식 | 완전 포화된 점토일 경우 |
|---|---|
| $\sigma_1=q_u$ <br> $=2c\cdot\tan\left(45^o+\dfrac{\phi}{2}\right)$ | 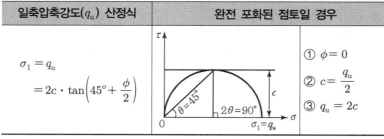 ① $\phi=0$ <br> ② $c=\dfrac{q_u}{2}$ <br> ③ $q_u=2c$ |

**01** 흙의 일축압축시험에 관한 설명 중 틀린 것은?

① 내부 마찰각이 적은 점토질의 흙에 주로 적용된다.

② 축방향으로만 압축하여 흙을 파괴시키는 것이므로 $\sigma_3=0$일 때의 삼축 압축시험이라고 할 수 있다.

③ 압밀비배수(CU)시험 조건이므로 시험이 비교적 간단하다.

④ 흙의 내부마찰각 $\phi$는 공시체 파괴면과 최대 주응력면 사이에 이루는 각 $\theta$를 측정하여 구한다.

[해설]

일축압축시험은 배수조건을 조절할 수 없으므로 비압밀 비배수 조건에서의 시험결과밖에 얻지 못한다.(UU−test)

**02** 흙의 일축압축강도시험에 관한 설명 중 옳지 않은 것은?

① Mohr 원이 하나밖에 그려지지 않는다.

② 점성이 없는 사질토의 경우 시료 자립이 어렵고 배수상태를 파악할 수 없어 일반적으로 점성토에 주로 사용된다.

③ 배수조건에서의 시험결과밖에 얻지 못한다.

④ 일축압축강도시험으로 결정할 수 있는 시험값으로는 일축압축강도, 예민비, 변형계수 등이 있다.

[해설]

**일축압축강도시험**
• Mohr 원은 하나만 얻을 수 있다.
• 시료의 자립이 가능한 점성토에 주로 사용한다.
• 배수조절을 할 수 없어 비압밀 비배수 조건에서의 시험결과만 얻을 수 있다.

**03** 현장에서 채취한 흐트러지지 않은 포화 점토 시료에 대해 일축압축강도 $q_u=80\mathrm{kN/m^2}$의 값을 얻었다. 이 흙의 점착력은?

① 20kN/m²      ② 25kN/m²

③ 30kN/m²      ④ 40kN/m²

[해설]

점토는 내부마찰각$(\phi)=0°$, 일축압축강도$(q_u)=2c$

$\therefore$ 점착력$(c)=\dfrac{q_u}{2}=\dfrac{80}{2}=40\mathrm{kN/m^2}$

**04** 일축압축시험에서 파괴면과 수평면이 이루는 각은 52°이었다. 이 흙의 내부마찰각($\phi$)은 얼마이고 일축압축강도가 76N/cm²일 때 점착력($c$)은 얼마인가?

① $\phi=7°$, $c=38\mathrm{N/cm^2}$

② $\phi=14°$, $c=30\mathrm{N/cm^2}$

③ $\phi=14°$, $c=38\mathrm{N/cm^2}$

④ $\phi=7°$, $c=30\mathrm{N/cm^2}$

[해설]

**내부마찰각과 점착력**
• 파괴면과 수평면이 이루는 각$(\theta)=45°+\dfrac{\phi}{2}=52°$

   $\therefore$ 내부마찰각$(\phi)=14°$

• 일축압축강도$(q_u)=2c\cdot\tan\left(45°+\dfrac{\phi}{2}\right)$

   $76=2\times c\times\tan\left(45°+\dfrac{14°}{2}\right)$

  $\therefore$ $c=30\mathrm{N/cm^2}$

**05** 어떤 흙의 시료에 대하여 일축압축시험을 실시하여 구한 파괴강도는 360kN/m²이었다. 이 공시체의 파괴각이 52°이면, 이 흙의 점착력($c$)과 내부마찰각($\phi$)은?

① $c=141\mathrm{kN/m^2}$, $\phi=14°$

② $c=180\mathrm{kN/m^2}$, $\phi=14°$

③ $c=141\mathrm{kN/m^2}$, $\phi=0°$

④ $c=180\mathrm{kN/m^2}$, $\phi=0°$

[해설]

**내부마찰각과 점착력**
• 파괴각$(\theta)=45°+\dfrac{\phi}{2}=52°$

   $\therefore$ 내부마찰각$(\phi)=14°$

• 일축압축강도$(q_u)=2c\cdot\tan\left(45°+\dfrac{\phi}{2}\right)$

   $360=2\times c\times\tan\left(45°+\dfrac{14°}{2}\right)$

  $\therefore$ $c=141\mathrm{kN/m^2}$

**정답**    01 ③   02 ③   03 ④   04 ②   05 ①

## 3. 일축압축시험 시 전단강도(실험식)

| 시료의 단면 모식도 | 점토의 일축압축강도 시험식과 전단강도 |
|---|---|
| | ① 일축압축강도<br><br>$\sigma(q_u) = \dfrac{P}{A_o} = \dfrac{P}{\dfrac{A}{1-\varepsilon}} = \dfrac{P}{\dfrac{A}{1-\dfrac{\Delta L}{L}}}$<br><br>② 일축압축강도($q_u$)와 $N$값의 관계<br><br>$q_u = 2c = \dfrac{N}{8}(\phi = 0)$<br><br>③ 전단강도($S,\ \tau_f$)<br><br>$S(\tau_f) = c = \dfrac{q_u}{2}(\phi = 0)$ |

**GUIDE**

- $P$ : 최대 수직응력
  $A$ : 시료의 평균 단면적
  $A_o$ : 파괴 시 환산 단면적
  $\varepsilon$ : 파괴 시 세로방향 변형률
  $L$ : 처음 시료의 높이
  $\Delta L$ : 시료의 압축된 높이

- **일축압축강도**

  $q_u = 2c \cdot \tan\left(45° + \dfrac{\phi}{2}\right)$

- **N치**
  표준관입시험에서 타격횟수

- $S(\tau_f) = c + \sigma' \tan\phi$

## 4. 예민비

| 예민비 |
|---|
| ① 예민성은 일축압축시험을 실시하면 강도가 감소되는 성질이다.<br>② 예민비는 교란에 의해 감소되는 강도의 예민성을 나타내는 지표이다.<br>　(일축압축시험 결과 얻어지는 일축압축강도를 이용하여 예민비를 구한다.)<br>③ 예민비가 크면 진동이나 교란 등에 민감하여 강도가 크게 저하되므로 공학적 성질<br>　이 불량하다.(안전율을 크게 한다.)<br><br>$S_t = \dfrac{q_u}{q_{ur}} = \dfrac{불교란 시료의 일축압축강도(자연 상태)}{교란 시료의 일축압축강도(흐트러진 상태)}$ |

- 예민비가 큰 점토는 교란시켰을 때 (다시 반죽했을 때) 강도가 많이 감소된다.

- $q_{ur}$
  교란시료의 일축압축강도
  (되비비기한 시료의 일축압축강도)

## 5. thixotropy

| thixotropy(틱소트로피) 현상 | dilatancy(다일러탠시) 현상 |
|---|---|
| 점토는 되이김(remolding)하면 전단강도가 현저히 감소하는데 시간이 경과함에 따라 그 강도의 일부를 다시 찾게 되는 현상 | 조밀한 사질토에서 전단이 진행됨에 따라 부피가 증가되는 현상 |

- **점토의 예민성**

| 예민비($S_t$) | 예민성 |
|---|---|
| $S_t \leq 1$ | 비예민 |
| $S_t = 1 \sim 8$ | 예민 |
| $S_t = 8 \sim 64$ | Quick Clay |
| $S_t > 64$ | Extra Quick Clay |

**01** 흐트러지지 않은 연약한 점토시료를 채취하여 일축압축시험을 실시하였다. 공시체의 직경이 35mm, 높이가 80mm, 파괴 시의 하중계의 읽음값이 20N, 축방향의 변형량이 12mm일 때, 이 시료의 전단강도는?

① 0.45N/cm² ② 0.65N/cm²
③ 0.85N/cm² ④ 0.16N/cm²

**해설**

전단강도$(S, \tau_f) = c = \dfrac{q_u}{2}$

• $q_u = \dfrac{P}{A_0} = \dfrac{P}{\dfrac{A}{1-\varepsilon}} = \dfrac{P}{\dfrac{A}{1-\dfrac{\Delta L}{L}}} = \dfrac{20}{\dfrac{\pi \times 3.5^2}{4}\Big/\Big(1-\dfrac{1.2}{8}\Big)} = 1.7\text{N/cm}^2$

∴ $S(\tau_f) = \dfrac{q_u}{2} = \dfrac{1.7}{2} = 0.85\text{N/cm}^2$

**02** 점토의 예민비(Sensitivity Ratio)를 구하는 데 사용되는 시험방법은?

① 일축압축시험 ② 삼축압축시험
③ 직접 전단시험 ④ 베인전단시험

**해설**

일축압축시험으로 예민비를 구할 수 있다.

**03** 예민비가 큰 점토에 대한 설명으로 옳은 것은?

① 입자의 모양이 둥근 점토
② 흙을 다시 이겼을 때 강도가 증가하는 점토
③ 입자가 가늘고 긴 형태의 점토
④ 흙을 다시 이겼을 때 강도가 감소하는 점토

**해설**

예민비가 큰 점토는 공학적으로 불량하며 흙을 다시 이겼을 때 강도가 감소한다.

**04** 포화점토의 일축압축시험 결과 자연상태 점토의 일축압축강도와 흐트러진 상태의 일축압축강도가 각각 18N/cm², 4N/cm²였다. 이 점토의 예민비는?

① 0.72 ② 0.22 ③ 4.5 ④ 6.4

**해설**

예민비$(S_t) = \dfrac{q_u}{q_{ur}} = \dfrac{18}{4} = 4.5$

**05** 점토$(\phi = 0°)$의 자연시료에 대한 일축압축강도가 360kN/m²이고, 이 흙을 되비볐을 때의 파괴압축응력이 120kN/m²이었다. 이 흙의 점착력(c)과 예민비$(S_t)$는 얼마인가?

① $c = 180\text{kN/m}^2$, $S_t = 3$
② $c = 180\text{kN/m}^2$, $S_t = 0.33$
③ $c = 240\text{kN/m}^2$, $S_t = 3$
④ $c = 240\text{kN/m}^2$, $S_t = 0.33$

**해설**

점착력과 예민비

• 일축압축강도$(q_u) = 2c \cdot \tan\Big(45° + \dfrac{\phi}{2}\Big)$

  만약 점토라면, $(q_u) = 2 \cdot c$

• 점착력$(c) = \dfrac{q_u}{2} = \dfrac{360}{2} = 180\text{kN/m}^2$

• 예민비$(S_t) = \dfrac{q_u}{q_{ur}} = \dfrac{360}{120} = 3$

**06** 점성토 시료를 교란시켜 재성형을 한 경우 시간이 지남에 따라 강도가 증가하는 현상을 나타내는 용어는?

① 크리프(Creep)
② 틱소트로피(Thixotropy)
③ 이방성(Anisotropy)
④ 아이소크론(Isocron)

**해설**

틱소트로피(Thixotrophy) 현상
Remolding한 교란된 시료를 함수비 변화 없이 그대로 방치하면 시간이 경과되면서 강도가 일부 회복되는 현상으로 점성토 지반에서만 일어난다.

# 06 삼축압축시험

## 1. 삼축압축시험

| 삼축압축시험의 모식도 |
|---|
| $\sigma_3 \rightarrow \boxed{} \leftarrow \sigma_3$  +  $\boxed{}$  =  $\sigma_3 \rightarrow \boxed{} \leftarrow \sigma_3$ |

① 압력실에 수압을 가하면 시료에는 등방압력($\sigma_3$)이 작용한다.

② 이 상태로 축차응력(축하중, $\sigma$)을 가한다($\sigma = \sigma_1 - \sigma_3$)

③ 두 응력차로 인해 전단파괴가 발생되도록 하는 시험

④ 실제 축방향으로 작용하는 하중은 $\sigma_1$이 되므로 삼축응력을 받게 되는 것이다.

- **3축압축시험**
  ① 현장조건을 가장 잘 재현할 수 있는 시험
  ② 직접 전단시험과 달리 미리 파괴면을 설정하지 않음

- **등방압력($\sigma_3$)**
  ① 액압(구속압력)
  ② 구속응력

## 2. 삼축압축시험의 결과

| 시료의 단면적 | 축차응력($\sigma$, 압축응력) |
|---|---|
| (도식도: $P$, $\Delta L$, $L$, $A$, $A_o$) | ① $\sigma = \sigma_1 - \sigma_3$ <br> ② $\sigma = \dfrac{P}{A_o} = \dfrac{P}{\dfrac{A}{1-\varepsilon}} = \dfrac{P}{\dfrac{A}{1-\dfrac{\Delta L}{L}}}$ |

| | 최대주응력($\sigma_1$) | 모래시료의 내부마찰각($\phi$) |
|---|---|---|
| | $\sigma_1 = $ 최소주응력 + 축차응력 <br> $= \sigma_3 + (\sigma_1 - \sigma_3)$ | $\phi = \sin^{-1}\left(\dfrac{\sigma_1 - \sigma_3}{\sigma_1 + \sigma_3}\right)$ |

- $A$ : 시료의 평균 단면적
  $A_o$ : 파괴 시 환산 단면적
  $\varepsilon$ : 파괴 시 세로방향 변형률
  $L$ : 처음 시료의 높이
  $\Delta L$ : 시료의 압축된 높이

- **Mohr-Coulomb 파괴포락선**

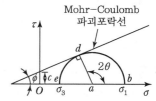

- **배압(Back Pressure)**
  실험실에서 흙시료를 100% 포화하기 위해 흙시료 속으로 가하는 수압(+간극수압)

- 부압(−간극수압)

## 3. 주응력면과 파괴면이 이루는 각

| 모식도 | 파괴면과 최대 주응력(수평축)이 이루는 각도 | 파괴면과 최소 주응력(연직축)이 이루는 각도 |
|---|---|---|
| (도식도: 최소 주응력면(연직축), 파괴면, $45 - \dfrac{\phi}{2}$, $45 + \dfrac{\phi}{2}$, 최대 주응력면(수평축)) | $\theta = 45° + \dfrac{\phi}{2}$ | $\theta' = 45° - \dfrac{\phi}{2}$ |

**01** 다음의 시험법 중 축압을 받는 지반의 전단강도를 구하는 데 가장 좋은 시험법은?

① 일축압축시험      ② 표준관입시험
③ 콘 관입시험      ④ 삼축압축시험

 해설

**삼축압축시험**
현장 조건에 대한 재현 중 배수나 축압의 조건을 가장 용이하고 정확하게 할 수 있는 시험이다.

**02** 현장에서 완전히 포화되었던 시료라 할지라도 시료 채취 시 기포가 형성되어 포화도가 저하될 수 있다. 이 경우 생성된 기포를 원상태로 용해시키기 위해 작용시키는 압력을 무엇이라고 하는가?

① 구속압력(Confined Pressure)
② 축차응력(Diviator Stress)
③ 배압(Back Pressure)
④ 선행압밀압력(Preconsolidation Pressure)

해설

**배압(Back Pressure)**
실험실에서 흙시료를 100% 포화하기 위해 흙시료 속으로 가하는 수압

**03** 모래시료에 대해서 압밀배수 삼축압축시험을 실시하였다. 초기 단계에서 구속응력($\sigma_3'$)은 100 N/cm²이고 전단 파괴 시에 작용된 축차응력($\sigma$)은 200N/cm²이었다. 이와 같은 모래시료의 내부 마찰각($\phi$)의 크기는?

① $\phi = 10°$      ② $\phi = 20°$
③ $\phi = 30°$      ④ $\phi = 40°$

해설

- $\sigma_1 = \sigma_3 + \sigma = 100 + 200 = 300\text{N/cm}^2$
- 내부 마찰각($\phi$) $= \sin^{-1}\left(\dfrac{\sigma_1 - \sigma_3}{\sigma_1 + \sigma_3}\right)$

$$= \sin^{-1}\left(\frac{300 - 100}{300 + 100}\right)$$

$$= 30°$$

**04** 어떤 시료에 대해 액압 1.0kg/cm²를 가해 각 수직변위에 대응하는 수직하중을 측정한 결과가 아래 표와 같다. 파괴 시의 축차응력은?(단, 피스톤의 지름과 시료의 지름은 같다고 보며, 시료의 단면적 $A_o = 18\text{cm}^2$, 길이 $L = 14\text{cm}$이다.)

| $\Delta L$ (1/100 mm) | 0 | ... | 1,000 | 1,100 | 1,200 | 1,300 | 1,400 |
|---|---|---|---|---|---|---|---|
| $P$(kg) | 0 | ... | 54.0 | 58.0 | 60.0 | 59.0 | 58.0 |

① $3.05\text{kg/cm}^2$      ② $2.55\text{kg/cm}^2$
③ $2.05\text{kg/cm}^2$      ④ $1.55\text{kg/cm}^2$

해설

- 최대수직하중 : 60kg
- $\sigma = \sigma_1 - \sigma_3 = \dfrac{P}{A_0} = \dfrac{P}{A} = \dfrac{P}{\dfrac{A}{1 - \varepsilon}} = \dfrac{P}{\dfrac{A}{1 - \dfrac{\Delta L}{L}}}$

$$= \frac{60}{\dfrac{18}{1 - \dfrac{1.2}{14}}} = 3.05\text{kg/cm}^2$$

# 07 3축 압축 시 전단시험의 배수방법

## 1. 3축 압축시험의 종류

| 3축 압축시험 모식도 | 배수조건에 따른 시험 종류 |
|---|---|
| | ① 비압밀 비배수시험(UU시험) Unconsolidated Undrained test |
| | ② 압밀배수시험(CD시험) Consolidated Drained test |
| | ③ 압밀 비배수시험(CU시험) Consolidated Undrained test |

**· 3축 압축시험의 종류**

| | 구속압력 | 축차응력 |
|---|---|---|
| UU | 비배수 | 비배수 |
| CD | 배수 | 배수 |
| CU | 배수 | 비배수 |

## 2. 비압밀 비배수시험(UU시험)

| 구분 | 내용 |
|---|---|
| 시험방법 | ① 구속압력단계에도 축차응력단계에도 배수시키지 않은 채로 실시하는 실험<br>② 비교적 투수성이 낮은 포화점토 지반에 적용, 배수가 생기지 않을 정도로 급속한 파괴 예상 시<br>③ 점토지반 위에 성토하면 성토 직후가 가장 위험하여 단기안정문제라고 한다. |
| 특징 | ① 포화점토가 성토 직후 급속한 파괴가 예상될 때<br>(포화된 점토 지반 위에 급속하게 성토하는 제방의 안전성을 검토)<br>② 점토지반의 단기간 안정 검토 시(시공 직후 초기 안정성 검토)<br>③ 시공 중 압밀, 함수비와 체적의 변화가 없다고 예상<br>④ 내부마찰각$(\phi) = 0$ (불안전 영역에서 강도정수 결정)<br>⑤ 성토로 인한 재하속도가 과잉간극수압이 소산되는 속도보다 빠를 때 |
| 모식도 | <br>비압밀 비배수(UU-test) 결과는 수직응력의 크기가 증가하더라도 축차응력은 일정하다. |
| 내용 | ① 내부마찰각$(\phi_u) = 0$<br>$S_u(\tau_{f_u}) = c_u + \sigma' \cdot \tan\phi_u$<br>$S_u = c_u$(전단강도(응력)는 Mohr 원의 반지름과 같다.)<br>② 점착력$(c_u) = \dfrac{\sigma_1 - \sigma_3}{2}$<br>③ $\sigma$(축차응력) $= \sigma_1 - \sigma_3$<br>($\sigma_3$ : 구속응력(액압) , $\sigma_1$ : 파괴 시 응력) |

· 구속압력을 증대시키면 공극수압은 증가하고 유효응력은 일정하므로 동일한 크기의 모어원이 그려진다.

· UU시험은 보통 구속압을 조정하며 3회 시험을 한다.

**· 비압밀 비배수시험(UU시험)**
① 파괴포락선이 수평
  ($\phi_u = 0$ , $c_u \neq 0$)
② 축차응력$(\sigma_1 - \sigma_3)$을 직경으로 하는 Mohr 응력원이 그려진다.
③ Mohr 파괴원은 직경이 같은 원이 하나만 얻어진다.
④ 축차응력$(\sigma_1 - \sigma_3)$은 일정
  ($\sigma_3$에 관계 없이)
⑤ 전단응력은 일정
⑥ 일축압축시험의 조건

## 예 / 상 / 문 / 제

**01** 점토지반의 단기간 안정을 검토하는 경우에 알맞은 시험법은?

① 비압밀 비배수 전단시험  ② 압밀 배수 전단시험
③ 압밀 급속 전단시험  ④ 압밀 비배수 전단시험

> **해설**
>
> 비압밀 비배수시험(UU시험)
> - 점토의 단기간 안정 검토
> - 포화점토가 성토 직후 급속한 파괴가 예상될 때
> - 시공 중 압밀, 함수비의 변화가 없고, 체적의 변화가 없다고 예상

**02** 아래의 설명과 같은 경우 강도정수 결정에 적합한 3축 압축시험의 종류는?

> 최근에 매립된 포화 점성토지반 위에 구조물을 시공한 직후의 초기 안정 검토에 필요한 지반 강도정수 결정

① 압밀 배수시험(CD)  ② 압밀 비배수시험(CU)
③ 비압밀 비배수시험(UU)  ④ 비압밀 배수시험(UD)

> **해설**
>
> 비압밀 비배수시험(UU − Test)
> - 단기 안정 검토 − 성토 직후 파괴
> - 초기재하 시, 전단 시 간극수 배출 없음
> - 기초지반을 구성하는 점토층이 시공 중 압밀이나 함수비의 변화가 없는 조건

**03** 포화된 점토시료에 대해 비압밀 비배수 삼축압축시험을 실시하여 얻어진 비배수 전단강도는 180 N/cm²이었다(이 시험에서 가한 구속응력은 240N/cm²). 만약 동일한 점토시료에 대해 또 한 번의 비압밀 비배수 3축 압축시험을 실시할 경우(단, 이번 시험에서 가해질 구속응력의 크기는 400N/cm²), 전단파괴 시에 예상되는 축차응력의 크기는?

① 90N/cm²  ② 180N/cm²
③ 360N/cm²  ④ 540N/cm²

> **해설**
>
> 축차응력의 크기$(\sigma) = \sigma_1 - \sigma_3$
>
> - $S_u = c_u + \sigma' \tan \phi_u, \quad S_u = c_u = \dfrac{\sigma_1 - \sigma_3}{2}$

- $S_u = c_u = \dfrac{\sigma_1 - \sigma_3}{2} = 180 \quad \therefore \ \sigma = \sigma_1 - \sigma_3 = 360 \text{N/cm}^2$

※ UU − Test는 $\sigma_3$에 관계없이 $(\sigma_1 - \sigma_3)$이 일정하다.

**04** $\phi = 0$인 포화점토를 비압밀 비배수시험을 하였다. 이때 파괴 시 최대주응력이 200kN/m², 최소주응력이 100kN/m²이었다면, 이 포화점토의 비배수점착력은?

① 50kN/m²  ② 100kN/m²
③ 150kN/m²  ④ 200kN/m²

> **해설**
>
>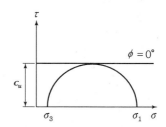
>
> 점착력$(c_u) = \dfrac{\sigma_1 - \sigma_3}{2} = \dfrac{200 - 100}{2} = 50 \text{kN/m}^2$

**05** 포화된 점토에 대하여 비압밀 비배수(UU)시험을 하였을 때의 결과에 대한 설명으로 옳은 것은?(단, $\phi$ : 내부마찰각, $c$ : 점착력)

① $\phi$와 $c$가 나타나지 않는다.
② $\phi$는 "0"이 아니지만, $c$는 "0"이다.
③ $\phi$와 $c$가 모두 "0"이 아니다.
④ $\phi$는 "0"이고 $c$는 "0"이 아니다.

> **해설**
>
> 포화된 점토의 UU − Test
>
>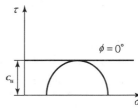
>
> ∴ 내부마찰각 $\phi = 0°$이고 점착력 $c_u \neq 0$이다.

# 3. 압밀 배수시험(CD시험)

| 구분 | 내용 |
|---|---|
| 시험<br>방법 | ① 시료에 구속압력($\sigma_3$)을 가해 압밀한 후 축차응력($\sigma_1 - \sigma_3$)을 가해 공극<br>수를 배출하는 시험법<br>② 구속압력 시에도 축차응력 시에도 배수시키며 하는 실험 |
| 특징 | ① 점토지반의 장기간 안정 검토 시<br>② 압밀이 서서히 진행되고 파괴도 완만하게 진행될 때<br>③ 간극수압이 발생되지 않거나 측정이 곤란할 때<br>④ 흙댐의 정상류에 의한 장기적인 공극수압 산정 시 |

| 모식도 | 정규압밀점토(느슨한 모래) | 과압밀점토(조밀한 모래) |
|---|---|---|
|  | | |
|  | 파괴포락선은 좌표축 원점을 지난다. | 파괴포락선은 원점을 지나지 않는다. |

| 내부<br>마찰각<br>($\phi$) | $\sin\phi = \dfrac{\sigma_1 - \sigma_3}{\sigma_1 + \sigma_3}, \quad \therefore \ \phi = \sin^{-1}\left(\dfrac{\sigma_1 - \sigma_3}{\sigma_1 + \sigma_3}\right)$<br>① $\sigma_3$ : 구속응력<br>② $\sigma_1 - \sigma_3$ : 축차응력 |
|---|---|
| 파괴면에<br>작용하는<br>전단응력<br>($S, \tau_f$) | $\tau_f = \dfrac{\sigma_1 - \sigma_3}{2}\sin 2\theta, \ \left(\theta = 45° + \dfrac{\phi}{2}\right)$ |

# 4. 압밀 비배수시험(CU시험)

| 시험<br>방법 | ① 시료에 구속압력을 가하고 간극수압이 0이 될 때까지 압밀시킨 다음 비배<br>수상태에서 축차응력($\sigma_1 - \sigma_3$)을 가해 전단하는 시험방법(압밀 후 파괴)<br>② 구속압력 시에는 배수조건, 축차응력 시에는 비배수조건에서 하는 실험 |
|---|---|
| 특징 | ① Pre-loading(압밀 진행) 후 갑자기 파괴 예상 시<br>② 제방, 흙댐에서 수위가 급강하 시 안정 검토<br>③ 점토 지반이 성토하중에 의해 압밀 후 급속히 파괴가 예상될 시<br>④ 간극수압을 측정하면 압밀배수와 같은 전단강도 값을 얻을 수 있다.<br>⑤ 유효응력항으로 표시 |
| CU 시험의<br>목적 | ① 압밀 후 급속전단에 의한 비배수 강도를 구함<br>② 지반의 강도증가율을 구함 |

**01** 성토된 하중에 의해 서서히 압밀이 되고 파괴도 완만하게 일어나며 간극수압이 발생되지 않거나 측정이 곤란한 경우 실시하는 시험은?

① 비압밀 비배수 전단시험(UU 시험)
② 압밀 배수 전단시험(CD 시험)
③ 압밀 비배수 전단시험(CU 시험)
④ 급속 전단시험

**해설**

압밀 배수시험(CD – test)
• 초기 재하 시(등방압축), 전단 시(축차압축) 간극수 배출
• 장기안정검토 : 압밀이 서서히 진행되어 완만한 파괴가 예상될 때
• 사질지반의 안정검토, 점토지반 재하 시 장기안정 검토

**02** 모래시료에 대해서 압밀배수 삼축압축시험을 실시하였다. 초기 단계에서 구속응력($\sigma_3$)은 100N/cm²이고, 전단파괴 시에 작용된 축차응력($\sigma_{df}$)은 200N/cm²이었다. 이와 같은 모래시료의 내부마찰각($\phi$) 및 파괴면에 작용하는 전단응력($\tau_f$)의 크기는?

① $\phi = 30°$, $\tau_f = 115.47\text{N/cm}^2$
② $\phi = 40°$, $\tau_f = 115.47\text{N/cm}^2$
③ $\phi = 30°$, $\tau_f = 86.60\text{N/cm}^2$
④ $\phi = 40°$, $\tau_f = 86.60\text{N/cm}^2$

**해설**

전단응력$(\tau_f) = \dfrac{\sigma_1 - \sigma_3}{2} \cdot \sin 2\theta$

• $\sigma_1$

$\sigma = \sigma_1 - \sigma_3$, $\sigma_1 = \sigma_3 + \sigma = 100 + 200 = 300\text{N/cm}^2$

∴ 전단응력$(\tau_f)$

$= \dfrac{\sigma_1 - \sigma_3}{2}\sin 2\theta = \dfrac{300-100}{2}\sin(2 \times 60) = 86.6\text{N/cm}^2$

(파괴면과 이루는 각도$(\theta) = 45° + \dfrac{\phi}{2} = 45° + \dfrac{30°}{2} = 60°$)

• $\sin\phi = \dfrac{\sigma_1 - \sigma_3}{\sigma_1 + \sigma_3}$

∴ $\phi = \sin^{-1}\left(\dfrac{300-100}{300+100}\right) = 30°$

**03** 정규압밀점토에 대하여 구속응력 200kN/m²로 압밀배수 삼축압축시험을 실시한 결과 파괴 시 축차응력이 400kN/m²이었다. 이 흙의 내부마찰각은?

① 20°　　② 25°　　③ 30°　　④ 45°

**해설**

내부마찰각$(\phi) = \sin^{-1}\left(\dfrac{\sigma_1 - \sigma_3}{\sigma_1 + \sigma_3}\right)$

• $\sigma_3 = 200\text{kN/m}^2$
• $\sigma = \sigma_1 - \sigma_3$

$\sigma_1 = \sigma_3 + \sigma = 200 + 400 = 600\text{kN/m}^2$

∴ 내부마찰각$(\phi) = \sin^{-1}\left(\dfrac{\sigma_1 - \sigma_3}{\sigma_1 + \sigma_3}\right) = \sin^{-1}\left(\dfrac{600-200}{600+200}\right) = 30°$

**04** 점토지반을 프리로딩(Pre – Loading)공법 등으로 미리 압밀시킨 후 급격히 재하할 때의 안정을 검토하는 경우에 가장 적당한 전단시험 방법은?

① 비압밀 비배수(UU) 시험
② 압밀 비배수(CU) 시험
③ 압밀 배수(CD) 시험
④ 압밀 완속(CS) 시험

**해설**

압밀 비배수시험(CU – Test)
• 압밀 후 파괴되는 경우
• 초기재하 시 – 간극수 배출
　전단 시 – 간극수 배출 없음
• 수위 급강하 시 흙댐의 안전문제
• 압밀 진행에 따른 전단강도 증가상태를 추정
• 유효응력항으로 표시

**05** 연약지반 개량공사에서 성토 하중에 의해 압밀된 후 다시 추가 하중을 재하한 직후의 안정검토를 할 경우 삼축압축시험 중 어떠한 시험이 가장 좋은가?

① CD시험　　　　　② UU시험
③ CU시험　　　　　④ 급속전단시험

**해설**

4번 해설 참조

**정답**　01 ②　02 ③　03 ③　04 ②　05 ③

# 08 점토의 강도증가율

## 1. 점토의 강도증가율 산정방법

| 점토의 강도증가율($m$) | 점토의 강도증가율($m$) 산정방법 |
|---|---|
| 연직유효응력에 따라 변화하는 비배수 강도를 지수$\left(\dfrac{\text{비배수 점착력}}{\text{유효응력}}\right)$로 표현 | ① 소성지수에 의한 방법<br>② 비배수 전단강도에 의한 방법<br>③ 압밀 비배수 삼축압축시험에 의한 방법 |

## 2. Skempton 제안식(소성지수에 의한 방법)

| 점토의 강도증가율($m$) 식 | 내용 |
|---|---|
| $m = \dfrac{c_u}{\sigma_v'} = 0.11 + 0.0037 PI(\%)$ | ① $c_u$ : 비배수 점착력<br>② $\sigma_v'$ : 연직유효응력($P$)<br>③ $PI$ : 소성지수(%), $I_P$ |

**GUIDE**

• 직접전단시험은 점토의 강도증가율과 상관없다.

• 강도증가율을 사용하면 계산에 의해 깊이에 따른 비배수 강도를 쉽게 구할 수 있다.

# 09 응력경로(Stress Path)

## 1. 응력경로

| 응력경로 정의 | Mohr원 정점의 좌표 |
|---|---|
| ① 지반 내의 임의의 한 점에 작용해온 하중의 변화과정을 응력평면 위에 나타낸 것<br>② 응력경로(Stress Path)는 Mohr 응력원에서 각 원의 전단응력이 최대인 점을 연결한 선분 | $p = \dfrac{\sigma_1 + \sigma_3}{2}, \; q = \dfrac{\sigma_1 - \sigma_3}{2}$ |
| | |

• 일반적으로 실제 유효응력 경로는 곡선이며 직선인 경우는 드물다.

• 응력경로는 시험 중의 연속적인 응력상태를 나타내며 전응력경로와 유효응력경로로 나눈다.

• 전응력($\sigma$)

• 유효응력($\sigma'$) = $\sigma - u$

• 전응력경로 (Total Stress Path)

• 유효응력경로 (Effective Stress Path)

• 3축압축시험에서는 간극수압이 항상 0이므로 전응력경로와 유효응력경로는 동일하다.

## 2. 응력경로의 종류

| 전응력($\sigma$) 경로 | 유효응력($\sigma'$) 경로 |
|---|---|
| $p = \dfrac{\sigma_v + \sigma_h}{2}$<br><br>$q = \dfrac{\sigma_v - \sigma_h}{2}$ | $p' = \dfrac{(\sigma_v - u) + (\sigma_h - u)}{2}$<br><br>$q' = \dfrac{(\sigma_v - u) - (\sigma_h - u)}{2}$ |

**01** 실내시험에 의한 점토의 강도증가율$\left(\dfrac{c_u}{p}\right)$ 산정방법이 아닌 것은?

① 소성지수에 의한 방법
② 비배수 전단강도에 의한 방법
③ 압밀 비배수 삼축압축시험에 의한 방법
④ 직접전단시험에 의한 방법

〔해설〕

직접전단시험은 점토의 강도증가율과는 상관없다.

**02** 비배수 점착력, 유효상재압력, 그리고 소성지수 사이의 관계는 $\dfrac{c_u}{\sigma_v'} = 0.11 + 0.0037(PI)$이다.

아래 그림에서 정규압밀점토의 두께는 15m, 소성지수(PI)가 40%일 때 점토층의 중간깊이에서 비배수 점착력은?(단, $\gamma_w = 10\text{kN/m}^3$ 이다.)

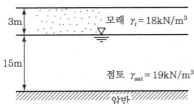

① 35.7kN/m²  ② 31.3kN/m²
③ 25.9kN/m²  ④ 21.4kN/m²

〔해설〕

$\dfrac{c_u}{\sigma_v'} = 0.11 + 0.0037(PI)$

• $\sigma_v'$(연직유효응력)

$$\sigma_v' = \gamma_t \times H_1 + \gamma_{sub} \times \dfrac{H_2}{2}$$
$$= (18 \times 3) + (19-10) \times \dfrac{15}{2}$$
$$= 121.5\text{kN/m}^2$$

• $c_u = \sigma_v'[0.11 + 0.0037(PI)]$
$$= 121.5[0.11 + 0.0037 \times 40]$$
$$= 31.3\text{kN/m}^2$$

**03** 응력경로(Stress Path)에 대한 설명으로 옳지 않은 것은?

① 응력경로는 특성상 전응력으로만 나타낼 수 있다.
② 응력경로란 시료가 받는 응력의 변화과정을 응력공간에 궤적으로 나타낸 것이다.
③ 응력경로는 Mohr의 응력원에서 전단응력이 최대인 점을 연결하여 구해진다.
④ 시료가 받는 응력상태에 대해 응력경로를 나타내면 직선 또는 곡선으로 나타난다.

〔해설〕

• 응력경로 : Mohr의 응력원에서 각 원의 전단응력이 최대인 점(p, q)을 연결하여 그린 선분
• 응력경로는 전응력 경로와 유효응력 경로로 나눌 수 있다.

**04** 응력경로를 설명한 다음 설명 중 틀린 것은? (단, 여기서 Mohr원의 중심위치는 $p = \dfrac{\sigma_1 + \sigma_3}{2}$, 반경의 크기 $q = \dfrac{\sigma_1 - \sigma_3}{2}$ 이다.)

① 응력경로는 각 Mohr원의 중심위치 $p$와 반경의 크기 $q$를 연결하는 선을 말한다.
② 응력경로는 시료가 받는 응력의 변화과정을 연속적으로 살필 수 있는 표현방법이다.
③ 액압 $\sigma_3$를 고정하고 축압 $\sigma_1$을 연속적으로 증가시키는 경우의 응력경로는 $\sigma_3$와 각 Mohr원의 꼭짓점을 연결하는 직선이다.
④ 응력경로는 그 성격상 전응력에 대해서만 그릴 수 있다.

〔해설〕

응력경로의 종류
• 전응력경로
• 유효응력경로

## 3. CD 시험 시의 전응력경로 및 유효응력경로

| 유효응력경로(전응력경로) | 응력경로 |
|---|---|
| *q*축 그래프, 유효응력경로(=전응력경로), 45°, $\sigma_3, \sigma_3'$, $\sigma_1, \sigma_1'$, *p* | ① 최소주응력($\sigma_3$)이 일정한 상태에서 최대주응력($\sigma_1$)이 점차 증가하여 파괴되는 경우<br>② 표준삼축압축시험에서의 응력경로<br>③ 삼축압축시험 시 흙이 파괴될 때까지의 유효응력경로는 변하지 않는다. |

## 4. 응력경로

| 삼축압축시험 | 직접전단시험 | 압밀시험 |
|---|---|---|
| $K_f$-line, 응력경로 | $K_f$-line, 응력경로 | $K_f$-line, $K_o$ |
| ① 액압을 일정하게 가해 주므로 초기에는 전단응력이 발생하지 않아 *p*선 위로 이동<br>② 그러다가 전단 단계에 이르면 파괴포락선을 향한다. | ① 하중재하 초기에는 전단응력이 수직응력에 비해 점점 커진다.<br>② 더 이상 하중을 견디지 못하면 파괴포락선을 향한다. | 이 시험은 시료를 전단하는 것이 아니므로 $K_o$선을 따라 응력경로가 이동한다. |

## 5. $k_f$선(응력경로, 수정파괴포락선)과 $\phi$선(파괴포락선)

| $k_f$선 | Mohr-Coulomb선 |
|---|---|
| *q*축 그래프, $K_f$, $\alpha$, *m*, *p* | $\tau$축 그래프, $\phi$, *c*, $\sigma$ |
| **$k_f$선과 Mohr-Coulomb선의 기하학적 관계** ||

① 내부 마찰각($\phi$) : $\tan \alpha = \sin \phi$, $\therefore \phi = \sin^{-1}(\tan \alpha)$

② *q*축과의 절편(*m*) : $m = c \cdot \cos \phi$, $c = \dfrac{m}{\cos \phi}$

③ 응력비(응력경로) : $\dfrac{q}{p} = \dfrac{1-K}{1+K}$ (*K* : 토압계수)

• 삼축압축시험의 전응력 경로

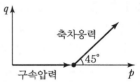

*q*축 그래프, 축차응력, 45°, 구속압력, *p*

응력경로의 초기조건은 최대주응력($\sigma_v$)과 최소주응력($\sigma_h$)이 같은 상태이다. ($p = \sigma_v$, $q = 0$)

• 응력비(응력경로, $\dfrac{q}{p}$)

$$\frac{q}{p} = \frac{\dfrac{\sigma_1 - \sigma_3}{2}}{\dfrac{\sigma_1 + \sigma_3}{2}} = \frac{\sigma_1 - \sigma_3}{\sigma_1 + \sigma_3}$$

$$= \frac{1 - \dfrac{\sigma_3}{\sigma_1}}{1 + \dfrac{\sigma_3}{\sigma_1}} = \frac{1-K}{1+K}$$

**01** 다음은 전단시험을 한 응력경로이다. 어느 경우인가?

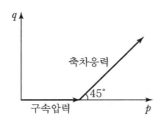

① 초기단계의 최대주응력과 최소주응력이 같은 상태에서 시행한 삼축압축시험의 전응력경로이다.
② 초기단계의 최대주응력과 최소주응력이 같은 상태에서 시행한 일축압축시험의 전응력경로이다.
③ 초기단계의 최대주응력과 최소주응력이 같은 상태에서 $K_0 = 0.5$인 조건에서 시행한 삼축압축시험의 전응력경로이다.
④ 초기단계의 최대주응력과 최소주응력이 같은 상태에서 $K_0 = 0.7$인 조건에서 시행한 일축압축시험의 전응력경로이다.

해설
초기 단계의 최대 주응력과 최소 주응력이 같은 상태에서 시행한 삼축압축 시험의 전응력 경로이다.($p = \sigma_v$, $q = 0$)

**02** 다음의 stress path(응력경로)는 어떤 시험일 때인가?

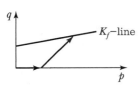

① 직접전단압축일 때
② 표준삼축압축일 때
③ 압밀시험일 때
④ 등방압축시험일 때

해설
삼축압축시험에서는 간극수압이 항상 0이므로 전응력경로와 유효응력경로는 동일하다.

**03** 다음의 응력경로(stress path)는 어떤 상태를 나타내는가?

① 등방압축
② 표준삼축압축
③ 직접전단
④ 압밀시험

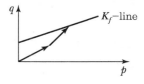

해설
직접전단 시 응력경로는 좌표의 정점으로부터 점점 증가하여 $k_f$선에 도달하여 파괴된다.

**04** 점성토에 대한 압밀배수 삼축압축시험 결과를 p−q diagram에 그렸을 때 $K_1$−line의 경사각 $\alpha$는 20°이고 절편 $m$은 34N/cm²이었다. 이 점성토의 내부마찰각($\phi$) 및 점착력($c$)은?

① $\phi = 21.34°$, $c = 36.5\text{N/cm}^2$
② $\phi = 23.54°$, $c = 34.3\text{N/cm}^2$
③ $\phi = 24.21°$, $c = 31.5\text{N/cm}^2$
④ $\phi = 24.52°$, $c = 30.9\text{N/cm}^2$

해설
• 내부마찰각($\phi$)
$\phi = \sin^{-1}(\tan\alpha) = \sin^{-1}(\tan 20°) = 21.344° = 21°20'39''$
• 점착력($c$) : $c = \dfrac{m}{\cos\phi} = \dfrac{34}{\cos 21.344°} = 36.5\text{N/cm}^2$

**05** 토압계수 $K = 0.5$일 때 응력경로는 그림에서 어느 것인가?

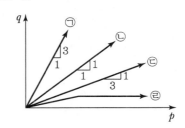

① ㉠        ② ㉡        ③ ㉢        ④ ㉣

해설
응력비(응력경로) $= \dfrac{q}{p} = \dfrac{1-K}{1+K} = \dfrac{1-0.5}{1+0.5} = \dfrac{1}{3}$

# 10 간극수압계수

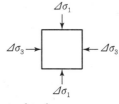

GUIDE

## 1. 간극수압계수

| 정의 | 간극수압계수 |
|---|---|
| • 점토에 압력을 가하면 과잉간극수압이 발생한다.<br>• 전응력의 증가량에 대한 간극수압의 변화량의 비를 간극수압계수라 한다. | $\dfrac{\Delta u}{\Delta \sigma}$ |

## 2. 등방압축 시 간극 수압계수($B$계수)

| 등방압축 | 내용 | B계수 |
|---|---|---|
| $\Delta \sigma_3$ (사각형 그림, 사방에서 $\Delta \sigma_3$) | CU 시험 시(등방압축 때) $\sigma_3$ 증가량에 대한 $u$의 변화량의 비<br><br>① 완전 포화토 $B=1(\Delta \sigma_3 = \Delta u)$<br>② 완전 건조토 $B=0$ | $B = \dfrac{\Delta u}{\Delta \sigma_3}$ |

• $S = 100\%$ 포화된 상태이면 $B=1$이고, 구속압력이 일정하면 $\Delta \sigma_3 = 0$이다.

• **포화점토지반**
 ① 포화도 $S = 100\%$
 ② 내부마찰각($\phi$) = 0°
 ③ 간극수압계수 $B=1$

## 3. 1축 압축 시 간극수압계수($D$계수)

| 1축 압축 | 내용 | $D$계수 |
|---|---|---|
| $\Delta \sigma_1 - \Delta \sigma_3$ (사각형 그림) $\Delta \sigma_1 - \Delta \sigma_3$ | 1축 압축시험에서 $(\Delta \sigma_3 - \Delta \sigma_1)$의 증가량에 대한 $u$의 변화량의 비 | $D = \dfrac{\Delta u}{\Delta \sigma_1 - \Delta \sigma_3}$ |

• **축차응력**
 $\Delta \sigma = (\Delta \sigma_1 - \Delta \sigma_3)$

• **3축 압축시험**
 (사각형 그림: $\Delta \sigma_1$ 위아래, $\Delta \sigma_3$ 좌우)
 ① $\Delta \sigma_1 (\Delta \sigma_v)$
 ② $\Delta \sigma_3 (\Delta \sigma_h) = \Delta \sigma_v \cdot k$

## 4. 3축 압축 시(비배수 전단 시) 과잉공극수압 및 A계수

| 3축 압축 시 과잉공극수압($\Delta u$) | A 계수 | |
|---|---|---|
| $\Delta u = B[\Delta \sigma_3 + A(\Delta \sigma_1 - \Delta \sigma_3)]$<br>① $A$, $B$ : 간극수압계수<br>② 포화된 흙($B=1$)<br>③ $\Delta \sigma_3$ : 추가된 등방압밀 압력(비배수)<br>④ $\Delta \sigma_1 - \Delta \sigma_3$ : 추가된 축차응력(비배수) | 포화된 흙($B=1$) | 구속응력은 일정 $(\Delta \sigma_3 = 0)$ |
| | $A = \dfrac{\Delta u - \Delta \sigma_3}{\Delta \sigma_1 - \Delta \sigma_3}$ | $A = \dfrac{\Delta u}{\Delta \sigma_1}$ |

• **간극수압 A계수**
 ① 3축 압축시험에서 구함
 ② 정규압밀점토에서는 $A$값이 1에 가까운 값을 나타낸다.
 ③ A계수가 항상 (+)값을 갖는 것은 아니다.(과압밀점토에서는 (−)값)
 ④ $A = \dfrac{D}{B}$

**01** 2.0N/cm²의 구속응력을 가하여 시료를 완전히 압밀시킨 다음, 축차응력을 가하여 비배수 상태로 전단시켜 파괴할 때 축변형률 $\varepsilon_f = 10\%$, 축차응력 $\Delta\sigma_f = 2.8$N/cm², 간극수압 $\Delta u_f = 2.1$N/cm²를 얻었다. 파괴 시 간극수압계수 A를 구하면?(단, 간극수압계수 B는 1.0으로 가정한다.)

① 0.44                    ② 0.75
③ 1.33                    ④ 2.27

해설

$\Delta u = B[\Delta\sigma_3 + A(\Delta\sigma_1 - \Delta\sigma_3)]$
$2.1 = 1[0 + (A \times 2.8)]$ (100% 포화된 상태면 $B = 1$이고, 구속압력이 일정하면 $\Delta\sigma_3 = 0$)
$\therefore A = 0.75$

[별해]

$A$계수 $= \dfrac{D계수}{B계수}$

• $D$계수

$D = \dfrac{\Delta u}{\Delta\sigma_1 - \Delta\sigma_3} = \dfrac{2.1}{2.8} = 0.75$

• $B$계수 $= 1$

$\therefore A$계수 $= \dfrac{D계수}{B계수} = \dfrac{0.75}{1} = 0.75$

**02** 그림과 같이 지하수위가 지표와 일치한 연약 점토 지반 위에 양질의 흙으로 매립 성토할 때 매립이 끝난 후 매립 지표로부터 5m 깊이에서의 과잉공극수압은 약 얼마인가?

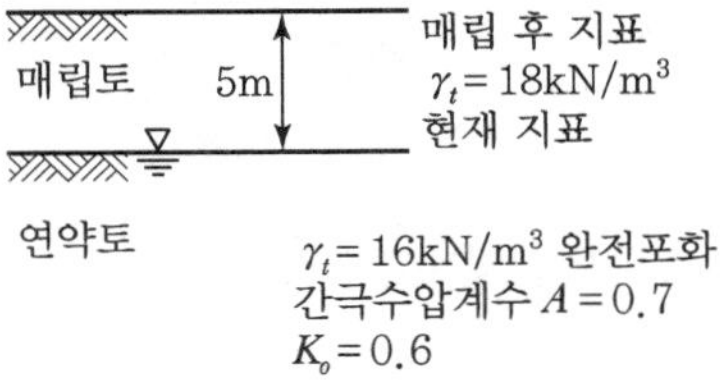

```
//////                    매립 후 지표
매립토    5m              γ_t = 18kN/m³
//////   ▽               현재 지표

연약토          γ_t = 16kN/m³ 완전포화
                간극수압계수 A = 0.7
                K_o = 0.6
```

① 90.4kN/m²              ② 79.2kN/m²
③ 54.1kN/m²              ④ 34.5kN/m²

해설

3축 압축 시 과잉공극수압

$\Delta u = B[\Delta\sigma_3 + A(\Delta\sigma_1 - \Delta\sigma_3)]$

• $B = 1$

• $\Delta\sigma_1 = \gamma \cdot H = 18 \times 5 = 90$kN/m²

• $\Delta\sigma_3 = \sigma_v \cdot K_o = (\gamma \cdot H)K_o = (18 \times 5) \times 0.6 = 54$kN/m²

$\therefore \Delta u = B[\Delta\sigma_3 + A(\Delta\sigma_1 - \Delta\sigma_3)]$
$= 1 \times [54 + 0.7(90 - 54)] = 79.2$kN/m²

**03** 아래 표의 공식은 흙시료에 삼축압력이 작용할 때 흙시료 내부에 발생하는 간극수압을 구하는 공식이다. 이 식에 대한 설명으로 틀린 것은?

$$\Delta u = B[\Delta\sigma_3 + A(\Delta\sigma_1 - \Delta\sigma_3)]$$

① 포화된 흙의 경우 $B = 1$이다.
② 간극수압계수 $A$의 값은 삼축압축시험에서 구할 수 있다.
③ 포화된 점토에서 구속응력을 일정하게 두고 간극수압을 측정했다면, 축차응력과 간극수압으로부터 $A$값을 계산할 수 있다.
④ 간극수압계수 $A$값은 언제나 (+)값을 갖는다.

해설

간극수압계수의 $A$값이 언제나 (+)값을 갖는 것은 아니다.
과압밀 점토에서는 (−)값을 나타낸다.

# 11 사질토의 전단특성

GUIDE

## 1. 다일러탠시(Dilatancy)

| 다일러탠시 | 종류 |
|---|---|
| 흙이 전단을 받으면 체적이 변화되는 현상(팽창, 수축) | ① 정(+)의 다일러탠시(Dilatancy) : 팽창<br>② 부(−)의 다일러탠시(Dilatancy) : 수축 |

## 2. 조밀한 모래(과압밀 점토)

| 정(+)의 다일러탠시 | 내용 |
|---|---|
| | ① (+) Dilatarcy 발생(체적 증가)<br>② 비배수 전단 시 간극수압은 감소(−)<br>③ 조밀한 모래와 과압밀 점토의 전단특성은 거의 비슷 |

## 3. 느슨한 모래(정규압밀 점토)

| 부(−)의 다일러탠시 | 내용 |
|---|---|
| | ① (−) Dilatancy 발생(체적 감소)<br>② 비배수 전단 시 간극수압은 증가(+)<br>③ 느슨한 모래와 정규압밀 점토의 전단특성은 거의 비슷 |

## 4. 다일러탠시(Dilatancy) 현상

| 체적 변화 | 간극수압의 변화 |
|---|---|
| | |
| ① 조밀한 모래는 간극비가 감소하다가 증가(+Dilatancy)<br>② 느슨한 모래는 전단파괴 이전에 체적 감소(−Dilatancy) | ① 과압밀 점토는 (−) 간극수압이 생김<br>② 정규 압밀 점토는 (+) 간극수압이 생김 |

- 시료가 느슨한 경우 변형을 일으킬 때 모래 입자는 용이하게 위치를 바꿀 수 있으므로 체적은 감소(+간극수압이 발생)
- 조밀한 모래는 모래의 입자가 이동할 때 다른 입자를 누르고 넘어가야 하므로 용적이 증가. 이때 공시체가 팽창하려는 성향으로 인해 흙의 간극으로 물이 흡수되어야 하지만 비배수 조건이므로 (−) 간극수압이 발생

- **사질토의 전단강도 영향인자**
  ① 상대밀도
  ② 입도 분포
  ③ 입자의 형상
  ④ 입자의 크기

- **점성토의 공학적 영향인자**
  예민비(일축 압축강도시험)

- **틱소트로피(Thixotropy)**
  교란된 점토지반이 시간이 지남에 따라 강도의 일부를 회복하는 현상

- **액상화 현상(liguefaction)**
  진동이나 충격과 같은 동적외력의 작용으로 모래의 간극비가 감소하며 이로 인하여 간극수압이 상승하여 흙의 전단강도가 급격히 소실되어 현탁액과 같은 상태로 되는 현상

- **한계 간극비**
  초기 간극비 상태에 있는 모래는 전단 시 체적의 변화가 없게 되는데 이때의 간극비

**01** 모래의 밀도에 따라 일어나는 전단 특성에 대한 다음 설명 중 옳지 않은 것은?

① 다시 성형한 시료의 강도는 작아지지만 조밀한 모래에서는 시간이 경과됨에 따라 강도가 회복된다.
② 전단저항각[내부마찰각($\phi$)]은 조밀한 모래일수록 크다.
③ 직접전단시험에 있어서 전단응력과 수평변위곡선은 조밀한 모래에서는 Peak가 생긴다.
④ 조밀한 모래에서는 전단변형이 계속 진행되면 부피가 팽창한다.

**해설**
틱소트로피(Thixotrophy) 현상
Remolding한 시료(교란된 시료)를 함수비의 변화 없이 그대로 방치하면 시간이 경과되면서 강도가 일부 회복되는 현상으로 점토지반에서만 일어난다.

**02** 모래나 점토 같은 입상재료(粒狀材料)를 전단하면 Dilatancy 현상이 발생하며 이는 공극수압과 밀접한 관계가 있다. 다음에 설명한 이들의 관계 중 옳지 않은 것은?

① 과압밀 점토에서는 (+) Dilatancy에 부(−)의 공극수압이 발생한다.
② 정규압밀 점토에서는 (−) Dilatancy에 정(+)의 공극수압이 발생한다.
③ 밀도가 큰 모래에서는 (+) Dilatancy가 일어난다.
④ 느슨한 모래에서는 (+) Dilatancy가 일어난다.

**해설**
느슨한 모래에서는 (−) Dilatancy가 일어난다.

**03** 모래 등과 같은 점성이 없는 흙의 전단강도 특성에 대한 설명 중 잘못된 것은?

① 조밀한 모래의 전단과정에서는 전단응력의 피크(Peak) 점이 나타난다.
② 느슨한 모래의 전단과정에서는 응력의 피크점이 없이 계속 응력이 증가하여 최대 전단응력에 도달한다.

③ 조밀한 모래는 변형의 증가에 따라 간극비가 계속 감소하는 경향을 나타낸다.
④ 느슨한 모래의 전단과정에서는 전단파괴될 때까지 체적이 계속 감소한다.

**해설**
조밀한 모래는 변형의 증가에 따라 간극비가 계속 감소하다가 증가하는 경향을 나타낸다.

**04** 다음 그림에서 느슨한 모래의 전단거동 특성으로 옳은 것은?

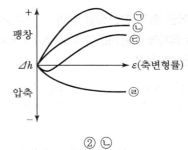

① ㉠　　② ㉡
③ ㉢　　④ ㉣

**해설**
느슨한 모래는 전단파괴에 도달하기 전에 체적이 감소하고, 조밀한 모래는 체적증가가 생긴다.

**05** 흙에 대한 일반적인 설명으로 틀린 것은?

① 점성토가 교란되면 전단강도가 작아진다.
② 점성토가 교란되면 투수성이 커진다.
③ 불교란시료의 일축압축강도와 교란시료의 일축압축강도의 비를 예민비라 한다.
④ 교란된 흙이 시간 경과에 따라 강도가 회복되는 것을 딕소트로피(Thixotropy)현상이라 한다.

**해설**
점성토가 교란되면 투수성이 작아진다.

**01** 흐트러진 흙을 자연상태의 흙과 비교하였을 때 잘못된 설명은?

① 투수성이 크다.
② 간극이 크다.
③ 전단강도가 크다.
④ 압축성이 크다.

해설

흐트러진 흙은 자연상태의 흙보다 전단강도가 작다.

**02** 어떤 흙의 전단실험 결과 $c = 18\text{N/cm}^2$, $\phi = 35°$, 토립자에 작용하는 수직응력이 $\sigma = 36\text{N/cm}^2$일 때 전단강도는?

① $48.9\text{N/cm}^2$
② $43.2\text{N/cm}^2$
③ $63.3\text{N/cm}^2$
④ $38.6\text{N/cm}^2$

해설

$S(\tau_f) = c + \sigma' \tan\phi = 18 + 36\tan35° = 43.2\text{N/cm}^2$

**03** 어떤 흙을 직접전단시험하여 수직응력이 60 N/cm²일 때 44N/cm²의 전단강도를 얻었다. 이 흙의 점착력이 10N/cm²이라면 이 흙의 내부마찰각은?

① $51.5°$
② $36.2°$
③ $32.1°$
④ $29.5°$

해설

$S(\tau_f) = c + \sigma' \tan\phi$
$44 = 10 + 60\tan\phi$
$\phi = \tan^{-1}\left(\dfrac{44 - 10}{60}\right) = 29.5°$

**04** 현장에서 연약점토의 전단강도를 구하기 위한 시험방법은?

① 표준관입시험
② 베인전단시험
③ 평판재하시험
④ CBR시험

해설

베인전단시험(vane shear test)
연약한 점토 또는 대단히 예민한 점토에 대하여 현장에서 직접 시행하는 전단 시험

**05** 유효응력으로 구한 강도정수가 $c' = 2\text{kN/m}^2$, $\phi' = 45°$인 어떤 흙의 가상파괴면에 수직응력이 $10\text{kN/m}^2$, 간극수압이 $5\text{kN/m}^2$ 작용하고 있을 때 전단강도는?

① $2\text{kN/m}^2$
② $5\text{kN/m}^2$
③ $7\text{kN/m}^2$
④ $12\text{kN/m}^2$

해설

$S(\tau_f) = c + \sigma' \tan\phi$
$S(\tau_f) = c + (\sigma - u)\tan\phi = 2 + (10 - 5)\tan45° = 7\text{kN/m}^2$

**06** 직접전단시험을 한 결과 수직응력이 12N/cm²일 때 전단저항력이 10N/cm²이었고, 수직응력이 24N/cm²일 때 전단저항력은 18N/cm²이었다. 이때 점착력($c$)은?

① $2.00\text{N/cm}^2$
② $3.00\text{N/cm}^2$
③ $4.56\text{N/cm}^2$
④ $6.21\text{N/cm}^2$

해설

$S(\tau_f) = c + \sigma' \tan\phi$
$10 = c + 12\tan\phi \cdots ①$
$18 = c + 24\tan\phi \cdots ②$
①×2 − ② 연립방정식을 풀이하면
$\quad 20 = 2 \cdot c + 24\tan\phi$
$\quad 18 = c + 24\tan\phi$
$\quad\ \ 2 = c$
∴ 점착력($c$) $= 2.0\text{N/cm}^2$

**07** 사질토에 대한 직접전단시험을 실시하여 다음과 같은 결과를 얻었다. 내부마찰각은 약 얼마인가?

| 수직응력(kN/m²) | 3 | 6 | 9 |
|---|---|---|---|
| 최대전단응력(kN/m²) | 1.73 | 3.46 | 5.19 |

① 25°　　　　　② 30°

③ 35°　　　　　④ 40°

$S(\tau_f) = c + \sigma' \tan\phi$

• $1.73 = 3\tan\phi$

• $3.46 = 6\tan\phi$

• $5.19 = 9\tan\phi$

∴ 내부마찰각$(\phi) = 30°$

**08** 내부마찰각 $\phi = 30°$, 점착력 $c = 0$인 그림과 같은 모래지반이 있다. 지표에서 6m 아래 지반의 전단강도는?(단, $\gamma_w = 10\text{kN/m}^3$ 이다.)

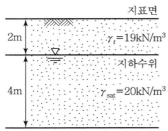

① 78.2kN/m²　　　② 98.1kN/m²

③ 45.5kN/m²　　　④ 65.4kN/m²

• $\sigma' = \sigma - u$

$= \gamma_t \cdot H_1 + \gamma_{sub} \cdot H_2$

$= 19 \times 2 + (20 - 10) \times 4 = 78.8\text{kN/m}^2$

• $S(\tau_f) = c + \sigma'\tan\phi$

$= 0 + 78.8\tan30°$

$= 45.5\text{kN/m}^2$

**09** 그림과 같은 지반에서 깊이 5m 지점에서의 전단강도는?(단, 내부 마찰각은 35°, 점착력은 0이다.)

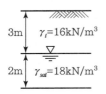

① 32kN/m²　　　　② 38kN/m²

③ 45kN/m²　　　　④ 63kN/m²

• 수직응력  $\sigma' = \gamma_t h_1 + (\gamma_{sat} - \gamma_w)h_2$

$= 16 \times 3 + (18 - 9.8) \times 2 = 64.4\text{kN/m}^2$

• 전단강도  $S = c + \sigma'\tan\phi = 0 + 64.4\tan35° = 45\text{kN/m}^2$

**10** 원주상의 공시체에 수직응력이 10N/cm², 수평응력이 5N/cm²일 때 공시체의 각도 30° 경사면에 작용하는 전단응력은?

① 1.7N/cm²

② 2.2N/cm²

③ 3.5N/cm²

④ 4.3N/cm²

전단응력$(\tau) = \dfrac{\sigma_1 - \sigma_3}{2}\sin 2\theta$

$= \dfrac{10 - 5}{2}\sin(2 \times 30°)$

$= 2.2\text{N/cm}^2$

**11** 어떤 흙에 대해서 직접 전단시험을 한 결과 수직응력이 10N/cm²일 때 전단저항이 5N/cm²이었고, 또 수직응력이 20N/cm²일 때에는 전단저항이 8N/cm²이었다. 이 흙의 점착력은?

① 2N/cm²

② 3N/cm²

③ 8N/cm²

④ 10N/cm²

$\tau = c + \sigma\tan\phi$에서

$5 = 10\tan\phi + c$ ················· ①

$8 = 20\tan\phi + c$ ················· ②

①과 ② 식에서 점착력 $c = 2\text{N/cm}^2$

　08 ③　09 ③　10 ②　11 ①

**12** 흙 재료를 일축압축시험으로 시험하여 일축압축강도가 30kN/m²이었다. 이 흙의 점착력은?(단, $\phi=0°$인 점토)

① 10kN/m²         ② 15kN/m²

③ 20kN/m²         ④ 25kN/m²

> 해설

- $q_u = 2c \cdot \tan\left(45° + \dfrac{\phi}{2}\right)$

  ($\phi=0°$인 점토의 경우, $q_u = 2 \cdot c$)

- 점착력

  $c = \dfrac{q_u}{2} = \dfrac{30}{2} = 15 \text{kN/m}^2$

**13** $\phi=0°$인 포화된 점토시료를 채취하여 일축압축시험을 행하였다. 공시체의 직경이 4cm, 높이가 8cm이고 파괴 시의 하중계의 읽음 값이 4.0kg, 축방향의 변형량이 1.6cm일 때, 이 시료의 전단강도는 약 얼마인가?

① 0.07kg/cm²

② 0.13kg/cm²

③ 0.25kg/cm²

④ 0.32kg/cm²

> 해설

- 파괴 시 단면적 $(A) = \dfrac{A_0}{1-\varepsilon}$

  압축변형 $(\varepsilon) = \dfrac{\Delta L}{L} = \dfrac{1.6}{8} = 0.2$

  시료의 단면적 $(A_0) = \dfrac{\pi \cdot D^2}{4} = \dfrac{\pi \times 4^2}{4} = 12.57 \text{cm}^2$

  $\therefore A = \dfrac{12.57}{1-0.2} = 15.7 \text{cm}^2$

- 일축압축강도(압축응력)

  $q_u = \dfrac{P}{A} = \dfrac{4}{15.7} = 0.25 \text{kg/cm}^2$

- 내부마찰각 $(\phi)=0°$인 점토의 경우

  $S(\tau_f) = c + \sigma' \tan\phi$

  $= c + 0 = \dfrac{q_u}{2} = \dfrac{0.25}{2} = 0.125 \text{kg/cm}^2$

**14** 한 요소에 작용하는 응력의 상태가 그림과 같을 때 m-m면에 작용하는 수직응력은?

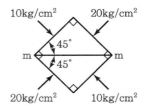

① 15kg/cm²         ② $\dfrac{2}{5}\sqrt{2}$ kg/cm²

③ $\dfrac{5}{2}\sqrt{3}$ kg/cm²         ④ 10kg/cm²

> 해설

$\sigma = \dfrac{\sigma_1 + \sigma_3}{2} + \dfrac{\sigma_1 - \sigma_3}{2}\cos 2\theta$

$= \dfrac{20+10}{2} + \dfrac{20-10}{2}\cos(45° \times 2) = 15 \text{kg/cm}^2$

($\because \sigma_1 = 20 \text{kg/cm}^2, \ \sigma_3 = 10 \text{kg/cm}^2, \ \theta = 45°$)

**15** 지름이 5cm이고 높이가 12cm인 점토시료를 일축압축시험한 결과, 수직변위가 0.9cm 일어났을 때 최대하중 10.61kg을 받았다. 이 점토의 표준관입시험 N값은 대략 얼마나 되겠는가?

① 2         ② 4

③ 6         ④ 8

> 해설

- 일축압축강도(압축응력)

  $q_u = \dfrac{P}{A} = \dfrac{10.61}{21.23} = 0.5 \text{kg/cm}^2$

- 파괴 시 단면적

  $A = \dfrac{A_o}{1-\varepsilon} = \dfrac{A_o}{1 - \dfrac{\Delta L}{L}} = \dfrac{\dfrac{\pi \times 5^2}{4}}{1 - \dfrac{0.9}{12}} = 21.23 \text{cm}^2$

- $q_u = \dfrac{N}{8}$ (kg/cm²)에서

  $0.5 = \dfrac{N}{8} \quad \therefore N = 4$

정답    **12** ②    **13** ②    **14** ①    **15** ②

## 16 예민비가 큰 점토란?

① 입자 모양이 둥근 점토
② 흙을 다시 이겼을 때 강도가 증가하는 점토
③ 입자가 가늘고 긴 형태의 점토
④ 흙을 다시 이겼을 때 강도가 감소하는 점토

**해설**

예민비

- $S_t = \dfrac{q_u}{q_{ur}}$
- 교란되지 않은 시료의 일축압축강도와 함수비 변화 없이 반죽하여 교란시킨 같은 흙의 일축압축강도의 비
- 예민비가 큰 점토는 교란시켰을 때 강도가 많이 감소한다.

## 17 흙속에 있는 한 점의 최대 및 최소 주응력이 각각 2.0N/cm² 및 1.0N/cm²일 때 최대 주응력면과 30°를 이루는 평면상의 전단응력을 구한 값은?

① 0.105N/cm²
② 0.215N/cm²
③ 0.323N/cm²
④ 0.433N/cm²

**해설**

$$\tau = \frac{\sigma_1 - \sigma_3}{2}\sin 2\theta = \frac{2-1}{2}\sin(2\times 30°) = 0.433\text{N/cm}^2$$

## 18 흙중의 한 점에서 최대 및 최소 주응력이 각각 1kg/cm² 및 0.6kg/cm²일 때, 이 점을 지나 최소 주응력면과 60°를 이루는 평면상의 전단응력은?

① 0.10kg/cm²
② 0.17kg/cm²
③ 0.40kg/cm²
④ 0.69kg/cm²

**해설**

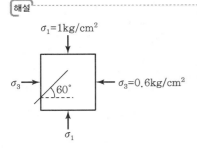

## 16

- 최대 주응력면과 이루는 각 $\theta = 90° - 60° = 30°$
- 전단응력 $\tau_\theta = \dfrac{\sigma_1 - \sigma_2}{2}\sin 2\theta$

$$= \frac{1-0.6}{2}\sin(2\times 30°)$$
$$= 0.17\text{kg/cm}^2$$

[주의] $\theta$는 최대 주응력면과 이루는 각이다.

## 19 점토의 예민비(Sensitivity Ratio)는 다음 시험 중 어떤 방법으로 구하는가?

① 삼축압축시험
② 일축압축시험
③ 직접전단시험
④ 베인시험

**해설**

$$\text{예민비}(S_t) = \frac{q_u\,(\text{불교란시료의 일축압축강도})}{q_{ur}\,(\text{교란시료의 일축압축강도})}$$

## 20 자연상태 흙의 일축압축강도가 0.5N/cm²이고 이 흙을 교란시켜 일축압축강도시험을 하니 강도가 0.1N/cm²였다. 이 흙의 예민비는 얼마인가?

① 50
② 10
③ 5
④ 1

**해설**

$$S_t = \frac{q_u}{q_{ur}} = \frac{0.5}{0.1} = 5$$

## 21 흙시료 채취에 대한 설명으로 틀린 것은?

① 교란의 효과는 소성이 낮은 흙이 소성이 높은 흙보다 크다.
② 교란된 흙은 자연상태의 흙보다 압축강도가 작다.
③ 교란된 흙은 자연상태의 흙보다 전단강도가 작다.
④ 흙시료 채취 직후에 비교적 교란되지 않은 코어(Core)는 부(負)의 과잉간극수압이 생긴다.

**해설**

교란의 효과는 소성이 높은 흙이 소성이 낮은 흙보다 크다.

**22** 연약점토지반에 성토제방을 시공하고자 한다. 성토로 인한 재하속도가 과잉간극수압이 소산되는 속도보다 빠를 경우, 지반의 강도정수를 구하는 가장 적합한 시험방법은?

① 압밀 배수시험　　　② 압밀 비배수시험

③ 비압밀 비배수시험　④ 직접전단시험

[해설]

비압밀 비배수시험(UU – Test)
- 단기안정 검토 – 성토 직후 파괴
- 초기재하 시, 전단 시 간극수 배출 없음
- 기초지반을 구성하는 점토층이 시공 중 압밀이나 함수비의 변화가 없는 조건
- 성토로 인한 재하속도가 과잉간극수압이 소산되는 속도보다 빠를 경우

**23** 포화점토의 비압밀 비배수시험에 대한 설명으로 옳지 않은 것은?

① 구속압력을 증대시키면 유효응력은 커진다.
② 구속압력을 증대한 만큼 간극수압은 증대한다.
③ 구속압력의 크기에 관계없이 전단강도는 일정하다.
④ 시공 직후의 안정 해석에 적용된다.

[해설]

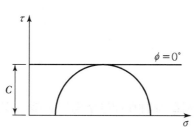

비압밀 비배수시험(UU – Test)은 구속압력을 증대시켜도 유효응력은 일정하다.

**24** 흙댐에서 수위가 급강하한 경우 사면안정해석을 위한 강도정수 값을 구하기 위하여 어떠한 조건의 삼축압축시험을 하여야 하는가?

① Quick 시험　　　② CD 시험

③ CU 시험　　　　④ UU 시험

[해설]

압밀 비배수시험(CU – Test)
- 압밀 후 파괴되는 경우
- 초기 재하 시 – 간극수 배출
　전단 시 – 간극수 배출 없음
- 수위 급강하 시 흙댐의 안전문제 발생
- 압밀 진행에 따른 전단강도 증가 상태를 추정
- 유효응력항으로 표시

**25** 다음 그림의 파괴포락선 중에서 완전 포화된 점토를 UU(비압밀 비배수) 시험했을 때 생기는 파괴포락선은 어느 것인가?

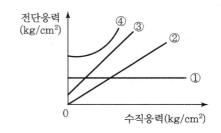

① ①　　　　　　　② ②

③ ③　　　　　　　④ ④

[해설]

100% 포화점토의 파괴포락선

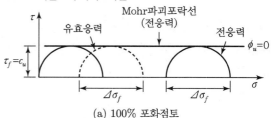

(a) 100% 포화점토

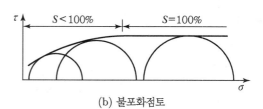

(b) 불포화점토

비압밀 비배수(UU) 시험에서 $S = 100\%$일 때 내부 마찰각 $\phi = 0$이므로 전단응력($\tau$) = 점착력($c$)이다.

**26** 점토지반을 프리로딩(Pre-Loading) 공법 등으로 미리 압밀시킨 후에 급격히 재하할 때의 안정을 검토하는 경우에 적당한 전단시험은?

① 비압밀 비배수(UU) 전단시험
② 압밀 비배수(CU) 전단시험
③ 압밀 배수(CD) 전단시험
④ 압밀 완속(CS) 전단시험

해설
압밀 비배수시험(CU-Test)
• 압밀 후 파괴되는 경우
• 초기 재하 시 - 간극수 배출
  전단 시 - 간극수 배출 없음
• 수위 급강하 시 흙댐의 안전문제
• 압밀 진행에 따른 전단강도 증가 상태를 추정
• 유효응력항으로 표시

**27** 아래 표의 설명과 같은 경우 강도정수 결정에 적합한 삼축압축시험의 종류는?

> 최근에 매립된 포화점성토 지반 위에 구조물을 시공한 직후의 초기 안정검토에 필요한 지반 강도정수 결정

① 비압밀 비배수시험(UU)
② 압밀 비배수시험(CU)
③ 압밀 배수시험(CD)
④ 비압밀 배수시험(UD)

해설
비압밀 비배수시험(UU-Test)
• 단기안정 검토 - 성토 직후 파괴
• 초기재하 시, 전단 시 간극수 배출 없음
• 기초지반을 구성하는 점토층이 시공 중 압밀이나 함수비의 변화가 없는 조건

**28** 사질 지반의 안정 문제나 점토 지반에서 재하 후 장기간의 안정을 검토하는 경우 전단응력을 추정하기 위해서는 어느 시험을 하는가?

① 비압밀 비배수시험
② 비압밀 배수시험
③ 압밀 비배수시험
④ 압밀 배수시험

해설
• 압밀 배수(CD)시험 : 점토 지반의 장기간 안정 검토
• 비압밀 비배수(UU)시험 : 점토 지반의 단기간 안정 검토

**29** 다음 그림의 파괴 포락선 중에서 완전포화된 점성토에 대해 비압밀 비배수 삼축압축(UU)시험을 했을 때 생기는 파괴포락선은 어느 것인가?

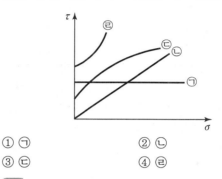

① ㉠
② ㉡
③ ㉢
④ ㉣

해설
완전 포화된 점토의 UU-test($\phi = 0°$)

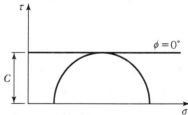

비압밀 비배수(UU-test) 결과는 수직응력의 크기가 증가하더라도 전단응력은 일정하다.

**30** 압밀비배수 전단시험에 대한 설명으로 옳은 것은?

① 시험 중 간극수를 자유로 출입시킨다.
② 시험 중 전응력을 구할 수 없다.
③ 시험 전 압밀할 때 비배수로 한다.
④ 간극수압을 측정하면 압밀배수와 같은 전단강도 값을 얻을 수 있다.

# CHAPTER 08 실 / 전 / 문 / 제

해설

압밀 비배수시험(CU−Test)

- 초기재하 시(등방압축), 간극수 배출, 전단 시(축차압축) 간극수 배출하지 않음
- 압밀 후 급격한 재하 시 안정 검토 : 압밀 후 급속한 파괴가 예상될 때
- 간극수압을 측정하여 유효응력으로 정리하면 압밀배수시험(CD−Test)과 거의 같은 전단상수를 얻는다.

**31** 포화점토에 대해 비압밀 비배수(UU) 삼축압축 시험을 한 결과 액압 $1.0kg/cm^2$에서 피스톤에 의한 축차압력 $1.5kg/cm^2$일 때 파괴되었고 이때의 간극수압이 $0.5kg/cm^2$만큼 발생되었다. 액압을 $2.0kg/cm^2$으로 올린다면 피스톤에 의한 축차압력은 얼마에서 파괴가 되리라 예상되는가?

① $1.5kg/cm^2$  ② $2.0kg/cm^2$
③ $2.5kg/cm^2$  ④ $3.0kg/cm^2$

해설

UU−Test에서는 구속응력의 크기에 상관없이 일정한 전단강도를 나타낸다.

**32** 포화된 점토에 대하여 비압밀 비배수(UU) 시험을 하였을 때의 결과에 대한 설명 중 옳은 것은? (단, $\phi$ : 내부마찰각, $c$ : 점착력)

① $\phi$와 $c$가 나타나지 않는다.
② $\phi$는 "0"이 아니지만 $c$는 "0"이다.
③ $\phi$와 $c$가 모두 "0"이 아니다.
④ $\phi$는 "0"이고 $c$는 "0"이 아니다.

해설

포화된 점토의 UU−Test($\phi=0°$)

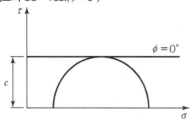

∴ 내부마찰각 $\phi=0°$이고 점착력 $c\neq0$이다.

**33** $\phi=0$인 포화점토를 비압밀 비배수시험을 하였다. 이때 파괴 시 최대주응력은 $2.0N/cm^2$, 최소주응력은 $1.0N/cm^2$이었다. 이 포화점토의 비배수 점착력은?

① $0.5N/cm^2$  ② $1.0N/cm^2$
③ $1.5N/cm^2$  ④ $2.0N/cm^2$

해설

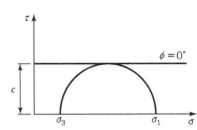

점착력($c$)

$$c=\frac{\sigma_1-\sigma_3}{2}-\frac{2-1}{2}=0.5N/cm^2$$

**34** 정규압밀점토에 대하여 구속응력 $2N/cm^2$로 압밀배수 삼축압축시험을 실시한 결과 파괴 시 축차응력이 $4N/cm^2$이었다. 이 흙의 내부마찰각은?

① $20°$  ② $25°$
③ $30°$  ④ $45°$

해설

$\sigma_1$(파괴 시 응력)$=\sigma_3$(구속응력)$+\sigma$(축차응력)
$\qquad\qquad\quad =2+4=6N/cm^2$

∴ 내부마찰각$(\phi)=\sin^{-1}\left(\dfrac{\sigma_1-\sigma_3}{\sigma_1+\sigma_3}\right)$

$\qquad\qquad\quad =\sin^{-1}\left(\dfrac{6-2}{6+2}\right)$

$\qquad\qquad\quad =30°$

**35** 어떤 흙의 공시체에 대한 일축 압축 시험을 하였더니, 일축 강도 $q_u=3.0N/cm^2$, 파괴면의 각도 $\theta=50°$였다. 이 흙의 점착력과 내부 마찰각은 얼마인가?

① $c = 1.5\text{N/cm}^2$, $\phi = 10°$

② $c = 1.5\text{N/cm}^2$, $\phi = 5°$

③ $c = 1.259\text{N/cm}^2$, $\phi = 5°$

④ $c = 1.259\text{N/cm}^2$, $\phi = 10°$

[해설]

• $\theta = 45° + \dfrac{\phi}{2} = 50°$

∴ 내부 마찰각 $\phi = 10°$

• $q_u = 2c\tan\left(45° + \dfrac{\phi}{2}\right)$에서

$$c = \frac{q_u}{2\tan\left(45° + \dfrac{\phi}{2}\right)} = \frac{3.0}{2\tan\left(45° + \dfrac{10°}{2}\right)} = 1.259\text{N/cm}^2$$

## 36 실내시험에 의한 점토의 강도증가율$\left(\dfrac{c_u}{p}\right)$ 산정방법이 아닌 것은?

① 소성지수에 의한 방법

② 비배수 전단강도에 의한 방법

③ 압밀 비배수 삼축압축시험에 의한 방법

④ 직접전단시험에 의한 방법

[해설]

직접전단시험은 점토의 강도증가율과는 상관없다.

## 37 순수 점토 시료로서 일축압축시험을 시행하여 일축압축강도 $q_u = 92\text{N/cm}^2$의 값을 얻었다. 이 흙의 점착력($c$)는?

① $23\text{N/cm}^2$

② $32\text{N/cm}^2$

③ $46\text{N/cm}^2$

④ $92\text{N/cm}^2$

[해설]

• 순수 점토일 때 내부 마찰각 $\phi = 0$이다.

• 점착력 $c = \dfrac{q_u}{2} = \dfrac{92}{2} = 46\text{N/cm}^2$

## 38 아래 그림과 같은 정규압밀점토 지반에서 점토층 중간에서의 비배수 점착력은?(단, 소성지수는 50%, $\gamma_w = 10\text{kN/m}^3$ 이다.)

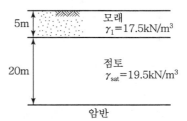

① $54.4\text{kN/m}^2$

② $63.9\text{kN/m}^2$

③ $73.8\text{kN/m}^2$

④ $83.8\text{kN/m}^2$

[해설]

• 점토의 강도증가율

$$m = \frac{c_u}{\sigma'} = 0.11 + 0.0037 I_P(\%)$$

(여기서, $\sigma' = \gamma_t \cdot H_1 + \gamma_{sub} \cdot H_2$

$= 17.5 \times 5 + (19.5 - 10) \times \dfrac{20}{2} = 184.5\text{kN/m}^2$)

• $m = \dfrac{c_u}{\sigma'} = \dfrac{c_u}{184.5} = 0.11 + 0.0037 \times 50 = 0.295$

∴ 비배수 점착력($c_u$) $= 54.4\text{kN/m}^2$

## 39 응력경로(Stress Path)에 대한 설명으로 옳은 것은?

① 응력경로는 Mohr의 응력원에서 전단응력이 최대인 점을 연결하여 구해진다.

② 응력경로란 시료가 받는 응력의 변화과정을 응력공간에 궤적으로 나타낸 것이다.

③ 응력경로는 특성상 전응력으로만 나타낼 수 있다.

④ 시료가 받는 응력상태에 대해 응력경로를 나타내면 직선 또는 곡선으로 나타내어진다.

[해설]

응력경로

• Mohr원에서 전단응력이 최대인 점(p, q)을 연결하여 그린 선분

• 응력경로는 전응력경로와 유효응력경로로 나눌 수 있다.

**40** 다음은 전단시험을 한 응력경로이다. 어느 경우인가?

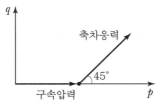

① 초기단계의 최대주응력과 최소주응력이 같은 상태에서 시행한 삼축압축시험의 전응력경로이다.
② 초기단계의 최대주응력과 최소주응력이 같은 상태에서 시행한 일축압축시험의 전응력경로이다.
③ 초기단계의 최대주응력과 최소주응력이 같은 상태에서 $K_o = 0.5$인 조건에서 시행한 삼축압축시험의 전응력경로이다.
④ 초기단계의 최대주응력과 최소주응력이 같은 상태에서 $K_o = 0.7$인 조건에서 시행한 일축압축시험의 전응력경로이다.

해설

$p = \dfrac{\sigma_1 + \sigma_3}{2}$, $q = \dfrac{\sigma_1 - \sigma_3}{2}$

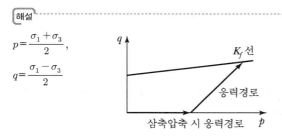

**41** 조밀한 모래의 전단변위와 시료 높이 변화와의 관계로 옳은 것은?

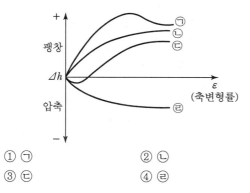

① ㉠
② ㉡
③ ㉢
④ ㉣

해설

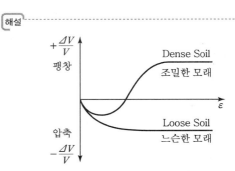

**42** 포화 점토를 가지고 비압밀 비배수(UU) 삼축압축시험을 한 결과 액압 10N/m²에서 피스톤에 의한 축차 압력 15N/m²에서 파괴되었고 이 때의 공극수압이 5N/m²만큼 발생되었다. 액압을 20kN/m² 올린다면 피스톤에 의한 축차 압력은 얼마에서 파괴되겠는가?

① 15N/m²
② 20N/m²
③ 25N/m²
④ 30N/m²

해설

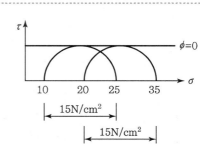

비압밀 비배수시험(UU-test)에서 포화점토 100%일 때 각 액압에 따른 축차 응력($\sigma_1 - \sigma_3$)은 일정하므로 $\sigma_1 - \sigma_3$를 직경으로 하는 Mohr 응력원이 그려진다.
∴ $\sigma_{v\max} = \sigma_1 - \sigma_3 = 25 - 10 = 35 - 20 = 1.5N/cm^2$

**43** 연약점토 지반에 말뚝을 시공하는 경우, 말뚝을 타입한 후 어느 정도 기간이 경과한 후에 재하시험을 하게 된다. 그 이유로 가장 적합한 것은?

① 말뚝 타입 시 말뚝 자체가 받는 충격에 의해 두부의 손상이 발생할 수 있어 안정화에 시간이 걸리기 때문이다.

② 말뚝에 주면마찰력이 발생하기 때문이다.

③ 말뚝에 부마찰력이 발생하기 때문이다.

④ 말뚝 타입 시 교란된 점토의 강도가 원래대로 회복하는 데 시간이 걸리기 때문이다.

> **해설**
>
> 말뚝 주위의 표면과 흙 사이의 마찰력으로 점토지반인 경우 마찰력이 감소하여 전단 변형이 일어나면 딕소트로피(Thixotrophy) 현상 발생
>
> **딕소트로피**
>
> Remolding한 시료(교란된 시료)를 함수비의 변화 없이 그대로 방치하면 시간이 경과되면서 강도가 일부 회복되는 현상

**44** 토압계수 K=0.5일 때 응력경로는 다음 그림에서 어느 것인가?

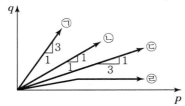

① ㉠　　　　　　　② ㉡

③ ㉢　　　　　　　④ ㉣

> **해설**
>
> 응력비(응력경로)$= \dfrac{q}{p} = \dfrac{\dfrac{\sigma_1 - \sigma_3}{2}}{\dfrac{\sigma_1 + \sigma_3}{2}} = \dfrac{\sigma_1 - \sigma_3}{\sigma_1 + \sigma_3}$
>
> $\qquad = \dfrac{1 - \dfrac{\sigma_3}{\sigma_1}}{1 + \dfrac{\sigma_3}{\sigma_1}} - \dfrac{1 - K}{1 + K}$
>
> $\qquad = \dfrac{1 - 0.5}{1 + 0.5} = \dfrac{0.5}{1.5} = \dfrac{1}{3}$

**45** 다음 그림과 같은 p-q 다이어그램에서 $K_f$ 선이 파괴선을 나타낼 때 이 흙의 내부마찰각은?

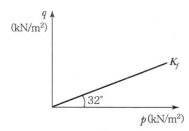

① 32°　　　　　　　② 36.5°

③ 38.7°　　　　　　④ 40.8°

> **해설**
>
> 응력경로($K_f$ Line)와 파괴포락선(Mohr−Coulomb)의 관계
>
> $\sin\phi = \tan\alpha$
>
> $\therefore \ \phi = \sin^{-1} \times \tan 32° = 38.7°$

**46** 점성토에 대한 압밀 배수 삼축압축시험 결과를 $p-q$ diagram에 그린 결과, $K_f$−line의 경사각 $\alpha$는 20°이고 절편 $m$은 34N/cm²이었다. 이 점성토의 내부 마찰각($\phi$) 및 점착력($c$)의 크기는?

① $\phi = 21.34°$, $c = 36.5$N/cm²

② $\phi = 23.45°$, $c = 37.1$N/cm²

③ $\phi = 21.34°$, $c = 93.4$N/cm²

④ $\phi = 23.54°$, $c = 85.8$N/cm²

> **해설**
>
> • 내부 마찰각 $\phi = \sin^{-1} \tan\alpha = \sin^{-1} \tan 20° = 21.34°$
>
>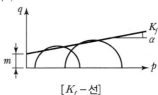
>
> [$K_f$ − 선]
>
> • 점착력 $c = \dfrac{m}{\cos\phi} = \dfrac{34}{\cos 21.34°} = 36.5$N/cm²
>
>
>
> [Mohr−Coulomb선]

**47** 입경이 균일한 포화된 사질지반에 지진이나 진동 등 동적하중이 작용하면 지반에서는 일시적으로 전단강도를 상실하게 되는데, 이러한 현상을 무엇이라고 하는가?

① 분사현상(quick sand)
② 틱소트로피현상(thixotropy)
③ 히빙현상(heaving)
④ 액상화현상(liquefaction)

〔해설〕

액상화현상 : 간극수압의 상승으로 유효응력이 감소되고 그 결과 사질토가 외력에 대한 전단저항을 잃게 되는 현상

**48** 포화점토의 비압밀 비배수 시험에 대한 설명으로 틀린 것은?

① 시공 직후의 안정 해석에 적용된다.
② 구속압력을 증대시키면 유효응력은 커진다.
③ 구속압력을 증대한 만큼 간극수압은 증대한다.
④ 구속압력의 크기에 관계없이 전단강도는 일정하다.

〔해설〕

구속압력을 증대시켜도 유효응력은 변화가 없다.

CHAPTER

# 09

# 수평토압

# 01 토압의 종류

GUIDE

## 1. 토압

| 모식도 | 정의 |
|---|---|
| $Z$ $\sigma_v$ $\gamma_t$ $\sigma_h$ | ① 토압은 지중의 어떤 점에 발생하는 압력<br>② 보통 전도나 활동(미끄러짐)을 일으키는 횡방향 토압을 의미(토압＝횡토압)<br>③ $\sigma_v$(연직토압)$=\gamma_t Z$<br>④ $\sigma_h$(수평토압)$=K_o\sigma_v$ |

• 토압의 종류
 ① 정지토압($P_o$)
 ② 주동토압($P_a$)
 ③ 수동토압($P_p$)

• $K_o$(정지토압계수)

## 2. 정지토압

| 정지토압($P_o$) 모식도 | 내용 |
|---|---|
| $\gamma_t$ 배면토 $Z$ | ① 탄성 평형상태의 토압(지하벽)<br>② 흙 입자가 수평방향으로 변형이 전혀 없을 때<br>$(\sigma_v=\gamma_t Z,\ \sigma_h=K_o\,\sigma_v)$ |

• 토압의 크기
 $P_p > P_o > P_a$

• 벽체의 변위
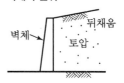
 벽체 뒤채움 토압

## 3. 주동토압

| 주동토압($P_a$) 모식도 | 내용 |
|---|---|
| $P_a$ $\theta'$ $\theta=45°+\dfrac{\phi}{2}$ | ① 벽체가 벽면(배면)에 있는 흙으로부터 떨어지도록 작용하는 토압(굴토 후 옹벽 설치 시)<br>② $\theta'$(연직면과 파괴면이 이루는 각)<br>$\theta'=45°-\dfrac{\phi}{2}$<br>③ 지반상태는 팽창<br>④ 수평응력은 최소주응력 |

• 주동상태일 때 최대주응력면(수평면)과 파괴면은 $45°+\dfrac{\phi}{2}$의 각을 이루고 있다.(활동면이 급하다.)

## 4. 수동토압

| 수동토압($P_p$) 모식도 | 내용 |
|---|---|
| $P_p$ $\theta'$ $\theta=45°-\dfrac{\phi}{2}$ | ① 벽체가 흙 쪽으로(뒤채움 흙) 밀리도록 작용하는 토압<br>② $\theta'$(연직면과 파괴면이 이루는 각)<br>$\theta'=45°+\dfrac{\phi}{2}$<br>③ 지반상태는 압축<br>④ 수평응력은 최대주응력 |

• 수동상태일 때 최소주응력면(수평면)과 파괴면은 $45°-\dfrac{\phi}{2}$의 각을 이루고 있다.(활동면이 완만하다.)

**01** 다음 중에서 정지토압 $P_0$, 주동토압 $P_a$, 수동토압 $P_p$의 크기 순서로 옳은 것은?

① $P_p < P_o < P_a$      ② $P_o < P_a < P_p$

③ $P_o < P_p < P_a$      ④ $P_a < P_o < P_p$

해설
주동토압($P_a$) < 정지토압($P_0$) < 수동토압($P_p$)

**02** 흙의 단위중량이 $18\mathrm{kN/m^3}$이고, 정지토압계수가 0.5인 균질토층이 있다. 지표면 아래 10m 깊이에서의 연직응력과 수평응력은?

① $\sigma_v = 90\mathrm{kN/m^2}$, $\sigma_h = 180\mathrm{kN/m^2}$

② $\sigma_v = 180\mathrm{kN/m^2}$, $\sigma_h = 90\mathrm{kN/m^2}$

③ $\sigma_v = 80\mathrm{kN/m^2}$, $\sigma_h = 40\mathrm{kN/m^2}$

④ $\sigma_v = 40\mathrm{kN/m^2}$, $\sigma_h = 80\mathrm{kN/m^2}$

해설
• 수직응력 : $\sigma_v = \gamma_t \cdot Z = 18 \times 10 = 180\mathrm{kN/m^2}$
• 수평응력 : $\sigma_h = K_o \cdot \sigma_v = 0.5 \times 180 = 90\mathrm{kN/m^2}$

**03** 토압론에 관한 다음 설명 중 틀린 것은 어느 것인가?

① Coulomb의 토압론은 강체역학에 기초를 둔 흙쐐기 이론이다.

② Rankine의 토압론은 소성이론에 의한 것이다.

③ 벽체가 벽면에 있는 흙으로부터 떨어지도록 작용하는 토압을 수동토압이라 하고 벽체가 흙 쪽으로 밀리도록 작용하는 힘을 주동토압이라 한다.

④ 정지토압계수는 수동토압계수와 주동토압계수 사이에 속한다.

해설
• 주동토압($P_a$) : 벽체가 벽면에 있는 흙으로부터 떨어지도록 작용하는 토압
• 수동토압($P_p$) : 벽체가 흙쪽으로(뒤채운 흙) 밀리도록 작용하는 토압

**04** 다음 Rankine의 토압에 대한 설명 중 틀린 것은?

① 수동토압인 경우 파괴면은 수평면과 $\theta = 45° - \dfrac{\phi}{2}$의 각도를 이룬다.

② 옹벽 뒷면에 상재 하중이 없을 때는 토압의 합력은 벽 밑에서 1/3 높이 되는 점에 작용한다.

③ 흙은 비압축성의 균질한 분체이다.

④ 토압의 작용방향은 지표의 경사에 관계없이 벽 뒷면에 수직으로 작용한다.

해설
• 파괴면이 수평면과 이루는 경사각
  주동토압 $\theta = 45° + \dfrac{\phi}{2}$, 수동토압 $\theta = 45° - \dfrac{\phi}{2}$이다.
• 지표면이 경사진 경우의 주동토압이나 수동토압의 방향은 지표면과 평행한 것으로 가정한다.

# 02 토압이론

## 1. 토압이론

| Rankine의 토압론 | Coulomb의 토압론 |
|---|---|
| 벽 마찰각 무시($\delta = 0$)<br>(소성론에 의한 토압산출) | 벽 마찰각 고려($\delta \neq 0$)<br>(강체역학에 기초를 둔 흙쐐기이론) |
| 작은 입자에 작용하는 응력이 전체를<br>대표한다는 원리(소성론) | 흙쐐기이론에 의한 이론 |
| 옹벽 저판의 길이가 긴 경우 | 옹벽의 저판 돌출부가 없거나 작은 경우 |

## 2. Rankine 토압론의 기본가정

| Rankine 토압론의 기본가정 |
|---|
| ① 흙은 비압축성이고 균질하다.(등방성)<br>② 중력만 작용하며 지반은 소성평형상태에 있다.<br>③ 지표면은 무한히 넓다.<br>④ 토압은 지표면에 평행하게 작용한다.(벽마찰 무시)<br>⑤ 지표면에 작용하는 하중은 등분포하중이다.<br>⑥ 흙은 입자 간의 마찰력에 의해 평형을 유지한다. |

## 3. 토압분포도

| 구 분 | 토압분포도 | 내용 |
|---|---|---|
| | | ① 연직한 옹벽<br>② 연직옹벽의 토압분포 모양은 삼각형이다. |
| | | ① 버팀대로 받친 벽체<br>② 버팀대로 받친 벽체의 토압분포 모양은 포물선이다. |
| | | 앵커 달린 널말뚝 |

- 토압의 크기는 벽체의 변형형태, 변형방향 등에 따라 다르다.

- 벽마찰각($\delta$)을 무시하면 Coulomb의 토압과 Rankine의 토압은 같다.

- 토압은 지표면에 평행하게 작용

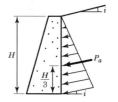

**01** 옹벽에 작용하는 토압이론에 대하여 설명한 것 중 틀린 것은?

① 토압의 크기는 벽체의 변형방향에 따라 다르다.
② Rankine의 주동 토압이론에서는 토질이 수평 방향에서 $\left(45°+\dfrac{\phi}{2}\right)$ 방향으로 파괴된다고 가정한다.
③ 토압의 크기는 벽체 뒤의 토질이 파괴되는 형태에 따라서 다르다.
④ Coulomb의 주동 토압계수는 벽 마찰각이 0이고, 연직벽인 경우에 Rankine 토압계수와 같다.

[해설]

- 토압의 크기는 벽체의 변형 형태, 변형 방향 등에 따라 다르다.
- Coulomb 토압론은 벽면 마찰각을 고려한 이론이다.
- Rankine의 토압론은 벽 마찰각을 무시한다.

**02** 지표면이 수평이고 옹벽의 뒷면과 흙과의 마찰각이 0°인 연직옹벽에서 Coulomb의 토압과 Rankine의 토압은?

① Coulomb의 토압은 항상 Rankine의 토압보다 크다.
② Coulomb의 토압은 Rankine의 토압보다 클 때도 있고 작을 때도 있다.
③ Coulomb의 토압과 Rankine의 토압은 같다.
④ Coulomb의 토압은 항상 Rankine의 토압보다 작다.

[해설]

Coulomb의 토압론은 벽 마찰각을 고려하고 Rankine의 토압은 벽마찰각을 무시하는데 Coulomb의 토압론에서 벽마찰각을 고려하지 않으면 Rankine의 토압과 같아진다.

**03** 랭킨 토압론의 가정 중 맞지 않는 것은?

① 흙의 비압축성이 고균질이다.
② 지표면은 무한히 넓다.
③ 흙은 입자 간의 마찰에 의하여 평형조건을 유지한다.
④ 토압은 지표면에 수직으로 작용한다.

[해설]

토압은 지표면에 평행하게 작용한다.

**04** 다음 Rankine의 토압에 대한 설명 중 틀린 것은?

① 수동 토압인 경우 파괴면은 수평면과 $\theta=45°-\dfrac{\phi}{2}$ 의 각도를 이룬다.
② 옹벽 뒷면에 상재 하중이 없을 때는 토압의 합력은 벽 밑에서 1/3 높이 되는 점에 작용한다.
③ 흙은 비압축성의 균질한 분체이다.
④ 토압의 작용방향은 지표의 경사에 관계없이 벽 뒷면에 수직으로 작용한다.

[해설]

- 파괴면이 수평면과 이루는 경사각
  주동토압 $\theta=45°+\dfrac{\phi}{2}$, 수동토압 $\theta=45°-\dfrac{\phi}{2}$ 이다.
- 지표면이 경사진 경우의 주동토압이나 수동토압의 방향은 지표면과 평행한 것으로 가정한다.

**05** 토압에 대한 다음 설명 중 옳은 것은?

① 일반적으로 정지토압계수는 주동토압계수보다 작다.
② Rankine 이론에 의한 주동토압의 크기는 Coulomb 이론에 의한 값보다 작다.
③ 옹벽, 흙막이벽체, 널말뚝 중 토압분포가 삼각형 분포에 가장 가까운 것은 옹벽이다.
④ 극한 주동상태는 수동상태보다 훨씬 더 큰 변위에서 발생한다.

[해설]

- 정지토압계수($P_0$) > 주동토압계수($P_a$)
- 토압분포가 삼각형 분포인 것은 옹벽이다.

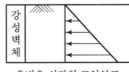

옹벽은 삼각형 토압분포

# 03 Rankine의 토압계수

## 1. 정지토압계수($K_o$)

| 모식도 | 정지토압계수 | 특징 |
|---|---|---|
| | $K_o = \dfrac{\sigma_h{'}}{\sigma_v{'}} = \dfrac{\sigma_h}{\sigma_v}$ $= 1 - \sin\phi'$ (모래) | ① 삼축압축시험에서 수평방향의 변위가 없게 조절하여 측정 ② 수평력이 연직력보다 크게 작용하면 정지토압계수는 1보다 커질 수 있다. ③ $\phi'$ : 유효응력으로 구한 내부 마찰각 |

## 2. 주동토압계수($K_a$)

| 주동토압계수($K_a$) | 수평면과 주동상태 파괴면의 각도($\theta$) |
|---|---|
| $K_a = \dfrac{1 - \sin\phi}{1 + \sin\phi} = \tan^2\left(45° - \dfrac{\phi}{2}\right)$ | $\theta = 45° + \dfrac{\phi}{2}$ |

흙의 내부마찰각($\phi$)이 증가할수록 주동토압계수($K_a$)는 감소하므로 주동토압은 감소한다.

## 3. 수동토압계수($K_p$)

| 수동토압계수($K_p$) | 수평면과 수동상태 파괴면과의 각도($\theta$) |
|---|---|
| $K_p = \dfrac{1 + \sin\phi}{1 - \sin\phi} = \tan^2\left(45° + \dfrac{\phi}{2}\right)$ | $\theta = 45° - \dfrac{\phi}{2}$ |

흙의 내부마찰각($\phi$)이 증가할수록 수동토압계수($K_p$)는 증가하므로 수동토압은 증가한다.

## 4. 주동토압계수와 수동토압계수의 관계

| 주동토압계수($K_a$)와 수동토압계수($K_p$)의 관계 |
|---|
| $K_p > K_o > K_a$ |

## 5. 정지토압계수 계산

| 사질토에서 정지토압계수(Jaky 경험식) | 과압밀 점토일 때 정지토압계수 |
|---|---|
| $K_o = 1 - \sin\phi'$ ($\phi'$ : 유효응력으로 구한 내부마찰각) | $K_0(과압밀) = K_o(정규압밀) \times \sqrt{OCR}$ |

- 정지토압계수($K_o$)
  ① 정지토압은 벽체가 움직이지 않고 안정적인 평형상태에 있을 때의 토압
  ② 연직유효응력에 의해 발생하는 수평토압이 정지토압에 해당한다.
  ③ 내부마찰각($\phi$)이 작을수록 $K_0$는 크다.
  ④ 정지토압계수($K_o$)가 1보다 크면 과압밀 점토인 상태
  ⑤ $K_o$는 $K$노트(naught)로 발음
  ⑥ $\sigma_h = K_o\sigma_v$

- 전단강도
  $S(\tau_f) = c + \sigma' \cdot \tan\phi$
  전단강도가 크면 내부마찰각($\phi$)이 증가하고 수동토압계수도 증가한다.

- 주동토압계수와 수동토압계수의 관계
  ① $K_a \times K_p = 1$
  ② $K_a$와 $K_p$의 비 :
  $\left(\dfrac{K_a}{K_p}\right) = (K_a : K_p)$

- 정규압밀점토
  $K_o = 0.95 - \sin\phi'$

- 과압밀비(OCR)
  $= \dfrac{P_c(선행 압밀하중)}{P(현재 유효상재하중)}$

- Jaky의 식은 사질토나 NC Clay의 경우에 적용

- 과압밀 시 정지 토압계수는 1보다 클 수도 있다.

## 01 지반 내 응력에 대한 다음 설명 중 틀린 것은?

① 전응력이 커지는 크기만큼 간극수압이 커지면 유효 응력이 변화없다.
② 정지토압계수 $K_o$는 1보다 클 수 없다.
③ 지표면에 가해진 하중에 의해 지중에 발생하는 연직 응력의 증가량은 깊이가 깊어지면서 감소한다.
④ 유효응력이 전응력보다 클 수도 있다.

[해설]

정지토압계수 $K_o = \dfrac{\sigma_h}{\sigma_v}$

∴ 수평력이 연직력보다 크게 작용하는 지반에서 정지토압계수 $K_o$는 1보다 커질 수 있다.

## 02 다음은 토압에 대한 설명이다. 이 중 가장 옳지 않은 것은?

① 주동토압은 뒤채움 흙의 전단강도가 크면 감소된다.
② 주동토압계수는 뒤채움 흙의 내부마찰이 크면 증가된다.
③ 수동토압은 주동토압보다 크다.
④ 뒤채움 흙이 침수되면 전단강도가 약해지므로 토압은 증가되어 옹벽이 앞으로 넘어지게 된다.

[해설]

흙의 내부마찰이 증가하면 주동토압계수와 주동토압은 감소한다.

## 03 강도정수가 $c = 0$, $\phi = 40°$인 사질토 지반에서 Rankine 이론에 의한 수동토압계수는 주동토압계수의 몇 배인가?

① 4.6
② 9.0
③ 12.3
④ 21.1

[해설]

• 수동토압계수

$$K_P = \frac{1+\sin\phi}{1-\sin\phi} = \frac{1+\sin40°}{1-\sin40°} = 4.599$$

• 주동토압계수

$$K_a = \frac{1-\sin\phi}{1+\sin\phi} = \frac{1-\sin40°}{1+\sin40°} = 0.217$$

$$\therefore \frac{수동토압계수(K_p)}{주동토압계수(K_a)} = \frac{4.599}{0.217} = 21.1$$

## 04 Jaky의 정지토압계수를 구하는 공식 $K_0 = 1 - \sin\phi$가 가장 잘 성립하는 토질은?

① 과압밀점토
② 정규압밀점토
③ 사질토
④ 풍화토

[해설]

사질토에서 정지토압계수의 공식
사질토(Jaky의 경험식) : $K_o = 1 - \sin\phi$

## 05 지반 내 응력에 대한 다음 설명 중 틀린 것은?

① 전응력이 커지는 크기만큼 간극수압이 커지면 유효 응력은 변화가 없다.
② 정지토압계수 $K_0$는 1보다 클 수 없다.
③ 지표면에 가해진 하중에 의해 지중에 발생하는 연직 응력의 증가량은 깊이가 깊어지면서 감소한다.
④ 유효응력이 전응력보다 클 수도 있다.

[해설]

• $\sigma' = \sigma - u$
• $K_o(과압밀) = K_o(정규압밀) \times \sqrt{OCR}$
  ∴ 과압밀 시 정지토압계수는 1보다 클 수도 있다.
• $\Delta\sigma_Z = \dfrac{Q}{Z^2} I_\sigma \left( \Delta\sigma \propto \dfrac{1}{Z^2} \right)$
• 모세관 현상 시 $\sigma' > \sigma$

## 06 전단마찰각이 25°인 점토의 현장에 작용하는 수직응력이 50kN/m²이다. 과거 작용했던 최대 하중이 100kN/m²이라고 할 때 대상지반의 정지토압계수를 추정하면?

① 0.40
② 0.57
③ 0.82
④ 1.14

[해설]

정지토압계수 $K_o(과압밀) = K_o(정규압밀)\sqrt{OCR}$

$$= (1-\sin\phi) \times \sqrt{\frac{P_c}{P_o}} = (1-\sin25°) \times \sqrt{\frac{100}{50}} = 0.82$$

# 04 Rankine의 토압계산

## 1. 연직옹벽에 작용하는 토압($i=0$, $c=0$)

| 뒤채움 흙이 수평이고 사질토 | 깊이 H에서의 토압 |
|---|---|
| 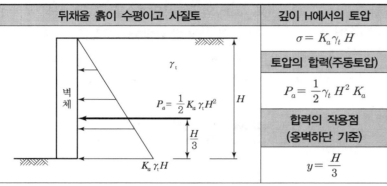 | $\sigma = K_a \gamma_t H$ |
| | **토압의 합력(주동토압)** |
| | $P_a = \dfrac{1}{2} \gamma_t H^2 K_a$ |
| | **합력의 작용점 (옹벽하단 기준)** |
| | $y = \dfrac{H}{3}$ |

① 토압분포는 정수압과 같은 삼각분포

② 전토압의 작용점은 옹벽하단에서 $\dfrac{H}{3}$ 되는 점에 있다.

## 2. 등분포하중에 의한 토압($i=0$, $c=0$)

**등분포 하중이 작용 시(뒤채움 흙이 수평, 사질토)**

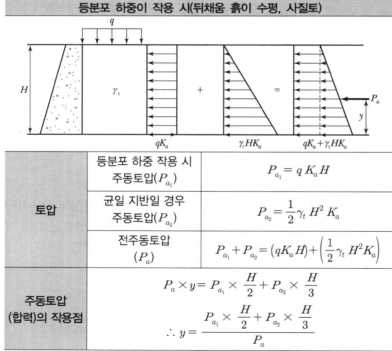

| 토압 | 등분포 하중 작용 시 주동토압($P_{a_1}$) | $P_{a_1} = q K_a H$ |
|---|---|---|
| | 균일 지반일 경우 주동토압($P_{a_2}$) | $P_{a_2} = \dfrac{1}{2} \gamma_t H^2 K_a$ |
| | 전주동토압 ($P_a$) | $P_{a_1} + P_{a_2} = (q K_a H) + \left(\dfrac{1}{2} \gamma_t H^2 K_a\right)$ |
| 주동토압 (합력)의 작용점 | $P_a \times y = P_{a_1} \times \dfrac{H}{2} + P_{a_2} \times \dfrac{H}{3}$ $\therefore y = \dfrac{P_{a_1} \times \dfrac{H}{2} + P_{a_2} \times \dfrac{H}{3}}{P_a}$ | |

① 임의의 깊이 $H$에 있어서의 토압은 흙으로 인하여 발생된 토압($\gamma H K$)과 하중에 의한 토압($q K_a$)을 합하여 구한다.

② 등분포하중으로 인하여 토압은 $q K_a$만큼 증가한다.

---

**GUIDE**

- 토압분포는 정수압과 같은 삼각분포

- $\gamma_t$ : 흙의 단위중량

- **주동토압**

$$P_a = \frac{1}{2} \gamma_t H^2 K_a (\text{kN/m})$$

- **수동토압**

$$P_p = \frac{1}{2} \gamma_t H^2 K_p (\text{kN/m})$$

- 등분포하중으로 인해 토압은 $q K_a$ 만큼 증가

- 주동상태일 때 지표면과 평행한 토압의 크기는 최소

- 수동상태일 때 지표면과 평행한 토압의 크기는 최대

- **주동토압계수**

$$K_a = \tan^2\left(45° - \frac{\phi}{2}\right)$$
$$= \frac{1 - \sin\phi}{1 + \sin\phi}$$

- **수동토압계수**

$$K_p = \tan^2\left(45° + \frac{\phi}{2}\right)$$
$$= \frac{1 + \sin\phi}{1 - \sin\phi}$$

**01** 그림과 같은 옹벽에 작용하는 전주동토압은?

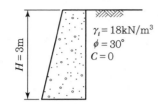

$\gamma_t = 18\text{kN/m}^3$
$\phi = 30°$
$C = 0$

① 32.4kN/m          ② 26.9kN/m

③ 17.3kN/m          ④ 0.8kN/m

해설 ┄┄┄┄┄┄┄┄┄┄┄┄┄┄┄┄

• 주동토압계수

$$K_a = \tan^2\left(45° - \frac{\phi}{2}\right) = \tan^2\left(45° - \frac{30}{2}\right)$$
$$= 0.333$$

• 전주동토압

$$P_a = \frac{1}{2}K_a \gamma_t H^2$$
$$= \frac{1}{2} \times 0.333 \times 18 \times 3^2 = 26.9\text{kN/m}$$

**02** 지표가 수평인 곳에 높이 5m의 연직옹벽이 있다. 흙의 단위중량이 1.8t/m³, 내부마찰각이 30°이고 점착력이 없을 때 주동토압은 얼마인가?

① 45kN/m          ② 55kN/m

③ 65kN/m          ④ 75kN/m

해설 ┄┄┄┄┄┄┄┄┄┄┄┄┄┄┄┄

• 주동토압계수

$$K_a = \tan^2\left(45° - \frac{\phi}{2}\right) = \tan^2\left(45° - \frac{30}{2}\right)$$
$$= 0.333$$

• 전주동토압

$$P_a = \frac{1}{2}K_a \gamma_t H^2$$
$$= \frac{1}{2} \times 0.333 \times 1.8 \times 5^2$$
$$= 7.5\text{t/m} = 75\text{kN/m}$$

**03** 그림과 같이 옹벽 배면의 지표면에 등분포하중이 작용할 때, 옹벽에 작용하는 전체 주동토압의 합력($P_a$)과 옹벽 저면으로부터 합력의 작용점까지의 높이($h$)는?

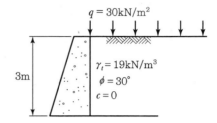

$q = 30\text{kN/m}^2$

$\gamma_t = 19\text{kN/m}^3$
$\phi = 30°$
$c = 0$

① $P_a = 28.5\text{kN/m}$, $h = 1.26\text{m}$

② $P_a = 28.5\text{kN/m}$, $h = 1.38\text{m}$

③ $P_a = 58.5\text{kN/m}$, $h = 1.26\text{m}$

④ $P_a = 58.5\text{kN/m}$, $h = 1.38\text{m}$

해설 ┄┄┄┄┄┄┄┄┄┄┄┄┄┄┄┄

옹벽 저면으로부터 합력의 작용점까지의 높이($h$)

$$h = \frac{P_{a_1} \times \frac{H}{2} + P_{a_2} \times \frac{H}{3}}{P_a}$$

• $P_{a_1} = qK_a H = 30 \times 0.333 \times 3 = 29.97\text{kN/m}$

• $P_{a_2} = \frac{1}{2}\gamma_t H^2 K_a = \frac{1}{2} \times 19 \times 3^2 \times 0.333$
$$= 28.47\text{kN/m}$$

$$\left[K_a = \tan^2\left(45° - \frac{\phi}{2}\right) = \tan^2\left(45 - \frac{30°}{2}\right) = 0.333\right]$$

∴ 전 주동토압의 합력($P_a$)은

$$P_a = P_{a_1} + P_{a_2} = 29.97 + 28.47 = 58.5\text{kN/m}$$

따라서 합력의 작용점까지 높이($h$)는

$$h = \frac{P_{a_1} \times \frac{H}{2} + P_{a_2} \times \frac{H}{3}}{P_a}$$
$$= \frac{\left(29.97 \times \frac{3}{2}\right) + \left(28.47 \times \frac{3}{3}\right)}{58.44} = 1.26\text{m}$$

## 3. 지하수위가 있는 경우 토압(1)

**지하수위가 있을 경우 모식도**

| $\sigma'$(유효응력) | $\sigma' = \gamma_{sub} H K_a$ |
|---|---|
| $u$(간극수압) | $u = \gamma_w H$ |
| $P_a$(전주동토압) | $P_a = P_{a_1} + P_{a_2} = \gamma_{sub} H^2 K_a \dfrac{1}{2} + \gamma_w H^2 \dfrac{1}{2}$ |
| $P_p$(전수동토압) | $P_p = P_{p_1} + P_{p_2} = \gamma_{sub} H^2 K_p \dfrac{1}{2} + \gamma_w H^2 \dfrac{1}{2}$ |

## 4. 지하수위가 있는 경우 토압(2)

**지하수위가 있을 경우 모식도**

| 전주동토압 | $P_a = \dfrac{1}{2} \gamma_t H_1^2 K_a + \gamma_t H_1 H_2 K_a + \dfrac{1}{2} \gamma_{sub} H_2^2 K_a + \dfrac{1}{2} \gamma_w H_2^2$ |
|---|---|
| 전수동토압 | $P_p = \dfrac{1}{2} \gamma_t H_1^2 K_p + \gamma_t H_1 H_2 K_p + \dfrac{1}{2} \gamma_{sub} H_2^2 K_p + \dfrac{1}{2} \gamma_w H_2^2$ |
| 토압의 작용점 | $P_a \times y = P_{a_1}\left(\dfrac{H_1}{3} + H_2\right) + \left(P_{a_2} \times \dfrac{H_2}{2}\right) + \left(P_{a_3} \times \dfrac{H_2}{3}\right) + \left(P_{a_4} \times \dfrac{H_2}{3}\right)$ <br> $\therefore y = \dfrac{P_{a_1}\left(\dfrac{H_1}{3} + H_2\right) + \left(P_{a_2} \times \dfrac{H_2}{2}\right) + \left(P_{a_3} \times \dfrac{H_2}{3}\right) + \left(P_{a_4} \times \dfrac{H_2}{3}\right)}{P_a}$ |
| 뒤채움이 다층인 토압 | 가장 위층은 토압을 구하고 아래층은 그 위층에 있는 흙의 무게를 상재 하중(등분포 하중)으로 간주하고 토압을 구하여 합하면 된다. |

- 물의 단위중량($\gamma_w$)=1t/m³
  =9.8kN/m³

- 수압에는 토압계수를 곱하지 않는다.(방향과 관계없이 일정)

- 지하수위면 아래 깊이에서 토압은 수중단위중량($\gamma_{sub}$)을 사용하여 유효응력을 계산한다.

- **지하수위가 있는 경우 토압(1)**
  하부 토층의 흙에 의한 토압+하부 토층의 수압

- **지하수위가 있는 경우 토압(2)**

> 지하수위 상부 토층의 흙에 의한 토압
> +
> 지하수위 상부 토층의 흙을 상재하중으로 간주한 토압
> +
> 하부 토층의 흙에 의한 토압
> +
> 하부 토층의 수압

| 토질 및 기초

**01** 다음 그림과 같은 조건에서 Rankine의 공식을 사용하여 토압을 구하려고 한다. 토압 분포도에서 Ⓐ부분의 토압 크기를 나타내는 것은?(단, $K_a$ : 주동토압계수, $\gamma_{sub}$ : 흙의 수중 단위중량, $\gamma_{sat}$ : 흙의 포화 단위중량, $\gamma_t$ : 흙의 전체 단위중량, $\gamma_w$ : 물의 단위중량)

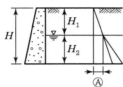

① $K_a\gamma_t H_1$      ② $K_a\gamma_{sub} H_2$

③ $\gamma_w H_2$      ④ $K_a\gamma_{sat} H_2$

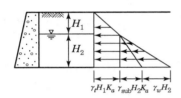

$$\gamma_t H_1 K_a \quad \gamma_{sub} H_2 K_a \quad \gamma_w H_2$$

**02** 그림과 같은 옹벽에 작용하는 주동토압의 합력은?(단, $\gamma_{sat}=18\text{kN/m}^3$, $\phi=30°$, 벽마찰각 무시)

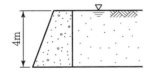

① 100kN/m      ② 60kN/m

③ 20kN/m      ④ 10kN/m

**해설**

• 주동토압계수

$$K_a = \tan^2\left(45° - \frac{\phi}{2}\right) = \tan^2\left(45° - \frac{30}{2}\right) = 0.333$$

• 전주동토압

$$P_a = \frac{1}{2}K_a\gamma_{sub}H^2 + \frac{1}{2}\gamma_w H^2$$
$$= \frac{1}{2}\times 0.333\times(18-9.8)\times 4^2 + \frac{1}{2}\times 1\times 9.8\times 4^2 = 100.24\text{kN/m}$$

**03** 높이 6m의 옹벽이 그림과 같이 수중에 있다. 이 옹벽에 작용하는 전주동토압은 얼마인가?(단, 물의 단위중량 $\gamma_w=10\text{kN/m}^3$ 이다.)

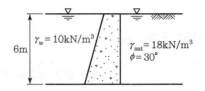

① 47.95kN/m      ② 22.81kN/m

③ 10.87kN/m      ④ 28.83kN/m

**해설**

전주동토압

$$P_a = \frac{1}{2}K_a\gamma_{sub}H^2 = \frac{1}{2}\times 0.333\times(18-10)\times 6^2 = 47.95\text{kN/m}$$

(같은 수두의 양쪽 수압은 서로 상쇄)

**04** 그림에서 옹벽이 받는 전체 주동토압은 얼마인가?(단, 벽면과 뒤채움 마찰각은 무시하고 흙의 내부마찰각 $\phi=30°$로 본다, $\gamma_w=10\text{kN/m}^3$)

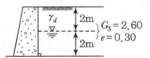

① 68.1kN/m      ② 44.1kN/m

③ 36.7kN/m      ④ 73.3kN/m

**해설**

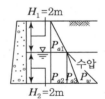

• $\gamma_d = \dfrac{G_s}{1+e}\gamma_w = \dfrac{2.60}{1+0.30}\times 10 = 20\text{kN/m}^3$

• $\gamma_{sub} = \dfrac{G_s-1}{1+e}\gamma_w = \dfrac{2.6-1}{1+0.3}\times 10 = 12.3\text{kN/m}^3$

• $K_a = \tan^2\left(45 - \dfrac{\phi}{2}\right) = \tan^2\left(45 - \dfrac{30°}{2}\right) = 0.33$

• $P_{a_1} = \dfrac{1}{2}\gamma_d H_1^2 K_a = \dfrac{1}{2}\times 20\times 2^2\times 0.33 = 13.3\text{kN/m}$

• $P_{a_2} = \gamma_d H_1 H_2 K_a = 20\times 2\times 2\times 0.33 = 26.7\text{kN/m}$

• $P_{a_3} = \dfrac{1}{2}\gamma_{sub}H_2^2 K_a = \dfrac{1}{2}\times 12.3\times 2^2\times 0.33 = 8.1\text{kN/m}$

• $P_w = \dfrac{1}{2}\gamma_w H_2^2 = \dfrac{1}{2}\times 10\times 2^2 = 20\text{kN/m}$

∴ $P_a = P_{a_1} + P_{a_2} + P_{a_3} + P_w$
$$= 13.3 + 26.7 + 8.1 + 20 = 68.1\text{kN/m}$$

## 5. 점성이 있는 경우의 토압($c \neq 0$)

| 점성이 있는 경우의 모식도 |
| --- |
| 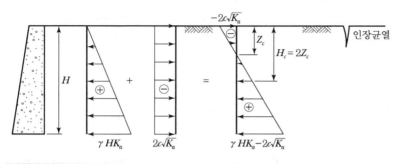 |

| (전)주동토압 | $P_a = \dfrac{1}{2}\gamma H^2 K_a - 2cH\sqrt{K_a}$ |
| --- | --- |
| (전)수동토압 | $P_p = \dfrac{1}{2}\gamma H^2 K_p + 2cH\sqrt{K_p}$ |
| 점착고<br>($Z_c$, 인장 균열<br>깊이) | ① 주동토압이 0인 지점까지의 깊이<br>② 인장을 받아 균열이 발생하는 깊이(인장응력이 생기는 한계<br>깊이) |
| | ① 주동토압강도($\sigma_h$)$= 0$에서<br>$\gamma Z_c K_a - 2c\sqrt{k_a} = 0$<br>$\gamma Z_c \tan^2\!\left(45° - \dfrac{\phi}{2}\right) - 2c\tan\!\left(45° - \dfrac{\phi}{2}\right) = 0$<br>② $Z_c = \dfrac{2c}{\gamma} \cdot \dfrac{1}{\tan\!\left(45° - \dfrac{\phi}{2}\right)}$<br>$\quad = \dfrac{2c}{\gamma} \cdot \tan\!\left(45° + \dfrac{\phi}{2}\right)$ |
| | 만약 비배수 조건의 점토이면 $\qquad$ $Z_c = \dfrac{2c_u}{\gamma}$<br>(완전 포화토, $\phi = 0$) |
| 한계고<br>($H_c$) | ① 토압의 합력이 0이 되는 깊이(한계굴착 깊이)<br>② 점성토에 있어서 연직으로 굴착 가능한 깊이<br>③ 흙막이 구조물을 설치하지 않고 굴착해도 사면이 유지되는<br>깊이<br><br>$\qquad H_c = 2Z_c = \dfrac{4c}{\gamma}\tan\!\left(45° + \dfrac{\phi}{2}\right)$ |
| 안전율<br>($F_s$) | $F_s = \dfrac{H_c}{H} = 2 \cdot \dfrac{Z_c}{H}$ |

- 주동토압에서 배면토에 점착력이 있으면 토압은 작아진다.

- 수동토압에서 배면토에 점착력이 있으면 토압은 증가한다.

- **점착고, 인장균열 깊이**
$$Z_c = \frac{2c}{\gamma} \cdot \tan\!\left(45° + \frac{\phi}{2}\right)$$

- 한계고($H_c$)는 점착고($Z_c$)의 2배이다.

- **보강토 공법**
보강띠가 받는 최대 힘($T_{max}$)
$$T_{max} = \sigma_h \times S_h \times S_v$$
① $\sigma_h = \gamma \cdot H \cdot K_a$
② $S_h$ : 보강띠의 수평방향 설치 간격
③ $S_v$ : 보강띠의 연직방향 설치 간격

- $10\text{t/m}^2 = 1\text{kg/cm}^2$

**188** | 토질 및 기초

# 예 / 상 / 문 / 제

**01** 그림과 같은 옹벽에 작용하는 전주동토압은? (단, 흙의 단위중량은 17kN/m³, 점착력은 1N/cm², 내부마찰각은 26°이다.)

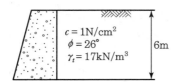

① 44.4kN/m
② 75.5kN/m
③ 119.4kN/m
④ 194.5kN/m

해설 ┄┄┄┄┄┄┄┄┄┄┄┄┄┄┄┄┄┄┄┄┄┄

• 주동토압계수
$$K_a = \tan^2\left(45° - \frac{\phi}{2}\right) = \tan^2\left(45 - \frac{26}{2}\right) = 0.39$$

• 전주동토압
$$P_a = \frac{1}{2}K_a\gamma H^2 - 2c\sqrt{K_a}\times H$$
$$= \frac{1}{2}\times 0.39\times 17\times 6^2 - 2\times 10\times\sqrt{0.39}\times 6 = 44.4\text{kN/m}$$
(점착력 $c = 1\text{N/cm}^2$를 $10\text{kN/m}^2$로 단위환산)

**02** 그림에서 인장균열의 깊이는?

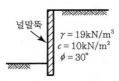

① 0.8m    ② 1.2m    ③ 1.8m    ④ 3.6m

해설 ┄┄┄┄┄┄┄┄┄┄┄┄┄┄┄┄┄┄┄┄┄┄

$$Z_c = \frac{2c}{\gamma}\tan\left(45° + \frac{\phi}{2}\right) = \frac{2\times 10}{19}\tan\left(45° + \frac{30°}{2}\right) = 1.82\text{m}$$

**03** 점착력이 14kN/m², 내부마찰각이 30°, 단위중량이 18.5kN/m³인 흙에서 점착고는 얼마인가?

① 1.74m    ② 2.62m    ③ 3.45m    ④ 5.24m

해설 ┄┄┄┄┄┄┄┄┄┄┄┄┄┄┄┄┄┄┄┄┄┄

점착고(인장균열 깊이)
$$Z_c = \frac{2c}{\gamma}\tan\left(45° + \frac{\phi}{2}\right) = \frac{2\times 14}{18.5}\tan\left(45° + \frac{30°}{2}\right) = 2.62\text{m}$$

**04** 내부마찰각이 30°, 단위중량이 18kN/m³인 흙의 인장균열 깊이가 3m일 때 점착력은?

① 15.6kN/m²
② 16.7kN/m²
③ 17.5kN/m²
④ 18.1kN/m²

해설 ┄┄┄┄┄┄┄┄┄┄┄┄┄┄┄┄┄┄┄┄┄┄

점착고(인장균열 깊이)
$$Z_c = \frac{2c}{\gamma}\tan\left(45° + \frac{\phi}{2}\right)\text{에서}$$
$$3 = \frac{2\times c}{18}\tan\left(45° + \frac{30°}{2}\right)$$
∴ 점착력 $c = 15.6\text{kN/m}^2$

**05** 어떤 점토의 토질실험 결과 일축압축강도는 4.8N/cm², 단위중량은 17kN/m³이었다. 이 점토의 한계고는 얼마인가?

① 6.34m
② 4.87m
③ 9.24m
④ 5.65m

해설 ┄┄┄┄┄┄┄┄┄┄┄┄┄┄┄┄┄┄┄┄┄┄

• 한계고(연직절취 깊이)
$$H_c = \frac{4c}{\gamma}\tan\left(45° + \frac{\phi}{2}\right)$$

• $\phi = 0°$인 점토의 경우
$$H_c = \frac{4\cdot c}{\gamma} = \frac{4\times 24}{17} = 5.65\text{m}$$
(점착력 $c = \frac{q_u}{2} = \frac{4.8}{2} = 2.4\text{N/cm}^2 = 24\text{kN/m}^2$)

**06** 비교적 균질한 토층을 실험한 결과 $\gamma_t = 20$ kN/m³, $c = 25\text{kN/m}^2$, $\phi = 10°$인 경우에 연직으로 절취할 수 있는 깊이는 얼마인가?

① $H_c = 5.96\text{m}$
② $H_c = 5.00\text{m}$
③ $H_c = 6.48\text{m}$
④ $H_c = 4.71\text{m}$

해설 ┄┄┄┄┄┄┄┄┄┄┄┄┄┄┄┄┄┄┄┄┄┄

$$H_c = \frac{4c}{\gamma_t}\tan\left(45° + \frac{\phi}{2}\right) = \frac{4\times 25}{20}\tan\left(45° + \frac{10°}{2}\right) = 5.96\text{m}$$
$(H_c = 2Z_c)$

**01** 옹벽배면의 지표면 경사가 수평이고, 옹벽배면 벽체의 기울기가 연직인 벽체에서 옹벽과 뒤채움 흙 사이의 벽면마찰각($\delta$)을 무시할 경우, Rankine 토압과 Coulomb 토압의 크기를 비교하면?

① Rankine 토압이 Coulomb 토압보다 크다.
② Coulomb 토압이 Rankine 토압보다 크다.
③ 주동토압은 Rankine 토압이 더 크고, 수동토압은 Coulomb 토압이 더 크다.
④ 항상 Rankine 토압과 Coulomb 토압의 크기는 같다.

[해설]
벽마찰각을 고려하지 않으면 Coulomb의 토압과 Rankine의 토압은 같아진다.


**02** 랭킨 토압론의 가정 중 맞지 않는 것은?

① 흙의 비압축성이 고균질이다.
② 지표면은 무한히 넓다.
③ 흙은 입자 간의 마찰에 의하여 평형조건을 유지한다.
④ 토압은 지표면에 수직으로 작용한다.

[해설]
Rankine의 토압이론 기본가정
• 토압은 지표면에 평행하게 작용한다.
• 흙입자는 입자 간의 마찰력에 의해서만 평형을 유지한다.
• 지표면은 무한히 넓게 존재한다.
• 지표면에 작용하는 하중은 등분포하중이다.
• 흙은 비압축성이고 균질의 입자이다.


**03** Rankine의 주동토압계수에 관한 설명 중 틀린 것은?

① 주동토압계수는 내부마찰각이 크면 작아진다.
② 주동토압계수는 내부마찰 크기와 관계가 없다.
③ 주동토압계수는 수동토압계수보다 작다.
④ 정지토압계수는 주동토압계수보다 크고 수동토압계수보다 작다.

[해설]
주동토압계수($K_a$) $= \tan^2 \left( 45° - \dfrac{\phi}{2} \right)$

∴ 주동토압계수는 내부마찰각 크기에 따라 결정된다.


**04** 주동토압계수를 $K_a$, 수동토압계수를 $K_p$, 정지토압계수를 $K_o$라 할 때 그 크기의 순서로 옳은 것은?

① $K_a > K_o > K_p$
② $K_p > K_o > K_a$
③ $K_o > K_a > K_p$
④ $K_o > K_p > K_a$

[해설]
토압의 대소 비교
수동토압계수($K_p$) > 정지토압계수($K_o$) > 주동토압계수($K_a$)


**05** 주동토압을 $P_A$, 수동토압을 $P_P$, 정지토압을 $P_o$라 할 때 토압의 크기 순서로 옳은 것은?

① $P_A > P_P > P_o$
② $P_P > P_o > P_A$
③ $P_P > P_A > P_o$
④ $P_o > P_A > P_P$

[해설]
수동토압 > 정지토압 > 주동토압
$P_P > P_o > P_A$


**06** 전단마찰각이 25°인 점토의 현장에 작용하는 수직응력이 50kN/m²이다. 과거 작용했던 최대 하중이 100kN/m²이라고 할 때 대상지반의 정지토압계수를 추정하면?

① 0.40
② 0.57
③ 0.82
④ 1.14

[해설]
• 정지토압계수
$K_o = 1 - \sin\phi = 1 - \sin 25° = 0.577$
• 과압밀비
$OCR = \dfrac{P_c}{P_o} = \dfrac{100}{50} = 2$
• 과압밀 점토인 경우 정지토압계수
$K_{o(과압밀)} = K_{o(정규압밀)} \cdot \sqrt{OCR}$
$= 0.577 \sqrt{2} = 0.82$

---

**정답**　01 ④　02 ④　03 ②　04 ②　05 ②　06 ③

**07** 그림과 같은 옹벽에 작용하는 주동토압은 얼마인가?(단, 흙의 단위 중량 $\gamma = 17\mathrm{kN/m^3}$, 내부 마찰각 $\phi = 30°$, 점착력 $c = 0$)

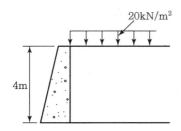

① 36kN/m        ② 45kN/m

③ 72kN/m        ④ 124kN/m

> **해설**

상재 하중이 있을 때의 주동토압

$$P_a = \left(\frac{\gamma H^2}{2} + qH\right)\tan^2\left(45° - \frac{\phi}{2}\right)$$

$$= \left(\frac{17 \times 4^2}{2} + 20 \times 4\right)\tan^2\left(45° - \frac{30°}{2}\right) = 72\mathrm{kN/m}$$

**08** 그림과 같은 옹벽에 작용하는 주동토압의 크기를 Rankine의 토압공식으로 구하면?

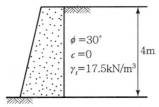

$\phi = 30°$
$c = 0$
$\gamma_t = 17.5\mathrm{kN/m^3}$
4m

① 42kN/m        ② 37kN/m

③ 47kN/m        ④ 52kN/m

> **해설**

• 주동토압계수

$$K_a = \tan^2\left(45° - \frac{\phi}{2}\right) = 0.333$$

• 전주동토압

$$P_a = \frac{1}{2}K_a\gamma H^2$$

$$= \frac{1}{2} \times 0.333 \times 17.5 \times 4^2 = 47\mathrm{kN/m}$$

**09** 지표가 수평인 곳에 높이 5m의 연직옹벽이 있다. 흙의 단위중량이 $18\mathrm{kN/m^3}$, 내부마찰각이 30°이고 점착력이 없을 때 주동토압은 얼마인가?

① 45kN/m        ② 55kN/m

③ 65kN/m        ④ 75kN/m

> **해설**

• 주동토압계수

$$K_a = \tan^2\left(45° - \frac{\phi}{2}\right) = 0.333$$

• 전주동토압

$$P_a = \frac{1}{2}K_a\gamma H^2 = \frac{1}{2} \times 0.333 \times 18 \times 5^2$$

$$= 75\mathrm{kN/m}$$

**10** $\gamma_t = 19\mathrm{kN/m^3}$, $\phi = 30°$인 뒤채움 모래를 이용하여 8m 높이의 보강토 옹벽을 설치하고자 한다. 폭 75mm, 두께 3.69mm의 보강띠를 연직방향 설치간격 $S_v = 0.5\mathrm{m}$, 수평방향 설치간격 $S_h = 1.0\mathrm{m}$로 시공하고자 할 때, 보강띠에 작용하는 최대힘 $T_{max}$의 크기를 계산하면?

① 15.3kN        ② 25.3kN

③ 35.3kN        ④ 45.3kN

> **해설**

• 주동토압계수

$$K_a = \tan^2\left(45° - \frac{\phi}{2}\right) = 0.333$$

• 최대수평토압

$$\sigma_h = K_n \times \gamma \times H$$

$$= 0.333 \times 19 \times 8$$

$$= 50.6\mathrm{kN/m}$$

• 연직방향 설치간격 $S_v = 0.5\mathrm{m}$

• 수평방향 설치간격 $S_h = 1.0\mathrm{m}$이므로 단위면적당 평균 보강띠 설치개수는 2개이다.

• $T_{max} = \sigma_h \times S_v \times S_h = 50.6 \times 0.5 \times 1.0 = 25.3\mathrm{kN}$

**11** 다음 그림에서 옹벽이 받는 주동토압은?(단, 지하 수위면은 지표면과 일치, $\gamma_w = 10\text{kN/m}^3$이다. )

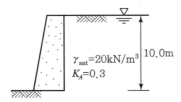

① 650kN/m   ② 500kN/m
③ 350kN/m   ④ 130kN/m

$$P_a = \frac{1}{2}\gamma_{sub}H^2K_A + \frac{1}{2}\gamma_w H^2$$

$$= \frac{1}{2}\times(20-10)\times10^2\times0.3 + \frac{1}{2}\times10\times10^2 = 650\text{kN/m}$$

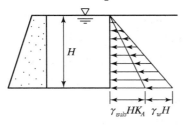

**12** 그림과 같은 옹벽에 작용하는 전체 주동토압을 구하면?(단, 뒤채움 흙의 단위중량 $\gamma = 17.2\text{kN/m}^3$, 내부마찰각 $\phi = 30°$)

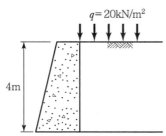

① 57.2kN/m
② 65.5kN/m
③ 72.5kN/m
④ 81.5kN/m

**해설**

- 주동토압계수
$$K_a = \tan2\left(45° - \frac{\phi}{2}\right) = 0.333$$

- 전주동토압
$$P_a = \frac{1}{2}K_a\gamma H^2 + K_a qH$$
$$= \frac{1}{2}\times0.333\times17.2\times4^2 + 0.333\times20\times4$$
$$= 72.5\text{kN/m}$$

**13** 내부마찰각이 30°, 단위중량이 18kN/m³인 흙의 인장균열 깊이가 3m일 때 점착력은?

① 1.56N/cm²
② 1.67N/cm²
③ 1.75N/cm²
④ 1.81N/cm²

**해설**

점착고 : 인장균열 깊이
$$z_c = \frac{2c}{\gamma}\tan\left(45° + \frac{\phi}{2}\right)\text{에서}$$
$$3 = \frac{2\times c}{18}\tan\left(45° + \frac{30°}{2}\right)$$
∴ 점착력 $c = 15.6\text{kN/m}^2 = 1.56\text{N/cm}^2$

**14** 어떤 점토의 토질실험 결과 일축압축강도는 4.8N/cm², 단위중량은 17kN/m³이었다. 이 점토의 한계고는 얼마인가?

① 6.34m   ② 4.87m
③ 9.24m   ④ 5.65m

**해설**

- 한계고 : 연직절취 깊이
$$H_c = \frac{4c}{\gamma}\tan\left(45° + \frac{\phi}{2}\right)$$
- $\phi = 0°$인 점토인 경우
$$H_c = \frac{4c}{\gamma} = \frac{4\times24}{17} = 5.65\text{m}$$

(여기서, 점착력 $c = \frac{q_u}{2} = \frac{4.8}{2} = 2.4\text{N/cm}^2 = 24\text{kN/m}^2$)

**15** 단위체적중량이 16kN/m³인 연약지반($\phi =$ 0°)에서 연직으로 2m까지 절취할 수 있다고 한다. 이때 이 점토지반의 점착력은?

① 0.4N/cm²          ② 0.8N/cm²

③ 1.6N/m²           ④ 1.724N/cm²

해설

$H_c = \dfrac{4c}{\gamma} \tan\left(45° + \dfrac{\phi}{2}\right)$에서

$2 = \dfrac{4 \times c}{16} \tan\left(45° + \dfrac{0°}{2}\right)$

$\therefore \; c = \dfrac{16 \times 2}{4} = 8 \text{kN/m}^2 = 0.8 \text{N/cm}^2$

**16** 현장 습윤단위중량($\gamma_t$) 17kN/m³, 내부마찰각($\phi$) 10°, 점착력($c$) 1.5N/cm²인 지반에서 연직으로 굴착 가능한 깊이는?

① 0.4m             ② 2.7m

③ 3.5m             ④ 4.2m

해설

$H_c = \dfrac{4c}{\gamma} \tan\left(45° + \dfrac{\phi}{2}\right)$

$\quad = \dfrac{4 \times 15}{17} \tan\left(45° + \dfrac{10°}{2}\right)$

$\quad = 4.2\text{m}$

(여기서, 점착력 $c = 1.5\text{N/cm}^2 = 15\text{kN/m}^2$)

CHAPTER

**10**

# 흙의 다짐

# 01 흙의 다짐

## 1. 다짐의 개선효과

| 다짐의 정의 | 흙의 다짐효과 |
|---|---|
| 흙에 에너지를 가해 간극 내의 공기를 제거하여 밀도를 높임으로써 투수계수를 감소시키고 전단강도를 증진시키는 작업 (함수비를 크게 변화시키지 않고 공기를 배출) | ① 투수성의 감소<br>② 압축성의 감소<br>③ 흡수성 감소<br>④ 전단강도의 증가 및 지지력의 증가<br>⑤ 부착력 및 밀도 증가 |

## 2. 다짐시험

| 다짐시험의 목적 | 표준다짐시험[프록터(Proctor)에 의해 제안] |
|---|---|
| 최적 함수비(OMC)와 최대 건조밀도($\gamma_{dmax}$)를 구한다. | ① 내경 : 101.6mm<br>② 높이 : 116.4mm<br>③ 흙을 3층으로 나눈다.<br>④ 2.5kg의 래머로 30cm의 높이에서 25회씩 다진다. |

## 3. 다짐시험(KS F 2312)

| 시험 방법 | 래머 중량 (kg) | 낙하고 (cm) | 다짐 층수 | 층당 타격 횟수 | 몰드 지름 (cm) | 시료의 허용 최대입경(mm) |
|---|---|---|---|---|---|---|
| A | 2.5 | 30 | 3 | 25 | 10 | 19.0 |
| B | 2.5 | 30 | 3 | 55 | 15 | 37.5 |
| C | 4.5 | 45 | 5 | 25 | 10 | 19.0 |
| D | 4.5 | 45 | 5 | 55 | 15 | 19.0 |
| E | 4.5 | 45 | 3 | 92 | 15 | 37.5 |

## 4. 다짐시험의 결과정리

| 다짐시험의 결과 |
|---|
| 습윤단위중량($\gamma_t$) $= \dfrac{W}{V} = \dfrac{G_s + Se}{1+e}\gamma_w$ |
| 건조단위중량($\gamma_d$) $= \dfrac{W_s}{V} = \dfrac{G_s \gamma_w}{1+e} = \dfrac{\gamma_t}{1+\omega}$ |

**01** 흙을 다지면 흙의 성질이 개선되는데 다음 설명 중 옳지 않은 것은?

① 투수성이 감소한다.
② 부착성이 감소한다.
③ 흡수성이 감소한다.
④ 압축성이 작아진다.

해설

다짐효과
• 투수성 감소
• 압축성 감소
• 흡수성 감소
• 전단강도 증가 및 지지력 증대
• 부착력 및 밀도 증가

**02** 흙의 다짐효과에 대한 설명으로 옳은 것은?

① 부착성이 양호해지고 흡수성이 증가한다.
② 투수성이 증가한다.
③ 압축성이 커진다.
④ 밀도가 커진다.

해설

다짐은 밀도와 강도를 증가시키고 투수성은 저하시킨다.

**03** 다짐효과에 대한 설명 중 옳지 않은 것은?

① 부착력이 증대하고 투수성이 감소한다.
② 전단강도가 증가한다.
③ 상호 간의 간격이 좁아져 밀도가 증가한다.
④ 압축이 커진다.

해설

• 일반적으로 흙을 다짐하면 전단강도는 증가되고 투수성은 감소한다.
• 일반적으로 다짐을 하면 밀도는 증가하고 압축성은 감소한다.

**04** 흙을 다지면 기대되는 효과로 거리가 먼 것은?

① 강도 증가
② 투수성 감소
③ 과도한 침하 방지
④ 함수비 감소

해설

다짐은 함수비를 크게 변화시키지 않고 공극 내의 공기를 배출시켜 단위중량을 증가시키는 과정

**05** 흙의 다짐시험 방법 중 1층당의 다짐 횟수가 가장 많은 것은?

① A방법                    ② C방법
③ D방법                    ④ E방법

해설

1층당 다짐 횟수

| A | B | C | D | E |
|---|---|---|---|---|
| 25 | 55 | 25 | 55 | 92 |

**06** A 다짐시험에 사용하는 rammer와 다짐 횟수의 설명으로 옳은 것은?

① rammer의 중량 2.5kg, 1층당 다짐 횟수 55회
② rammer의 중량 2.5kg, 1층당 다짐 횟수 25회
③ rammer의 중량 4.5kg, 1층당 다짐 횟수 55회
④ rammer의 중량 4.5kg, 1층당 다짐 횟수 25회

해설

A 다짐시험 : 래머의 중량 2.5kg, 다짐 층수 3층, 다짐 횟수 25회

정답    01 ②    02 ④    03 ④    04 ④    05 ④    06 ②

# 02 다짐곡선

## 1. 최적함수비(OMC)

| 다짐곡선 | 최적함수비(OMC) |
|---|---|
| | ① 흙이 가장 잘 다져지는 함수비<br>② 최대 건조밀도일 때의 함수비<br>③ 최적함수비(OMC)에서 최소 간극비를 얻을 수 있다.<br>④ 최적함수비(OMC)로 다지면 최대 건조중량($\gamma_{d\max}$)을 얻는다. |

최적함수비를 중심으로 함수비가 감소되는 쪽을 건조측, 증가하는 쪽은 습윤측

• 다짐곡선
  ① 가로축 : 함수비($\omega$)
  ② 세로축 : 건조밀도($\gamma_d$)

• 최대건조단위중량은 최적함수비(OMC)에서 얻어진다.

• 최대건조단위중량인 $\gamma_{d\max}$ 는 다짐곡선의 최대점을 나타내는 건조단위중량

• 다짐시험의 종료
  다짐곡선과 영공기 간극곡선이 만나면 다짐시험 종료

## 2. 영공극 곡선(영공기 간극곡선, 포화곡선)

| 영공극 곡선(영공기 간극곡선, 포화곡선) |
|---|
| ① 흙 속에 공기간극이 전혀 없는 경우($S=100\%$) 건조밀도와 함수비의 관계곡선<br>② 영공기 간극곡선은 다짐곡선의 오른쪽에 놓인다.<br>③ 다짐시험에서 얻어지며 최적함수비선이라 한다.<br>④ $\gamma_d = \dfrac{G_s \gamma_w}{1+e} = \dfrac{G_s \gamma_w}{1+\dfrac{G_s \omega}{S}} = \dfrac{\gamma_w}{\dfrac{1}{G_s}+\dfrac{\omega}{S}}$ |

## 3. (상대)다짐도와 다짐에너지

| (상대)다짐도 | 다짐의 정도를 말하며 도로교 시방서에서는 보통 90~95%의 다짐도가 요구된다.<br><br>$RC=\dfrac{\gamma_{d(현장)}}{\gamma_{d\max(실내 실험실)}}\times 100(\%)$ | ① $\gamma_{d(현장)}$ : 현장에서 얻은 건조단위중량<br>② $\gamma_{d\max(실내실험실)}$ : 실내 다짐시험에 의한 최대 건조단위중량 |
|---|---|---|
| 다짐에너지 | 단위체적당 흙에 가해지는 에너지를 다짐에너지라 한다.<br><br>$E_c = \dfrac{W_R H N_B N_L}{V}$ | ① $(E_c)$단위 : $kg \cdot cm/cm^3$<br>② $W_R$ : 래머의 중량(kg)<br>③ $H$ : 낙하고(cm)<br>④ $N_B$ : 층당 타격횟수(회/층)<br>⑤ $N_L$ : 다짐 층수(층)<br>⑥ $V$ : 몰드의 체적($cm^3$) |

다짐에너지가 커지면 $\gamma_{d\max}$ 는 증가, OMC는 감소

• 현장다짐 기계
  ① 점성토 지반 : 탬핑롤러
  ② 사질토 지반 : 진동롤러

• 다짐에너지는 시료 용적에 반비례

• 현장 다짐도 95%라는 의미
  실내다짐 최대 건조밀도에 대한 95% 밀도를 말한다.(실내표준다짐시험의 최대 건조밀도 95%의 현장시공밀도)

• 다짐시험 시 몰드 속에 있는 흙의 함수비는 다짐에너지에 거의 영향을 주지 않는다.

**01** 영공기 간극곡선(Zero Air Void Curve)은 다음 중 어떤 토질시험 결과로 얻어지는가?

① 액성한계시험　　　　② 다짐시험
③ 직접전단시험　　　　④ 압밀시험

 **해설**

**영공극 곡선**
포화도 $S = 100\%$, 공기함유율 $A = 0\%$일 때의 다짐곡선을 영공기 간극곡선 또는 포화곡선이라 한다.

**02** 그림과 같은 다짐곡선을 보고 설명한 것으로 틀린 것은?

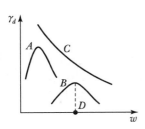

① A는 일반적으로 사질토이다.
② B는 일반적으로 점성토이다.
③ C는 과잉 간극 수압곡선이다.
④ D는 최적 함수비를 나타낸다.

 **해설**

영공기 간극곡선은 다짐곡선의 오른쪽에 평행에 가깝게 위치한다.

**03** 현장다짐도 90%란 무엇을 의미하는가?

① 실내다짐 최대건조밀도에 대한 90% 밀도를 말한다.
② 롤러로 다진 최대밀도에 대한 90% 밀도를 말한다.
③ 현장함수비의 90% 함수비에 대한 다짐밀도를 말한다.
④ 포화도가 90%인 때의 다짐밀도를 말한다.

**해설**

$$RC = \frac{\gamma_{d(현장)}}{\gamma_{d\max(실험실)}} \times 100(\%)$$

**04** 실내 다짐시험에서 측정된 최대 건조밀도가 $1.60\text{N/cm}^3$이고 다짐도를 90%라 할 때 현장에서의 다짐 밀도 최소치는?

① $1.44\text{N/cm}^3$　　　　② $1.78\text{N/cm}^3$
③ $0.7\text{N/cm}^3$　　　　④ $1.2\text{N/cm}^3$

**해설**

$$다짐도(RC) = \frac{\gamma_d}{\gamma_{d\max}} \times 100\%$$

$$90\% = \frac{\gamma_d}{1.60} \times 100 \quad \therefore \gamma_d = 1.44\text{N/cm}^3$$

**05** 현장 도로 토공에서 들밀도 시험을 했다. 파낸 구멍의 체적이 $V = 1,980\text{cm}^3$이었고 이 구멍에서 파낸 흙 무게가 3,420N이었다. 이 흙의 토질실험 결과 함수비가 10%, 비중이 2.7, 최대 건조 밀도는 $1.65\text{N/cm}^3$이었을 때 이 현장의 다짐도는?

① 85%　② 87%　③ 91%　④ 95%

**해설**

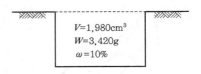

- 습윤 밀도$(\gamma_t) = \dfrac{W}{V} = \dfrac{3,420}{1,980} = 1.73\text{N/cm}^3$

- 건조 밀도$(\gamma_d) = \dfrac{\gamma_t}{1 + \omega} = \dfrac{1.73}{1 + 0.10} = 1.57\text{N/cm}^3$

$$\therefore 다짐도(RC) = \frac{\gamma_d}{\gamma_{d\max}} = \frac{1.57}{1.65} \times 100 = 95\%$$

**06** 흙의 다짐에 있어 래머의 중량이 2.5kg, 낙하고 30cm, 3층으로 각층 다짐횟수가 25회일 때 다짐 에너지는?(단, 몰드의 체적은 $1,000\text{cm}^3$이다.)

① $5.63\text{kg} \cdot \text{cm/cm}^3$　　　　② $5.96\text{kg} \cdot \text{cm/cm}^3$
③ $10.45\text{kg} \cdot \text{cm/cm}^3$　　　　④ $0.66\text{kg} \cdot \text{cm/cm}^3$

**해설**

다짐에너지
$$E_c = \frac{W_R H N_B N_L}{V} = \frac{2.5 \times 30 \times 25 \times 3}{1,000} = 5.63\text{kg} \cdot \text{cm/cm}^3$$

# 03 다짐한 흙의 특성

## 1. 다짐에너지(다짐횟수)에 따른 특징

| 다짐곡선 모식도 | 특징 |
|---|---|
| $\gamma_d$ (g/cm³) 40회 30회 20회 함수비 $\omega$(%) | ① 다짐 에너지가 커지면 $\gamma_{d\max}$는 증가하고 OMC는 작아진다.<br>② 다짐횟수를 증가시키면 다짐곡선이 좌측 상향으로 이동<br>③ 다짐에너지가 너무 크면 과전압(Over Compaction)이 발생되어 다짐상태가 나빠지게 된다. |

• **다짐에너지가 클수록**
 ① $\gamma_{d\max}$ 증가
 ② OMC(최적함수비)는 작아진다.

• **다짐 함수비가 클수록**
 일축압축 강도는 감소한다.

## 2. 다짐 곡선에서 토질에 따른 특징

| 다짐곡선 모식도 | 특징 |
|---|---|
| 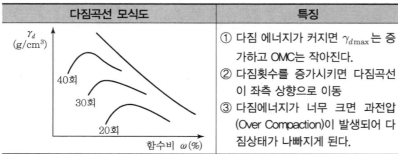 | ① 조립토일수록 최적함수비는 작고 최대 건조단위중량은 크다.<br>② 입도분포가 양호할수록 최적함수비는 작고 최대 건조단위중량은 크다.<br>③ 점성토에서 소성이 증가할수록 최적함수비는 크고 최대건조 단위중량은 작다.<br>④ 점성토일수록 다짐곡선이 평탄하고 최적함수비가 높아서 함수비의 변화에 따른 다짐효과가 적다.<br>⑤ 최적함수비 곡선은 영공기 공극곡선과 거의 나란하다. |

• **조립토(모래질)가 많을수록**
 최대건조밀도는 증가하고 최적함수비는 감소한다.

• **점토분(세립토)이 많은 흙**
 최대건조밀도는 감소하고 최적함수비(OMC)는 증가한다.

## 3. 동일한 에너지로 다지는 경우 토질의 특징

| 다짐곡선 모식도 | 다짐곡선 상향<br>(좌측으로 갈수록) | 다짐곡선 하향<br>(우측으로 갈수록) |
|---|---|---|
| $\gamma_d$ (g/cm³) GW, GP SW, SP, SC SM, ML, MH CL, CH $\omega$(%) | ① 조립토<br>② 양입도<br>③ 다짐에너지 증가<br>④ $\gamma_{d\max}$ 증가<br>⑤ OMC 감소<br>⑥ 경사 급하다. | ① 세립토<br>② 빈입도<br>③ 다짐에너지 감소<br>④ $\gamma_{d\max}$ 감소<br>⑤ OMC 증가<br>⑥ 경사 완만하다. |

• **조립토일수록**
 다짐곡선의 경사가 급하다.

## 01 다짐에 대한 설명으로 틀린 것은?

① 조립토는 세립토보다 최적함수비가 작다.
② 조립토는 세립토보다 최대 건조밀도가 높다.
③ 조립토는 세립토보다 다짐곡선의 기울기가 급하다.
④ 다짐에너지가 클수록 최대 건조밀도는 낮아진다.

**해설**

다짐에너지가 클수록 최대 건조밀도($\gamma_{d\max}$)는 커지고 최적함수비(OMC)는 작아진다.

## 02 다짐에 관한 다음 사항 중 옳지 않은 것은?

① 최대 건조단위중량은 사질토에서 크고 점성토일수록 작다.
② 다짐에너지가 클수록 최적 함수비는 커진다.
③ 양입도에서는 빈입도보다 최대 건조단위중량이 크다.
④ 다짐에 영향을 주는 것은 토질, 함수비, 다짐방법 및 에너지 등이다.

**해설**

다짐 특성
• 다짐에너지가 크면 ($\gamma_{d\max}$ 크고 OMC 작다. 양입도, 조립토, 급경사)
• 다짐에너지가 작으면 ($\gamma_{d\max}$ 작고 OMC 크다. 빈입도, 세립토, 완경사)

## 03 다짐시험에서 동일한 다짐에너지(Compative Effort)를 가했을 때 건조밀도가 큰 것에서 작아지는 순서로 되어있는 것은?

① SW > ML > CH
② SW > CH > ML
③ CH > ML > SW
④ ML > CH > SW

**해설**

다짐에너지가 크면 $\gamma_{d\max}$ 크고 OMC 작다. 양입도, 조립토, 급경사
∴ 자갈G > 모래S > 실트M > 점토C

## 04 그림과 같은 다짐곡선에서 해당하는 흙의 종류로 옳은 것은?

① Ⓐ : ML,
　Ⓒ : SM
② Ⓐ : SW,
　Ⓓ : CL
③ Ⓑ : MH,
　Ⓓ : GM
④ Ⓑ : GC,
　Ⓒ : CH

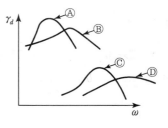

**해설**

조립토가 많은 시료일수록 다짐곡선은 왼쪽 위로 이동한다.
• SW : 입도분포가 양호한 모래
• CL : 저압축성(저소성) 점토

## 05 다짐곡선에 대한 설명으로 틀린 것은?

① 다짐에 영향을 미치는 인자는 다짐에너지, 입자의 구성, 함수비 등이다.
② 사질 성분이 많은 시료일수록 다짐곡선은 오른쪽 위로 이동하게 된다.
③ 점성분이 많은 흙일수록 다짐곡선은 넓게 퍼지는 형태를 가지게 된다.
④ 점성분이 많은 흙일수록 다짐곡선은 오른쪽 아래에 위치하게 된다.

**해설**

사질 성분이 (조립토) 많은 시료일수록 다짐곡선은 왼쪽 위로 이동하게 된다.

## 06 다짐에 대한 설명으로 옳지 않은 것은?

① 점토분이 많은 흙은 일반적으로 최적함수비가 낮다.
② 사질토는 일반적으로 건조밀도가 높다.
③ 입도배합이 양호한 흙은 일반적으로 최적함수비가 낮다.
④ 점토분이 많은 흙은 일반적으로 다짐곡선의 기울기가 완만하다.

**해설**

점토분(세립토)이 많은 흙은 일반적으로 최적함수비(OMC)가 크다.

# 04 다짐한 흙의 공학적 특성

## 1. 다짐한 점성토의 공학적 특성

| 다짐곡선 | 다짐이 점토에 미치는 영향 |
|---|---|
| 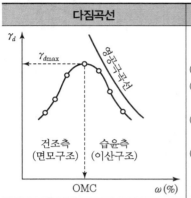 | ① 최적함수비에서 최소 간극비를 얻음<br>② 강도 특성<br>　건조 측에서 최대전단강도가 나옴<br>③ 투수성<br>　습윤 측에서 최소투수계수가 나옴<br>④ 구조특성<br>　－건조 측 : 면모구조<br>　－습윤 측 : 이산구조(분산구조)<br>⑤ 압축성<br>　－건조 측 : 압축성이 작다.<br>　－습윤 측 : 압축성이 크다.<br>⑥ 다짐의 목적<br>　－전단강도 확보 : 건조 측이 유리<br>　－투수성 감소(차수, 댐의 심벽) : 습윤<br>　　측이 유리 |

| 건조 측 | 습윤 측 |
|---|---|
| 면모구조 | 이산구조 |
| 투수성 크다. | 투수성 작다. |
| 전단강도 크다. | 전단강도 작다. |
| 팽창성 크다. | 팽창성 작다. |
| 압축성 작다. | 압축성 크다. |
| 전단강도 확보 | 차수 목적 |

• 흙을 다짐하면
　① 전단강도는 증가
　② 압축성과 투수성은 감소


• 다짐 에너지가 증가할수록
　① $\gamma_{d\max}$ 증가
　② OMC는 감소

• 강도 증진 목적
　건조 측 다짐

• 차수 목적
　습윤 측 다짐

## 2. 함수비 변화에 의한 효과

| 다짐곡선 모식도 | 수화단계(반고체 영역) |
|---|---|
| 건조밀도<br>$\gamma_d(\text{g/cm}^3)$<br><br>수화　윤활　팽창　포화<br><br>함수비 $\omega(\%)$ | ① 수분이 부족<br>② 흙 입자 간에 점착력이 없다.<br>③ 큰 공극으로 인해 건조밀도가 작다. |
| | **윤활단계(탄성영역)** |
| | ① 다짐효과가 가장 좋다.<br>② 최적 함수비 부근에서 최대 건조<br>　밀도가 나타난다. |

| 팽창단계(소성영역) | 포화단계(반점성영역) |
|---|---|
| 함수비가 최적함수비를 넘으면 흙은 압축되<br>었다가 충격이 제거되면 팽창한다. | 함수비가 더욱 증가되면 흙입자는<br>포화된다. |

| 함수비의 변화에 따른 4단계 : 수화 → 윤활 → 팽창 → 포화 |
|---|

| 4단계 중 윤활단계에서 다짐효과가 가장 좋다. |
|---|

• 윤활단계
　물의 일부는 흙 입자 사이에 윤활
　역할을 하며 이 단계에서 다짐에
　의해 흙입자 상호 간의 점착이 이
　루어지기 시작하여 최대 함수비
　부근에서 최대 건조밀도가 나타
　난다.

## 01 다짐에 대한 설명으로 틀린 것은?

① 점토를 최적함수비($W_{opt}$)보다 작은 함수비로 다지면 분산구조를 갖는다.
② 투수계수는 최적함수비($W_{opt}$) 근처에서 거의 최솟값을 나타낸다.
③ 다짐에너지가 클수록 최대건조단위중량($\gamma_{d\max}$)은 커진다.
④ 다짐에너지가 클수록 최적함수비($W_{opt}$)는 작아진다.

[해설]
점성토에서 최적함수비(OMC)보다 큰 함수비로 다지면 분산(이산)구조를 보이고, 최적함수비보다 작은 함수비로 다지면 면모구조를 보인다.

## 02 점토의 다짐에서 최적함수비보다 함수비가 적은 건조 측 및 함수비가 많은 습윤 측에 대한 설명으로 옳지 않은 것은?

① 다짐의 목적에 따라 습윤 및 건조 측으로 구분하여 다짐계획을 세우는 것이 효과적이다.
② 흙의 강도 증가가 목적인 경우, 건조 측에서 다지는 것이 유리하다.
③ 습윤 측에서 다지는 경우, 투수계수 증가효과가 크다.
④ 다짐의 목적이 차수를 목적으로 하는 경우, 습윤 측에서 다지는 것이 유리하다.

[해설]
최적함수비보다 건조 측에서 다지는 경우 투수성이 크다.

## 03 흙의 다짐에 관한 사항 중 옳지 않은 것은?

① 최적함수비로 다질 때 최대 건조 단위중량이 된다.
② 조립토는 세립토보다 최대 건조 단위중량이 커진다.
③ 점토를 최적함수비보다 작은 건조 측 다짐을 하면 흙구조가 면모구조로, 습윤 측 다짐을 하면 이산구조가 된다.
④ 강도 증진을 목적으로 하는 도로 토공의 경우 습윤 측 다짐을, 차수를 목적으로 하는 심벽재의 경우 건조 측 다짐이 바람직하다.

[해설]
다짐의 목적이 전단강도 확보라면 건조 측이 유리하고, 차수(댐 심벽)라면 습윤 측이 유리하다.

## 04 다짐의 효과에 대한 설명 중 틀린 것은?

① 다짐함수비가 클수록 일축압축강도는 감소한다.
② 최적함수비에서 습윤 쪽으로 다짐을 하는 경우 건조 쪽으로 다지는 것보다 흙의 압축성이 커진다.
③ 최적함수비에서 건조 쪽으로 다지는 경우가 습윤 쪽으로 다지는 경우보다 투수계수가 작다.
④ 댐 코어 재료는 습윤 쪽으로 다지는 것이 건조 쪽으로 다지는 것보다 균열이 적다.

[해설]
• 최적함수비(OMC)가 증가할수록 점토분(세립토)이 많은 흙이며 일축압축강도는 감소한다.
• 최적함수비보다 약간 습윤 측으로 다지는 경우가 흙의 팽창성과 투수계수가 작다.(압축성은 크다.)
• 최적함수비보다 약간 건조 측으로 다지는 경우가 팽창성과 투수계수가 크다.(압축성은 작다.)

## 05 흙의 다짐에 대한 설명으로 틀린 것은?

① 조립토는 세립토보다 최대 건조단위중량이 커진다.
② 습윤 측 다짐을 하면 흙 구조가 면모구조가 된다.
③ 최적함수비로 다질 때 최대 건조단위중량이 된다.
④ 동일한 다짐에너지에 대해서는 건조 측이 습윤 측보다 더 큰 강도를 보인다.

[해설]
건조 측에서 다지면 면모구조, 습윤 측에서 다지면 이산구조가 된다.

# 05 현장 다짐

GUIDE

## 1. 현장에서 건조단위중량 결정방법

| 목적 | 건조단위중량 결정법의 종류(현장) |
|---|---|
| 현장에서 특정 부분에서 채취한 흙의 부피 및 건조밀도를 구하기 위한 시험 | ① 모래치환법(들밀도시험)<br>② 고무막법(물치환법)<br>③ 절삭법(Core cutter에 의한 방법)<br>④ 방사선 밀도측정기에 의한 방법 |

## 2. 모래치환법(들밀도시험)

| 표준모래의 단위중량 | $\gamma = \dfrac{W'}{V} = \dfrac{\text{시험구멍에 채워진 표준 모래의 중량}}{\text{시험 구멍의 체적}}$ |
|---|---|
| 현장 흙의 습윤단위중량 | $\gamma_t = \dfrac{W}{V} = \dfrac{\text{시험구멍에서 파낸 흙의 중량}}{\text{시험 구멍의 체적}}$ |
| 현장 흙의 건조단위중량 | $\gamma_d = \dfrac{W_s}{V} = \dfrac{\text{흙의 건조무게}}{\text{시험 구멍의 체적}} = \dfrac{\gamma_t}{1+\omega}$ |

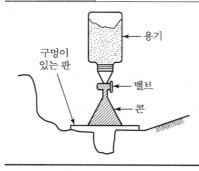

| | 현장 흙의 건조단위중량 계산순서 |
|---|---|
| | ① 시험 구멍에 채워진 표준모래 중량($W'$)과 표준모래의 단위중량($\gamma$)을 측정<br>② 시험구멍의 체적($V$)을 계산<br>③ 시험 구멍에서 파낸 흙의 중량($W$)을 측정<br>④ 현장 흙의 습윤단위중량($\gamma_t$) 계산<br>⑤ 현장 흙의 건조단위중량($\gamma_d$) 계산 |

구멍이 있는 판 / 용기 / 밸브 / 콘

• **모래(표준사)의 용도**
시험 구멍의 체적을 구하기 위해 사용(No.10체를 통과하고 No.200체에 남은 모래를 사용)

## 3. 다짐도

| (상대) 다짐도 RC | 다짐한 흙의 특징 |
|---|---|
| $RC = \dfrac{\gamma_{d(\text{현장})}}{\gamma_{d\max(\text{실내 실험실})}} \times 100(\%)$<br><br>$= \dfrac{\text{현장의 건조밀도}}{\text{실내 실험실 최대 건조밀도}} \times 100$ | ① 전단강도, 부착력 증가<br>② 강도, 지지력 증가<br>③ 공극, 압축성, 흡수성, 투수성 감소 |

**01** 실내다짐시험 결과 최대건조단위중량이 15.6 kN/m³이고, 다짐도가 95%일 때 현장의 건조단위중량은 얼마인가?

① 13.62kN/m³   ② 14.82kN/m³
③ 16.01kN/m³   ④ 17.43kN/m³

해설

- 다짐도 $= \dfrac{\gamma_{d(현장)}}{\gamma_{d\max(실내실험실)}} \times 100$

- $0.95 = \dfrac{\gamma_{d(현장)}}{15.6}$

- $\therefore \gamma_{d(현장)} = 14.82\text{kN/m}^3$

**02** 모래치환법에 의한 현장 흙의 단위무게 실험 결과가 아래와 같다. 현장 흙의 건조단위중량은?

- 실험구멍에서 파낸 흙의 중량 1,600g
- 실험구멍에서 파낸 흙의 함수비 20%
- 실험구멍에 채워진 표준모래의 중량 1,350g
- 실험구멍에 채워진 표준모래의 단위중량 1.35g/cm³

① 0.93g/cm³   ② 1.13g/cm³
③ 1.33g/cm³   ④ 1.53g/cm³

해설

- 표준모래의 단위중량
  $\gamma = \dfrac{W}{V}$에서, $1.35 = \dfrac{1,350}{V}$
  $\therefore$ 실험구멍의 체적 $V = 1,000\text{cm}^3$

- 현장 흙의 습윤단위중량
  $\gamma_t = \dfrac{W}{V} = \dfrac{1,600}{1,000} = 1.6\text{g/cm}^3$

- 따라서 현장 흙의 건조단위중량
  $\gamma_d = \dfrac{\gamma_t}{1+\omega} = \dfrac{1.6}{1+0.2} = 1.33\text{g/cm}^3$

**03** 모래 치환법에 의한 흙의 밀도 측정법에서 모래(표준사)는 무엇을 구하기 위해 사용되는가?

① 흙의 중량   ② 시험구멍의 부피
③ 흙의 함수비   ④ 지반의 지지력

해설

들밀도 시험방법인 모래치환방법에서 모래는 현장에서 파낸 구멍의 체적을 알기 위하여 쓰인다.

**04** 모래치환법에 의한 현장 흙의 단위무게 실험 결과 흙을 파낸 구덩이의 체적 $V = 1,650\text{cm}^3$, 흙무게 $W = 2,850\text{N}$, 흙의 함수비 $\omega = 15\%$이고, 실험실에서 구한 흙의 최대건조밀도 $\gamma_{d\max} = 1.60\text{N/cm}^3$일 때 다짐도는?

① 92.49%   ② 93.75%
③ 95.85%   ④ 97.85%

해설

- 현장 흙의 습윤단위중량
  $\gamma_t = \dfrac{W}{V} = \dfrac{2,850}{1,650} = 1.73\text{N/cm}^3$

- 현장 흙의 건조단위중량
  $\gamma_d = \dfrac{\gamma_t}{1+\omega} = \dfrac{1.73}{1+0.15} = 1.50\text{N/cm}^3$

- 상대다짐도
  $RC = \dfrac{\gamma_d}{\gamma_{d\max}} \times 100 = \dfrac{1.50}{1.60} \times 100 = 93.75\%$

**05** 아래 기호를 이용하여 현장밀도시험의 결과로부터 건조밀도($\rho_d$)를 구하는 식으로 옳은 것은?

$\rho_d$ : 흙의 건조밀도(g/cm³)
$V$ : 시험구멍의 부피(cm³)
$m$ : 시험구멍에서 파낸 흙의 습윤 질량(g)
$w$ : 시험구멍에서 파낸 흙의 함수비(%)

① $\rho_d = \dfrac{1}{V} \times \left(\dfrac{m}{1+\frac{w}{100}}\right)$   ② $\rho_d = m \times \left(\dfrac{V}{1+\frac{w}{100}}\right)$

③ $\rho_d = \dfrac{1}{m} \times \left(\dfrac{V}{1+\frac{w}{100}}\right)$   ④ $\rho_d = V \times \left(\dfrac{w}{1+\frac{m}{100}}\right)$

해설

$\rho_d = \dfrac{\rho_t}{1+w} = \dfrac{m}{V(1+w)}$

# 06 CBR 시험(노상토 지지력비 시험)

## 1. 노상토 지지력비($CBR$) 시험의 적용범위

| CBR(California Bearing Ratio) 시험 | 평판재하시험(Plate Bearing Test) |
|---|---|
| 아스팔트 포장과 같은 연성포장(가요성 포장)의 포장 두께를 산정할 때 사용 | 콘크리트 포장과 같은 강성포장의 두께를 산정할 때 사용 |

## 2. 노상토 지지력비($CBR$)

| 단위하중(kg/cm$^2$) | 전하중(kg) |
|---|---|
| $CBR = \dfrac{\text{시험 단위하중}(\text{kg/cm}^2)}{\text{표준 단위하중}(\text{kg/cm}^2)}$ $= \dfrac{q_{ty}}{q_{sy}} \times 100(\%)$ | $CBR = \dfrac{\text{시험 전하중}(\text{kg})}{\text{표준 전하중}(\text{kg})}$ $= \dfrac{Q_{ty}}{Q_{sy}} \times 100(\%)$ |

## 3. CBR 시험에서 표준단위하중과 표준전하중

| 관입량(mm) | 표준단위하중((kg/cm$^2$) | 표준전하중(kg) |
|---|---|---|
| 2.5 | 70kg/cm$^2$ | 1,370kg |
| 5.0 | 105kg/cm$^2$ | 2,030kg |

## 4. 노상토 지지력비 결정방법

| $CBR_{2.5} > CBR_{5.0}$ | $CBR_{2.5} < CBR_{5.0}$ |
|---|---|
| $CBR_{2.5}$를 설계에 이용 | 재시험 실시 |
| | 재시험 후 재시험 결과 |
| | $CBR_{2.5} > CBR_{5.0}$일 때 : $CBR_{2.5}$를 설계에 이용 |
| | $CBR_{2.5} < CBR_{5.0}$일 때 : $CBR_{5.0}$를 설계에 이용 |

## 5. 설계 CBR 계산

| 설계 CBR |
|---|
| 설계 $CBR = $ 평균 $CBR - \dfrac{\text{최대 } CBR - \text{최소 } CBR}{d_2(\text{설계지수})}$ |

**01** 아스팔트 포장도로를 설계하려 할 때 가장 중요하다고 생각되는 사항은 어느 것인가?

① 평판재하시험　　② 표준관입시험
③ CBR 시험　　　　④ 삼축압축시험

해설
• CBR 시험 : 아스팔트 포장의 두께를 결정
• 평판재하시험 : 콘크리트 포장의 두께를 산정

**02** CBR 시험에서 지름 5cm의 피스톤이 2.5mm 관입될 때 표준단위하중강도는?

① 105kg/cm$^2$　　② 70kg/cm$^2$
③ 125kg/cm$^2$　　④ 207kg/cm$^2$

해설

표준단위하중 및 표준하중

| 관입 깊이 | 표준단위하중 | 표준하중 |
|---|---|---|
| 2.5mm | 70kg/cm$^2$ | 1,370kg |
| 5.0mm | 105kg/cm$^2$ | 2,030kg |

**03** CBR 시험에서 관입 깊이가 2.5mm일 때, piston에 작용하는 하중이 900kg이다. 이 재료의 CBR$_{2.5}$의 값은?

① 80%　　② 65.7%
③ 63.3%　　④ 60.5%

해설

$$CBR_{2.5} = \frac{2.5mm \text{ 관입시켰을 때의 하중(kg)}}{1,370kg} \times 100$$
$$= \frac{900}{1,370} \times 100 = 65.69\%$$

**04** 노상토의 지지력을 나타내는 CBR 값의 단위는?

① kg/cm$^2$　　② kg · cm
③ %　　　　　④ kg/cm$^3$

**05** CBR 시험에서 피스톤이 2.5mm 관입될 때와 5mm 관입될 때를 비교한 결과 5mm 값이 더 크게 나타났다. 어떻게 CBR 값을 결정하는가?

① 그대로 5mm 값을 CBR 값으로 한다.
② 2.5mm 값과 5mm 값의 평균값을 CBR 값으로 한다.
③ 5mm 값을 무시하고 2.5mm 값을 표준으로 하여 CBR 값으로 한다.
④ 되풀이 시험해서 그래도 5mm 값이 크게 나오면 그대로 5mm 값을 CBR 값으로 한다.

해설
$CBR_{5.0} > CBR_{2.5}$ 일 때 재시험한다.
• $CBR_{5.0} > CBR_{2.5}$ 이면 CBR 값은 $CBR_{5.0}$ 이다.
• $CBR_{5.0} < CBR_{2.5}$ 이면 CBR 값은 $CBR_{2.5}$ 이다.

**06** 도로 연장 3km 건설구간에서 7개 지점의 시료를 채취하여 다음과 같은 CBR을 구하였다. 이때의 설계 CBR은 얼마인가?

7개 지점의 CBR : 5.3, 5.7, 7.6, 8.7, 7.4, 8.6, 7.0

[설계 CBR 계산용 계수]

| 개수 ($n$) | 2 | 3 | 4 | 5 | 6 | 7 | 8 | 9 | 10 이상 |
|---|---|---|---|---|---|---|---|---|---|
| $d_2$ | 1.41 | 1.91 | 2.24 | 2.48 | 2.67 | 2.83 | 2.96 | 3.08 | 3.18 |

① 4　　　　② 5
③ 6　　　　④ 7

해설

$$설계CBR = 평균CBR - \frac{최대CBR - 최소CBR}{d_2}$$
$$= \frac{5.3+5.7+7.6+8.7+7.4+8.6+7}{7} - \frac{8.7-5.3}{2.83}$$
$$= 5.98 ≒ 6$$

**01** 흙의 다짐시험에서 다짐에너지를 증가시킬 때 일어나는 결과는?

① 최적함수비와 최대건조밀도가 모두 증가한다.
② 최적함수비와 최대건조밀도가 모두 감소한다.
③ 최적함수비는 증가하고 최대건조밀도는 감소한다.
④ 최적함수비는 감소하고 최대건조밀도는 증가한다.

> **해설**
> 다짐에너지를 증가시키면 최적함수비(OMC)는 감소하고 최대건조밀도($\gamma_{d\max}$)는 증가한다.

**02** 다짐에 대한 다음 설명 중 옳지 않은 것은?

① 세립토의 비율이 클수록 최적함수비는 증가한다.
② 세립토의 비율이 클수록 최대건조단위중량은 증가한다.
③ 다짐에너지가 클수록 최적함수비는 감소한다.
④ 최대건조단위중량은 사질토에서 크고 점성토에서 작다.

> **해설**
> 세립토의 비율이 클수록 최대건조단위중량($\gamma_{d\max}$)은 감소한다.

**03** 다짐에 대한 설명으로 틀린 것은?

① 조립토는 세립토보다 최적함수비가 작다.
② 조립토는 세립토보다 최대 건조밀도가 높다.
③ 조립토는 세립토보다 다짐곡선의 기울기가 급하다.
④ 다짐에너지가 클수록 최대 건조밀도는 낮아진다.

> **해설**
> 다짐에너지가 클수록 최대건조밀도($\gamma_{d\max}$)는 커진다.

**04** 다음 중 다짐 곡선은 무엇으로 작도하는가?

① 건조단위중량 – 다짐 횟수
② 최대건조밀도 – 함수비
③ 최대건조밀도 – 최적 함수비
④ 건조밀도 – 함수비

> **해설**
> 가로축에는 함수비, 세로축에는 건조밀도를 취해서 도상에 1점을 통하여 곡선이 얻어진다.

**05** 다짐에 관한 설명 중 옳지 않은 것은?

① 일반적으로 흙의 건조밀도는 가하는 다짐에너지가 클수록 크다.
② 모래질 흙은 진동 또는 진동을 동반하는 다짐이 유효하다.
③ 건조밀도 – 함수비 곡선에서 최적함수비와 최대건조밀도를 구할 수 있다.
④ 모래질을 많이 포함한 흙의 건조밀도 – 함수비 곡선의 경사는 완만하다.

> **해설**
> 모래질(조립토)을 많이 포함한 흙의 건조밀도 – 함수비 곡선의 경사는 급하다.

**06** 흙의 다짐에 대한 설명으로 틀린 것은?

① 사질토의 최대 건조단위중량은 점성토의 최대 건조단위중량 보다 크다.
② 점성토의 최적함수비는 사질토의 최적함수비보다 크다.
③ 영공기 간극곡선은 다짐곡선과 교차할 수 없고, 항상 다짐곡선이 우측에만 위치한다.
④ 유기질 성분을 많이 포함할수록 흙의 최대 건조단위중량과 최적함수비는 감소한다.

> **해설**
> 유기질(세립분) 성분을 많이 포함할수록 흙의 최대 건조단위중량($\gamma_{d\max}$)은 작아지고 최적함수비(OMC)는 커진다.

**07** 토질 종류에 따른 다짐곡선을 설명한 것 중 옳지 않은 것은?

① 조립토가 세립토에 비하여 최대건조단위중량이 크게 나타나고 최적함수비는 작게 나타난다.

---

**정답** 01 ④  02 ②  03 ④  04 ④  05 ④  06 ④  07 ③

② 조립토에서는 입도분포가 양호할수록 최대건조단위중량은 크고 최적함수비는 작다.
③ 조립토일수록 다짐곡선은 완만하고 세립토일수록 다짐곡선은 급하게 나타난다.
④ 점성토에서는 소성이 클수록 최대건조단위중량은 감소하고 최적함수비는 증가한다.

다짐곡선은 조립토일수록 급하게 나타내고 세립토일수록 완만하게 나타난다.

## 08 흙의 다짐에 관한 사항 중 옳지 않은 것은?

① 최적 함수비로 다질 때 최대 건조단위중량이 된다.
② 조립토는 세립토보다 최대 건조단위중량이 커진다.
③ 점토를 최적함수비보다 작은 건조 측 다짐을 하면 흙구조가 면모구조로, 흡윤 측 다짐을 하면 이산구조가 된다.
④ 강도 증진을 목적으로 하는 도로 토공의 경우 습윤 측 다짐을, 차수를 목적으로 하는 심벽재의 경우 건조 측 다짐이 바람직하다.

• 강도 증진 목적 : 건조 측 다짐
• 차수 목적 : 습윤 측 다짐

## 09 다져진 흙의 역학적 특성에 대한 설명으로 틀린 것은?

① 다짐에 의하여 간극이 작아지고 부착력이 커져서 역학적 강도 및 지지력은 증대하고, 압축성, 흡수성 및 투수성은 감소한다.
② 점토를 최적함수비보다 약간 건조 측의 함수비로 다지면 면모구조를 가지게 된다.
③ 점토를 최적함수비보다 약간 습윤 측에서 다지면 투수계수가 감소하게 된다.
④ 면모구조를 파괴시키지 못할 정도의 작은 압력으로 점토시료를 압밀할 경우 건조 측 다짐을 한 시료가 습윤 측 다짐을 한 시료보다 압축성이 크게 된다.

면모구조를 파괴시키지 못할 정도의 작은 압력으로 점토시료를 압밀할 경우 건조 측 다짐을 한 시료가 습윤 측 다짐을 한 시료보다 압축성이 작게 된다.

## 10 흙의 다짐시험에 대한 설명으로 옳은 것은?

① 다짐에너지가 크면 최적 함수비가 크다.
② 다짐에너지와 관계없이 최대 건조단위중량은 일정하다.
③ 다짐에너지와 관계없이 최적 함수비는 일정하다.
④ 몰드 속에 있는 흙의 함수비는 다짐에너지에 거의 영향을 받지 않는다.

다짐에너지에 따라 최대 건조단위중량과 최적함수비는 변화하지만, 몰드 속에 있는 흙의 함수비는 다짐 에너지에 거의 영향을 받지 않는다.

## 11 다음 표는 흙의 다짐에 대해 설명한 것이다. 옳게 설명한 것을 모두 고르면?

(1) 사질토에서 다짐에너지가 클수록 최대건조단위중량은 커지고 최적함수비는 줄어든다.
(2) 입도분포가 좋은 사질토가 입도분포가 균등한 사질토보다 더 잘 다져진다.
(3) 다짐곡선은 반드시 영공기간극곡선의 왼쪽에 그려진다.
(4) 양족 롤러는 점성토를 다지는 데 적합하다.
(5) 점성토에서 흙은 최적함수비보다 큰 함수비로 다지면 면모구조를 보이고 작은 함수비로 다지면 이산구조를 보인다.

① (1), (2), (3), (4)
② (1), (2), (3), (5)
③ (1), (4), (5)
④ (2), (4), (5)

• 점성토 : 탬핑롤러(양족롤러)에 의한 전압식 다짐
• 점성토에서 OMC보다 큰 함수비로 다지면 이산구조(분산구조), OMC보다 작은 함수비로 다지면 면모구조를 보인다.

## CHAPTER 10 실 / 전 / 문 / 제

**12** 다짐시험에서 몇 개의 흙에다 동일한 다짐에너지(compactive effort)를 가했을 때 건조밀도가 큰 것에서 작아지는 순서로 되어 있는 것은?

① SW−ML−CH
② SW−CH−ML
③ CH−ML−SW
④ ML−CH−SW

해설

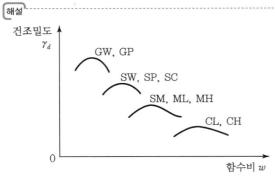

- SW : 입도 분포가 양호한 모래
- ML : 압축성이 낮은 실트
- CH : 압축성이 높은 점토

**13** 다음은 다짐시험에서 건조밀도와 함수비의 관계를 설명한 것이다. 잘못된 것은?

① 건조밀도−함수비 곡선에서 건조밀도가 최대가 되는 밀도를 최대건조밀도라 한다.
② 최대 건조밀도를 나타내는 함수비를 최적함수비라고 한다.
③ 흙이 조립토(粗粒土)에 가까울수록 최적함수비의 값은 크다.
④ 최적함수비는 흙의 종류에 따라 다른 값이 나온다.

해설

흙이 조립토에 가까울수록 최적함수비(OMC)는 작다.

**14** 다음 토질시험 중 도로의 포장 두께를 정하는데 많이 사용되는 것은?

① 표준관입시험
② 삼축압축시험
③ C.B.R 시험
④ 다짐시험

해설

노상토 지지력비 시험(CBR)은 아스팔트 연성포장 두께 산정에 이용된다.

**15** 흙의 다짐에 관한 다음 설명 중 옳지 않은 것은?

① 일반적으로 흙의 건조밀도는 가하는 다짐 energy가 클수록 크다.
② 모래질 흙은 진동 또는 진동을 동반하는 다짐 방법이 유효하다.
③ 건조밀도−함수비 곡선에서 최적 함수비와 최대건조밀도를 구할 수 있다.
④ 모래질을 많이 포함한 흙의 건조밀도−함수비 곡선의 구배는 완만하다.

해설

- 조립토(모래질) : 다짐곡선 급구배
- 세립토(점토질) : 다짐곡선 완구배

**16** 흙의 다짐에너지에 관한 설명 중 틀린 것은?

① 다짐에너지는 래머(Rammer)의 중량에 비례한다.
② 다짐에너지는 래머(Rammer)의 낙하고에 비례한다.
③ 다짐에너지는 시료의 체적에 비례한다.
④ 다짐에너지는 타격 수에 비례한다.

해설

$$E = \frac{W_r \cdot H \cdot N_b \cdot N_L}{V}$$
∴ 다짐에너지는 시료의 체적 $V$에 반비례한다.

**17** 다짐시험의 조건이 다음 표와 같을 때 다짐에너지($E_c$)를 구하면?

- 몰드의 부피($V$) : 1,000cm³
- 래머의 무게($W$) : 2.5kg
- 래머의 낙하높이($h$) : 30cm
- 다짐 층수($N_l$) : 3층
- 각 층당 다짐횟수($N_b$) : 25회

정답  12 ①  13 ③  14 ③  15 ④  16 ③  17 ①

210 | 토질 및 기초

① 5.625kg · cm/cm³  ② 6.273kg · cm/cm³
③ 7.021kg · cm/cm³  ④ 7.835kg · cm/cm³

[해설]

$$E_c = \frac{W_\gamma \cdot H \cdot N_b \cdot N_L}{V} = \frac{2.5 \times 30 \times 25 \times 3}{1,000}$$
$$= 5.625 \text{kg} \cdot \text{cm/cm}^3$$

**18** 실내다짐시험의 결과 최대건조 단위무게가 15.6kN/m³이고, 다짐도가 95%일 때 현장건조 단위무게는 얼마인가?

① 16.4kN/m³  ② 16.0kN/m³
③ 14.8kN/m³  ④ 13.6kN/m³

[해설]

$$RC = \frac{\gamma_d}{\gamma_{d\max}} \times 100(\%) \text{에서 } 95 = \frac{\gamma_d}{15.6} \times 100$$
$$\therefore \ \gamma_d = 14.8 \text{kN/m}^3$$

**19** 현장에서 다짐된 사질토의 상대다짐도가 95%이고, 최대 및 최소 건조단위중량이 각각 17.6kN/m³, 15kN/m³라고 할 때 현장시료의 건조단위중량과 상대밀도를 구하면?

| 건조단위중량 | 상대밀도 |
|---|---|
| ① 16.7kN/m³ | 71% |
| ② 16.7kN/m³ | 69% |
| ③ 16.3kN/m³ | 69% |
| ④ 16.3kN/m³ | 71% |

[해설]

• 상대다짐도 $(RC) = \dfrac{\gamma_d}{\gamma_{d\max}} \times 100$ 에서

$$95 = \frac{\gamma_d}{17.6} \times 100$$
$$\therefore \ \text{건조단위중량}(\gamma_d) = 16.7 \text{kN/m}^3$$

• 상대밀도 $D_r = \dfrac{\gamma_d - \gamma_{d\min}}{\gamma_{d\max} - \gamma_{d\min}} \times \dfrac{\gamma_{d\max}}{\gamma_d} \times 100$

$$= \frac{16.7 - 15}{17.6 - 15} \times \frac{17.6}{16.7} \times 100 = 69\%$$

**20** 현장 흙의 들밀도시험 결과 흙을 파낸 부분의 체적과 파낸 흙의 무게는 각각 1,800cm³, 3.95kg이었다. 함수비는 11.2%이고, 흙의 비중은 2.65이다. 최대건조단위중량 2.05g/cm³일 때 상대다짐도는?

① 95.1%
② 96.1%
③ 97.1%
④ 98.1%

[해설]

• 현장 흙의 습윤단위중량
$$\gamma_t = \frac{W}{V} = \frac{3,950}{1,800} = 2.19 \text{g/cm}^3$$

• 현장 흙의 건조단위중량
$$\gamma_d = \frac{\gamma_t}{1 + \omega} = \frac{2.19}{1 + 0.112} = 1.97 \text{g/cm}^3$$

• 상대다짐도
$$RC = \frac{\gamma_d}{\gamma_{d\max}} \times 100 = \frac{1.97}{2.05} \times 100 = 96.1\%$$

**21** 현장 도로 토공에서 들밀도시험을 실시한 결과 파낸 구멍의 체적이 1,980cm³이었고, 이 구멍에서 파낸 흙무게가 3,420N이었다. 이 흙의 토질실험 결과 함수비가 10%, 비중이 2.7, 최대건조 단위무게가 1.65N/cm³이었을 때 현장의 다짐도는?

① 80%  ② 85%
③ 91%  ④ 95%

[해설]

• 현장 흙의 습윤단위중량
$$\gamma_t = \frac{W}{V} = \frac{3,420}{1,980} = 1.73 \text{N/cm}^3$$

• 현장 흙의 건조단위중량
$$\gamma_d = \frac{\gamma_t}{1 + \omega} = \frac{1.73}{1 + 0.1} = 1.57 \text{N/cm}^3$$

• 상대다짐도
$$RC = \frac{\gamma_d}{\gamma_{d\max}} \times 100 = \frac{1.57}{1.65} \times 100 = 95\%$$

정답   18 ③   19 ②   20 ②   21 ④

**22** 어떤 흙의 최대 몇 최소 건조단위중량이 18kN/m³과 16kN/m³이다. 현장에서 이 흙의 상대밀도(Relative Density)가 60%라면 이 시료의 현장 상대다짐도(Relative Compaction)는?

① 82%　　　　　② 87%

③ 91%　　　　　④ 95%

> 해설

• 상대밀도

$$D_r = \frac{\gamma_d - \gamma_{d\min}}{\gamma_{d\max} - \gamma_{d\min}} \times \frac{\gamma_{d\max}}{\gamma_d} \times 100 \text{에서,}$$

$$\frac{\gamma_d - 16}{18 - 16} \times \frac{18}{\gamma_d} \times 100 = 60\%$$

$$\therefore \ \gamma_d = 17.1 \text{kN/m}^3$$

• 상대다짐도

$$RC = \frac{\gamma_d}{\gamma_{d\max}} \times 100 = \frac{17.1}{18} \times 100 = 95\%$$

**23** 현장에서 습윤단위중량을 측정하기 위해 표면을 평활하게 한 후 시료를 굴착하여 무게를 측정하니 1,230N이었다. 이 구멍의 부피를 측정하기 위해 표준사로 채우는 데 1,037N이 필요하였다. 표준사의 단위중량이 1.45N/cm³이면 이 현장 흙의 습윤단위중량은?

① 1.72N/cm³

② 1.61N/cm³

③ 1.48N/cm³

④ 1.29N/cm³

> 해설

• 표준모래의 단위중량

$$\gamma = \frac{W}{V} \text{에서, } 1.45 = \frac{1,037}{V}$$

$$\therefore \ V = 715.17 \text{cm}^3$$

• 현장 흙의 습윤단위중량

$$\gamma_t = \frac{W}{V} = \frac{1,230}{715.17} = 1.72 \text{N/cm}^3$$

**24** 부피가 2,208cm³이고 무게가 4,000N인 몰드 속에 흙을 다져 넣어 무게를 측정하였더니 8,294N이었다. 이 몰드 속에 있는 흙을 시료 추출기를 사용하여 추출한 후 함수비를 측정하였더니 12.3%이었다. 이 흙의 건조단위중량은 얼마인가?

① 1.942N/cm³

② 1.732N/cm³

③ 1.812N/cm³

④ 1.614N/cm³

> 해설

• 현장 흙의 습윤단위중량

$$\gamma_t = \frac{W}{V} = \frac{8,294 - 4,000}{2,208} = 1.945 \text{N/cm}^3$$

• 현장 흙의 건조단위중량

$$\gamma_d = \frac{\gamma_t}{1 + \omega} = \frac{1.945}{1 + 0.123} = 1.732 \text{N/cm}^3$$

**25** 모래치환법에 의한 흙의 들밀도시험 결과, 시험 구멍에서 파낸 흙의 중량 및 함수비는 각각 1,800g, 30%이고, 이 시험 구멍에 단위중량이 1.35g/cm³인 표준모래를 채우는 데 1,350g이 소요되었다. 현장 흙의 건조단위중량은?

① 0.93g/cm³　　② 1.03g/cm³

③ 1.38g/cm³　　④ 1.53g/cm³

> 해설

• 표준모래의 단위중량 $r = \dfrac{W}{V}$

$$1.35 = \frac{1,350}{V} \text{에서}$$

$$\therefore \ V = 1,000 \text{cm}^3$$

• 현장 흙의 습윤단위중량

$$\gamma_t = \frac{W}{V} = \frac{1,800}{1,000} = 1.8 \text{g/cm}^3$$

• 현장 흙의 건조단위중량

$$\gamma_d = \frac{\gamma_t}{1 + \omega} = \frac{1.8}{1 + 0.3} = 1.38 \text{g/cm}^3$$

정답　22 ④　23 ①　24 ②　25 ③

**26** 충분히 다진 현장에서 모래치환법에 의해 현장밀도 실험을 한 결과 구멍에서 파낸 흙의 무게가 1,536N, 함수비가 15%이었고 구멍에 채워진 단위중량이 1.70N/cm³인 표준모래의 무게가 1,411N이었다. 이 현장이 95% 다짐도가 된 상태가 되려면 이 흙의 실내실험실에서 구한 최대 건조단위중량($\gamma_{d\max}$)은 얼마인가?

① 1.69N/cm³

② 1.79N/cm³

③ 1.85N/cm³

④ 1.93N/cm³

[해설]

• 현장 흙의 습윤단위중량

$$\gamma_t = \frac{W}{V} = \frac{1,536}{830} = 1.85\text{N/cm}^3$$

($\gamma_d = \dfrac{W}{V}$ 에서 $1.70 = \dfrac{1,411}{V}$ ∴ V=830cm³)

• 현장 흙의 건조단위중량

$$\gamma_d = \frac{\gamma_t}{1+\omega} = \frac{1.85}{1+0.15} = 1.61\text{N/cm}^3$$

• 상대다짐도

$$\text{RC} = \frac{\gamma_d}{\gamma_{d\max}} \times 100 \text{에서 } 95 = \frac{1.61}{\gamma_{d\max}} \times 100$$

$$\therefore \gamma_{d\max} = 1.69\text{N/cm}^3$$

**27** 모래치환법에 의한 현장 흙의 단위무게 실험 결과가 아래와 같다. 현장 흙의 건조단위중량은?

• 실험구멍에서 파낸 흙의 중량 1,600N
• 실험구멍에서 파낸 흙의 함수비 20%
• 실험구멍에 채워진 표준모래의 중량 1,350N
• 실험구멍에 채워진 표준모래의 단위중량 1.35N/cm³

① 0.93N/cm³

② 1.13N/cm³

③ 1.33N/cm³

④ 1.53N/cm³

[해설]

• 표준모래의 단위중량

$$\gamma = \frac{W}{V} \text{에서,}$$

$$1.35 = \frac{1,350}{V}$$

∴ 실험구멍의 체적 $V = 1,000\text{cm}^3$

• 현장 흙의 습윤단위중량

$$\gamma_t = \frac{W}{V} = \frac{1,600}{1,000} = 1.6\text{N/cm}^3$$

• 현장 흙의 건조단위중량

$$\gamma_d = \frac{\gamma_t}{1+\omega} = \frac{1.6}{1+0.2} = 1.33\text{N/cm}^3$$

Engineer Civil Engineering

필기/
토목기사산업기사

CHAPTER

11

# 사면의 안정

# 01 사면의 종류

## 1. 유한사면

| 단순사면 | 직립사면 |
|---|---|
| | |
| 사면어깨에서 사면선단이<br>평형을 이루는 사면 | 사면 경사각이 90°로 절취된 사면<br>(흙막이 굴착) |

## 2. 무한사면

| 무한사면 모식도 | 무한사면 |
|---|---|
| | ① 활동면의 깊이가 사면의 높이에 비해<br>작은 것(산의 사면)<br>② 반무한 사면이라고도 한다. |

## 3. 단순사면의 파괴형태

| 단순사면 모식도 | 단순사면의 파괴형태 |
|---|---|
| | ① 사면 내 파괴(ⓐ)<br>기초 지반의 두께가 작고 성토층이 여러 층인 경우에 발생 |
| | ② 사면 선단 파괴(ⓑ)<br>균질한 연약점토지반 위에 놓인 연직 사면에 잘 일어나는 파괴형태 |
| | ③ 사면 저부 파괴(ⓒ)<br>사면이 급하지 않고 점착력이 크며, 기초 지반이 깊은 경우에 발생 |

## 4. 무한사면의 파괴형태

| 무한사면 모식도 | 무한사면의 파괴형태 |
|---|---|
| | 파괴형상은 사면에 평행한 평면을 이룬다. |

GUIDE

• 사면의 안정문제는 길이방향의 변형도(Strain)를 무시할 수 있다고 보기 때문에 보통 사면의 단위 길이를 취하여 2차원 해석을 한다.

• **사면어깨**
  사면의 위쪽 끝 부분

• **사면선단**
  사면의 아래 쪽 끝 부분

• $\beta$(사면의 경사각)

• 단순사면의 파괴형상은 원호에 가까운 곡면

• **사면 선단 파괴**
  $\beta > 53°$이면 심도계수와 상관없이 사면선단파괴가 일어난다.

**01** 사면의 안정문제는 보통 사면의 단위 길이를 취하여 2차원 해석을 한다. 이렇게 하는 가장 중요한 이유는?

① 길이방향의 변형도(Strain)를 무시할 수 있다고 보기 때문이다.
② 흙의 특성이 등방성(Isotropic)이라고 보기 때문이다.
③ 길이방향의 응력도(Stress)를 무시할 수 있다고 보기 때문이다.
④ 실제 파괴형태가 이와 같기 때문이다.

〔해설〕
길이방향의 변형도를 무시할 수 있다고 보기 때문에 사면안정 문제는 2차원 해석을 한다.

**02** 사면의 안정문제는 보통 사면의 단위길이를 취하여 2차원 해석을 한다. 이렇게 하는 가장 중요한 이유는?

① 흙의 특성이 등방성(isotropic)이라고 보기 때문이다.
② 길이방향의 응력도(stress)를 무시할 수 있다고 보기 때문이다.
③ 실제 파괴형태가 이와 같기 때문이다.
④ 길이방향의 변형도(strain)를 무시할 수 있다고 보기 때문이다.

〔해설〕
**평면변형**(Plane strain) 개념
길이가 매우 긴 옹벽이나 사면 등의 3차원 문제를 해석할 경우 평면변형(Plane strain) 개념에 바탕을 둔 2차원 해석을 한다.

**03** 원형 활동면에 의한 사면파괴의 종류는 일반적으로 다음과 같다. 해당되지 않는 것은?

① 사면 저부 파괴       ② 사면 선단 파괴
③ 사면 내 파괴        ④ 사면 인장 파괴

〔해설〕
단순사면의 파괴형태로는 사면 내 파괴, 사면 선단 파괴, 사면 저부 파괴가 있다.

**04** 균질한 연약점토 지반 위에 놓인 연직 사면에 잘 일어나는 파괴 형태는?

① 사면 저부 파괴
② 사면 선단 파괴
③ 사면 내 파괴
④ 사면 저면 파괴

〔해설〕
• 사면 선단 파괴 : 균질한 흙으로 되어 있을 때 점착성의 흙, 비교적 급한 사면(연직 사면)의 경우에 일어난다.
• 사면 저부 파괴 : 사면이 급하지 않고 점착력도 크며 기초 지반이 깊은 경우에 발생한다.
• 사면 내 파괴 : 기초 지반의 두께가 얇고 성토층이 여러 층인 경우에 발생한다.

**05** 다음은 연약점토의 단순 사면에서의 파괴형식을 설명한 것이다. 옳지 않은 것은?

① 지반이 얕을 때는 사면 내 파괴가 일어난다.
② 사면의 경사각 $\beta > 53°$이면 사면 내 파괴만 일어난다.
③ 지반이 중간 상태일 때 사면 선단 파괴가 일어난다.
④ 심도계수≥4일 때는 경사각에 관계없이 저부 파괴가 일어난다.

〔해설〕
$\beta > 53°$이면 심도계수와 관계없이 사면 선단 파괴가 일어난다.

**정답**   01 ①   02 ④   03 ④   04 ②   05 ②

## 5. 사면에 관한 용어

| 단순 사면 모식도 | 용어 |
|---|---|
| | ① 사면 경사각($\beta$)<br>수평면과 경사면이 이루는 각 |
| | ② 심도계수<br>$$N_d = \frac{H'}{H}$$ |

- 심도계수($N_d$)가 크면 안정하다.
- $H'$ : 사면 어깨에서 지반(암반)까지의 깊이
- $H$ : 사면의 높이(사면고)

## 6. 사면파괴의 원인

| 사면파괴의 원인 | 상류 측 (댐) 사면이<br>가장 위험할 때 | 하류 측 사면이<br>가장 위험할 때 |
|---|---|---|
| ① 과잉간극수압의 상승<br>② 자중의 증가<br>③ 강도 저하<br>④ 흙속의 수분 증가 | ① 시공 직후<br>② 만수된 수위가 급강하 시 | ① 만수위일 때<br>② 체제 내의 흐름이 정상<br>침투 시 |

- 수위가 급강하하면 공극 수압의 변화로 상류 측 사면이 붕괴되기 쉽다.

## 7. 임계원

| 임계원 모식도 | 임계원 및 임계 활동면 |
|---|---|
| | ① 임계원은 안전율이 최소인 활동원이다.<br>② 임계활동면은 안전율이 최소인 활동면으로 가장 불안전한 활동면을 말한다. |

- 사면의 안정계산에서 안전율이 최소인 원을 임계원(임계활동면)이라 한다.

## 8. 사면의 해석법

| 전응력 해석법 | 유효응력 해석법 |
|---|---|
| ① $\sigma = \sigma'$<br>② 간극수압은 고려하지 않는다.<br>(비배수 강도시험으로 얻은 강도정수 $c, \phi$로 해석하는 방법)<br>③ 단기안정 해석 | ① $\sigma' = \sigma - u$<br>② 간극수압을 고려하여 안정해석(유효응력으로 얻은 강도정수와 간극수압을 사용하여 해석)<br>③ 장기안정 해석 |

- **전응력 해석법**
간극수압의 영향이 강도 정수에 반영이 되어서 간극수압을 고려하지 않는다.

218 | 토질 및 기초

# 예 / 상 / 문 / 제

**01** 다음 중 사면의 안정 해석과 관계가 없는 것은?

① 안전율       ② 안정계수
③ 압축계수     ④ 심도계수

 **해설**

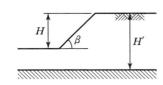

- 심도계수$(N_d) = \dfrac{H'}{H}$
- 압축계수$(a_v)$는 압밀하중의 증가량에 대한 간극비의 감소율로 표기

**02** 그림과 같은 사면을 이루고 있는 흙에서 점착력$(c) = 20 \mathrm{kN/m^2}$, 단위중량$(\gamma) = 17 \mathrm{kN/m^3}$일 때 심도계수$(n_d)$와 사면의 한계 높이$(H_c)$는?(단, 안정 계수$(N_s) = 6.2$이다.)

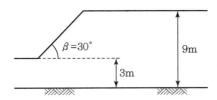

① $n_d = 1.5$, $H_c = 7.29\mathrm{m}$   ② $n_d = 1.33$, $H_c = 7.29\mathrm{m}$
③ $n_d = 1.5$, $H_c = 5.27\mathrm{m}$   ④ $n_d = 3$, $H_c = 5.27\mathrm{m}$

**해설**

- 심도계수$(N_d) = \dfrac{H'}{H} = \dfrac{9}{9-3} = 1.5$
- 한계 높이$(H_c) = \dfrac{N_s \cdot c}{\gamma} = \dfrac{6.2 \times 20}{17} = 7.29\mathrm{m}$

**03** 다음 중 댐의 사면이 가장 불안정한 경우는 어느 때인가?

① 사면의 수위가 천천히 하강할 때
② 사면이 포화상태에 있을 때
③ 사면의 수위가 급격히 하강할 때
④ 사면이 습윤상태에 있을 때

**해설**

상류 측 댐 사면이 가장 위험할 때
• 시공 직후     • 수위 급강하 시

**04** 일반적으로 흙 댐의 사면 안정 검토 시 가장 위험한 경우는 다음 중 어느 것인가?

① 사면이 완전 포화상태일 경우
② 사면이 완전 건조되었을 경우
③ 사면의 수위가 급격히 상승할 경우
④ 사면의 수위가 급격히 내려갈 경우

**해설**

| 상류 측 (댐) 사면이 가장 위험할 때 | 하류 측 사면이 가장 위험할 때 |
|---|---|
| ① 시공 직후 ② 만수된 수위가 급강하 시 | ① 만수위일 때 ② 체제 내의 흐름이 정상 침투 시 |

**05** 일반적으로 댐 사면이 가장 위험한 때는 언제인가?

① 사면이 완전히 건조되었을 때
② 사면이 완전히 포화되었을 때
③ 수위가 점차로 상승하고 있을 때
④ 수위가 급강하하였을 때

**해설**

수위가 급강하할 때에 공극 수압의 변화로 사면이 가장 붕괴되기 쉽다.

**06** 사면파괴가 일어날 수 있는 원인에 대한 설명 중 적절하지 못한 것은?

① 흙 중의 수분 증가
② 굴착에 따른 구속력의 감소
③ 과잉 간극수압의 감소
④ 지진에 의한 수평방향력의 증가

**해설**

사면파괴 원인
간극수압의 상승, 자중의 증가, 강도 저하

# 02 유한사면의 안전율(평면 파괴면)

GUIDE

## 1. 활동에 대한 안전율

| 평면활동에 대한 안전율 | 원호활동에 대한 안전율 |
|---|---|
| $F_s = \dfrac{\sum P_r}{\sum P_o}$ | $F_s = \dfrac{\sum M_r}{\sum M_d}$ |
| $\sum P_r$ : 활동에 저항하는 저항력의 합 | $\sum M_r$ : 활동에 저항하는 저항모멘트의 합 |
| $\sum P_o$ : 활동을 일으키려는 작용력의 합 | $\sum M_d$ : 활동을 일으키는 작용모멘트의 합 |

## 2. 평면 파괴면을 갖는 사면의 안정해석

| 유한사면의 해석 | 유한사면의 한계고 계산 |
|---|---|
| $\tau_f = c + \sigma \tan \phi$ | $H_c = \dfrac{4c}{\gamma_t} \left[ \dfrac{\sin\beta \cdot \cos\phi}{1 - \cos(\beta - \phi)} \right]$ |

| 직립사면의 한계고($H_c$, $\beta = 90°$) 계산 |
|---|
| $H_c = 2 Z_c = 2 \times \dfrac{2c}{\gamma_t} \tan\left(45° + \dfrac{\phi}{2}\right) = \dfrac{4c}{\gamma_t} \tan\left(45° + \dfrac{\phi}{2}\right) = \dfrac{2q_u}{\gamma_t}$ |

| 안정도표에 의한 한계고($H_c$) 계산 |
|---|
| $H_c = \dfrac{N_s c}{\gamma_t}$ , $N_s$ : 안정계수($\dfrac{1}{안전수}$), $N_s > 1$ |

## 3. 직각사면의 안전율

| 인장균열을 고려하지 않는 경우 | 인장균열을 고려하는 경우 |
|---|---|
| $F_s = \dfrac{H_c}{H}$ | $F_s = \dfrac{H_c'}{H}$ |
| ① $H_c$ : 한계고 | ① $H_c'$ : 인장응력을 고려한 한계고($\dfrac{2}{3} H_c$) |
| ② $H$ : 사면 높이(사면고) | ② $H$ : 사면 높이(사면고) |

**• 안전율**

① 안전율이 크다는 것은 안전율이 작은 상태보다는 더 안전하다는 의미

② 안전율의 크기만큼 파괴가능성이 적다는 의미는 아니다.

③ 안전율이 1보다 크면 안정

**• 한계고($H_c$) 정의**

지반을 흙막이 없이 붕괴가 일어나지 않게 굴착할 수 있는 깊이

**• $Z_c$(점착고, 인장균열 깊이)**

$\dfrac{2c}{\gamma_t} \tan\left(45° + \dfrac{\phi}{2}\right)$

**•** $q_u = 2c \tan\left(45° + \dfrac{\phi}{2}\right)$

**•** $c = \dfrac{q_u}{2}$

**• 안정도표에 의한 방법**

안정수 도표에서 경사각($\beta$)과 내부마찰력($\phi$)을 이용하여 $N_s$(안정계수)를 구한 뒤 한계고를 구하는 방법

**• 사면의 안정해석에 필요한 사항**

① 심도계수

② 한계고

③ 안전율

**•** $10 t/m^2 = 1 kg/cm^2 = 0.1 MPa$

**•** $10 kN/m^2 = 0.1 N/cm^2$

**01** 점착력 $10kN/m^2$, 내부마찰각 $30°$, 흙의 단위중량이 $19kN/m^3$인 현장의 지반에서 흙막이벽체 없이 연직으로 굴착 가능한 깊이는?

① 1.82m  ② 2.11m  ③ 2.84m  ④ 3.65m

> **해설**
>
> 연직으로 굴착 가능한 깊이(한계고)
>
> $$H_c = \frac{4c}{\gamma_t}\tan\left(45° + \frac{\phi}{2}\right)$$
>
> • $c : 10kN/m^2$
> • $\phi : 30°$
>
> $$\therefore\ H_c = \frac{4c}{\gamma_t}\tan\left(45° + \frac{\phi}{2}\right) = \frac{4 \times 10}{19}\tan\left(45° + \frac{30°}{2}\right) = 3.65m$$

**02** 어떤 지반에 대한 토질시험 결과 점착력 $c = 5N/cm^2$, 흙의 단위중량 $\gamma = 20kN/m^3$이었다. 그 지반에 연직으로 7m를 굴착했다면 안전율은 얼마인가?(단, $\phi = 0$이다.)

① 1.43  ② 1.51  ③ 2.11  ④ 2.61

> **해설**
>
> 안전율$(F_s) = \dfrac{H_c}{H}$
>
> • 한계고$(H_c) = \dfrac{4c}{\gamma_t}\tan\left(45° + \dfrac{\phi}{2}\right) = \dfrac{4 \times 50}{20}\tan\left(45° + \dfrac{0°}{2}\right) = 10m$
> • $H = 7m$
>
> $\therefore$ 연직사면의 안전율$(F_s) = \dfrac{H_c}{H} = \dfrac{10}{7} = 1.43$

**03** 어떤 점토를 연직으로 4m 굴착하였다. 이 점토의 일축압축강도가 $48kN/m^2$이고, 단위중량이 $16kN/m^3$일 때 굴착고에 대한 안전율은 얼마인가?(단, $\phi = 0$)

① 1.2  ② 1.5  ③ 2.0  ④ 3.0

> **해설**
>
> 안전율$(F_s) = \dfrac{H_c}{H}$
>
> • 한계고$(H_c) = \dfrac{4c}{\gamma_t}\tan\left(45° + \dfrac{\phi}{2}\right) = \dfrac{4 \times 24}{16}\tan\left(45° + \dfrac{0°}{2}\right) = 6m$

> $\left(c = \dfrac{q_u}{2} = \dfrac{48}{2} = 24kN/m^2\right)$
>
> • $H = 4m$
>
> $\therefore$ 연직사면의 안전율$(F_s) = \dfrac{H_c}{H} = \dfrac{6}{4} = 1.5$

**04** 습윤단위무게$(\gamma_t)$는 $1.8t/m^3$, 점착력$(c)$은 $0.2kg/cm^2$, 내부마찰각$(\phi)$은 $25°$인 지반을 연직으로 3m 굴착하였다. 이 지반의 붕괴에 대한 안전율은 얼마인가?(단, 안정계수 $N_s = 6.3$이다.)

① 2.33  ② 2.0  ③ 1.0  ④ 0.45

> **해설**
>
> 직립사면 안전율$(F_s) = \dfrac{H_c}{H}$
>
> • 한계고$(H_c) = \dfrac{4c}{\gamma_t}\tan\left(45° + \dfrac{\phi}{2}\right) = \dfrac{4 \times 2}{1.8}\tan\left(45° + \dfrac{25°}{2}\right) = 6.99$
> • $H = 3m$
>
> $\therefore$ 연직사면의 안전율$(F_s) = \dfrac{H_c}{H} = \dfrac{6.99}{3} = 2.33$
>
> [별해] $F_s = \dfrac{H_c}{H} = \dfrac{N_s \times \dfrac{c}{\gamma_t}}{H} = \dfrac{6.3 \times \dfrac{2}{1.8}}{3} = 2.33$
>
> $\quad (c = 0.2kg/cm^2 = 2t/m^2)$

**05** 다음 그림과 같은 포화점토사면의 파괴에 대한 안전율은?(단, 점토의 포화단위중량 $20kN/m^3$, 흙의 전단강도계수 $c_u = 65kN/m^2$, $\phi_u = 0$, 안전수 $m = 0.18$이다.)

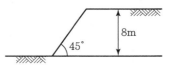

① 2.678  ② 3.175
③ 2.257  ④ 2.124

> **해설**
>
> 한계고$(H_c) = \dfrac{N_s \cdot c}{\gamma} = \dfrac{\dfrac{1}{0.18} \times 65}{20} = 18.06$
>
> 안전율$(F_s) = \dfrac{H_c}{H} = \dfrac{18.06}{8} = 2.257$

# 03 유한사면의 안정해석(원호파괴면)

GUIDE

## 1. 원호파괴면을 갖는 사면의 안정 해석법

| 질량법 | 절편법 |
|---|---|
| ① 사면이 동일 토층일 때 | ① 사면이 이질토층일 때 |
| ② 지하수위가 없을 때(간극수압 무시) | ② 지하수위가 있을 때(간극수압 고려) |
| ③ $\phi = 0$의 사면안정 해석(점토지반) | ③ 흙의 강도가 동일하지 않은 경우 사용 |
| ④ 마찰원법 | ④ 분할법 |

· **사면의 안정해석**
  ① 질량법(마찰원법, 일체법)
  ② 절편법(분할법)
    1) Fellenius법
    2) Bishop법
    3) Spencer법

· 절편법에서는 먼저 임의의 활동면을 가정하고 절편 경계면은 마찰, 전단면으로 가정한다.

· 사면안정해석은 가상파괴곡선을 원호로 가정한다.

## 2. 질량법($\phi = 0$)의 사면안정 해석

| 질량법($\phi = 0$) 해석 |
|---|

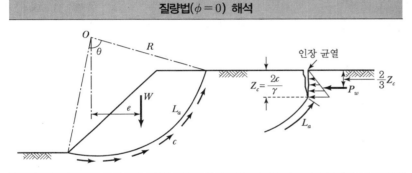

| 질량법 해석 | ① 포화점토의 비배수상태(급속재하)에서의 시공 직후 안정해석법<br>② 전응력 해석방법(간극수압 무시) |
|---|---|
| 전단강도 | $S(\tau_f) = c + \sigma' \tan\phi = c$ |
| 원호의 길이 | $L_a = \dfrac{\theta \cdot 2\pi \cdot R}{360°} \quad \left( \dfrac{\theta}{360°} = \dfrac{L_a}{2\pi R} \right)$ |
| 토체의 중량 | $W(\mathrm{t/m}) = $ 체적$\times$밀도(단위중량)$= (A \times l) \times \gamma$ |
| 안전율 | $F_s = \dfrac{\text{저항 모멘트의 합}}{\text{작용 모멘트의 합}} = \dfrac{\sum M_r}{\sum M_d} = \dfrac{SRL_a}{We}$<br><br>$\quad = \dfrac{(c + \sigma' \tan\phi)RL_a}{We} = \dfrac{cRL_a}{We} = \dfrac{cRL_a}{A\gamma e}$ |

## 예 / 상 / 문 / 제

**01** 활동면 위의 흙을 몇 개의 연직 평행한 절편으로 나누어 사면의 안정을 해석하는 방법이 아닌 것은?

① Fellenius 방법
② 마찰원법
③ Spencer 방법
④ Bishop의 간편법

 **해설**

**사면의 안정해석**
• 질량법(마찰원법)
• 절편법(분할법) : Fellenius법, Bishop법, Spencer법

**02** 절편법에 대한 설명으로 틀린 것은?

① 흙이 균질하지 않고 간극수압을 고려할 경우 절편법이 적합하다.
② 안전율은 전체 활동면상에서 일정하다.
③ 사면의 안정을 고려할 경우 활동파괴면을 원형이나 평면으로 가정한다.
④ 절편경계면은 활동파괴면으로 가정한다.

 **해설**

절편경계면은 마찰, 전단면으로 가정한다.

**03** 흙의 포화단위중량이 20kN/m³인 포화점토층을 45° 경사로 8m를 굴착하였다. 흙의 강도계수 $c_u = 65$kN/m², $\phi_u = 0°$이다. 그림과 같은 파괴면에 대하여 사면의 안전율은?(단, ABCD의 면적은 70m²이고, $O$점에서 ABCD의 무게 중심까지의 수평거리는 4.5m이다.)

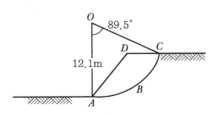

① 4.72
② 2.67
③ 4.21
④ 2.36

**해설**

**원호 활동면 안전율**

$$F_s = \frac{저항 M}{작용 M} = \frac{c \cdot L_a \cdot R}{W \cdot e} = \frac{c \cdot L_a \cdot R}{A \cdot \gamma \cdot e}$$

$$= \frac{65 \times 12.1 \times \left(2 \times \pi \times 12.1 \times \dfrac{89.5°}{360°}\right)}{70 \times 20 \times 4.5}$$

$$= 2.36$$

**04** 그림에서 활동에 대한 안전율은?

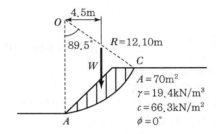

① 1.30
② 2.05
③ 2.15
④ 2.48

**해설**

• 호의 길이 : ABC의 길이 $L_a$

$$360° : 2\pi R = 89.5° : L_a$$

$$\therefore L_a = \frac{\pi \times (2 \times 12.10) \times 89.5°}{360°} = 18.90\text{m}$$

• $$F_s = \frac{저항 M}{작용 M} = \frac{c \cdot L_a \cdot R}{W \cdot e}$$

$$= \frac{66.3 \times 18.90 \times 12.10}{1,358 \times 4.5}$$

$$= 2.48$$

( $W = A \times l \times \gamma = 70 \times 1 \times 19.4 = 1,358$ kN/m)

## 3. 절편법(분할법)

### 절편법 모식도

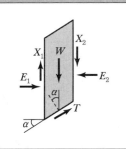

### 절편법(분할법) 개요

① 활동을 일으키는 파괴면 위의 흙을 여러 개의 절편으로 나누어 해석하는 방법
② 지층이 여러 개의 층(이질토 층) 및 지하수위가 있는 경우에 적용 가능한 방법
   (흙이 균질하지 않고 간극수압을 고려할 경우)
③ 안전율은 전체 활동면 상에서 일정
④ 사면의 안전을 고려할 경우 활동파괴면을 평면으로 가정
⑤ 절편경계면은 마찰, 절단면으로 가정

| Fellenius 방법의 기본 가정 | Bishop 간편법의 기본 가정 |
|---|---|
| 절편의 양쪽에 작용하는 힘(수평, 연직)들의 합력은 0이다.<br>• $X_1 - X_2 = 0$<br>• $E_1 - E_2 = 0$ | 절편의 양쪽에 작용하는 연직방향의 합력은 0<br>• $X_1 - X_2 = 0$ |
| **Fellenius 방법의 특징** | **Bishop 간편법의 특징** |
| ① 전응력 해석법(간극수압 고려하지 않음)<br>② 사면의 단기 안정문제 해석<br>③ 계산은 간단<br>④ 포화 점토 지반의 비배수 강도만 고려<br>⑤ $\phi = 0$ 해석법<br>⑥ 절편의 양 쪽에(수평, 연직) 작용하는 힘들의 합은 0이라고 가정 | ① 유효응력 해석법(간극수압 고려)<br>② 사면의 장기 안정문제 해석<br>③ 계산이 복잡하여 전산기 이용(많이 적용)<br>④ $c-\phi$ 해석법<br>⑤ 절편에 작용하는 연직방향의 힘의 합력은 0이다. |

**GUIDE**

• **절편법(분할법)에 의한 사면안정 해석 시 제일 먼저 결정할 사항**
  ① 가상 파괴활동면의 가정
  ② 여러 개의 가상 활동면으로부터 분할하여 해석

• **질량법(마찰원법, $\phi = 0$)**
  사면이 동일 토층일 때 적용

• Bishop 간편법은 안전율을 시행착오법으로 구한다.

**01** 절편법에 의한 사면의 안정해석이 가장 먼저 결정되어야 할 사항은?

① 가상활동면

② 절편의 중량

③ 활동면상의 점착력

④ 활동면상의 내부마찰각

[해설]

사면 안정해석 시 가장 먼저 고려해야 할 사항은 가상활동면의 결정

**02** 사면안정계산에 있어서 Fellenius법과 간편 Bishop법의 비교 설명 중 틀린 것은?

① Fellenius법은 간편 Bishop법보다 계산은 복잡하다.

② 간편 Bishop법은 절편의 양쪽에 작용하는 연직방향의 합력은 0(zero)이라고 가정한다.

③ Fellenius법은 절편의 양쪽에 작용하는 합력은 0(zero)이라고 가정한다.

④ 간편 Bishop법은 안전율을 시행착오법으로 구한다.

[해설]

Fellenius 방법은 Bishop 방법보다 계산이 간단하며 안전율을 과소평가하는 경향이 있다.

**03** 사면 안정해석법에 대한 설명으로 틀린 것은?

① 해석법은 크게 마찰원법과 분할법으로 나눌 수 있다.

② Fellenius 방법은 주로 단기안정해석에 이용된다.

③ Bishop 방법은 주로 장기안정해석에 이용된다.

④ Bishop 방법은 절편의 양측에 작용하는 수평방향의 합력이 0이라고 가정하여 해석한다.

[해설]

Bishop 방법은 절편의 양측에 작용하는 연직방향의 합력이 0이라고 가정하여 해석한다.

**04** 사면안정계산에 있어서 Fellenius법과 간편 Bishop법의 비교 설명 중 틀리는 것은?

① Fellenius법은 절편의 양쪽에 작용하는 합력은 0(zero)이라고 가정한다.

② 간편 Bishop법은 절편의 양쪽에 작용하는 연직방향의 합력은 0(zero)이라고 가정한다.

③ Fellenius법은 간편 Bishop법보다 계산은 복잡하지만 계산 결과는 더 안전 측이다.

④ 간편 Bishop법은 안전율을 시행착오법으로 구한다.

[해설]

Bishop의 간편법

Fellenius 방법보다 계산이 훨씬 복잡하나 전산기 이용으로 근래 많이 적용하고 있다.

**05** 다음은 사면의 안정해석 방법을 설명하고 있다. 틀린 것은?

① 마찰원법은 균일한 토질 지반에 적용된다.

② Fellenius 방법은 절편의 양측에 작용하는 힘의 합력은 0이라고 가정한다.

③ Bishop 방법은 흙의 장기 안정해석에 유효하게 쓰인다.

④ Fellenius 방법은 공극 수압을 고려한 $\phi = 0$ 해석법이다.

[해설]

• Fellenius 방법($\phi = 0$ 해석법) : 전응력 해석법으로 공극 수압을 고려하지 않는다.

• Bishop 방법($c - \phi$ 해석법) : 유효응력 해석법으로 공극 수압을 고려한다.

정답   **01** ①   **02** ①   **03** ④   **04** ③   **05** ④

## 04 무한사면의 안정해석

### 1. 파괴면 아래에 지하수위가 있는 경우

| 지하수위가 파괴면 아래에 있는 경우(침투류가 없는 경우) |
| :---: |

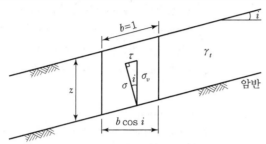

- $\sigma_v = \gamma_t z \cos i$
- $\sigma = \sigma_v \cos i$

| 수직응력 | 사면의 경사가 $i$인 지표면에 평행한 단위폭에 작용하는 수직응력 $\sigma = \gamma_t z \cos^2 i$ |
| :---: | :--- |
| 간극수압 (중립응력) | $u = \gamma_w z \cos^2 i = 0$ |
| 전단응력 | 사면의 경사가 $i$인 지표면에 평행한 단위폭에 작용하는 전단응력 $\tau = \gamma_t z \sin i \cos i$ |
| 전단강도 | $S(\tau_f) = c + \sigma' \tan\phi$ |
| 점성토 지반 안전율 ($c \neq 0$) | $F_s = \dfrac{S}{\tau} = \dfrac{전단강도}{전단응력}$ <br><br> $F_s = \dfrac{c + \sigma \tan\phi}{\gamma_t z \sin i \cos i} = \dfrac{c + \gamma_t z \cos^2 i \tan\phi}{\gamma_t z \sin i \cos i}$ <br><br> $F_s = \dfrac{c}{\gamma_t z \sin i \cos i} + \dfrac{\gamma_t z \cos^2 i \tan\phi}{\gamma_t z \sin i \cos i}$ <br><br> $\therefore F_s = \dfrac{c}{\gamma_t z \sin i \cos i} + \dfrac{\tan\phi}{\tan i}$ |
| 사질토 지반 안전율 ($c = 0$) | $F_s = \dfrac{S}{\tau} = \dfrac{전단강도}{전단응력}$ <br><br> $F_s = \dfrac{c}{\gamma_t z \sin i \cos i} + \dfrac{\tan\phi}{\tan i}$ <br><br> $c = 0$이면 <br><br> $\therefore F_s = \dfrac{\tan\phi}{\tan i}$ |
| 사면이 안정되기 위한 조건 | $F_s = \dfrac{S}{\tau} \geq 1$ |

- $i$ : 사면 경사각
- $z$ : 지표면으로부터 활동면까지의 연직깊이
- $\sigma'$ : 활동면에 수직으로 작용하는 유효응력

- 사면의 안전율은 사면의 높이와 관계가 없다. 내부마찰각($\phi$)이 사면의 경사각($\beta$)보다 크면 안정

**01** 그림과 같은 사면에서 깊이 6m 위치에서 발생하는 단위폭당 전단응력은 얼마인가?

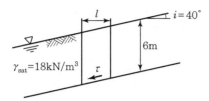

① 53.2kN/m²
② 23.4kN/m²
③ 40.5kN/m²
④ 20.4kN/m²

 해설

무한사면에서 전단응력
$\tau = \gamma_{sat} z \sin i \cos i = 1.8 \times 6 \times \sin40° \times \cos40° = 5.32 t/m^2$

**02** 경사가 12°인 과압밀 점토의 무한사면이 있다. 활동 파괴면은 지표면에서 5m 아래에 지표면과 평행하다. 활동 파괴에 대한 안전율은?(단, 지하수위는 지표면에서 2m 아래에 있다. 이때 점토의 습윤 및 포화단위중량은 각각 19kN/m³, 20kN/m³이고 흙의 전단강도계수 $c' = 10kN/m^2$, $\phi' = 28°$, $\gamma_w = 10kN/m^3$ 이다.)

① 1.438  ② 2.238  ③ 1.174  ④ 2.498

해설

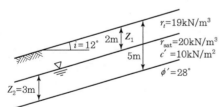

• 수직응력$(\sigma) = (\gamma_1 Z_1 + \gamma_{sat} Z_2)\cos^2 i$
$= (19\times2 + 20\times3)\cos^2 12° = 93.76kN/m^2$
• 전단응력$(\tau) = (\gamma_1 Z_1 + \gamma_{sat} Z_2)\cos i \sin i$
$= (19\times2 + 20\times3)\cos 12° \sin 12° = 19.93kN/m^2$
• 간극수압$(u) = \gamma_w Z_2 \cos^2 i = 10\times3\cos^2 12° = 28.70kN/m^2$
• 안전율$(F_s) = \dfrac{S}{\tau} = \dfrac{c' + (\sigma - u)\tan\phi'}{\tau}$
$= \dfrac{10 + (93.76 - 28.70)\tan 28°}{19.93}$
$= 2.238$

**03** 지하수위가 지표면과 일치되어 내부마찰각이 30°, 포화밀도가 20kN/m³인 비점성토로 된 반무한 사면이 15°로 경사져 있다. 이때 사면의 안전율은? (단, EKS, $\gamma_w = 10kN/m^3$ 이다.)

① 1.00
② 1.08
③ 2.00
④ 2.15

해설

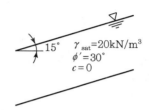

침투류가 지표면과 일치하는 경우(비점성토 $c = 0$)
$F_s = \dfrac{\gamma_{sub}}{\gamma_{sat}} \cdot \dfrac{\tan\phi}{\tan i} = \dfrac{20-10}{20}\times\dfrac{\tan30°}{\tan15°} = 1.08$

**04** 그림과 같이 지하수위가 지표와 일치되는 반무한 사질토 사면이 놓여 있다. 이때의 안전율은 얼마인가?(단, $\gamma_w = 10kN/m^3$ 이다.)

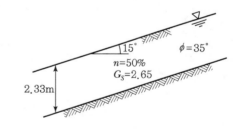

① 1.18
② 2.33
③ 1.31
④ 2.61

해설

지하수가 지표면과 일치(= 지표면까지 포화)
$F_s = \dfrac{\gamma_{sub}}{\gamma_{sat}} \cdot \dfrac{\tan\phi}{\tan i}$
• 간극비$(e) = \dfrac{n}{1-n} = \dfrac{0.50}{1-0.50} = 1$
• $\gamma_{sat} = \dfrac{G_s + e}{1+e}\gamma_w = \dfrac{2.65+1}{1+1}\times10 = 18.25kN/m^3$
• $\gamma_{sub} = \gamma_{sat} - \gamma_w = 18.25 - 10 = 8.25kN/m^3$
∴ $F_s = \dfrac{8.25}{18.25}\times\dfrac{\tan35°}{\tan15°} = 1.18$

## 2. 지표면과 지하수위가 일치하는 경우(침투류가 있는 경우)

<table>
<tr>
<td colspan="2" align="center">지하수위와 지표면이 일치하는 경우(침투류가 있는 경우)</td>
</tr>
<tr>
<td colspan="2">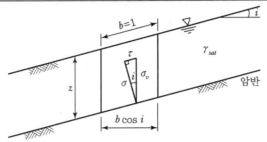</td>
</tr>
<tr>
<td>수직응력</td>
<td>사면의 경사가 $i$인 지표면에 평행한 단위폭에 작용하는 수직응력<br>$\sigma = \gamma_{sat}\, z\cos^2 i$</td>
</tr>
<tr>
<td>간극수압<br>(중립응력)</td>
<td>$u = \gamma_w\, z\cos^2 i$</td>
</tr>
<tr>
<td>전단응력</td>
<td>사면의 경사가 $i$인 지표면에 평행한 단위폭에 작용하는 전단응력<br>$\tau = \gamma_{sat}\, z\sin i\cos i$</td>
</tr>
<tr>
<td>전단강도</td>
<td>$S(\tau_f) = c + \sigma'\tan\phi$</td>
</tr>
<tr>
<td>점성토<br>지반에서<br>안전율<br>($c \neq 0$)</td>
<td>$F_s = \dfrac{S}{\tau} = \dfrac{\text{전단강도}}{\text{전단응력}}$<br><br>$F_s = \dfrac{c + \sigma'\tan\phi}{\gamma_{sat}\, z\sin i\cos i} = \dfrac{c + \gamma_{sub} z\cos^2 i\,\tan\phi}{\gamma_{sat}\, z\sin i\cos i}$<br><br>$F_s = \dfrac{c}{\gamma_{sat} z\sin i\cos i} + \dfrac{\gamma_{sat}\, z\cos^2 i\,\tan\phi}{\gamma_{sat}\, z\sin i\cos i}$<br><br>$\therefore\ F_s = \dfrac{c}{\gamma_{sat} z\sin i\cos i} + \dfrac{\gamma_{sub}\,\tan\phi}{\gamma_{sat}\,\tan i}$</td>
</tr>
<tr>
<td>사질토<br>지반에서<br>안전율<br>($c = 0$)</td>
<td>$F_s = \dfrac{S}{\tau} = \dfrac{\text{전단강도}}{\text{전단응력}}$<br><br>$F_s = \dfrac{c}{\gamma_{sat} z\sin i\cos i} + \dfrac{\gamma_{sub}\,\tan\phi}{\gamma_{sat}\,\tan i}$<br><br>$c = 0$ 이면<br><br>$\therefore\ F_s = \dfrac{\gamma_{sub}\,\tan\phi}{\gamma_{sat}\,\tan i} \fallingdotseq \dfrac{1}{2}\cdot\dfrac{\tan\phi}{\tan i}$</td>
</tr>
<tr>
<td>사면이<br>안정되기<br>위한 조건</td>
<td>$F_s = \dfrac{S}{\tau} \geq 1$</td>
</tr>
</table>

GUIDE

- $i$ : 사면 경사각
- $z$ : 지표면으로부터 활동면까지의 연직깊이
- $\sigma'$ : 활동면에 수직으로 작용하는 유효응력

$$\begin{aligned}\sigma' &= \sigma - u \\ &= \gamma_{sat}\, z\cos^2 i - \gamma_w\, z\cos^2 i \\ &= (\gamma_{sat} - \gamma_w)\, z\cos^2 i \\ &= \gamma_{sub} z\cos^2 i\end{aligned}$$

- $\gamma_{sat} = \dfrac{G_s + e}{1 + e}\gamma_w$
- $\gamma_{sub} = \dfrac{G_s - 1}{1 + e}\gamma_w$
- $\gamma_{sub} = \gamma_{sat} - \gamma_w$

- **파괴면 아래 지하수위가 있는 경우 무한사면 안전율**
  ① 점성토
  $$F_s = \dfrac{c}{\gamma_{sub} z\sin i\cos i} + \dfrac{\tan\phi}{\tan i}$$
  ② 사질토
  $$F_s = \dfrac{\tan\phi}{\tan i}$$

- **비점성토(사질토)**
  $c = 0$

**01** 암반층 위에 5m 두께의 토층이 경사 15°의 자연사면으로 되어 있다. 이 토층은 $c = 15kN/m^2$, $\phi = 30°$, $\gamma_{sat} = 18kN/m^3$이고, 지하수면은 토층의 지표면과 일치하고 침투는 경사면과 대략 평행이다. 이때의 안전율은?(물의 단위중량은 $9.81kN/m^3$)

① 0.85　　② 1.15　　③ 1.65　　④ 2.05

**해설**

반무한 사면의 안전율(점착력 $c \neq 0$이고, 지하수위가 지표면과 일치하는 경우)

$$F_s = \frac{c}{\gamma_{sat} \cdot z \cdot \sin i \cdot \cos i} + \frac{\gamma_{sub}}{\gamma_{sat}} \cdot \frac{\tan\phi}{\tan i}$$
$$= \frac{15}{18 \times 5 \times \sin 15° \times \cos 15°} + \frac{18 - 9.81}{18} \times \frac{\tan 30°}{\tan 15°} = 1.65$$

**02** 지하수위가 지표면과 일치되고 내부마찰각이 30°, 포화단위중량($\gamma_{sat}$)이 $20kN/m^3$이며 점착력이 0인 사질토로 된 반무한사면이 15°로 경사져 있다. 이때 이 사면의 안전율은?(단, $\gamma_w = 10kN/m^3$이다.)

① 1.00　　② 1.08　　③ 2.00　　④ 2.15

**해설**

반무한 사면의 안전율(지하수위가 지표면과 일치, $c = 0$)

$$F_s = \frac{\gamma_{sub}}{\gamma_{sat}} \times \frac{\tan\phi}{\tan i} = \frac{20 - 10}{20} \times \frac{\tan 30°}{\tan 15°} = 1.08$$

**03** 그림과 같이 $c = 0$인 모래로 이루어진 무한사면이 안정을 유지(안전율 ≥ 1)하기 위한 경사각($\beta$)의 크기로 옳은 것은?(단, $\gamma_w = 10kN/m^3$이다.)

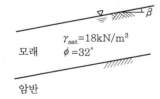

$\gamma_{sat} = 18kN/m^3$
모래　$\phi = 32°$
암반

① $\beta \leq 7.8°$　　　② $\beta \leq 15.5°$
③ $\beta \leq 31.3°$　　　④ $\beta \leq 35.6°$

**해설**

반무한 사면의 안전율($C = 0$인 사질토, 지하수위가 지표면과 일치하는 경우)

안전율 ≥ 1이므로

$$F_s = \frac{\gamma_{sub}}{\gamma_{sat}} \times \frac{\tan\phi}{\tan\beta} = \frac{18 - 10}{18} \times \frac{\tan 32°}{\tan\beta} \geq 1$$

따라서 $\beta \leq 15.5$

**04** 그림과 같은 사면에서 깊이 6m 위치에서 발생하는 단위폭당 전단응력은 얼마인가?

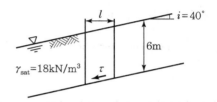

$\gamma_{sat} = 18kN/m^3$　$\tau$

① $53.2kN/m^2$　　　　② $23.4kN/m^2$
③ $40.5kN/m^2$　　　　④ $20.4kN/m^2$

**해설**

전단응력($\tau$) $= \gamma_{sat} z \cos i \sin i$
　　　　　$= 18 \times 6 \times \cos 40° \times \sin 40°$
　　　　　$= 53.2kN/m^2$

**05** $\gamma_{sat} = 20kN/m^3$인 사질토가 20°로 경사진 반무한 사면이 있다. 침투류가 지표면과 일치하는 경우 이 사면이 안정하기 위해서는 흙의 내부마찰각이 최소 몇 도 이상이어야 하는가?(단, $\gamma_w = 10kN/m^3$이다.)

① 18°　　　　　② 20°
③ 36°　　　　　④ 45°

**해설**

반무한사면에서 침투류가 지표면과 일치하는 경우(비점성토 $c = 0$)

$$F_s = \frac{\gamma_{sub}}{\gamma_{sat}} \cdot \frac{\tan\phi}{\tan i} \geq 1$$

($\because$ 사면이 안정하기 위해서는 $F_s \geq 1$ 이상)

$$1 = \frac{20 - 10}{20} \cdot \frac{\tan\phi}{\tan 20°}$$

$\therefore$ $\phi = 36°$ 이상

**01** 일축압축강도가 $3.2 \text{N/cm}^2$, 흙의 단위중량이 $16 \text{kN/m}^3$이고, $\phi=0$인 점토지반을 연직굴착할 때 한계고는 얼마인가?

① 2.3m          ② 3.2m
③ 4.0m          ④ 5.2m

해설

한계고 : 연직절취 깊이

$$H_c = \frac{4 \cdot c}{\gamma} \tan\left(45° + \frac{\phi}{2}\right)$$
$$= \frac{4 \times 16}{16} \tan\left(45° + \frac{0°}{2}\right) = 4\text{m}$$
$$\left(c = \frac{q_u}{2} = \frac{3.2}{2} = 1.6 \text{N/cm}^2 = 16 \text{kN/m}^2\right)$$

**02** 단위중량이 $16 \text{kN/m}^3$인 연약점토($\phi=0°$) 지반에서 연직으로 2m까지 보강 없이 절취할 수 있다고 한다. 이때, 이 점토지반의 점착력은?

① $4 \text{kN/m}^2$        ② $8 \text{kN/m}^2$
③ $1.4 \text{kN/m}^2$      ④ $1.8 \text{kN/m}^2$

해설

$$H_c = \frac{4 \cdot c}{\gamma} \tan\left(45° + \frac{\phi}{2}\right)\text{에서,}$$
$$2 = \frac{4 \times c}{16} \tan\left(45° + \frac{0°}{2}\right)$$
$$\therefore \text{점착력}(c) = \frac{2 \times 16}{4} = 8 \text{kN/m}^2$$

**03** 균질한 연약 점토 지반 위에 놓인 연직 사면에 잘 일어나는 파괴 형태는?

① 사면 저부 파괴      ② 사면 선단 파괴
③ 사면 내 파괴        ④ 사면 저면 파괴

해설

• 사면 선단 파괴 : 균일한 흙으로 되어 있을 때 점착성의 흙, 비교적 급한 사면(연직 사면)일 때 일어난다.
• 사면 저부 파괴 : 사면이 급하지 않고 점착력도 크고 기초 지반이 깊은 경우에 발생한다.
• 사면 내 파괴 : 기초 지반의 두께가 작고 성토층이 여러 층인 경우에 발생한다.

**04** 흙의 내부마찰각($\phi$) 20°, 점착력(c) $24 \text{kN/m}^2$, 단위중량($\gamma_t$) $19.3 \text{kN/m}^3$인 사면의 경사각이 45°일 때 임계높이는 약 얼마인가?(단, 안정수 m=0.06)

① 15m          ② 18m
③ 21m          ④ 24m

해설

$$H_c = \frac{N_s \cdot c}{\gamma} = \frac{16.67 \times 24}{19.3} = 20.7\text{m}$$
$$\left(N_s = \frac{1}{m} = \frac{1}{0.06} = 16.67\right)$$

**05** 점착력 $4 \text{N/cm}^2$, 내부마찰각 35°, 습윤단위무게 $21 \text{kN/m}^3$이다. 이 지반을 연직으로 7m 굴착하였을 때 연직사면의 안전율은?

① 1.5          ② 2.1
③ 2.5          ④ 3.0

해설

• 한계고 : 연직절취 깊이
$$H_c = \frac{4 \cdot c}{\gamma} \tan\left(45° + \frac{\phi}{2}\right)$$
$$= \frac{4 \times 40}{21} \tan\left(45° + \frac{35°}{2}\right) = 14.6\text{m}$$
$$(c = 4 \text{N/cm}^2 = 40 \text{kN/m}^2)$$
• 연직사면의 안전율
$$F = \frac{H_c}{H} = \frac{14.6}{7} = 2.1$$

**06** 어떤 점토를 연직으로 4m 굴착하였다. 이 점토의 일축압축강도가 $48 \text{kN/m}^2$이고, 단위중량이 $16 \text{kN/m}^3$일 때 굴착고에 대한 안전율은 얼마인가?

① 1.2          ② 1.5
③ 2.0          ④ 3.0

해설

• 직립사면의 안전율
$$F_s = \frac{H_c}{H} = \frac{\dfrac{4 \cdot c}{\gamma} \tan\left(45° + \dfrac{\phi}{2}\right)}{H}\text{에서,}$$

---

정답    01 ③    02 ②    03 ②    04 ③    05 ②    06 ②

- $\phi = 0$인 점토의 경우

- $F_s = \dfrac{\dfrac{4 \cdot c}{\gamma}}{H} = \dfrac{\dfrac{4 \times 24}{16}}{4} = 1.5$

$\left(c = \dfrac{q_u}{2} = \dfrac{48}{2} = 24\text{kN/m}^2\right)$

**07** 어떤 굳은 점토층을 깊이 7m까지 연직 절토하였다. 이 점토층의 일축압축강도가 $1.4\text{N/cm}^2$, 흙의 단위중량이 $20\text{kN/m}^3$라 하면 파괴에 대한 안전율은?(단, 내부마찰각은 $30°$)

① 0.5          ② 1.0
③ 1.5          ④ 2.0

**해설**

- 점착력($c$)

$q_u = 2 \cdot c \cdot \tan\left(45° + \dfrac{\phi}{2}\right)$에서

$14 = 2 \cdot c \cdot \tan\left(45° + \dfrac{30°}{2}\right)$

$\therefore\ c = 4\text{N/cm}^2 = 40\text{kN/m}^2$

- 한계고(연직절취 깊이)

$H_c = \dfrac{4 \cdot c}{\gamma}\tan\left(45° + \dfrac{\phi}{2}\right)$

$= \dfrac{4 \times 40}{20}\tan\left(45° + \dfrac{30°}{2}\right) = 13.9\text{m}$

- 연직사면의 안전율

$F_s = \dfrac{H_c}{H} = \dfrac{13.9}{7} \fallingdotseq 2.0$

**08** 점성토 지반에서 안정계수가 $N_s = 8$이고, 흙의 단위 중량이 $\gamma_t = 1.8\text{t/m}^3$, 점착력이 $c = 0.36$ $\text{kg/cm}^2$일 때, 이 사면을 유지할 수 있는 한계 높이는?

① 0.81m          ② 1.6m
③ 8.6m          ④ 16.0m

**해설**

한계고 $H_c = \dfrac{N_s \cdot c}{\gamma_t} = \dfrac{8 \times 3.6}{1.8} = 16\text{m}$

($\because\ c = 0.36\text{kg/cm}^2 = 3.6\text{t/m}^2$)

**09** $\gamma_t = 18\text{kN/m}^3$, $c_u = 30\text{kN/m}^2$, $\phi = 0$의 점토 지반을 수평면과 $50°$의 기울기로 굴착하려고 한다. 안전율을 $2.0$으로 가정하여 평면활동이론에 의한 굴토 깊이를 결정하면?

① 2.80m          ② 5.60m
③ 7.15m          ④ 9.84m

**해설**

Culmann의 방법(임계사면 높이)

$H_c = \dfrac{4 \cdot c_u}{\gamma}\left[\dfrac{\sin\beta \cdot \cos\phi}{1 - \cos(\beta - \phi)}\right]$

$= \dfrac{4 \times 30}{18}\left[\dfrac{\sin 50° \times \cos 0°}{1 - \cos(50° - 0°)}\right] = 14.297\text{m}$

$H = \dfrac{H_c}{F} = \dfrac{14.297}{2.0} = 7.15\text{m}$

**10** 암반층 위에 5m 두께의 토층이 경사 $15°$의 자연사면으로 되어 있다. 이 토층은 $c = 15\text{kN/m}^2$, $\phi = 30°$, $\gamma_{sat} = 18\text{kN/m}^3$이고, 지하수면은 토층의 지표면과 일치하고 침투는 경사면과 대략 평행이다. 이때의 안전율은?(단, $\gamma_w = 10\text{kN/m}^3$ 이다.)

① 0.8          ② 1.1
③ 1.6          ④ 2.0

**해설**

반무한 사면의 안전율
($c \neq 0$이고, 지하수위가 지표면과 일치)

$F_s = \dfrac{c}{\gamma z \cos i \sin i} + \dfrac{\gamma_{sub}}{\gamma_{sat}} \cdot \dfrac{\tan\phi}{\tan i}$

$= \dfrac{15}{18 \times 5 \times \cos 15° \times \sin 15°} + \dfrac{18 - 10}{18} \times \dfrac{\tan 30°}{\tan 15°}$

$= 1.6$

**11** 내부마찰각 $33°$인 사질토에 $25°$경사의 사면을 조성하려고 한다. 이 비탈면의 지표까지 포화되었을 때 안전율을 계산하면?(단, 사면 흙의 $\gamma_{sat} = 18\text{kN/m}^3$, $\gamma_w = 10\text{kN/m}^3$ 이다.)

① 0.62          ② 0.70
③ 1.12          ④ 1.41

**정답**    07 ④    08 ④    09 ③    10 ③    11 ①

해설

반무한 사면의 안전율
($c=0$이고, 지하수위가 지표면과 일치)

$$F_s = \frac{\gamma_{sub}}{\gamma_{sat}} \times \frac{\tan\phi}{\tan i} = \frac{18-10}{18} \times \frac{\tan 33°}{\tan 25°}$$
$$= 0.62$$

**12** $\gamma_{sat} = 20\text{kN}/\text{m}^3$인 사질토가 20°로 경사진 무한사면이 있다. 지하수위가 지표면과 일치하는 경우 이 사면의 안전율이 1 이상이 되기 위해서는 흙의 내부마찰각이 최소 몇 도 이상이어야 하는가?(단, $\gamma_w = 10\text{kN}/\text{m}^3$ 이다.)

① 18.21°　　　　② 20.52°
③ 36.06°　　　　④ 45.47°

해설

반무한 사면의 안전율
$c=0$인 사질토, 지하수위가 지표면과 일치하는 경우

$$F_s = \frac{\gamma_{sub}}{\gamma_{sat}} \cdot \frac{\tan\phi}{\tan i} = \frac{20-10}{20} \times \frac{\tan\phi}{\tan 20°} \geq 1$$
$$\therefore \phi = 36.06°$$

**13** 지하수위가 지표면과 일치되어 내부 마찰각이 30°, 포화 밀도가 20kN/m³인 비점성토로 된 반무한 사면이 15°로 경사져 있다. 이때 사면의 안전율은?(단, $\gamma_w = 10\text{kN}/\text{m}^3$ 이다.)

① 1.00　　　　② 1.08
③ 2.00　　　　④ 2.15

해설

침투류가 지표면과 일치하는 경우(비점성토 $c=0$)

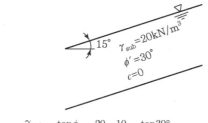

$$F_s = \frac{\gamma_{sub}}{\gamma_{sat}} \cdot \frac{\tan\phi}{\tan i} = \frac{20-10}{20} \times \frac{\tan 30°}{\tan 15°} = 1.08$$

**14** 그림과 같이 c=0인 모래로 이루어진 무한사면이 안정을 유지(안전율 ≥ 1)하기 위한 경사각 $\beta$의 크기로 옳은 것은?(단, $\gamma_w = 10\text{kN}/\text{m}^3$ 이다.)

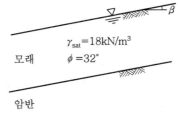

① $\beta \leq 7.8°$　　　　② $\beta \leq 15.5°$
③ $\beta \leq 31.3°$　　　　④ $\beta \leq 35.6°$

해설

반무한 사면의 안전율($c=0$인 사질토, 지하수위가 지표면과 일치하는 경우)

$$F = \frac{\gamma_{sub}}{\gamma_{sat}} \cdot \frac{\tan\phi}{\tan\beta} = \frac{1.8-1}{1.8} \times \frac{\tan 32°}{\tan\beta} \geq 1$$

여기서, 안전율 ≥ 1이므로 $\beta \leq 15.5°$

**15** 다음 중 사면의 안정해석방법이 아닌 것은?

① 마찰원법
② 비숍(Bishop)의 방법
③ 펠레니우스(Fellenius)의 방법
④ 카사그란데(Cassagrande)의 방법

해설

사면의 안정해석 방법
• 마찰원법
• 비숍(Bishop)법
• 펠레니우스(Fellenius)법

**16** 활동면 위의 흙을 몇 개의 연직 평행한 절편으로 나누어 사면의 안정을 해석하는 방법이 아닌 것은?

① Fellenius 방법
② 마찰원법
③ Spencer 방법
④ Bishop의 간편법

---

**정답**　12 ③　13 ②　14 ②　15 ④　16 ②

- 분할법(절편법) : 다층토지반, 지하수위가 있을 때
  - ㉠ Fellenius 방법
  - ㉡ Bishop 방법
  - ㉢ Spencer 방법
- 마찰원법 : 균질한 지반

## 17 사면의 안정에 관한 다음 설명 중 옳지 않은 것은?

① 임계활동면이란 안전율이 가장 크게 나타나는 활동면을 말한다.
② 안전율이 최소로 되는 활동면을 이루는 원을 임계원이라 한다.
③ 활동면에 발생하는 전단응력이 흙의 전단강도를 초과할 경우 활동이 일어난다.
④ 활동면은 일반적으로 원형활동면으로 가정한다.

해설

활동을 일으키기 가장 위험한 활동면 즉, 안전율이 최소인 활동면을 임계활동면이라 한다.

## 18 분할법에 의한 사면안정 해석 시에 제일 먼저 결정되어야 할 사항은?

① 분할세편의 중량
② 활동면상의 마찰력
③ 가상활동면
④ 각 세편의 공극수압

해설

사면안정 해석 시 가장 먼저 고려해야 할 사항은 가상활동면의 결정이다.

## 19 그림과 같은 사면에서 활동에 대한 안전율은?

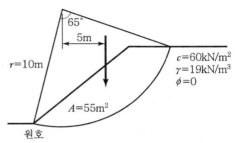

① 1.30  ② 1.50
③ 1.70  ④ 1.90

해설

$$F_s = \frac{\text{저항 } M}{\text{활동 } M} = \frac{c \cdot R \cdot L}{W \cdot e}$$
$$(W = A \times l \times \gamma = 55 \times 1 \times 19 = 1,045\text{kN/m})$$
$$= \frac{60 \times 10 \times \left(2 \times \pi \times 10 \times \frac{65°}{360°}\right)}{1,045 \times 5} = 1.30$$

## 20 그림에서 활동에 대한 안전율은?

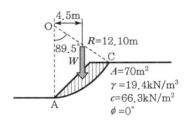

① 1.30  ② 2.05
③ 2.15  ④ 2.48

해설

- 호의 길이 : ABC의 길이 $L_a$
  $$360° : \pi D = 89.5° : L_a$$
  $$\therefore L_a = \frac{\pi \times (2 \times 12.10) \times 89.5°}{360°} = 18.90\text{m}$$
- $$F = \frac{\sum M_r}{\sum M_o} = \frac{c \cdot L_a \cdot R}{W \cdot e}$$
  $$= \frac{66.3 \times 18.90 \times 12.10}{1,358 \times 4.5} = 2.48$$
  $$(\because W = A \cdot \gamma = 70 \times 19.4 = 1,358\text{kN/m})$$

CHAPTER

12

# 지반조사

# 01 토질조사

## 1. 토질조사 방법

| 예비조사 | 본 조사(지반조사) |
|---|---|
| ① 자료조사<br>② 현지답사<br>③ 개략조사<br>　　Sounding, Boring, Sampling,<br>　　지하탐사법, 지내력, 토질시험 | ① 정밀조사<br>② 현장정밀조사<br>③ 보완조사 |

# 02 보링(Boring)

## 1. 보링(Boring)의 개요 및 목적

| 개요 | 목적 |
|---|---|
| 지반의 구성 및 지하수위의 상태를 파악하고 각종 토질시험을 하기 위한 시료를 채취하기 위해 지중에 구멍을 뚫는 것 | ① 지반조사<br>② 지하수위 파악<br>③ 불교란시료의 채취<br>④ N치 측정(표준관입시험) |

## 2. 보링(boring)의 분류

| 오거 보링<br>(Auger Boring) | 회전식 보링<br>(Rotary Boring) | 충격식 보링<br>(Percussion Boring) |
|---|---|---|
| ① 나선 모양으로 된 오거를 현장에서 인력으로 작업<br>② 교란된 시료 채취에 적합<br>③ 깊이 10m 이내 점토층에 사용 | ① 시간, 공사비가 많이 든다.<br>② 확실한 시료(Core) 채취<br>③ 작업이 능률적<br>④ 대부분 지반에 적용<br>⑤ 현재 가장 많이 사용 | ① 비용이 저렴<br>② 굴진속도 빠름<br>③ Core 채취가 불가능<br>④ 분말상의 교란된 시료만 얻을 수 있다. |

• 토질조사의 목적
　① 공사계획 자료로 활용
　② 안전하고 경제적인 설계자료를 위해
　③ 구조물의 위치 선정 자료로 활용

• 오거보링
　① screw hole : 단단한 흙에 적용
　② post hole : 연약한 흙에 적용

• 회전식 보링

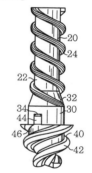

• 충격식 보링

**01** 토질조사의 방법에 관한 설명 중 옳지 않은 것은?

① 기초의 형식을 결정하고 본 조사의 계획을 세우기 위한 예비조사가 있다.

② 본조사의 정밀조사에서는 기초의 설계 시공에 필요한 모든 자료를 얻는다.

③ 보링, 사운딩, 기타 원위치시험과 실내토질시험 등을 실시하여 지반 구성과 기초의 지지력, 침하량을 결정한다.

④ 자료 조사, 현지 답사, 개략 조사 등은 본조사에 속한다.

**[해설]**

자료조사, 현지답사 등은 예비조사에 속한다.

**02** 토질조사의 주요 목적 중 가장 거리가 먼 것은?

① 확실한 공사계획을 세우는 자료를 얻는다.

② 안전하고 경제적인 설계자료를 얻는다.

③ 구조물의 위치 선정에 필요한 자료를 얻는다.

④ 구조물의 형식을 선정하는 자료를 얻는다.

**[해설]**

토질의 조사 목적
• 공사계획과 현장 지반의 전반적인 적합 여부 파악(공사계획자료)
• 구조물이나 토공재료의 안정성과 경제성 조사(경제적인 설계자료)
• 자연조건의 변동에 대한 원인과 결과 예측(구조물의 위치 선정 자료)

**03** 다음은 토질조사에 대한 설명이다. 틀린 것은?

① 보링(Boring)의 위치와 수는 지형 조건과 설계 형태에 따라 변한다.

② 보링의 깊이는 설계의 형태와 크기에 따라 변한다.

③ 보링 구멍은 사용 후에 흙이나 시멘트 그라우트(Grout)로 메워야 한다.

④ 토목공사 시에 토질 조사비용이 많이 들면 들수록 경제적이다.

**[해설]**

토질조사 비용이 많이 들면 비용도 증가되어 비경제적이다.

**04** 보링의 목적이 아닌 것은?

① 흐트러지지 않은 시료의 채취

② 지반의 토질 구성 파악

③ 지하수위 파악

④ 평판재하시험을 위한 재하면의 형성

**[해설]**

보링의 목적
• 지반조사                • 지하수위 파악
• 불교란시료의 채취        • N치 측정(표준관입시험)

**05** 다음은 흙 시료 채취에 관한 설명 중 옳지 않은 것은?

① Post−hole형의 Auger는 비교적 연약한 흙을 Boring 하는 데 적합하다.

② 비교적 단단한 흙에는 Screw형의 Auger가 적합하다.

③ Auger Boring은 흐트러지지 않은 시료를 채취하는 데 적합하다.

④ 깊은 토층에서 시료를 채취할 때는 보통 기계 Boring을 한다.

**[해설]**

오거보링(Auger Boring)은 교란된 시료 채취에 적합하다.

**06** 다음 기술 중 틀린 것은 어느 것인가?

① 보링(Boring)에는 회전식(Rotary Boring)과 충격식(Percussion Boring)이 있다.

② 충격식은 굴진속도가 빠르고 비용도 적게 드나 분말상의 교란된 시료만 얻어진다.

③ 회전식은 시간과 공사비가 많이 들 뿐만 아니라 확실한 Core도 얻을 수 없다.

④ 보링은 기초의 상황을 판단하기 위해 실시한다.

**[해설]**

회전식 보링(Rotary Boring)의 특징
• 시간, 공사비가 많이 든다.
• 확실한 시료(Core)를 채취한다.
• 작업이 능률적이다.
• 대부분 지반에 적용한다.
• 현재 가장 많이 사용된다.

# 03 시료 채취(Sampling)

GUIDE

## 1. 시료 채취 방법

| 교란시료 채취기 | 불교란시료 채취기 |
|---|---|
| ① 분리형 원통 시료기(Split Spoon Sampler) | ① 피스톤 튜브 시료기 |
| ② Auger Boring | ② 얇은 관 시료기 |

## 2. 면적비($A_R$)

| 샘플러 모식도 | 면적비 |
|---|---|
| | $A_R = \dfrac{D_w^2 - D_e^2}{D_e^2} \times 100(\%)$ |
| | ① $D_w$ : Sampler의 외경 |
| | ② $D_e$ Sampler의 선단(날끝) 내경 |

## 3. 면적비($A_R$) 판정조건

| $A_R \leq 10(\%)$ | $A_R > 10(\%)$ |
|---|---|
| 불교란시료로 간주 | 교란시료로 간주 |

## 4. 암석의 회수율($TCR$)

| 암석의 회수율 |
|---|
| 회수율$(TCR) = \dfrac{\text{채취된 시료의 길이}}{\text{관입 깊이}} \times 100\%$ |

## 5. 암석의 암질지수($RQD$)

| 암석의 $RQD$ |
|---|
| 암질지수$(RQD) = \dfrac{\text{암 길이 10cm 이상 회수된 부분길이의 합}}{\text{관입 깊이}} \times 100\%$ |

• 교란시료로 실시하는 시험
  ① 입도 분석
  ② 흙의 비중시험
  ③ 액성한계시험
  ④ 소성한계시험

• 불교란시료로 실시하는 시험
  ① 압밀시험
  ② 전단시험

• 면적비를 10% 이하로 하는 이유
  샘플러(Sampler) 내부로 잉여토의 혼입을 막기 위하여(불교란시료의 채취를 위해)

• 소성이 낮은 흙(투수성이 높고 점착성이 낮은 흙)은 교란효과가 적다.(소성이 높은 흙보다)

• 불교란시료의 특징
  ① 전단강도와 압축강도가 크다.
  ② 과잉 간극 수압은 부(−)

• 암반의 분류(RMR 분류)
  ① 암석강도
  ② 암질지수(RQD)
  ③ 불연속면(절리, 층리)의 간격
  ④ 불연속면(절리, 층리)의 상태
  ⑤ 지하수 상태

**01** 다음 시료 채취에 사용되는 시료기(Sampler) 중 불교란시료 채취에 사용되는 것만 고른 것으로 옳은 것은?

(1) 분리형 원통 시료기(Split Spoon Sampler)
(2) 피스톤 튜브 시료기(Piston Tube Sampler)
(3) 얇은 관 시료기(Thin Wall Tube Sampler)
(4) Laval 시료기(Laval Sampler)

① (1), (2), (3)     ② (1), (2), (4)
③ (1), (3), (4)     ④ (2), (3), (4)

 해설

불교란 시료 채취기
• 피스톤 튜브 시료기
• 얇은 관 시료기
• Laval 시료기

**02** 다음 그림은 불교란 흙 시료를 채취하기 위한 샘플러 선단의 그림이다. 면적비(Area ratio, $A_r$)는?

① $A_r = \dfrac{D_s^2 - D_e^2}{D_e^2} \times 100(\%)$

② $A_r = \dfrac{D_w^2 - D_e^2}{D_e^2} \times 100(\%)$

③ $A_r = \dfrac{D_s^2 - D_e^2}{D_w^2} \times 100(\%)$

④ $A_r = \dfrac{D_s^2 - D_e^2}{D_s^2} \times 100(\%)$

해설

면적비$(A_r) = \dfrac{D_w^2 - D_e^2}{D_e^2} \times 100(\%)$

**03** 다음 그림과 같은 샘플러(Sampler)에서 면적비는?(단, $D_s = 7.2$cm, $D_e = 7.0$cm, $D_w = 7.5$cm)

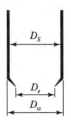

① 5.9%  ② 12.7%  ③ 5.8%  ④ 14.8%

해설

면적비$(A_R) = \dfrac{D_w^2 - D_e^2}{D_e^2} \times 100$

$= \dfrac{7.5^2 - 7.0^2}{7.0^2} \times 100 = 14.8\%$

**04** 채취된 시료의 교란 정도는 면적비를 계산하여 통상 면적비가 몇 %보다 작으면 여잉토의 혼입이 불가능한 것으로 보고 흐트러지지 않는 시료로 간주하는가?

① 10%  ② 13%  ③ 15%  ④ 20%

해설

• $A_r \leq 10\%$ : 불교란 시료
• $A_r > 10\%$ : 교란 시료

**05** 암석시편을 얻기 위하여 시추조사를 실시하여 1.5m를 굴진하였다. 회수된 암석시편의 길이가 0.8m이며 그 중 길이 10cm 이상 되는 시편길이의 합이 0.5m라고 할 때 이 암석시편의 회수율(Rock Recovery)은?

① 47%     ② 53%
③ 33%     ④ 67%

해설

회수율$(\text{TCR}) = \dfrac{\text{채취된 시료의 길이}}{\text{관입깊이}} \times 100$

$= \dfrac{0.8}{1.5} \times 100 = 53\%$

# 04 사운딩(Sounding)

GUIDE

## 1. 사운딩(Sounding) 개요

| 개요 | 사운딩 |
|---|---|
| 로드(Rod) 끝에 설치한 저항체를 지중에 삽입하여 관입, 회전, 인발 등의 저항으로 토층의 물리적 성질과 상태를 탐사하는 것 | ① 정적 사운딩<br>② 동적 사운딩 |

• 동적 사운딩
  주로 사질토에 적합

## 2. 사운딩(Sounding) 분류

| 정적 사운딩 | 동적 사운딩 |
|---|---|
| ① 휴대용 콘(원추) 관입시험(연약한 점토)<br>② 화란식 콘(원추) 관입시험(일반적 흙)<br>③ 스웨덴식 관입시험(자갈 이외의 흙)<br>④ 이스키메타(연약한 점토, 인발)<br>⑤ 베인전단시험(연약한 점토, 회전) | ① 동적 원추관 시험 : 자갈 이외의 흙<br>② 표준 관입시험(S.P.T) : 사질토 적합, 점성토 가능 |

• 원추 관입시험
  (CPT, 콘관입시험)

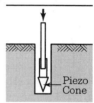

## 3. 베인시험(Vane Test)

| 시험기 모식도 | 전단강도(S) = 점착력($c_u$) 식 | Vane Test 특징 |
|---|---|---|
| $M_{max}$ $H$ $D$ | $$c_u(vane) = \frac{M_{max}}{\pi D^2 \left( \frac{H}{2} + \frac{D}{6} \right)}$$<br><br>• $c_u$ : 점착력($kg/cm^2$)<br>• $M_{max}$ : 회전저항 모멘트, 파괴 시 토크($kg \cdot cm$)<br>• $H$ : 날개의 높이(cm)<br>• $D$ : 날개의 폭(cm) | ① 연약한 점토층에 실시하는 시험<br>② 점착력 산정 가능<br>③ 지반의 비배수 전단강도($c_u$)를 측정<br>④ 비배수조건($\phi = 0$)에서 사면의 안정해석 |

• 베인 시험

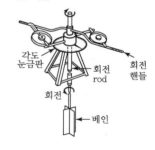

각도눈금판 / 회전 rod / 회전핸들 / 회전 / 베인

## 4. 베인시험에서 수정 비배수강도

| 수정 비배수강도 | $\mu$(수정계수) |
|---|---|
| 수정 비배수강도 $= \mu c_u(vane)$ | $\mu = 1.7 - 0.54 \log(PI)$ |

• 사운딩 시험
  ① 표준관입시험
  ② 콘관입시험
  ③ 베인시험

• PI(소성지수, $I_P$)
  액성한계($\omega_L$) − 소성한계($\omega_P$)

**01** Rod에 붙인 어떤 저항체를 지중에 넣어 관입, 인발 및 회전에 의해 흙의 전단강도를 측정하는 원위치 시험은?

① 보링(Boring)　　② 사운딩(Sounding)
③ 시료 채취(Sampling)　④ 비파괴시험(NDT)

해설
사운딩(Sounding)은 Rod 선단의 저항체를 땅속에 넣어 관입, 회전, 인발 등의 저항으로 토층의 강도 및 밀도 등을 체크하는 방법의 원위치시험이다.

**02** 토질조사에서 사운딩(Sounding)에 관한 설명으로 옳은 것은?

① 동적인 사운딩 방법은 주로 점성토에 유효하다.
② 표준관입시험(S. P. T)은 정적인 사운딩이다.
③ 사운딩은 보링이나 시굴보다 확실하게 지반구조를 알아낸다.
④ 사운딩은 주로 원위치시험으로서 의의가 있고 예비조사에 사용하는 경우가 많다.

해설
• 동적인 사운딩 방법은 주로 사질토에 유효하다.
• 표준관입시험은 동적인 사운딩이다.

**03** 다음 중 사운딩시험이 아닌 것은?

① 표준관입시험　　② 평판재하시험
③ 콘관입시험　　④ 베인시험

해설
평판재하시험(PBT)은 기초지반의 허용지내력 및 탄성계수를 산정하는 지반조사방법이다.

**04** 다음 중 정적인 사운딩(Sounding)이 아닌 것은?

① 표준관입시험　　② 이스키미터
③ 베인시험기　　④ 화란식 원추관입시험기

해설
동적인 사운딩 : 표준 관입시험, 동적 원추관입시험

**05** 현장 토질조사를 위하여 베인 테스트(Vane Test)를 행하는 경우가 종종 있다. 이 시험은 다음 중 어느 경우에 많이 쓰이는가?

① 연약한 점토의 점착력을 알기 위해서
② 모래질 흙의 다짐도를 측정하기 위하여
③ 모래질 흙의 내부마찰각을 알기 위해서
④ 모래질 흙의 투수계수를 측정하기 위하여

해설
베인시험(Vane Test)
정적인 사운딩으로 연약 점성토 지반에 대한 회전저항 모멘트를 측정하여 비배수 전단강도(점착력)를 확인하는 시험이다.

**06** 어떤 점토지반에서 베인 시험을 실시하였다. 베인의 지름이 50mm, 높이가 100mm, 파괴 시 토크가 59N · m일 때 이 점토의 점착력은?

① $129kN/m^2$　　② $157kN/m^2$
③ $213kN/m^2$　　④ $276kN/m^2$

해설

$$C_v = \frac{M_{max}}{\pi D^2 \left( \frac{H}{2} + \frac{D}{6} \right)}$$

$$= \frac{59 \times 10^{-3} kN \cdot m}{\pi \times (50 \times 10^{-3}) \times \left( \frac{100 \times 10^{-3}}{2} + \frac{50 \times 10^{-3}}{6} \right)} = 129 kN/m^2$$

**07** 포화점토에 대해 베인전단시험을 실시하였다. 배인의 직경과 높이는 각각 7.5cm와 15cm이고 시험 중 사용한 최대회전 모멘트는 250kg · cm이다. 점성토의 액성한계는 65%이고 소성한계는 30%이다. 설계에 이용할 수 있도록 수정 비배수강도를 구하면? (단, 수정계수 $(\mu) = 1.7 - 0.54\log(PI)$를 사용하고, 여기서 PI는 소성지수이다.)

① $0.8t/m^2$　② $1.40t/m^2$　③ $1.82t/m^2$　④ $2.0t/m^2$

해설
• $c = \dfrac{M_{max}}{\pi D^2 \cdot \left( \frac{H}{2} + \frac{D}{6} \right)} = \dfrac{250}{\pi \times 7.5^2 \times \left( \frac{15}{2} + \frac{7.5}{6} \right)} = 0.16 kg/cm^2$

• 수정계수 $(\mu) = 1.7 - 0.54\log(PI) = 1.7 - 0.54\log(65 - 30)$
$$= 0.8662$$
∴ 수정 비배수강도 $= 0.16 \times 0.8662 = 0.14 kg/cm^2 = 1.4 t/m^2$

정답　01 ②　02 ④　03 ②　04 ①　05 ①　06 ①　07 ②

# 05 표준관입시험(S.P.T)

## 1. 표준관입시험 개요

| 표준관입시험 모식도 | 정의 |
|---|---|
| | 64kg 해머로 76cm 높이에서 30cm 관입될 때까지의 타격횟수 N치를 구하는 시험 (교란시료를 채취하여 시험) |
| | 표준관입시험은 동적인 사운딩으로 사질토, 점성토 모두 적용 가능하지만 주로 사질토 지반의 특성을 잘 반영한다. |

## 2. N치의 수정

| Rod 길이에 대한 수정 | 토질상태에 대한 수정 |
|---|---|
| $N_1 = N'\left(1 - \dfrac{x}{200}\right)$ | $N_2 = 15 + \dfrac{1}{2}(N_1 - 15)$ |
| 심도가 깊어지면 실제보다 큰 N치가 측정되므로 보정해야 한다. | 포화된 실트는 N값을 약 15라고 생각하여 15 이상일 때 N값은 수정해야 한다. |

## 3. N치와 내부 마찰력과의 관계

| | |
|---|---|
| 토립자 둥글고 입도 불량(입도 균등) | $\phi = \sqrt{12N} + 15$ |
| 토립자 둥글고 입도 양호<br>토립자 모나고 입도 불량(입도 균등) | $\phi = \sqrt{12N} + 20$ |
| 토립자 모나고 입도 양호 | $\phi = \sqrt{12N} + 25$ |

## 4. N값으로 추정할 수 있는 사항

| 사질지반 | 점성지반 |
|---|---|
| ① 상대밀도<br>② 내부마찰각<br>③ 지지력계수 | ① 연경도(Consistency)<br>② 일축압축강도<br>③ 허용지지력 및 비배수점착력 |

- **표준관입시험용 샘플러**
  Split Spoon Sampler

- **표준관입시험의 목적**
  ① N치 측정(주로 사질토)의 지반특성
  ② 교란시료 채취
  ③ 토층변화 조사
  ④ 모래의 상대밀도

- 보링구멍 밑면의 흙이 보링에 의해 흐트러져 15cm 관입 후부터 N값을 측정한다.

- $N$치의 수정값은 소수점 아래 첫째 자리에서 반올림하여 정수로 표기

- $N'$ : 실측 $N$치

- $x$ : 로드 길이(m)

- 로드(Rod) 길이가 길어질수록 타격에너지 손실로 실제보다 N치가 크게 나온다.

- $N$값과 점토의 관계

| 연경도 (consistency) | N치 |
|---|---|
| 대단히 연약 | $N < 2$ |
| 연약 | 2~4 |
| 중간 | 4~8 |
| 견고 | 8 ~ 15 |
| 대단히 견고 | 15 ~ 30 |

- $N$치와 일축압축강도와 관계
  $q_u = \dfrac{N}{8}(\text{kg/cm}^2)$

**01** 표준관입시험에서 얻은 $N$치의 보링 로드 끝에 스플릿 스푼(split spoon) 채취기를 붙여서 표준 해머를 낙하고 76cm에서 때렸을 때 몇 cm 관입될 때의 타격 횟수를 측정하는 시험인가?

① 20cm  ② 25cm  ③ 30cm  ④ 35cm

해설
표준관입시험 : 64kg의 헤머로 낙하고 76cm에서 30cm 관입시킬 때의 타격 $N$치를 측정

**02** 표준관입시험에 관한 설명으로 옳지 않은 것은?

① 표준관입시험의 N치로 모래 지반의 상대 밀도를 추정할 수 있다.
② N치로 점토 지반의 연경도에 관한 추정이 가능하다.
③ 지층의 변화를 판단할 수 있는 자료를 얻을 수 이다.
④ 모래 지반에 대해서는 흐트러지지 않은 시료를 얻을 수 있다.

해설
표준관입시험은 교란시료를 채취하여 시험한다.

**03** 연약한 점성토의 지반특성을 파악하기 위한 현장조사 시험방법에 대한 설명 중 틀린 것은?

① 현장베인시험은 연약한 점토층에서 비배수 전단강도를 직접 산정할 수 있다.
② 정적콘관입시험(CPT)은 콘지수를 이용하여 비배수 전단강도 추정이 가능하다.
③ 표준관입시험에서의 N값은 연약한 점성토 지반특성을 잘 반영해 준다.
④ 정적콘관입시험(CPT)은 연속적인 지층분류 및 전단강도 추정 등 연약점토 특성분석에 매우 효과적이다.

해설
표준관입시험(S.P.T)은 사질토와 점성토 모두 적용 가능하지만 주로 사질토 지반의 특성을 잘 반영한다.

**04** 토질조사에 대한 설명 중 옳지 않은 것은?

① 사운딩(Sounding)이란 지중에 저항체를 삽입하여 토층의 성상을 파악하는 현장시험이다.

② 불교란시료를 얻기 위해서 Foil Sampler, Thin Wall Tube Sampler 등이 사용된다.
③ 표준관입시험은 로드(Rod)의 길이가 길어질수록 $N$치가 작게 나온다.
④ 베인시험은 정적인 사운딩이다.

해설
심도가 깊어지면 타격에너지 손실로 실제보다 N치가 크게 나온다.

**05** 어떤 점토지반의 표준관입시험 결과 $N = 2 \sim 4$이었다. 이 점토의 Consistency는?

① 대단히 견고      ② 연약
③ 견고            ④ 대단히 연약

**06** 표준관입시험(S.P.T) 결과 $N$치가 25이었고, 그때 채취한 교란시료로 입도시험을 한 결과 입자가 모나고, 입도 분포가 불량할 때 Dunham 공식에 의해서 구한 내부마찰각은?

① 약 42°  ② 약 40°  ③ 약 37°  ④ 약 32°

해설
$$\therefore \phi = \sqrt{12 \cdot N} + 20 = \sqrt{12 \times 25} + 20 = 37°$$

**07** 모래의 내부마찰각 $\phi$와 $N$치와의 관계를 나타낸 Dunham의 식 $\phi = \sqrt{12N} + C$에서 상수 $C$의 값이 가장 큰 경우는?

① 토립자가 모나고 입도분포가 좋을 때
② 토립자가 모나고 균일한 입경일 때
③ 토립자가 둥글고 입도분포가 좋을 때
④ 토립자가 둥글고 균일한 입경일 때

해설

| C 값 | 상태 |
|------|------|
| 15 | 토립자가 둥글고 입도가 불량 |
| 20 | 토립자가 둥글고 입도가 양호<br>토립자가 모나고 입도가 불량 |
| 25 | 토립자가 모나고 입도가 양호 |

정답   01 ③  02 ④  03 ③  04 ③  05 ②  06 ③  07 ①

# 06 평판재하시험(P.B.T)

GUIDE

## 1. 평판재하시험

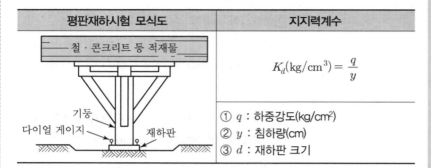

| 평판재하시험 모식도 | 지지력계수 |
|---|---|
| 철·콘크리트 등 적재물<br><br>기둥<br>다이얼 게이지　재하판 | $K_d(\text{kg/cm}^3) = \dfrac{q}{y}$ |
|  | ① $q$ : 하중강도(kg/cm²)<br>② $y$ : 침하량(cm)<br>③ $d$ : 재하판 크기 |

• 평판재하시험
  ① 하중강도는 $0.35\text{kg/cm}^2$ 씩 증가
  ② 침하량($y$)은 보통 0.125cm를 표준으로 한다.

• 평판재하시험이 끝나는 조건
  ① 침하량이 15mm에 달할 때
  ② 하중강도(재하응력)가 예상되는 최대 접지 압력을 초과할 때
  ③ 하중강도(재하응력)가 그 지반의 항복점을 넘을 때

• 평판재하시험에 의한 침하량 산정
  $$S = q \cdot B \cdot \dfrac{1-\nu^2}{E} \cdot I_w$$
  여기서, $S$ : 기초침하량
  　　　　$q$ : 기초의 하중강도
  　　　　$B$ : 기초의 폭
  　　　　$\nu$ : 포아송비
  　　　　$I_w$ : 영향계수
  　　　　$E$ : 탄성계수

## 2. 재하판의 크기에 따른 지지력계수

| 지지력계수 | $K_d(\text{kg/cm}^3)$ |
|---|---|
| • $K_{30} = 2.2K_{75}$<br>• $K_{30} = 1.3K_{40}$ | ① $K_{30}$ : 지름 30cm 재하판의 지지력계수<br>② $K_{40}$ : 지름 40cm 재하판의 지지력계수<br>③ $K_{75}$ : 지름 75cm 재하판의 지지력계수 |

## 3. 평판재하시험에 의한 허용지지력 산정

| 장기 허용지지력 | 단기 허용지지력 |
|---|---|
| $q_a = q_t + \dfrac{1}{3}\gamma_t \, D_f \, N_q$ | $q_a = 2q_t + \dfrac{1}{3}\gamma_t \, D_f \, N_q$ |

① $q_a$ : 평판재하시험에 의한 허용지지력

② $q_t$ : 재하시험에서 구한 시험설계 허용지지력

③ $D_f$ : 지반면에서 기초 하중면까지의 연직깊이

④ $N_q$ : 지지력계수

## 4. 재하시험에 의한 설계 허용지지력($q_t$)

| 설계 허용지지력($q_t$) | | $q_t$ 결정 |
|---|---|---|
| ① $q_t = \dfrac{q_y(\text{항복강도})}{2}$ | ② $q_t = \dfrac{q_u(\text{극한강도})}{3}$ | ①, ② 값 중<br>작은 값 |
| $q_u$(항복강도)와 $q_t$(극한강도)의 단위는 t/m² | | |

**01** 지지력계수를 구할 때 재하판의 침하량은 몇 cm일 때의 것을 표준으로 하여 사용하는가?

① 0.100cm  ② 0.125cm
③ 0.150cm  ④ 0.175cm

**02** 평판재하시험이 끝나는 다음 조건 중 옳지 않은 것은?

① 침하량이 15mm에 달할 때
② 하중강도가 현장에서 예상되는 최대 접지압력을 초과할 때
③ 하중강도가 그 지반의 항복점을 넘을 때
④ 흙의 함수비가 소성한계에 달할 때

**03** 도로의 평판재하시험에서 1.25mm 침하량에 해당하는 하중강도가 250kN/m²일 때 지지력계수는?

① 100MN/m³  ② 200MN/m³
③ 1,000MN/m³  ④ 2,000MN/m³

해설

$$K = \frac{q}{y} = \frac{250}{0.00125} = 200,000\text{kN/m}^3$$
$$= 200\text{MN/m}^3$$
$(1\text{MN} = 10^3\text{kN})$

**04** 지름 30cm인 재하판으로 측정한 지지력계수 $K_{30} = 6.6\text{kg/cm}^3$일 때 지름 75cm인 재하판의 지지력계수($K_{75}$)는?

① 3.0kg/cm³  ② 3.5kg/cm³
③ 4.0kg/cm³  ④ 4.5kg/cm³

해설

$K_{30} = 2.2K_{75}$

$\therefore K_{75} = \frac{6.6}{2.2} = 3.0\text{kg/cm}^3$

**05** 어느 지반에 30cm×30cm 재하판을 이용하여 평판재하시험을 한 결과 항복하중이 50kN, 극한하중이 90kN이었다. 이 지반의 허용지지력은 다음 중 어느 것인가?

① 566kN/m²  ② 278kN/m²
③ 1,000kN/m²  ④ 333kN/m²

해설

• $q_t = \dfrac{\text{항복강도}(q_y)}{2} = \dfrac{50}{2} \times \dfrac{1}{0.3 \times 0.3} = 277.8\text{kN/m}^2$
• $q_t = \dfrac{\text{극한강도}}{3} = \dfrac{90}{3} \times \dfrac{1}{0.3 \times 0.3} = 333.3\text{kN/m}^2$ ⎫ 중 작은 값

$\therefore$ 277.8kN/m²와 333.3kN/m²의 값 중 작은 값 277.8kN/m²가 허용지지력이 된다.

**06** 어떤 사질 기초 지반의 평판재하시험 결과 항복 강도가 60kN/m², 극한 강도가 100kN/m²이었다. 그리고 그 기초는 지표에서 1.5m 깊이에 설치될 것이고 그 기초 지반의 단위중량이 1.85kN/m³일 때 이때의 지지력계수 $N_q = 5$이었다. 이 기초의 장기 허용지지력은?

① 24.7kN/m²  ② 26.9kN/m²
③ 30kN/m²  ④ 34.5kN/m²

해설

• 재하시험에 의한 허용지지력

$q_t = \dfrac{q_y}{2} = \dfrac{60}{2} = 30\text{kN/m}^2$ ⎫ 중 작은 값
$q_t = \dfrac{q_u}{3} = \dfrac{100}{3} = 33.3\text{kN/m}^2$

$\therefore q_t = 30\text{kN/m}^2$

• 장기 허용지지력

$q_a = q_t + \dfrac{1}{3}\gamma D_f N_q = 30 + \dfrac{1}{3} \times 1.8 \times 1.5 \times 5 = 34.5\text{kN/m}^2$

## 5. 평판재하시험(PBT) 결과에서 고려할 사항

| 시험결과의 영향깊이 | 평판재하시험 결과 이용 시 유의사항 |
|---|---|
| 지중응력의 분포 범위는 재하판 폭의 2배 정도 깊이로 영향을 미친다. | ① 시험한 현장 지반의 토질 종단을 알아야 한다.<br>② 지하수위의 위치와 변동상황을 고려해야 한다.<br>③ Scale Effect를 고려해야 한다. |

## 6. 재하판의 크기에 따른 영향(Scale Effect)

| | | |
|---|---|---|
| **(극한)<br>지지력** | ① 점토지반은 재하판 폭에 무관 | $q_{u(기초)} = q_{u(재하판)}$ |
| | ② 모래지반은 재하판 폭에 비례 | $q_{u(기초)} = q_{u(재하판)} \cdot \dfrac{B_{(기초)}}{B_{(재하판)}}$ |
| **침하량** | ① 점토지반은 재하판 폭에 비례 | $S_{(기초)} = S_{(재하판)} \cdot \dfrac{B_{(기초)}}{B_{(재하판)}}$ |
| | ② 모래지반은 재하판의 크기가 커지면 약간 커진다.(폭($B$)에 비례하지는 않음) | $S_{(기초)} = S_{(재하판)} \cdot \left[ \dfrac{2B_{(기초)}}{B_{(기초)} + B_{(재하판)}} \right]^2$ |

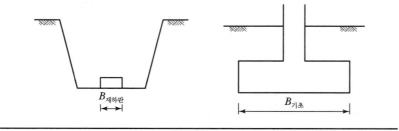

**GUIDE**

- **지하수위가 상승하면**
  흙의 유효밀도는 약 50% 감소하므로 지반의 지지력이 약해진다.

- **재하판 크기에 의한 영향**
  (Scale effect)
  ① 지지력은 모래에 비례
  ② 침하량은 점토에 비례
  ③ 지지력은 점토와 무관
  ④ 침하량은 모래에서 재하판 폭에서 약간 증가

- $F_s$(안전율) $= \dfrac{Q_u\,(극한하중)}{Q_a\,(허용하중)}$

- 극한하중($Q_u$)
  $Q_u(\mathrm{t}) = q_u(\mathrm{t/m^2}) \times A(\mathrm{m^2})$

- 허용하중($Q_a$)
  $Q_a(\mathrm{t}) = \dfrac{Q_u}{F_s}$

**01** 평판재하시험 결과 이용 시 고려하여야 할 사항으로 거리가 먼 것은?

① 시험한 현장 지반의 토질 종단을 알아야 한다.
② 지하수위의 변동상황을 고려하여야 한다.
③ Scale Effect를 고려하여야 한다.
④ 시험기계의 종류를 알아야 한다.

**해설**

평판재하시험(P.B.T) 결과 이용 시 주의사항
• 시험한 지반의 토질 종단을 알아야 한다.
• 지하수위 변동 상황을 알아야 한다.
• Scale Effect를 고려해야 한다.

**02** 점토 지반에서 직경 30cm의 평판재하시험 결과 $30kN/m^2$의 압력이 작용할 때 침하량이 5mm라면, 직경 1.5m의 실제 기초에 $30kN/m^2$의 하중이 작용할 때 침하량의 크기는?

① 2mm
② 50mm
③ 14mm
④ 25mm

**해설**

점토지반의 침하량은 재하판의 폭에 비례한다.
$30 : 0.5 = 150 : S_{(기초)}$

$\therefore$ 침하량 $S_{(기초)} = \dfrac{0.5 \times 150}{30} = 2.5cm = 25mm$

**03** 모래질 지반에 30cm×30cm 크기로 재하시험을 한 결과 $15kN/m^2$의 극한지지력을 얻었다. 2m×2m의 기초를 설치할 때 기대되는 극한지지력은?

① $100kN/m^2$
② $50kN/m^2$
③ $30kN/m^2$
④ $2.5kN/m^2$

**해설**

사질토에서 지지력은 재하판 폭에 비례한다.
$0.3 : 15 = 2 : q_{u(기초)}$

$\therefore q_{u(기초)} = \dfrac{2}{0.3} \times 15 = 100t/m^2$

**04** 크기가 30cm×30cm의 평판을 이용하여 사질토 위에서 평판재하시험을 실시하고 극한지지력 $20kN/m^2$를 얻었다. 크기가 1.8m×1.8m인 정사각형 기초의 총 허용하중은?(단, 안전율 3을 사용)

① 90kN
② 110kN
③ 130kN
④ 150kN

**해설**

• $0.3 : 20 = 1.8 : q_u$ $\quad \therefore q_u = \dfrac{1.8 \times 20}{0.3} = 120kN/m^2$

  ($\because$ 모래질의 지지력은 재하판의 폭에 비례)
• 극한 하중($Q_u$)

  $Q_u = q_u \times A = 120 \times 1.8 \times 1.8 = 388.8kN$

$\therefore$ 허용하중($Q_a$) $= \dfrac{Q_u}{F_s} = \dfrac{388.8}{3} = 129.6kN$

**05** 사질토 지반에서 직경 30cm의 평판재하시험 결과 $30kN/m^2$의 압력이 작용할 때 침하량이 5mm라면, 직경 1.5m의 실제 기초에 $30kN/m^2$의 하중이 작용할 때 침하량의 크기는?

① 28mm
② 50mm
③ 14mm
④ 25mm

**해설**

사질토층의 재하시험에 의한 즉시침하

$S_{(기초)} = S_{(재하판)} \cdot \left\{ \dfrac{2 \cdot B_{(기초)}}{B_{(기초)} + B_{(재하판)}} \right\}^2 = 5 \times \left\{ \dfrac{2 \times 1.5}{1.5 + 0.3} \right\}^2$

$\qquad = 14mm$

**06** 평판재하시험에 대한 설명 중 옳지 않은 것은?

① 순수한 점토의 지지력은 재하판의 크기와 관계없다.
② 순수한 모래 지반의 지지력은 재하판의 폭에 비례한다.
③ 순수한 점토의 침하량은 재하판의 폭에 비례한다.
④ 순수한 모래 지반의 침하량은 재하판의 폭에 비례한다.

**해설**

순수한 모래 지반의 침하량은 재하판의 폭에 비례하지 않고 약간 증가한다.

**01** 외경($D_0$) 50.8mm, 내경($D_1$) 34.9mm인 스플릿 스푼 샘플러의 면적비로 옳은 것은?

① 112%　　　　　② 106%

③ 53%　　　　　④ 46%

면적비

$$(A_r) = \frac{D_w^2 - D_e^2}{D_e^2} \times 100$$

$$= \frac{50.8^2 - 34.9^2}{34.9^2} \times 100$$

$$= 112\%$$

**02** 다음 그림과 같은 샘플러(Sampler)에서 면적비는 얼마인가?

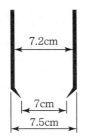

① 5.80%　　　　　② 5.97%

③ 14.62%　　　　　④ 14.80%

해설
면적비

$$(A_r) = \frac{D_w^2 - D_e^2}{D_e^2} \times 100$$

$$= \frac{7.5^2 - 7^2}{7^2} \times 100$$

$$= 14.80\%$$

**03** 샘플러 튜브(Sampler Tube)의 면적비($A_r$)를 9%라 하고 외경($D_w$)을 6cm라 하면 끝의 내경($D_e$)은 약 얼마인가?

① 3.61cm　　　　　② 4.82cm

③ 5.75cm　　　　　④ 6.27cm

해설
면적비

$$A_r = \frac{D_w^2 - D_e^2}{D_e^2} \times 100 = \frac{6^2 - D_e^2}{D_e^2} \times 100$$

$$0.09 = \frac{36 - D_e^2}{D_e^2} \qquad \therefore D_e = 5.75\text{cm}$$

**04** Rod에 붙인 어떤 저항체를 지중에 넣어 관입, 인발 및 회전에 의해 흙의 전단강도를 측정하는 원위치 시험은?

① 보링(Boring)　　　② 사운딩(Sounding)

③ 시료 채취(Sampling)　④ 비파괴시험(NDT)

해설
사운딩(Sounding)
Rod 선단의 저항체를 땅 속에 넣어 관입, 회전, 인발 등의 저항으로 토층의 강도 및 밀도 등을 체크하는 방법의 원위치시험

**05** 저항체를 땅 속에 삽입해서 관입, 회전, 인발 등의 저항을 측정하여 토층의 상태를 탐사하는 원위치 시험을 무엇이라 하는가?

① 사운딩　　　　　② 오거보링

③ 테스트 피트　　　④ 샘플러

해설
4번 해설 참고

**06** 다음 현장시험 중 Sounding의 종류가 아닌 것은?

① 평판재하시험　　　② Vane 시험

③ 표준관입시험　　　④ 동적 원추관입시험

해설
• 정적 사운딩 : 휴대용, 화란식 원추관입시험기, 스웨덴식 관입시험기, 이스키미터, 베인시험기
• 동적 사운딩 : 동적 원추관입시험기, 표준관입시험기
• 평판재하시험(P.B.T) : 기초지반의 허용지내력 및 탄성계수를 산정하는 지반조사방법

정답　01 ①　02 ④　03 ③　04 ②　05 ①　06 ①

**07** 다음 중에서 사운딩(Sounding)이 아닌 것은 어느 것인가?

① 표준관입시험(Standard Penetration Test)
② 일축압축시험(Unconfined Compression Test)
③ 원추관입시험(Cone Penetrometer Test)
④ 베인시험(Vane Test)

解説

**일축압축시험**
점성토의 일축압축강도와 예민비를 구하기 위하여 행한다.(전단시험)

**08** 사운딩에 대한 설명 중 틀린 것은?

① 로드 선단에 지중저항체를 설치하고 지반 내 관입, 압입, 또는 회전하거나 인발하여 그 저항치로부터 지반의 특성을 파악하는 지반조사방법이다.
② 정적 사운딩과 동적 사운딩이 있다.
③ 압입식 사운딩의 대표적인 방법은 Standard Penet Ration Test(SPT)이다.
④ 특수사운딩 중 측압사운딩의 공내횡방향재하시험은 보링공을 기계적으로 수평으로 확장시키면서 측압과 수평변위를 측정한다.

解説

동적 사운딩의 대표적인 방법은 표준관입시험(Standard Penetration Test, SPT)이다.

**09** 현장에서 직접 연약한 점토의 전단강도를 측정하는 방법으로 흙이 전단될 때의 회전저항 모멘트를 측정하여 점토의 점착력(비배수 강도)을 측정하는 시험방법은?

① 표준관입시험
② 더치콘(Dutchch Cone)
③ 베인시험(Vane Test)
④ CBR Test

解説

**베인시험(Vane Test)**
정적인 사운딩으로 깊이 10m 미만의 연약점성토 지반에 대한 회전저항모멘트를 측정하여 비배수 전단강도(점착력)를 측정하는 시험

**10** 베인전단시험(Vane Shear Test)에 대한 설명으로 옳지 않은 것은?

① 현장 원위치시험의 일종으로 점토의 비배수전단강도를 구할 수 있다.
② 십자형의 베인(Vane)을 땅 속에 압입한 후, 회전모멘트를 가해서 흙이 원통형으로 전단파괴될 때 저항모멘트를 구함으로써 비배수전단강도를 측정하게 된다.
③ 연약점토지반에 적용된다.
④ 베인전단시험으로부터 흙의 내부마찰각을 측정할 수 있다.

解説

9번 해설 참고

**11** Vane Test에 Vane의 지름 50mm, 높이 10cm, 파괴 시 토크가 5.9N·m일 때 점착력은?

① 1.29N/cm²
② 1.57N/cm²
③ 2.13N/cm²
④ 2.76N/cm²

解説

$$c = \frac{M_{max}}{\pi D^2 \cdot \left(\frac{H}{2} + \frac{D}{6}\right)}$$
$$= \frac{590}{\pi \times 5^2 \times \left(\frac{10}{2} + \frac{5}{6}\right)}$$
$$= 1.29N/cm^2$$

# CHAPTER **12** 실 / 전 / 문 / 제

**12** 포화점토에 대해 베인전단시험을 실시하였다. 베인의 직경과 높이는 각각 7.5cm와 15cm이고 시험 중 사용한 최대회전모멘트는 300N·cm이다. 점성토의 비배수 전단강도($c_u$)는?

① $1.94\text{N/cm}^2$
② $1.62\text{kN/m}^2$
③ $1.94\text{kN/m}^2$
④ $1.62\text{N/cm}^2$

**[해설]**

$$전단강도(c_u) = \frac{M_{\max}}{\pi D^2 \cdot \left(\dfrac{H}{2} + \dfrac{D}{6}\right)}$$

$$= \frac{300}{\pi \times 7.5^2 \times \left(\dfrac{15}{2} + \dfrac{7.5}{6}\right)}$$

$$= 0.194\text{N/cm}^2 = 1.94\text{kN/m}^2$$

**13** 어떤 점토 지반에서 베인(Vane) 시험을 지반 깊이 3m 지점에서 실시하였다. 최대 회전모멘트가 120kg·cm이면 이 점토의 점착력($c$)은 얼마인가? (단, 베인의 직경과 높이의 비는 1 : 2이고, 직경은 5cm였다.)

① $0.65\text{kg/cm}^2$  ② $1.25\text{kg/cm}^2$
③ $0.26\text{kg/cm}^2$  ④ $0.86\text{kg/cm}^2$

**[해설]**

$$점착력(c) = \frac{M_{\max}}{\pi D^2 \cdot \left(\dfrac{H}{2} + \dfrac{D}{6}\right)}$$

$$= \frac{120}{\pi \times 5^2 \times \left(\dfrac{10}{2} + \dfrac{5}{6}\right)} = 0.26\text{kg/cm}^2$$

(직경과 높이의 비 1 : 2 = 5 : $H$ ∴ $H = 10\text{cm}$)

**14** 포화점토에 대해 베인전단시험을 실시하였다. 베인의 직경과 높이는 각각 7.5cm와 15cm이고, 시험 중 사용한 최대 회전 모멘트는 250kg·cm이다. 점성토의 액성한계는 65%이고 소성한계는 30%이다.

설계에 이용할 수 있도록 수정 비배수 강도를 구하면?(단, 수정계수($\mu$) = 1.7 − 0.54log(PI)를 사용하고, 여기서, PI는 소성지수이다.)

① $0.8\text{t/m}^2$  ② $1.40\text{t/m}^2$
③ $1.82\text{t/m}^2$  ④ $2.0\text{t/m}^2$

**[해설]**

• $c = \dfrac{M_{\max}}{\pi D^2 \cdot \left(\dfrac{H}{2} + \dfrac{D}{6}\right)}$

$$= \frac{250}{\pi \times 7.5^2 \times \left(\dfrac{15}{2} + \dfrac{7.5}{6}\right)}$$

$$= 0.16\text{kg/cm}^2$$

• 수정계수
$\mu = 1.7 - 0.54\log(PI)$
$= 1.7 - 0.54\log(65 - 30)$
$= 0.8662$

• 수정 비배수 강도
$c \times \mu = 0.16 \times 0.8662$
$= 0.14\text{kg/cm}^2$
$= 1.4\text{t/m}^2$

**15** 표준관입시험에 대한 다음 설명에서 (　)에 적합한 것은?

질량 63.5±0.5kg의 드라이브 해머를 76±1cm 자유낙하시키고 보링로드 머리부에 부착한 노킹블록을 타격하여 보링로드 앞 끝에 부착한 표준관입시험용 샘플러를 지반에 (　)mm 박아 넣는 데 필요한 타격횟수를 N값이라고 한다.

① 200  ② 250
③ 300  ④ 350

**[해설]**

표준관입시험(S.P.T)
64kg 해머로 76cm 높이에서 보링구멍 밑의 교란되지 않은 흙 속에 30cm 관입될 때까지의 타격횟수를 N치라 한다.

**정답**　12 ③　13 ③　14 ②　15 ③

**250** | 토질 및 기초

**16** 표준관입시험의 $N$ 값에 대한 설명으로 옳은 것은?

① 질량(63.5±0.5)kg의 드라이브 해머를 (560±10) mm에서 타격하여 샘플러를 지반에 200mm 박아 넣는 데 필요한 타격횟수

② 질량(53.5±0.5)kg의 드라이브 해머를 (760±10) mm에서 타격하여 샘플러를 지반에 200mm 박아 넣는 데 필요한 타격횟수

③ 질량(63.5±0.5)kg의 드라이브 해머를 (760±10) mm에서 타격하여 샘플러를 지반에 300mm 박아 넣는 데 필요한 타격횟수

④ 질량(53.5±0.5)kg의 드라이브 해머를 (560±10) mm에서 타격하여 샘플러를 지반에 300mm 박아 넣는 데 필요한 타격횟수

[해설]

15번 해설 참고

**17** 토질조사에 대한 설명 중 옳지 않은 것은?

① 사운딩(Sounding)이란 지중에 저항체를 삽입하여 토층의 성상을 파악하는 현장 시험이다.

② 불교란시료를 얻기 위하여 Foil Sampler, Thin Wall Tube Sampler 등이 사용된다.

③ 표준관입시험은 로드(Rod)의 길이가 길어질수록 N 치가 작게 나온다.

④ 베인시험은 정적인 사운딩이다.

[해설]

로드(Rod)길이 수정
심도가 깊어지면 타격에너지 손실로 실제보다 N치가 크게 나옴

**18** 연약한 점성토의 지반특성을 파악하기 위한 현장조사 시험방법에 대한 설명 중 틀린 것은?

① 현장베인시험은 연약한 점토층에서 비배수 전단강도를 직접 산정할 수 있다.

② 정적콘관입시험(CPT)은 콘지수를 이용하여 비배수 전단강도 추정이 가능하다.

③ 표준관입시험에서의 N값은 연약한 점성토 지반특성을 잘 반영해 준다.

④ 정적콘관입시험(CPT)은 연속적인 지층분류 및 전단강도 추정 등 연약점토의 특성분석에 매우 효과적이다.

[해설]

표준관입시험기(Standard Penetraion Test, S.P.T)
표준관입시험기(S.P.T)는 큰 자갈 이외 대부분의 흙, 즉 사질토와 점성토에 모두 적용 가능하지만 주로 사질토 지반 특성을 잘 반영한다.

**19** 표준관입시험에 관한 설명 중 옳지 않은 것은?

① 표준관입시험의 $N$ 값으로 모래지반의 상대밀도를 추정할 수 있다.

② $N$ 값으로 점토지반의 연경도에 관한 추정이 가능하다.

③ 지층의 변화를 판단할 수 있는 시료를 얻을 수 있다.

④ 모래지반에 대해서도 흐트러지지 않은 시료를 얻을 수 있다.

[해설]

표준관입시험(S.P.T)
동적인 사운딩으로 보링 시에 교란시료(흐트러진 시료)를 채취하여 물성시험 시료로 사용한다.

**20** 다음은 주요한 Sounding(사운딩)의 종류를 나타낸 것이다. 이 가운데 사질토에 가장 적합하고 점성토에서도 쓰이는 조사법은?

① 더치 콘(Dutch Cone) 관입시험기

② 베인시험기(Vane Tester)

③ 표준관입시험기

④ 이스키미터(Iskymeter)

[해설]

18번 해설 참고

**21** 다음 중 표준관입시험으로부터 추정하기 어려운 항목은?

① 극한 지지력　　　　② 상대밀도
③ 점성토의 연경도　　④ 투수성

[해설]

투수성은 시료가 교란되면 그 값이 달라지므로 불교란시료로 시험하여야 한다.

**22** 표준관입시험(SPT)을 할 때 처음 15cm 관입에 요하는 N값을 제외하고 그 후 30cm 관입에 요하는 타격수로 N값을 구한다. 그 이유로 가장 타당한 것은?

① 정확히 30cm를 관입시키기가 어려워서 15cm 관입에 요하는 N값을 제외한다.
② 보링구멍 밑면 흙이 보링에 의하여 흐트러져 15cm 관입 후부터 N값을 측정한다.
③ 관입봉의 길이가 정확히 45cm이므로 이에 맞도록 관입시키기 위함이다.
④ 흙은 보통 15cm 밑부터 그 흙의 성질을 가장 잘 나타낸다.

[해설]

보링 구멍 밑면의 흙이 보링에 의해 흐트러져 15cm 관입 후부터 N값을 측정한다.

**23** 모래의 내부마찰각 $\phi$와 $N$치의 관계를 나타낸 Dunham의 식 $\phi = \sqrt{12N} + C$에서 상수 $C$의 값이 가장 큰 경우는?

① 토립자가 모나고 입도분포가 좋을 때
② 토립자가 모나고 균일한 입경일 때
③ 토립자가 둥글고 입도분포가 좋을 때
④ 토립자가 둥글고 균일한 입경일 때

[해설]

• 토립자가 모가 나고 입도분포가 양호한 경우
  $\phi = \sqrt{12 \cdot N} + 25$

• 토립자가 모가 나고 입도분포가 불량한 경우
  $\phi = \sqrt{12 \cdot N} + 20$

• 토립자가 둥글고 입도분포가 양호한 경우
  $\phi = \sqrt{12 \cdot N} + 20$

• 토립자가 둥글고 입도분포가 불량한 경우
  $\phi = \sqrt{12 \cdot N} + 15$

**24** 표준관입시험(S.P.T) 결과 N치가 25이었고, 그때 채취한 교란시료로 입도시험을 한 결과 입자가 둥글고, 입도분포가 불량할 때 Dunham 공식에 의하여 구한 내부마찰각은?

① 29.8°　　　　② 30.2°
③ 32.3°　　　　④ 33.8°

[해설]

$\phi = \sqrt{12 \cdot 25} + 15 = 32.3°$

**25** 토립자가 둥글고 입도분포가 양호한 모래지반에서 N치를 측정한 결과 N=19가 되었을 경우, Dunham의 공식에 의한 이 모래의 내부 마찰각 $\phi$는?

① 20°　　　　② 25°
③ 30°　　　　④ 35°

[해설]

$\phi = \sqrt{12 \cdot N} + 20 = \sqrt{12 \times 19} + 20 = 35°$

**26** 토립자가 둥글고 입도분포가 나쁜 모래지반에서 표준관입시험을 한 결과 N치는 100이었다. 이 모래의 내부마찰각을 Dunham의 공식으로 구하면 다음 중 어느 것인가?

① 21°　　　　② 26°
③ 31°　　　　④ 36°

[해설]

$\phi = \sqrt{12 \cdot N} + 15 = \sqrt{12 \times 10} + 15 = 26°$

**27** 입도시험 결과 균등계수가 6이고 입자가 둥근 모래흙의 강도시험 결과 내부마찰각이 32°이었다. 이 모래지반의 N치는 대략 얼마나 되겠는가?(단, Dunham 식 사용)

① 12　　　　　　② 18
③ 22　　　　　　④ 24

**[해설]**
- 입도양호 모래 : 균등계수 $C_u > 6$
  곡률계수 $C_g = 1 \sim 3$
- $\phi = \sqrt{12 \cdot N} + 15$
  $32° = \sqrt{12 \cdot N} + 15$
  $\therefore N = 24$

**28** 표준관입시험에서 N치가 20으로 측정되는 모래 지반에 대한 설명으로 옳은 것은?

① 매우 느슨한 상태이다.
② 간극비가 1.2인 모래이다.
③ 내부마찰각이 30°~40°인 모래이다.
④ 유효상재 하중이 20kN/m²인 모래이다.

**[해설]**
N치가 20일 때 내부마찰각 $\phi$는
- $\sqrt{12 \times 20} + 15 = 30.5°$
- $\sqrt{12 \times 20} + 25 = 40.5°$
$\therefore$ 약 30°~40°인 모래이다.

**29** 다음 중 표준관입시험으로 구할 수 없는 것은?

① 투수계수　　　　② 탄성계수
③ 일축압축강도　　④ 내부마찰각

**[해설]**
표준관입시험 시 N값으로 추정할 수 있는 사항

| 사질지반 | 점성지반 |
|---|---|
| 상대밀도 | 일축압축강도 |
| 내부마찰각 | 비배수점착력 |
| 탄성계수 | 연경도 |

**30** 점토지반에서 $N$치로 추정할 수 있는 사항이 아닌 것은?

① 컨시스턴시　　　② 일축압축강도
③ 상대밀도　　　　④ 기초지반의 허용지지력

**[해설]**
상대밀도는 사질지반에서 N치로 추정할 수 있는 사항이다.

**31** 어떤 모래지반의 표준관입시험에서 N값이 40이었다. 이 지반의 상태는?

① 대단히 조밀한 상태　② 조밀한 상태
③ 중간 상태　　　　　④ 느슨한 상태

**[해설]**
N값과 모래의 상대밀도 관계

| N값 | 상대밀도(%) |
|---|---|
| 0~4 | 대단히 느슨(15) |
| 4~10 | 느슨(15~35) |
| 10~30 | 중간(35~65) |
| 30~50 | 조밀(65~85) |
| 50 이상 | 대단히 조밀(85~100) |

**32** 어떤 점토지반의 표준관입시험 결과 $N$ 값이 2~4였다. 이 점토의 Consistency는?

① 대단히 견고　　　② 연약
③ 견고　　　　　　④ 대단히 연약

**[해설]**

| 연경도(Consistency) | N치 |
|---|---|
| 대단히 연약 | N < 2 |
| 연약 | 2~4 |
| 중간 | 4~8 |
| 견고 | 8~15 |
| 대단히 견고 | 15~30 |
| 고결 | N > 30 |

## CHAPTER 12 실 / 전 / 문 / 제

**33** 다음은 주요한 Sounding(사운딩)의 종류를 나타낸 것이다. 이 가운데 사질토에 가장 적합하고 점성토에서도 쓰이는 조사법은?

① 더치 콘(Dutch Cone) 관입시험기
② 베인 시험기(Vane Tester)
③ 표준관입시험기
④ 이스키미터(Iskymeter)

**[해설]**

표준관입시험은 사질토와 점성토 모두 적용 가능하지만 주로 사질토 지반특성을 잘 반영한다.

**34** 암질을 나타내는 항목과 직접 관계가 없는 것은?

① N치
② RQD 값
③ 탄성파속도
④ 균열의 간격

**[해설]**

N치는 표준관입시험의 결과치로서 암질과 직접적인 관계가 없다.

**35** 평판재하시험이 끝나는 다음 조건 중 옳지 않은 것은?

① 침하량이 15mm에 달할 때
② 하중 강도가 현장에서 예상되는 최대 접지 압력을 초과할 때
③ 하중강도가 그 지반의 항복점을 넘을 때
④ 흙의 함수비가 소성한계에 달할 때

**[해설]**

평판재하 시험이 끝나는 조건
• 침하량이 15mm에 달할 때
• 하중강도가 예상되는 최대 접지 압력을 초과할 때
• 하중강도가 그 지반의 항복점을 넘을 때

**36** 도로의 평판재하시험이 끝나는 조건에 대한 설명으로 옳지 않은 것은?

① 완전히 침하가 멈출 때
② 침하량이 15mm에 달할 때

③ 하중강도가 그 지반의 항복점을 넘을 때
④ 하중강도가 현장에서 예상되는 최대접지압력을 초과할 때

**[해설]**

평판재하시험이 끝나는 조건
• 침하량이 15mm에 달할 때
• 하중 강도가 예상되는 최대 접지압력을 초과할 때
• 하중 강도가 그 지반의 항복점을 넘을 때

**37** 도로지반의 평판재하시험에서 1.25mm 침하될 때 하중강도가 2.5N/cm²라면 지지력계수($K$)는?

① 2N/cm³
② 20N/cm³
③ 1N/cm³
④ 10N/cm³

**[해설]**

지지력계수$(K) = \dfrac{q}{y} = \dfrac{2.5}{0.125} = 20\text{N/cm}^3$

**38** 말뚝기초의 지지력에 관한 설명으로 틀린 것은?

① 부의 마찰력은 아래 방향으로 작용한다.
② 말뚝선단부의 지지력과 말뚝 주면마찰력의 합이 말뚝의 지지력이 된다.
③ 점성토 지반에는 동역학적 지지력 공식이 잘 맞는다.
④ 재하시험 결과를 이용하는 것이 신뢰도가 큰 편이다.

**[해설]**

사질토 지반에서는 동역학적 지지력 공식이, 점성토 지반에서는 정역학적 지지력 공식이 잘 맞는다.

**39** 모래지반에 30cm×30cm의 재하판으로 재하실험을 한 결과 10kN/m²의 극한지지력을 얻었다. 4m×4m의 기초를 설치할 때 기대되는 극한지지력은?

① 10kN/m²
② 100kN/m²
③ 133kN/m²
④ 154kN/m²

---

**정답**   33 ③   34 ①   35 ④   36 ①   37 ②   38 ③   39 ③

사질토 지반의 지지력은 재하판의 폭에 비례한다.

$0.3 : 10 = 4 : q_u$

$\therefore$ 극한지지력 $q_u = 133.33\text{kN/m}^2$

**40** 크기가 30cm×30cm인 평판을 이용하여 사질토 위에서 평판재하시험을 실시하고 극한지지력 20kN/m²을 얻었다. 크기가 1.8m×1.8m인 정사각형 기초의 총허용하중은 약 얼마인가?(단, 안전율 3을 사용)

① 22kN　　　　　　② 66kN

③ 130kN　　　　　　④ 150kN

해설

- 사질토 지반의 지지력은 재하판의 폭에 비례

  $0.3 : 20 = 1.8 : q_u$

  $\therefore$ 극한지지력 $q_u = 120\text{kN/m}^2$

- 허용지지력

  $q_a = \dfrac{q_u}{F_s} = \dfrac{120}{3} = 40\text{kN/m}^2$

- 총허용하중

  $Q_a = q_a \cdot A = 40 \times 1.8 \times 1.8 = 129.6\text{kN}$

**41** 평판재하실험에서 재하판의 크기에 의한 영향(Scale Effect)에 관한 설명으로 틀린 것은?

① 사질토 지반의 지지력은 재하판의 폭에 비례한다.

② 점토지반의 지지력은 재하판의 폭과 무관하다.

③ 사질토 지반의 침하량은 재하판의 폭이 커지면 약간 커지기는 하지만 비례하는 정도는 아니다.

④ 점토지반의 침하량은 재하판의 폭과 무관하다.

해설

점토지반의 침하량은 재하판의 폭에 비례한다.

**42** 직경 30cm의 평판을 이용하여 점토 위에서 평판재하시험을 실시하고 극한지지력 15kN/m²을 얻었다고 할 때 직경이 2m인 원형 기초의 총허용하중을 구하면?(단, 안전율은 3을 적용한다.)

① 8.3kN　　　　　　② 15.7kN

③ 24.2kN　　　　　　④ 32.6kN

해설

- 점성토 지반의 지지력은 재하판의 폭과 무관하다.

  $\therefore$ 직경 2m 원형기초의 극한지지력도 15kN/m²

- 극한하중=극한지지력×기초 단면적

  $= 15 \times \dfrac{\pi \times 2^2}{4} = 47.12\text{kN}$

- 허용하중 $= \dfrac{\text{극한하중}}{\text{안전율}} = \dfrac{47.12}{3} = 15.7\text{kN}$

**43** 어떤 점토시료의 압밀시험 결과, 1차 압밀 침하량은 20cm가 발생되었다. 이 점토시료가 70% 압밀일 때의 침하량은?

① 6cm　　　　　　② 14cm

③ 0.6cm　　　　　　④ 1.4cm

해설

$2.0 \times 0.7 = 14\text{cm}$

(압밀도와 침하량은 비례)

**44** 사질토 지반에서 직경 30cm의 평판재하시험 결과 30kN/m²의 압력이 작용할 때 침하량이 5mm라면, 직경 1.5m의 실제 기초에 30kN/m²의 하중이 작용할 때 침하량의 크기는?

① 28mm　　　　　　② 50mm

③ 14mm　　　　　　④ 25mm

해설

사질토층의 재하시험에 의한 즉시침하

$S_{기초} = S_{재하판} \cdot \left\{ \dfrac{2 \cdot B_{기초}}{B_{기초} + B_{재하판}} \right\}^2$

$= 5 \times \left\{ \dfrac{2 \times 1.5}{1.5 + 0.3} \right\}^2 = 14\text{mm}$

**45** 3m×3m인 정방형 기초를 허용지지력이 20t/m²인 모래지반에 시공하였다. 이 기초에 허용지지력만큼의 하중이 가해졌을 때, 기초 모서리에서의 탄성 침하량은?(단, 영향계수($I_s$)=0.561, 지반의 푸아송비($\mu$)=0.5, 지반의 탄성계수($E_s$)=1,500t/m²)

① 0.90cm      ② 1.54cm

③ 1.68cm      ④ 2.10cm

해설

$$S_i = q_a \cdot B \cdot \frac{1-\mu^2}{E_s} \cdot I_s = 20 \times 3 \times \frac{1-0.5^2}{1,500} \times 0.561$$

$$= 0.0168\text{m} = 1.68\text{cm}$$

CHAPTER

# 13

# 직접기초

# 01 직접기초

## 1. 얕은 기초(직접기초)

| 개요 | 모식도 | 내용 |
|---|---|---|
| 독립확대(푸팅) 기초 | | 한 개의 기둥만 지지하는 기초 |
| 복합확대(푸팅) 기초 | | 2개 이상의 기둥을 지지하는 기초 |
| 연속(줄)확대 기초 | | 벽체를 지지하는 기초 |
| 전면(Mat) 기초 | | • 기초바닥면적이 시공면적의 2/3 이상일 때<br>• 연약지반에 많이 사용(지반 조건이 좋지 않고 부등침하가 발생하기 쉬운 지형) |

## 2. 기초지반의 전단파괴

| 전반 전단파괴 | 국부 전단파괴 |
|---|---|
| ① 흙 전체가 전단파괴 발생<br>② 조밀한 모래나 굳은 점토지반에서 발생 | ① 부분적으로 지반이 전단파괴<br>② 느슨한 모래나 연약한 점토지반에서 발생 |

## 3. 기초의 구비조건

| 기초의 구비조건 | 동결 깊이 |
|---|---|
| ① 동해를 받지 않는 최소한의 근입 깊이($D_f$)를 가질 것(기초 깊이는 동결 깊이보다 깊어야 한다.)<br>② 지지력에 대해 안정할 것<br>③ 침하에 대해 안정할 것<br>　(침하량이 허용 침하량 이내일 것)<br>④ 기초공 시공이 가능할 것(내구적, 경제적) | |

**GUIDE**

• 기초의 분류
  ① 얕은(직접) 기초
    • 확대(footing) 기초
      – 독립확대 기초
      – 복합확대 기초
      – 연속확대 기초
    • 전면(Mat) 기초
  ② 깊은 기초
    • 말뚝기초
    • 피어(pier) 기초
    • 케이슨 기초

• 독립기초

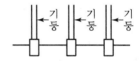

• 복합기초

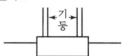

• 국부 전단 시 점착력은 $\dfrac{2}{3}$ 배

• 기초의 분류
  ① 얕은 기초 : $\dfrac{D_f}{B} \leq 1$
  ② 깊은 기초 : $\dfrac{D_f}{B} > 1$

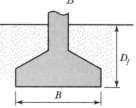

근입깊이($D_f$)를 깊게 하면 기초 지반의 지지력은 증가한다.

**01** 다음 중 얇은 기초는?

① Footing 기초      ② 말뚝 기초
③ Caisson 기초      ④ Pier 기초

**해설**

기초의 종류
• 직접기초(얇은 기초) : 푸팅(Footing)기초, 전면(Mat)기초
• 깊은기초 : 말뚝기초, 피어(Pier)기초, 케이슨(Caisson)기초

**02** 다음 중 얇은 기초는 어느 것인가?

① 말뚝기초      ② 피어기초
③ 케이슨기초      ④ 확대기초

**03** 다음 기초의 형식 중 얇은 기초인 것은?

① 확대기초      ② 우물통기초
③ 공기 케이슨기초      ④ 철근콘크리트 말뚝기초

**04** 다음의 기초형식 중 직접기초가 아닌 것은?

① 말뚝기초      ② 독립기초
③ 연속기초      ④ 전면기초

**해설**

직접기초(얇은 기초)의 종류
• 독립 푸팅기초      • 캔틸레버 푸팅기초
• 복합 푸팅기초      • 연속 푸팅기초
• 전면기초(Mat Foundation)

**05** 다음 중 지지력이 약한 지반에서 가장 적합한 기초형식은?

① 복합확대기초      ② 독립확대기초
③ 연속확대기초      ④ 전면기초

**해설**

전면기초(Mat Foundation)
지지력이 약한 지반에 가장 적합한 기초형식으로서 건물의 전체를 한 장의 슬래브로 지지한 기초

**06** 기초 지반의 지지력이 작은 곳에서 하나의 큰 슬래브로 연결하여 지반에 작용하는 단위 압력을 감소시키는 형식의 기초는 어느 것인가?

① 연속 기초      ② 독립 기초
③ 복합 기초      ④ 전면 기초

**07** 기초의 구비조건에 대한 설명으로 틀린 것은?

① 기초는 상부하중을 안전하게 지지해야 한다.
② 기초의 침하는 절대 없어야 한다.
③ 기초 깊이는 동결 깊이 이하이어야 한다.
④ 기초는 시공이 가능하고 경제적으로 만족해야 한다.

**해설**

기초의 침하량은 허용 값 이내여야 한다.

**08** 얇은기초의 지지력 계산에 적용하는 Terzaghi의 극한지지력 공식에 대한 설명으로 틀린 것은?

① 기초의 근입깊이가 증가하면 지지력도 증가한다.
② 기초의 폭이 증가하면 지지력도 증가한다.
③ 기초지반이 지하수에 의해 포화되면 지지력은 감소한다.
④ 국부전단파괴가 일어나는 지반에서 내부마찰각($\phi$)은 $\frac{2}{3}\phi$를 적용한다.

**해설**

국부전단파괴가 일어나는 지반에서 점착력($c$) $= \frac{2}{3}c$

**09** 얇은 기초의 근입심도를 깊게 하면 일반적으로 기초지반의 지지력은?

① 증가한다.
② 감소한다.
③ 변화가 없다.
④ 증가할 수도 있고, 감소할 수도 있다.

**해설**

근입심도($D_f$)가 깊으면 기초 지반의 지지력은 증가한다.

**정답**    01 ①    02 ④    03 ①    04 ①    05 ④    06 ④    07 ②    08 ④    09 ①

# 02 Terzaghi의 수정지지력

GUIDE

## 1. Terzaghi의 기초 파괴형태

**기초 파괴형태 모식도**

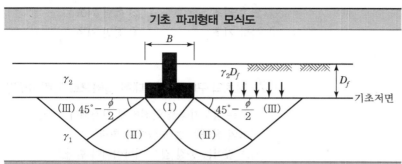

**특징**

① Ⅰ영역 : 탄성영역(흙쐐기 영역, 탄성평형상태)
② Ⅱ영역 : 방사상 전단영역(대수나선 전단영역)
③ Ⅲ영역 : Rankine의 수동영역(흙의 선형 전단파괴영역)
④ 전단파괴 순서 : Ⅰ→Ⅱ→Ⅲ

⑤ Ⅲ영역에서 수평면과 파괴면이 이루는 각도 : $45° - \dfrac{\phi}{2}$

## 2. 직접기초(얕은 기초)에서 (수정) 극한지지력 공식

**(수정) 극한지지력($q_{ult}$)**

$q_{ult}$ = 점착지지력 + 마찰지지력 + 덮개토압에 의한 지지력

Terzaghi의 극한지지력($q_{ult}$) = $\alpha c N_c + \beta B \gamma_1 N_r + \gamma_2 D_f N_q$

① $c$ : 점착력
② $B$ : 기초폭($m$)
③ $D_f$ : 근입깊이
④ $N_c, N_r, N_q$ : 지지력계수($\phi$의 함수)
⑤ $\gamma_1$ : 기초 저면 아래 지반의 단위중량
⑥ $\gamma_2$ : 기초 저면 위 지반의 단위중량

## 3. 기초형상에 따른 형상계수($\alpha$, $\beta$)

| 기초형상 / 형상계수 | 연속 기초 | 정사각형 기초 | 원형 기초 | 직사각형 기초 |
|---|---|---|---|---|
| $\alpha$ | 1.0 | 1.3 | 1.3 | $1.0 + 0.3\dfrac{B}{L}$ |
| $\beta$ | 0.5 | 0.4 | 0.3 | $0.5 - 0.1\dfrac{B}{L}$ |

• 극한지지력의 특징

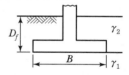

① $q_{ult}$ 는 폭, 근입 깊이에 비례
② $N_c, N_r, N_q$(지지력계수)는 내부마찰각($\phi$)에 의해 결정 (점착력($c$)과 무관)
③ B는 기초의 폭(단변), 원형 기초에서는 지름

• $B$ : 구형의 단변길이
• $L$ : 구형의 장변길이

# 예 / 상 / 문 / 제

**01** 얕은 기초의 극한지지력을 결정하는 테르자기의 이론에서 하중 $Q$가 점차 증가하여 푸팅이 아래로 침하할 때 다음 중 옳지 않은 것은?

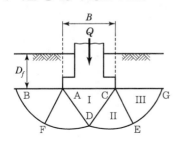

① I의 △ACD 구역은 탄성영역이다.
② Ⅱ의 △CDE 구역은 방사방향의 전단영역이다.
③ Ⅲ의 △CEG 구역은 랭킨(Rankine)의 주동영역이다.
④ DC와 FD는 대수 나선형의 곡선이다.

**해설**

영역 Ⅲ의(CEG, AFH) 구역은 Rankine의 수동영역이다.

**02** Terzaghi의 극한지지력 공식에 대한 설명으로 틀린 것은?

① 기초의 형상에 따라 형상계수를 고려하고 있다.
② 지지력계수 $N_c$, $N_q$, $N_r$는 내부마찰각에 의해 결정된다.
③ 점성토에서의 극한지지력은 기초의 근입깊이가 깊어지면 증가된다.
④ 극한지지력은 기초의 폭에 관계없이 기초 하부의 흙에 의해 결정된다.

**해설**

Terzaghi 극한지지력 공식
$q_{ult} = \alpha c N_c + \beta \gamma_1 B N_r + \gamma_2 D_f N_q$
∴ 극한지지력은 기초의 폭(B)이 증가하면 지지력도 증가한다.

**03** 다음 Terzaghi의 극한지지력 공식에 대한 설명으로 틀린 것은?

$$q_u = \alpha c N_c + \beta \gamma_1 B N_\gamma + \gamma_2 D_f N_q$$

① $\alpha$, $\beta$는 기초형상계수이다.
② 원형 기초에서 $B$는 원의 직경이다.
③ 정사각형 기초에서 $\alpha$의 값은 1.3이다.
④ $N_c$, $N_\gamma$, $N_q$는 지지력계수로서 흙의 점착력에 의해 결정된다.

**해설**

$N_c$, $N_r$, $N_q$는 지지력계수로서 흙의 내부마찰각에 의해 결정된다.

**04** Terzaghi의 지지력 공식에서 고려되지 않는 것은?

① 흙의 내부 마찰각
② 기초의 근입 깊이
③ 압밀량
④ 기초의 폭

**05** 단위체적중량 18kN/m³, 점착력 20kN/m², 내부마찰각 0°인 점토 지반에 폭 2m, 근입깊이 3m의 연속기초를 설치하였다. 이 기초의 극한지지력을 Terzaghi 식으로 구한 값은?(단, 지지력계수 $N_c$ = 5.7, $N_r$ = 0, $N_q$ = 1.00이다.)

① 232kN/m²
② 168kN/m²
③ 127kN/m²
④ 84kN/m²

**해설**

테르자기 극한지지력 공식
$q_{ult} = \alpha c N_c + \beta \gamma_1 B N_\gamma + \gamma_2 D_f N_q$
$q_{ult} = 1.0 \times 20 \times 5.7 + 0.5 \times 18 \times 2 \times 0 + 18 \times 3 \times 1.0$
$= 168 kN/m^2$

**정답** 01 ③ 02 ④ 03 ④ 04 ③ 05 ②

**CHAPTER 13** 직접기초 | **261**

## 4. 주어진 조건에 따른 Terzaghi의 수정 극한지지력 식

| 모래지반에 기초 설치 | 점토지반에 기초 설치 | 지표 위에 기초 설치 |
|---|---|---|
| $q_{ult} = \beta B \gamma_1 N_r + \gamma_2 D_f N_q$ <br> $(c=0)$ | $q_{ult} = \alpha c N_c + \gamma_2 D_f N_q$ <br> $(\phi=0,\ N_r=0)$ | $q_{ult} = \alpha c N_c + \beta B \gamma_1 N_r$ <br> $(D_f=0)$ |
| 극한지지력$(q_{ult}) = \alpha c N_c + \beta B \gamma_1 N_r + \gamma_2 D_f N_q$ |||

・ 얕은 기초의 지지력에 영향을 미치는 것
① 기초의 형상
② 기초의 깊이
③ 지반의 경사

## 5. 지하수위 영향에 따른 단위중량 계산($0 \le d_1 \le D_f$)

| 지하수위 조건 | 모식도 | $\gamma_1,\ \gamma_2$ |
|---|---|---|
| 지하수위가 기초 저면보다 위에 위치할 때 | | ① $\gamma_1 = \gamma_{sub}$ <br> ② $\gamma_2 = \dfrac{\gamma_t d_1 + \gamma_{sub} d_2}{D_f}$ <br> $(\gamma_2 D_f = \gamma_t d_1 + \gamma_{sub} d_2)$ |
| 극한지지력 | $q_{ult} = \alpha c N_c + \beta B \gamma_1 N_r + \gamma_2 D_f N_q$ ||

・ 지하수위가 기초 저면에 위치
① $\gamma_1 = \gamma_{sub}$
② $\gamma_2 = \gamma_t$
(흙의 단위중량($\gamma_1$)은 지하수면 이하에서는 수중밀도($\gamma_{sub}$)를 사용)

## 6. 지하수위 영향에 따른 단위중량 계산($d \le B$)

| 지하수위 조건 | 모식도 | $\gamma_1,\ \gamma_2$ |
|---|---|---|
| 지하수위가 기초 저면보다 아래에 위치할 때($d \le B$) | | ① $\gamma_1 = \dfrac{\gamma_t d + \gamma_{sub}(B-d)}{B}$ <br> $[\gamma_1 B = \gamma_t d + \gamma_{sub}(B-d)]$ <br> ② $\gamma_2 = \gamma_t$ |
| 극한지지력 | $q_{ult} = \alpha c N_c + \beta B \gamma_1 N_r + \gamma_2 D_f N_q$ ||

・ 기초 바닥에서 지하수위까지의 연직거리가 기초 폭보다 큰 경우($d \ge B$)는 지지력에 영향이 없다.

## 7. 직접기초의 허용지지력($q_a$)

| 허용지지력(t/m²) | 허용 총 하중($t$) |
|---|---|
| $q_a = \dfrac{q_{ult}}{F_s} = \dfrac{\text{극한 지지력}}{\text{안전율}}$ | $Q_a = q_a \times A$ |

・ 안전율($F_s$)
$= \dfrac{\text{저항하는 힘(지지력)}}{\text{작용하는 힘(지지력)}}$
$= \dfrac{\text{극한지지력(최대저항력)}}{\text{허용지지력}}$

・ 순 허용지지력에 사용되는 안전율은 3 이상으로 한다.

**262** | 토질 및 기초

**01** 다음 그림과 같은 정방형 기초에서 안전율을 3으로 할 때 Terzaghi공식을 사용한 한 변의 최소길이 B는?(단, 흙의 전단강도 $c=60\text{kN/m}^2$, $\phi=0°$이고, 물의 단위중량은 $9.81\text{kN/m}^2$이며, 흙의 습윤 및 포화단위중량은 각각 $19\text{kN/m}^2$, $20\text{kN/m}^2$, $N_c=5.7$, $N_r=0$, $N_q=1.0$이다.)

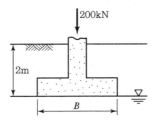

① 1.115m
② 1.432m
③ 1.512m
④ 1.624m

**해설**

| 형상계수 | 원형 기초 | 정사각형 기초 | 연속기초 |
|---|---|---|---|
| $\alpha$ | 1.3 | 1.3 | 1.0 |
| $\beta$ | 0.3 | 0.4 | 0.5 |

• 극한지지력

$q_{ult}=\alpha cN_c+\beta\gamma_1 BN_r+\gamma_2 D_f N_q$
　$=1.3\times60\times5.7+0.4\times(20-9.8)\times B\times0+19\times2\times1.0$
　$=482.6\text{kN/m}^2$

• 허용지지력$(q_a)=\dfrac{q_{ult}}{F_s}=\dfrac{482.6}{3}=160.87\text{kN/m}^2$

　따라서 허용하중$(Q_a)=q_a\cdot A$에서 $200=160.87\times B^2$
　$\therefore\ B=1.115\text{m}$

**02** 그림과 같이 3m×3m 크기의 정사각형 기초가 있다. Terzaghi 지지력공식 $q_u=1.3cN_c+\gamma_1 D_f N_q+0.4\gamma_2 BN_\gamma$ 을 이용하여 극한지지력을 산정할 때 사용되는 흙의 단위중량$(\gamma_2)$의 값은?(단, 물의 단위중량은 $9.81\text{kN/m}^3$이다.)

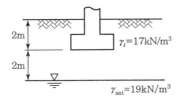

① $9.4\text{kN/m}^3$
② $11.7\text{kN/m}^3$
③ $14.4\text{kN/m}^3$
④ $17.2\text{kN/m}^3$

**해설**

• $B\leqq d$ : 지하수위 영향 없음
• $B>d$ : 지하수위 영향 고려

$\gamma_2=\dfrac{\gamma\cdot d+\gamma_{sub}(B-d)}{B}=\dfrac{17\times2+(19-9.81)(3-2)}{3}$
　$=14.4\text{kN/m}^3$

**03** 크기가 1.5m×1.5m인 정방형 직접기초가 있다. 근입깊이가 1.0m일 때, 기초 저면의 허용지지력을 테르자기(Terzaghi) 방법에 의하여 구하면?(단, 기초지반의 점착력은 $15\text{kN/m}^2$, 단위중량은 $18\text{kN/m}^3$, 마찰각은 20°이고 이때의 지지력계수는 $N_c=17.69$, $N_q=7.44$, $N_r=3.64$이며, 허용지지력에 대한 안전율은 4.0으로 한다.)

① 약 $130\text{kN/m}^2$
② 약 $140\text{kN/m}^2$
③ 약 $150\text{kN/m}^2$
④ 약 $160\text{kN/m}^2$

**해설**

테르자기 극한지지력 공식
$q_{ult}=\alpha cN_c+\beta\gamma_1 BN_r+\gamma_2 D_f N_q$

| 형상계수 | 원형 기초 | 정사각형 기초 | 연속기초 |
|---|---|---|---|
| $\alpha$ | 1.3 | 1.3 | 1.0 |
| $\beta$ | 0.3 | 0.4 | 0.5 |

$q_{ult}=1.3\times15\times17.69+0.4\times18\times1.5\times3.64+18\times1.0\times7.44$
　$=518.2\text{kN/m}^2$

허용지지력$(q_a)=\dfrac{q_{ult}}{F_s}=\dfrac{518.2}{4}=129.6\text{kN/m}^2\fallingdotseq130\text{kN/m}^2$

# 03 기타 지지력 공식

## 1. Meyerhof 공식(모래지반의 극한지지력)

| 극한지지력 공식 | 내용 |
|---|---|
| $q_{ult} = 3NB\left(1 + \dfrac{D_f}{B}\right)$ | ① N : 표준관입시험치<br>② B : 기초의 폭<br>③ $D_f$ : 근입 깊이 |

## 2. Skempton 공식(점토지반의 극한지지력)

| 극한지지력 공식 | 내용 |
|---|---|
| $q_{ult} = c\,N_c + \gamma D_f$ | ① 비배수 상태($\phi = 0$)인 포화점토에 적용<br>② $N_c$ : Skempton 지지력 계수<br>③ $\gamma$ : $\gamma_{sat}$ 사용(전응력 해석) |

• Meyerhof의 일반지지력 공식에 포함되는 계수
① 형상계수
② 근입깊이계수
③ 하중경사계수
④ 지지력계수

# 04 직접기초의 굴착공법

## 1. open cut 공법

| open cut 공법 | 특징 |
|---|---|
| | 토질이 양호하고 부지의 여유가 있을 경우에 적합한 굴착공법(개착공법) |

• 구조물의 침하대책
① 지중응력의 증가를 감소시킨다.
(구조물 경량화)
② 구조물의 중량 배분을 균등하게 한다.
③ 구조물의 강성을 크게 한다.
④ 신축이음(중량이 일정하지 않을 경우)

## 2. 아일랜드 공법 및 트렌치 컷 공법

| 아일랜드(Island) 공법 | 트렌치 컷(Trench cut) 공법 |
|---|---|
| | |
| ① 중앙부를 먼저 굴착<br>② 다음에 주변부 굴착 | ① 주변부를 먼저 굴착<br>② 다음에 중앙부 굴착 |

• 언더피닝 공법
기존 구조물이 얕은 기초에 인접하고 있어 새로이 깊은 별도의 기초를 축조할 때 구 기초를 보강할 필요가 있는 보강공법

**264** | 토질 및 기초

**01** 크기가 1.5m×1.5m인 직접기초가 있다. 근입 깊이가 1.0m일 때 기초가 받을 수 있는 최대 허용하중을 Terzaghi 방법에 의하여 구하면?(단, 기초 지반의 점착력은 15kN/m², 단위중량은 18kN/m³, 마찰각은 20°이고 이때의 지지력계수는 $N_c = 17.69$, $N_q = 7.44$, $N_r = 3.64$이며, 허용지지력에 대한 안전율은 4.0으로 한다.)

① 약 290kN   ② 약 390kN
③ 약 490kN   ④ 약 590kN

해설

- $q_{ult} = \alpha c N_c + \beta \gamma_1 B N_r + \gamma_2 D_f N_q$
  $= 1.3 \times 15 \times 17.69 + 0.4 \times 18 \times 1.5 \times 3.64 + 18 \times 1.0 \times 7.44$
  $= 518.19 \text{kN/m}^2$
- 허용지지력$(q_a) = \dfrac{q_{ult}}{F_s} = \dfrac{518.19}{4} = 129.5 \text{kN/m}^2$
- 허용하중$(Q_a) = q_a \times A$
  $= 129.5 \times (1.5 \times 1.5)$
  $= 290 \text{kN}$

**02** Meyerhof의 일반지지력 공식에 포함되는 계수가 아닌 것은?

① 국부전단계수   ② 근입깊이계수
③ 경사하중계수   ④ 형상계수

해설

Meyerhof의 일반지지력 공식에 포함되는 계수
- 형상계수
- 근입깊이계수
- 경사하중계수
- 지지력계수

**03** 기초 폭 4m의 연속 기초를 지표면 아래 3m에 위치한 모래 지반에 설치하려고 한다. 이때 표준관입시험 결과에 의한 사질 지반의 평균 $N$값이 10일 때 극한지지력은?(단, Meyerhof공식 사용)

① 420t/m²   ② 210t/m²
③ 105t/m²   ④ 75t/m²

해설

Meyerhof의 지지력

$q_{ult} = 3NB\left(1 + \dfrac{D_f}{B}\right)$

$\quad = 3 \times 10 \times 4 \times \left(1 + \dfrac{3}{4}\right)$

$\quad = 210 \text{t/m}^2$

**04** 건물의 신축에서 큰 침하를 피하지 못하는 경우의 대책 중 옳지 않은 것은?

① 신축이음을 설치한다.
② 구조물의 강성을 높인다. 특히 수평재가 유효하다.
③ 지중응력의 증가를 크게 한다.
④ 구조물의 형상 및 중량 배분을 고려한다.

해설

구조물의 침하대책
- 지중응력을 감소시킨다.
- 구조물의 중량 배분을 균등하게 한다.
- 구조물의 강성을 크게 한다.
- 신축이음

**05** 직접기초 굴착공법이 아닌 것은?

① 오픈 컷(open cut) 공법
② 트랜치 컷(trench cut) 공법
③ 아일랜드(island) 공법
④ 디프 웰(deep well) 공법

해설

기초 굴착공법
- open cut
- 아일랜드 공법
- 트랜치 컷 공법

정답   01 ①   02 ①   03 ②   04 ③   05 ④

# 05 편심하중을 받는 기초

## 1. 연속기초의 편심하중

| 편심하중 | 압축응력 |
|---|---|
| | $\sigma_{max} = \dfrac{Q}{A}\left(1 + \dfrac{6e}{B}\right)$ |
| | $\sigma_{min} = \dfrac{Q}{A}\left(1 - \dfrac{6e}{B}\right)$ |

- $\sigma_{max}$ : 최대압축응력
- $\sigma_{min}$ : 최소압축응력
- $Q$ : 연직하중
- $A$ : 폭$(B)$×길이$(L)$
  (연속기초는 단위길이로 해석)
- $e$(편심거리) $= \dfrac{M}{Q}$

# 06 보상기초

## 1. 정의

| 보상기초 | 정의 |
|---|---|
| | ① 지지층이 깊을 경우 기초가 설치되는 지반을 굴착하여 구조물로 인한 하중 증가를 감소하는 얕은 기초<br>② 구조물 하중$(\gamma \cdot D_f)$만큼 하중이 감소됨<br>③ 완전 보상기초는 토압 증가가 없다. $(q = 0)$ |
| **순압력$(q)$** | **완전 보상기초의 근입 깊이** |
| $q = \dfrac{Q}{A} - (\gamma \cdot D_f)$ | $D_f = \dfrac{Q}{A \cdot \gamma}$ |

## 2. 부분 보상기초

| 부분 보상기초 | 부분 보상기초의 안전율 |
|---|---|
| ① $D_f < \dfrac{Q}{A}$<br><br>② $q = \dfrac{Q}{A} - (\gamma D_f) > 0$ | $F_s = \dfrac{q_{u(net)}}{q} = \dfrac{순극한지지력}{하중(압력)}$<br><br>$= \dfrac{q_{u(net)}}{\dfrac{Q}{A} - (\gamma \cdot D_f)}$ |

**01** 아래 그림과 같은 폭($B$) 1.2m, 길이($L$) 1.5m 인 사각형 얕은 기초의 폭($B$) 방향에 편심이 작용하는 경우 지반에 작용하는 최대압축응력은?

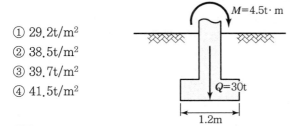

$M=4.5\text{t}\cdot\text{m}$

$Q=30\text{t}$

1.2m

① $29.2\text{t/m}^2$
② $38.5\text{t/m}^2$
③ $39.7\text{t/m}^2$
④ $41.5\text{t/m}^2$

$$\sigma_{\max}=\frac{Q}{A}\left(1+\frac{6e}{B}\right)=\frac{30}{1.2\times1.5}\left(1+\frac{6\times0.15}{1.2}\right)=29.2\text{t/m}^2$$
$$\left(e=\frac{M}{Q}=\frac{4.5}{30}=0.15\text{m}\right)$$

**02** 기초폭 4m인 연속기초에서 기초면에 작용하는 합력의 연직 성분은 10kN이고 편심거리가 0.4m 일 때, 기초지반에 작용하는 최대 압력은?

① $2\text{kN/m}^2$
② $4\text{kN/m}^2$
③ $6\text{kN/m}^2$
④ $8\text{kN/m}^2$

해설

연속기초의 편심하중
$$q_{\max}=\frac{Q}{B}\left(1+\frac{6e}{B}\right)=\frac{10}{4}\left(1+\frac{6\times0.4}{4}\right)=4\text{kN/m}^2$$

**03** 다음 그림과 같은 전면기초에서 단면적이 100 m², 구조물의 사하중 및 활하중을 합한 총 하중이 2,500ton이고 근입 깊이가 2m, 근입 깊이 내의 흙의 단위중량이 1.8t/m³이었다. 이 기초에 작용하는 순압력은?

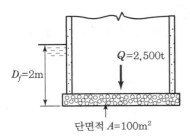

$D_f=2\text{m}$

$Q=2,500\text{t}$

단면적 $A=100\text{m}^2$

① $21.4\text{t/m}^2$
② $25.0\text{t/m}^2$
③ $26.8\text{t/m}^2$
④ $28.6\text{t/m}^2$

해설

$$q=\frac{Q}{A}-(\gamma\cdot D_f)=\frac{2,500}{100}-(1.8\times2)=21.4\text{t/m}^2$$

**04** 크기가 30m×40m인 전면 기초가 점성토 지반 위에 설치되었다. 기초에 작용하는 하중의 합이 18,000kN이고, 점성토의 단위중량이 2kN/m³일 때, 완전보상기초(compensated foundation)가 되기 위한 기초의 깊이를 구하면?

① 7.5m
② 15m
③ 3.75m
④ 6m

해설

$q=\dfrac{Q}{A}-(\gamma\cdot D_f)=0$ 에서

$$=\frac{18,000}{30\times40}-(2\times D_f)=0 \quad \therefore D_f=7.5\text{m}$$

**05** 그림과 같은 20×30m 전면기초인 부분보상기초(Partially Compensated Foundation)의 지지력 파괴에 대한 안전율은?

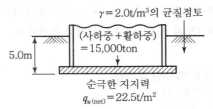

$\gamma=2.0\text{t/m}^3$의 균질점토

(사하중＋활하중) $=15,000\text{ton}$

5.0m

순극한 지지력 $q_{u(\text{net})}=22.5\text{t/m}^2$

① 3.0
② 2.5
③ 2.0
④ 1.5

해설

부분보상기초 안전율($F_s$)

$$F_s=\frac{q_{u(net)}}{q}=\frac{\text{순극한 지지력}}{\text{하중(압력)}}$$

$$\therefore F_s=\frac{q_{u(net)}}{\dfrac{Q}{A}-(\gamma\cdot D_f)}=\frac{22.5}{\left(\dfrac{15,000}{20\times30}\right)-(2\times5)}=1.5$$

**01** 지반의 강도가 약한 연약 지반에는 다음의 어떤 기초가 가장 좋은가?

① 연속 기초　　　　② 전면 기초
③ 독립 기초　　　　④ 복합 기초

해설

전면기초
지반의 국부적인 차이에 의한 부등 침하의 영향이 적어 지반의 강도가 아주 약한 연약지반에는 footing 기초보다 유리하다.

**02** 얕은 기초의 극한지지력을 결정하는 Terzaghi의 이론에서 하중 $Q$가 점차 증가하여 기초가 아래로 침하할 때의 설명으로 옳지 않은 것은?

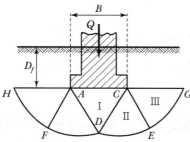

① I의 △ACD 구역은 탄성영역이다.
② II의 △CDE 구역은 방사방향의 전단영역이다.
③ III의 △CEG 구역은 Rankine의 주동영역이다.
④ 원호 DE와 FD는 대수 나선형의 곡선이다.

해설

얕은 기초의 전반전단 파괴형상
• I영역 : 탄성영역
• II영역 : 전단영역
• III영역 : 수동영역

**03** Terzaghi의 지지력공식에서 고려되지 않는 것은?

① 흙의 내부 마찰각　　② 기초의 근입깊이
③ 침하량　　　　　　④ 기초의 폭

해설

Terzaghi 극한지지력 공식
$q_u = \alpha \cdot c \cdot N_c + \beta \cdot \gamma_1 \cdot B \cdot N_r + \gamma_2 \cdot D_f \cdot N_q$
　여기서, $\alpha$, $\beta$ : 형상계수
　　　　　$N_c$, $N_r$, $N_q$ : 지지력계수($\phi$함수)
　　　　　$c$ : 점착력
　　　　　$\gamma_1$, $\gamma_2$ : 단위중량
　　　　　$B$ : 기초폭
　　　　　$D_f$ : 근입깊이
∴ 압밀침하량은 고려하지 않는다.

**04** 다음 중 얕은 기초의 지지력에 영향을 미치지 않는 것은?

① 지반의 경사　　　② 기초의 깊이
③ 기초의 두께　　　④ 기초의 형상

해설

얕은 기초의 지지력은 지반의 경사, 기초의 근입 깊이($D_f$), 기초의 폭($B$), 기초의 형상($\alpha$, $\beta$), 지반의 조건 등에 따라 영향을 미친다.

**05** Terzaghi의 얕은 기초에 대한 수정 지지력 공식에서 형상계수 $\alpha$와 $\beta$의 해석 중 틀린 것은?(단, $B$는 단변(短邊)의 길이, $L$은 장변(長邊)의 길이)

① 연속기초에서 $\alpha = 1.0$, $\beta = 0.5$
② 정방형기초에서 $\alpha = 1.3$, $\beta = 0.4$
③ 장방형기초에서 $\alpha = 1 + 0.3 \dfrac{B}{L}$, $\beta = 0.5 - 0.1 \dfrac{B}{L}$
④ 원형기초에서 $\alpha = 1.3$, $\beta = 0.6$

해설

Terzaghi의 수정 공식에서 형상계수

| 구분 | 연속 | 정사각형 | 원형 | 직사각형 |
|------|------|---------|------|---------|
| $\alpha$ | 1.0 | 1.3 | 1.3 | $1 + 0.3 \dfrac{B}{L}$ |
| $\beta$ | 0.5 | 0.4 | 0.3 | $0.5 - 0.1 \dfrac{B}{L}$ |

**06** 테르자기(Terzaghi)의 지지력 공식에 의하면, 기초의 깊이가 깊을수록 극한 지지력은?

① 증가한다.
② 감소한다.
③ 관계가 없다.
④ 경우에 따라 증가하기도 하고 감소하기도 한다.

해설

$q_u = \alpha c N_c + \beta \gamma_1 B N_r + \gamma_2 D_f N_q$
∴ 기초 폭($B$)과 기초 깊이($D_f$)가 클수록 지지력은 증가한다.

**07** 단위체적중량 $1.8\text{kN/m}^3$, 점착력 $2.0\text{kN/m}^2$, 내부마찰각 $0°$인 점토 지반에 폭 2m, 근입 깊이 3m의 연속기초를 설치하였다. 이 기초의 극한지지력을 Terzaghi 식으로 구한 값은?(단, 지지력계수 $N_c = 5.7$, $N_r = 0$, $N_q = 1.0$이다.)

① $8.4\text{kN/m}^2$    ② $23.2\text{kN/m}^2$
③ $12.7\text{kN/m}^2$    ④ $16.8\text{kN/m}^2$

해설

테르자기의 극한지지력 공식
$q_u = \alpha \cdot c \cdot N_c + \beta \cdot \gamma_1 \cdot B \cdot N_r + \gamma_2 \cdot D_f \cdot N_q$

| 형상계수 | 원형 기초 | 정사각형 기초 | 연속기초 |
|---|---|---|---|
| $\alpha$ | 1.3 | 1.3 | 1.0 |
| $\beta$ | 0.3 | 0.4 | 0.5 |

$q_u = 1.0 \times 2.0 \times 5.7 + 0 + 1.8 \times 3 \times 1.0$
$= 16.8\text{kN/m}^2$

**08** 크기가 $1.5\text{m} \times 1.5\text{m}$인 정방형 직접기초가 있다. 근입 깊이가 1.0m일 때, 기초 저면의 허용지지력을 테르자기(Terzaghi) 방법에 의하여 구하면?(단, 기초 지반의 점착력은 $1.5\text{kN/m}^2$, 단위중량은 $1.8\text{kN/m}^3$, 마찰각은 $20°$이고 이때의 지지력계수는 $N_c = 17.69$, $N_q = 7.44$, $N_r = 3.64$이며, 허용지지력에 대한 안전율은 4.0으로 한다.)

① 약 $13\text{kN/m}^2$
② 약 $14\text{kN/m}^2$
③ 약 $15\text{kN/m}^2$
④ 약 $16\text{kN/m}^2$

해설

$q_u = \alpha \cdot c \cdot N_c + \beta \cdot \gamma_1 \cdot B \cdot N_r + \gamma_2 \cdot D_f \cdot N_q$
$= 1.3 \times 1.5 \times 17.69 + 0.4 \times 1.8 \times 1.5 \times 3.64 + 1.8 \times 1.0 \times 7.44$
$= 51.82\text{kN/m}^2$

허용지지력($q_a$) $= \dfrac{q_u}{F_s} = \dfrac{51.82}{4} = 12.96\text{kN/m}^2 ≒ 13\text{kN/m}^2$

**09** 그림에서 정사각형 독립기초 $2.5\text{m} \times 2.5\text{m}$가 실트질 모래 위에 시공되었다. 이때 근입 깊이가 1.50m인 경우 허용지지력은?(단, $N_c = 35$, $N_\gamma = N_q = 20$)

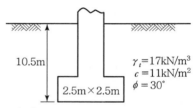

$\gamma_t = 17\text{kN/m}^3$
$c = 11\text{kN/m}^2$
$\phi = 30°$

10.5m

$2.5\text{m} \times 2.5\text{m}$

① $250\text{kN/m}^2$
② $300\text{kN/m}^2$
③ $350\text{kN/m}^2$
④ $450\text{kN/m}^2$

해설

극한지지력
$q_u = \alpha \cdot c \cdot N_c + \beta \cdot \gamma_1 \cdot B \cdot N_r + \gamma_2 \cdot D_f \cdot N_q$
$= 1.3 \times 11 \times 35 + 0.4 \times 17 \times 2.5 \times 20 + 17 \times 1.5 \times 20$
$= 1,350.5\text{kN/m}^2$

허용지지력
$q_a = \dfrac{q_u}{F_s} = \dfrac{1,350.5}{3} = 450\text{kN/m}^2$
(∵ 기초의 안전율은 통상 $F_s = 3$을 사용한다.)

**10** $c=22\text{kN/m}^2$, $\phi=25°$, $\gamma_t=18\text{kN/m}^3$인 지반에 $2.5\times2.5\text{m}$의 정사각형 기초가 근입깊이 $1.2\text{m}$에 놓여 있고 지하수위 영향은 없다. 이때 이 정사각형 기초의 허용하중을 구하면?(단, Terzaghi의 지지력공식을 이용하여 안전율 3, 형상계수 $\alpha=1.3$, $\beta=0.4$ $N_c=25.1, N_r=9.7$, $N_q=12.7$)

① 1,200kN
② 2,430kN
③ 3,430kN
④ 4,860kN

 해설

테르자기 극한지지력 공식
$q_u=\alpha\cdot c\cdot N_c+\beta\cdot\gamma_1\cdot B\cdot N_r+\gamma_2\cdot D_f\cdot N_q$

| 형상계수 | 원형 기초 | 정사각형 기초 | 연속기초 |
|---|---|---|---|
| $\alpha$ | 1.3 | 1.3 | 1.0 |
| $\beta$ | 0.3 | 0.4 | 0.5 |

$q_u=1.3\times22\times25.1+0.4\times18\times2.5\times9.7+18\times1.2\times12.7$
$\quad=1,166.78\text{kN/m}^2$

• 허용 지지력
$$q_a=\frac{\text{극한지지력}(q_u)}{\text{안전율}(F_s)}=\frac{1,166.78}{3}$$
$\quad=388.9\text{kN/m}^2$

• 허용하중
$Q_a=\text{허용지지력}(q_a)\times\text{기초단면적}(A)$
$\quad=388.9\times2.5\times2.5=2,430\text{kN}$

**11** 단위체적중량이 $1.6\text{kN/m}^3$, 점착력 $c=1.5\text{kN/m}^2$, 내부 마찰각 $\phi=0$인 점토지반에 폭 $B=2\text{m}$, 근입 깊이 $D_f=3\text{m}$인 연속기초의 극한 지지력은? (단, Terzaghi식을 이용, 지지력계수 $N_c=5.7$, $N_r=0$, $N_q=1.0$, 형상계수 $\alpha=1.0$, $\beta=0.5$)

① $10.15\text{kN/m}^2$
② $13.35\text{kN/m}^2$
③ $15.42\text{kN/m}^2$
④ $18.12\text{kN/m}^2$

 해설

$q_u=\alpha c N_c+\beta\gamma_1 B N_r+\gamma_2 D_f N_q$
$\quad=\alpha c N_c+\gamma_2 D_f N_q\quad(\because\phi=0\text{인 점토})$
$\quad=1.0\times1.5\times5.7+1.6\times3\times1=13.35\text{kN/m}^2$

**12** 크기가 $1.5\text{m}\times1.5\text{m}$인 직접기초가 있다. 근입깊이가 $1.0\text{m}$일 때, 기초가 받을 수 있는 최대허용하중을 Terzaghi 방법에 의하여 구하면?(단, 기초지반의 점착력은 $15\text{kN/m}^2$, 단위중량은 $18\text{kN/m}^3$, 마찰각은 $20°$이고 이때의 지지력계수는 $N_c=17.69$, $N_q=7.44$, $N_r=3.64$이며, 허용지지력에 대한 안전율은 $4.0$으로 한다.)

① 약 290kN
② 약 390kN
③ 약 490kN
④ 약 590kN

 해설

• 극한지지력
$q_u=\alpha\cdot c\cdot N_c+\beta\cdot\gamma_1\cdot B\cdot N_r+\gamma_2\cdot D_f\cdot N_q$
$\quad=1.3\times15\times17.69+0.4\times18\times1.5\times3.64+18\times1.0\times7.44$
$\quad=518.2\text{kN/m}^2$

• 허용지지력
$$q_a=\frac{q_u}{F}=\frac{518.2}{4}=129.6\text{kN/m}^2$$

• 허용하중
$Q_a=q_a\cdot A=129.6\times1.5\times1.5=290\text{kN}$

**13** 그림에서 정사각형 독립기초 $3\text{m}\times3\text{m}$가 실트질 모래 위에 시공되었다. 이때 근입 깊이가 $1.50\text{m}$인 경우 허용지지력은?(단, $N_c=35$, $N_r=N_q=20$)

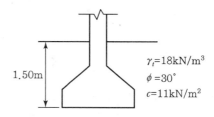

① $250\text{kN/m}^2$
② $382\text{kN/m}^2$
③ $410\text{kN/m}^2$
④ $466\text{kN/m}^2$

해설
$$q_u = \alpha c N_c + \beta \gamma_1 B N_r + \gamma_2 D_f N_q$$
$$= 1.3 \times 11 \times 35 + 0.4 \times 18 \times 2.5 \times 20 + 18 \times 1.5 \times 20$$
$$= 1,400.5\text{kN/m}^2$$
$$(\because \alpha = 1.3, \ \beta = 0.4)$$
$$\therefore \text{허용지지력} \ q_a = \frac{q_u}{F_s} = \frac{1,400.5}{3} = 466.8\text{kN/m}^2$$

**14** 4m×4m인 정사각형 기초를 내부마찰각 $\phi = 20°$, 점착력 $c = 30\text{kN/m}^2$인 지반에 설치하였다. 흙의 단위중량 $\gamma = 19\text{kN/m}^3$이고 안전율이 3일 때 기초의 허용하중은?(단, 기초의 깊이는 1m이고, $N_q = 7.44$, $N_\gamma = 4.97$, $N_c = 17.69$이다.)

① 3,780kN
② 5,240kN
③ 6,750kN
④ 8,140kN

**해설**
- 극한지지력
$$q_u = \alpha \cdot c \cdot N_c + \beta \cdot \gamma_1 \cdot B \cdot N_r + \gamma_2 \cdot D_f \cdot N_q$$
$$= 1.3 \times 30 \times 17.69 + 0.4 \times 19 \times 4 \times 4.97 + 19 \times 1 \times 7.44$$
$$= 982.4\text{kN/m}^2$$
- 허용지지력
$$q_a = \frac{q_u}{F_s} = \frac{982.4}{3} = 327.5\text{kN/m}^2$$
- 허용하중
$$Q_a = q_a \cdot A = 327.5 \times 4 \times 4 = 5,240\text{kN}$$

**15** 다음 그림과 같이 점토질 지반에 연속기초가 설치되어 있다. Terzaghi 공식에 의한 이 기초의 허용지지력 $q_a$는 얼마인가?(단, $\phi = 0$이며, 폭($B$) = 2m, $N_c = 5.14$, $N_q = 1.0$, $N_r = 0$, 안전율 $F_s = 3$이다.)

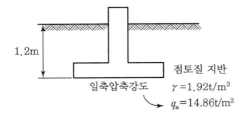

① 6.4t/m²
② 13.5t/m²
③ 18.5t/m²
④ 40.49t/m²

**해설**
$$q_u = \alpha c N_c + \beta \gamma_1 B N_r + \gamma_2 D_f N_q$$
$$= 1 \times 7.43 \times 5.14 + 0.5 \times 1.92 \times 2 \times 0 + 1.92 \times 1.2 \times 1$$
$$= 40.49\text{t/m}^2$$
$$(\because \text{연속 기초} \ \alpha = 1.0, \ \beta = 0.5)$$
$$q_a = \frac{q_u}{F} = \frac{40.49}{3} = 13.5\text{t/m}^2$$
$$\left( \because \phi = 0 \text{일 때 점착력} \ c = \frac{q_u}{2} = \frac{14.86}{2} = 7.43\text{t/m}^2 \right)$$

**16** 그림과 같은 20×30cm 전면기초인 부분보상 기초(Partialfy Compensated Foundation)의 지지력 파괴에 대한 안전율은?

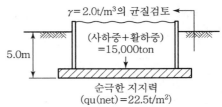

① 3.0
② 2.5
③ 2.0
④ 1.5

**해설**
- 부분보상기초 지지력
$$q = \frac{Q}{A} - (\gamma \cdot D_f)$$
$$= \frac{15,000}{20 \times 30} - (2 \times 5) = 15\text{t/m}^2$$
- 안전율
$$F_s = \frac{q_{u(net)}}{q} = \frac{22.5}{15} = 1.5$$

**17** 폭($B$) 1.2m, 길이($L$) 1.5m인 다음 그림과 같은 사각형 얕은 기초의 폭($B$) 방향에 편심이 작용하는 경우 지반에 작용하는 최대압축응력은?

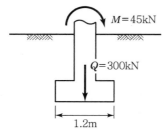

$M = 45$kN

$Q = 300$kN

1.2m

① 292kN/m²
② 385kN/m²
③ 397kN/m²
④ 415kN/m²

해설

**기초지반에 작용하는 최대압력**

$$\sigma_{\max} = \frac{\sum V}{B}\left(1 \pm \frac{6e}{B}\right)$$

$$= \frac{300}{1.2 \times 1.5} \times \left(1 \pm \frac{6 \times 0.15}{1.2}\right) = 292\text{kN/m}^2$$

(편심거리 $e = \dfrac{M}{Q} = \dfrac{45}{300} = 0.15\text{m}$)

**18** 기초폭 4m인 연속기초에서 기초면에 작용하는 합력의 연직성분은 100kN이고 편심거리가 0.4m일 때, 기초지반에 작용하는 최대 압력은?

① 20kN/m²　　② 40kN/m²
③ 60kN/m²　　④ 80kN/m²

해설

**편심하중을 받는 기초의 지지력**

$$\sigma_{\max} = \frac{\sum V}{B} \times \left(1 \pm \frac{6 \cdot e}{B}\right)$$

$$= \frac{100}{4} \times \left(1 + \frac{6 \times 0.4}{4}\right)$$

$$= 40\text{kN/m}^2$$

CHAPTER

# 14

# 깊은 기초

# 01 말뚝기초의 분류

## 1. 지지방법에 의한 분류

| 선단지지말뚝 | 마찰말뚝 | 다짐(하부지반지지)말뚝 |
|---|---|---|
| 암반 | | |
| 상부 구조물의 하중을 선단의 지지력으로 암반에 지지하는 말뚝 | 상부 구조물의 하중을 말뚝의 주면 마찰력으로 지지하는 말뚝 | 주면 마찰력과 선단 지지력을 모두 기대하는 말뚝 |

## 2. 주동말뚝과 수동말뚝

| 주동말뚝 | 수동말뚝 |
|---|---|
| ① 말뚝이 변형함에 따라 지반이 저항<br>② 말뚝이 움직이는 주체가 됨 | 연약지반 상에서 지반이 먼저 변형하고 그 결과 말뚝이 저항하는 말뚝 |

# 02 기성 및 현장타설 콘크리트 말뚝

## 1. 강말뚝(steel pile), 강관말뚝, H형 강말뚝

| 강말뚝의 특징 |
|---|
| ① 재질이 강해 지내력이 큰 지층에 항타할 수 있다.(개당 100t 이상의 큰 지지력을 얻음)<br>② 단면의 휨강성이 커서 수평저항력이 크다.(이음이 확실하고 길이 조절이 용이) |

## 2. 현장타설 콘크리트 말뚝 종류

| 정의 | 현장콘크리트 파일(관입공법)의 종류 | |
|---|---|---|
| 현장에서 지중에 구멍을 뚫고 그 속에 콘크리트 또는 철근콘크리트를 충전하여 형성하는 말뚝 | 무각말뚝 | ① 프랭키 파일(Franky Pile)<br>② 페데스탈 파일(Pedestal Pile) |
| | 유각말뚝 | ③ 레이몬드 파일(Raymond Pile) |

**GUIDE**

- **깊은 기초의 분류**
  ① 말뚝 기초
  ② 피어 기초
  ③ 케이슨 기초

- **직접(얕은) 기초**
  ① footing 기초
  ② 전면기초

- **인장말뚝**
  큰 벤딩 모멘트를 받는 기초의 인발력에 저항하는 부재로 사용되는 말뚝

- Pedestal pile

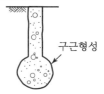
구근형성

- Raymond pile

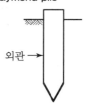
외관

**01** 다음 기초의 형식 중 깊은 기초에 해당되는 것은?

① 케이슨 기초　　　② 독립 푸팅 기초
③ 전면 기초　　　　④ 복합 푸팅 기초

[해설]

• 직접(얕은) 기초
　㉠ Footing 기초 – 독립기초, 복합기초, 연속기초
　㉡ 전면 기초

• 깊은 기초
　㉠ 말뚝 기초
　㉡ 케이슨 기초
　㉢ 피어 기초


**02** 말뚝의 분류 중 지지상태에 따른 분류에 속하지 않는 것은?

① 다짐 말뚝　　　　② 마찰 말뚝
③ Pedestal 말뚝　　④ 선단지지 말뚝

[해설]

**말뚝의 지지방법에 의한 분류**
• 선단지지 말뚝
• 마찰 말뚝
• 다짐(하부지반 지지)말뚝


**03** 말뚝기초의 지반거동에 관한 설명으로 틀린 것은?

① 연약지반상에 타입되어 지반이 먼저 변형하고 그 결과 말뚝이 저항하는 말뚝을 주동말뚝이라 한다.
② 말뚝에 작용한 하중은 말뚝 주변의 마찰력과 말뚝선단의 지지력에 의하여 주변 지반에 전달된다.
③ 기성말뚝을 타입하면 전단파괴를 일으키며 말뚝 주위의 지반은 교란된다.
④ 말뚝 타입 후 지지력의 증가 또는 감소 현상을 시간효과(Time Effect)라 한다.

[해설]

연약지반상에 타입되어 지반이 먼저 변형하고 그 결과 말뚝이 저항하는 말뚝을 수동말뚝이라 한다.


**04** 다음 중 현장 타설 콘크리트 말뚝기초공법이 아닌 것은?

① 프랭키(Franky) 말뚝공법
② 레이몬드(Raymond) 말뚝공법
③ 페데스탈(Pedestal) 말뚝공법
④ PHC 말뚝공법

[해설]

**현장 타설 콘크리트 말뚝**
㉠ 프랭키 파일(Franky Pile)
㉡ 페데스탈 파일(Pedestal Pile)
㉢ 레이몬드 파일(Raymond Pile)


**05** 다음 중 현장 말뚝 기초 공법에 해당되지 않는 것은?

① 프랭키 공법　　　② 바이브로플로테이션 공법
③ 페데스탈 공법　　④ 레이몬드 공법

[해설]

**바이브로플로테이션 공법**
사질토 지반의 개량 공법으로 충격, 진동에 의한 다짐으로 밀도를 증가하는 방법이다.


**06** 얇은 철판의 외관 안에 굳은 심대를 넣어 처박은 후 심대는 빼내고 콘크리트를 다져 넣는 방법으로 콘크리트 말뚝을 만드는 공법은?

① Franky Pile　　　② Pedestal Pile
③ Raymond Pile　　④ Simplex Pile

[해설]

| 공법 | 특징 |
|---|---|
| Franky Pile | (외관＋콘크리트) 삽입 → 외관 인발 |
| Pedestal Pile | 내외 이중관 삽입 → 내관 인발 → 콘크리트 타설 → 외관 인발 |
| Raymond Pile | 얇은 내외관 삽입 → 내관 인발 → 콘크리트 타설 |

# 03 단항과 군항

## 1. 단항과 군항의 정의

| 단항(외말뚝) | 군항(무리말뚝) |
|---|---|
| 주변 말뚝의 영향 없이 자체의 지지력을 발휘하는 말뚝 | 주변 말뚝과 겹쳐진 응력으로 지지력을 발휘하는 말뚝 |

## 2. 단항과 군항의 판정기준

| 지중응력이 미치는 범위(직경) | 단항(외말뚝) | 군항(무리말뚝) |
|---|---|---|
| $D_o = 1.5\sqrt{r \cdot l}$ | $D_o < S$ | $D_o > S$ |
| ① $D_o$ : 지중응력이 미치는 범위(직경)<br>　(무리말뚝의 영향을 고려하지 않아도<br>　되는 말뚝의 최소 간격)<br>② $r$ : 말뚝의 반경, ③ $l$ : 말뚝 길이 | $S$ : 말뚝 중심 사이의 간격 | |

## 3. 단항과 군항의 허용지지력

| 단항(단말뚝)의 허용지지력 | 군항(군말뚝, 무리말뚝)의 허용지지력 |
|---|---|
| $Q_{as} = Q_a \cdot N$ | $Q_{ag} = E \cdot Q_a \cdot N$ |
| | ① $Q_a$ : 말뚝 1개의 허용지지력<br>② $N$ : 말뚝 개수<br>③ $E$ : 군항의 효율($E < 1$) |

## 4. 군항의 효율

| 군항의 효율($E$) | $\theta$ |
|---|---|
| $E = 1 - \theta\left[\dfrac{(m-1)n + (n-1)m}{90\,m\,n}\right]$ | $\theta(^\circ) = \tan^{-1}\left(\dfrac{d}{S}\right)$ |
| | ① $m$ : 말뚝의 열수<br>② $n$ : 1열속의 말뚝수<br>③ $d$ : 말뚝의 직경(cm)<br>④ $S$ : 말뚝 중심 사이의 간격(cm) |

GUIDE

• 단항(외말뚝)

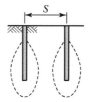

응력중첩이 생기지 않으면 단항으로 판정

• 군항(무리말뚝)

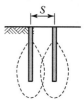

응력중첩이 생기면 군항으로 판정

• 무리말뚝인 군항의 침하량은 동일한 규모의 하중을 받는 단항(외말뚝)의 침하량보다 크다.

• 군항은 단항보다 각각의 말뚝이 발휘하는 지지력이 작다.

**01** 말뚝의 직경이 50cm, 지중에 관입된 말뚝의 길이가 10m인 경우, 무리말뚝의 영향을 고려하지 않아도 되는 말뚝의 최소간격은?

① 2.37m
② 2.75m
③ 3.35m
④ 3.75m

 해설

무리말뚝(군항)의 영향을 고려하지 않아도 되는 최소 간격은
$D_o = 1.5\sqrt{r \cdot l} = 1.5 \times \sqrt{0.25 \times 10} = 2.37m$

**02** 말뚝이 20개인 군항기초에 있어서 효율이 0.75이고, 단항으로 계산된 말뚝 한 개의 허용지지력이 15kN일 때 군항의 허용지지력은 얼마인가?

① 112.5kN
② 225kN
③ 300kN
④ 400kN

해설

군항의 허용지지력은 $Q_{ag} = EQ_aN = 0.75 \times 15 \times 20 = 225kN$

**03** 깊은 기초에 대한 설명으로 틀린 것은?

① 점토지반 말뚝기초의 주면마찰저항을 산정하는 방법에는 $\alpha$, $\beta$, $\lambda$ 방법이 있다.
② 사질토에서 말뚝의 선단지지력은 깊이에 비례하여 증가하나 어느 한계에 도달하면 더 이상 증가하지 않고 거의 일정해진다.
③ 무리말뚝의 효율은 1보다 작은 것이 보통이나 느슨한 사질토의 경우에는 1보다 클 수 있다.
④ 무리말뚝의 침하량은 동일한 규모의 하중을 받는 외 말뚝의 침하량보다 작다.

해설

지반 중에 박은 2개 이상의 말뚝의 지중응력이 서로 영향이 미칠 정도로 접근한 경우 군항(무리말뚝)이라 한다. 무리말뚝의 침하량은 동일한 규모의 하중을 받는 외말뚝의 침하량보다 크다.

**04** 아래 그림과 같이 사질토 지반에 타설된 무리 마찰말뚝이 있다. 말뚝은 원형이고 직경은 0.4m, 설치간격은 1m이었다. 이 무리말뚝의 효율은 얼마인가?(단, Convert−Labarre 공식을 사용할 것)

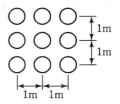

① 0.55
② 0.62
③ 0.68
④ 0.75

해설

군항(무리말뚝)의 지지력 효율
$$E = 1 - \theta \left[ \frac{(m-1)n + (n-1)m}{90mn} \right]$$
(여기서, $\theta = \tan^{-1}\frac{d}{S}$)
$$\therefore E = 1 - \tan^{-1}\left(\frac{0.4}{1}\right)\left[\frac{(3-1)\times 3 + (3-1)\times 3}{90 \times 3 \times 3}\right] = 0.68$$

**05** 지름 $d = 20cm$인 나무말뚝을 25본 박아서 기초 상판을 지지하고 있다. 말뚝의 배치를 5열로 하고 각 열은 두 간격으로 5본씩 박혀 있다. 말뚝의 중심간격 $S = 1m$이고 본의 말뚝이 단독으로 100kN의 지지력을 가졌다고 하면 이 무리말뚝은 전체로 얼마의 하중을 견딜 수 있는가?(단, Converse−Labbarre식을 사용한다.)

① 1,000kN
② 2,000kN
③ 3,000kN
④ 4,000kN

해설

군항의 허용지지력
$Q_{ag} = E \cdot N \cdot Q_a$
• 군항의 지지력 효율
$$E = 1 - \theta \left[ \frac{(m-1)n + (n-1)m}{90mn} \right]$$
$$= 1 - 11.3\left[\frac{(5-1)\times 5 + (5-1)\times 5}{90 \times 5 \times 5}\right] = 0.8$$
(여기서, $\theta = \tan^{-1}\frac{d}{S} = \tan^{-1}\left(\frac{20}{100}\right) = 11.3$)
• $N = 5 \times 5 = 25$
• $R_a = 100kN$
∴ 군항의 허용지지력 $R_{ag} = E \cdot N \cdot R_a = 0.8 \times 25 \times 100 = 2,000kN$

# 04 말뚝의 지지력

## 1. 말뚝의 지지력 산정방법

| 정역학적 공식 | 동역학적 공식(항타공식) |
|---|---|
| ① Terzaghi 공식 | ① Sander 공식 |
| ② Meyerhof 공식 | ② Engineering News 공식 |
| ③ Dörr 공식 | ③ Hiley 공식 |
| ④ Dunham 공식 | ④ Weisbach 공식 |

## 2. 정역학적 공식에 의한 극한지지력

| 말뚝의 하중 부담 | 정역학적 공식에 의한 극한지지력 |
|---|---|
| | $$Q_u = Q_p + Q_f$$ ① $Q_u$ : 정역학적 공식에 의한 극한지지력(t)<br>② $Q_p$ : 선단지지에 의한 말뚝의 지지력(t)<br>③ $Q_f$ : 주면마찰에 의한 말뚝의 지지력(t) |

## 3. 선단지지력과 주면마찰저항력

| 선단지지력( $Q_p$ , Meyerhof법) | 주면마찰저항력( $Q_f$ ) |
|---|---|
| $$Q_p = A_p(c_u N_c + q' N_q)$$ | $$Q_f = (\sum P_s \times \triangle L) \cdot f_s$$ |
| ① $Q_p$ : 선단지지력(t) | |
| ② $A_p$ : 말뚝 선단의 면적(m²) | ① $Q_f$ : 말뚝의 주면마찰력 |
| ③ $c_u$ : 말뚝선단 주위 흙의 점착력(kN/m²) | ② $P_s$ : 말뚝단면의 윤변 |
| ④ $N_c$ : 지지력 계수($\phi =0$ 일 때 $N_c =9$) | ③ $\triangle L$ : $P_s$ 와 $f_s$ 가 일정한 곳에서의 말뚝길이 |
| ⑤ $q'$ : 말뚝 선단과 같은 위치의 연직유효응력($\gamma \cdot l$) | ④ $f_s$ : 말뚝둘레의 마찰력 |
| ⑥ $N_q$ : 지지력 계수($\phi =0$ 일 때 $N_q =0$) | |

**GUIDE**

• 정역학적 공식은 점성토 지반에 잘 맞는다.

(현장타설 콘크리트말뚝의 지지력 추정)

• 동역학적 공식은 사질토 지반에 잘 맞는다.

(항타할 때의 타격에너지와 지반의 변형에 의한 에너지가 같다고 하여 만든 공식으로 기성말뚝을 항타하여 시공 시 지지력을 추정)

• 동역학적 공식 중 Hiley 공식이 가장 합리적

• 디젤해머

램, 앤빌블록, 연료 주입 시스템으로 구성된다. 연약지반에서는 램이 들어올려지는 양이 작아서 공기-연료 혼합물의 점화가 불가능하여 사용이 어렵다.

• 말뚝의 정적지지력( $Q_u$ )

선단지지력＋주면마찰저항력

**01** 말뚝의 지지력 공식 중 정역학적 방법에 의한 공식은 다음 중 어느 것인가?

① Meyerhof의 공식
② Hiley 공식
③ Enginerring－News 공식
④ sander 공식

[해설]

| 정역학적 공식 | 동역학적 공식 |
|---|---|
| ① Terzaghi 공식 | ① Sander 공식 |
| ② Meyerhof 공식 | ② Engineering News 공식 |
| ③ Dörr 공식 | ③ Hiley 공식 |
| ④ Dunham 공식 | ④ Weisbach 공식 |

**02** 다음 중 말뚝의 지지력을 구하는 공식이 아닌 것은?

① 샌더(Sander) 공식　② 힐리(Hiley) 공식
③ 재키(Jaky) 공식　④ 엔지니어링 뉴스 공식

[해설]

말뚝의 지지력을 구하는 공식(동역학적)
• Hiley 공식
• Weisbach 공식
• Engineering－News 공식
• Sander 공식

**03** 말뚝기초의 지지력에 관한 설명으로 틀린 것은?

① 부의 마찰력은 아래 방향으로 작용한다.
② 말뚝선단부의 지지력과 말뚝 주변 마찰력의 합이 말뚝의 지지력이 된다.
③ 점성토 지반에는 동역학적 지지력 공식이 잘 맞는다.
④ 재하시험 결과를 이용하는 것이 신뢰도가 큰 편이다.

[해설]

사질토 지반에서는 동역학적 지지력 공식이, 점성토 지반에서는 정역학적 지지력 공식이 잘 맞는다.

**04** 깊은 기초의 지지력 평가에 관한 설명 중 잘못된 것은?

① 정역학적 지지력 추정방법은 논리적으로 타당하나 강도 정수를 추정하는 데 한계성을 내포하고 있다.
② 동역학적 방법은 항타 장비, 말뚝과 지반조건이 고려된 방법으로 해머 효율의 측정이 필요하다.
③ 현장 타설 콘크리트 말뚝기초는 동역학적 방법으로 지지력을 추정한다.
④ 말뚝 항타분석기(PDA)는 말뚝의 응력분포, 경시 효과 및 해머 효율을 파악할 수 있다.

[해설]

동역학적 방법(항타공식)
항타할 때의 타격에너지와 지반의 변형에 의한 에너지가 같다고 하여 만든 공식으로 기성 말뚝을 항타하여 시공 시 지지력을 추정할 수 있다.

**05** 다음은 말뚝을 시공할 때 사용되는 해머에 대한 설명이다. 어떤 해머에 대한 것인가?

> 램, 앤빌블록, 연료 주입 시스템으로 구성된다. 연약지반에서는 램이 들어올려지는 양이 작아 공기－연료 혼합물의 점화가 불가능하여 사용이 어렵다.

① 증기해머　② 진동해머
③ 디젤해머　④ 유압해머

**06** 점착력이 $50\text{kN/m}^2$, $\gamma_t = 18\text{kN/m}^3$의 비배수 상태($\phi = 0$)인 포화된 점성토 지반에 직경 40cm, 길이 10cm의 PHC 말뚝이 항타 시공되었다. 이 말뚝의 선단지지력은 얼마인가?(단, Meyerhof 방법을 사용)

① 15.7kN　② 32.3kN
③ 56.5kN　④ 450kN

[해설]

• 말뚝의 정적지지력 = 선단지지력 + 주면마찰력
• 선단지지력(Meyerhof 방법)
$$Q_p = A_p \cdot (c_u \cdot N_c + q' \cdot N_q)$$
$$= \frac{\pi \times 0.4^2}{4} \times (50 \times 9 + 18 \times 10 \times 0) = 56.5\text{kN}$$
(여기서, 내부마찰각 $\phi = 0°$인 경우 지지력계수 $N_c = 9$, $N_q = 0$)

정답　01 ①　02 ③　03 ③　04 ③　05 ③　06 ③

# 05 동역학적 지지력 공식(항타공식)

GUIDE

## 1. Hiley의 공식

| 극한지지력 |
|---|
| $$Q_u = \dfrac{W_h \cdot H \cdot e}{S + \dfrac{1}{2}(C_1 + C_2 + C_3)}\left(\dfrac{W_h + n^2 \cdot W_P}{W_h + W_P}\right)$$ |

① $Q_u$ : 극한 지지력
② $W_h$ : 해머의 무게(t)
③ $H$ : 낙하고(cm)
④ $S$ : 말뚝의 최종 관입량(cm)
⑤ $n$ : 반발계수
⑥ $W_P$ : 말뚝의 중량(t)
⑦ $C_1$, $C_2$, $C_3$ : 캡, 말뚝, 흙의 일시작 탄성 압축량(cm)
⑧ $e$ : Hammer의 효율
⑨ Hiley 공식의 안전율=3

• Hiley 공식
① 가장 합리적
② 모래, 자갈에 작합
③ 말뚝머리에서 측정되는 반발량을 이용

## 2. Sander 공식

| 극한지지력 | 허용지지력 |
|---|---|
| $$Q_u = \dfrac{W_h \cdot H}{S}$$ | $$Q_a = \dfrac{Q_u}{F_s} = \dfrac{W_h \cdot H}{8S}$$ |

① $Q_u$ : 극한지지력
② $W_h$ : 해머의 무게(t)
③ $H$ : 낙하고(cm)
④ $S$ : 타격당 말뚝의 평균 관입량(cm)
⑤ $Q_a$ : 허용지지력
⑥ $F_s$ : 안전율

• 동역학적 지지력 공식에서 말뚝의 침하량($S$)과 낙하고($H$)의 단위는 cm로 대입해야 한다.

• Sander 공식의 안전율
$F_s = 8$

## 3. Engineering – News 공식

| drop hammer (낙하 해머) | 극한지지력 | | $$Q_u = \dfrac{W_h \cdot H}{S+2.54}$$ |
|---|---|---|---|
| | 허용지지력 | | $$Q_a = \dfrac{W_h \cdot H}{F_s(S+2.54)} = \dfrac{W_h \cdot H}{6(S+2.54)} = \dfrac{H_e \cdot 100 \cdot E}{6(S+2.54)}$$ |
| steam hammer (증기 해머) | 단동식 | 극한지지력 | $$Q_u = \dfrac{W_h \cdot H}{S+0.25}$$ |
| | | 허용지지력 | $$Q_a = \dfrac{W_h \cdot H}{F_s(S+0.25)} = \dfrac{W_h \cdot H}{6(S+0.25)} = \dfrac{H_e \cdot 100 \cdot E}{6(S+0.25)}$$ |
| | 복동식 | 극한지지력 | $$Q_u = \dfrac{(W_h + A_p \cdot P)H}{S+0.25}$$ |
| | | 허용지지력 | $$Q_a = \dfrac{(W_h + A_p \cdot P)H}{F_s(S+0.25)} = \dfrac{(W_h + A_p \cdot P)H}{6(S+0.25)}$$ |

• Engineering News 공식의 안전율
$F_s = 6$

• $H$ : 낙하고(cm)
$S$ : 타격당 말뚝의 평균 관입량(cm)
$A_p$ : 피스톤의 면적(cm$^2$)
$P$ : 해머에 작용하는 증기압
$H_e$ : 해머의 타격에너지
$E$ : 해머의 효율

• 낙하해머(drop hammer)의 손실 상수는 2.54

• 증기해머(steam hammer)의 손실 상수는 0.25

**01** 말뚝의 허용지지력을 구하는 Sander의 공식은?(단, $R_a$ : 허용지지력, $S$ : 관입량, $W_H$ : 해머의 중량, $H$ : 낙하고)

① $R_a = \dfrac{W_H \cdot H}{8 S}$

② $R_a = \dfrac{W_H \cdot H}{4 S}$

③ $R_a = \dfrac{W_H \cdot S}{4 H}$

④ $R_a = \dfrac{W_H \cdot H}{8 + S}$

해설

Sander공식(안전율 $F_s = 8$)

허용지지력 $R_a = \dfrac{W_H \cdot H}{8 \cdot S}$

**02** 무게 100N인 해머로 2m 높이에서 말뚝을 박았더니 침하량이 2cm이었다. 이 말뚝의 허용지지력을 Sander 공식으로 구한 값은?(단, 안전율 $F_s = 8$을 적용한다.)

① 1.25kN

② 2.5kN

③ 5kN

④ 10kN

해설

Sander공식(안전율 $F_s = 8$)

• 극한지지력 $Q_u = \dfrac{W_h \cdot H}{S}$

• 허용지지력 $Q_a = \dfrac{Q_u}{F_s} = \dfrac{W_h \cdot H}{8 \cdot S}$

$\qquad = \dfrac{100 \times 200}{8 \times 2} = 1{,}250\text{N} = 1.25\text{kN}$

※ 낙하고($H$), 침하량($S$)은 cm로 대입

**03** 말뚝의 지지력을 결정하기 위해 엔지니어링 뉴스공식을 사용할 때 적용하는 안전율은?

① 6

② 8

③ 10

④ 12

해설

엔지니어링 뉴스공식 안전율

$F_s = 6$

**04** 단동식 증기 해머로 말뚝을 박았다. 해머의 무게 25kN, 낙하고 3m, 타격당 말뚝의 평균관입량 1cm, 안전율 6일 때 Engineering−News 공식으로 허용지지력을 구하면?

① 2,500kN

② 2,000kN

③ 1,000kN

④ 500kN

해설

Engineering−News공식(단동식 증기해머)에서 허용지지력은

$Q_a = \dfrac{Q_u}{F_s} = \dfrac{W_h \cdot H}{6(S + 0.25)} = \dfrac{25 \times 300}{6(1 + 0.25)} = 1{,}000\text{kN}$

(Engineering−News공식의 안전율 $F_s = 6$)

**05** 말뚝의 지지력 공식 중 엔지니어링 뉴스(Engineering News) 공식에 대한 설명으로 옳은 것은?

① 정역학적 지지력 공식이다.

② 동역학적 지지력 공식이다.

③ 군항의 지지력 공식이다.

④ 전달파를 이용한 지지력 공식이다.

해설

엔지니어링 뉴스공식은 말뚝의 지지력 공식 중 동역학적(항타공식) 지지력 공식이다.

**06** 직경 30cm 콘크리트 말뚝을 단동식 증기해머로 타입하였을 때 엔지니어링 뉴스공식을 적용한 말뚝의 허용지지력은?(단, 타격에너지$=36$kN · m 해머효율$=0.8$, 손실상수$=0.25$cm, 마지막 25mm 관입에 필요한 타격횟수$=5$)

① 640kN

② 1,280kN

③ 1,920kN

④ 3,840kN

해설

엔지니어링 뉴스공식

$Q_a = \dfrac{H_e \times 100 \times E}{6(S + 0.25)} = \dfrac{36 \times 100 \times 0.8}{6(0.5 + 0.25)} = 640\text{kN}$

(여기서, 타격당 말뚝의 평균관입량 $S = \dfrac{25}{5} = 5\text{mm} = 0.5\text{cm}$)

# 06 주면마찰력과 부마찰력

## 1. 주면마찰력

| 주면마찰력의 정의 | 종류 |
|---|---|
| 말뚝 주면과 말뚝 주면에 있는 흙 사이에 작용하는 마찰력 | ① 정의 주면마찰력($Q_f$)<br>　　말뚝 주면과 흙의 마찰에 의해 상향으로 작용하는 마찰력<br>② 부의 주면마찰력(부마찰력, $Q_{nf}$)<br>　　연약층의 압밀침하 시 말뚝을 침하시키려는 하향의 마찰력 |

• 정역학적 극한지지력
$$Q_u = Q_p + Q_f$$

• 부마찰력 작용시 극한지지력
$$Q_u = Q_p - Q_{nf}$$

## 2. 부마찰력(negative friction)

### 부마찰력 모식도

연약지반에 말뚝을 박은 다음 성토할 경우에는 말뚝 주면 침하량이 말뚝의 침하량보다 상대적으로 클 때 말뚝 주면에 발생하는 (−)의 마찰력을 부주면 마찰력이라 한다.

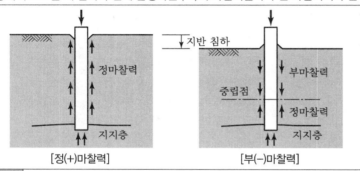

[정(+)마찰력]　　　　　[부(−)마찰력]

• 부마찰력이 일어나면 극한지지력은 감소한다.

| 특징 | ① 아래쪽으로 작용하는 말뚝의 주면마찰력<br>② 말뚝에 부마찰력이 발생하면 말뚝의 지지력은 부주면 마찰력만큼 감소<br>③ 연약 지반을 관통하여 견고한 지반까지 말뚝을 박은 경우 일어나기 쉽다.<br>④ 연약한 점토에서 부마찰력은 상대 변위의 속도가 느릴수록 적게 발생 |
|---|---|
| 발생<br>원인 | ① 지반 중에 연약점토층의 압밀침하<br>② 연약한 점토층 위의 성토(사질토) 하중<br>③ 지하수위의 저하 |

• 말뚝이 박힌 채 지반이 침하하면 말뚝과 지반이 서로 일체식 거동을 하여 부마찰력이 발생

• 동일 속도로 내려가면(상대변위의 속도가 느리면) 부마찰력은 적게 발생

## 3. 부마찰력의 크기

| 부마찰력의 크기 | 내용 |
|---|---|
| $Q_{nf} = f_n A_s$ | ① $f_n$ : 단위면적당 부마찰력(연약 점토 $f_n = \dfrac{q_u}{2}$)<br>② $A_s$ : 부마찰력이 작용하는 부분의 말뚝 주면적($\pi D l$)<br>③ $l$ : 말뚝 관입깊이 |

• $q_u$ : 일축압축강도

## 예 / 상 / 문 / 제

**01** 말뚝에 관한 다음 설명 중 옳은 것은?

① 말뚝에 부(負)의 주면 마찰이 일어나면 지지력은 증가한다.

② 무리 말뚝(群抗)에 있어서 각각의 말뚝이 발휘하는 지지력은 단말뚝보다 크다.

③ 정역학적 지지력 공식에 의하면 지지력은 선단 저항력과 주면 마찰력의 합과 같다.

④ 일반적으로 지반 조건으로 보아 말뚝 끝이 암반에 도달하면 마찰 말뚝, 연약 점토성에 도달하면 지지 말뚝으로 구분한다.

해설

• 말뚝에 부마찰력이 일어나면 지지력은 감소한다.
• 무리 말뚝(군항)은 전달되는 응력이 겹쳐져서 각각의 지지력은 단말뚝보다 작다.
• 말뚝 끝이 암반에 도달하면 선단지지 말뚝이다.

**02** 말뚝의 부마찰력(negative skin friction)에 대한 설명 중 틀린 것은?

① 말뚝의 허용지지력은 점성토일 때 세심하게 고려한다.

② 연약지반에 말뚝을 박고 그 위에 성토를 하였을 때 생긴다.

③ 연약지반을 관통하여 견고한 지반까지 말뚝을 박을 경우 일어나기 쉽다.

④ 연약한 점토에 있어서는 상대 변위의 속도가 느릴수록 부마찰력은 크다.

해설

연약한 점토에서 부마찰력은 상대 변위의 속도가 느릴수록 적고, 빠를수록 크다.

**03** 다음 중 직접기초의 지지력 감소요인으로서 적당하지 않은 것은?

① 편심하중  ② 경사하중
③ 부마찰력  ④ 지하수위의 상승

해설

부마찰력은 깊은 기초(말뚝기초)와 관련이 있다.

**04** 말뚝의 부마찰력에 대한 설명 중 틀린 것은?

① 부마찰력이 작용하면 지지력이 감소한다.

② 연약지반에 말뚝을 박은 후 그 위에 성토를 한 경우 일어나기 쉽다.

③ 부마찰력은 말뚝 주변침하량이 말뚝의 침하량보다 클 때 아래로 끌어내리는 마찰력을 말한다.

④ 연약한 점토에 있어서는 상대변위의 속도가 느릴수록 부마찰력은 크다.

해설

하중이 증가하는 주면마찰력으로 상대변위의 속도가 빠를수록 부마찰력은 크다.

**05** 가로 2m, 세로 4m의 직사각형 케이슨이 지중 16m까지 관입되었다. 단위면적당 마찰력 $f=0.2$ kN/m²일 때 케이슨에 작용하는 주면마찰력(skin friction)은 얼마인가?

① 38.4kN  ② 27.5kN
③ 19.2kN  ④ 12.8kN

해설

$$Q_{f(주면마찰력)} = f_n \cdot A_s$$
$$= 0.2 \times (2+4+2+4) \times 16 = 38.4 \text{kN}$$

**06** 연약점성토층을 관통하여 철근콘크리트 파일을 박았을 때 부마찰력(Negative Friction)은?(단, 이때 지반의 일축압축강도 $q_u=20$kN/m², 파일직경 $D=50$cm, 관입깊이 $l=10$m이다.)

① 157.1kN  ② 185.3kN
③ 208.2kN  ④ 242.4kN

해설

부마찰력$(Q_{nf}) = f_n A_s$

• 마찰응력$(f_s) = \dfrac{q_u}{2} = \dfrac{20}{2} = 10$kN/m²

• $A_s = \pi Dl = \pi \times 0.5 \times 10 = 15.71$m²

∴ $Q_{nf} = f_n A_s = 10 \times 15.71 = 157.1$kN

# 07 피어(Pier) 기초

## 1. 피어기초의 개요

| 정의 | 피어기초의 특징 |
|---|---|
| ① 구조물의 하중을 굳은 지반까지 전달하기 위해 수직공을 굴착하여 그 속에 현장 콘크리트를 타설하여 만든 말뚝 <br> ② 굴착에 의한 대구경 현장 말뚝공법으로서 보통 직경이 100cm 정도 | ① 말뚝의 타입이 곤란한 곳도 기계 굴착에 의해 시공이 가능 <br> ② 수평력에 대한 휨강도의 저항성이 크다. <br> ③ 무소음, 무진동 공법으로 시가지 공사에 적합 |

## 2. 대구경 현장타설말뚝인 피어기초의 종류

| 피어<br>(pier)<br>기초 | 기계굴착 | 올케이싱(all casing) 공법 | 베노토 공법 |
|---|---|---|---|
| | | | 돗바늘 공법 |
| | | RCD(Reverse Circulation Drill) 공법 | |
| | | 어스드릴(earth drill) 공법 | |
| | 인력굴착 | Chicago 공법 | |
| | | Gow 공법 | |

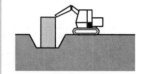
## 3. 기계굴착 공법별 특성 비교

| 구분 | Benoto 공법 | RCD 공법<br>(역순환공법) | Earth drill 공법 |
|---|---|---|---|
| 굴착기계 | Hammer grab | 특수비트<br>+Suction pump | Drilling bucket |
| 배토방법 | 굴착기구 사용 | 순환수와 함께<br>빨아올림 | 굴착기구 사용 |
| 공벽 보호 | Casing 튜브 삽입 | 정수압(수두압) | 벤토나이트 안정액 |
| 특징 | 타격을 하지 않기 때문<br>소음진동이 적다. | 유속이 빠른 곳은 곤란<br>이수처리가 곤란하다. | 슬라임 처리 곤란,<br>지지력이 다소 떨어짐 |
| 유의사항 | 케이싱 튜브의 인발 시<br>철근이 따라 뽑히는<br>공상현상 주의 | 공벽의 수압유지<br>작업능률이 좋다. | 공병붕괴 방지를 위한<br>안정액 유지관리 |

**01** 다음 중 피어(Pier) 공법이 아닌 것은?

① 시카고(Chicago) 공법
② 베노토(Benoto) 공법
③ 고어(Gow) 공법
④ 감압공법

해설

| 피어(pier) 기초 | 기계굴착 | 올케이싱(all casing) 공법 | 베노토 공법 |
| | | | 돗바늘 공법 |
| | | RCD(Reverse Circulation Drill) 공법 | |
| | 인력굴착 | Chicago 공법 | |
| | | Gow 공법 | |

**02** 구조물의 하중을 굳은 지반에 전달하기 위하여 수직공을 굴착하여 그 속에 현장 콘크리트를 타설하여 만들어진 주상의 기초로 비교적 지지력이 큰 구조물이며, 이 기초의 대표적인 시공법에는 베노토 공법 등이 있다. 다음 중 이 기초에 속하는 것은?

① 피어(Pier) 기초
② 현장 타설 콘크리트 말뚝
③ 오픈 케이슨
④ 뉴메틱 케이슨

해설
피어기초
• 구조물의 하중을 굳은 지반까지 전달하기 위해 수직공을 굴착하여 그 속에 현장 콘크리트를 타설하여 만든 말뚝
• 깊은 기초로서 보통 직경이 100cm 정도의 대구경

**03** 피어기초의 수직공을 굴착할 때의 방법 중에서 인력굴착에 속하는 공법은?

① Benoto 공법　② Earth drill 공법
③ Gow 공법　④ Reverse circulation 공법

해설
피어기초 중 인력굴착의 종류
• Chicago 공법
• Gow 공법

**04** 피어기초의 특징이 아닌 것은?

① 굴착을 하게 되므로 예정지반까지 도달한다.
② 지내력 시험이 실제의 기초 밑면까지 행하여져 확실한 결과가 얻어진다.
③ 많은 수의 기초를 동시에 시공할 수 있다.
④ 말뚝박기에 따르는 소음진동이 심하다.

해설
피어기초는 타격을 하지 않기 때문에 소음진동이 적다.

**05** 다음 말뚝공법 중 현장말뚝공법이 아닌 것은 어느 것인가?

① Benoto 공법
② Earth drill 공법
③ Open caisson 공법
④ Reverse circulation 공법

해설
현장말뚝은 타격에 의한 방법과 굴착에 의한 방법이 있다.

**06** Benoto 공법에 대한 다음 기술 중 적당치 않은 것은?

① 굴착에는 해머그래브를 사용한다.
② 케이싱 튜브를 사용하여 공법을 유지한다.
③ 점토질 실트와 자갈층 등에 대하여 유리하다.
④ 굴착하는 동안 지하수는 펌프로 배수시킬 필요가 있다.

해설
④는 역순환(RCD) 공법에 대한 설명이다.

**07** 선단에 요동장치가 부착된 케이싱 튜브를 압입시켜 관입하고 케이싱 내부의 흙을 해머그래브로 굴착하여 소정의 지지지반까지 구멍을 판 후 이수를 펌핑하고 철근을 조립하여 콘크리트를 치면서 케이싱 튜브를 빼내 원형의 주상 기초를 만드는 공법을 무엇이라 하는가?

① Benoto 공법　② Earth drill 공법
③ Open caisson 공법　④ 역순환(RCD) 공법

정답　01 ④　02 ①　03 ③　04 ④　05 ③　06 ④　07 ①

# 08 케이슨(Caisson) 기초

## 1. 케이슨 기초의 개요

| 정의 | 시공방법에 따른 종류 |
|---|---|
| 수상이나 육상에서 제작한 속이 빈 콘크리트 구조물, 즉 케이슨을 자중이나 적재하중에 의해 지지층까지 침하시킨 후 모래, 자갈, 콘크리트로 속채움하는 기초 | ① 오픈 케이슨(open caisson)<br>② 뉴메틱 케이슨(pneumatic caisson) (공기 케이슨)<br>③ 박스 케이슨(box caisson) |

## 2. 오픈케이슨(open caisson), 우물통기초, 정통기초

| 장점 | 단점 |
|---|---|
| ① 시공침하 깊이에 제한이 없다.<br>② 기계설비가 비교적 간단하다.<br>③ 공사비가 상대적으로 저렴하다.<br>④ 무진동 시공(시가지 공사 적합) | ① 토질상태 파악하기 힘들다.<br>② 수중 타설한 콘크리트 품질문제이다.<br>③ 주변지반의 융기(히빙), 분사현상이 발생하기 쉽다. |

## 3. 뉴메틱케이슨(pneumatic caisson), 공기케이슨

| 정의 | 단점 |
|---|---|
| 케이슨 밑에 작업실을 만들고 압축공기에 의해 지하수 유입을 막으며 굴착, 침하시키는 공법 (boiling, heaving 방지) | ① 노무관리비가 많이 든다.(노동자와 노동조건의 제약)<br>② 소규모 공사에서는 비경제적이다.(기계설비가 고가)<br>③ 잠수병이 염려된다.(고압 내에서 작업함)<br>④ 굴착깊이에 제한(30~40m 이상 심도가 깊은 공사는 곤란) |

## 4. 박스케이슨(box caisson)

| 박스케이슨 |
|---|
| 밑이 막힌 박스형으로 육상에서 제작한 후 해상에 진수시켜 내부에 모래, 자갈, 콘크리트를 채워 침하시키는 공법 |

| 장점 | 단점 |
|---|---|
| ① 공사비가 저렴하고 공사하기가 쉽다.<br>② 케이슨을 지지하기에 알맞은 토층이 지표면 근처에 있는 경우에 적합하다. | ① 굴착 깊이가 깊어지면 부적합하다.<br>② 지반의 표면이 수평으로 되어 있거나 수평면으로 굴착하여야 한다. |

• 공기케이슨(뉴메틱케이슨)

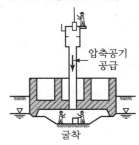

압축공기 공급

굴착

• 공기케이슨의 장점
  ① 토층 확인 가능(지지력시험)
  ② boiling, heaving 방지
  ③ 콘크리트 신뢰성 높다.(수중콘크리트 시공이 아님)

• 공기케이슨에서 압축공기의 압력은 $3.5 \text{kg/cm}^2$ 정도

**01** 뉴메틱 케이슨의 장점을 열거한 것 중 옳지 않은 것은?

① 토질을 확인할 수 있고 비교적 정확한 지지력을 측정할 수 있다.
② 수중 콘크리트를 하지 않으므로 신뢰성이 많은 저부 콘크리트 슬래브의 시공이 가능하다.
③ 기초 지반의 보윌링과 팽창을 방지할 수 있으므로 인접 구조물에 피해를 주지 않는다.
④ 굴착 깊이에 제한을 받지 않는다.

[해설]
뉴메틱 케이슨은 케이슨병 때문에 35~40m 이상의 깊은 공사는 못한다.

**02** 공기케이슨 기초에 관한 설명 중 옳지 않은 것은?

① 이동경사가 적고 경사 수정도 쉽다.
② 굴착 시 boiling이나 heaving의 우려가 있다.
③ 주야 작업이므로 노무관리비가 많이 든다.
④ 소음과 진동이 크다.

[해설]
압축공기를 이용해 물의 유입을 방지하므로 굴착할 때 boiling이나 heaving을 방지할 수 있다.

**03** 뉴메틱 케이슨 기초의 장점을 열거한 것이다. 옳지 않은 것은?

① 내부 공기를 이용하여 시공하므로 굴착깊이에 제한이 적은 기초공사에 경제적이다.
② 토질을 확인할 수 있기 때문에 비교적 정확한 지지력을 측정할 수 있다.
③ 수중 콘크리트를 하지 않으므로 신뢰성이 큰 저부 콘크리트 slab의 시공을 할 수 있다.
④ 기초 지반의 boiling과 팽창을 방지할 수 있으므로 인접 구조물에 피해를 주지 않는다.

[해설]
굴착깊이에 제한을 받는다.(약 35m 정도만 굴착 가능)

**04** 뉴매틱 케이슨 공법에 관한 다음 설명 중 틀린 것은?

① well 기초보다 침하공정이 빠르고, 또 케이슨의 경사 수정이 용이하다.
② 50m 이상의 깊이에 적합한 공법이다.
③ 굴착 시 극단적인 여굴이 필요없고 장애물 제거도 용이하다.
④ 압축공기를 사용하기 때문에 소규모 공사에는 비경제적이다.

[해설]
뉴매틱 케이슨 공법(공기케이슨)은 굴착깊이에 제한이 있어서 30~40m 이상의 심도가 깊은 공사는 곤란하다.

정답    01 ④   02 ②   03 ①   04 ②

**01** 일반적으로 마찰말뚝의 경우에 간격 $D$는 다음의 어느 것보다 작을 때 무리말뚝(군항)으로 취급하는가?(단, $r$ : 말뚝의 반지름, $l$ : 말뚝의 길이)

① $D = 1.3\sqrt{r \cdot l}$     ② $D = 1.0\sqrt{r \cdot l}$
③ $D = 1.5\sqrt{r \cdot l}$     ④ $D = 0.5\sqrt{r \cdot l}$

해설
- $D_o = 1.5\sqrt{r \cdot l} > d$ : 무리말뚝
- $D_o = 1.5\sqrt{r \cdot l} < d$ : 단항말뚝

**02** 무리말뚝에 있어서 말뚝 간격이 작아지면 외말뚝의 지지력이 무리말뚝의 효과 즉, 지지력 저감의 효과가 발생하는 데 무리말뚝의 영향을 고려하지 않아도 되는 말뚝의 최소 간격은?(단, 말뚝의 평균 지름은 100cm, 말뚝의 관입 길이는 14m이다.)

① 3m      ② 4m
③ 5m      ④ 6m

해설
$D_o = 1.5\sqrt{r \cdot l} = 1.5\sqrt{0.50 \cdot 14} = 3.97\text{m}$

**03** 깊은 기초에 대한 설명으로 틀린 것은?

① 점토지반 말뚝기초의 주면 마찰 저항을 산정하는 방법에는 $\alpha$, $\beta$, $\lambda$ 방법이 있다.
② 사질토에서 말뚝의 선단지지력은 깊이에 비례하여 증가하나 어느 한계에 도달하면 더 이상 증가하지 않고 거의 일정해진다.
③ 무리말뚝의 효율은 1보다 작은 것이 보통이나 느슨한 사질토의 경우에는 1보다 클 수 있다.
④ 무리말뚝의 침하량은 동일한 규모의 하중을 받는 외말뚝의 침하량보다 작다.

해설
무리말뚝의 침하량은 동일한 규모의 하중을 받는 외말뚝의 침하량보다 크다.

**04** 다음 중 말뚝기초를 시공하는 데 있어서 유의해야 할 사항으로 옳지 않은 것은?

① 말뚝을 좁은 간격으로 시공했을 때 단항(single pile)인가 군항(group pile)인가를 따져야 한다.
② 군항일 경우는 말뚝 1본당 지지력은 말뚝수를 곱한 값이 지지력이다.
③ 말뚝이 점토 지반을 관통하고 있을 때는 부마찰력(negative friction)에 대해서 검토를 할 필요가 있다.
④ 말뚝 간격이 너무 좁으면 단항에 비해서 훨씬 깊은 곳까지 응력이 미치므로 그 영향을 검토해야 한다.

해설
군항의 허용지지력 $Q_{ag} = Q_a \times N \times E$
∴ 군항의 경우 1본당 지지력($R$)에 효율($E$)을 곱하여 구할 수 있다.

**05** 10개의 무리말뚝기초에 있어서 효율이 0.8, 단항으로 계산한 말뚝 1개의 허용지지력이 100kN일 때 군항의 허용지지력은?

① 500kN      ② 800kN
③ 1,000kN      ④ 1,250kN

해설
$Q_{ag} = Q_a \times N \times E = 100 \times 10 \times 8 = 800\text{kN}$

**06** 말뚝기초의 지반거동에 관한 설명으로 틀린 것은?

① 기성말뚝을 타입하면 전단파괴를 일으키며 말뚝 주위의 지반은 교란된다.
② 말뚝에 작용한 하중은 말뚝 주변의 마찰력과 말뚝선단의 지지력에 의하여 주변 지반에 전달된다.
③ 연약지반 상에 타입되어 지반이 먼저 변형하고 그 결과 말뚝이 저항하는 말뚝을 주동말뚝이라 한다.
④ 말뚝 타입 후 지지력의 증가 또는 감소현상을 시간효과(Time Effect)라 한다.

---

정답   01 ③   02 ②   03 ④   04 ②   05 ②   06 ③

> [해설]

연약지반상에 타입되어 지반이 먼저 변형하고 그 결과 말뚝이 저항하는 말뚝을 수동말뚝이라 한다.

**07** 점착력이 50kN/m², $\gamma_t = 18$kN/m³의 비배수 상태($\phi = 0$)인 포화된 점성토 지반에 직경 40cm, 길이 10m의 PHC 말뚝이 항타시공되었다. 이 말뚝의 선단지지력은 얼마인가?(단, Meyerhof 방법 사용)

① 15.7kN      ② 32.3kN

③ 56.5kN      ④ 450kN

> [해설]

선단지지력(Meyerhof 방법)

$$Q_p = A_p(c_u N_c + q' N_q) = A_p(c_u N_c + \gamma l N_q)$$

$$= \frac{\pi \times 0.4^2}{4} \times (50 \times 9 + 18 \times 0.1 \times 0) = 56.5\text{kN}$$

(내부마찰각 $\phi = 0$인 경우 지지력계수 $N_c = 9$, $N_q = 0$ 적용)

**08** 10개의 무리 말뚝기초에 있어서 효율이 0.8, 단항으로 계산한 말뚝 1개의 허용지지력이 200kN일 때 군항의 허용지지력은?

① 1,200kN      ② 1,600kN

③ 1,800kN      ④ 2,000kN

> [해설]

군항의 허용지지력

$$Q_{ag} = Q_a \times N \times E = 200 \times 10 \times 0.8 = 1,600\text{kN}$$

**09** 중심간격이 2.0m, 지름 40cm인 말뚝을 가로 4개, 세로 5개씩 전체 20개의 말뚝을 박았다. 말뚝 한 개의 허용지지력이 150kN이라면 이 군항의 허용지지력은 약 얼마인가?(단, 군말뚝의 효율은 Converse—Labarre 공식 사용)

① 4,500kN      ② 3,000kN

③ 2,415kN      ④ 1,145kN

> [해설]

• 군항의 지지력 효율

$$E = 1 - \frac{\phi}{90} \cdot \left[ \frac{(m-1)n + (n-1)m}{m \cdot n} \right]$$

$$= 1 - \frac{11.3}{90} \times \left[ \frac{(4-1) \times 5 + (5-1) \times 4}{4 \times 5} \right]$$

$$= 0.8$$

$$\left( \phi = \tan^{-1} \frac{d}{s} = \tan^{-1} \frac{40}{200} = 11.3° \right)$$

• 군항의 허용지지력

$$Q_{ag} = Q_a \times N \times E = 150 \times 20 \times 0.8 = 2,400\text{kN}$$

**10** 다음 그림과 같이 사질토 지반에 타설된 무리 마찰말뚝이 있다. 말뚝은 원형이고 직경은 0.4m, 설치간격은 1m이었다. 이 무리말뚝의 효율은 얼마인가?

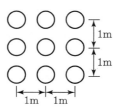

① 55%

② 62%

③ 68%

④ 75%

> [해설]

$$\phi = \tan^{-1}\left(\frac{d}{S}\right) = \tan^{-1}\left(\frac{0.4}{1}\right) = 21.80°$$

$$E = 1 - \phi \frac{m(n-1) + n(m-1)}{90mn}$$

$$= 1 - 21.80° \frac{3(3-1) + 3(3-1)}{90 \times 3 \times 3} = 0.677 = 67.7\%$$

**11** 무리말뚝의 효율(저감률)

$E = 1 - \phi \left[ \dfrac{(m-1)n + (n-1)m}{90 \cdot m \cdot n} \right]$ 을 알면 무리

말뚝기초 중의 말뚝 1개의 지지력은 어떻게 구하는가?(단, 말뚝의 지지력은 $R$이라고 한다.)

① $R_g = R - E$      ② $R_g = \dfrac{E}{R}$

③ $R_g = R + E$      ④ $R_g = R \times E$

**[해설]**

단항의 허용지지력에 군항의 효율을 곱하여 준다.

즉, $R_g = R \cdot E$

**12** 지름 $d = 20\text{cm}$인 나무 말뚝을 25본 박아서 기초 상판을 지지하고 있다. 말뚝의 배치를 5열로 하고 각 열은 등간격으로 5본씩 박혀 있다. 말뚝의 중심 간격 $S = 1\text{m}$이다. 1본의 말뚝이 단독으로 100kN의 지지력을 가졌다고 하면 이 무리말뚝은 전체로 얼마의 하중을 견딜 수 있는가?(단, Converse- Labbarre식을 사용한다.)

① 1,000kN      ② 2,000kN
③ 3,000kN      ④ 4,000kN

**[해설]**

• $\phi = \tan^{-1} \dfrac{d}{S} = \tan^{-1} \dfrac{20}{100} = 11.3°$

• 효율 $E = 1 - \phi \left[ \dfrac{m(n-1) + n(m-1)}{90mn} \right]$

$\quad = 1 - 11.3° \times \dfrac{5(5-1) + 5(5-1)}{90 \times 5 \times 5} = 0.799$

• $Q_{ag} = Q_a \times N \times E = 100 \times 25 \times 0.799 = 2,000\text{kN}$

**13** 다음은 말뚝을 시공할 때 사용되는 해머에 대한 설명이다. 어떤 해머에 대한 것인가?

> 램, 앤빌 블록, 연료 주입 시스템으로 구성된다. 연약지반에서는 램이 들어올려지는 양이 작아 공기 – 연료 혼합물의 점화가 불가능하여 사용이 어렵다.

① 증기해머
② 진동해머
③ 디젤해머
④ 드롭해머

**[해설]**

디젤해머에 대한 설명이다.

**14** 말뚝지지력에 관한 여러 가지 공식 중 정역학적 지지력 공식이 아닌 것은?

① Dörr 공식
② Terzaghi 공식
③ Meyerhof 공식
④ Engineering – News 공식

**[해설]**

말뚝의 지지력(정역학적 공식)
• Terzaghi 공식      • Meyerhof 공식
• Dörr 공식      • Dunham 공식

**15** 말뚝의 지지력을 결정하기 위해 엔지니어링 뉴스(Engineering – News) 공식을 사용할 때 안전율은 얼마인가?

① 1      ② 2
③ 3      ④ 6

**[해설]**

엔지니어링 뉴스 공식의 안전율 $F = 6$

**16** 직경 30cm 콘크리트 말뚝을 단동식 증기해머로 타입하였을 때 엔지니어링 뉴스 공식을 적용한 말뚝의 허용지지력은?(단, 타격에너지 = 36kN 해머효율 = 0.8, 손실상수 = 0.25cm, 마지막 25mm 관입에 필요한 타격횟수 = 5)

① 640kN      ② 1,280kN
③ 1,920kN      ④ 3,840kN

**정답**    11 ④    12 ②    13 ③    14 ④    15 ④    16 ①

해설

엔지니어링 뉴스 공식

$$R_a = \frac{W_H \cdot H \cdot E}{6(S+0.25)} = \frac{36 \times 100 \times 0.8}{6(0.5+0.25)} = 640\text{kN}$$

(타격당 말뚝의 평균관입량 $S = \frac{25}{5} = 5\text{mm} = 0.5\text{cm}$)

## 17 깊은 기초의 지지력 평가에 관한 설명으로 틀린 것은?

① 정역학적 지지력 추정방법은 논리적으로 타당하나 강도정수를 추정하는 데 한계성을 내포하고 있다.
② 동역학적 방법은 항타장비, 말뚝과 지반조건이 고려된 방법으로 해머 효율의 측정이 필요하다.
③ 현장 타설 콘크리트 말뚝 기초는 동역학적 방법으로 지지력을 추정한다.
④ 말뚝 항타분석기(PDA)는 말뚝의 응력분포, 경시 효과 및 해머 효율을 파악할 수 있다.

해설

정역학적 공식은 점성토 지반에서 현장타설 콘크리트말뚝의 지지력을 추정한다.

## 18 길이 10m인 나무말뚝을 사질토 중에 박아 넣을 때 Drop Hammer 중량 800N, 낙하고 3.0m, 최종관입량 2cm일 때의 말뚝의 허용지지력을 Sander 공식으로 구하면 얼마인가?

① 12kN
② 120kN
③ 15kN
④ 150kN

해설

Sander 공식 허용지지력

$$R_a = \frac{R_u}{F_s} = \frac{W_H \cdot H}{8 \cdot S}$$

$$= \frac{800 \times 300}{8 \times 2} = 15,000\text{N} = 15\text{kN}$$

## 19 무게 320N인 드롭해머(Drop Hammer)로 2m의 높이에서 말뚝을 때려 박았더니 침하량이 2cm였다. Sander의 공식을 사용할 때 이 말뚝의 허용지지력은?

① 1,000N
② 2,000N
③ 3,000N
④ 4,000N

해설

Sander 공식 허용지지력

$$R_a = \frac{W_H \cdot H}{8 \cdot S} = \frac{320 \times 200}{8 \times 2} = 4,000\text{N}$$

## 20 무게 300N의 드롭해머로 3m 높이에서 말뚝을 타입할 때 1회 타격당 최종 침하량이 1.5cm 발생하였다. Sander 공식을 이용하여 산정한 말뚝의 허용지지력은?

① 7.50kN
② 8.61kN
③ 9.37kN
④ 15.67kN

해설

Sander 공식(안전율 $F_s = 8$)

- 극한지지력 $R_u = \dfrac{W_H \cdot H}{S}$

- 허용지지력 $R_a = \dfrac{R_u}{F_s} = \dfrac{W_H \cdot H}{8 \cdot S}$

$$= \frac{300 \times 300}{8 \times 1.5} = 7,500\text{N} = 7.5\text{kN}$$

## 21 말뚝의 지지력 공식에서 다음 중 정역학적인 공식은?

① Meyerhof 공식
② Weisbach 공식
③ Hiley 공식
④ Engineering 공식

[해설]

| 정역학적 공식 | 동역학적 공식 |
|---|---|
| 1) Terzaghi 공식 | 1) Hiley 공식 |
| 2) Meyerhof 공식 | 2) Weisbach 공식 |
| 3) Dörr 공식 | 3) Engineering—News 공식 |
| 4) Dunham 공식 | 4) Sander 공식 |

## 22 부마찰력에 대한 설명이다. 틀린 것은?

① 부마찰력을 줄이기 위하여 말뚝표면을 아스팔트 등으로 코팅하여 타설한다.
② 지하수의 저하 또는 압밀이 진행 중인 연약지반에서 부마찰력이 발생한다.
③ 점성토 위에 사질토를 성토한 지반에 말뚝을 타설한 경우에 부마찰력이 발생한다.
④ 부마찰력은 말뚝을 아래 방향으로 작용하는 힘이므로 결국에는 말뚝의 지지력을 증가시킨다.

[해설]
부마찰력이 일어나면 지지력은 감소한다.

## 23 말뚝의 부마찰력에 대한 설명 중 틀린 것은?

① 부마찰력이 작용하면 지지력이 감소한다.
② 연약지반에 말뚝을 박은 후 그 위에 성토를 한 경우 일어나기 쉽다.
③ 부마찰력은 말뚝 주변침하량이 말뚝의 침하량보다 클 때에 아래로 끌어내리는 마찰력을 말한다.
④ 연약한 점토에 있어서는 상대변위의 속도가 느릴수록 부마찰력은 크다.

[해설]
연약한 점토에서 상대변위의 속도가 느릴수록 부마찰력은 적다.

## 24 말뚝에서 발생하는 부(負)의 주면 마찰력에 관한 설명으로 옳지 않은 것은?

① 부마찰력은 말뚝을 아래쪽으로 끌어내리는 마찰력이다.
② 부마찰력이 발생하면 말뚝의 지지력이 증가한다.
③ 부마찰력을 감소시키려면 표면적이 작은 말뚝을 사용한다.
④ 연약한 점토에 있어서 상대변위의 속도가 빠를수록 부마찰력은 크다.

[해설]
말뚝에 부마찰력이 발생하면 말뚝의 지지력은 부주면 마찰력만큼 감소한다.

## 25 말뚝기초에서 부마찰력(Negative Skin Friction)에 대한 설명으로 옳지 않은 것은?

① 지하수위 저하로 지반이 침하할 때 발생한다.
② 지반이 압밀진행 중인 연약점토 지반인 경우에 발생한다.
③ 발생이 예상되면 대책으로 말뚝 주면에 역청 등으로 코팅하는 것이 좋다.
④ 말뚝 주면에 상방향으로 작용하는 마찰력이다.

[해설]
아래쪽으로 작용하는 말뚝의 주면 마찰력을 부마찰력이라 한다.

## 26 연약점성토층을 관통하여 철근콘크리트 파일을 박았을 때 부마찰력(Negative Friction)은?(단, 이때 지반의 일축압축강도 $q_u = 20kN/m^2$, 파일 직경 D=50cm, 관입 깊이 $l = 10m$이다.)

① 157.1kN
② 185.3kN
③ 208.2kN
④ 242.4kN

[해설]
부마찰력
$$R_{nf} = f_n A_s = 10 \times \pi \times 0.5 \times 10 = 157.1kN$$
$$※ \ f_n = \frac{q_u}{2} = \frac{20}{2} = 10$$

**정답** 22 ④  23 ④  24 ②  25 ④  26 ①

## 실 / 전 / 문 / 제

**27** 말뚝의 정재하시험에서 하중 재하방법이 아닌 것은?

① 사하중을 재하하는 방법
② 반복하중을 재하하는 방법
③ 반력말뚝의 주변 마찰력을 이용하는 방법
④ Earth Anchor의 인발저항력을 이용하는 방법

**해설**

말뚝의 정재하시험의 하중재하 방법
• 사하중을 직접 재하하는 방법
• 반력말뚝의 주변 마찰력을 이용하는 방법
• Earth Anchor의 인발저항력을 이용하는 방법

**28** 피에조콘(Piezocone) 시험의 목적이 아닌 것은?

① 지층의 연속적인 조사를 통하여 지층 분류 및 지층 변화 분석
② 연속적인 원지반 전단강도의 추이 분석
③ 중간 점토 내 분포한 Sand Seam 유무 및 발달 정도 확인
④ 불교란시료 채취

**해설**

원추관입시험기(CPT)에 간극수압을 측정할 수 있도록 트랜스 듀서(Transducer)를 부착한 것을 피에조콘이라 하며, 피에조 콘 시험은 전기식 Cone을 선단로드에 부착하여 지중에 일정한 관입속도로 관입시키면서 저항치를 측정하는 시험이다.

**29** 기초의 크기가 25×25m인 강성기초로 된 구조물이 있다. 이 구조물의 허용각변위(Angular Distortion)가 1/500이라고 할 때, 최대 허용 부등 침하량은?

① 2cm
② 2.5cm
③ 4cm
④ 5cm

**해설**

$$\delta = \frac{h}{L}$$

여기서, $\delta$ : 각변위
$h$ : 지점 간 거리
$L$ : 부등침하량

$$\frac{1}{500} = \frac{h}{2,500}$$

$$\therefore h = \frac{2,500}{500} = 5\text{cm}$$

**30** 굳은 점토지반에 앵커를 그라우팅하여 고정시켰다. 고정부의 길이가 5m, 직경 20cm, 시추공의 직경은 10cm이었다. 점토의 비배수전단강도 $c_u$ = 1.0N/cm², $\phi = 0°$이라고 할 때 앵커의 극한지지력은?(단, 표면마찰계수는 0.6으로 가정한다.)

① 94.3kN
② 157.6kN
③ 188.5kN
④ 313.2kN

**해설**

앵커의 극한지지력
$$P_u = \alpha \cdot c_u \cdot (\pi D l)$$
$$= 0.6 \times 10 \times (\pi \times 20 \times 500)$$
$$= 188,495.56\text{N}$$
$$= 188.5\text{kN}$$

**31** 다음은 말뚝기초의 부의 주면마찰력에 대한 설명이다. 이 중에서 잘못 설명된 것은?

① 말뚝 선단부에 큰 압력 부담을 주게 된다.
② 연약지반에 말뚝을 박고 그 위에 성토를 하였을 때 생긴다.
③ 말뚝 주위의 흙이 말뚝을 아래 방향으로 끄는 힘을 말한다.
④ 부의 주면마찰력이 일어나면 지지력은 증가한다.

**해설**

부의 주면마찰력이 일어나면 지지력은 감소한다.

CHAPTER

# 15

# 지반개량공법

# 01 지반개량공법의 종류

GUIDE

## 1. 점성토 개량공법

| | |
|---|---|
| 탈수공법<br>(압밀 촉진) | ① 샌드 드레인 공법(Sand drain)<br>② 페이퍼 드레인 공법(Paper drain)<br>③ 팩 드레인 공법(Pack drain)<br>④ 프리로딩 공법(preloading)<br>⑤ 생석회 말뚝 공법 |
| 치환공법<br>(공기단축, 공사비 저렴) | ① 굴착 치환공법<br>② 자중에 의한 치환공법<br>③ 폭파에 의한 치환공법 |

## 2. 사질토 개량공법

| 다짐공법 | 배수공법 | 고결 |
|---|---|---|
| ① 다짐말뚝공법<br>② compozer 공법<br>③ vibro flotation 공법<br>④ 전기충격식 공법<br>⑤ 폭파다짐공법 | Well point 공법 | 약액주입공법 |

## 3. 연약지반에서 일시적 지반개량공법

| | |
|---|---|
| 일시적 지반개량공법 | ① Well point 공법<br>② 동결공법<br>③ 대기압 공법(진공압밀공법) |

[well point 공법]

---

- **압밀배수 원리를 이용한 점성토 개량공법**
  ① 샌드 드레인 공법 (Sand drain)
  ② 페이퍼 드레인 공법 (Paper drain)
  ③ 팩 드레인 공법 (Pack drain)
  ④ 프리로딩 공법 (preloading)

- **생석회 말뚝공법(점성토 개량공법)**
  ① 탈수효과
     생석회+물=체적 증가
  ② 팽창(압밀)효과
  ③ 건조효과
     고온 발열반응

- **웰 포인트(Well point) 공법**
  ① 웰 포인트라는 양수관을 다수 박아서 상부를 연결하여 진공 흡입펌프에 의해 지하수를 양수하는 강제 배수공법
  ② 적용 깊이 : 8~30m
  ③ 투수성이 좋은 지반일 때 유리
  ④ 모래지반에 효과적 (점토지반은 곤란)

**01** 다음의 연약지반 개량공법 중에서 점성토지반에 쓰이는 공법은?

① 폭파다짐공법　② 생석회 말뚝공법
③ Compozer 공법　④ 전기충격공법

**해설**

① 폭파다짐공법 : 사질토 개량공법
② 생석회 말뚝공법 : 점성토 개량공법(탈수공법)
③ Compozer 공법 : 다짐공법
④ 전기충격공법 : 사질토 개량공법

**02** 점성토 개량공법 중 이용도가 가장 낮은 공법은?

① Paper-Drain 공법　② Pre-Loading 공법
③ Sand-Drain 공법　④ Soil-Cement 공법

**해설**

점성토지반 개량공법(압밀배수원리)
• 프리로딩(Preloading) 공법
• 샌드 드레인(Sand Drain) 공법
• 페이퍼 드레인(Paper Drain) 공법
• 팩 드레인(Pack Drain) 공법

**03** 다음 열거한 공법 중 점토지반의 개량공법에 속하지 않는 것은?

① 치환공법
② 폭파다짐공법
③ 샌드 드레인(Sand Drain) 공법
④ 생석회 말뚝공법

**해설**

폭파다짐공법 : 사질토 지반의 개량공법

**04** 다음 중 사질 지반의 개량공법에 속하지 않는 것은?

① 다짐 말뚝공법　② 다짐 모래 말뚝공법
③ 생석회 말뚝공법　④ 폭파다짐공법

**해설**

생석회 말뚝공법은 점성토 개량공법에 해당된다.

**05** 다음의 연약지반 개량공법 중 점성토 지반에 주로 사용되는 공법이 아닌 것은?

① 샌드 드레인(Sand Drain) 공법
② 페이퍼 드레인(Paper Drain) 공법
③ 프리로딩(Preloading) 공법
④ 바이브로 플로테이션(Vibro Floatation)

**해설**

바이브로 플로테이션(Vibro Floatation)은 사질토 개량공법에 사용된다.

**06** 다음의 지반개량공법 중 모래질 지반을 개량하는 데 사용되는 것은?

① 다짐모래말뚝공법　② 페이퍼 드레인 공법
③ 프리로딩 공법　④ 생석회 말뚝공법

**해설**

점성토 탈수방법
• 페이퍼 드레인 공법
• 프리로딩 공법
• 생석회 말뚝공법

**07** 연약지반 개량공법으로 압밀의 원리를 이용한 공법이 아닌 것은?

① 프리로딩 공법　② 바이브로 플로테이션 공법
③ 대기압 공법　④ 페이퍼 드레인 공법

**해설**

바이브로 플로테이션 공법은 사질토 지반 개량공법이다.

**08** 다음의 연약지반 처리공법에서 일시적인 공법은?

① 웰 포인트 공법　② 치환공법
③ 컴포저 공법　④ 샌드 드레인 공법

**해설**

일시적인 연약지반 개량공법
• 웰 포인트(Well Point) 공법
• 동결공법
• 진공압밀공법(대기압공법)

정답　01 ②　02 ④　03 ②　04 ③　05 ④　06 ①　07 ②　08 ①

# 02 Sand Drain 공법

## 1. Sand Drain 공법

| 샌드 드레인 공법 | Sand Drain |
|:---:|:---|
| ① ② ③ ④ ⑤ ⑥ <br><br> Hopper · 완충기 · 진동기 · 맨드렐 · 모래투입 · 공기주입 · 공기주입 · 샌드매트 · 샌드 드레인 <br> 선단 슈 · 연약층 | 연약 점토층에 모래 말뚝을 만들어 성토 하중에 의해 지반 내의 물을 뽑아 내어 압밀 침하를 촉진시키는 지반개량공법 |
| Sand Drain 타설 시 지반이 교란되므로 수평방향 압밀계수($C_h$)와 <br> 연직방향 압밀계수($C_v$)는 같다고 하여도 무방 | |

## 2. 유효직경($d_e$, 물을 흡수하는 범위)

| 정삼각형 배치 | 정사각형 배치 |
|:---:|:---:|
| 유효직경($d_e$) = 1.05$s$ | 유효직경($d_e$) = 1.13$s$ |

## 3. 평균압밀도($U$)

| 평균압밀도($U$) | |
|:---:|:---|
| $U = 1 - (1 - U_h)(1 - U_v)$ | ① $U_h$ : 수평방향 압밀도 <br> ② $U_v$ : 연직방향 압밀도 |

GUIDE

- **Sand Drain 목적**
  ① 점성토층의 배수거리를 짧게 하여 압밀침하를 촉진
  ② 2차 압밀비 높은 점토, 이탄 등은 효과 없음

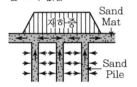

- 지표면에 50~100cm 정도의 모래를 까는데, 이것을 샌드매트(Sand Mat)라 한다.

- Sand Drain 공법은 2차 압밀비가 높은 점토 및 이탄 같은 유기질 흙에는 큰 효과가 없다.

- **유효직경**
  ① $d_e$ : 유효직경
  ② s : 말뚝간격

**01** Sand Drain 공법의 주된 목적은?

① 압밀침하를 촉진시키는 것이다.
② 투수계수를 감소시키는 것이다.
③ 간극수압을 증가시키는 것이다.
④ 기초의 지지력을 증가시키는 것이다.

【해설】
Sand Drain 공법 : 연약점토층에 모래말뚝을 박아 배수거리를 짧게 하여 압밀을 촉진시키는 공법

**02** 다음은 Sand Drain에 관한 설명이다. 틀린 것은?

① 모래층은 압밀을 일으키지 않으므로 sand pile을 설치하지 않는다.
② sand pile의 간격은 점토층의 경우 투수성이 나쁘므로 보통 2~4m가 사용된다.
③ sand pile의 설치 목적은 압밀을 촉진시켜 빠른 시일 내에 종료시키는 데 있다.
④ sand pile의 설치 목적은 그의 지지력에 의해 압밀침하량을 줄이는 데 있다.

【해설】
sand pile(drain) : 배수 거리를 짧게 하고 물을 빼내면 압밀을 빠른 기간 내에 끝내게 할 수 있다.

**03** 다음 연약지반 개량공법에 관한 사항 중 옳지 않은 것은?

① 샌드드레인 공법은 2차 압밀비가 높은 점토와 이탄 같은 흙에 큰 효과가 있다.
② 장기간에 걸친 배수공법은 샌드드레인이 페이퍼 드레인보다 유리하다.
③ 동압밀공법 적용 시 과잉간극 수압의 소산에 의한 강도 증가가 발생한다.
④ 화학적 변화에 의한 흙의 강화공법으로는 소결 공법, 전기화학적 공법 등이 있다.

【해설】
샌드드레인 공법은 2차 압밀비가 높은 점토와 이탄 같은 흙에 효과가 적다.

**04** Sand Drain 공법의 지배영역에 관한 Barron의 정사각형의 배치에서 사주(sand pile)의 간격을 $d$, 유효원의 지름을 $d_e$라 할 때 $d_e$는 다음 중 어느 것인가?

① $d_e = 1.13d$  ② $d_e = 1.05d$
③ $d_e = 1.03d$  ④ $d_e = 1.50d$

【해설】
• 정3각형 배열 : $d_e = 1.05s$
• 정4각형 배열 : $d_e = 1.13s$

**05** Sand Drain 공법에서 Sand Pile을 정삼각형으로 배치할 때 모래기둥의 간격은?(단, Pile의 유효지름은 40cm이다.)

① 35cm  ② 38cm
③ 42cm  ④ 45cm

【해설】
정3각형 배열일 때 영향원의 지름
$d_e = 1.05s$에서,
$40 = 1.05s$
∴ Sand Pile의 간격 $s = 38$cm

**06** Sand Drain 공법에서 $U_v$(연직방향의 압밀도)=0.9, $U_h$(수평방향의 압밀도)=0.2인 경우 수직·수평방향을 고려한 평균압밀도($U$)는 얼마인가?

① 90%  ② 91%
③ 92%  ④ 93%

【해설】
평균압밀도
$U = 1 - (1 - U_v)(1 - U_h)$
  $= 1 - (1 - 0.9)(1 - 0.2)$
  $= 0.92$

# 03 Paper Drain 공법

## 1. Paper Drain

| 모식도 | Paper Drain | 특징 |
|---|---|---|
| | 합성수지로 만든 card board를 타입 기계를 이용해서 지중에 압입하여 압밀을 촉진시켜 지반을 개량하는 공법 | ① 시공속도 빠르다.<br>② 공사비가 싸다.<br>③ 주변지반을 교란시키지 않는다.<br>④ 배수효과가 양호하다.<br>⑤ 횡방향력에 대한 저항력이 작다.<br>⑥ Sand Mat가 필요 없다. |

## 2. Paper Drain의 등치 환산원의 직경

| 등치 환산원의 직경($D$) | |
|---|---|
| $$D = \alpha \, \frac{2(A+B)}{\pi}$$ | $D$ : 등치 환산원의 직경<br>$\alpha$ : 형상계수(보통 $\alpha = 0.75$)<br>$A$ : Paper Drain의 폭<br>$B$ : Paper Drain의 두께 |

# 04 Pre-loading 공법

## 1. 사전압밀공법

| Preloading | 내용 |
|---|---|
| | 공사 전에 큰 하중을 재하하여 미리 침하시키는 공법으로 초기 효과는 크나 공사기간이 길어서 실제 시공이 불편한 공법 |

| 모식도 |
|---|
| |

**GUIDE**

• Paper Drain 단점
  ① 장기간 사용 시 열화현상 발생하여 배수효과 저하
  ② 장기간 사용 시 Sand drain이 유리
  ③ 특수기계(mandrel) 필요
  ④ 횡방향력에 대한 저항력이 작다.

• drain 공법과 pre-loading 공법의 비교

| drain 공법 | pre-loading 공법 |
|---|---|
| 압밀계수가 작고 점성토층의 두께가 큰 경우 적용 | 압밀계수가 크고 점성토층의 두께가 얇은 경우 적용 |

• Pre-loading 공법의 목적
  ① 압밀침하 촉진
  ② 시공 직후 잔류침하 감소
  ③ 간극비를 감소시켜 전단강도 증진

**01** Sand Drain 공법과 Paper Drain 공법을 비교할 때 Paper Drain 공법의 특징이 아닌 것은?

① 주변 지반을 흐트러뜨리지 않는다.
② 시공속도가 더 빠르다.
③ drain 단면이 깊이 방향에 걸쳐 일정하다.
④ 공사비가 더 많이 든다.

**[해설]**
Paper Drain 공법은 Sand Drain 공법에 비해 공사비가 싸다.

**02** Sand Drain에 대한 Paper Drain 공법의 장점 설명 중 옳지 않은 것은?

① 횡방향력에 대한 저항력이 크다.
② 시공 지표면에 sand mat가 필요없다.
③ 시공속도가 빠르고 타설 시 주변을 교란시키지 않는다.
④ 배수 단면이 깊이에 따라 일정하다.

**[해설]**
횡방향력에 대한 저항력이 작다.

**03** Paper Drain 설계 시 Drain Paper의 폭이 10cm, 두께가 0.3cm일 때 Drain Paper의 등치환산원의 직경이 얼마이면 Sand Drain과 동등한 값으로 볼 수 있는가?(단, 형상계수 : 0.75)

① 5cm    ② 8cm    ③ 10cm    ④ 15cm

**[해설]**
등치환산원의 지름
$$D = \alpha \frac{2(A+B)}{\pi} = 0.75 \times \frac{2 \times (10+0.3)}{\pi} = 5\text{cm}$$

**04** 폭 10cm, 두께 3mm인 Paper Drain 설계 시 Sand Drain의 직경과 동등한 값(등치환산원의 지름)으로 볼 수 있는 것은?

① 2.5cm    ② 5.0cm    ③ 7.5cm    ④ 10.0cm

**[해설]**
등치환산원의 지름
$$D = \alpha \cdot \frac{2(A+B)}{\pi} = 0.75 \times \frac{2 \times (10+0.3)}{\pi} = 5\text{cm}$$

**05** 연약지반 개량공법 중에서 구조물을 축조하기 전에 압밀에 의해 미리 침하를 끝나게 하여 지반 강도를 증가시키는 방법으로 연약층이 두꺼운 경우나 공사기간이 시급한 경우는 적용하기 곤란한 공법은?

① 치환공법    ② Preloading 공법
③ Sand Drain 공법    ④ 침투압 공법

**06** 연약지반개량공법 중 프리로딩공법에 대한 설명으로 틀린 것은?

① 압밀침하를 미리 끝나게 하여 구조물에 잔류침하를 남기지 않게 하기 위한 공법이다.
② 도로의 성토나 항만의 방파제와 같이 구조물 자체의 일부를 상재하중으로 이용하여 개량 후 하중을 제거할 필요가 없을 때 유리하다.
③ 압밀계수가 작고 압밀토층 두께가 큰 경우에 주로 적용한다.
④ 압밀을 끝내기 위해서는 많은 시간이 소요되므로, 공사기간이 충분해야 한다.

**[해설]**
압밀계수가 작고 압밀토층 두께가 큰 경우는 drain 공법 적용

**07** 연약지반개량공법 중 프리로딩(pre-loading) 공법은 다음 중 어떤 경우에 채용하는가?

① 압밀계수가 작고 점성토층의 두께가 두꺼운 경우
② 압밀계수가 크고 점성토층의 두께가 얇은 경우
③ 구조물 공사기간에 여유가 없는 경우
④ 2차 압밀비가 큰 흙의 경우

**[해설]**
• Pre-loading 공법 : 압밀계수가 크고 점성토층의 두께가 얇은 경우에 채용
• drain 공법 : 압밀계수가 작고 점성토층의 두께가 큰 경우에 채용

## 05 압성토 공법

| 압성토 공법의 목적 | 압성토 공법 |
|---|---|
| 고성토의 제방에서 전단파괴가 발생되기 전에 제방의 외측에 흙을 돋우어 활동에 대한 저항모멘트를 증대시켜 전단파괴를 방지하는 공법 | (그림: 본성토, 압성토, 연약지반, $H$, $\dfrac{H}{3}$, $2H$) |

GUIDE

• 압성토 공법은 사면보호 공법이 아니고 사면보강 공법 중 하나이다.

## 06 동다짐 공법

| 동다짐 공법 | 개량심도 |
|---|---|
| ① 동압밀 공법이라고 하며 중량이 큰 중추(10~40t)를 여러 차례 낙하시키며 충격과 진동으로 개량시키는 방법<br>② 사질토 지반에 효과적(포화된 점성토에서도 사용 가능) | $D = \alpha \sqrt{W \cdot H}$<br>$D$ : 개량심도<br>$\alpha$ : 토질계수(보정계수 0.5)<br>$W$ : 추의 무게<br>$H$ : 낙하고 |

• 개량심도
  개량이 가능한 깊이

• 토질계수(보정계수)
  $\alpha = 0.4 \sim 0.7$이며, 통상 경험적으로 0.5를 많이 사용한다.

## 07 토목섬유

### 1. 토목섬유의 종류 및 주요 기능

| 토목섬유의 종류 | 주요 기능 |
|---|---|
| ① 지오텍스타일 | ① 배수기능 |
| ② 지오멤브레인 | ② 필터(여과) 기능 |
| ③ 지오그리드 | ③ 분리기능 |
| ④ 지오매트 | ④ 보강기능 |

### 2. 토목섬유의 주요 기능

| 토목섬유 주요 기능 | 주요 기능 해설 |
|---|---|
| ① 배수 기능 | 물을 모아 출구로 배출시키는 기능 |
| ② 필터(여과) 기능 | 토립자의 이동을 막고 물만을 통과시키는 기능 |
| ③ 분리 기능 | 조립토와 세립토의 혼합을 방지하는 기능 |
| ④ 보강 기능 | 토목섬유의 인장강도에 의해 안정성을 증진시키는 기능 |

• 토목섬유

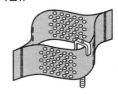

• 지오텍스타일(geotextile)
  ① 합성섬유를 직조하여 만든 다공성 직물
  ② 흙 속에 폴리에스테르, 나일론, 폴리에틸렌 등을 사용하여 연약지반을 개량하는 시공방법

**01** 고성토의 제방에서 전단파괴가 발생되기 전에 제방의 외측에 흙을 돋우어 활동에 대한 저항모멘트를 증대시켜 전단파괴를 방지하는 공법은?

① 프리로딩 공법
② 압성토 공법
③ 치환 공법
④ 대기압 공법

**해설**

압성토 공법은 성토비탈면에 소단모양의 압성토를 하여 활동에 대한 저항모멘트를 크게 하는 것이 목적이다.

**02** 10m 깊이의 쓰레기층을 동다짐을 이용하여 개량하려고 한다. 사용할 해머 중량이 20t, 하부 면적 반경 2m의 원형 블록을 이용한다면, 해머의 낙하고는?

① 15m
② 20m
③ 25m
④ 23m

**해설**

$$개량심도(D) = \alpha\sqrt{W \cdot H}$$
$$10 = 0.5\sqrt{20 \times H}$$
$$\therefore H = 20m$$

**03** 토목섬유의 주요 기능 중 옳지 않은 것은?

① 보강(Reinforcement)
② 배수(Drainage)
③ 댐핑(Damping)
④ 분리(Separation)

**해설**

**토목섬유 주요기능**
• 배수
• 보강
• 방수 및 차단
• 필터
• 차단

**04** 토목 섬유재 중 지오텍스타일의 수행 기능이 아닌 것은?

① 배수(drainage)
② 보강(reinforcement)
③ 여과(filtration)
④ 차수(seepage barrier)

**해설**

**토목섬유의 4가지 기능**
• 배수기능 : 투수성이 큰 토목 섬유의 평면 내부를 따라서 물을 이동시키는 기능
• 여과기능 : 세립자의 이동을 막고 물만 통과시키는 기능
• 분리기능 : 점토, 실트 등의 세립토 사이에 설치되어서 이들 재료가 서로 혼합되는 것을 막아주는 기능
• 보강기능 : 토목섬유의 인장강도에 의해 토류 구조물의 안전성을 증진시키는 기능

**05** 다음 중 지오텍스타일(geotextile)의 설명 중 맞는 것은?

① 흙 속에 직물 따위를 넣어 수분을 흡수함으로써 유효응력을 줄이는 방법이다.
② 흙 속에 폴리에스테르, 나일론, 폴리에틸렌 등을 사용하여 연약지반을 개량하는 시공법의 하나이다.
③ 흙 속에 직물 따위를 넣어 압밀에 의한 침하량을 크게 하기 위하여 사용하는 시공법이다.
④ 흙 속에 직물 따위를 넣어 흙과 직물 사이의 접합면이 흙의 내부마찰을 줄이게 함으로써 흙의 강도를 높이는 데 사용하는 시공법이다.

**해설**

• 토목섬유(geotextile) : 땅(geo)과 직물(textile)의 합성어로 폴리에스테르, 나일론, 폴리에틸렌 등의 합성섬유를 직조하여 만든 다공성 직물이며 흙 속에 포설하여 보강, 필터, 분리, 배수 등의 효과를 얻을 수 있다.
• 폴리에스테르, 나일론, 폴리에틸렌 등을 연약지반에 사용하여 배수, 필터, 분리, 보강 기능의 효과를 얻는다.
• 지오텍스타일 공법 : 흙 속에 토목 섬유를 깔아 연약지반의 인장강도를 크게 하여 지지력을 증대시켜 연약지반을 개량한다.

**01** 다음의 연약지반개량공법에서 일시적인 개량 공법은?

① Well Point 공법
② 치환공법
③ Paper Drain 공법
④ Sand Compaction Pile 공법

**해설**

일시적인 연약지반 개량공법
• 웰포인트(Well Point) 공법
• 동결공법
• 소결공법
• 진공압밀공법(대기압공법)

**02** 다음 중 사질(砂質) 지반의 개량 공법에 속하지 않는 것은?

① 다짐 말뚝 공법
② 바이브로 플로테이션 공법
③ 전기 충격 공법
④ 생석회 말뚝 공법

**해설**

사질토 지반
• 다짐 말뚝 공법
• compozer 공법
• Vibro Flotation 공법
• 폭파 다짐 공법
• 전기 충격 공법
• 약액 주입 공법

**03** 점성토 지반에 사용하는 연약지반 개량공법으로 거리가 먼 것은?

① Sand Drain 공법
② 침투압 공법
③ Vibro Flotation 공법
④ 생석회 말뚝 공법

**해설**

연약 점성토지반 개량공법(압밀배수원리)
• 치환공법
• 프리로딩 공법(여성토 공법)
• 압성토 공법
• 샌드 드레인 공법
• 페이퍼 드레인 공법
• 팩 드레인 공법
• 위크 드레인 공법
• 전기 침투 공법 및 전기화학적 고결 공법
• 침투압 공법
• 생석회 말뚝 공법
  ─바이브로 플로테이션 공법 : 연약 사질토지반 개량공법

**04** 다음의 연약지반 개량공법 중 지하수위를 저하시킬 목적으로 사용되는 공법은?

① 샌드 드레인(Sand Drain) 공법
② 페이퍼 드레인(Paper Drain) 공법
③ 치환 공법
④ 웰 포인트(Well Point) 공법

**해설**

지하수위 저하공법
• 웰포인트(Well Point) 공법
• 디프웰(Deep Well) 공법
• 전기 침투공법
• 집수공법
• 암거공법
• 진공 흡입공법

**05** Sand Drain의 지배 영역에 관한 Barron의 정삼각형 배치에서 샌드 드레인의 간격을 $d$, 유효원의 직경을 $d_e$ 라 할 때 $d_e$ 를 구하는 식으로 옳은 것은?

① $d_e = 1.128d$      ② $d_e = 1.028d$
③ $d_e = 1.050d$      ④ $d_e = 1.50d$

**해설**

• 정삼각형 배열 $d_e = 1.05d$
• 정사각형 배열 $d_e = 1.13d$

---

**정답**   01 ①   02 ④   03 ③   04 ④   05 ③

**06** Sand Drain 공법에서 Sand Pile을 정삼각형으로 배치할 때 모래 기둥의 간격은?(단, Pile의 유효지름은 40cm이다.)

① 35cm ② 38cm
③ 42cm ④ 45cm

**해설**

정3각형 배열일 때 영향원의 지름
$d_e = 1.05d$에서
$40 = 1.05d$
∴ Sand Pile의 간격$(d) = 38$cm

**07** 다음의 연약지반 개량공법 중 점성토 지반에 주로 사용되는 공법이 아닌 것은?

① 샌드 드레인(Sand Drain) 공법
② 페이퍼 드레인(Paper Drain) 공법
③ 프리로딩(Preloading) 공법
④ 바이브로 플로테이션(Vibro Floatation) 공법

**해설**

바이브로 플로테이션은 사질토 개량공법에 사용한다.

**08** 연약지반 개량공법 중 프리로딩공법에 대한 설명으로 틀린 것은?

① 압밀침하를 미리 끝나게 하여 구조물에 잔류침하를 남기지 않게 하기 위한 공법이다.
② 도로의 성토나 항만의 방파제와 같이 구조물 자체의 일부를 상재하중으로 이용하여 개량 후 하중을 제거할 필요가 없을 때 유리하다.
③ 압밀계수가 작고 압밀토층 두께가 큰 경우에 주로 적용한다.
④ 압밀을 끝내기 위해서는 많은 시간이 소요되므로, 공사기간이 충분해야 한다.

**해설**

프리로딩(Preloading) 공법
압밀계수가 크고 압밀토층 두께가 얇은 경우에 주로 적용한다.

**09** 연약지반 처리공법 중 Sand Drain 공법에서 연직과 방사선 방향을 고려한 평균압밀도 U는?(단, $U_V = 0.20$, $U_H = 0.71$이다.)

① 0.573 ② 0.697
③ 0.712 ④ 0.768

**해설**

평균압밀도
$U = 1 - (1 - U_V) \cdot (1 - U_H)$
$\quad = 1 - (1 - 0.20) \times (1 - 0.71) = 0.768$

**10** 연약점토지반에 압밀촉진공법을 적용한 후, 전체 평균압밀도가 90%로 계산되었다. 압밀촉진공법을 적용하기 전, 수직방향의 평균압밀도가 20%였다고 하면 수평방향의 평균압밀도는?

① 70% ② 77.5%
③ 82.5% ④ 87.5%

**해설**

평균압밀도 $U = 1 - (1 - U_v)(1 - U_h)$에서
$0.9 = 1 - (1 - 0.2)(1 - U_h)$
∴ 수평방향 평균압밀도 $U_h = 0.875 = 87.5\%$

**11** Paper Drain 설계 시 Paper Drain의 폭이 10cm, 두께가 0.3cm일 때 Paper Drain의 등치환산원의 지름이 얼마이면 Sand Drain과 동등한 값으로 볼 수 있는가?(단, 형상계수 : 0.75)

① 5cm ② 7.5cm
③ 10cm ④ 15cm

**해설**

등치환산원의 지름
$D = \alpha \dfrac{2(A+B)}{\pi} = 0.75 \times \dfrac{2 \times (10 + 0.3)}{\pi} = 5$cm

---

**정답** 06 ② 07 ④ 08 ③ 09 ④ 10 ④ 11 ①

**12** 약액주입공법은 그 목적이 지반의 차수 및 지반 보강에 있다. 다음 중 약액주입공법에서 고려해야 할 사항으로 거리가 먼 것은?

① 주입률                    ② Piping
③ Grout 배합비              ④ Gel Time

 해설

**분사현상**

침투수압이 커지면 지하수와 함께 토사가 분출하여 굴착 저면이 마치 물이 끓는 상태와 같이 되는데, 이런 현상을 분사현상(Quick Sand) 또는 보일링 현상(Boiling)이라 한다. 이 현상이 계속되면 물이 흐르는 통로가 생겨 파괴에 이르게 되는데, 이렇게 모래를 유출시키는 현상을 파이핑(Piping)이라 한다.

**13** 10m 깊이의 쓰레기층을 동다짐을 이용하여 개량하려고 한다. 사용할 해머 중량이 20t이고, 하부 면적 반경이 2m인 원형 블록을 이용한다면, 해머의 낙하고는?

① 15m                     ② 20m
③ 25m                     ④ 23m

해설

$$D = a\sqrt{W_H \cdot H}$$
$$10 = 0.5\sqrt{20 \times H}$$
$$H = 20$$

**14** Compozer 공법에 대한 다음 설명 중 적당하지 않은 것은?

① 느슨한 모래 지반을 개량하는 데 좋은 공법이다.
② 충격, 진동에 의해 지반을 개량하는 공법이다.
③ 효과는 의문이나 연약한 점토 지반에도 사용할 수 있는 공법이다.
④ 시공 관리가 매우 간단한 공법이다.

해설

**Compozer 공법**

느슨한 사질토 지반에 널리 활용되고 점성토 지반에도 적용이 가능한 공법으로 시공 관리가 까다롭고 주변 흙을 교란시킨다.

정답   12 ②   13 ②   14 ④

필기

토목기사산업기사

Engineer Civil Engineering

# 부록 1

# 과년도 출제문제

**01** 사운딩에 대한 설명 중 틀린 것은?

① 로드 선단에 지중저항체를 설치하고 지반 내 관입, 압입, 또는 회전하거나 인발하여 그 저항치로부터 지반의 특성을 파악하는 지반조사방법이다.

② 정적 사운딩과 동적 사운딩이 있다.

③ 압입식 사운딩의 대표적인 방법은 Standard Penet Ration Test(SPT)이다.

④ 특수사운딩 중 측압사운딩의 공내횡방향재하시험은 보링공을 기계적으로 수평으로 확장시키면서 측압과 수평변위를 측정한다.

[해설]

표준관입시험(SPT)은 동적 사운딩의 방법이다.

**02** 다음 표는 흙의 다짐에 대해 설명한 것이다. 옳게 설명한 것을 모두 고른 것은?

> (1) 사질토에서 다짐에너지가 클수록 최대건조단위 중량은 커지고 최적함수비는 줄어든다.
> (2) 입도분포가 좋은 사질토가 입도분포가 균등한 사질 토보다 더 잘 다져진다.
> (3) 다짐곡선은 반드시 영공기간극곡선의 왼쪽에 그려진다.
> (4) 양족 롤러(Sheepsfoot Roller)는 점성토를 다지는 데 적합하다.
> (5) 점성토에서 흙은 최적함수비보다 큰 함수비로 다지면 면모구조를 보이고 작은 함수비로 다지면 이산구조를 보인다.

① (1), (2), (3), (4)

② (1), (2), (3), (5)

③ (1), (4), (5)

④ (2), (4), (5)

[해설]

점성토에서 OMC보다 큰 함수비(습윤 측)로 다지면 이산구조 (분산구조), OMC보다 작은 함수비(건조 측)로 다지면 면모구조를 보인다.

**03** 현장에서 완전히 포화되었던 시료라 할지라도 시료 채취 시 기포가 형성되어 포화도가 저하될 수 있다. 이 경우 생성된 기포를 원상태로 용해시키기 위해 작용시키는 압력을 무엇이라고 하는가?

① 구속압력(Confined Pressure)

② 축차응력(Diviator Stress)

③ 배압(Back Pressure)

④ 선행압밀압력(Preconsolidation Pressure)

[해설]

배압 : 실험실에서 흙 시료를 100% 포화시키기 위해 흙 시료 속으로 가하는 수압

**04** 직경 30cm의 평판재하시험에서 작용압력이 30t/m²일 때 평판의 침하량이 30mm이었다면, 직경 3m의 실제 기초에 30t/m²의 압력이 작용할 때의 침하량은?(단, 지반은 사질토 지반이다.)

① 30mm

② 99.2mm

③ 187.4mm

④ 300mm

[해설]

침하량(사질토)

$$S_{(기초판)} = S_{재하판} \times \left[ \frac{2B_{(기초판)}}{B_{(기초판)} + B_{(재하판)}} \right]^2$$

$$= 0.03 \times \left[ \frac{2 \times 3}{3 + 0.3} \right]^2 = 0.0992\text{m} = 99.2\text{mm}$$

**05** 다음 그림과 같은 p−q 다이어그램에서 $K_f$ 선이 파괴선을 나타낼 때 이 흙의 내부마찰각은?

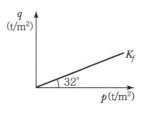

① 32°

② 36.5°

③ 38.7°

④ 40.8°

해설

$k_f$ 선과 Mohr−Coulomb 선의 기하학적 관계

$\sin\phi = \tan\alpha$

$\therefore \ \phi = \sin^{-1}(\tan\alpha)$
$= \sin^{-1}(\tan 32°) = 38.7°$

**06** 기초폭 4m의 연속기초를 지표면 아래 3m 위치의 모래지반에 설치하려고 한다. 이때 표준 관입시험 결과에 의한 사질지반의 평균 N값이 10일 때 극한지지력은?(단, Meyerhof 공식 사용)

① $420\text{t/m}^2$  ② $210\text{t/m}^2$

③ $105\text{t/m}^2$  ④ $75\text{t/m}^2$

해설

Meyerhof 공식

$q_{ult} = 3NB\left(1 + \dfrac{D_f}{B}\right) = 3\times 10 \times 4 \times \left(1 + \dfrac{3}{4}\right) = 210\text{t/m}^2$

**07** 어떤 흙의 입도분석 결과 입경 가적 곡선의 기울기가 급경사를 이룬 빈입도일 때 예측할 수 있는 사항으로 틀린 것은?

① 균등계수는 작다.
② 간극비는 크다.
③ 흙을 다지기가 힘들 것이다.
④ 투수계수는 작다.

해설

빈입도
• 입도 분포가 불량하다.
• 균등계수가 작다.
• 간극비가 크다.
• 투수계수가 크다.

**08** 통일분류법으로 흙을 분류할 때 사용하는 인자가 아닌 것은?

① 입도분포  ② 애터버그 한계
③ 색, 냄새  ④ 군지수

해설

흙의 공학적 성질
㉠ 통일 분류법(입도분포, 액성한계, 소성지수)
㉡ AASHTO 분류법(군지수)

**09** 다음 중 투수계수를 좌우하는 요인이 아닌 것은?

① 토립자의 크기  ② 공극의 형상과 배열
③ 포화도  ④ 토립자의 비중

해설

$k = D_s^2 \cdot \dfrac{\gamma_w}{\mu} \cdot \dfrac{e^3}{1+e} \cdot C$

($k$는 토립자 비중과 무관함)

**10** 유선망의 특징에 대한 설명으로 틀린 것은?

① 균질한 흙에서 유선과 등수두선은 상호 직교한다.
② 유선 사이에서 수두감소량(Head Loss)은 동일하다.
③ 유선은 다른 유선과 교차하지 않는다.
④ 유선망은 경계조건을 만족하여야 한다.

해설

등수두선 사이에서 수두감소량(손실수두)은 동일하다.

**11** 사면안정 해석방법에 대한 설명으로 틀린 것은?

① 일체법은 활동면 위에 있는 흙덩어리를 하나의 물체로 보고 해석하는 방법이다.
② 절편법은 활동면 위에 있는 흙을 몇 개의 절편으로 분할하여 해석하는 방법이다.
③ 마찰원방법은 점착력과 마찰각을 동시에 갖고 있는 균질한 지반에 적용된다.
④ 절편법은 흙이 균질하지 않아도 적용이 가능하지만, 흙속에 간극수압이 있을 경우 적용이 불가능하다.

해설

절편법은 흙속에 간극수압이 있을 경우 적용 가능하다.

**12** 흙시료 채취에 대한 설명으로 틀린 것은?

① 교란의 효과는 소성이 낮은 흙이 소성이 높은 흙보다 크다.

② 교란된 흙은 자연상태의 흙보다 압축강도가 작다.

③ 교란된 흙은 자연상태의 흙보다 전단강도가 작다.

④ 흙시료 채취 직후에 비교적 교란되지 않은 코어(Core)는 부(負)의 과잉간극수압이 생긴다.

[해설]

소성이 낮은 흙은 교란 효과가 작다.

**13** 아래 그림과 같은 지표면에 2개의 집중하중이 작용하고 있다. 3t의 집중하중 작용점 하부 2m 지점 A에서의 연직하중의 증가량은 약 얼마인가?(단, 영향계수는 소수점 이하 넷째 자리까지 구하여 계산하시오.)

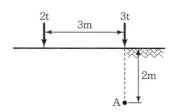

① $0.37\text{t/m}^2$
② $0.89\text{t/m}^2$
③ $1.42\text{t/m}^2$
④ $1.94\text{t/m}^2$

[해설]

$$\Delta\sigma_Z = \frac{Q_1}{Z^2}I_{\sigma_1} + \frac{Q_2}{Z^2}I_{\sigma_2}$$

$$= \frac{Q}{Z^2}\left(\frac{3}{2\pi}\right) + \frac{Q}{Z^2}\left(\frac{3}{2\pi}\times\frac{Z^5}{R^5}\right)$$

$$= \frac{3}{2^2}\left(\frac{3}{2\pi}\right) + \frac{Z}{2^2}\left(\frac{3}{2\pi}\times\frac{2^5}{3.6^5}\right)$$

$$= 0.37\text{t/m}^2$$

$$(R = \sqrt{r^2 + Z^2} = \sqrt{3^2 + 2^2} = 3.6)$$

**14** 어떤 흙에 대한 일축압축시험 결과 일축압축강도는 $1.0\text{kg/cm}^2$, 파괴면과 수평면이 이루는 각은 50°였다. 이 시료의 점착력은?

① $0.36\text{kg/cm}^2$
② $0.42\text{kg/cm}^2$
③ $0.5\text{kg/cm}^2$
④ $0.54\text{kg/cm}^2$

[해설]

일축압축강도$(q_u) = 2c\tan\left(45° + \dfrac{\phi}{2}\right)$

$1 = 2c\tan 50°$

$\therefore\ c = \dfrac{1}{2\times\tan 50°} = 0.42\text{kg/cm}^2$

**15** 내부마찰각 30°, 점착력 $1.5\text{t/m}^2$ 그리고 단위중량이 $1.7\text{t/m}^3$인 흙에 있어서 인장균열(Tension Crack)이 일어나기 시작하는 깊이는 약 얼마인가?

① 2.2m
② 2.7m
③ 3.1m
④ 3.5m

[해설]

인장균열 깊이(점착고)

$$Z_c = \frac{2c}{\gamma_t}\cdot\tan\left(45° + \frac{\phi}{2}\right) = \frac{2\times1.5}{1.7}\tan\left(45° + \frac{30°}{2}\right) = 3.1\text{m}$$

**16** 아래 그림과 같은 폭($B$) 1.2m, 길이($L$) 1.5m인 사각형 얕은 기초에 폭($B$) 방향에 편심이 작용하는 경우 지반에 작용하는 최대압축응력은?

① $29.2\text{t/m}^2$
② $38.5\text{t/m}^2$
③ $39.7\text{t/m}^2$
④ $41.5\text{t/m}^2$

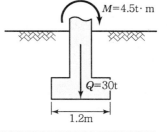

[해설]

$$\sigma_{\max} = \frac{Q}{A}\left(1 + \frac{6e}{B}\right)$$

$$= \frac{30}{1.2\times1.5}\left(1 + \frac{6\times0.15}{1.2}\right)$$

$$= 29.2\text{t/m}^2$$

$$\left(e = \frac{M}{Q} = \frac{4.5}{30} = 0.15\text{m}\right)$$

**17** 그림과 같이 3m×3m 크기의 정사각형 기초가 있다. Terzaghi 지지력 공식 $q_u = 1.3cN_c + \gamma_1 D_f N_q + 0.4\gamma_2 BN_\gamma$ 을 이용하여 극한지지력을 산정할 때 사용되는 흙의 단위중량($\gamma_2$)의 값은?(단, 물의 단위중량은 9.81kN/m³)

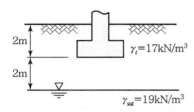

① 9.4kN/m³
② 11.7kN/m³
③ 14.4kN/m³
④ 17.2kN/m³

해설

- $B \le d$ : 지하수위 영향 없음
- $B > d$ : 지하수위 영향 고려

$$\gamma_2 = \frac{\gamma \cdot d + \gamma_{sub}(B-d)}{B} = \frac{17 \times 2 + (19 - 9.81)(3 - 2)}{3}$$

$$= 14.4\text{kN/m}^3$$

**18** 어떤 흙의 변수위 투수시험을 한 결과 시료의 직경과 길이가 각각 5.0cm, 2.0cm이었으며, 유리관의 내경이 4.5mm, 1분 10초 동안에 수두가 40cm에서 20cm로 내려갔다. 이 시료의 투수계수는?

① $4.95 \times 10^{-4}$cm/s
② $5.45 \times 10^{-4}$cm/s
③ $1.60 \times 10^{-4}$cm/s
④ $7.39 \times 10^{-4}$cm/s

해설

$$k = 2.3 \cdot \frac{aL}{At} \log \frac{h_1}{h_2} = 2.3 \times \frac{\left(\frac{\pi \times 0.45^2}{4} \times 2\right)}{\left(\frac{\pi \times 5^2}{4} \times 70\right)} \log \frac{40}{20}$$

$$= 1.6 \times 10^{-4}\text{cm/s}$$

**19** 지표면에 4t/m²의 성토를 시행하였다. 압밀이 70% 진행되었다고 할 때 현재의 과잉 간극수압은?

① 0.8t/m²
② 1.2t/m²
③ 2.2t/m²
④ 2.8t/m²

해설

$$u = \frac{u_i - u_t}{u_i} \times 100$$

$$70 = \frac{4 - u_t}{4} \times 100$$

$$\therefore u_t = 1.2\text{t/m}^2$$

**20** Sand Drain 공법에서 Sand Pile을 정삼각형으로 배치할 때 모래기둥의 간격은?(단, Pile의 유효지름은 40cm이다.)

① 35cm
② 38cm
③ 42cm
④ 45cm

해설

정삼각형 배치 시 유효직경($d_e$) = 1.05$s$

$\therefore$ 40 = 1.05$s$

샌드파일의 간격($s$) = 38cm

**01** 어떤 점토 사면에 있어서 안정계수가 4이고, 단위중량이 $1.5t/m^3$, 점착력이 $0.15kg/cm^2$일 때 한계고는?

① 4m  ② 2.3m

③ 2.5m  ④ 5m

해설

$$한계고(H_c) = \frac{N_s \cdot c}{\gamma_t} = \frac{4 \times 1.5}{1.5} = 4m$$

$$(c = 0.15kg/cm^2 = 1.5t/m^2)$$

**02** 흙의 건조단위중량이 $1.60g/cm^3$이고 비중이 2.64인 흙의 간극비는?

① 0.42  ② 0.60

③ 0.65  ④ 0.64

해설

$$\gamma_d = \frac{G_s}{1+e}\gamma_w, \quad \therefore \ e = \frac{G_s}{\gamma_d}\gamma_w - 1 = \frac{2.64}{1.60} \times 1 - 1 = 0.65$$

**03** 다음의 흙 중에서 2차 압밀량이 가장 큰 흙은?

① 모래  ② 점토

③ Silt  ④ 유기질토

해설

2차 압밀은 유기질이 많은 흙에서 일어난다.

**04** 다음 중 얕은 기초는?

① Footing 기초  ② 말뚝 기초

③ Caisson 기초  ④ Pier 기초

해설

기초의 종류

| 얕은(직접) 기초 | 깊은 기초 |
|---|---|
| 확대(Footing) 기초<br>전면(Mat) 기초 | 말뚝기초<br>피어(Pier) 기초<br>케이슨 기초 |

**05** 주동토압계수를 $K_a$, 수동토압계수를 $K_p$, 정지토압계수를 $K_o$라 할 때 그 크기의 순서로 옳은 것은?

① $K_a > K_0 > K_p$  ② $K_p > K_0 > K_a$

③ $K_0 > K_a > K_p$  ④ $K_0 > K_p > K_a$

해설

토압계수의 크기

$$K_p > K_0 > K_a$$

(수동토압계수 > 정지토압계수 > 주동토압계수)

**06** 다음 투수층에서 피에조미터를 꽂은 두 지점 사이의 동수경사($i$)는 얼마인가?(단, 두 지점 간의 수평거리는 50m이다.)

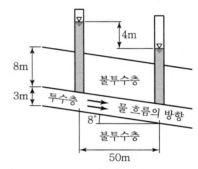

① 0.063  ② 0.079

③ 0.126  ④ 0.162

해설

$$동수경사(i) = \frac{h}{L} = \frac{4}{50.5} = 0.079$$

$$\left(\cos 8° = \frac{50}{L}, \ L = \frac{50}{\cos 8°} = 50.5m\right)$$

**07** 도로지반의 평판재하 실험에서 1.25mm가 침하될 때 하중강도가 $2.5kg/cm^2$이면 지지력계수 $K$는?

① $2kg/cm^3$  ② $20kg/cm^3$

③ $1kg/cm^3$  ④ $10kg/cm^3$

해설

$$지지력계수(K) = \frac{q}{y} = \frac{2.5}{0.125} = 20kg/cm^3$$

정답  01 ①  02 ③  03 ④  04 ①  05 ②  06 ②  07 ②

## 08 평판재하시험이 끝나는 조건에 대한 설명으로 잘못된 것은?

① 침하량이 15mm에 달할 때
② 하중강도가 현장에서 예상되는 최대 접지압을 초과할 때
③ 하중강도가 그 지반의 항복점을 넘을 때
④ 완전히 침하가 멈출 때

**해설**

평판재하시험이 끝나는 조건
• 침하량이 15mm에 달할 때
• 하중강도가 예상되는 최대 접지압력을 초과할 때
• 하중강도가 그 지반의 항복점을 넘을 때

## 09 현장에서 채취한 흐트러지지 않은 포화 점토 시료에 대해 일축압축강도 $q_u = 0.8 kg/cm^2$의 값을 얻었다. 이 흙의 점착력은?

① $0.2 kg/cm^2$
② $0.25 kg/cm^2$
③ $0.3 kg/cm^2$
④ $0.4 kg/cm^2$

**해설**

$$일축압축강도(q_u) = 2c\tan\left(45° + \frac{\phi}{2}\right)$$

$$q_u = 2c(점토, \phi = 0)$$

$$\therefore c = \frac{q_u}{2} = \frac{0.8}{2} = 0.4 kg/cm^2$$

## 10 전단응력을 증가시키는 외적 요인이 아닌 것은?

① 간극수압의 증가
② 지진, 발파에 의한 충격
③ 인장응력에 의한 균열의 발생
④ 함수량 증가에 의한 단위중량 증가

**해설**

| 전단응력(강도, $\tau$)을 증가시키는 요인 | 전단응력(강도, $\tau$)을 감소시키는 요인 |
|---|---|
| ㉠ 함수비 증가에 따른 흙의 단위중량 증가 | ㉠ 간극수압의 증가 |
| ㉡ 지반에 고결제(약액) 주입 | ㉡ 흙다짐 불량, 동결 융해 |
| ㉢ 인장응력에 의한 균열 발생(인장응력 발생 부분에 압축잔류응력 발생) | ㉢ 수분증가에 따른 점토의 팽창 |
| ㉣ 지진, 발파에 의한 충격 | ㉣ 수축, 팽창, 인장에 의한 미세균열 |

## 11 다음 그림과 같은 샘플러(Sampler)에서 면적비는?(단, $D_s = 7.2cm$, $D_e = 7.0cm$, $D_w = 7.5cm$)

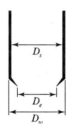

① 5.9%
② 12.7%
③ 5.8%
④ 14.8%

**해설**

$$면적비(A_R) = \frac{D_w^2 - D_e^2}{D_e^2} \times 100(\%)$$

$$= \frac{7.5^2 - 7.0^2}{7.0^2} \times 100(\%) = 14.8\%$$

## 12 어떤 점성토에 수직응력 $40 kg/cm^2$를 가하여 전단시켰다. 전단면상의 간극수압이 $10 kg/cm^2$이고 유효응력에 대한 점착력, 내부마찰각이 각각 $0.2 kg/cm^2$, 20°이면 전단강도는?

① $6.4 kg/cm^2$
② $10.4 kg/cm^2$
③ $11.1 kg/cm^2$
④ $18.4 kg/cm^2$

**해설**

$$S(\tau_f) = c + \sigma'\tan\phi = c + (\sigma - u)\tan\phi$$

$$= 0.2 + (40 - 10)\tan20°$$

$$= 11.1 kg/cm^2$$

**정답** 08 ④ 09 ④ 10 ① 11 ④ 12 ③

**13** 그림과 같은 지표면에 10t의 집중하중이 작용했을 때 작용점의 직하 3m 지점에서 이 하중에 의한 연직응력은?

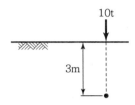

① $0.422\text{t/m}^2$      ② $0.531\text{t/m}^2$

③ $0.641\text{t/m}^2$      ④ $0.708\text{t/m}^2$

해설

$$\Delta\sigma = \frac{Q}{Z^2}I_\sigma = \frac{10}{3^2}\times\frac{3}{2\pi} = 0.531\text{t/m}^2$$

**14** 함수비 20%의 자연상태의 흙 2,400g을 함수비 25%로 하고자 한다면 추가해야 할 물의 양은?

① 100g      ② 120g

③ 400g      ④ 500g

해설

㉠ 함수비 20%일 때 물의 양

$$\omega = \frac{W_w}{W_s}\times100 = \frac{W_w}{W-W_w}\times100$$

$$0.20 = \frac{W_w}{2400-W_w}\times100$$

$$W_w = 400\text{g}$$

㉡ 함수비 25%일 때 물의 양

$$20\% : 400\text{kg} = 25\% : W_w$$

$$\therefore\ W_w = 500\text{g}$$

㉢ 추가해야 할 물의 양

$$500 - 400 = 100\text{g}$$

**15** 어느 흙댐의 동수구배가 0.8, 흙의 비중이 2.65, 함수비 40%인 포화토인 경우 분사현상에 대한 안전율은?

① 0.8      ② 1.0

③ 1.2      ④ 1.4

해설

$$F_s = \frac{i_c}{i} = \frac{\dfrac{G_s-1}{1+e}}{\dfrac{h}{L}} = \frac{\dfrac{2.65-1}{1+1.06}}{0.8} = 1.0$$

$$\left(G_s\omega = Se,\ \therefore\ e = \frac{G_s\cdot\omega}{S} = \frac{2.65\times0.4}{1} = 1.06\right)$$

**16** 그림과 같이 2개 층으로 구성된 지반에 대한 수평방향 등가투수계수는?

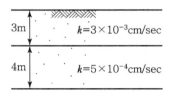

① $3.89\times10^{-3}\text{cm/sec}$      ② $7.78\times10^{-3}\text{cm/sec}$

③ $1.57\times10^{-3}\text{cm/sec}$      ④ $3.14\times10^{-3}\text{cm/sec}$

해설

**수평방향 등가투수계수($K_h$)**

$$k_h = \frac{k_1 H_1 + k_2 H_2}{H_1 + H_2} = \frac{(3\times10^{-3}\times300)+(5\times10^{-4}\times400)}{300+400}$$

$$= 1.57\times10^{-3}\text{cm/sec}$$

**17** 다음 중 점성토 지반의 개량공법으로 부적당한 것은?

① 치환공법

② Sand Drain 공법

③ 바이브로 플로테이션 공법

④ 다짐모래말뚝공법

해설

바이브로 플로테이션 공법은 사질토 지반의 개량공법

정답    **13** ②    **14** ①    **15** ②    **16** ③    **17** ③

**18** 다짐에 대한 설명으로 틀린 것은?

① 조립토는 세립토보다 최적함수비가 작다.
② 조립토는 세립토보다 최대 건조밀도가 높다.
③ 조립토는 세립토보다 다짐곡선의 기울기가 급하다.
④ 다짐에너지가 클수록 최대 건조밀도는 낮아진다.

**해설**

다짐에너지가 커지면 $\gamma_{d\,max}$ 는 증가하고 OMC는 작아진다.

**19** 10개의 무리말뚝기초에 있어서 효율이 0.8, 단항으로 계산한 말뚝 1개의 허용지지력이 10t일 때 군항의 허용지지력은?

① 50t
② 80t
③ 100t
④ 125t

**해설**

군항(무리말뚝)의 허용지지력$(R_{ag}) = R_a \cdot N \cdot E$
$$= 10 \times 10 \times 0.8 = 80t$$

**20** 다음 중 얕은 기초의 지지력에 영향을 미치지 않는 것은?

① 지반의 경사
② 기초의 깊이
③ 기초의 두께
④ 기초의 형상

**해설**

얕은 기초의 지지력에 영향을 미치는 것
• 기초의 형상
• 기초의 깊이
• 지반의 경사

**01** 어느 흙댐의 동수경사가 1.0, 흙의 비중이 2.65, 함수비가 40%인 포화토에 있어서 분사현상에 대한 안전율을 구하면?

① 0.8      ② 1.0

③ 1.2      ④ 1.4

해설

$$F_s = \frac{i_c}{i} = \frac{\dfrac{G_s - 1}{1+e}}{\dfrac{h}{L}} = \frac{\dfrac{2.65-1}{1+1.06}}{1.0} = 0.8$$

$$\left( G_s \cdot \omega = S \cdot e \quad \therefore e = \frac{G_s \cdot \omega}{S} = \frac{2.65 \times 0.4}{1} = 1.06 \right)$$

**02** 굳은 점토지반에 앵커를 그라우팅하여 고정시켰다. 고정부의 길이가 5m, 직경이 20cm, 시추공의 직경은 10cm였다. 점토의 비배수전단강도($C_u$) = 1.0kg/cm², $\phi = 0°$라고 할 때 앵커의 극한 지지력은?(단, 표면마찰계수는 0.6으로 가정한다.)

① 9.4ton      ② 15.7ton

③ 18.8ton      ④ 31.3ton

해설

점토지반일 때 어스앵커의 극한 지지력(저항)

$$\begin{aligned} P_u &= \alpha \cdot C_u \cdot \pi D l \\ &= 0.6 \times 1.0 \times \pi \times 20 \times 500 \\ &= 18,849.56 \text{kg} \\ &= 18.8 \text{t} \end{aligned}$$

**03** Sand Drain의 지배 영역에 관한 Barron의 정삼각형 배치에서 샌드 드레인의 간격을 $d$, 유효원의 직경을 $d_e$라 할 때 $d_e$를 구하는 식으로 옳은 것은?

① $d_e = 1.128d$      ② $d_e = 1.028d$

③ $d_e = 1.050d$      ④ $d_e = 1.50d$

해설

정삼각형 배열($d_e$) = 1.05$d$
정사각형 배열($d_e$) = 1.13$d$

**04** 어느 점토의 체가름 시험과 액·소성시험 결과 0.002mm($2\mu m$) 이하의 입경이 전 시료 중량의 90%, 액성한계 60%, 소성한계 20%였다. 이 점토 광물의 주성분은 어느 것으로 추정되는가?

① Kaolinite

② Illite

③ Calcite

④ Montmorillonite

해설

$$활성도(A) = \frac{I_p (W_L - W_P)}{2\mu \text{ 이하의 점토 함유량}} = \frac{60-20}{90} = 0.44$$

$$\therefore A < 0.75 : \text{Kaolinite}(0.44)$$

**05** 응력경로(Stress Path)에 대한 설명으로 옳지 않은 것은?

① 응력경로는 특성상 전응력으로만 나타낼 수 있다.

② 응력경로란 시료가 받는 응력의 변화과정을 응력공간에 궤적으로 나타낸 것이다.

③ 응력경로는 Mohr의 응력원에서 전단응력이 최대인 점을 연결하여 구해진다.

④ 시료가 받는 응력상태에 대해 응력경로를 나타내면 직선 또는 곡선으로 나타난다.

해설

응력경로는 전응력경로와 유효응력경로로 구분된다.

**06** 10m 깊이의 쓰레기층을 동다짐을 이용하여 개량하려고 한다. 사용할 해머 중량이 20t, 하부 면적 반경 2m의 원형 블록을 이용한다면, 해머의 낙하고는?

① 15m      ② 20m

③ 25m      ④ 23m

해설

$$\begin{aligned} 개량심도(D) &= \alpha \sqrt{W \cdot H} \\ 10 &= 0.5 \sqrt{20 \times H} \\ \therefore H &= 20 \text{m} \end{aligned}$$

정답    01 ①    02 ③    03 ③    04 ①    05 ①    06 ②

**07** 어떤 점토지반의 표준관입실험 결과 $N$값이 2~4였다. 이 점토의 Consistency는?

① 대단히 견고　　　② 연약
③ 견고　　　　　　④ 대단히 연약

해설

| 연경도(Consistency) | N치 |
|---|---|
| 대단히 연약 | N < 2 |
| 연약 | 2~4 |
| 중간 | 4~8 |
| 견고 | 8~15 |
| 대단히 견고 | 15~30 |
| 고결 | N > 30 |

**08** $\Delta h_1 = 5$이고, $K_{v2} = 10K_{v1}$일 때, $K_{v3}$의 크기는?

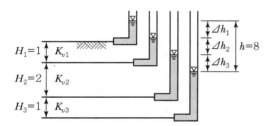

① $1.0K_{v1}$　　　　② $1.5K_{v1}$
③ $2.0K_{v1}$　　　　④ $2.5K_{v1}$

해설

※ 각 층의 침투속도는 균일

㉠ $V = Ki = K_{v_1} \cdot \dfrac{\Delta h_1}{l_1} = K_{v2} \cdot \dfrac{\Delta h_2}{l_2} = K_{v3} \cdot \dfrac{\Delta h_3}{l_3}$

$= K_{v1} \cdot \dfrac{\Delta h_1}{1} = K_{v2} \cdot \dfrac{\Delta h_2}{2} = K_{v3} \cdot \dfrac{\Delta h_3}{1}$

$= K_{v1} \cdot \Delta h_1 = 10K_{v1} \cdot \dfrac{\Delta h_2}{2} = K_{v3} \cdot \Delta h_3$

$= 5K_{v1} = 5K_{v1} \cdot \Delta h_2 = K_{v3} \cdot \Delta h_3$

$\therefore \Delta h_2 = 1 , \Delta h_3 = 2$

㉡ $V = K_{v3} \times \dfrac{2}{1} = 5K_{v1}$

$= 2K_{v3} = 5K_{v1}$

$\therefore K_{v3} = \dfrac{5}{2} K_{v1} = 2.5K_{v1}$

**09** Rod에 붙인 어떤 저항체를 지중에 넣어 관입, 인발 및 회전에 의해 흙의 전단강도를 측정하는 원위치 시험은?

① 보링(Boring)
② 사운딩(Sounding)
③ 시료 채취(Sampling)
④ 비파괴 시험(NDT)

해설

사운딩(Sounding)은 Rod 끝에 설치한 저항체를 지중에 삽입하여 관입, 회전, 인발 등의 저항으로 토층의 물리적 성질과 상태를 탐사하는 것

**10** 평판재하실험에서 재하판의 크기에 의한 영향(Scale Effect)에 관한 설명으로 틀린 것은?

① 사질토 지반의 지지력은 재하판의 폭에 비례한다.
② 점토 지반의 지지력은 재하판의 폭에 무관하다.
③ 사질토 지반의 침하량은 재하판의 폭이 커지면 약간 커지기는 하지만 비례하는 정도는 아니다.
④ 점토지반의 침하량은 재하판의 폭에 무관하다.

해설

점토 지반의 침하량은 재하판의 폭에 비례한다.

**11** 어떤 점토의 토질 실험 결과 일축압축강도 $0.48\text{kg/cm}^2$, 단위중량 $1.7\text{t/m}^3$였다. 이 점토의 한계고는?

① 6.34m　　　　② 4.87m
③ 9.24m　　　　④ 5.65m

해설

$$\text{한계고}(H_c) = \frac{4c}{\gamma}\tan\left(45° + \frac{\phi}{2}\right)$$

$$= 2\frac{q_u}{\gamma} = \frac{2 \times 4.8}{1.7} = 5.65\text{m}$$

$(0.48\text{kg/cm}^2 = 4.8\text{t/m}^2)$

**12** 2m×2m 정방향 기초가 1.5m 깊이에 있다. 이 흙의 단위중량 $\gamma = 1.7t/m^3$, 점착력 $c = 0$이며, $N_\gamma = 19$, $N_q = 22$이다. Terzaghi의 공식을 이용하여 전 허용하중($Q_{all}$)을 구한 값은?(단, 안전율 $F_s = 3$으로 한다.)

① 27.3t      ② 54.6t

③ 81.9t      ④ 109.3t

[해설]

• 극한지지력

$q_u = \alpha c N_c + \beta \gamma_1 B N_r + \gamma_2 D_f N_q$
$= 1.3 \times 0 \times N_c + 0.4 \times 1.7 \times 2 \times 19 + 1.7 \times 1.5 \times 22$
$= 81.94 t/m^2$

• 허용지지력 $q_a = \dfrac{q_u}{F_s} = \dfrac{81.94}{3} = 27.31 t/m^2$

• 허용하중 $Q_a = q_a \cdot A = 27.31 \times 2 \times 2 = 109.3t$

**13** 약액주입공법은 그 목적이 지반의 차수 및 지반 보강에 있다. 다음 중 약액주입공법에서 고려해야 할 사항으로 거리가 먼 것은?

① 주입률      ② Piping

③ Grout 배합비      ④ Gel Time

[해설]

Piping 현상
수위차가 있는 지반 중에 파이프 형태의 수맥의 생겨 사질층의 물이 배출되는 현상

**14** 유선망의 특징을 설명한 것으로 옳지 않은 것은?

① 각 유로의 침투유량은 같다.
② 유선과 등수두선은 서로 직교한다.
③ 유선망으로 이루어지는 사각형은 이론상 정사각형이다.
④ 침투속도 및 동수구배는 유선망의 폭에 비례한다.

[해설]

침투속도 및 동수구배는 유선망의 폭에 반비례한다.

**15** 연약점토지반에 성토제방을 시공하고자 한다. 성토로 인한 재하속도가 과잉간극수압이 소산되는 속도보다 빠를 경우, 지반의 강도정수를 구하는 가장 적합한 시험방법은?

① 압밀 배수시험
② 압밀 비배수시험
③ 비압밀 비배수시험
④ 직접전단시험

[해설]

비압밀 비배수시험(UU - Test)
㉠ 포화 점토가 성토 직후 급속한 파괴가 예상될 때
㉡ 성토로 인한 재하속도 > 과잉 간극 수압이 소산되는 속도

**16** 그림과 같은 점성토 지반의 토질실험 결과 내부 마찰각 $\phi = 30°$, 점착력 $c = 1.5t/m^2$일 때 $A$점의 전단강도는?

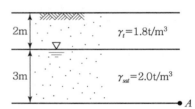

① 5.31t/m²      ② 5.95t/m²

③ 6.38t/m²      ④ 7.04t/m²

[해설]

전단강도$(S) = c + \sigma' \tan\phi = 1.5 + 6.6\tan30° = 5.31t/m^2$
$(\sigma' = 1.8 \times 2 + (2.0 - 1) \times 3 = 6.6t/m^2)$

**17** $\gamma_{sat} = 2.0t/m^3$인 사질토가 20°로 경사진 무한사면이 있다. 지하수위가 지표면과 일치하는 경우이 사면의 안전율이 1 이상이 되기 위해서는 흙의 내부마찰각이 최소 몇 도 이상이어야 하는가?

① 18.21°      ② 20.52°

③ 36.06°      ④ 45.47°

**해설**

무한사면(사질토)

$$F_s = \frac{c}{\gamma_{sub} \cdot Z \sin i \cos i} + \frac{\gamma_{sub}}{\gamma_{sat}} \times \frac{\tan\phi}{\tan i}$$

$$= \frac{\gamma_{sub}}{\gamma_{sat}} \cdot \frac{\tan\phi}{\tan i} = \frac{1}{2} \times \frac{\tan\phi}{\tan 20°} \geq 1$$

$$\therefore \ \phi = 36.06°$$

**18** 아래와 같은 흙의 입도분포곡선에 대한 설명으로 옳은 것은?

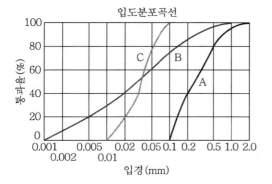

입도분포곡선

① A는 B보다 유효경이 작다.
② A는 B보다 균등계수가 작다.
③ C는 B보다 균등계수가 크다.
④ B는 C보다 유효경이 크다.

**해설**

B 곡선(경사 완만)
㉠ 입도분포가 좋은 양입도
㉡ 투수계수가 작다.
㉢ 균등계수가 크다.

**19** 그림과 같은 5m 두께의 포화점토층이 $10 t/m^2$의 상재하중에 의하여 30cm의 침하가 발생하는 경우에 압밀도는 약 $U = 60\%$에 해당하는 것으로 추정되었다. 향후 몇 년이면 이 압밀도에 도달하겠는가?(단, 압밀계수($C_v$) $= 3.6 \times 10^{-4} \, cm^2/sec$)

| | $U(\%)$ | $T_v$ |
|---|---|---|
| 모래 | 40 | 0.126 |
| 점토층 | 50 | 0.197 |
| | 60 | 0.287 |
| 모래 | 70 | 0.403 |

5m

① 약 1.3년
② 약 1.6년
③ 약 2.2년
④ 약 2.4년

**해설**

$$t_{60} = \frac{T_v \cdot H^2}{C_v} = \frac{0.287 \times \left(\frac{500}{2}\right)^2}{3.6 \times 10^{-4}} = 4982638889 \text{초}$$

$$\therefore \frac{4982638889}{60 \times 60 \times 24 \times 365} = 1.6 \text{년}$$

**20** 현장 흙의 단위중량을 구하기 위해 부피 500 $cm^3$의 구멍에서 파낸 젖은 흙의 무게가 900g이고, 건조시킨 후의 무게가 800g이다. 건조한 흙 400g을 몰드에 가장 느슨한 상태로 채운 부피가 280$cm^3$이고, 진동을 가하여 조밀하게 다진 후의 부피는 210$cm^3$이다. 흙의 비중이 2.7일 때 이 흙의 상대밀도는?

① 33%
② 38%
③ 43%
④ 48%

**해설**

㉠ $\gamma_d = \dfrac{W_s}{V} = \dfrac{800}{500} = 1.6$

㉡ $\gamma_{d\min} = \dfrac{400}{280} = 1.43$

㉢ $\gamma_{d\max} = \dfrac{400}{210} = 1.9$

$$\therefore D_r = \left(\frac{\gamma_{d\max}}{\gamma_d} \times \frac{\gamma_d - \gamma_{d\min}}{\gamma_{d\max} - \gamma_{d\min}}\right) \times 100 (\%)$$

$$= \left(\frac{1.9}{1.6} \times \frac{1.6 - 1.43}{1.9 - 1.43}\right) \times 100$$

$$= 43\%$$

**01** 다음은 지하수 흐름의 기본 방정식인 Laplace 방정식을 유도하기 위한 기본 가정이다. 틀린 것은?

① 물의 흐름은 Darcy의 법칙을 따른다.
② 흙과 물은 압축성이다.
③ 흙은 포화되어 있고 모세관 현상은 무시한다.
④ 흙은 등방성이고 균질하다.

> **해설**
>
> 흙과 물은 비압축성으로 가정한다.

**02** 압밀비배수 전단시험에 대한 설명으로 옳은 것은?

① 시험 중 간극수를 자유로 출입시킨다.
② 시험 중 전응력을 구할 수 없다.
③ 시험 전 압밀할 때 비배수로 한다.
④ 간극수압을 측정하면 압밀배수와 같은 전단강도 값을 얻을 수 있다.

> **해설**
>
> 압밀비배수(cu) 시험은 전단 시험 시 간극수를 배출하지 않으며 시험 중 전응력을 구할 수 있다.

**03** 다음 중에서 정지토압 $P_o$, 주동토압 $P_a$, 수동 토압 $P_p$의 크기 순서가 옳은 것은?

① $P_p < P_0 < P_a$
② $P_0 < P_a < P_p$
③ $P_0 < P_p < P_a$
④ $P_a < P_0 < P_p$

> **해설**
>
> $P_a$(주동토압) $< P_0$(정지토압) $< P_p$(수동토압)

**04** 다음 그림과 같은 모래지반에서 X – X단면의 전단강도는?(단, $\phi = 30°$, $c = 0$)

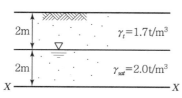

**05** 다음의 연약지반 처리공법에서 일시적인 공법은?

① 웰 포인트 공법
② 치환공법
③ 컴포저 공법
④ 샌드 드레인 공법

> **해설**
>
> 일시적인 연약지반 처리공법
> ㉠ Well Point 공법
> ㉡ 동결 공법
> ㉢ 대기압 공법(진공 압밀 공법)

**06** 선행압밀하중은 다음 중 어느 곡선에서 구하는가?

① 압밀하중($\log P$) – 간극비($e$) 곡선
② 압밀하중($P$) – 간극비($e$) 곡선
③ 압밀시간($\sqrt{t}$) – 압밀침하량($d$) 곡선
④ 압밀하중($\log t$) – 압밀침하량($d$) 곡선

> **해설**
>
> 선행압밀하중
> ㉠ 시료가 과거에 받았던 최대의 압밀하중
> ㉡ 하중($\log P$)과 간극비($e$) 곡선으로 구한다.

**07** 다음 점토질 흙 위에 강성이 큰 사각형 독립 기초가 놓여졌을 때 기초 바닥면에서의 응력 상태를 설명한 것 중 옳은 것은?

① 기초 밑면에서의 응력은 일정하다.
② 기초의 중앙부분에서 최대 응력이 발생한다.
③ 기초의 모서리 부분에서 최대 응력이 발생한다.
④ 기초 밑면에서의 응력은 점토질과 모래질의 흙 모두 동일하다.

① $1.56t/m^2$
② $2.14t/m^2$
③ $3.12t/m^2$
④ $4.27t/m^2$

> **해설**
>
> 전단강도$(S) = c + \sigma' \tan\phi = 0 + 0.54 \tan 30° = 3.12t/m^2$
> ($\sigma' = 1.7 \times 2 + (2.0 - 1) \times 2 = 5.4t/m^2$)

---

**정답**   01 ②   02 ④   03 ④   04 ③   05 ①   06 ①   07 ③

해설

강성기초의 접지압
㉠ 점토지반 : 기초 모서리에서 최대 응력 발생
㉡ 모래지반 : 기초 중앙부에서 최대 응력 발생

## 08 흙이 동상작용을 받았다면 이 흙은 동상작용을 받기 전에 비해 함수비는?

① 증가한다.
② 감소한다.
③ 동일하다.
④ 증가할 때도 있고, 감소할 때도 있다.

해설

동상작용을 받으면 흙 입자의 팽창으로 수분이 증가되어 함수비도 증가된다.

## 09 체적이 19.65cm³인 포화토의 무게가 36g이다. 이 흙이 건조되었을 때 체적과 무게는 각각 13.50cm³와 25g이었다. 이 흙의 수축한계는 얼마인가?

① 7.4%
② 13.4%
③ 19.4%
④ 25.4%

해설

$$수축한계(w_s) = \omega - \left[ \frac{V_s - V_0}{W_0} \times \gamma_w \times 100 \right]$$
$$= 0.44 - \left[ \frac{19.65 - 13.50}{25} \times 1 \right] = 0.194$$
$$= 19.4\%$$
$$\left( \omega = \frac{W_w}{W_s} \times 100 = \frac{36 - 25}{25} \times 100 = 44\% \right)$$

## 10 다음 중 표준관입시험으로 구할 수 없는 것은?

① 사질토의 투수계수
② 점성토의 비배수점착력
③ 점성토의 일축압축강도
④ 사질토의 내부마찰각

해설

표준관입시험(SPT)의 $N$값으로 추정할 수 있는 것
㉠ 사질지반
 • 상대밀도
 • 내부마찰각
 • 지지력계수
㉡ 점성지반
 • 연경도
 • 일축압축강도
 • 허용지지력 및 비배수점착력

## 11 토층 두께 20m의 견고한 점토지반 위에 설치된 건축물의 침하량을 관측한 결과 완성 후 어떤 기간이 경과하여 그 침하량은 5.5cm에 달한 후 침하는 정지되었다. 이 점토 지반 내에서 건축물에 의해 증가되는 평균압력이 0.6kg/cm²라면 이 점토층의 체적압축계수($m_v$)는?

① $4.58 \times 10^{-3} \text{cm}^2/\text{kg}$
② $3.25 \times 10^{-3} \text{cm}^2/\text{kg}$
③ $2.15 \times 10^{-2} \text{cm}^2/\text{kg}$
④ $1.15 \times 10^{-2} \text{cm}^2/\text{kg}$

해설

$$\Delta H = m_v \cdot \Delta P \cdot H$$
$$5.5 = m_v \times 0.6 \times 2,000$$
$$\therefore \ m_v = 4.58 \times 10^{-3} \text{cm}^2/\text{kg}$$

## 12 원주상의 공시체에 수직응력이 1.0kg/cm², 수평응력이 0.5kg/cm²일 때 공시체의 각도 30° 경사면에 작용하는 전단응력은?

① 0.17kg/cm²
② 0.22kg/cm²
③ 0.35kg/cm²
④ 0.43kg/cm²

해설

$$\tau = \frac{\sigma_1 - \sigma_3}{2} \sin 2\theta$$
$$= \frac{1.0 - 0.5}{2} \sin(2 \times 30°)$$
$$= 0.22 \text{kg/cm}^2$$

정답　08 ①　09 ③　10 ①　11 ①　12 ②

**13** 5m×10m의 장방형 기초 위에 $q = 6t/m^2$의 등분포하중이 작용할 때 지표면 아래 5m에서의 증가 유효수직응력을 2 : 1 분포법으로 구한 값은?

① $1t/m^2$  ② $2t/m^2$

③ $3t/m^2$  ④ $4t/m^2$

해설

$$\Delta\sigma_Z = \frac{qBL}{(B+Z)(L+Z)} = \frac{6\times5\times10}{(5+5)\times(10+5)} = 2t/m^2$$

**14** 다음 중 사면의 안정해석방법이 아닌 것은?

① 마찰원법

② 비숍(Bishop)의 방법

③ 펠레니우스(Fellenius)의 방법

④ 카사그란데(Casagrande)의 방법

해설

사면의 안정해석
㉠ 질량법(마찰원법)
㉡ 절편법
  • Fellenius 법
  • Bishop 법
  • Spencer 법

**15** 통일분류법에 의한 흙의 분류에서 조립토와 세립토를 구분할 때 기준이 되는 체의 호칭번호와 통과율로 옳은 것은?

① No.4(4.75mm) 체, 35%

② No.10(2mm) 체, 50%

③ No.200(0.075mm) 체, 35%

④ No.200(0.075mm) 체, 50%

해설

• 조립토 : No.200 체 통과량 ≤ 50%
• 세립토 : No.200 체 통과량 > 50%

**16** Terzaghi의 극한지지력 공식에 대한 다음 설명 중 틀린 것은?

① 사질지반은 기초 폭이 클수록 지지력은 증가한다.

② 기초 부분에 지하수위가 상승하면 지지력은 증가한다.

③ 기초 바닥 위쪽의 흙은 등가의 상재하중으로 대치하여 식을 유도하였다.

④ 점토지반에서 기초 폭은 지지력에 큰 영향을 끼치지 않는다.

해설

기초 부분에 지하수위가 상승하면 흙의 단위중량의 감소($\gamma_t \rightarrow \gamma_{sub}$)로 지지력은 감소한다.

**17** 어느 모래층의 간극률이 20%, 비중이 2.65이다. 이 모래의 한계동수경사는?

① 1.32  ② 1.38

③ 1.42  ④ 1.48

해설

$$i_c = \frac{G_s - 1}{1 + e} = \frac{2.65 - 1}{1 + 0.25} = 1.32$$

$$\left(e = \frac{n}{1-n} = \frac{0.2}{1-0.2} = 0.25\right)$$

**18** 표준관입시험에 대한 아래 설명에서 (  )에 적합한 것은?

질량 63.5±0.5kg의 드라이브 해머를 76±1cm 자유 낙하시키고 보링로드 머리부에 부착한 노킹블록을 타격하여 보링로드 앞 끝에 부착한 표준관입시험용 샘플러를 지반에 (  )mm 박아 넣는 데 필요한 타격 횟수를 N값이라고 한다.

① 200  ② 250

③ 300  ④ 350

해설

표준관입시험(SPT)
64kg 해머로 76cm 높이에서 보링구멍 밑의 교란되지 않은 흙 속에 30cm 관입될 때까지의 타격 횟수를 $N$치라 한다.

정답  13 ②  14 ④  15 ④  16 ②  17 ①  18 ③

**19** 그림과 같은 다짐곡선을 보고 설명한 것으로 틀린 것은?

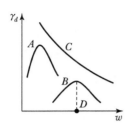

① A는 일반적으로 사질토이다.
② B는 일반적으로 점성토이다.
③ C는 과잉 간극 수압곡선이다.
④ D는 최적 함수비를 나타낸다.

해설
영공기 간극곡선은 포화도 $S_r = 100\%$인 공기함유율 $A = 0\%$일 때의 곡선으로 영공극곡선 또는 포화곡선이라고도 하며, 다짐곡선의 오른쪽에 평행에 가깝게 위치한다.

**20** 흙의 다짐시험에서 다짐에너지를 증가시킬 때 일어나는 변화로 옳은 것은?

① 최적함수비와 최대건조밀도가 모두 증가한다.
② 최적함수비와 최대건조밀도가 모두 감소한다.
③ 최적함수비는 증가하고 최대건조밀도는 감소한다.
④ 최적함수비는 감소하고 최대건조밀도는 증가한다.

해설
다짐에너지를 증가시키면 최대건조단위중량($\gamma_{d\max}$)은 증가, 최적함수비(OMC)는 감소한다.

정답   19 ③   20 ④

**01** 그림과 같이 3층으로 되어 있는 성토층의 수평 방향 평균투수계수는?

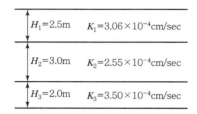

① $2.97 \times 10^{-4}$cm/sec  ② $3.04 \times 10^{-4}$cm/sec
③ $6.97 \times 10^{-4}$cm/sec  ④ $4.04 \times 10^{-4}$cm/sec

해설

$$K_h = \frac{K_1 H_1 + K_2 H_2 + K_3 H_3}{H_1 + H_2 + H_3}$$

$$= \frac{(3.06 \times 10^{-4} \times 250) + (2.55 \times 10^{-4} \times 300) + (3.5 \times 10^{-4} \times 200)}{250 + 300 + 200}$$

$$= 2.97 \times 10^{-4} \text{cm/sec}$$

**02** 점착력이 $0.1$kg/cm², 내부마찰각이 30°인 흙에 수직응력 20kg/cm²를 가할 경우 전단응력은?

① $20.1$kg/cm²  ② $6.76$kg/cm²
③ $1.16$kg/cm²  ④ $11.65$kg/cm²

해설

$S(\tau_f) = c + \sigma' \tan\phi = 0.1 + 20\tan30° = 11.65$kg/cm²

**03** 입경가적곡선에서 가적통과율 30%에 해당하는 입경이 $D_{30} = 1.2$mm일 때, 다음 설명 중 옳은 것은?

① 균등계수를 계산하는 데 사용된다.
② 이 흙의 유효입경은 1.2mm이다.
③ 시료의 전체 무게 중에서 30%가 1.2mm보다 작은 입자이다.
④ 시료의 전체 무게 중에서 30%가 1.2mm보다 큰 입자이다.

해설

$D_{30} = 1.2$mm

• 시료의 30%가 1.2mm를 통과
• 시료의 30%가 1.2mm보다 작은 입자

**04** 접지압(또는 지반반력)이 그림과 같이 되는 경우는?

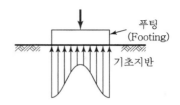

① 푸팅 : 강성, 기초지반 : 점토
② 푸팅 : 강성, 기초지반 : 모래
③ 푸팅 : 연성, 기초지반 : 점토
④ 푸팅 : 연성, 기초지반 : 모래

해설

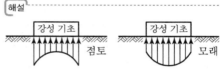

• 점토지반 접지압 분포 : 기초 모서리에서 최대응력 발생
• 모래지반 접지압 분포 : 기초 중앙부에서 최대응력 발생

**05** 실내시험에 의한 점토의 강도 증가율($C_u / P$) 산정방법이 아닌 것은?

① 소성지수에 의한 방법
② 비배수 전단강도에 의한 방법
③ 압밀비배수 삼축압축시험에 의한 방법
④ 직접전단시험에 의한 방법

해설

직접전단시험은 점토의 강도 증가율과는 무관하다.

**06** 무게 300kg의 드롭해머로 3m 높이에서 말뚝을 타입할 때 1회 타격당 최종 침하량이 1.5cm 발생하였다. Sander 공식을 이용하여 산정한 말뚝의 허용지지력은?

① 7.50t  ② 8.61t
③ 9.37t  ④ 15.67t

해설

$$\text{허용지지력}(Q_a) = \frac{Q_u}{F_s} = \frac{W_h \cdot H}{8 \cdot S} = \frac{300 \times 300}{8 \times 1.5} = 7,500\text{kg}$$
$$= 7.5\text{t}$$

$$\left( Q_u = \frac{W_h \cdot H}{S} \right)$$

**07** 함수비 18%의 흙 500kg을 함수비 24%로 만들려고 한다. 추가해야 하는 물의 양은?

① 80.41kg  ② 54.52kg
③ 38.92kg  ④ 25.43kg

해설

㉠ 함수비 18%일 때 물의 양

$$W = \frac{W_w}{W_s} \times 100 = \frac{W_w}{W - W_w} \times 100$$

$$0.18 = \frac{W_w}{500 - W_w} \times 100$$

$$\therefore\ W_w = 76.27\text{kg}$$

㉡ 함수비 24%일 때 물의 양

$$18\% : 76.27\text{kg} = 24\% : W_w$$

$$\therefore\ W_w = 101.69\text{kg}$$

㉢ 추가해야 하는 물

$$101.69 - 76.27 = 25.43\text{kg}$$

**08** 그림의 유선망에 대한 설명 중 틀린 것은?(단, 흙의 투수계수는 $2.5 \times 10^{-3}$cm/sec)

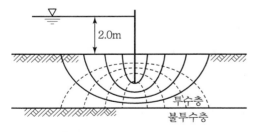

① 유선의 수 = 6
② 등수두선의 수 = 6
③ 유로의 수 = 5
④ 전 침투유량 $Q = 0.278\text{cm}^3/\text{cec}$

해설

① 유선의 수 : 6개
② 등수두선의 수 : 10개
③ 유로의 수 : $6 - 1 = 5$개
④ 침투유량$(Q) = KH\dfrac{N_f}{N_d} = 2.5 \times 10^{-3} \times 200 \times \dfrac{5}{9}$

$$= 0.278\text{cm}^3/\text{sec}$$

**09** 다음 그림과 같은 샘플러(Sampler)에서 면적비는 얼마인가?

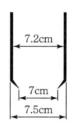

① 5.80%  ② 5.97%
③ 14.62%  ④ 14.80%

해설

$$A_r = \frac{D_w^2 - D_e^2}{D_e^2} \times 100$$

$$= \frac{7.5^2 - 7^2}{7^2} \times 100 = 14.80\%$$

**10** $\gamma_t = 1.8\text{t/m}^3$, $c_u = 3.0\text{t/m}^2$, $\phi = 0$의 점토지반을 수평면과 50°의 기울기로 굴착하려고 한다. 안전율을 2.0으로 가정하여 평면활동 이론에 의한 굴토깊이를 결정하면?

① 2.80m  ② 5.60m
③ 7.15m  ④ 9.84m

해설

• $H_c = \dfrac{4 \cdot c_u}{\gamma} \left[ \dfrac{\sin\beta \cdot \cos\phi}{1 - \cos(\beta - \phi)} \right]$

$$= \frac{4 \times 3}{1.8} \left[ \frac{\sin 50° \times \cos 0°}{1 - \cos(50° - 0°)} \right] = 14.297\text{m}$$

• $H = \dfrac{H_c}{F_s} = \dfrac{14.297}{2.0} = 7.15\text{m}$

## 11 점성토 시료를 교란시켜 재성형을 한 경우 시간이 지남에 따라 강도가 증가하는 현상을 나타내는 용어는?

① 크리프(Creep)
② 틱소트로피(Thixotropy)
③ 이방성(Anisotropy)
④ 아이소크론(Isocron)

 해설

**틱소트로피(Thixotrophy) 현상**
Remolding한 교란된 시료를 함수비 변화 없이 그대로 방치하면 시간이 경과되면서 강도가 일부 회복되는 현상으로, 점성토 지반에서만 일어난다.

## 12 현장에서 다짐된 사질토의 상대다짐도가 95%이고 최대 및 최소 건조단위중량이 각각 1.76t/m³, 1.5t/m³라고 할 때 현장시료의 상대밀도는?

① 74%  ② 69%
③ 64%  ④ 59%

해설

$$상대밀도(D_r) = \left( \frac{\gamma_{d max}}{\gamma_d} \times \frac{\gamma_d - \gamma_{d min}}{\gamma_{d max} - \gamma_{d min}} \right) \times 100$$

$$= \left( \frac{1.76}{1.67} \times \frac{1.67 - 1.5}{1.76 - 1.5} \right) \times 100$$

$$= 69\%$$

$$\left( 상대다짐도 = \frac{\gamma_d}{\gamma_{d max}} \times 100, \ 95 = \frac{\gamma_d}{1.76} \times 100, \right.$$

$$\left. \therefore \ \gamma_d = 1.67 t/m^3 \right)$$

## 13 두 개의 기둥하중 $Q_1 = 30t$, $Q_2 = 20t$을 받기 위한 사다리꼴 기초의 폭 $B_1$, $B_2$를 구하면?(단, 지반의 허용지지력 $q_a = 2t/m^2$)

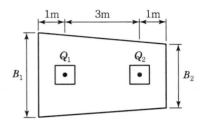

① $B_1 = 7.2m$, $B_2 = 2.8m$
② $B_1 = 7.8m$, $B_2 = 2.2m$
③ $B_1 = 6.2m$, $B_2 = 3.8m$
④ $B_1 = 6.8m$, $B_2 = 3.2m$

해설

**사다리꼴 복합확대기초의 크기**

㉠ $\dfrac{Q_1 \cdot S}{Q_1 + Q_2} = \dfrac{L}{3} \cdot \dfrac{2B_1 + B_2}{B_1 + B_2} - a$

$\quad = \dfrac{30 \times 3}{30 + 20} = \dfrac{1 + 3 + 1}{3} \times \dfrac{2B_1 + B_2}{B_1 + B_2} - 1$

$\quad = \dfrac{30 \times 3}{30 + 20} + 1 \times \dfrac{3}{1 + 3 + 1} = \dfrac{2B_1 + B_2}{B_1 + B_2}$

$\quad = 1.68$

㉡ $\dfrac{B_1 + B_2}{2} \cdot L = \dfrac{Q_1 + Q_2}{q_a}$

$\quad = \dfrac{B_1 + B_2}{2} \times (1 + 3 + 1) = \dfrac{30 + 20}{2}$

$\quad = B_1 + B_2 = \dfrac{30 + 20}{2} \times 2 \div (1 + 3 + 1) = 10$

식 ㉠과 ㉡에 의하여

㉢ $\dfrac{2B_1 + B_2}{B_1 + B_2} = 1.68$

$\quad \dfrac{B_1 + 10}{10} = 1.68$

$\quad \therefore \ B_1 = 6.8m$

㉣ $B_1 + B_2 = 10$

$\quad 6.8 + B_2 = 10$

$\quad \therefore \ B_2 = 3.2m$

**14** 2m×3m 크기의 직사각형 기초에 6t/m²의 등분포하중이 작용할 때 기초 아래 10m 되는 깊이에서의 응력 증가량을 2 : 1 분포법으로 구한 값은?

① 0.23t/m²  
② 0.54t/m²  
③ 1.33t/m²  
④ 1.83t/m²  

해설

$$\Delta\sigma_Z = \frac{qBL}{(B+Z)(L+Z)}$$

$$= \frac{6\times2\times3}{(2+10)(3+10)} = 0.23\text{t/m}^2$$

**15** 4m×4m인 정사각형 기초를 내부마찰각 $\phi=20°$, 점착력 $c=3\text{t/m}^2$인 지반에 설치하였다. 흙의 단위중량 $\gamma=1.9\text{t/m}^3$이고 안전율이 3일 때 기초의 허용하중은?(단, 기초의 깊이는 1m이고, $N_q=7.44$, $N_\gamma=4.97$, $N_c=17.69$이다.)

① 378t  
② 524t  
③ 675t  
④ 814t  

해설

• 극한 지지력

$$q_u = \alpha\,c\,N_c + \beta\,\gamma_1 BN_r + \gamma_2 D_f N_q$$

$$= 1.3\times3\times17.69 + 0.4\times1.9\times4\times4.97 + 1.9\times1\times7.44$$

$$= 98.24\text{t/m}^2$$

• 허용지지력

$$q_a = \frac{q_u}{F_s} = \frac{98.24}{3} = 32.75\text{t/m}^2$$

• 허용하중 $Q_a = q_a \cdot A = 32.75\times4\times4 = 524\text{t}$

**16** 다음 중 사운딩 시험이 아닌 것은?

① 표준관입시험  
② 평판재하시험  
③ 콘 관입시험  
④ 베인 시험  

해설

• 정적 사운딩 : 콘 관입시험, 베인시험, 이스키미터
• 동적 사운딩 : 표준관입시험, 동적원추관입시험

**17** 활동면 위의 흙을 몇 개의 연직 평행한 절편으로 나누어 사면의 안정을 해석하는 방법이 아닌 것은?

① Fellenius 방법  
② 마찰원법  
③ Spencer 방법  
④ Bishop의 간편법  

해설

사면의 안정해석
㉠ 질량법(마찰원법)
㉡ 절편법(분할법)
  • Fellenius 법
  • Bishop 법
  • Spencer 법

**18** 도로의 평판재하시험을 끝낼 수 있는 조건이 아닌 것은?

① 하중강도가 현장에서 예상되는 최대 접지압을 초과 시
② 하중강도가 그 지반의 항복점을 넘을 때
③ 침하가 더 이상 일어나지 않을 때
④ 침하량이 15mm에 달할 때

해설

평판재하시험이 끝나는 조건
㉠ 침하량이 15mm에 달할 때
㉡ 하중강도가 예상되는 최대 접지압력을 초과할 때
㉢ 하중강도가 그 지반의 항복점을 넘을 때

**19** 두께 2cm인 점토시료의 압밀시험결과 전 압밀량의 90%에 도달하는 데 1시간이 걸렸다. 만일 같은 조건에서 같은 점토로 이루어진 2m의 토층 위에 구조물을 축조한 경우 최종침하량의 90%에 도달하는 데 걸리는 시간은?

① 약 250일  
② 약 368일  
③ 약 417일  
④ 약 525일  

해설

$$t_{90} = \frac{T_v \cdot H^2}{C_v}\ (t \propto H^2)$$

1시간 : $2^2\text{cm} = t_2 : 200^2\text{cm}$

$t_2 = 10,000$시간 $= 417$일

**20** 그림과 같은 옹벽배면에 작용하는 토압의 크기를 Rankine의 토압공식으로 구하면?

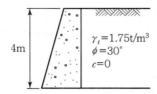

$\gamma_t = 1.75\text{t/m}^3$
$\phi = 30°$
$c = 0$

4m

① 3.2t/m          ② 3.7t/m

③ 4.7t/m          ④ 5.2t/m

해설 --------------------------------------

$$P_a = K_a \cdot \gamma \cdot H^2 \cdot \frac{1}{2} = 0.333 \times 1.75 \times 4^2 \times \frac{1}{2} = 4.7\text{t/m}$$

$$\left[ K_a = \tan^2\left(45 - \frac{\phi}{2}\right) = \tan^2\left(45 - \frac{30}{2}\right) = 0.333 \right]$$

**01** 흙의 투수계수에 관한 설명으로 틀린 것은?

① 흙의 투수계수는 흙 유효입경의 제곱에 비례한다.
② 흙의 투수계수는 물의 점성계수에 비례한다.
③ 흙의 투수계수는 물의 단위중량에 비례한다.
④ 흙의 투수계수는 형상계수에 따라 변화한다.

해설

$$K = D_s^2 \cdot \frac{\gamma_w}{\mu} \cdot \frac{e^3}{1+e} \cdot C$$

흙의 투수계수($K$)는 물의 점성 계수($\mu$)에 반비례한다.

**02** 어떤 흙의 비중이 2.65, 간극률이 36%일 때 다음 중 분사현상이 일어나지 않을 동수경사는?

① 1.9
② 1.2
③ 1.1
④ 0.9

해설

분사 현상이 안 일어날 조건

$$i < i_c = \frac{G_s - 1}{1+e} = \frac{2.65-1}{1+0.56} = 1.05 \left( e = \frac{n}{1-n} = \frac{0.36}{1-0.36} = 0.56 \right)$$

$$\therefore \ i < 1.05$$

**03** 어떤 퇴적지반의 수평방향 투수계수가 $4.0 \times 10^{-3}$ cm/sec, 수직방향 투수계수가 $3.0 \times 10^{-3}$ cm/sec일 때 등가투수계수는 얼마인가?

① $3.46 \times 10^{-3}$ cm/sec
② $5.0 \times 10^{-3}$ cm/sec
③ $6.0 \times 10^{-3}$ cm/sec
④ $6.93 \times 10^{-3}$ cm/sec

해설

$$K = \sqrt{k_v \times k_h}$$
$$= \sqrt{(4.0 \times 10^{-3}) \times (3.0 \times 10^{-3})}$$
$$= 3.46 \times 10^{-3} \text{cm/sec}$$

**04** 현장 토질조사를 위하여 베인 테스트(Vane Test)를 행하는 경우가 종종 있다. 이 시험은 다음 중 어느 경우에 많이 쓰이는가?

① 연약한 점토의 점착력을 알기 위해서
② 모래질 흙의 다짐도를 측정하기 위하여
③ 모래질 흙의 내부마찰각을 알기 위해서
④ 모래질 흙의 투수계수를 측정하기 위하여

해설

베인 시험(Vane Test)
정적인 사운딩으로 깊이 10m 미만의 연약 점성토 지반에 대한 회전저항 모멘트를 측정하여 비배수 전단강도(점착력)를 확인하는 시험

**05** 어떤 흙의 중량이 450g이고 함수비가 20%인 경우 이 흙을 완전히 건조시켰을 때의 중량은 얼마인가?

① 360g
② 425g
③ 400g
④ 375g

해설

$$\omega = \frac{W_w}{W_s} \times 100$$
$$= \frac{W - W_s}{W_s} \times 100$$
$$0.2 = \frac{450 - W_s}{W_s} \times 100$$
$$\therefore \ W_s = 375 \text{g}$$

**06** 유효입경이 0.1mm이고, 통과 백분율 80%에 대응하는 입경이 0.5mm, 60%에 대응하는 입경이 0.4mm, 40%에 대응하는 입경이 0.3mm, 20%에 대응하는 입경이 0.2mm일 때 이 흙의 균등계수는?

① 2
② 3
③ 4
④ 5

해설

$$균등계수(C_u) = \frac{D_{60}}{D_{10}} = \frac{0.4}{0.1} = 4$$

정답　　01 ②　02 ④　03 ①　04 ①　05 ④　06 ③

**07** 흙의 다짐 시험에 대한 설명으로 옳은 것은?

① 다짐 에너지가 크면 최적 함수비가 크다.
② 다짐 에너지와 관계없이 최대 건조단위중량은 일정하다.
③ 다짐 에너지와 관계없이 최적 함수비는 일정하다.
④ 몰드 속에 있는 흙의 함수비는 다짐에너지에 거의 영향을 받지 않는다.

해설

• 다짐에너지가 크면 $\gamma_{d\max}$ ↑, OMC ↓
• 몰드 속에 있는 흙의 함수비는 다짐에너지에 영향을 받지 않는다.

**08** 지표면이 수평이고 옹벽의 뒷면과 흙과의 마찰각이 0°인 연직옹벽에서 Coulomb의 토압과 Rankine의 토압은?

① Coulomb의 토압은 항상 Rankine의 토압보다 크다.
② Coulomb의 토압은 Rankine의 토압보다 클 때도 있고 작을 때도 있다.
③ Coulomb의 토압과 Rankine의 토압은 같다.
④ Coulomb의 토압은 항상 Rankine의 토압보다 작다.

해설

벽 마찰각을 무시하면 Coulonb의 토압과 Rankine의 토압은 같다.

**09** 연약지반에 말뚝을 시공한 후, 부주면 마찰력이 발생되면 말뚝의 지지력은?

① 증가된다.
② 감소된다.
③ 변함이 없다.
④ 증가할 수도 있고 감소할 수도 있다.

해설

부마찰력이 일어나면 지지력은 감소한다.

**10** 말뚝의 분류 중 지지상태에 따른 분류에 속하지 않는 것은?

① 다짐 말뚝
② 마찰 말뚝
③ Pedestal 말뚝
④ 선단 지지 말뚝

해설

말뚝의 지지 방법에 의한 분류
㉠ 선단 지지 말뚝
㉡ 마찰 말뚝
㉢ 다짐(하부 지반 지지) 말뚝

**11** 다음 중 표준관입시험으로부터 추정하기 어려운 항목은?

① 극한 지지력
② 상대밀도
③ 점성토의 연경도
④ 투수성

해설

표준관입시험(SPT)으로 추정할 수 있는 사항
㉠ 사질지반
 • 상대밀도
 • 내부 마찰각
 • 지지력 계수
㉡ 점성지반
 • 연경도
 • 일축압축 강도
 • 허용지지력 및 비배수 점착력

**12** 흙댐에서 수위가 급강하한 경우 사면안정해석을 위한 강도정수 값을 구하기 위해서는 어떠한 조건의 삼축압축시험을 하여야 하는가?

① Quick 시험
② CD 시험
③ CU 시험
④ UU 시험

해설

압밀 비배수 시험(CU-Test)
• 압밀 후 파괴되는 경우
• 초기 재하 시 – 간극수 배출,
  전단 시 – 간극수 배출 없음
• 수위 급강하 시 흙댐에 안전문제 발생
• 압밀 진행에 따른 전단강도 증가 상태를 추정
• 유효응력항으로 표시

**정답** 07 ④ 08 ③ 09 ② 10 ③ 11 ④ 12 ③

**13** 단위중량이 $1.6\text{t/m}^3$인 연약점토($\phi = 0°$) 지반에서 연직으로 2m까지 보강 없이 절취할 수 있다고 한다. 이때, 이 점토지반의 점착력은?

① $0.4\text{t/m}^2$        ② $0.8\text{t/m}^2$

③ $1.4\text{t/m}^2$        ④ $1.8\text{t/m}^2$

**해설**

$$H_c = \frac{4c}{\gamma}\tan\left(45° + \frac{\phi}{2}\right)$$

$$2 = \frac{4 \times c}{1.6}\tan\left(45° + \frac{0°}{2}\right)$$

$\therefore$ 점착력$(c) = 0.8\text{t/m}^2$

**14** 어떤 점토시료를 일축압축시험한 결과 수평면과 파괴면이 이루는 각이 48°였다. 점토시료의 내부마찰각은?

① 3°        ② 6°

③ 18°        ④ 30°

**해설**

파괴면과 수평면이 이루는 각도($\theta$)

$$\theta = 45° + \frac{\phi}{2}$$

$$48° = 45° + \frac{\phi}{2} \quad \therefore \phi = 6°$$

**15** 어떤 점토의 액성한계 값이 40%이다. 이 점토의 불교란 상태의 압축지수 $C_c$를 Skempton 공식으로 구하면 얼마인가?

① 0.27        ② 0.29

③ 0.36        ④ 0.40

**해설**

$C_c = 0.009(W_L - 10) = 0.009(40 - 10) = 0.27$

**16** 어떤 흙의 최대 몇 최소 건조단위중량이 1.8 $\text{t/m}^3$와 $1.6\text{t/m}^3$이다. 현장에서 이 흙의 상대밀도(Relative Density)가 60%라면 이 시료의 현장 상대 다짐도(Relative Compaction)는?

① 82%        ② 87%

③ 91%        ④ 95%

**해설**

• 상대밀도($D_r$)

$$D_r = \frac{\gamma_{d\max}}{\gamma_d} \times \frac{\gamma_d - \gamma_{d\min}}{\gamma_{d\max} - \gamma_{d\min}}$$

$$0.6 = \left(\frac{1.8}{\gamma_d} \times \frac{\gamma_d - 1.6}{1.8 - 1.6}\right) \times 100$$

$$\therefore \gamma_d = 1.71\text{t/m}^3$$

• 상대 다짐도 $= \dfrac{\gamma_d}{\gamma_{d\max}} \times 100 = \dfrac{1.71}{1.8} \times 100 = 95\%$

**17** 자연상태 흙의 일축압축강도가 $0.5\text{kg/cm}^2$이고 이 흙을 교란시켜 일축압축강도 시험을 하니 강도가 $0.1\text{kg/cm}^2$였다. 이 흙의 예민비는 얼마인가?

① 50        ② 10

③ 5        ④ 1

**해설**

예민비$(S_t) = \dfrac{q_u}{q_{ur}} = \dfrac{0.5}{0.1} = 5$

**18** 직경 30cm의 평판을 이용하여 점토 위에서 평판재하시험을 실시하고 극한 지지력 $15\text{t/m}^2$를 얻었다고 할 때 직경이 2m인 원형 기초의 총 허용하중을 구하면?(단, 안전율은 3을 적용한다.)

① 8.3ton        ② 15.7ton

③ 24.2ton        ④ 32.6ton

**해설**

• 극한 하중 = 극한 지지력 × 기초단면적

$$= 15 \times \frac{\pi \cdot 2^2}{4} = 47.12\text{t}$$

(점성토 지반의 지지력은 재하판의 폭과 무관)

• 허용하중 $= \dfrac{\text{극한 하중}}{\text{안전율}} = \dfrac{47.12}{3} = 15.7\text{t}$

**정답**    13 ②   14 ②   15 ①   16 ④   17 ③   18 ②

**19** 지표면에 집중하중이 작용할 때, 연직응력 증가량에 관한 설명으로 옳은 것은?(단, Boussinesq 이론을 사용, $E$는 Young 계수이다.)

① $E$에 무관하다.

② $E$에 정비례한다.

③ $E$의 제곱에 정비례한다.

④ $E$의 제곱에 반비례한다.

해설

• 연직응력 증가량($\sigma_Z$) $= \dfrac{Q}{Z^2} I_\sigma$

• $E$(Young 계수, 탄성계수)와는 무관

**20** 2t의 무게를 가진 낙추로서 낙하고 2m로 말뚝을 박을 때 최종적으로 1회 타격당 말뚝의 침하량이 20mm였다. 이때 Sander 공식에 의한 말뚝의 허용지지력은?

① 10t

② 20t

③ 67t

④ 25t

해설

Sander 공식($F_s = 8$)

• $Q_u$(극한 지지력) $= \dfrac{W_h \cdot H}{S}$

• $Q_a$(허용지지력) $= \dfrac{W_h \cdot H}{8 \cdot S} = \dfrac{2 \times 200}{8 \times 2} = 25\text{t}$

**01** 다음 그림에서 흙의 저면에 작용하는 단위면 적당 침투수압은?

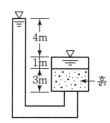

① $8t/m^2$
② $5t/m^2$
③ $4t/m^2$
④ $3t/m^2$

해설

침투수압(과잉 간극 수압, $F$)

$F = i\,\gamma_w\,Z$

$= \dfrac{h(수두차)}{H(시료길이)} \times \gamma_w \times Z(지면에서\ 구하는\ 점까지\ 길이)$

$= \dfrac{4}{3} \times 1 \times 3 = 4t/m^2$

**02** 그림에서 안전율 3을 고려하는 경우, 수두차 $h$를 최소 얼마로 높일 때 모래시료에 분사현상이 발생하겠는가?

① 12.75cm
② 9.75cm
③ 4.25cm
④ 3.25cm

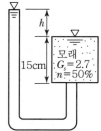

해설

분사현상 시 안전율

㉠ $F_s = \dfrac{i_c}{i} \le 3$

㉡ $F_s = \dfrac{\dfrac{G_s - 1}{1 + e}}{\dfrac{h}{H}} = \dfrac{\dfrac{2.7 - 1}{1 + 1}}{\dfrac{h}{15}} = \dfrac{0.85}{\dfrac{h}{15}} = 3$

$\left( e = \dfrac{n}{1 - n} = \dfrac{0.5}{1 - 0.5} = 1 \right)$

$\therefore\ h = \dfrac{0.85}{3} \times 15 = 4.25cm$

**03** 내부 마찰각이 30°, 단위중량이 $1.8t/m^3$인 흙의 인장균열 깊이가 3m일 때 점착력은?

① $1.56t/m^2$
② $1.67t/m^2$
③ $1.75t/m^2$
④ $1.81t/m^2$

해설

점착고(인장균열 깊이, $Z_c$) $= \dfrac{2c}{\gamma}\tan\left(45° + \dfrac{\phi}{2}\right)$

$3 = \dfrac{2 \times c}{1.8}\tan\left(45° + \dfrac{30°}{2}\right)$

$\therefore\ c(점착력) = 1.56t/m^2$

**04** 다져진 흙의 역학적 특성에 대한 설명으로 틀린 것은?

① 다짐에 의하여 간극이 작아지고 부착력이 커져서 역학적 강도 및 지지력은 증대하고 압축성, 흡수성 및 투수성은 감소한다.
② 점토를 최적함수비보다 약간 건조 측의 함수비로 다지면 면모구조를 가지게 된다.
③ 점토를 최적함수비보다 약간 습윤 측에서 다지면 투수계수가 감소하게 된다.
④ 면모구조를 파괴시키지 못할 정도의 작은 압력으로 점토시료를 압밀할 경우 건조 측 다짐을 한 시료가 습윤 측 다짐을 한 시료보다 압축성이 크게 된다.

해설

흙을 다짐하면 전단강도는 증가, 압축성과 투수성은 감소한다.

**05** 사면안정 계산에 있어서 Fellenius 법과 간편 Bishop 법의 비교 설명으로 틀린 것은?

① Fellenius 법은 간편 Bishop 법보다 계산은 복잡하지만 계산결과는 더 안전 측이다.
② 간편 Bishop 법은 절편의 양쪽에 작용하는 연직 방향의 합력은 0(zero)이라고 가정한다.
③ Fellenius 법은 절편의 양쪽에 작용하는 합력은 0(zero)이라고 가정한다.
④ 간편 Bishop 법은 안전율을 시행착오법으로 구한다.

---

**정답** **01** ③ **02** ③ **03** ① **04** ④ **05** ①

해설

절편법(분할법)

| Fellenius 방법 | Bishop 방법 |
| --- | --- |
| • 전응력 해석법 (공극수압 고려하지 않음) | • 유효응력 해석법 (공극 수압 고려) |
| • 사면의 단기 안정 문제 해석 | • 사면의 장기 안정 문제 해석 |
| • 계산이 간단 | • 계산이 복잡 |
| • $\phi = 0$ 해석법 | • $c - \phi$ 해석법 |

**06** 점착력이 5t/m², $\gamma_t = 1.8$t/m³의 비배수 상태 ($\phi = 0$)인 포화된 점성토 지반에 직경 40cm, 길이 10m의 PHC 말뚝이 항타시공되었다. 이 말뚝의 선단 지지력은?(단, Meyerhof 방법을 사용)

① 1.527t
② 3.23t
③ 5.65t
④ 45t

해설

선단 지지력($Q_p$, Meyerhof 법)

$$Q_p = A_p(c_u \cdot N_c + q' N_q)$$
$$= \frac{\pi \times 0.4^2}{4} \times (5 \times 9 + 10 \times 0) = 5.65\text{t}$$

($\phi = 0$일 때 $N_c = 9$, $N_q = 0$)

**07** 사질토에 대한 직접 전단시험을 실시하여 다음과 같은 결과를 얻었다. 내부 마찰각은 약 얼마인가?

| 수직응력(t/m²) | 3 | 6 | 9 |
| --- | --- | --- | --- |
| 최대전단응력(t/m²) | 1.73 | 3.46 | 5.19 |

① 25°
② 30°
③ 35°
④ 40°

해설

$$S(\tau_f) = c + \sigma'\tan\phi$$

$$\begin{array}{r} 1.73 = c + 3\tan\phi \\ - \quad 5.19 = c + 9\tan\phi \\ \hline 3.46 = -6\tan\phi \end{array}$$

$$\therefore \ \phi = \tan^{-1}\left(\frac{3.46}{6}\right)$$
$$= 30°$$

**08** 그림과 같은 지반에 널말뚝을 박고 기초굴착을 할 때 A점의 압력수두가 3m라면 A점의 유효응력은?

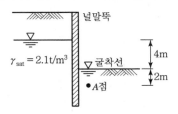

① 0.1t/m²
② 1.2t/m²
③ 4.2t/m²
④ 7.2t/m²

해설

$$\sigma_A' = \sigma_A - u_A$$

• $\sigma_A = \gamma_{sat} \times h_A = 2.1 \times 2 = 4.2$t/m²

• $u_A = \gamma_w \times h_p = 1 \times 3 = 3$t/m²

$\therefore \ \sigma_A' = \sigma_A - u_A = 4.2 - 3 = 1.2$t/m²

**09** 그림과 같은 점토지반에 재하순간 A점에서의 물의 높이가 그림에서와 같이 점토층의 윗면으로부터 5m였다. 이러한 물의 높이가 4m까지 내려오는 데 50일이 걸렸다면, 50% 압밀이 일어나는 데는 며칠이 더 걸리겠는가?(단, 10% 압밀 시 압밀계수 $T_v = 0.008$, 20% 압밀 시 $T_v = 0.031$, 50% 압밀 시 $T_v = 0.197$이다.)

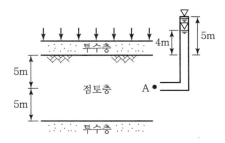

① 268일
② 618일
③ 1,181일
④ 1,231일

해설

• 현재 압밀도

$$U = \frac{u_i - u_t}{u_i} = \frac{5 - 4}{5} \times 100 = 20\%$$

정답    06 ③    07 ②    08 ②    09 ①

• 압밀 소요 시간과 시간계수는 비례 $\left(t = \dfrac{T_v \cdot H^2}{C_v}\right)$

$$t_{50} : T_{50} = t_{20} : T_{20}$$

$$t_{50} = \frac{T_{50}}{T_{20}} \times t_{20} = \frac{0.197}{0.031} \times 50 ≒ 318일(50\% \ 압밀소요시간)$$

∴ 추가소요일 $= t_{50} - t_{20} = 318 - 50 = 268일$

## 10 일반적인 기초의 필요조건으로 틀린 것은?

① 동해를 받지 않는 최소한의 근입깊이를 가져야 한다.
② 지지력에 대해 안정해야 한다.
③ 침하를 허용해서는 안 된다.
④ 사용성·경제성이 좋아야 한다.

해설

기초 구비조건
㉠ 최소한의 근입깊이를 가질 것(동결깊이 이하)
㉡ 지지력에 대해 안정할 것
㉢ 침하에 대해 안정할 것(침하량이 허용 침하량 이내일 것)
㉣ 기초공 기공이 가능할 것
㉤ 사용성·경제성이 좋을 것

## 11 흙속에서 물의 흐름에 대한 설명으로 틀린 것은?

① 투수계수는 온도에 비례하고 점성에 반비례한다.
② 불포화토는 포화토에 비해 유효응력이 작고, 투수계수가 크다.
③ 흙 속의 침투수량은 Darcy 법칙, 유선망, 침투해석 프로그램 등에 의해 구할 수 있다.
④ 흙 속에서 물이 흐를 때 수두차가 커져 한계동수구배에 이르면 분사현상이 발생한다.

해설

불포화토는 투수계수($k$)가 작다.

## 12 모래지반의 현장상태 습윤 단위 중량을 측정한 결과 1.8t/m³로 얻어졌으며 동일한 모래를 채취하여 실내에서 가장 조밀한 상태의 간극비를 구한 결과 $e_{min} = 0.45$, 가장 느슨한 상태의 간극비를 구한 결과 $e_{max} = 0.92$를 얻었다. 현장상태의 상대밀도는 약

몇 %인가?(단, 모래의 비중 $G_s = 2.70$이고, 현장상태의 함수비 $w = 10\%$이다.)

① 44%
② 57%
③ 64%
④ 80%

해설

$$상대밀도(D_r) = \frac{e_{max} - e}{e_{max} - e_{min}} \times 100$$

• $\gamma_d = \dfrac{\gamma_t}{1+w} = \dfrac{1.8}{1+0.1} = 1.64$

• $e = \dfrac{G \cdot \gamma_w}{\gamma_d} - 1 = \dfrac{2.7 \times 1}{1.64} - 1 = 0.65$

∴ $D_r = \dfrac{e_{max} - e}{e_{max} - e_{min}} \times 100 = \dfrac{0.92 - 0.65}{0.92 - 0.45} \times 100 = 57\%$

## 13 아래 표의 식은 3축 압축시험에 있어서 간극수압을 측정하여 간극수압계수 $A$를 계산하는 식이다. 이 식에 대한 설명으로 틀린 것은?

$$\Delta u = B[\Delta\sigma_3 + A(\Delta\sigma_1 - \Delta\sigma_3)]$$

① 포화된 흙에서 $B=1$이다.
② 정규압밀 점토에서는 $A$값이 1에 가까운 값을 나타낸다.
③ 포화된 점토에서 구속압력을 일정하게 할 경우 간극수압의 측정값과 축차응력을 알면 $A$값을 구할 수 있다.
④ 매우 과압밀된 점토의 $A$값은 언제나 (+)의 값을 갖는다.

해설

간극수압계수의 $A$값은 언제나 (+)의 값을 갖는 것은 아니다. (과압밀 점토에서는 (−)값을 갖는다.)

## 14 포화된 점토지반 위에 급속하게 성토하는 제방의 안정성을 검토할 때 이용해야 할 강도정수를 구하는 시험은?

① CU − Test
② UU − Test
③ $\overline{\text{CU}}$ − Test
④ CD − Test

정답　10 ③　11 ②　12 ②　13 ④　14 ②

**해설**

UU – Test 적용
㉠ 포화된 점토 지반 위에 급속하게 성토하는 제방의 안전성을 검토
㉡ 점토의 단기간 안정 검토 시
㉢ 시공 중 압밀, 함수비의 변화가 없고 체적의 변화가 없다고 예상

**15** 흙의 비중이 2.60, 함수비 30%, 간극비 0.80일 때 포화도는?

① 24.0%  ② 62.0%
③ 78.0%  ④ 97.5%

**해설**

$G_s w = Se$

$S = \dfrac{G_s w}{e} = \dfrac{2.60 \times 30}{0.8} = 97.5\%$

**16** 시료가 점토인지 아닌지를 알아보고자 할 때 다음 중 가장 거리가 먼 사항은?

① 소성지수
② 소성도 A선
③ 포화도
④ 200번(0.075mm) 체 통과량

**해설**

점토 시료 여부 판정 시 필요한 특성값
㉠ 200번(0.075mm) 체 통과량(P200)
㉡ 소성지수
㉢ 소성도 A선

**17** 그림과 같은 20×30m 전면기초인 부분보상기초(Partially Compensated Foundation)의 지지력 파괴에 대한 안전율은?

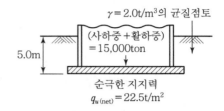

① 3.0  ② 2.5
③ 2.0  ④ 1.5

**해설**

부분보상기초의 안전율$(F_s) = \dfrac{q_{u(net)}}{q} = \dfrac{\text{순극한 지지력}}{\text{하중(압력)}}$

$\therefore F_s = \dfrac{q_{u(net)}}{\dfrac{Q}{A} - (\gamma \cdot D_f)} = \dfrac{22.5}{\left(\dfrac{15000}{20 \times 30}\right) - (2 \times 5)} = 1.5$

**18** 지름 $d = 20$cm인 나무말뚝을 25본 박아서 기초 상판을 지지하고 있다. 말뚝의 배치를 5열로 하고 각 열은 등간격으로 5본씩 박혀 있다. 말뚝의 중심간격 $S = 1$m이고 1본의 말뚝이 단독으로 10t의 지지력을 가졌다고 하면 이 무리말뚝은 전체로 얼마의 하중을 견딜 수 있는가?(단, Converse – Labbarre 식을 사용한다.)

① 100t  ② 200t
③ 300t  ④ 400t

**해설**

무리말뚝의 허용지지력$(R_{ag})$

$R_{ag} = R_a \times N \times E$

$E = 1 - \theta° \left[ \dfrac{(m-1)n + (n-1)m}{90mn} \right]$

$\quad = 1 - 11.3° \times \left( \dfrac{(5-1)5 + (5-1)5}{90 \times 5 \times 5} \right) = 0.799$

$\left[ \theta° = \tan^{-1} \left( \dfrac{d}{s} \right) = \tan^{-1} \left( \dfrac{20}{100} \right) = 11.3° \right]$

$\therefore R_{ag} = R_a \times N \times E = 10 \times 25 \times 0.799 = 200t$

**정답**  15 ④  16 ③  17 ④  18 ②

**19** 시험의 종류와 시험으로부터 얻을 수 있는 값의 연결이 틀린 것은?

① 비중계분석시험 − 흙의 비중($G_s$)
② 삼축압축시험 − 강도정수($c,\ \phi$)
③ 일축압축시험 − 흙의 예민비($S_t$)
④ 평판재하시험 − 지반반력계수($k_s$)

[해설]
비중계 분석시험 : NO. 200 체를 통과한 시료의 입도 분석

**20** 현장 도로 토공에서 모래치환법에 의한 흙의 밀도 시험을 하였다. 파낸 구멍의 체적 $V = 1{,}960\text{cm}^3$, 흙의 질량이 3,390g이고, 이 흙의 함수비는 10%였다. 실험실에서 구한 최대 건조 밀도 $\gamma_{d\max} = 1.65\text{g/cm}^3$일 때 다짐도는?

① 85.6%                    ② 91.0%
③ 95.3%                    ④ 98.7%

[해설]

- 다짐도 $= \dfrac{\gamma_d}{\gamma_{d\max}} \times 100$

$$\gamma_d = \frac{\gamma_t}{1+\omega} = \left(\frac{1.73}{1+0.1}\right) = 1.57\text{g/cm}^3$$

$$\left(\gamma_t = \frac{W}{V} = \frac{3390}{1960} = 1.73\text{g/cm}^3\right)$$

$$\therefore\ \text{다짐도} = \frac{\gamma_d}{\gamma_{d\max}} \times 100 = \frac{1.57}{1.65} \times 100 = 95.3\%$$

정답    19 ①    20 ③

**01** 말뚝의 부마찰력에 대한 설명으로 틀린 것은?

① 말뚝이 연약지반을 관통하여 견고한 지반에 박혔을 때 발생한다.

② 지반에 성토나 하중을 가할 때 발생한다.

③ 지하수위 저하로 발생한다.

④ 말뚝의 타입 시 항상 발생하며 그 방향은 상향이다.

[해설]

부마찰력은 하향으로 작용하는 주면 마찰력이다.

**02** 내부마찰각 $\phi = 0°$인 점토에 대하여 일축압축시험을 하여 일축압축 강도 $q_u = 3.2\text{kg/cm}^2$를 얻었다면 점착력 $c$는?

① $1.2\text{kg/cm}^2$ 　　② $1.6\text{kg/cm}^2$
③ $2.2\text{kg/cm}^2$ 　　④ $6.4\text{kg/cm}^2$

[해설]

• 일축압축 강도$(q_u) = 2c\tan\left(45° + \dfrac{\phi}{2}\right)$

• 점토는 내부마찰력 $\phi = 0$

• $q_u = 2c$

∴ 점착력$(c) = \dfrac{q_u}{2} = \dfrac{3.2}{2} = 1.6\text{kg/cm}^2$

**03** 말뚝의 허용지지력을 구하는 Sander의 공식은?(단, $R_a$ : 허용지지력, $S$ : 관입량, $W_H$ : 해머의 중량, $H$ : 낙하고)

① $R_a = \dfrac{W_H \cdot H}{8S}$ 　　② $R_a = \dfrac{W_H \cdot H}{4S}$

③ $R_a = \dfrac{W_H \cdot S}{4H}$ 　　④ $R_a = \dfrac{W_H \cdot H}{8+S}$

[해설]

Sander 공식(안전율 = 8)

• 극한 지지력$(Q_u) = \dfrac{W_H \cdot H}{S}$

• 허용지지력$(Q_a) = \dfrac{W_H \cdot H}{8S}$

**04** 충분히 다진 현장에서 모래 치환법에 의해 현장밀도 실험을 한 결과 구멍에서 파낸 흙의 무게가 1,536g, 함수비가 15%였고 구멍에 채워진 단위중량이 $1.70\text{g/cm}^3$인 표준모래의 무게가 1,411g이었다. 이 현장이 95% 다짐도가 된 상태가 되려면 이 흙의 실내실험실에서 구한 최대 건조단위 중량$(\gamma_{d\max})$은?

① $1.69\text{g/cm}^3$ 　　② $1.79\text{g/cm}^3$
③ $1.85\text{g/cm}^3$ 　　④ $1.93\text{g/cm}^3$

[해설]

다짐도$(R) = \dfrac{\gamma_d}{\gamma_{\max}} \times 100$

• $\gamma_t = \dfrac{W}{V} = \dfrac{1536}{830} = 1.851\text{g/cm}^3$

• $\gamma_s = \dfrac{W_s}{V_s}$, 　$V_s = \dfrac{W_s}{\gamma_s} = \dfrac{1411}{1.70} = 830\text{cm}^3$

• $\gamma_d = \dfrac{\gamma_t}{1+\omega} = \dfrac{1.851}{1+0.15} = 1.609\text{g/cm}^3$

∴ $\gamma_{d\max} = \dfrac{\gamma_d}{R} \times 100 = \dfrac{1.609}{95} \times 100 = 1.694\text{g/cm}^3$

**05** 포화도 75%, 함수비 25%, 비중 2.70일 때 간극비는?

① 0.9 　　② 8.1
③ 0.08 　　④ 1.8

[해설]

$G_s \cdot \omega = S \cdot e$

∴ $e = \dfrac{G_s \cdot \omega}{S} = \dfrac{2.70 \times 0.25}{0.75} = 0.9$

**06** 흙의 입도시험에서 얻어지는 유효입경(有效粒經 : $D_{10}$)이란?

① 10mm 체 통과분을 말한다.

② 입도분포곡선에서 10% 통과 백분율을 말한다.

③ 입도분포곡선에서 10% 통과 백분율에 대응하는 입경을 말한다.

④ 10번 체 통과 백분율을 말한다.

**해설**

유효입경($D_{10}$)

입경가적곡선(입도분포곡선)에서 통과 백분율 10%에 대응하는 입경을 말한다.

## 07 유선망의 특징에 관한 다음 설명 중 옳지 않은 것은?

① 각 유로의 침투수량은 같다.
② 유선과 등수두선은 서로 직교한다.
③ 유선망으로 되는 사각형은 이론상으로 정사각형이다.
④ 침투속도 및 동수경사는 유선망의 폭에 비례한다.

**해설**

침투속도 및 동수경사는 유선망의 폭에 반비례한다.

## 08 흙에 대한 일반적인 설명으로 틀린 것은?

① 점성토가 교란되면 전단강도가 작아진다.
② 점성토가 교란되면 투수성이 커진다.
③ 불교란시료의 일축압축강도와 교란시료의 일축압축강도의 비를 예민비라 한다.
④ 교란된 흙이 시간경과에 따라 강도가 회복되는 현상을 딕소트로피(Thixotropy) 현상이라 한다.

**해설**

점성토가 교란되면 투수성이 작아진다.

## 09 여러 종류의 흙을 같은 조건으로 다짐시험을 하였을 경우 일반적으로 최적함수비가 가장 작은 흙은?

① GW
② ML
③ SP
④ CH

**해설**

입도가 양호한 자갈(GW)은 최적함수비가 가장 작아지고 최대건조밀도는 커진다.

## 10 가로 2m, 세로 4m의 직사각형 케이슨이 지중 16m까지 관입되었다. 단위면적당 마찰력 $f=0.02$

t/m²일 때 케이슨에 작용하는 주면 마찰력(Skin Friction)은?

① 2.75t
② 1.92t
③ 3.84t
④ 1.28t

**해설**

주면 마찰력($Q_f$)

$Q_f = (\sum P_s \times \Delta L) \times f_s$
$= (2 \times 16 \times 2) + (4 \times 16 \times 2) \times 0.02$
$= 3.84t$

($P_s$ : 말뚝 단면의 윤변)

## 11 압밀계수($C_v$)의 단위로서 옳은 것은?

① cm/sec
② cm²/kg
③ kg/cm
④ cm²/sec

**해설**

압밀계수($C_v$) $= \dfrac{T_v \times H^2}{t}$ (cm²/sec)

## 12 말뚝의 평균 지름이 140cm, 관입깊이가 15m일 때 군말뚝의 영향을 고려하지 않아도 되는 말뚝의 최소 간격은?

① 약 3m
② 약 5m
③ 약 7m
④ 약 9m

**해설**

$D_0 = 1.5\sqrt{r \times l} = 1.5\sqrt{0.7 \times 15} = 4.86m \fallingdotseq 5m$

## 13 일축압축강도가 0.32kg/cm², 흙의 단위중량이 1.6t/m³이고, $\phi = 0$인 점토지반을 연직 굴착할 때 한계고는?

① 2.3m
② 3.2m
③ 4.0m
④ 5.2m

**해설**

한계고($H_c$) $= \dfrac{2q_u}{\gamma_t} = \dfrac{2 \times 0.32}{1.6} = 4m$

## 14 표준관입시험에 관한 설명으로 틀린 것은?

① 해머의 질량은 63.5kg이다.

② 낙하고는 85cm이다.

③ 표준관입시험용 샘플러를 지반에 30cm 박아 넣는데 필요한 타격 횟수를 $N$값이라고 한다.

④ 표준관입시험값 $N$은 개략적인 기초 지지력 측정에 이용되고 있다.

**해설**

표준관입시험(SPT)의 낙하고는 76cm이다.

## 15 정지토압 $P_o$, 주동토압 $P_a$, 수동토압 $P_p$의 크기순서가 올바른 것은?

① $P_a < P_o < P_p$  ② $P_o < P_p < P_a$

③ $P_o < P_a < P_p$  ④ $P_p < P_o < P_a$

**해설**

㉠ 토압 크기 순서 $P_p > P_o > P_a$

㉡ 토압계수 크기 순서 $K_p > K_o > K_a$

## 16 모래의 내부 마찰각 $\phi$와 $N$치의 관계를 나타낸 Dunham의 식 $\phi = \sqrt{12N} + C$에서 상수 $C$의 값이 가장 큰 경우는?

① 토립자가 모나고 입도분포가 좋을 때

② 토립자가 모나고 균일한 입경일 때

③ 토립자가 둥글고 입도분포가 좋을 때

④ 토립자가 둥글고 균일한 입경일 때

**해설**

| $C$값 | 상태 |
|---|---|
| 15 | 입자가 둥글고 입도가 불량 |
| 20 | 입자가 둥글고 입도가 양호<br>입도가 모나고 입도가 불량 |
| 25 | 입도가 모나고 입도가 양호 |

## 17 분사현상(Quick sand action)에 관한 그림이 아래와 같을 때 수두차 $h$를 최소 얼마 이상으로 하면 모래시료에 분사 현상이 발생하겠는가?(단, 모래의 비중 2.60, 간극률 50%)

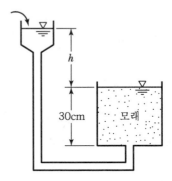

① 6cm  ② 12cm

③ 24cm  ④ 30cm

**해설**

$$F = \frac{i_c}{i} = 1$$

$$= \frac{\dfrac{G_s - 1}{1 + e}}{\dfrac{h}{L}} = \frac{\dfrac{2.6 - 1}{1 + 1}}{\dfrac{h}{30}} = \frac{0.8}{\dfrac{h}{30}} = 1$$

$\therefore h = 0.24\text{m} = 24\text{cm}$

## 18 그림과 같은 모래지반의 토질시험결과 내부 마찰각 $\phi = 30°$, 점착력 $c = 0$일 때 깊이 4m 되는 $A$점에서의 전단강도는?

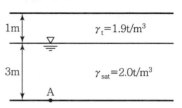

① $1.25\text{t/m}^2$  ② $1.72\text{t/m}^2$

③ $2.17\text{t/m}^2$  ④ $2.83\text{t/m}^2$

해설

전단강도$(S) = c + \sigma' \tan\phi$

㉠ $c = 0$

㉡ $\sigma'$(유효응력) $= \gamma_t \times H_1 + \gamma_{sub} \times H_2$

$\qquad\qquad\qquad = (1.9 \times 1) + (2-1) \times 3$

$\qquad\qquad\qquad = 4.9 \text{t/m}^2$

$\therefore S = 0 + 4.9 \tan 30° = 2.83 \text{t/m}^2$

**19** 동해(凍害)는 흙의 종류에 따라 그 정도가 다르다. 다음 중 가장 동해가 심한 것은?

① Colloid      ② 점토

③ Silt      ④ 굵은 모래

해설

동해가 가장 심하게 발생하는 토질은 실트(silt)

(실트 > 점토 > 모래 > 자갈)

**20** 아래 그림과 같은 수중 $Z$ 지반에서 지점의 유효연직응력은?

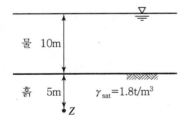

① $2 \text{t/m}^2$      ② $4 \text{t/m}^2$

③ $9 \text{t/m}^2$      ④ $14 \text{t/m}^2$

해설

$\sigma_Z' = \sigma_{sub} \times h$

$\quad = (1.8 - 1) \times 5$

$\quad = 4 \text{t/m}^2$

**01** 두께가 4미터인 점토층이 모래층 사이에 끼어 있다. 점토층에 3t/m²의 유효응력이 작용하여 최종 침하량이 10cm가 발생하였다. 실내압밀시험결과 측정된 압밀계수($C_v$) = $2 \times 10^{-4}$cm²/sec라고 할 때 평균압밀도 50%가 될 때까지 소요일수는?

① 288일 　　　　　　② 312일
③ 388일 　　　　　　④ 456일

해설

$$t_{50} = \frac{T_v \cdot H^2}{C_v} = \frac{0.197 \times \left(\frac{400}{2}\right)^2}{2 \times 10^{-4}} = 39,400,000 \text{sec}$$

$$\therefore \frac{39,400,000}{60 \times 60 \times 24} = 456 \text{일}$$

**02** 그림과 같은 지반에서 유효응력에 대한 점착력 및 마찰각이 각각 $c' = 1.0$t/m², $\phi' = 20°$일 때, $A$점에서의 전단강도(t/m²)는?

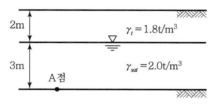

① 3.4t/m² 　　　　　② 4.5t/m²
③ 5.4t/m² 　　　　　④ 6.6t/m²

해설

$S(\tau_f) = c + \sigma' \tan\phi$

$\sigma' = \gamma_t \times h_1 + \gamma_{sub} \times 3$

　　$= (1.8 \times 2) + (2 - 1) \times 3 = 6.6$t/m²

$\therefore S(\tau_f) = c + \sigma' \tan\phi = 1 + 6.6\tan20 = 3.4$t/m²

**03** 연약한 점성토의 지반 특성을 파악하기 위한 현장조사 시험방법에 대한 설명 중 틀린 것은?

① 현장베인시험은 연약한 점토층에서 비배수 전단강도를 직접 산정할 수 있다.
② 정적 콘관입시험(CPT)은 콘지수를 이용하여 비배수

전단강도 추정이 가능하다.
③ 표준관입시험에서의 N값은 연약한 점성토 지반 특성을 잘 반영해 준다.
④ 정적 콘관입시험(CPT)은 연속적인 지층 분류 및 전단강도 추정 등 연약점토 특성 분석에 매우 효과적이다.

해설

표준관입시험은 사질토의 지반 특성을 잘 반영해 준다.

**04** 흙의 분류에 사용되는 Casagrande 소성도에 대한 설명으로 틀린 것은?

① 세립토를 분류하는 데 이용된다.
② U선은 액성한계와 소성지수의 상한선으로 U선 위쪽으로는 측점이 있을 수 없다.
③ 액성한계 50%를 기준으로 저소성(L) 흙과 고소성(H) 흙으로 분류한다.
④ A선 위의 흙은 실트(M) 또는 유기질토(O)이며, A선 아래의 흙은 점토(C)이다.

해설

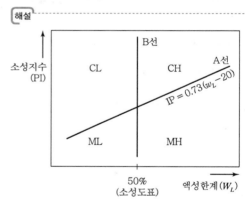

㉠ 압축성이 높음(H) : $W_L \geq 50\%$
㉡ 압축성이 낮음(L) : $W_L \leq 50\%$
㉢ 점토(C) : A선 위쪽
㉣ 실트(M) : A선 아래쪽
∴ A선 위의 흙은 점토(C)이며, A선 아래의 흙은 실트(M)

**05** 흙의 다짐에 있어 래머의 중량이 2.5kg, 낙하고 30cm, 3층으로 각 층 다짐횟수가 25회일 때 다짐에너지는?(단, 몰드의 체적은 1,000cm³이다.)

---

정답　01 ④　02 ①　03 ③　04 ④　05 ①

① 5.63kg · cm/cm³  ② 5.96kg · cm/cm³

③ 10.45kg · cm/cm³  ④ 0.66kg · cm/cm³

**해설**

$$다짐에너지(E_c) = \frac{W_R \cdot H \cdot N_B \cdot N_L}{V} = \frac{2.5 \times 30 \times 25 \times 3}{1,000}$$

$$= 5.63kg \cdot cm/cm^3$$

**06** 수평방향투수계수가 0.12cm/sec이고, 연직
방향투수계수가 0.03cm/sec일 때 1일 침투유량은?

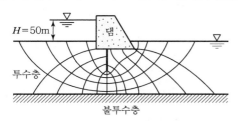

① 970m³/day/m  ② 1,080m³/day/m

③ 1,220m³/day/m  ④ 1,410m³/day/m

**해설**

$$1일 침투유량(Q) = k \cdot H \cdot \frac{N_f}{N_d}$$

$$= \sqrt{k_H \times k_V} \times H \times \frac{N_f}{N_d}$$

$$= \sqrt{0.12 \times 0.03} \times 50 \times \frac{5}{12} = 1,080m^3/day$$

**07** 다음 그림에서 C점의 압력수두 및 전수두 값
은 얼마인가?

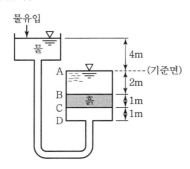

① 압력수두 3m, 전수두 2m

② 압력수두 7m, 전수두 0m

③ 압력수두 3m, 전수두 3m

④ 압력수두 7m, 전수두 4m

**해설**

㉠ C점의 압력수두 = 4+2+1 = 7m

㉡ C점의 위치수두 = -(2+1) = -3

㉢ C점의 전수두 = 위치수두 + 압력수두 = 7-3 = 4m

**08** 그림과 같이 흙입자가 크기가 균일한 구(직
경 : $d$ )로 배열되어 있을 때 간극비는?

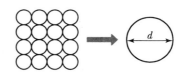

① 0.91  ② 0.71

③ 0.51  ④ 0.35

**해설**

$$간극비(e) = \frac{V_v}{V_s} = \frac{V - V_s}{V_s}$$

㉠ $V$(흙 전체의 체적) = $4d \times 4d \times d = 16d^3$

㉡ $V_s$ (흙 입자의 체적) = $\frac{4}{3}\pi r^3 \times$ 토립자의 개수

$$= \frac{4}{3}\pi \times \left(\frac{d}{2}\right)^3 \times 16 = \frac{8}{3}\pi d^3$$

$$\therefore e = \frac{V - V_s}{V_s} = \frac{16d^3 - \frac{8}{3}\pi d^3}{\frac{8}{3}\pi d^3} = 0.91$$

**09** 표준관입시험(SPT) 결과 N치가 25였고, 그때
채취한 교란시료로 입도시험을 한 결과 입자가 둥글
고, 입도분포가 불량할 때 Dunham 공식에 의해서
구한 내부 마찰각은?

① 32.3°  ② 37.3°

③ 42.3°  ④ 48.3°

**해설**

$$내부마찰각(\phi) = \sqrt{12N} + 15(입자가 둥글고 입도 분포 불량)$$

$$= \sqrt{(12 \times 25)} + 15$$

$$\approx 32.3°$$

**10** 콘크리트 말뚝을 마찰말뚝으로 보고 설계할 때, 총 연직하중을 200ton, 말뚝 1개의 극한 지지력을 89ton, 안전율을 2.0으로 하면 소요말뚝의 수는?

① 6개　　② 5개
③ 3개　　④ 2개

해설

소요말뚝의 수 $= \dfrac{\text{작용하중}}{\text{말뚝의 허용지지력}(Q_a)}$

$\left(Q_a = \dfrac{Q_u}{F_s} = \dfrac{89}{2} = 44.5\right)$

∴ 소요말뚝의 수 $= \dfrac{200}{44.5} = 4.5 ≒ 5$본

**11** 점착력이 $1.4\text{t/m}^2$, 내부 마찰각이 30°, 단위중량이 $1.85\text{t/m}^3$인 흙에서 인장균열 깊이는 얼마인가?

① 1.74m　　② 2.62m
③ 3.45m　　④ 5.24m

해설

인장균열 깊이(점착고, $Z_c$)

$Z_c = \dfrac{2\times c}{\gamma}\left(\tan 45° + \dfrac{\phi}{2}\right) = \dfrac{2\times 1.4}{1.85}\left(\tan 45° + \dfrac{30°}{2}\right) = 2.62\text{m}$

**12** 다음 중 사면의 안정해석방법이 아닌 것은?

① 마찰원법
② 비숍(Bishop)의 방법
③ 펠레니우스(Fellenius)의 방법
④ 테르자기(Terzaghi)의 방법

해설

사면 안정해석법
- 질량법 – 마찰원법
- 절편법(분할법) – Fellenius의 방법
　　– Bishop의 간편법

**13** 간극률이 50%이고, 투수계수가 $9\times10^{-2}$cm/sec인 지반의 모관 상승고는 대략 어느 값에 가장 가까운가?(단, 흙입자의 형상에 관련된 상수 $C = 0.3\text{cm}^2$, Hazen 공식 : $k = C_1 \times D_{10}^{\ 2}$에서 $C_1 = 100$으로 가정)

① 1.0cm　　② 5.0cm
③ 10.0cm　　④ 15.0cm

해설

모관 상승고$(h_c) = \dfrac{C}{e \cdot D_{10}}$

㉠ $e = \dfrac{n}{1-n} = \dfrac{0.5}{1-0.5} = 1$

㉡ $K = C_1 \times D_{10}^{\ 2}$

$D_{10} = \sqrt{\dfrac{k}{c_1}} = \sqrt{\dfrac{9\times10^{-2}}{100}} = 0.03$

∴ $h_c = \dfrac{0.3}{1\times0.03} = 10.0\text{cm}$

**14** 흙의 다짐에 대한 설명으로 틀린 것은?

① 다짐에너지가 증가할수록 최대 건조단위중량은 증가한다.
② 최적함수비는 최대 건조단위중량을 나타낼 때의 함수비이며, 이때 포화도는 100%이다.
③ 흙의 투수성 감소가 요구될 때에는 최적함수비의 습윤 측에서 다짐을 실시한다.
④ 다짐에너지가 증가할수록 최적함수비는 감소한다.

해설

- 다짐에너지가 증가할수록 $\gamma_{d\max}$ 증가, OMC는 작아진다.
- $S$(포화도)가 100%인 곡선은 영공극 곡선이다.

**15** 그림과 같은 지층 단면에서 지표면에 가해진 $5\text{t/m}^2$의 상재하중으로 인한 점토층(정규압밀점토)의 1차 압밀 최종침하량($S$)을 구하고, 침하량이 5cm일 때 평균압밀도($U$)를 구하면?

정답　10 ②　11 ②　12 ④　13 ③　14 ②　15 ①

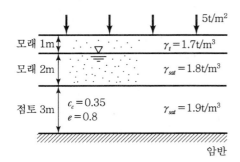

① $S = 18.5\text{cm}$, $U = 27\%$

② $S = 14.7\text{cm}$, $U = 22\%$

③ $S = 18.5\text{cm}$, $U = 22\%$

④ $S = 14.7\text{cm}$, $U = 27\%$

[해설]

평균압밀도$(U) = \dfrac{\Delta H_t}{\Delta H} \times 100 = \dfrac{t\text{시간 후의 압밀침하량}}{\text{최종 1차 압밀 침하량}} \times 100$

$\Delta H = \dfrac{C_c}{1+e_1} \log \dfrac{P_1 + \Delta P}{P_1} H$

$\quad = \dfrac{0.35}{1+0.8} \times \log \dfrac{4.65+5}{4.65} \times 300 = 18.5\text{cm}$

점토층 중앙부의 유효응력$(P_1)$

$= \gamma_t \times H + \gamma_{sub} \times H_2 + \gamma_{sub} \times \dfrac{H_3}{2}$

$= 1.7 \times 1 + (1.8-1) \times 2 + (1.9-1) \times \dfrac{3}{2} = 4.65$

$\therefore \ U = \dfrac{\Delta H_t}{\Delta H} \times 100 = \dfrac{5}{18.5} \times 100 = 27\%$

**16** 동일한 등분포 하중이 작용하는 그림과 같은 (A)와 (B) 두 개의 구형 기초판에서 A와 B점의 수직 Z되는 깊이에서 증가되는 지중응력을 각각 $\sigma_A$, $\sigma_B$ 라 할 때 다음 중 옳은 것은?(단, 지반 흙의 성질은 동일함)

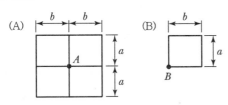

① $\sigma_A = \dfrac{1}{2}\sigma_B$

② $\sigma_A = \dfrac{1}{4}\sigma_B$

③ $\sigma_A = 2\sigma_B$

④ $\sigma_A = 4\sigma_B$

[해설]

$\sigma_A = \sigma_B \times 4$

**17** 말뚝재하시험 시 연약점토지반인 경우는 pile 의 타입 후 20여 일이 지난 다음 말뚝재하시험을 한 다. 그 이유는?

① 주면 마찰력이 너무 크게 작용하기 때문에

② 부마찰력이 생겼기 때문에

③ 타입 시 주변이 교란되었기 때문에

④ 주위가 압축되었기 때문에

[해설]

말뚝재하시험(평판재하시험) 시 파일 타입 후 즉시 재하시험을 실시하지 않는 이유는 말뚝 주변이 교란되었기 때문이다.

**18** Mohr 응력원에 대한 설명 중 옳지 않은 것은?

① 임의 평면의 응력상태를 나타내는 데 매우 편리하다.

② 평면기점(origin of plane, $O_p$)은 최소주응력을 나 타내는 원호 상에서 최소주응력면과 평행선이 만나 는 점을 말한다.

③ $\sigma_1$과 $\sigma_3$의 차의 벡터를 반지름으로 해서 그린 원이다.

④ 한 면에 응력이 작용하는 경우 전단력이 0이면, 그 연직응력을 주응력으로 가정한다.

[해설]

Mohr 응력원은 $\sigma_1$과 $\sigma_3$의 차의 벡터를 지름으로 해서 그린 원

**19** 최대주응력이 $10\text{t/m}^2$, 최소주응력이 $4\text{t/m}^2$ 일 때 최소주응력 면과 45°를 이루는 평면에서 일어 나는 수직응력은?

① $7\text{t/m}^2$

② $3\text{t/m}^2$

③ $6\text{t/m}^2$

④ $4\text{t/m}^2$

해설

$$수직응력(\sigma) = \frac{\sigma_1 + \sigma_3}{2} + \frac{\sigma_1 - \sigma_3}{2}cos2\theta$$

$$= \frac{10+4}{2} + \frac{10-4}{2}cos(2 \times 45°)$$

($\theta$ : 최대주응력면과 파괴면이 이루는 각, $\theta + \theta' = 90°$,
$\theta = 90 - \theta' = 90° - 45° = 45°$)

## 20 폭 10cm, 두께 3mm인 Paper Drain 설계 시 Sand drain의 직경과 동등한 값(등치환산원의 지름)으로 볼 수 있는 것은?

① 2.5cm  ② 5.0cm
③ 7.5cm  ④ 10.0cm

해설

$$등치환산원의 지름(D) = \alpha \times \frac{2(A+B)}{\pi}$$

$$= 0.75 \times \frac{2(10+0.3)}{\pi}$$

$$= 5cm$$

**01** 흙의 다짐효과에 대한 설명으로 옳은 것은?

① 부착성이 양호해지고 흡수성이 증가한다.
② 투수성이 증가한다.
③ 압축성이 커진다.
④ 밀도가 커진다.

**해설**

다짐효과
㉠ 투수성 감소
㉡ 압축성 감소
㉢ 흡수성 감소
㉣ 부착력 및 밀도 증가

**02** 어떤 흙의 건조단위중량 $\gamma_d = 1.65\text{g/cm}^3$이고, 비중은 2.73일 때 이 흙의 간극률은?

① 31.2%
② 35.5%
③ 39.4%
④ 42.6%

**해설**

간극률$(n) = \dfrac{e}{1+e} \times 100$

$\left(\gamma_d = \dfrac{G_s}{1+e}\gamma_w, \ \therefore \ e = \dfrac{\gamma_w}{\gamma_d}G_s - 1 = \dfrac{1}{1.65} \times 2.73 - 1 = 0.65\right)$

$\therefore \ n = \dfrac{0.65}{1+0.65} \times 100 = 39.4\%$

**03** 도로포장 두께 설계 시 필요한 시험은?

① 표준관입시험
② CBR 시험
③ 콘 관입시험
④ 현장베인시험

**해설**

도로 포장 두께 설계
• CBR 시험(아스팔트)
• PBT 시험(콘크리트)

**04** 내부 마찰각이 영(零, Zero)인 점토질 흙의 일축압축시험 시 압축강도가 4kg/cm²이었다면 이 흙의 점착력은?

① 1kg/cm²
② 2kg/cm²
③ 3kg/cm²
④ 4kg/cm²

**해설**

$c = \dfrac{q_u}{2}(\phi = 0) = \dfrac{4}{2} = 2\text{kg/cm}^2$

**05** 말뚝기초의 부의 주면마찰력에 대한 설명으로 잘못된 것은?

① 말뚝 선단부에 큰 압력부담을 주게 된다.
② 연약지반에 말뚝을 박고 그 위에 성토를 하였을 때 발생한다.
③ 말뚝 주위의 흙이 말뚝을 아래 방향으로 끄는 힘을 말한다.
④ 부의 주면마찰력이 일어나면 지지력은 증가한다.

**해설**

부(주면) 마찰력이 일어나면 지지력은 감소한다.

**06** 연약지반개량공사에서 성토하중에 의해 압밀된 후 다시 추가하중을 재하한 직후의 안정검토를 할 경우 삼축압축시험 중 어떠한 시험이 가장 좋은가?

① CD시험
② UU시험
③ CU시험
④ 급속전단시험

**해설**

압밀비배수시험(CU 시험)
① 점토지반이 성토하중에 의해 압밀 후 급속히 파괴가 예상 시
② 제방, 흙댐에서 수위가 급 강하 시 안정 검토
③ Pre-loading(압밀진행) 후 갑자기 파괴 예상 시

**07** 다음 설명 중 동상(凍上)에 대한 대책으로 틀린 것은?

① 지하수위와 동결 심도 사이에 모래, 자갈층을 형성하여 모세관 현상으로 인한 물의 상승을 막는다.
② 동결 심도 내의 Silt질 흙을 모래나 자갈로 치환한다.
③ 동결 심도 내의 흙에 염화칼슘이나 염화나트륨 등을 섞어 빙점을 낮춘다.
④ 아이스 렌즈(ice lense)가 형성될 수 있도록 충분한 물을 공급한다.

---

**정답**　01 ④　02 ③　03 ②　04 ②　05 ④　06 ③　07 ④

**해설**

아이스 렌스(Ice Lense)가 생성되지 않도록 지표면을 단열시키고 물의 공급을 줄이면 동상현상이 방지된다.

**08** 점토층이 소정의 압밀도에 도달하는 소요시간이 단면배수일 경우 4년이 걸렸다면 양면배수일 때는 몇 년이 걸리겠는가?

① 1년  ② 2년
③ 4년  ④ 16년

**해설**

- 소요시간 $\left(t = \dfrac{T_v \cdot H^2}{C_v}\right)$과 배수거리($H$)의 관계

$$t_1 : t_2 = H^2 : \left(\dfrac{H}{2}\right)^2$$

$$\therefore\ t_2 = \dfrac{1}{4}t_1 = \dfrac{1}{4} \times 4 = 1년$$

**09** 토질조사방법 중 Sounding에 대한 설명으로 옳은 것은?

① 표준관입시험(SPT)은 정적인 Sounding 방법이다.
② Sounding은 Boring이나 시굴보다도 확실하게 지반 구성을 알 수 있다.
③ Sounding은 원위치 시험으로서 의의가 있으며 예비조사에 많이 사용된다.
④ 동적인 Sounding 방법은 주로 점성토 지반에서 사용된다.

**해설**

① 표준관입시험(SPT)은 동적인 Sounding방법이다.
② Boring은 Sounding보다 확실하게 지반 구성을 알 수 있다.
④ 동적 사운딩은 사질토에 적합하다.

**10** 비중 2.62, 간극률 50%인 경우에 Quick Sand 현상을 일으키는 한계동수경사는?

① 0.325  ② 0.825
③ 0.512  ④ 1.013

**해설**

$$한계동수경사(i_c) = \dfrac{G_s - 1}{1 + e} = \dfrac{2.65 - 1}{1 + 1} = 0.825$$

$$\left(e = \dfrac{n}{1-n} = \dfrac{0.5}{1-0.5} = 1\right)$$

**11** 그림과 같은 지반에서 $A$점의 주동에 의한 수평방향의 전 응력 $\sigma_h$는 얼마인가?

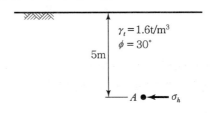

① 8.0t/m²  ② 1.65t/m²
③ 2.67t/m²  ④ 4.84t/m²

**해설**

$$수평응력(\sigma_h) = \sigma_v \times K_a$$

㉠ $\sigma_v = \gamma_t \times Z = 1.6 \times 5 = 8t/m^2$

㉡ 주동토압계수$(K_a) = \tan^2\left(45 - \dfrac{\phi}{2}\right) = \tan^2\left(45 - \dfrac{30}{2}\right)$
$\qquad = 0.333$

$$\therefore\ \sigma_h = \sigma_v \times K_a = 8 \times 0.333 = 2.67t/m^2$$

**12** 어떤 시료가 조밀한 상태에 있는가, 느슨한 상태에 있는가를 나타내는 데 쓰이며, 주로 모래와 같은 조립토에서 사용되는 것은?

① 상대밀도  ② 건조밀도
③ 포화밀도  ④ 수중밀도

**해설**

㉠ 상대밀도$(D_r)$ : 사질토가 느슨한 상태인지, 조밀한 상태인지 나타내는 데 쓰인다.

㉡ $D_r = \left(\dfrac{\gamma_{max}}{\gamma_d} \times \dfrac{\gamma_d - \gamma_{dmin}}{\gamma_{dmax} - \gamma_{dmin}}\right) \times 100\%$

**13** 말뚝의 정재하시험에서 하중 재하방법이 아닌 것은?

① 사하중을 재하하는 방법
② 반복하중을 재하하는 방법
③ 반력말뚝의 주변 마찰력을 이용하는 방법
④ Earth Anchor의 인발저항력을 이용하는 방법

> **해설**
>
> 말뚝 정재하시험의 재하방법
> ㉠ 사하중을 재하하는 방법
> ㉡ 반력 말뚝을 이용하는 방법
> ㉢ 반력 Anchor를 이용하는 방법

**14** 다음 중 현장 타설 콘크리트 말뚝기초 공법이 아닌 것은?

① 프랭키(Franky) 말뚝공법
② 레이몬드(Raymond) 말뚝공법
③ 페데스탈(Pedestal) 말뚝공법
④ PHC 말뚝공법

> **해설**
>
> 현장 타설 콘크리트 말뚝
> ㉠ 프랭키 파일(Franky Pile)
> ㉡ 페데스탈 파일(Pedestal Pile)
> ㉢ 레이몬드 파일(Raymond Pile)

**15** 다음 중 직접전단시험의 특징이 아닌 것은?

① 배수조건에 대한 완벽한 조절이 가능하다.
② 시료의 경계에 응력이 집중된다.
③ 전단면이 미리 정해진다.
④ 시험이 간단하고 결과 분석이 빠르다.

> **해설**
>
> 직접전단시험은 배수 조절이 곤란하여 간극수압 측정이 곤란하다.

**16** 테르자기(Terzaghi) 압밀이론에서 설정한 가정으로 틀린 것은?

① 흙은 균질하고 완전히 포화되어 있다.
② 흙입자와 물의 압축성은 무시한다.
③ 흙 속의 물의 이동은 Darcy의 법칙을 따르며 투수계수는 일정하다.
④ 흙의 간극비는 유효응력에 비례한다.

> **해설**
>
> 압력과 간극비의 관계는 이상적으로 직선적 변화를 한다.

**17** 어떤 점토를 연직으로 4m 굴착하였다. 이 점토의 일축압축강도가 4.8t/m²이고, 단위중량이 1.6t/m³일 때 굴착고에 대한 안전율은 얼마인가?

① 1.2  ② 1.5
③ 2.0  ④ 3.0

> **해설**
>
> $$안전율(F_s) = \frac{H_c}{H} = \frac{6}{4} = 1.5$$
>
> $$\left[ 한계고(H_c) = 2 \times \frac{2q_u}{\gamma_t} = \frac{2 \times 4.8}{1.6} = 6m \right]$$

**18** 지름 30cm인 재하판으로 측정한 지지력계수 $K_{30} = 6.6kg/cm^3$일 때 지름 75cm인 재하판의 지지력계수 $K_{75}$은?

① 3.0kg/cm³  ② 3.5kg/cm³
③ 4.0kg/cm³  ④ 4.5kg/cm³

> **해설**
>
> 재하판 크기에 따른 지지력 계수
> $$K_{30} = 2.2K_{75}$$
> $$\therefore\ K_{75} = \frac{1}{2.2}K_{30} = \frac{1}{2.2} \times 6.6 = 3.0kg/cm^3$$

**정답**  13 ②  14 ④  15 ①  16 ④  17 ②  18 ①

**19** 연약지반 개량공법 중 프리로딩(Preloading) 공법은 다음 중 어떤 경우에 채용하는가?

① 압밀계수가 작고 점성토층의 두께가 큰 경우
② 압밀계수가 크고 점성토층의 두께가 얇은 경우
③ 구조물 공사기간에 여유가 없는 경우
④ 2차 압밀비가 큰 흙의 경우

[해설]
압밀계수가 크고 압밀토층 두께가 얇은 경우에 효과적인 공법이다.

**20** 평균 기온에 따른 동결지수가 520℃/days였다. 이 지방의 정수 $C=4$일 때 동결깊이는?(단, 데라다 공식을 이용)

① 22.8cm　　　② 45.6cm
③ 91.2cm　　　④ 130cm

[해설]
동결깊이$(Z) = C\sqrt{F} = $ 토질정수 $\sqrt{\text{동결지수}(\text{℃} \cdot \text{days})}$
$$= 4\sqrt{520}$$
$$= 91.2\text{cm}$$

**01** 다음은 정규압밀점토의 삼축압축시험 결과를 나타낸 것이다. 파괴 시의 전단응력 $\tau$와 $\sigma$를 구하면?

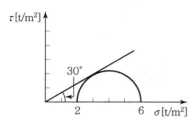

① $\tau=1.73\text{t/m}^2$, $\sigma=2.50\text{t/m}^2$
② $\tau=1.41\text{t/m}^2$, $\sigma=3.00\text{t/m}^2$
③ $\tau=1.41\text{t/m}^2$, $\sigma=2.50\text{t/m}^2$
④ $\tau=1.73\text{t/m}^2$, $\sigma=3.00\text{t/m}^2$

**해설**

- $\theta=45°+\dfrac{\phi}{2}=45°+\dfrac{30°}{2}=60°$

- 수직응력$(\sigma)=\dfrac{\sigma_1+\sigma_3}{2}+\dfrac{\sigma_1-\sigma_3}{2}cos2\theta$

  $=\dfrac{6+2}{2}+\dfrac{6-2}{2}cos(2\times60)=3\text{t/m}^2$

- 전단응력$(\tau)=\dfrac{\sigma_1-\sigma_3}{2}sin2\theta$

  $=\dfrac{6-2}{2}sin(2\times60)=1.73\text{t/m}^2$

**02** 그림과 같은 조건에서 분사현상에 대한 안전율을 구하면?(단, 모래의 $\gamma_{sat}=2.0\text{t/m}^3$이다.)

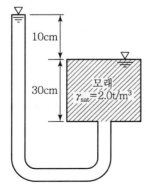

① 1.0
② 2.0
③ 2.5
④ 3.0

**해설**

$$안전율(F_s)=\frac{i_{cr}}{i}=\frac{i_{cr}}{h/L}=\frac{1}{10/30}=3.0$$

$$\left(i_{cr}=\frac{\gamma_{sub}}{\gamma_w}=\frac{2-1}{1}=1.0\right)$$

**03** 3층 구조로 구조결합 사이에 치환성 양이온이 있어 활성이 크고 시트 사이에 물이 들어가 팽창·수축이 크고 공학적 안정성은 약한 점토 광물은?

① Kaolinite
② Illite
③ Momtmorillonite
④ Sand

**해설**

몬모릴로 나이트(Montmorillonite)
㉠ 활성도$(A):A>1.25$
㉡ 공학적 안정성 : 불안정
㉢ 팽창·수축성 : 크다.

**04** 다음 중 일시적인 지반개량공법에 속하는 것은?

① 다짐 모래말뚝 공법
② 약액주입공법
③ 프리로딩 공법
④ 동결공법

**해설**

일시적인 지반개량공법
㉠ Well Point 공법
㉡ 동결공법
㉢ 대기압공법(진공압밀공법)

**05** 강도정수가 $c=0$, $\phi=40°$인 사질토 지반에서 Rankine 이론에 의한 수동토압계수는 주동토압계수의 몇 배인가?

① 4.6
② 9.0
③ 12.3
④ 21.1

**해설**

㉠ $K_p$(수동토압계수)$=\tan^2\left(45°+\dfrac{\phi}{2}\right)=\tan^2\left(45+\dfrac{40°}{2}\right)$

$=4.599$

$\text{ⓛ } K_a(\text{주동토압계수}) = \tan^2\left(45° - \frac{\phi}{2}\right) = \tan^2\left(45° - \frac{40°}{2}\right)$

$= 0.217$

$\therefore \frac{K_p}{K_a} = \frac{4.599}{0.217} = 21.1$

**06** 그림과 같이 6m 두께의 모래층 밑에 2m 두께의 점토층이 존재한다. 지하수면은 지표 아래 2m 지점에 존재한다. 이때, 지표면에 $\Delta P = 5.0 \text{t/m}^2$의 등분포하중이 작용하여 상당한 시간이 경과한 후, 점토층의 중간 높이 $A$점에 피에조미터를 세워 수두를 측정한 결과, $h = 4.0\text{m}$로 나타났다면 $A$점의 압밀도는?

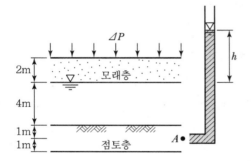

① 20%　　　　　② 30%
③ 50%　　　　　④ 80%

**해설**

압밀도 $= \dfrac{u_i - u_t}{u_i} \times 100 = \dfrac{5 - 4}{5} \times 100 = 20\%$

$(u_t = \gamma_w \cdot H = 1 \times 4 = 4.0\text{t/m}^2)$

**07** 다짐에 대한 다음 설명 중 옳지 않은 것은?

① 세립토의 비율이 클수록 최적함수비는 증가한다.
② 세립토의 비율이 클수록 최대건조 단위중량은 증가한다.
③ 다짐에너지가 클수록 최적함수비는 감소한다.
④ 최대건조 단위중량은 사질토에서 크고 점성토에서 작다.

**해설**

세립토 비율이 크면 최대건조밀도는 감소하고 최적함수비(OMC)는 증가한다.

**08** 어느 지반에 30cm×30cm 재하판을 이용하여 평판재하시험을 한 결과, 항복하중이 5t, 극한 하중이 9t이었다. 이 지반의 허용지지력은?

① $55.6\text{t/m}^2$　　　② $27.8\text{t/m}^2$
③ $100\text{t/m}^2$　　　④ $33.3\text{t/m}^2$

**해설**

ⓐ 항복지지력$(q_y) = \dfrac{Q_y}{A_p} = \dfrac{5}{0.3 \times 0.3} = 55.56\text{t/m}^2$

ⓑ 극한 지지력$(q_u) = \dfrac{Q_u}{A_p} = \dfrac{9}{0.3 \times 0.3} = 100\text{t/m}^2$

ⓒ 허용지지력$(q_a)$

• $q_a = \dfrac{q_y}{2} = \dfrac{55.56}{2} = 27.8\text{t/m}^2$

• $q_a = \dfrac{q_u}{3} = \dfrac{100}{3} = 33.3\text{t/m}^2$

둘 중 작은 값인 $27.8\text{t/m}^2$가 허용지지력이 된다.

**09** 암반층 위에 5m 두께의 토층이 경사 15°의 자연 사면으로 되어 있다. 이 토층은 $c = 1.5\text{t/m}^2$, $\phi = 30°$, $\gamma_{sat} = 1.8\text{t/m}^3$이고, 지하수면은 토층의 지표면과 일치하며 침투는 경사면과 대략 평행이다. 이때의 안전율은?

① 0.8　　　　　② 1.1
③ 1.6　　　　　④ 2.0

**해설**

점착력 $c \neq 0$, 침투류가 있는 경우(지표면과 지하수위가 일치)

$F = \dfrac{c}{\gamma_{sat} \, Z \sin i \cos i} + \dfrac{\gamma_{sub}}{\gamma_{sat}} \times \dfrac{\tan\phi}{\tan i}$

$= \dfrac{1.5}{1.8 \times 5 \times \sin 15° \times \cos 15°} + \dfrac{1.8 - 1}{1.8} \times \dfrac{\tan 30°}{\tan 15°}$

$= 1.6$

**10** 연약 점토층을 관통하여 철근콘크리트 파일을 박았을 때 부마찰력(Negative friction)은?(단, 지반의 일축압축강도 $q_u = 2t/m^2$, 파일 직경 $D = 50cm$, 관입깊이 $l = 10m$이다.)

① 15.71t      ② 18.53t

③ 20.82t      ④ 24.2t

> **해설**
> 부주면 마찰력$(R_{nf}) = f_n \cdot A_s$
> ㉠ 연약점토 시 $f_n = \dfrac{q_u}{2} = \dfrac{2}{2} = 1t/m^2$
> ㉡ $A_s = \pi D l = \pi \times 0.5 \times 10 = 15.71m^2$
> $\therefore R_{nf} = f_n \cdot A_s = 1 \times 15.71 = 15.71t$

**11** $4m \times 4m$ 크기인 정사각형 기초를 내부 마찰각 $\phi = 20°$, 점착력 $c = 3t/m^2$인 지반에 설치하였다. 흙의 단위중량$(\gamma) = 1.9t/m^3$이고 안전율을 3으로 할 때 기초의 허용하중을 Terzaghi 지지력 공식으로 구하면?(단, 기초의 깊이는 1m이고, 전반전단파괴가 발생한다고 가정하며, $N_c = 17.69$, $N_q = 7.44$, $N_\gamma = 4.97$이다.)

① 478t      ② 524t

③ 567t      ④ 621t

> **해설**
> 허용하중$(Q_a) = q_a \times A$
> ㉠ $q_a$(허용지지력)$= \dfrac{q_u}{F_s} = \dfrac{98.24}{3} = 32.75t/m^2$
> $\quad (q_q = \alpha c N_c + \beta B \gamma_1 N_r + \gamma_2 D_f N_q$
> $\quad\quad = 1.3 \times 3 \times 17.69 + 0.4 \times 4 \times 1.9 \times 4.97 + 1.9 \times 1 \times 7.44$
> $\quad\quad = 98.24t/m^2)$
> ㉡ $A = B \times L = 4 \times 4 = 16m^2$
> $\therefore Q_a = q_a \times A = 32.75 \times 16 = 524t$

**12** 어떤 퇴적층에서 수평방향의 투수계수는 $4.0 \times 10^{-4}cm/sec$이고, 수직방향의 투수계수는 $3.0 \times 10^{-4}cm/sec$이다. 이 흙을 등방성으로 생각할 때, 등가의 평균투수계수는 얼마인가?

① $3.46 \times 10^{-4}cm/sec$

② $5.0 \times 10^{-4}cm/sec$

③ $6.0 \times 10^{-4}cm/sec$

④ $6.93 \times 10^{-4}cm/sec$

> **해설**
> $k = \sqrt{k_h \cdot k_v} = \sqrt{(4 \times 10^{-4}) \times (3 \times 10^{-4})}$
> $\quad = 3.46 \times 10^{-4}cm/sec$

**13** 직접전단시험을 한 결과 수직응력이 $12kg/cm^2$일 때 전단저항이 $5kg/cm^2$, 또 수직응력이 $24kg/cm^2$일 때 전단저항이 $7kg/cm^2$이었다. 수직응력이 $30kg/cm^2$일 때의 전단저항은 약 얼마인가?

① $6kg/cm^2$      ② $8kg/cm^2$

③ $10kg/cm^2$      ④ $12kg/cm^2$

> **해설**
> $S(\tau_f) = c + \sigma' \tan\phi = c + (\sigma - u)\tan\phi$
> 먼저 $c$와 $\phi$를 구하면
> $\quad \begin{vmatrix} 5 = c + 12\tan\phi \\ 7 = c + 24\tan\phi \end{vmatrix}$
> $\quad\quad -2 = -12\tan\phi$
> $\quad \therefore \tan\phi = \dfrac{1}{6}$, $c = 3kg/cm^2$
> $\therefore S(\tau_f) = c + (\sigma - u)\tan\phi$
> $\quad\quad = 3 + (30 - 0) \times \dfrac{1}{6} = 8kg/cm^2$

**14** 크기가 $1m \times 2m$인 기초에 $10t/m^2$의 등분포하중이 작용할 때 기초 아래 4m인 점의 압력 증가는 얼마인가?(단, $2 : 1$ 분포법을 이용한다.)

① $0.67t/m^2$      ② $0.33t/m^2$

③ $0.22t/m^2$      ④ $0.11t/m^2$

> **해설**
> $\Delta\sigma_Z = \dfrac{qBL}{(B+Z)(L+Z)}$
> $\quad = \dfrac{10 \times 1 \times 2}{(1+4)(2+4)}$
> $\quad = 0.67kg/cm^2$

**15** 두께 5m의 점토층을 90% 압밀하는 데 50일이 걸렸다. 같은 조건하에서 10m의 점토층을 90% 압밀하는 데 걸리는 시간은?

① 100일      ② 160일
③ 200일      ④ 240일

**해설**

• 압밀시간과 압밀층 두께의 관계

$$t_1 : t_2 = H_1^2 : H_2^2$$

$$\therefore \ t_2 = \left(\frac{H_2}{H_1}\right)^2 \times t_1 = \left(\frac{10}{5}\right)^2 \times 50 = 200일$$

**16** 흙의 내부 마찰각($\phi$)은 20°, 점착력($c$)이 2.4 t/m²이고, 단위중량($\gamma_t$)은 1.93t/m³인 사면의 경사각이 45°일 때 임계높이는 약 얼마인가?(단, 안정수 $m = 0.06$)

① 15m      ② 18m
③ 21m      ④ 24m

**해설**

$$한계고, 임계높이(H_c) = \frac{N_s \, c}{\gamma_t} = \frac{16.67 \times 2.4}{1.93} = 21m$$

$$\left(안정계수(N_s) = \frac{1}{안정수} = \frac{1}{0.06} = 16.67\right)$$

**17** 다음 현장시험 중 Sounding의 종류가 아닌 것은?

① Vane 시험      ② 표준관입시험
③ 동적 원추관입시험      ④ 평판재하시험

**해설**

사운딩(Sounding)
㉠ 정적 사운딩
 • 콘 관입시험
 • 이스키 메타
 • 베인 전단시험
㉡ 동적 사운딩
 • 동적 원추관입시험
 • 표준관입시험(SPT)

**18** Paper drain 설계 시 Drain paper의 폭이 10cm, 두께가 0.3cm일 때 Drain paper의 등치환산원의 직경이 얼마이면 Sand Drain과 동등한 값으로 볼 수 있는가?(단, 형상계수 : 0.75)

① 5cm      ② 8cm
③ 10cm      ④ 15cm

**해설**

$$D = \alpha \frac{2(A+B)}{\pi} = 0.75 \times \frac{2(10+0.3)}{\pi} = 5cm$$

**19** 흙의 연경도(Consistency)에 관한 설명으로 틀린 것은?

① 소성지수는 점성이 클수록 크다.
② 터프니스 지수는 Colloid가 많은 흙일수록 값이 작다.
③ 액성한계시험에서 얻어지는 유동곡선의 기울기를 유동지수라 한다.
④ 액성지수와 컨시스턴시 지수는 흙지반의 무르고 단단한 상태를 판정하는 데 이용된다.

**해설**

터프니스 지수가 클수록 점토 함유율, 활성도가 크고 콜로이드가 많은 흙이다.

**20** 암질을 나타내는 항목과 직접 관계가 없는 것은?

① N치      ② RQD값
③ 탄성파 속도      ④ 균열의 간격

**해설**

암질의 평가 항목
㉠ 암질지수(RQD)
㉡ 균열 간격
㉢ 탄성파 속도
㉣ 암석의 일축 압축강도
㉤ 불연속면의 상태

---

**정답**    15 ③    16 ③    17 ④    18 ①    19 ②    20 ①

**01** 흙의 분류 중에서 유기질이 가장 많은 흙은?

① CH      ② CL
③ MH      ④ Pt

**해설**
이탄(Pt)은 유기질이 가장 많다.

**02** 어떤 점토시료의 압밀시험에서 시료의 두께가 20cm라고 할 때, 압밀도 50%에 도달할 때까지의 시간을 구하면?(단, 시료의 압밀계수는 $2.3 \times 10^{-3} \text{cm}^2/\text{sec}$ 이고, 양면배수조건이다.)

① 10.24시간      ② 5.12시간
③ 2.38시간      ④ 1.19시간

**해설**
$$t_{50} = \frac{T_v H^2}{C_v} = \frac{0.197 \times \left(\frac{20}{2}\right)^2}{2.3 \times 10^{-3}} = 8565.22초/60 \times 60 \times 24$$
$$= 2.38시간$$

**03** 표준관입시험(SPT) 결과 N치가 25이었고, 그 때 채취한 교란시료로 입도시험을 한 결과 입자가 모나고, 입도분포가 불량할 때 Dunham 공식에 의해서 구한 내부 마찰각은?

① 약 32°      ② 약 37°
③ 약 40°      ④ 약 42°

**해설**
$$\phi = \sqrt{12N} + 20 \text{(토립자가 모나고 입도가 불량)}$$
$$= \sqrt{12 \times 25} + 20 = 37°$$

**04** 사면안정 해석방법 중 절편법에 대한 설명으로 옳지 않은 것은?

① 절편의 바닥면은 직선이라고 가정한다.
② 일반적으로 예상 활동 파괴면을 원호라고 가정한다.
③ 흙 속에 간극수압이 존재하는 경우에도 적용이 가능하다.

④ 지층이 여러 개의 층으로 구성되어 있는 경우 적용이 불가능하다.

**해설**
절편법은 지층이 여러 개의 층(이질토층)인 경우 적용한다.

**05** 아래 그림과 같은 지반의 점토 중앙 단면에 작용하는 유효응력은?

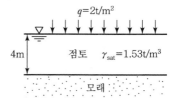

① $3.06\text{t/m}^2$      ② $3.27\text{t/m}^2$
③ $3.53\text{t/m}^2$      ④ $3.71\text{t/m}^2$

**해설**
$$\sigma' = (\gamma_{sat} - 1) \times \left(\frac{H}{2}\right) + q$$
$$= (1.53 - 1) \times \left(\frac{4}{2}\right) + 2 = 3.06\text{t/m}^2$$

**06** 연약지반 개량공법 중에서 일시적인 공법에 속하는 것은?

① Sand drain 공법      ② 치환공법
③ 약액주입공법      ④ 동결공법

**해설**
일시적 지반개량공법(연약지반)
㉠ Well Point 공법
㉡ 동결공법
㉢ 대기압공법(진공압밀공법)

**07** 다음 토질시험 중 도로의 포장 두께를 정하는 데 많이 사용되는 것은?

① 표준관입시험      ② CBR 시험
③ 다짐시험      ④ 삼축압축시험

**정답**    01 ④   02 ③   03 ②   04 ④   05 ①   06 ④   07 ②

**해설**

㉠ 아스팔트 포장두께 결정 : CBR 시험
㉡ 콘크리트 포장두께 결정 : PBT 시험

## 08 건조밀도가 $1.55g/cm^3$, 비중이 $2.65$인 흙의 간극비는?

① 0.59  　　　　　② 0.64
③ 0.71  　　　　　④ 0.78

**해설**

$$\gamma_d = \frac{G_s \gamma_w}{1+e}, \ \therefore e = \frac{\gamma_w}{\gamma_d} G_s - 1 = \left(\frac{1}{1.55} \times 2.65\right) - 1 = 0.71$$

## 09 예민비가 큰 점토란 다음 중 어떠한 것을 의미하는가?

① 점토를 교란시켰을 때 수출비가 큰 시료
② 점토를 교란시켰을 때 수출비가 적은 시료
③ 점토를 교란시켰을 때 강도가 증가하는 시료
④ 점토를 교란시켰을 때 강도가 많이 감소하는 시료

**해설**

예민비가 큰 점토는 교란시켰을 때 강도가 많이 감소한다.

## 10 흙 속의 물이 얼어서 빙층(Ice lens)이 형성되기 때문에 지표면이 떠오르는 현상은?

① 연화현상  　　　　② 동상현상
③ 분사현상  　　　　④ 다이러턴시(Dilatancy)

**해설**

동상현상
㉠ 흙속의 물이 얼어서 빙층(Ice Lens)이 형성되기 때문에 지표면이 떠오르는 현상
㉡ 하층으로부터 물의 공급이 충분할 때 잘 일어난다.
㉢ 동상작용을 받으면 흙 입자의 팽창으로 수분이 증가되어 함수비도 증가된다.

## 11 흙의 단위 무게가 $1.60t/m^3$, 점착력 $0.32kg/cm^2$, 내부 마찰각 30°일 때 이 토층을 연직으로 절취할 수 있는 깊이는?

① 13.86m  　　　　② 12.54m
③ 10.32m  　　　　④ 9.76m

**해설**

$$한계고(H_c) = 2Z_c = 2 \times \frac{2c}{\gamma_t} \tan\left(45° + \frac{\phi}{2}\right)$$
$$= 2 \times \frac{2 \times 3.2}{1.6} \tan\left(45° + \frac{30}{2}\right) = 13.86m$$

## 12 $3.0 \times 3.6m$인 직사각형 기초의 저면에 $0.8m$ 및 $1.0m$ 간격으로 지름 30cm, 길이 12m인 말뚝 9개를 무리말뚝으로 배치하였다. 말뚝 1개의 허용지지력을 25ton으로 보았을 때 무리말뚝 전체의 허용지지력을 구하면?(단, 무리말뚝의 효율($E$)은 $0.543$이다.)

① 122.2ton  　　　② 146.6ton
③ 184ton  　　　　④ 225ton

**해설**

무리말뚝(군항)의 허용지지력($R_{ag}$)
$$R_{ag} = R_a \cdot N \cdot E = 25 \times 9 \times 0.543 ≒ 122.2ton$$

## 13 채취된 시료의 교란 정도는 면적비를 계산하여 통상 면적비가 몇 % 이하이면 잉여토의 혼입이 불가능한 것으로 보고 불교란 시료로 간주하는가?

① 5%  　　　　　② 7%
③ 10%  　　　　　④ 15%

**해설**

면적비($A_R$) 판정 조건
㉠ 불교란 시료로 간주 : $A_R \leq 10\%$
㉡ 교란 시료로 간주 : $A_R > 10\%$

**정답**　　08 ③　　09 ④　　10 ②　　11 ①　　12 ①　　13 ③

**14** 건조한 흙의 직접 전단시험 결과 수직응력이 4kg/cm²일 때 전단저항은 3kg/cm²이고 점착력은 0.5kg/cm²이었다. 이 흙의 내부 마찰각은?

① 30.2°  　　　　② 32°
③ 36.8°  　　　　④ 41.2°

> **[해설]**
> $S(\tau_f) = c + \sigma' \cdot \tan\phi$
> $3 = 0.5 + 4\tan\phi$
> $\therefore \ \tan\phi = \dfrac{2.5}{4}, \quad \phi = \tan^{-1}\left(\dfrac{2.5}{4}\right) = 32°$

**15** 다음 중 흙의 전단강도를 감소시키는 요인이 아닌 것은?

① 간극수압의 증가
② 수분 증가에 의한 점토의 팽창
③ 수축·팽창 등으로 인하여 생긴 미세한 균열
④ 함수비 감소에 따른 흙의 단위중량 감소

> **[해설]**
> 전단 강도를 감소시키는 요인
> • 간극수압의 증가
> • 흙다짐 불량, 동결융해
> • 수분 증가에 따른 점토의 팽창
> • 수축, 팽창, 인장에 의한 미세균열

**16** 비중이 2.50, 함수비 40%인 어떤 포화토의 한계동수경사를 구하면?

① 0.75  　　　　② 0.55
③ 0.50  　　　　④ 0.10

> **[해설]**
> 한계동수경사$(i_c) = \dfrac{G_s - 1}{1 + e} = \dfrac{2.5 - 1}{1 + 1} = 0.75$
> $\left(G_s\,\omega = S\,e \quad \therefore \ e = \dfrac{G_s\,\omega}{S} = \dfrac{2.50 \times 0.4}{1} = 1\right)$

**17** 흙을 다질 때 그 효과에 대한 설명으로 틀린 것은?

① 흙의 역학적 강도와 지지력이 증가한다.
② 압축성이 작아진다.
③ 흡수성이 증가한다.
④ 투수성이 감소한다.

> **[해설]**
> 다짐효과
> ㉠ 투수성의 저하
> ㉡ 압축성의 감소
> ㉢ 흡수성 감소
> ㉣ 전단강도의 증가 및 지지력의 증대
> ㉤ 부착력 및 밀도 증가

**18** 어떤 모래층에서 수두가 3m일 때 한계동수경사가 1.0이었다. 모래층의 두께가 최소 얼마를 초과하면 분사현상이 일어나지 않겠는가?

① 1.5m  　　　　② 3.0m
③ 4.5m  　　　　④ 6.0m

> **[해설]**
> • 분사현상이 일어나지 않을 경우
> $i \geq i_c$
> $\dfrac{h}{L} \geq i_c, \quad \therefore \ L \geq \dfrac{h}{i_c} = \dfrac{3}{1} = 3$

**19** 점성토지반의 성토 및 굴착 시 발생하는 Heaving의 방지대책으로 틀린 것은?

① 지반 개량을 한다.
② 표토를 제거하여 하중을 적게 한다.
③ 널말뚝의 근입장을 짧게 한다.
④ Trench Cut 및 부분 굴착을 한다.

> **[해설]**
> Heaving 방지대책
> ㉠ 흙막이 근입 깊이를 깊게 한다.
> ㉡ 표토를 제거(하중을 줄임)한다.
> ㉢ 굴착면에 하중을 증가시킨다.
> ㉣ 부분굴착(Trench Cut)을 한다.
> ㉤ 지반 개량(양질의 재료)을 한다.

**정답**　14 ②　15 ④　16 ①　17 ③　18 ②　19 ③

**20** Sand Drain 공법의 주된 목적은?

① 압밀침하를 촉진시키는 것이다.
② 투수계수를 감소시키는 것이다.
③ 간극수압을 증가시키는 것이다.
④ 지하수위를 상승시키는 것이다.

 해설

샌드 드레인(Sand Drain) 공법의 목적
점성토층의 배수거리를 짧게 하여 압밀침하를 촉진

---

**01** 어떤 흙의 습윤 단위중량이 $2.0t/m^3$, 함수비 20%, 비중 $G_s = 2.7$인 경우 포화도는 얼마인가?

① 84.1%  
② 87.1%  
③ 95.6%  
④ 98.5%

[해설]

$$S = \frac{G_s \cdot \omega}{e} \quad (G_s \cdot \omega = S \cdot e)$$

$$\gamma_d = \frac{G_s \cdot \gamma_w}{1+e}, \quad \therefore e = \frac{G_s \cdot \gamma_w}{\gamma_d} - 1 = \frac{2.7 \times 1}{1.67} - 1$$

$$= 0.62 t/m^2$$

$$\left( \gamma_d = \frac{\gamma_t}{1+\omega} = \frac{2.0}{1+0.2} = 1.67 t/m^3 \right)$$

$$\therefore S = \frac{G_s \cdot \omega}{e} = \frac{2.7 \times 0.2}{0.62} = 0.871 = 87.1\%$$

**02** 아래 그림과 같은 무한 사면이 있다. 흙과 암반의 경계면에서 흙의 강도정수 $c = 1.8 t/m^2$, $\phi = 25°$이고, 흙의 단위중량 $\gamma = 1.9 t/m^3$인 경우 경계면에서 활동에 대한 안전율을 구하면?

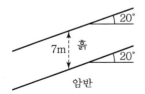

① 1.55  
② 1.60  
③ 1.65  
④ 1.70

[해설]

$$F_s = \frac{c}{\gamma z \sin i \cos i} + \frac{\tan\phi}{\tan i}$$

$$= \frac{1.8}{1.9 \times 7 \times \sin 20° \times \cos 20°} + \frac{\tan 25°}{\tan 20°} = 1.7$$

**03** 말뚝기초의 지반거동에 관한 설명으로 틀린 것은?

① 연약지반 상에 타입되어 지반이 먼저 변형하고 그 결과 말뚝이 저항하는 말뚝을 주동말뚝이라 한다.
② 말뚝에 작용한 하중은 말뚝 주변의 마찰력과 말뚝선단의 지지력에 의하여 주변 지반에 전달된다.

③ 기성말뚝을 타입하면 전단파괴를 일으키며 말뚝 주위의 지반은 교란된다.
④ 말뚝 타입 후 지지력의 증가 또는 감소 현상을 시간효과(Time effect)라 한다.

[해설]

- 주동말뚝 : 말뚝이 변형함에 따라 지반이 저항
- 수동말뚝 : 지반이 먼저 변형하고 그 결과 말뚝이 저항

**04** 지반 내 응력에 대한 다음 설명 중 틀린 것은?

① 전응력이 커지는 크기만큼 간극수압이 커지면 유효응력은 변화가 없다.
② 정지토압계수 $K_0$는 1보다 클 수 없다.
③ 지표면에 가해진 하중에 의해 지중에 발생하는 연직응력의 증가량은 깊이가 깊어지면서 감소한다.
④ 유효응력이 전응력보다 클 수도 있다.

[해설]

㉠ $\sigma' = \sigma(\uparrow) - u(\uparrow)$
㉡ $K_0$(사질토) $< 1$, $K_0$(과압밀 점토) $> 1$
  $\therefore K_0$는 과압밀 점토에서는 1보다 크다.
㉢ $\Delta\sigma_Z = \frac{Q}{Z^2} I_\sigma \left( \Delta\sigma_Z \propto \frac{1}{Z^2} \right)$
㉣ 모세관 현상 시
  $\sigma' > \sigma$

**05** 흐트러지지 않은 연약한 점토시료를 재취하여 일축압축시험을 실시하였다. 공시체의 직경이 35mm, 높이가 100mm이고 파괴 시의 하중계의 읽음값이 2kg, 축방향의 변형량이 12mm일 때 이 시료의 전단강도는?

① $0.04 kg/cm^2$  
② $0.06 kg/cm^2$  
③ $0.09 kg/cm^2$  
④ $0.12 kg/cm^2$

[해설]

전단강도$(S) = c + \sigma' \tan\phi (\phi = 0) = c = \dfrac{q_u}{2}$

- 파괴 시 압축강도$(\sigma)$ = 일축압축강도$(q_u)$

**정답** 01 ②  02 ④  03 ①  04 ②  05 ③

$$\sigma(q_u) = \frac{P}{A_0} = \frac{P}{\dfrac{A}{1-\varepsilon}} = \frac{P}{\dfrac{A}{1-\dfrac{\Delta L}{L}}} = \frac{2}{\dfrac{\pi \cdot 3.5^2}{4}}{1-\dfrac{1.2}{10}} = 0.18 \text{kg/cm}^2$$

$$\therefore S = c = \frac{q_u}{2} = \frac{0.18}{2} = 0.09 \text{kg/cm}^2$$

## 06 다음의 연약지반 개량공법에서 일시적인 개량공법은?

① Well Point 공법
② 치환공법
③ Paper Drain 공법
④ Sand Compaction Pile 공법

**해설**

일시적 개량공법
㉠ 동결공법
㉡ 대기압공법(진공압밀공법)
㉢ Well Point 공법

## 07 흐트러지지 않은 시료를 이용하여 액성한계 40%, 소성한계 22.3%를 얻었다. 정규압밀점토의 압축지수($C_c$) 값을 Terzaghi와 Peck이 발표한 경험식에 의해 구하면?

① 0.25
② 0.27
③ 0.30
④ 0.35

**해설**

불교란 시료($C_c$)
$$C_c = 0.009(W_L - 10) = 0.009(40 - 10) = 0.27$$

## 08 간극비 $e_1 = 0.80$인 어떤 모래의 투수계수 $k_1 = 8.5 \times 10^{-2}$cm/sec일 때 이 모래를 다져서 간극비를 $e_2 = 0.57$로 하면 투수계수 $k_2$는?

① $8.5 \times 10^{-3}$cm/sec
② $3.5 \times 10^{-2}$cm/sec
③ $8.1 \times 10^{-2}$cm/sec
④ $4.1 \times 10^{-1}$cm/sec

**해설**

$$k_1 : k_2 = \frac{e_1{}^3}{1+e_1} : \frac{e_2{}^3}{1+e_2}$$

$$8.5 \times 10^{-2} : k_2 = \frac{0.80^3}{1+0.80} : \frac{0.57^3}{1+0.57}$$

$$\therefore k_2 = 3.5 \times 10^{-2} \text{cm/sec}$$

## 09 흙막이 벽체의 지지 없이 굴착 가능한 한계굴착깊이에 대한 설명으로 옳지 않은 것은?

① 흙의 내부마찰각이 증가할수록 한계굴착깊이는 증가한다.
② 흙의 단위중량이 증가할수록 한계굴착깊이는 증가한다.
③ 흙의 점착력이 증가할수록 한계굴착깊이는 증가한다.
④ 인장응력이 발생되는 깊이를 인장균열깊이라고 하며, 보통 한계굴착깊이는 인장균열깊이의 2배 정도이다.

**해설**

• 한계굴착깊이($H_c$) $= 2 Z_c = \dfrac{4c}{\gamma} \tan\left(45 + \dfrac{\phi}{2}\right)$

• $H_c \propto \dfrac{1}{\gamma}$

## 10 중심 간격이 2.0m, 지름이 40cm인 말뚝을 가로 4개, 세로 5개씩 전체 20개를 박았다. 말뚝 한 개의 허용지지력이 15ton이라면 이 군항의 허용지지력은 약 얼마인가?(단, 군말뚝의 효율은 Converse−Labarre 공식을 사용)

① 450.0t
② 300.0t
③ 241.5t
④ 114.5t

**해설**

군항의 허용 지지력($R_{ag}$) $= E \cdot R_a \cdot N$

㉠ $\theta° = \tan^{-1}\left(\dfrac{d}{S}\right) = \tan^{-1}\left(\dfrac{40}{200}\right) = 11.3°$

㉡ 효율($E$) $= 1 - \theta°\left[\dfrac{(m-1)n + (n-1)m}{90mn}\right]$

$= 1 - 11.3°\left[\dfrac{(5-1)4 + (4-1)5}{90 \times 5 \times 4}\right] = 0.805$

$\therefore R_{ag} = E \cdot R_a \cdot N = 0.805 \times 15 \times (4 \times 5) = 241.5t$

**정답**   06 ①   07 ②   08 ②   09 ②   10 ③

**11** 연속 기초에 대한 Terzaghi의 극한 지지력 공식은 $q_u = c \cdot N_c + 0.5 \cdot \gamma_1 \cdot B \cdot N_\gamma + \gamma_2 \cdot D_f \cdot N_q$로 나타낼 수 있다. 아래 그림과 같은 경우 극한 지지력 공식의 두 번째 항의 단위중량 $\gamma_1$의 값은?

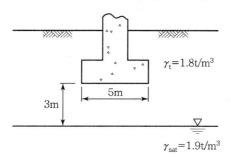

① $1.44 \text{t/m}^3$  ② $1.60 \text{t/m}^3$
③ $1.74 \text{t/m}^3$  ④ $1.82 \text{t/m}^3$

해설

$\gamma_1 \cdot B = \gamma_t \cdot d + \gamma_{sub}(B-d)$

$\gamma_1 = \dfrac{\gamma + d + \gamma_{sub}(B-d)}{B}$

$\quad = \dfrac{1.8 \times 3 + (1.9-1)(5-2)}{5}$

$\quad = 1.44 \text{t/m}^3$

**12** 흙의 다짐에 관한 설명 중 옳지 않은 것은?

① 조립토는 세립토보다 최적함수비가 작다.
② 최대 건조단위중량이 큰 흙일수록 최적 함수비는 작은 것이 보통이다.
③ 점성토 지반을 다질 때는 진동 롤러로 다지는 것이 유리하다.
④ 일반적으로 다짐 에너지를 크게 할수록 최대 건조단위중량은 커지고 최적함수비는 줄어든다.

해설

사질토 지반을 다질 때는 진동 롤러로 다지는 것이 유리하다.

**13** 표준관입시험에 관한 설명 중 옳지 않은 것은?

① 표준관입시험의 N값으로 모래지반의 상대밀도를 추정할 수 있다.
② N값으로 점토지반의 연경도에 관한 추정이 가능하다.
③ 지층의 변화를 판단할 수 있는 시료를 얻을 수 있다.
④ 모래지반에 대해서도 흐트러지지 않은 시료를 얻을 수 있다.

해설

모래지반에 대해서는 흐트러진 시료를 얻을 수 있다.

**14** 유선망은 이론상 정사각형으로 이루어진다. 동수경사가 가장 큰 곳은?

① 어느 곳이나 동일함
② 땅속 가장 깊은 곳
③ 정사각형이 가장 큰 곳
④ 정사각형이 가장 작은 곳

해설

동수경사$(i) = \dfrac{\Delta h}{L}$, $i \propto \dfrac{1}{L(\text{폭})}$

∴ 동수경사$(i)$는 $L(\text{폭})$에 반비례

**15** 아래 그림과 같은 점성토 지반의 토질시험결과 내부마찰각($\phi$)은 30°, 점착력($c$)은 $1.5\text{t/m}^2$일 때 $A$점의 전단강도는?

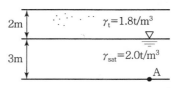

① $3.84 \text{t/m}^2$  ② $4.27 \text{t/m}^2$
③ $4.83 \text{t/m}^2$  ④ $5.31 \text{t/m}^2$

해설

$S(\tau_f) = c + \sigma' \tan\phi = 1.5 + 6.6 \tan 30° = 5.31 \text{t/m}^2$
$[\sigma' = (1.8 \times 2) + (1 \times 3) = 6.6]$

**16** 침투유량($q$) 및 $B$점에서의 간극수압($u_B$)을 구한 값으로 옳은 것은?(단, 투수층의 투수계수는 $3 \times 10^{-1}$cm/sec이다.)

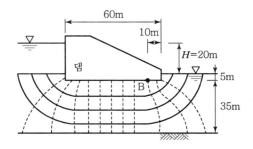

① $q = 100$cm$^3$/sec/cm, $u_B = 0.5$kg/cm$^2$

② $q = 100$cm$^3$/sec/cm, $u_B = 1.0$kg/cm$^2$

③ $q = 200$cm$^3$/sec/cm, $u_B = 0.5$kg/cm$^2$

④ $q = 200$cm$^3$/sec/cm, $u_B = 1.0$kg/cm$^2$

**[해설]**

㉠ 침투유량($q$)

$$q = K \cdot H \cdot \frac{N_f}{N_d} = (3 \times 10^{-1})(20 \times 100)\left(\frac{4}{12}\right)$$
$$= 200 \text{cm}^3/\text{sec/cm}$$

㉡ 간극수압($u_B$)

$$u_B = \gamma_w z_B + \left(\frac{\Delta h}{L} \gamma_w z\right) = (1 \times 5) + \left(\frac{20}{12} \times 1 \times 3\right)$$
$$= 10 \text{t/m}^2 = 1 \text{kg/cm}^2$$

**17** 베인전단시험(Vane Shear Test)에 대한 설명으로 옳지 않은 것은?

① 베인전단시험으로부터 흙의 내부마찰각을 측정할 수 있다.

② 현장 원위치 시험의 일종으로 점토의 비배수전단강도를 구할 수 있다.

③ 십자형의 베인(Vane)을 땅속에 압입한 후, 회전모멘트를 가해서 흙이 원통형으로 전단파괴될 때 저항모멘트를 구함으로써 비배수 전단강도를 측정하게 된다.

④ 연약점토지반에 적용된다.

**[해설]**

베인시험

㉠ $c_u = \dfrac{M_{\max}}{\pi D^2 \left(\dfrac{H}{2} + \dfrac{D}{6}\right)}$

㉡ 점착력($c$), 비배수 전단강도($c_u$)를 측정할 수 있다.

**18** 정규압밀점토에 대하여 구속응력 1kg/cm$^2$로 압밀배수시험한 결과 파괴 시 축차응력이 2kg/cm$^2$이었다. 이 흙의 내부마찰각은?

① $20°$

② $25°$

③ $30°$

④ $40°$

**[해설]**

$$\sin\phi = \frac{\sigma_1 - \sigma_3}{\sigma_1 + \sigma_3},$$

$$\phi = \sin^{-1}\left(\frac{\sigma_1 - \sigma_3}{\sigma_1 + \sigma_3}\right) = \sin^{-1}\left(\frac{3-1}{3+1}\right)$$

$$= \sin^{-1}\left(\frac{2}{4}\right) = 30°$$

($\sigma_3 = 1$이고 $\sigma_1 - \sigma_3 = 2$이면 $\sigma_1 = 3$)

**19** 사질토 지반에서 직경 30cm의 평판재하시험 결과 30t/m$^2$의 압력이 작용할 때 침하량이 10mm라면, 직경 1.5m의 실제 기초에 30t/m$^2$의 하중이 작용할 때 침하량의 크기는?

① $14$mm

② $25$mm

③ $28$mm

④ $35$mm

**[해설]**

$$S_{(기초)} = S_{(재하판)} \cdot \left(\frac{2B_{기초}}{B_{기초} + B_{재하판}}\right)^2$$

$$= 0.01 \times \left(\frac{2 \times 1.5}{1.5 + 0.3}\right)^2$$

$$= 0.028 \text{m}$$

$$= 28 \text{mm}$$

## 20 아래의 표와 같은 조건에서 군지수는?

- 흙의 액성한계 : 49%
- 흙의 소성지수 : 25%
- 10번 체 통과율 : 96%
- 40번 체 통과율 : 89%
- 200번 체 통과율 : 70%

① 9　　　　　　　　② 12
③ 15　　　　　　　　④ 18

해설 ┆

군지수$(GI) = 0.2a + 0.005ac + 0.01bd$

㉠ $a = P_{\#\,200} - 35 = 70 - 35 = 35\,(0 \le a \le 40)$
㉡ $b = P_{\#\,200} - 15 = 70 - 15 = 55 = 40\,(0 \le b \le 40)$
㉢ $c = W_L - 40 = 49 - 40 = 9\,(0 \le c \le 20)$
㉣ $d = I_p - 10 = 25 - 10 = 15\,(0 \le d \le 20)$
∴ $GI = (0.2 \times 35) + (0.005 \times 35 \times 9) + (0.01 \times 40 \times 15)$
$= 14.575 = 15$

정답　20 ③

## 01 흙의 분류방법 중 통일분류법에 대한 설명으로 틀린 것은?

① #200(0.075mm) 체 통과율이 50%보다 작으면 조립토이다.
② 조립토 중 #4(4.75mm) 체 통과율이 50%보다 작으면 자갈이다.
③ 세립토에서 압축성의 높고 낮음을 분류할 때 사용하는 기준은 액성한계 35%이다.
④ 세립토를 여러 가지로 세분하는 데는 액성한계와 소성지수의 관계 및 범위를 나타내는 소성도표가 사용된다.

해설

압축성의 높고 낮음을 분류할 때 사용하는 기준은 액성한계 50%이다.
• 압축성이 낮음(L) : $W_L \leq 50\%$
• 압축성이 높음(H) : $W_L \geq 50\%$

## 02 접지압의 분포가 기초의 중앙부분에 최대응력이 발생하는 기초형식과 지반은 어느 것인가?

① 연성기초, 점성지반
② 연성기초, 사질지반
③ 강성기초, 점성지반
④ 강성기초, 사질지반

해설

강성기초의 접지압

| 점토지반 | 모래지반 |
|---|---|
| 강성기초 접지압 | 강성기초 접지압 |
| 기초 모서리에서 최대응력 발생 | 기초 중앙부에서 최대응력 발생 |

## 03 흙댐에서 상류 측이 가장 위험하게 되는 경우는?

① 수위가 점차 상승할 때이다.
② 댐이 수위가 중간 정도 되었을 때이다.
③ 수위가 갑자기 내려갔을 때이다.
④ 댐 내의 흐름이 정상 침투일 때이다.

해설

| 상류 측 (댐) 사면이 가장 위험할 때 | 하류 측 사면이 가장 위험할 때 |
|---|---|
| ① 시공 직후 | ① 만수위 시 |
| ② 만수된 수위가 급강하 시 | ② 제체 내의 흐름이 정상 침투 시 |

## 04 다음 중 흙의 투수계수에 영향을 미치는 요소가 아닌 것은?

① 흙의 입경
② 침투액의 점성
③ 흙의 포화도
④ 흙의 비중

해설

투수계수$(k) = D_s^2 \cdot \dfrac{\gamma_w}{\mu} \cdot \dfrac{e^3}{1+e} \cdot C$

**투수계수$(k)$와 영향요소의 관계**
㉠ 공극비$(e)$가 클수록 $k$는 증가
㉡ 밀도가 클수록 $k$는 증가
㉢ 점성계수가 클수록 $k$는 감소
㉣ 투수계수는 모래가 점토보다 큼
㉤ $k$는 토립자 비중과 무관함
㉥ 포화도가 클수록 $k$는 증가

## 05 연약점토지반에 말뚝재하시험을 하는 경우 말뚝을 타입한 후 20여 일이 지난 다음 재하시험을 하는 이유는?

① 말뚝 주위 흙이 압축되었기 때문
② 주면 마찰력이 작용하기 때문
③ 부마찰력이 생겼기 때문
④ 타입 시 말뚝 주변의 흙이 교란되었기 때문

해설

말뚝재하시험을 하는 경우 말뚝을 타입하면 말뚝 주변의 흙이 교란되었기 때문에 20여 일이 지난 다음 재하시험을 한다.

## 06 점토의 예민비(Sensitivity Ratio)를 구하는 데 사용되는 시험방법은?

① 일축압축시험
② 삼축압축시험
③ 직접전단시험
④ 베인전단시험

---

정답  01 ③  02 ④  03 ③  04 ④  05 ④  06 ①

**해설**

- 예민비$(S_t) = \dfrac{q_u \text{(불교란 시료의 일축압축강도)}}{q_{ur} \text{(교란 시료의 일축압축강도)}}$
- 일축압축강도$(q_u)$로 예민비를 구한다.

**07** 점토지반에 과거에 시공된 성토제방이 이미 안정된 상태에서, 홍수에 대비하기 위해 급속히 성토 시공을 하고자 한다. 안정성 검토를 위해 지반의 강도정수를 구할 때, 가장 적합한 시험방법은?

① 직접전단시험　　② 압밀 배수시험
③ 압밀 비배수시험　④ 비압밀 비배수시험

**해설**

압밀 비배수시험(CU 시험)
㉠ Pre−loading(압밀진행) 후 갑자기 파괴 예상 시
㉡ 제방, 흙댐에서 수위가 급강 시 안정 검토
㉢ 점토지반이 성토하중에 의해 압밀 후 급속히 파괴 예상 시

**08** 다음 중 직접기초에 속하는 것은?

① 푸팅 기초　　② 말뚝기초
③ 피어 기초　　④ 케이슨 기초

**해설**

기초
㉠ 얕은(직접) 기초(Footing 기초, Mat 기초)
㉡ 깊은 기초(말뚝기초, 피어 기초, 케이슨 기초)

**09** 4m×6m 크기의 직사각형 기초에 10t/m²의 등분포 하중이 작용할 때 기초 아래 5m 깊이에서의 지중응력 증가량을 2 : 1 분포법으로 구한 값은?

① 1.42t/m²　　② 1.82t/m²
③ 2.42t/m²　　④ 2.82t/m²

**해설**

$$\Delta \sigma_Z = \frac{q \cdot B \cdot L}{(B+Z)(L+Z)} = \frac{10 \times 4 \times 6}{(4+5)(6+5)} = 2.42\text{t/m}^2$$

**10** 비중이 2.65, 간극률이 40%인 모래지반의 한계동수경사는?

① 0.99　　② 1.18
③ 1.59　　④ 1.89

**해설**

$$\text{한계동수경사}(i_{cr}) = \frac{G_s - 1}{1 + e} = \frac{2.65 - 1}{1 + 0.67} = 0.99$$

$$\left(e = \frac{n}{1-n} = \frac{0.4}{1-0.4} = 0.67\right)$$

**11** 그림과 같은 옹벽에 작용하는 전체 주동토압을 구하면?

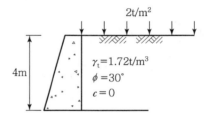

① 8.15t/m　　② 7.25t/m
③ 6.55t/m　　④ 5.72t/m

**해설**

$$P_a = qHK_a + \gamma H^2 K_a \frac{1}{2}$$

$$= 2 \times 4 \times 0.333 + 1.72 \times 4^2 \times 0.333 \times \frac{1}{2} = 7.25\text{t/m}$$

$$\left[K_a = \tan^2\left(45 - \frac{\phi}{2}\right) = \tan^2\left(45 - \frac{30}{2}\right) = 0.333\right]$$

**12** 실내다짐시험 결과 최대건조 단위무게가 1.56 t/m³이고, 다짐도가 95%일 때 현장건조 단위무게는 얼마인가?

① 1.36t/m³　　② 1.48t/m³
③ 1.60t/m³　　④ 1.64t/m³

---

**정답**　07 ③　08 ①　09 ③　10 ①　11 ②　12 ②

해설

• 다짐도$(RC) = \dfrac{\gamma_d}{\gamma_{d\,max}} \times 100$

$95 = \dfrac{\gamma_d}{1.56} \times 100$

$\therefore \gamma_d = 1.48 \text{t/m}^2$

**13** 모래 지반에 30cm×30cm 크기로 재하시험을 한 결과 20t/m²의 극한 지지력을 얻었다. 3m×3m 의 기초를 설치할 때 기대되는 극한 지지력은?

① 100t/m²
② 200t/m²
③ 150t/m²
④ 300t/m²

해설

• 모래지반에서 지지력은 재하판 폭에 비례

• $q_{u(기초)} = q_{u(재하판)} \times \dfrac{B_{(기초)}}{B_{(재하판)}}$

$= 20 \times \dfrac{3}{0.3} = 200 \text{t/m}^2$

**14** 양면배수 조건일 때 일정한 양의 압밀침하가 발생하는 데 10년이 걸린다면 일면배수 조건일 때는 같은 침하가 발생되는 데 몇 년이나 걸리겠는가?

① 5년
② 10년
③ 30년
④ 40년

해설

• 압밀시간과 압밀층 두께의 관계 $\left( t = \dfrac{T_v \cdot H^2}{C_v} \right)$

• $t_1 : t_2 = H_1^2 : H_2^2$

$10 : t_2 = \left( \dfrac{H}{2} \right)^2 : H^2$

$\therefore t_2 = 40년$

**15** 점토지반에서 N치로 추정할 수 있는 사항이 아닌 것은?

① 상대밀도
② 컨시스턴시
③ 일축압축강도
④ 기초지반의 허용지지력

해설

상대밀도는 사질토가 느슨한 상태에 있는가, 조밀한 상태에 있는가를 나타내는 것

**16** 다음 중 사운딩(Sounding)이 아닌 것은?

① 표준관입시험(Standard Penetration Test)
② 일축압축시험(Unconfined Compression Test)
③ 원추관입시험(Cone Penetrometer Test)
④ 베인시험(Vane Test)

해설

사운딩
• 정적 사운딩(원추관입시험, 이스키메타, 베인전단시험)
• 동적 사운딩(표준관입시험)

**17** 흐트러진 흙을 자연 상태의 흙과 비교하였을 때 잘못된 설명은?

① 투수성이 크다.
② 전단강도가 크다.
③ 간극이 크다.
④ 압축성이 크다.

해설

흐트러진 흙은 전단강도가 작다.

**18** 다음 중 흙의 다짐에 대한 설명으로 틀린 것은?

① 흙이 조립토에 가까울수록 최적함수비는 크다.
② 다짐에너지를 증가시키면 최적함수비는 감소한다.
③ 동일한 흙에서 다짐에너지가 클수록 다짐효과는 증대한다.
④ 최대건조단위중량은 사질토에서 크고 점성토일수록 작다.

해설

흙이 조립토일수록 최적함수비는 작고 최대건조 단위중량은 크다.

---

정답    13 ②    14 ④    15 ①    16 ②    17 ②    18 ①

**19** 투수계수에 관한 설명으로 잘못된 것은?

① 투수계수는 수두차에 반비례한다.

② 수온이 상승하면 투수계수는 증가한다.

③ 투수계수는 일반적으로 흙의 입자가 작을수록 작은 값을 나타낸다.

④ 같은 종류의 흙에서 간극비가 증가하면 투수계수는 작아진다.

해설

간극비가 클수록 투수계수는 증가한다.

**20** 1m³의 포화점토를 채취하여 습윤단위무게와 함수비를 측정한 결과 각각 1.68t/m³와 60%였다. 이 포화점토의 비중은 얼마가?

① 2.14  ② 2.84

③ 1.58  ④ 1.31

해설

$$G_s = \frac{W_s}{V_s \gamma_w} = \frac{1.05}{0.37 \times 1} = 2.84$$

㉠ $W_s$

$$\gamma_d = \frac{\gamma_t}{1+\omega} = \frac{1.68}{1+0.6} = 1.05 \text{t/m}^3$$

$\therefore W_s = 1.05 \text{t} (1\text{m}^3 \text{ 포화점토})$

㉡ $V_s$

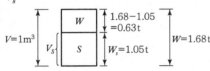

$\therefore V_s = 1 - 0.63 = 0.37 \text{m}^3$

$$\left( \gamma_w = \frac{W_w}{V_w} = 1, \ V_w = W_w \right)$$

**01** Vane Test에서 Vane의 지름 5cm, 높이 10cm, 파괴 시 토크가 590kg · cm일 때 점착력은?

① 1.29kg/cm²　　② 1.57kg/cm²
③ 2.13kg/cm²　　④ 2.76kg/cm²

해설

$$c_u = \frac{M_{\max}}{\pi D^2 \left(\frac{H}{2} + \frac{D}{6}\right)} = \frac{590}{\pi \times 5^2 \left(\frac{10}{2} + \frac{5}{6}\right)} = 1.29 \text{kg/cm}^2$$

**02** 단면적 20cm², 길이 10cm의 시료를 15cm의 수두차로 정수위 투수시험을 한 결과 2분 동안에 150cm³의 물이 유출되었다. 이 흙의 비중은 2.67이고, 건조중량이 420g이었다. 공극을 통하여 침투하는 실제 침투유속 $V_s$는 약 얼마인가?

① 0.018cm/sec　　② 0.296cm/sec
③ 0.437cm/sec　　④ 0.628cm/sec

해설

실제침투유속$(V_s) = \frac{1}{n} \cdot V$

㉠ $n$

• $\gamma_d = \frac{W}{V_{(A \cdot l)}} = \frac{420}{20 \times 10} = 2.1 \text{g/cm}^3$

• $\gamma_d = \frac{G_s \gamma_w}{1+e} \Rightarrow e = \frac{G_s \cdot \gamma_w}{\gamma_d} - 1 = \frac{2.67 \times 1}{2.1} - 1 = 0.271$

• $n = \frac{e}{1+e} = \frac{0.271}{1+0.271} = 0.213$

㉡ $V = k \cdot i = k \cdot \frac{h}{L}$

• $k = \frac{QL}{hAt} = \frac{150 \times 10}{15 \times 20 \times (2 \times 60)} = 0.042 \text{cm/sec}$

• $V = k \cdot \frac{h}{L} = 0.042 \times \frac{15}{10} = 0.063 \text{cm/sec}$

∴ $V_s = \frac{1}{n} \cdot V = \frac{1}{0.213} \times 0.063 = 0.296 \text{cm/sec}$

**03** 단위중량이 1.8t/m³인 점토지반의 지표면에서 5m 되는 곳의 시료를 채취하여 압밀시험을 실시한 결과 과압밀비(Over Consolidation ratio)가 2임을 알았다. 선행압밀압력은?

① 9t/m²　　② 12t/m²
③ 15t/m²　　④ 18t/m²

해설

과압밀비(OCR) $= \dfrac{P_c}{P(\sigma')}$

∴ 선행압밀압력$(P_c) = \text{OCR} \times P = 2 \times (1.8 \times 5) = 18 \text{t/m}^2$

**04** 연약지반에 구조물을 축조할 때 피조미터를 설치하여 과잉간극수압의 변화를 측정했더니 어떤 점에서 구조물 축조 직후 10t/m²이었지만 4년 후는 2t/m²이었다. 이때의 압밀도는?

① 20%　　② 40%
③ 60%　　④ 80%

해설

압밀도$= \dfrac{u_i - u_t}{u_i} = \dfrac{10 - 2}{10} = 0.8 = 80\%$

**05** 다음 그림과 같은 p-q 다이어그램에서 $K_f$ 선이 파괴선을 나타낼 때 이 흙의 내부마찰각은?

① 32°
② 36.5°
③ 38.7°
④ 40.8°

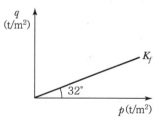

해설

$\sin\phi = \tan\alpha$

∴ $\phi = \sin^{-1}(\tan\alpha) = \sin^{-1}(\tan 32°) = 38.7°$

**06** 다음 그림에서 $A$점의 간극수압은?

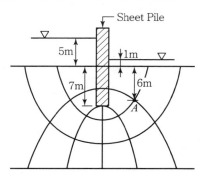

① $47.73\text{kN/m}^2$　　② $75.13\text{kN/m}^2$

③ $120.64\text{kN/m}^2$　　④ $45.57\text{kN/m}^2$

해설

$A$점의 간극수압

$$u_A = \gamma_w \cdot z_A + \left( \frac{\Delta h}{L} \cdot \gamma_w \cdot z \right)$$
$$= 9.8 \times 7 + \left( \frac{4}{6} \times 9.8 \times 1 \right) = 75.13\text{kN/m}^2$$

**07** 연약지반 위에 성토를 실시한 다음, 말뚝을 시공하였다. 시공 후 발생될 수 있는 현상에 대한 설명으로 옳은 것은?

① 성토를 실시하였으므로 말뚝의 지지력은 점차 증가한다.

② 말뚝을 암반층 상단에 위치하도록 시공하였다면 말뚝의 지지력에는 변함이 없다.

③ 압밀이 진행됨에 따라 지반의 전단강도가 증가되므로 말뚝의 지지력은 점차 증가된다.

④ 압밀로 인해 부의 주면마찰력이 발생되므로 말뚝의 지지력은 감소된다.

해설

부마찰력이 일어나면 말뚝의 지지력은 감소한다.

**08** 얕은 기초에 대한 Terzaghi의 수정지지력 공식은 아래와 같다. 4m×5m의 직사각형 기초를 사용할 경우 형상계수 $\alpha$와 $\beta$의 값으로 옳은 것은?

$$q_u = \alpha c N_c + \beta \gamma_1 B N_\gamma + \gamma_2 D_f N_q$$

① $\alpha = 1.2$, $\beta = 0.4$

② $\alpha = 1.28$, $\beta = 0.42$

③ $\alpha = 1.24$, $\beta = 0.42$

④ $\alpha = 1.32$, $\beta = 0.38$

해설

직사각형 기초($B$는 단변)

• $\alpha = 1.0 + 0.3 \dfrac{B}{L} = 1.0 + 0.3 \times \dfrac{4}{5} = 1.24$

• $\beta = 0.5 - 0.1 \dfrac{B}{L} = 0.5 - 0.1 \times \dfrac{4}{5} = 0.42$

**09** 다짐되지 않은 두께 2m, 상대 밀도 40%의 느슨한 사질토 지반이 있다. 실내시험결과 최대 및 최소 간극비가 0.80, 0.40으로 각각 산출되었다. 이 사질토를 상대 밀도 70%까지 다짐할 때 두께의 감소는 약 얼마나 되겠는가?

① 12.4cm　　② 14.6cm

③ 22.7cm　　④ 25.8cm

해설

압밀침하량$(\Delta H) = \dfrac{e_1 - e_2}{1 + e_1} \cdot H$

㉠ $D_r = \dfrac{e_{\max} - e_1}{e_{\max} - e_{\min}}$, $e_1 = e_{\max} - D_r(e_{\max} - e_{\min})$

　∴ $e_1 = 0.8 - 0.4(0.8 - 0.4) = 0.64$

㉡ $D_r = \dfrac{e_{\max} - e_2}{e_{\max} - e_{\min}}$, $e_2 = e_{\max} - D_r(e_{\max} - e_{\min})$

　∴ $e_2 = 0.8 - 0.7(0.8 - 0.4) = 0.52$

∴ $\Delta H = \dfrac{e_1 - e_2}{1 + e_1} H = \dfrac{0.64 - 0.52}{1 + 0.64} \times 200 = 14.6\text{cm}$

**10** $\phi = 33°$인 사질토에 25° 경사의 사면을 조성하려고 한다. 이 비탈면의 지표까지 포화되었을 때 안전율을 계산하면?(단, 사면 흙의 $\gamma_{sat} = 1.8\text{t/m}^3$)

① 0.62　　② 0.70

③ 1.12　　④ 1.41

**해설**

지표면과 지하수위가 일치(사질토)

$$F_s = \frac{\gamma_{sub}}{\gamma_{sat}} \times \frac{\tan\phi}{\tan i} = \frac{0.8}{1.8} \times \frac{\tan 33°}{\tan 25°} = 0.62$$

**11** 사질토 지반에 축조되는 강성기초의 접지압 분포에 대한 설명 중 맞는 것은?

① 기초 모서리 부분에서 최대 응력이 발생한다.
② 기초에 작용하는 접지압 분포는 토질에 관계없이 일정하다.
③ 기초의 중앙 부분에서 최대 응력이 발생한다.
④ 기초 밑면의 응력은 어느 부분이나 동일하다.

**해설**

강성 기초의 접지압

| 점토지반 | 모래지반 |
|---|---|
| 강성기초, 접지압 | 강성기초, 접지압 |
| 기초 모서리에서 최대응력 발생 | 기초 중앙부에서 최대응력 발생 |

**12** 말뚝 지지력에 관한 여러 가지 공식 중 정역학적 지지력 공식이 아닌 것은?

① Dörr 의 공식
② Terzaghi 의 공식
③ Meyerhof 의 공식
④ Engineering News 공식

**해설**

말뚝의 지지력 산정 방법

| 정역학적 공식 | 동역학적 공식 |
|---|---|
| ㉠ Terzaghi 공식 | ㉠ Sander 공식 |
| ㉡ Meyerhof 공식 | ㉡ Engineering News 공식 |
| ㉢ Dörr 공식 | ㉢ Hiley 공식 |
| ㉣ Dunham 공식 | ㉣ Weisbach 공식 |

**13** 평판재하실험 결과로부터 지반의 허용지지력 값은 어떻게 결정하는가?

① 항복강도의 $\frac{1}{2}$, 극한강도의 $\frac{1}{3}$ 중 작은 값
② 항복강도의 $\frac{1}{2}$, 극한강도의 $\frac{1}{3}$ 중 큰 값
③ 항복강도의 $\frac{1}{3}$, 극한강도의 $\frac{1}{2}$ 중 작은 값
④ 항복강도의 $\frac{1}{3}$, 극한강도의 $\frac{1}{2}$ 중 큰 값

**해설**

허용지지력($q_t$)은 $\dfrac{q_y (\text{항복강도})}{2}$ 또는 $\dfrac{q_u (\text{극한강도})}{2}$ 중 작은 값

**14** 흙의 다짐에 관한 설명으로 틀린 것은?

① 다짐에너지가 클수록 최대건조단위중량($\gamma_{dmax}$)은 커진다.
② 다짐에너지가 클수록 최적함수비($w_{opt}$)는 커진다.
③ 점토를 최적함수비($w_{opt}$)보다 작은 함수비로 다지면 면모구조를 갖는다.
④ 투수계수는 최적함수비($w_{opt}$) 근처에서 거의 최솟값을 나타낸다.

**해설**

다짐에너지가 클수록 $\gamma_{d\max}$ 는 증가, 최적함수비(OMC)는 감소

**15** 아래 그림에서 $A$점 흙의 강도정수가 $c = 3\text{t/m}^2$, $\phi = 30°$일 때 $A$점의 전단강도는?

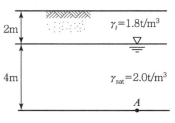

① $6.93\text{t/m}^2$
② $7.39\text{t/m}^2$
③ $9.93\text{t/m}^2$
④ $10.39\text{t/m}^2$

**해설** ------------------------------

$$S(\tau_f) = c + \sigma' \tan\phi$$
$$= 3 + (1.8 \times 2 + 1 \times 4)\tan 30°$$
$$= 7.39 t/m^2$$

## 16 점토지반으로부터 불교란 시료를 채취하였다. 이 시료는 직경 5cm, 길이 10cm이고, 습윤무게는 350g이며, 함수비가 40%일 때 이 시료의 건조단위 무게는?

① 1.78g/cm³　　　② 1.43g/cm³
③ 1.27g/cm³　　　④ 1.14g/cm³

**해설** ------------------------------

$$\gamma_d = \frac{\gamma_t}{1+\omega} = \frac{1.78}{1+0.4} = 1.27 g/cm^3$$
$$\left[\gamma_t = \frac{W}{V} = \frac{350}{\left(\frac{\pi \times 5^2}{4}\right) \times 10} = 1.78 g/cm^3\right]$$

## 17 $\gamma_t = 1.9 t/m^3$, $\phi = 30°$인 뒤채움 모래를 이용하여 8m 높이의 보강토 옹벽을 설치하고자 한다. 폭 75mm, 두께 3.69mm의 보강띠를 연직방향 설치간격 $S_v = 0.5m$, 수평방향 설치간격 $S_h = 1.0m$로 시공하고자 할 때, 보강띠에 작용하는 최대힘 $T_{max}$의 크기를 계산하면?

① 1.53t　　　　② 2.53t
③ 3.53t　　　　④ 4.53t

**해설** ------------------------------

$$T_{max} = \sigma_h \times S_h \times S_v$$
$$= (\gamma \cdot H \cdot K_a) \times S_h \times S_v$$
$$= \left[1.9 \times 8 \times \tan^2\left(45° - \frac{30°}{2}\right) \times 1.0m \times 0.5m\right]$$
$$= 2.53t$$

## 18 다음 표의 설명과 같은 경우 강도정수 결정에 적합한 삼축압축시험의 종류는?

최근에 매립된 포화 점성토 지반 위에 구조물을 시공한 직후의 초기 안정 검토에 필요한 지반 강도정수 결정

① 압밀배수시험(CD)
② 압밀비배수시험(CU)
③ 비압밀비배수시험(UU)
④ 비압밀배수시험(UD)

**해설** ------------------------------

비압밀비배수시험(UU)
• 포화된 점토지반 위에 급속하게 성토하는 제방의 안전성을 검토
• 점토의 단기간 안정 검토 시

## 19 두 개의 규소판 사이에 한 개의 알루미늄판이 결합된 3층 구조가 무수히 많이 연결되어 형성된 점토광물로서 각 3층 구조 사이에는 칼륨이온($K^+$)으로 결합되어 있는 것은?

① 몬모릴로나이트(Montmorillonite)
② 할로이사이트(Halloysite)
③ 고령토(Kaolinite)
④ 일라이트(Illite)

**해설** ------------------------------

일라이트(Illite)
• 보통 점토로서 3층 구조(칼륨이온($K^+$)으로 결합)
• $0.75 \leq$ 활성도($A$) $\leq 1.25$

## 20 두께 2m인 투수성 모래층에서 동수경사가 $\frac{1}{10}$이고, 모래의 투수계수가 $5 \times 10^{-2} cm/sec$라면 이 모래층의 폭 1m에 대하여 흐르는 수량은 매분당 얼마나 되는가?

① 6,000cm³/min　　② 600cm³/min
② 60cm³/min　　　④ 6cm³/min

**해설** ------------------------------

$$Q = k \cdot i \cdot A$$
$$= 5 \times 10^{-2} \times \frac{1}{10} \times (200 \times 100) \times 60 = 6,000 cm^3/min$$

## 01 다짐에너지(Energy)에 관한 설명 중 틀린 것은?

① 다짐에너지는 램머(Rammer)의 중량에 비례한다.
② 다짐에너지는 다짐 층수에 반비례한다.
③ 다짐에너지는 시료의 부피에 반비례한다.
④ 다짐에너지는 다짐 횟수에 비례한다.

해설

• 다짐에너지$(E_c) = \dfrac{W_R \cdot H \cdot N_B \cdot N_L}{V}$

• $E_c \propto N_L$ (다짐층수)

## 02 아래 그림과 같은 옹벽에 작용하는 전주동토압은 얼마인가?

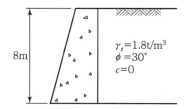

$\gamma_t = 1.8 \text{t/m}^3$
$\phi = 30°$
$c = 0$

8m

① 16.2t/m  　　② 17.2t/m
③ 18.2t/m  　　④ 19.2t/m

해설

전주동토압$(P_a) = \gamma_t \times H^2 \times K_a \times \dfrac{1}{2}$

$\qquad = 1.8 \times 8^2 \times 0.333 \times \dfrac{1}{2} = 19.2 \text{t/m}$

$\left[ K_a = \tan^2\left(45 - \dfrac{\phi}{2}\right) = \tan^2\left(45 - \dfrac{30°}{2}\right) = 0.333 \right]$

## 03 Rod의 끝에 설치한 저항체를 땅속에 삽입하여 관입, 회전, 인발 등의 저항으로 토층의 성질을 탐사하는 것을 무엇이라고 하는가?

① Sounding  　　② Sampling
③ Boring  　　④ Wash boring

해설

관입, 회전, 인발 등의 저항으로 토층의 물리적 성질과 상태를 탐사하는 것을 사운딩(Sounding)이라 한다.

## 04 예민비가 큰 점토란?

① 입자 모양이 둥근 점토
② 흙을 다시 이겼을 때 강도가 크게 증가하는 점토
③ 입자가 가늘고 긴 형태의 점토
④ 흙을 다시 이겼을 때 강도가 크게 감소하는 점토

해설

예민비가 큰 점토는 교란시켰을 때 강도가 많이 감소된다.

## 05 유선망에 대한 설명으로 틀린 것은?

① 유선망은 유선과 등수두선(等數頭線)으로 구성되어 있다.
② 유로를 흐르는 침투수량은 같다.
③ 유선과 등수두선은 서로 직교한다.
④ 침투속도 및 동수구배는 유선망의 폭에 비례한다.

해설

$V(\text{침투속도}) = K \cdot \dfrac{\Delta h}{L(\text{유선망 폭})}$

$V \propto \dfrac{1}{L}$ (침투속도는 유선망 폭에 반비례)

## 06 주동토압을 $P_A$, 수동토압을 $P_P$, 정지토압을 $P_O$라고 할 때 크기의 순서는?

① $P_A > P_P > P_O$  　　② $P_P > P_O > P_A$
③ $P_P > P_A > P_O$  　　④ $P_O > P_A > P_P$

해설

• $P_p > P_o > P_a$
• $K_p > P_o > P_a$

## 07 다음 중 점성토 지반의 개량공법으로 적합하지 않은 것은?

① 샌드드레인 공법
② 치환공법
③ 바이브로 플로테이션 공법
④ 프리로딩 공법

정답　 01 ②　 02 ④　 03 ①　 04 ④　 05 ④　 06 ②　 07 ③

해설
바이브로 플로테이션 공법 → 사질토

**08** 도로의 평판재하시험에서 1.25mm 침하량에 해당하는 하중 강도가 2.50kg/cm²일 때 지지력계수($K$)는?

① 20kg/cm³      ② 25kg/cm³
③ 30kg/cm³      ④ 35kg/cm³

해설
$$K = \frac{q}{y} = \frac{2.50}{0.125} = 20\text{kg/cm}^3$$

**09** 간극비(void ratio)가 0.25인 모래의 간극률(porosity)은 얼마인가?

① 20%      ② 25%
③ 30%      ④ 35%

해설
$$n = \frac{e}{1+e} \times 100 = \left(\frac{0.25}{1+0.25}\right) \times 100 = 20\%$$

**10** 피어기초의 수직공을 굴착하는 공법 중에서 기계에 의한 굴착공법이 아닌 것은?

① Benoto 공법
② Chicago 공법
③ Calwelde 공법
④ Reverse circulation 공법

해설
피어기초의 분류
㉠ 인력에 의한 굴착
  • Chicago 공법
  • Gow 공법
㉡ 기계에 의한 굴착
  • Benoto 공법
  • Earth Drill(Calweld 공법)
  • Reverse circulation(RCD)

**11** 통일 분류법에서 실트질 자갈을 표시하는 약호는?

① GW      ② GP
③ GM      ④ GC

해설
• 실트(M), 자갈(G)
• 실트질 자갈 : GM

**12** 다음 그림에서 X−X 단면에 작용하는 유효응력은?

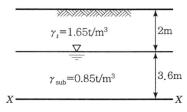

① 4.26t/m²      ② 5.24t/m²
③ 6.36t/m²      ④ 7.21t/m²

해설
$$\sigma' = (1.65 \times 2) + (0.85 \times 3.6) = 6.36\text{t/m}^2$$

**13** 어떤 시료에 대하여 일축압축시험을 실시한 결과 일축압축강도가 3t/m²이었다. 이 흙의 점착력은?(단, 이 시료는 $\phi = 0°$인 점성토이다.)

① 1.0t/m²      ② 1.5t/m²
③ 2.0t/m²      ④ 2.5t/m²

해설
$$점착력(c) = \frac{q_u}{2} = \frac{3}{2} = 1.5\text{t/m}^2$$

**14** 다음 중 동상(凍上)현상이 가장 잘 일어날 수 있는 흙은?

① 자갈      ② 모래
③ 실트      ④ 점토

정답    08 ①   09 ①   10 ②   11 ③   12 ③   13 ②   14 ③

**해설**
동상현상
- 흙 속의 물이 얼어서 빙층(Ice lens)이 형성되기 때문에 지표면이 떠오르는 현상
- 동상현상이 가장 잘 일어날 수 있는 흙은 실트(Silt)

**15** 두께 5m의 점토층이 있다. 압축 전의 간극비가 1.32, 압축 후의 간극비가 1.10으로 되었다면 이 토층의 압밀침하량은 약 얼마인가?

① 68cm　　　　　② 58cm
③ 52cm　　　　　④ 47cm

**해설**

$$\Delta H = \frac{e_1 - e_2}{1 + e_1} \cdot H$$
$$= \left(\frac{1.32 - 1.10}{1 + 1.32}\right) \times 500$$
$$= 47\text{cm}$$

**16** 포화 점토지반에 대해 베인전단시험을 실시하였다. 베인의 직경은 6cm, 높이는 12cm, 흙이 전단파괴될 때 작용시킨 회전모멘트는 180kg·cm일 경우 점착력($c_u$)은?

① 0.13kg/cm²　　　② 0.23kg/cm²
③ 0.32kg/cm²　　　④ 0.42kg/cm²

**해설**

$$c_u = \frac{M_{\max}}{\pi D^2 \left(\frac{H}{2} + \frac{D}{6}\right)} = \frac{180}{\pi \times 6^2 \left(\frac{12}{2} + \frac{6}{6}\right)} = 0.23\text{kg/cm}^2$$

**17** 사면의 경사각을 70°로 굴착하고 있다. 흙의 점착력 1.5t/m², 단위체적중량을 1.8t/m³로 한다면, 이 사면의 한계고는?(단, 사면의 경사각이 70°일 때 안정계수는 4.8이다.)

① 2.0m　　　　　② 4.0m
③ 6.0m　　　　　④ 8.0m

**해설**

$$H_c = \frac{c \cdot N_s}{\gamma} = \frac{1.5 \times 4.8}{1.8} = 4\text{m}$$

**18** Terzaghi의 극한 지지력 공식 $q_{ult} = \alpha c N_c + \beta B \gamma_1 N_\gamma + D_f \gamma_2 N_q$에 대한 설명으로 틀린 것은?

① $N_c$, $N_\gamma$, $N_q$는 지지력계수로서 흙의 점착력으로부터 정해진다.
② 식 중 $\alpha$, $\beta$는 형상계수이며 기초의 모양에 따라 정해진다.
③ 연속기초에서 $\alpha = 1.0$이고, 원형 기초에서 $\alpha = 1.3$의 값을 가진다.
④ $B$는 기초 폭이고, $D_f$는 근입깊이다.

**해설**

$N_c$, $N_r$, $N_q$는 지지력계수로서 내부마찰력($\phi$)의 함수이다.

**19** 점착력이 큰 지반에 강성의 기초가 놓여 있을 때 기초바닥의 응력상태를 설명한 것 중 옳은 것은?

① 기초 밑 전체가 일정하다.
② 기초 중앙에서 최대응력이 발생한다.
③ 기초 모서리 부분에서 최대응력이 발생한다.
④ 점착력으로 인해 기초바닥에 응력이 발생하지 않는다.

**해설**

강성 기초의 접지압

| 점토지반 | 모래지반 |
|---|---|
| | |
| 기초 모서리에서 최대응력 발생 | 기초 중앙부에서 최대응력 발생 |

**20** 간극률 50%, 비중 2.50인 흙에 있어서 한계동수경사는?

① 1.25  　　　　② 1.50

③ 0.50  　　　　④ 0.75

해설

한계동수경사$(i_c) = \dfrac{G_s - 1}{1 + e} = \dfrac{2.50 - 1}{1 + 1} = 0.75$

$\left( e = \dfrac{n}{1 - n} = \dfrac{0.5}{1 - 0.5} = 1 \right)$

**01** 기초폭 4m인 연속기초에서 기초면에 작용하는 합력의 연직성분은 10t이고 편심거리가 0.4m일 때, 기초지반에 작용하는 최대 압력은?

① $2t/m^2$  
② $4t/m^2$  
③ $6t/m^2$  
④ $8t/m^2$

해설

연속기초의 편심하중

$$q_{max} = \frac{Q}{B}\left(1 + \frac{6e}{B}\right) = \frac{10}{4}\left(1 + \frac{6 \times 0.4}{4}\right) = 4t/m^2$$

**02** 분사현상에 대한 안전율이 2.5 이상이 되기 위해서는 $\Delta h$를 최대 얼마 이하로 하여야 하는가?(단, 간극률$(n) = 50\%$)

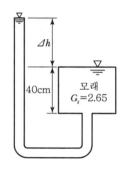

① 7.5cm  
② 8.9cm  
③ 13.2cm  
④ 16.5cm

해설

㉠ $F_s = \dfrac{i_{cr}}{i} = 2.5$

㉡ $F_s = \dfrac{\dfrac{G_s - 1}{1 + e}}{\dfrac{h}{L}} = \dfrac{\dfrac{2.65 - 1}{1 + 1}}{\dfrac{h}{40}} = 2.5$

∴ $h = 13.2cm$

$\left(e = \dfrac{n}{1-n} = \dfrac{0.5}{1-0.5} = 1\right)$

**03** 10m 두께의 점토층이 10년 만에 90% 압밀이 된다면, 40m 두께의 동일한 점토층이 90% 압밀에 도달하는 데 소요되는 기간은?

① 16년  
② 80년  
③ 160년  
④ 240년

해설

• $t = \dfrac{T_v \cdot H^2}{C_v}$, $t \propto H^2$

• $t_1 : H_1^2 = t_2 : H_2^2$

  $10 : 10^2 = t_2 : 40^2$

∴ $t_2 = \dfrac{10 \times 40^2}{10^2} = 160년$

**04** 테르쟈기(Terzaghi)의 얕은 기초에 대한 지지력 공식 $q_u = \alpha c N_c + \beta \gamma_1 B N_\gamma + \gamma_2 D_f N_q$에 대한 설명으로 틀린 것은?

① 계수 $\alpha$, $\beta$를 형상계수라 하며 기초의 모양에 따라 결정된다.
② 기초의 깊이 $D_f$가 클수록 극한 지지력도 이와 더불어 커진다고 볼 수 있다.
③ $N_c$, $N_\gamma$, $N_q$는 지지력계수라 하는데 내부마찰각과 점착력에 의해서 정해진다.
④ $\gamma_1$, $\gamma_2$는 흙의 단위 중량이며 지하수위 아래에서는 수중단위 중량을 써야 한다.

해설

지지력계수($N_c$, $N_r$, $N_q$)는 내부마찰각($\phi$)에 의해 결정된다.

**05** 아래 그림과 같은 지표면에 2개의 집중하중이 작용하고 있다. 3t의 집중하중 작용점 하부 2m 지점 $A$에서의 연직하중의 증가량은 약 얼마인가?(단, 영향계수는 소수점 이하 넷째 자리까지 구하여 계산하시오.)

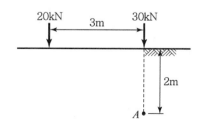

① $0.37\text{t/m}^2$      ② $0.89\text{t/m}^2$

③ $1.42\text{t/m}^2$      ④ $1.94\text{t/m}^2$

**해설**

연직응력의 증가량$(\Delta\sigma_Z) = \dfrac{Q}{Z^2}I_\sigma$

- $\Delta\sigma_Z(3\text{t}) + \Delta\sigma_Z(2\text{t})$

$= \left(\dfrac{Q}{Z^2} \times \dfrac{3}{2\pi}\right) + \left(\dfrac{Q}{Z^2} \times \dfrac{3}{2\pi} \cdot \dfrac{Z^5}{R^5}\right)$

$= \left(\dfrac{3}{3^2} \times \dfrac{3}{2\pi}\right) + \left(\dfrac{2}{2^2} \times \dfrac{3}{2\pi} \cdot \dfrac{2^5}{3.6^5}\right) = 0.37\text{t/m}^2$

(여기서, $R = \sqrt{r^2 + Z^2} = \sqrt{3^2 + 2^2} = 3.6$)

**06** 다음 중 연약점토지반 개량공법이 아닌 것은?

① Preloading 공법

② Sand drain 공법

③ Paper drain 공법

④ Vibro floatation 공법

**해설**

바이브로 플로테이션 공법은 사질토 지반 개량공법이다.

**07** 간극비$(e)$와 간극률$(n, \%)$의 관계를 옳게 나타낸 것은?

① $e = \dfrac{1 - n/100}{n/100}$      ② $e = \dfrac{n/100}{1 - n/100}$

③ $e = \dfrac{1 + n/100}{n/100}$      ④ $e = \dfrac{1 + n/100}{1 - n/100}$

**해설**

$n = \dfrac{e}{1+e}$, $\therefore e = \dfrac{n}{1-n} = \dfrac{n/100}{1 - n/100}$

**08** 옹벽배면의 지표면 경사가 수평이고, 옹벽배면 벽체의 기울기가 연직인 벽체에서 옹벽과 뒤채움 흙사이의 벽면마찰각$(\delta)$을 무시할 경우, Rankine 토압과 Coulomb 토압의 크기를 비교하면?

① Rankine 토압이 Coulomb 토압보다 크다.

② Coulomb 토압이 Rankine 토압보다 크다.

③ Rankine 토압과 Coulomb 토압의 크기는 항상 같다.

④ 주동토압은 Rankine 토압이 더 크고, 수동토압은 Coulomb 토압이 더 크다.

**해설**

벽 마찰각$(\delta)$을 무시하면 Rankine 토압과 Coulomb 토압의 크기는 항상 같다.

**09** 샘플러(Sampler)의 외경이 6cm, 내경이 5.5cm일 때, 면적비$(A_r)$는?

① $8.3\%$      ② $9.0\%$

③ $16\%$      ④ $19\%$

**해설**

면적비$(A_r) = \dfrac{D_w^{\ 2} - D_e^{\ 2}}{D_e^{\ 2}} \times 100 = \dfrac{6^2 - 5.5^2}{5.5^2} \times 100 = 19\%$

**10** 아래 그림에서 투수계수 $K = 4.8 \times 10^{-3}\text{cm/sec}$일 때 Darcy 유출속도$(v)$와 실제 물의 속도(침투속도, $v_s$)는?

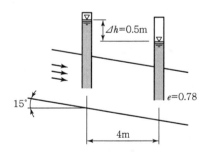

① $v = 3.4 \times 10^{-4}\text{cm/sec}$, $v_s = 5.6 \times 10^{-4}\text{cm/sec}$

② $v = 3.4 \times 10^{-4}\text{cm/sec}$, $v_s = 9.4 \times 10^{-4}\text{cm/sec}$

③ $v = 5.8 \times 10^{-4}\text{cm/sec}$, $v_s = 10.8 \times 10^{-4}\text{cm/sec}$

④ $v = 5.8 \times 10^{-4}\text{cm/sec}$, $v_s = 13.2 \times 10^{-4}\text{cm/sec}$

**해설**

㉠ 유출속도$(v) = k \cdot i = k \cdot \dfrac{h}{L} = (4.8 \times 10^{-3}) \times \dfrac{0.5}{4.14}$

$= 5.8 \times 10^{-4}\text{cm/sec}$

$\left(\text{여기서, } \cos 15° = \dfrac{4}{L}, \therefore L = \dfrac{4}{\cos 15°} = 4.14\right)$

**정답**    **06** ④    **07** ②    **08** ③    **09** ④    **10** ④

ⓛ 침투속도$(v_s) = \frac{1}{n} \times V = \frac{1}{0.438} \times (5.8 \times 10^{-4})$

$= 1.32 \times 10^{-3} = 13.2 \times 10^{-4}\text{cm/sec}$

$\left(\text{여기서, } n = \frac{e}{1-e} = \frac{0.78}{1-0.78} = 0.438\right)$

## 11

수직방향의 투수계수가 $4.5 \times 10^{-8}$m/sec이고, 수평방향의 투수계수가 $1.6 \times 10^{-8}$m/sec인 균질하고 비등방(非等方)인 흙댐의 유선망을 그린 결과 유로(流路) 수가 4개이고 등수두선의 간격 수가 18개이었다. 단위길이(m)당 침투수량은?(단, 댐 상하류의 수면의 차는 18m이다.)

① $1.1 \times 10^{-7}$m³/sec
② $2.3 \times 10^{-7}$m³/sec
③ $2.3 \times 10^{-8}$m³/sec
④ $1.5 \times 10^{-8}$m³/sec

해설

침투수량$(Q) = k \cdot H \cdot \frac{N_f}{N_d}$

$= (\sqrt{k_H \cdot k_V}) \times H \times \frac{N_f}{N_d}$

$= \sqrt{(4.5 \times 10^{-8}) \times (1.6 \times 10^{-8})} \times 18 \times \frac{4}{18}$

$= 1.1 \times 10^{-7}$m³/sec

## 12 사면안정 해석방법에 대한 설명으로 틀린 것은?

① 일체법은 활동면 위에 있는 흙덩어리를 하나의 물체로 보고 해석하는 방법이다.
② 절편법은 활동면 위에 있는 흙을 몇 개의 절편으로 분할하여 해석하는 방법이다.
③ 마찰원방법은 점착력과 마찰각을 동시에 갖고 있는 균질한 지반에 적용된다.
④ 절편법은 흙이 균질하지 않아도 적용이 가능하지만, 흙속에 간극수압이 있을 경우 적용이 불가능하다.

해설

절편법
ⓛ 이질토층 및 지하수위가 있는 경우 적용 가능

ⓛ 절편법
• Fellenius 방법 : 간극수압을 고려하지 않음
• Bishop 방법 : 간극수압 고려

## 13 흙의 다짐에 대한 설명으로 틀린 것은?

① 조립토는 세립토보다 최대 건조단위중량이 커진다.
② 습윤 측 다짐을 하면 흙 구조가 면모구조가 된다.
③ 최적 함수비로 다질 때 최대 건조단위중량이 된다.
④ 동일한 다짐에너지에 대해서는 건조 측이 습윤 측보다 더 큰 강도를 보인다.

해설

건조 측에서 다지면 면모구조, 습윤 측에서 다지면 이산구조가 된다.

## 14 다음 중 시료채취에 대한 설명으로 틀린 것은?

① 오거보링(Auger Boring)은 흐트러지지 않은 시료를 채취하는 데 적합하다.
② 교란된 흙은 자연상태의 흙보다 전단강도가 작다.
③ 액성한계 및 소성한계 시험에서는 교란시료를 사용하여도 괜찮다.
④ 입도분석시험에서는 교란시료를 사용하여도 괜찮다.

해설

오거보링은 교란(흐트러진) 시료를 채취하는 데 적합하다.

## 15 성토나 기초지반에 있어 특히 점성토의 압밀 완료 후 추가 성토 시 단기 안정문제를 검토하고자 하는 경우 적용되는 시험법은?

① 비압밀 비배수시험
② 압밀 비배수시험
③ 압밀 배수시험
④ 일축압축시험

해설

• 비압밀 및 비배수시험(UU) : 점토지반의 단기간 안정검토
• 압밀 배수시험(CD) : 점토지반의 장기간 안정검토
• 압밀 비배수시험(CU) : 압밀 완료 후 단기간 안정검토

---

**정답** 11 ① 12 ④ 13 ② 14 ① 15 ②

**16** 어떤 굳은 점토층을 깊이 7m까지 연직 절토하였다. 이 점토층의 일축압축강도가 $1.4\text{kg/cm}^2$, 흙의 단위중량이 $2\text{t/m}^3$라 하면 파괴에 대한 안전율은? (단, 내부마찰각은 30°)

① 0.5　　　　　　② 1.0

③ 1.5　　　　　　④ 2.0

解説

• 안전율$(F_s) = \dfrac{H_c}{H}$

• 한계고$(H_c) = 2Z_c = 2\dfrac{2c}{\gamma}\tan\left(45° + \dfrac{\phi}{2}\right) = \dfrac{2q_u}{\gamma_t} = \dfrac{2 \times 14}{2}$

$\qquad = 14\text{m}$

(여기서 $q_u = 1.4\text{kg/cm}^2 = 14\text{t/m}^2$)

∴ 안전율$(F_s) = \dfrac{14}{7} = 2$

**17** 도로 연장 3km 건설 구간에서 7개 지점의 시료를 채취하여 다음과 같은 CBR을 구하였다. 이때의 설계 CBR은 얼마인가?

• 7개의 CBR : 5.3, 5.7, 7.6, 8.7, 7.4, 8.6, 7.2

[설계 CBR 계산용 계수]

| 개수 ($n$) | 2 | 3 | 4 | 5 | 6 | 7 | 8 | 9 | 10 이상 |
|---|---|---|---|---|---|---|---|---|---|
| $d_2$ | 1.41 | 1.91 | 2.24 | 2.48 | 2.67 | 2.83 | 2.96 | 3.08 | 3.18 |

① 4　　　　　　② 5

③ 6　　　　　　④ 7

解説

설계 CBR = 평균 CBR $-\dfrac{\text{최대 CBR} - \text{최소 CBR}}{d_2}$

$\qquad = 7.21 - \left(\dfrac{8.7 - 5.3}{2.83}\right) = 6$

**18** 자연상태의 모래지반을 다져 $e_{\min}$에 이르도록 했다면 이 지반의 상대밀도는?

① 0%　　　　　　② 50%

③ 75%　　　　　　④ 100%

解説

상대밀도$(D_r) = \dfrac{e_{\max} - e}{e_{\max} - e_{\min}} \times 100$ (여기서, $e \to e_{\min}$)

$\qquad = \left(\dfrac{e_{\max} - e_{\min}}{e_{\max} - e_{\min}}\right) \times 100 = 100\%$

**19** 어떤 지반의 미소한 흙요소에 최대 및 최소 주응력이 각각 $1\text{kg/cm}^2$ 및 $0.6\text{kg/cm}^2$일 때, 최소주응력면과 60°를 이루는 면 상의 전단응력은?

① $0.10\text{kg/cm}^2$　　　　② $0.17\text{kg/cm}^2$

③ $0.20\text{kg/cm}^2$　　　　④ $0.27\text{kg/cm}^2$

解説

전단응력$(\tau) = \dfrac{\sigma_1 - \sigma_3}{2}\sin 2\theta = \dfrac{1 - 0.6}{2}\sin(2 \times 30°)$

$\qquad = 0.17\text{kg/cm}^2$

($\theta$ : 최대 주응력면과 파괴면이 이루는 각으로, $\theta + \theta' = 90°$, $\theta = 90° - \theta' = 90° - 60° = 30°$)

**20** Sand drain 공법의 지배 영역에 관한 Barron의 정사각형 배치에서 사주(Sand pile)의 간격을 $d$, 유효원의 지름을 $d_e$라 할 때 $d_e$를 구하는 식으로 옳은 것은?

① $d_e = 1.13d$　　　　② $d_e = 1.05d$

③ $d_e = 1.03d$　　　　④ $d_e = 1.50d$

解説

유효직경$(d_e)$

| 정삼각형 배치 | 정사각형 배치 |
|---|---|
| 유효직경$(d_e) = 1.05s$ | 유효직경$(d_e) = 1.13s$ |

**01** 미세한 모래와 실트가 작은 아치를 형성한 고리 모양의 구조로서 간극비가 크고, 보통의 정적 하중을 지탱할 수 있으나 무거운 하중 또는 충격하중을 받으면 흙구조가 부서지고 큰 침하가 발생되는 흙의 구조는?

① 면모구조      ② 벌집구조

③ 분산구조      ④ 단립구조

[해설]

**벌집(붕소) 구조**
㉠ 미세한 모래와 실트가 작은 아치를 형성한 고리 모양의 구조
㉡ 간극비가 크고 충격에 약함

**02** 다음의 토질시험 중 투수계수를 구하는 시험이 아닌 것은?

① 다짐시험      ② 변수두 투수시험

③ 압밀시험      ④ 정수두 투수시험

[해설]

**투수계수($k$) 측정**
㉠ 정수위 투수시험(조립토에 적용)
㉡ 변수위 투수시험(세립토에 적용)
㉢ 압밀시험(불투수성 흙에 적용)

**03** 압밀에 걸리는 시간을 구하는 데 관계가 없는 것은?

① 배수층의 길이      ② 압밀계수

③ 유효응력      ④ 시간계수

[해설]

$$t = \frac{T_v \cdot H^2}{C_v} \ (T_v : \text{시간계수}, \ H : \text{배수거리}, \ C_v : \text{압밀계수})$$

**04** 다음 중 얕은 기초는?

① Footing 기초      ② 말뚝 기초

③ Caisson 기초      ④ Pier 기초

[해설]

**깊은 기초**
㉠ 말뚝기초
㉡ 피어기초
㉢ 케이슨기초

**05** 유선망을 작도하는 주된 목적은?

① 침하량의 결정
② 전단강도의 결정
③ 침투수량의 결정
④ 지지력의 결정

[해설]

**유선망 작도 목적**
㉠ 침투수량 결정, ㉡ 간극수압 결정, ㉢ 동수경사 결정

**06** 절편법에 의한 사면의 안정 해석 시 가장 먼저 결정되어야 할 사항은?

① 가상활동면
② 절편의 중량
③ 활동면 상의 점착력
④ 활동면 상의 내부마찰각

[해설]

절편법(분할법)에 의한 사면 안정 해석 시 가장 먼저 고려해야 할 사항은 가상활동면의 결정이다.

**07** 다음 중 지지력이 약한 지반에서 가장 적합한 기초형식은?

① 독립확대기초      ② 전면기초

③ 복합확대기초      ④ 연속확대기초

[해설]

**전면(mat)기초**
㉠ 건물의 전체를 한 장의 슬래브로 지지한 기초
㉡ 지지력이 가장 약한 지반에 적합

---

**정답**    01 ②    02 ①    03 ③    04 ①    05 ③    06 ①    07 ②

## 08 랭킨 토압론의 가정으로 틀린 것은?

① 흙은 비압축성이고 균질이다.
② 지표면은 무한히 넓다.
③ 흙은 입자 간의 마찰에 의하여 평형조건을 유지한다.
④ 토압은 지표면에 수직으로 작용한다.

해설

토압은 지표면에 평행하게 작용한다.

## 09 점토 지반에서 직경 30cm의 평판재하시험 결과 30t/m²의 압력이 작용할 때 침하량이 5mm라면, 직경 1.5m의 실제 기초에 30t/m²의 하중이 작용할 때 침하량의 크기는?

① 2mm      ② 5mm
③ 14mm      ④ 25mm

해설

점토 지반에서 침하량은 재하판 폭에 비례
$0.3\text{m} : 5\text{mm} = 1.5\text{m} : x$
$\therefore \ x = 25\text{mm}$

## 10 흙을 다지면 기대되는 효과로 거리가 먼 것은?

① 강도 증가      ② 투수성 감소
③ 과도한 침하 방지      ④ 함수비 감소

해설

**흙의 다짐효과**
• 투수성 감소
• 압축성 감소
• 흡수성 감소
• 전단강도 및 지지력 증가
• 부착력 및 밀도 증가

## 11 흙의 일축압축시험에 관한 설명 중 틀린 것은?

① 내부 마찰각이 적은 점토질의 흙에 주로 적용된다.
② 축방향으로만 압축하여 흙을 파괴시키는 것이므로 $\sigma_3 = 0$일 때의 삼축압축시험이라고 할 수 있다.

③ 압밀비배수(CU)시험 조건이므로 시험이 비교적 간단하다.
④ 흙의 내부마찰각 $\phi$는 공시체 파괴면과 최대 주응력면 사이에 이루는 각 $\theta$를 측정하여 구한다.

해설

일축압축시험은 전단 시 배수조건을 조절할 수 없으므로 항상 비압밀 비배수(UU) 조건에서만 적용 가능하다.

## 12 다음 그림에서 점토 중앙 단면에 작용하는 유효압력은?

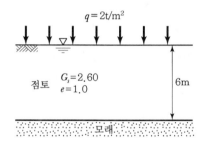

① 1.2t/m²      ② 2.5t/m²
③ 2.8t/m²      ④ 4.4t/m²

해설

중앙 단면에 작용하는 유효압력
$$\sigma' = \gamma_{sub} \cdot z + q$$
$$= \left( \frac{G_s - 1}{1 + e} \gamma_w \right) \times z + q = \left( \frac{2.60 - 1}{1 + 1} \times 1 \right) \times \frac{6}{2} + 2$$
$$= 4.4\text{t/m}^2$$

## 13 얕은 기초의 근입심도를 깊게 하면 일반적으로 기초지반의 지지력은?

① 증가한다.
② 감소한다.
③ 변화가 없다.
④ 증가할 수도 있고, 감소할 수도 있다.

해설

근입심도($D_f$)가 깊으면 기초 지반의 지지력은 증가한다.

**14** 전단시험법 중 간극수압을 측정하여 유효응력으로 정리하면 압밀배수시험(CD – test)과 거의 같은 전단상수를 얻을 수 있는 시험법은?

① 비압밀 비배수시험(UU – test)
② 직접전단시험
③ 압밀 비배수시험(CU – test)
④ 일축압축시험($q_u$ – test)

해설

간극수압을 측정한 압밀 비배수시험

| 시험방법 | 특징 |
|---|---|
| 간극수압의 측정결과를 이용하여 유효응력으로 강도정수($c'$, $\phi'$)를 구함 | ㉠ 전단시험 시간의 절약을 위해 CU – test에서 전단 파괴 시 시료의 간극수압을 측정한다. ㉡ 전단 파괴 시 시료에 가한 전응력을 유효응력으로 환산하면 CD – test의 효과를 얻을 수 있다. |

**15** 그림과 같은 지반에서 깊이 5m 지점에서의 전단강도는?(단, 내부마찰각은 35°, 점착력은 0이다.)

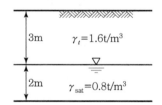

① 3.2t/m²
② 3.8t/m²
③ 4.5t/m²
④ 6.3t/m²

해설

깊이 5m 지점에서의 전단강도($S$, $\tau_f$)

$S(\tau_f) = c + \sigma'\tan\phi$

㉠ $c = 0$
㉡ 깊이 5m에서의 유효응력($\sigma'$)
$\sigma' = (1.6 \times 3) + (0.8 \times 2) = 6.4$
∴ $S(\tau_f) = c + \sigma'\tan\phi$
$= 0 + 6.4\tan 35° = 4.5 \text{t/m}^2$

**16** 흙의 다짐에 대한 설명으로 틀린 것은?

① 사질토의 최대 건조단위중량은 점성토의 최대 건조단위중량보다 크다.
② 점성토의 최적함수비는 사질토의 최적함수비보다 크다.
③ 영공기 간극곡선은 다짐곡선과 교차할 수 없고, 항상 다짐곡선의 우측에만 위치한다.
④ 유기질 성분을 많이 포함할수록 흙의 최대 건조단위중량과 최적함수비는 감소한다.

해설

유기질 성분을 많이 포함할수록 $\gamma_{d\max}$(최대 건조단위중량)는 증가하고 OMC(최적함수비)는 감소한다.

**17** 어떤 흙의 습윤단위중량($\gamma_t$)은 2.0t/m³이고, 함수비는 18%이다. 이 흙의 건조단위중량($\gamma_d$)은?

① 1.61t/m³
② 1.69t/m³
③ 1.75t/m³
④ 1.84t/m³

해설

$\gamma_d = \dfrac{\gamma_t}{1+\omega} = \dfrac{2.0}{1+0.18} = 1.69 \text{t/m}^3$

**18** 동수경사($i$)의 차원은?

① 무차원이다.
② 길이의 차원을 갖는다.
③ 속도의 차원을 갖는다.
④ 면적과 같은 차원이다.

해설

동수경사($i$) = $\dfrac{h}{L}$ (차원은 무차원)

**19** Rod에 붙인 어떤 저항체를 지중에 넣어 타격관입, 인발 및 회전할 때의 저항으로 흙의 전단강도 등을 측정하는 원위치 시험을 무엇이라 하는가?

① 보링(Boring)

② 사운딩(Sounding)

③ 시료채취(Sampling)

④ 비파괴 시험(NDT)

**해설**

사운딩

| 개요 | 사운딩 |
|---|---|
| Rod 끝에 설치한 저항체를 지중에 삽입하여 관입, 회전, 인발 등의 저항으로 토층의 물리적 성질과 상태를 탐사하는 것 | ㉠ 정적 사운딩<br>㉡ 동적 사운딩 |

**20** 다음 시험 중 흐트러진 시료를 이용한 시험은?

① 전단강도시험

② 압밀시험

③ 투수시험

④ 애터버그 한계시험

**해설**

흙의 애터버그 한계는 함수비로 표시하며, 흐트러진 시료를 이용한다.

**01** 어떤 흙에 대해서 일축압축시험을 한 결과 일축압축 강도가 $1.0\text{kg/cm}^2$이고 이 시료의 파괴면과 수평면이 이루는 각이 50°일 때 이 흙의 점착력($c_u$)과 내부 마찰각($\phi$)은?

① $c_u=0.60\text{kg/cm}^2$, $\phi=10°$

② $c_u=0.42\text{kg/cm}^2$, $\phi=50°$

③ $c_u=0.60\text{kg/cm}^2$, $\phi=50°$

④ $c_u=0.42\text{kg/cm}^2$, $\phi=10°$

해설

- $\theta=45°+\dfrac{\phi}{2}$, $50°=45°+\dfrac{\phi}{2}$

  $\therefore \phi=10°$

- $q_u=2c\tan\left(45°+\dfrac{\phi}{2}\right)$, $1=2c\tan\left(45°+\dfrac{10°}{2}\right)$

  $\therefore c=0.42\text{kg/cm}^2$

**02** 피조콘(piezocone) 시험의 목적이 아닌 것은?

① 지층의 연속적인 조사를 통하여 지층 분류 및 지층 변화 분석

② 연속적인 원지반 전단강도의 추이 분석

③ 중간 점토 내 분포한 sand seam 유무 및 발달 정도 확인

④ 불교란 시료 채취

해설

- 콘 관입시험은 지반의 공학적 성질을 추정하는 원위치시험이다.
- 피조콘 관입시험은 종래에는 할 수 없었던 흙의 투수성이나 압밀특성 등의 추정과 관입 저항치의 유효응력까지도 추정할 수 있다.

**03** 포화된 지반의 간극비를 $e$, 함수비를 $\omega$, 간극률을 $n$, 비중을 $G_s$라 할 때 다음 중 한계 동수 경사를 나타내는 식으로 적절한 것은?

① $\dfrac{G_s+1}{1+e}$

② $\dfrac{e-w}{w(1+e)}$

③ $(1+n)(G_s-1)$

④ $\dfrac{G_s(1-w+e)}{(1+G_s)(1+e)}$

해설

$$i_c(\text{한계동수경사})=\frac{\gamma_{sub}}{\gamma_w}=\frac{G_s-1}{1+e}=\frac{\dfrac{Se}{\omega}-1}{1+e}=\frac{Se-\omega}{(1+e)\omega}$$

$$\left(G_s\omega=Se,\ G_s=\frac{Se}{\omega}\right)$$

$$\therefore S=1,\ i_c=\frac{e-\omega}{(1+e)\omega}$$

**04** 다음 중 투수계수를 좌우하는 요인이 아닌 것은?

① 토립자의 비중

② 토립자의 크기

③ 포화도

④ 간극의 형상과 배열

해설

$$K\propto \text{직경}\propto \gamma_w\propto \text{간극비}\propto\frac{1}{\mu(\text{점성계수})}$$

**05** 어떤 점토의 압밀계수는 $1.92\times10^{-3}\text{cm}^2/\text{sec}$, 압축계수는 $2.86\times10^{-2}\text{cm}^2/\text{g}$이었다. 이 점토의 투수계수는?(단, 이 점토의 초기간극비는 0.8이다.)

① $1.05\times10^{-5}\text{cm/sec}$

② $2.05\times10^{-5}\text{cm/sec}$

③ $3.05\times10^{-5}\text{cm/sec}$

④ $4.05\times10^{-5}\text{cm/sec}$

해설

$$K=C_v\cdot m_v\cdot\gamma_w$$
$$=C_v\cdot\frac{a_v}{1+e_1}\cdot\gamma_w=1.92\times10^{-3}\times\left(\frac{2.86\times10^{-2}}{1+0.8}\right)\times1$$
$$=3.05\times10^{-5}\text{cm/sec}$$

**06** 반무한지반의 지표상에 무한길이의 선하중 $q_1$, $q_2$가 다음의 그림과 같이 작용할 때 $A$점에서의 연직응력 증가는?

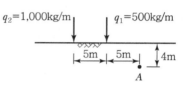

① $3.03\text{kg/m}^2$

② $12.12\text{kg/m}^2$

③ $15.15\text{kg/m}^2$

④ $18.18\text{kg/m}^2$

반무한지반에서 선하중 작용 시 응력 증가량

$$\Delta\sigma_z = \frac{2gz^3}{\pi(x^2+z^2)^2}$$

• $q_1 = 500\text{kg/m} = 0.5\text{t/m}$

$$\Delta\sigma_{z_1} = \frac{2\times0.5\times4^3}{\pi(5^2+4^2)^2} = 0.012\text{t/m}^2$$

• $q_2 = 1,000\text{kg/m} = 1\text{t/m}$

$$\Delta\sigma_{z_2} = \frac{2\times1\times4^3}{\pi(10^2+4^2)^2} = 0.003\text{t/m}^2$$

$$\therefore\ \Delta\sigma_z = \Delta\sigma_{z_1} + \Delta\sigma_{z_2} = 0.012 + 0.003 = 0.015\text{t/m}^2$$
$$= 15\text{kg/m}^2$$

**07** 크기가 30cm×30cm인 평판을 이용하여 사질토 위에서 평판재하시험을 실시하고 극한 지지력 20t/m²를 얻었다. 크기가 1.8m×1.8m인 정사각형기초의 총허용하중은 약 얼마인가?(단, 안전율 3을 사용한다.)

① 22ton      ② 66ton
③ 130ton      ④ 150ton

$$F_s = \frac{Q_u}{Q_a},\ Q_a(\text{허용하중}) = \frac{Q_u}{F_s}$$

• $Q_u(t) = q_u(\text{t/m}^2)\times A$

• $q_u$

  $0.3 : 20 = 1.8 \times q_u,\ q_u = 120\text{t/m}^2$

$$\therefore\ Q_u = q_u(120)\times A(1.8\times1.8) = 388.8\text{t}$$

허용하중 $Q_a = \dfrac{Q_u}{F_s} = \dfrac{388.8}{3} = 129.6\text{t}$

**08** $\gamma_{sat} = 2.0\text{t/m}^3$인 사질토가 20°로 경사진 무한사면이 있다. 지하수위가 지표면과 일치하는 경우 이 사면의 안전율이 1 이상이 되기 위해서는 흙의 내부마찰각이 최소 몇 도 이상이어야 하는가?

① 18.21°      ② 20.52°
③ 36.06°      ④ 45.47°

무한사면($C=0$)

$$F_s = \frac{\gamma_{sub}}{\gamma_{sat}}\cdot\frac{\tan\phi}{\tan i} \geq 1 \quad \therefore\ \frac{1}{2}\cdot\frac{\tan\phi}{\tan20°} = 1$$

내부마찰각 $\phi = 36.05°$

**09** 깊은 기초의 지지력 평가에 관한 설명으로 틀린 것은?

① 현장 타설 콘크리트 말뚝 기초는 동역학적 방법으로 지지력을 추정한다.
② 말뚝 항타분석기(PDA)는 말뚝의 응력분포, 경시 효과 및 해머 효율을 파악할 수 있다.
③ 정역학적 지지력 추정방법은 논리적으로 타당하나 강도정수를 추정하는 데 한계성을 내포하고 있다.
④ 동역학적 방법은 항타장비, 말뚝과 지반조건이 고려된 방법으로 해머 효율의 측정이 필요하다.

지지력 평가
• 정역학적 방법 : 점성토지반(현장 타설 콘크리트 말뚝 지지력 산정)
• 동역학적 방법 : 사질토지반

**10** Terzaghi의 극한지지력 공식에 대한 설명으로 틀린 것은?

① 기초의 형상에 따라 형상계수를 고려하고 있다.
② 지지력계수 $N_c$, $N_q$, $N_\gamma$는 내부마찰각에 의해 결정된다.
③ 점성토에서의 극한지지력은 기초의 근입깊이가 깊어지면 증가된다.
④ 극한지지력은 기초의 폭에 관계없이 기초 하부의 흙에 의해 결정된다.

• $q_{ult} = \alpha N_c C + \beta\gamma_1 N_r B + \gamma_2 N_q D_f$
• 극한지지력($q_{ult}$)은 기초의 폭($B$)과 관계가 있다.

**11** 흙의 다짐시험에서 다짐에너지를 증가시킬 때 일어나는 결과는?

① 최적함수비는 증가하고, 최대 건조단위중량은 감소한다.
② 최적함수비는 감소하고, 최대 건조단위중량은 증가한다.
③ 최적함수비와 최대 건조단위중량이 모두 감소한다.
④ 최적함수비와 최대 건조단위중량이 모두 증가한다.

해설

다짐에너지를 증가시키면 OMC(최적함수비)는 감소하고 $\gamma_{d\max}$ (최대 건조단위중량)는 증가한다.

**12** 유선망(Flow Net)의 성질에 대한 설명으로 틀린 것은?

① 유선과 등수두선은 직교한다.
② 동수경사($i$)는 등수두선의 폭에 비례한다.
③ 유선망으로 되는 사각형은 이론상 정사각형이다.
④ 인접한 두 유선 사이, 즉 유로를 흐르는 침투수량은 동일하다.

해설

$$V = Ki = K \cdot \frac{\Delta L}{L} \quad \therefore \ i(\text{동수경사}) \propto \frac{1}{L(\text{폭})}$$

**13** 다음 그림에서 토압계수 $K = 0.5$일 때의 응력경로는 어느 것인가?

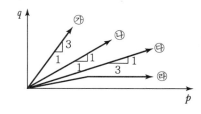

① ㉮
② ㉯
③ ㉰
④ ㉱

해설

$$\text{응력경로(응력비)} = \frac{1-K}{1+K} = \frac{1-0.5}{1+0.5} = \frac{1}{3}$$

**14** 다음 중 부마찰력이 발생할 수 있는 경우가 아닌 것은?

① 매립된 생활쓰레기 중에 시공된 관 측정
② 붕적토에 시공된 말뚝 기초
③ 성토한 연약점토지반에 시공된 말뚝 기초
④ 다짐된 사질지반에 시공된 말뚝 기초

해설

부마찰력

연약지반에 말뚝을 박으면 아래로 작용하는 말뚝의 주면 마찰력

**15** 흙 시료의 전단파괴면을 미리 정해놓고 흙의 강도를 구하는 시험은?

① 직접전단시험
② 평판재하시험
③ 일축압축시험
④ 삼축압축시험

해설

• 직접전단시험(전단파괴면을 미리 정함)
• 수직응력($\sigma$) $= \dfrac{P}{A}$, 전단응력($\tau$) $= \dfrac{S}{A}$

**16** 4.75mm체(4번 체) 통과율이 90%이고, 0.075mm 체(200번 체) 통과율이 4%, $D_{10} = 0.25\,\text{mm}$, $D_{30} = 0.6\text{mm}$, $D_{60} = 2\text{mm}$인 흙을 통일분류법으로 분류하면?

① GW
② GP
③ SW
④ SP

해설

• 0.075mm(No.200체) 통과율 4% → 조립토
• 4.75mm(No.4체) 통과율 90% → S
• $C_u = \dfrac{D_{60}}{D_{10}} = \dfrac{2}{0.25} = 8$

$C_g = \dfrac{D_{30}{}^2}{D_{10} \cdot D_{60}} = \dfrac{0.6^2}{0.25 \times 2} = 0.72$

• $W$(양입도) 조건
  모래 : $C_u > 6$ and $1 < C_g < 3$
따라서, 통일분류법으로 분류하면 SP이다.

---

**정답** 11 ② 12 ② 13 ③ 14 ④ 15 ① 16 ④

**17** 표준관입 시험에서 $N$치가 20으로 측정되는 모래 지반에 대한 설명으로 옳은 것은?

① 내부마찰각이 약 30°~40° 정도인 모래이다.

② 유효상재하중이 20t/m²인 모래이다.

③ 간극비가 1.2인 모래이다.

④ 매우 느슨한 상태이다.

[해설]

• 사질토에서 $N$치 중간 : 10~30

• $\phi = \sqrt{12N} + 25 = 40.5°$, $\phi = \sqrt{12N} + 15 = 30.5°$

∴ 내부마찰각이 약 30°~40° 정도인 모래이다.


**18** 그림과 같은 지반에서 하중으로 인하여 수직 응력($\Delta\sigma_1$)이 1.0kg/cm² 증가되고 수평응력($\Delta\sigma_3$)이 0.5kg/cm² 증가되었다면 간극수압은 얼마나 증가되었는가?(단, 간극수압계수 $A = 0.5$이고 $B = 1$이다.)

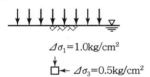

$\Delta\sigma_1 = 1.0\text{kg/cm}^2$

$\Delta\sigma_3 = 0.5\text{kg/cm}^2$

① 0.50kg/cm²      ② 0.75kg/cm²

③ 1.00kg/cm²      ④ 1.25kg/cm²

[해설]

3축 압축 시 과잉간극수압(포화)

$\Delta u = B[\Delta\sigma_3 + A(\Delta\sigma_1 - \Delta\sigma_3)]$
$= 1[0.5 + 0.5(1 - 0.5)] = 0.75\text{kg/cm}^2$


**19** 다음 그림과 같은 폭($B$) 1.2m, 길이($L$) 1.5m 인 사각형 얕은 기초에 폭($B$) 방향에 대한 편심이 작용하는 경우 지반에 작용하는 최대 압축응력은?

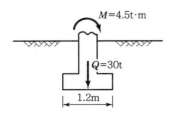

$M = 4.5\text{t·m}$

$Q = 30\text{t}$

1.2m

① 29.2t/m²      ② 38.5t/m²

③ 39.7t/m²      ④ 41.5t/m²

[해설]

$\sigma_{max} = \dfrac{Q}{A}\left(1 + \dfrac{6e}{B}\right) = \dfrac{30}{1.2 \times 1.5}\left(1 + \dfrac{6 \times 0.15}{1.2}\right) = 29.2\text{t/m}^2$

$\left(M = Q \cdot e,\ e = \dfrac{M}{Q} = \dfrac{4.5}{30} = 0.15\text{m}\right)$


**20** 그림과 같이 옹벽 배면의 지표면에 등분포하중이 작용할 때, 옹벽에 작용하는 전체 주동토압의 합력($P_a$)과 옹벽 저면으로부터 합력의 작용점까지의 높이($h$)는?

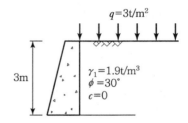

$q = 3\text{t/m}^2$

3m

$\gamma_1 = 1.9\text{t/m}^3$
$\phi = 30°$
$c = 0$

① $P_a = 2.85\text{t/m}$, $h = 1.26\text{m}$

② $P_a = 2.85\text{t/m}$, $h = 1.38\text{m}$

③ $P_a = 5.85\text{t/m}$, $h = 1.26\text{m}$

④ $P_a = 5.85\text{t/m}$, $h = 1.38\text{m}$

[해설]

옹벽 저면으로부터 합력의 작용점까지의 높이($h$)

$h = \dfrac{P_{a_1} \times \dfrac{H}{2} + P_{a_2} \times \dfrac{H}{3}}{P_a}$

• $P_{a_1} = qK_a H = 3 \times 0.333 \times 3 = 2.997$

• $P_{a_2} = \dfrac{1}{2}\gamma_t H^2 K_a = \dfrac{1}{2} \times 1.9 \times 3^2 \times 0.333 = 2.84715$

$\left[K_a = \tan^2\left(45° - \dfrac{\phi}{2}\right) = \tan^2\left(45° - \dfrac{30°}{2}\right) = 0.333\right]$

∴ 전 주동토압의 합력($P_a$)

$P_a = P_{a_1} + P_{a_2} = 2.997 + 2.84715 = 5.85\text{t/m}$

따라서 합력의 작용점까지 높이($h$)

$h = \dfrac{P_{a_1} \times \dfrac{H}{2} + P_{a_2} \times \dfrac{H}{3}}{P_a} = \dfrac{\left(2.997 \times \dfrac{3}{2}\right) + \left(2.84715 \times \dfrac{3}{3}\right)}{5.85}$

$= 1.26\text{m}$


정답   **17** ①   **18** ②   **19** ①   **20** ③

**01** 어느 흙의 지하수면 아래의 흙의 단위중량이 1.94g/cm³이었다. 이 흙의 간극비가 0.84일 때 이 흙의 비중을 구하면?

① 1.65　　　　② 2.65
③ 2.73　　　　④ 3.73

해설

$$\gamma_t = \frac{G_s + Se}{1+e}\gamma_w$$

$$1.94 = \frac{G_s + (1\times0.84)}{1+0.84}\times1$$

∴ 비중($G_s$) = 2.73

**02** 응력경로(stress path)에 대한 설명으로 틀린 것은?

① 응력경로를 이용하면 시료가 받는 응력의 변화과정을 연속적으로 파악할 수 있다.
② 응력경로에는 전응력으로 나타내는 전응력경로와 유효응력으로 나타내는 유효응력경로가 있다.
③ 응력경로는 Mohr의 응력원에서 전단응력이 최대인 점을 연결하여 구한다.
④ 시료가 받는 응력상태를 응력경로로 나타내면 항상 직선으로 나타난다.

해설

일반적으로 실제유효응력 경로는 곡선이며 직선인 경우는 드물다.

**03** 지하수위가 지표면과 일치되며 내부마찰각이 30°, 포화단위중량($\gamma_{sat}$)이 2.0t/m³이고, 점착력이 0인 사질토로 된 반무한사면이 15°로 경사져 있다. 이때 이 사면의 안전율은?

① 1.00　　　　② 1.08
③ 2.00　　　　④ 2.15

해설

$$F_s = \frac{\gamma_{sub}}{\gamma_{sat}}\times\frac{\tan\phi}{\tan i} = \frac{2-1}{2}\times\frac{\tan30°}{\tan15°} = 1.08$$

**04** 점성토의 전단특성에 관한 설명 중 옳지 않은 것은?

① 일축압축시험 시 peak점이 생기지 않을 경우는 변형률 15%일 때를 기준으로 한다.
② 재성형한 시료를 함수비의 변화 없이 그대로 방치하면 시간이 경과되면서 강도가 일부 회복되는 현상을 액상화현상이라 한다.
③ 전단조건(압밀상태, 배수조건 등)에 따라 강도정수가 달라진다.
④ 포화점토에 있어서 비압밀 비배수 시험의 결과 전단강도는 구속압력의 크기에 관계없이 일정하다.

해설

점토는 되이김하면 전단강도가 현저히 감소되는데, 시간이 경과함에 따라 그 강도의 일부를 다시 찾게 되는 현상을 틱소트로피 현상이라 한다.

**05** 흙의 다짐에너지에 관한 설명으로 틀린 것은?

① 다짐에너지는 래머(rammer)의 중량에 비례한다.
② 다짐에너지는 래머(rammer)의 낙하고에 비례한다.
③ 다짐에너지는 시료의 체적에 비례한다.
④ 다짐에너지는 타격수에 비례한다.

해설

다짐에너지는 시료의 체적에 반비례한다.

**06** 흙 속으로 물이 흐를 때, Darcy 법칙에 의한 유속 ($v$)과 실제유속($v_s$) 사이의 관계로 옳은 것은?

① $v_s < v$　　　　② $v_s > v$
③ $v_s = v$　　　　④ $v_s = 2v$

해설

실제침투유속($V_s$) = $\dfrac{V}{n}$

∴ $V_s > V$(실제침투유속이 평균유속보다 크다.)

정답　01 ③　02 ④　03 ②　04 ②　05 ③　06 ②

**07** 10m×10m인 정사각형 기초 위에 6t/m²의 등분포하중이 작용하는 경우 지표면 아래 10m에서의 수직응력을 2 : 1 분포법으로 구하면?

① 1.2t/m²  
② 1.5t/m²  
③ 1.88t/m²  
④ 2.11t/m²

**해설**

$$\Delta\sigma_z = \frac{qBL}{(B+Z)(L+Z)} = \frac{6\times10\times10}{(10+10)(10+10)} = 1.5\text{t/m}^2$$

**08** 유선망(流線網)에서 사용되는 용어를 설명한 것으로 틀린 것은?

① 유선 : 흙 속에서 물입자가 움직이는 경로  
② 등수두선 : 유선에서 전수두가 같은 점을 연결한 선  
③ 유선망 : 유선과 등수두선의 조합으로 이루어지는 그림  
④ 유로 : 유선과 등수두선이 이루는 통로

**해설**

유로 : 유선과 유선이 이루는 통로

**09** 어떤 흙의 입경가적곡선에서 $D_{10}=0.05$mm, $D_{30}=0.09$mm, $D_{60}=0.15$mm이었다. 균등계수 $C_u$와 곡률계수 $C_g$의 값은?

① $C_u=3.0$, $C_g=1.08$  
② $C_u=3.5$, $C_g=2.08$  
③ $C_u=3.0$, $C_g=2.45$  
④ $C_u=3.5$, $C_g=1.82$

**해설**

• 균등계수$(C_u) = \dfrac{D_{60}}{D_{10}} = \dfrac{0.15}{0.05} = 3$

• 곡률계수$(C_g) = \dfrac{{D_{30}}^2}{D_{10}\times D_{60}} = \dfrac{0.09^2}{0.05\times 0.15} = 1.08$

**10** 두께가 6m인 점토층이 있다. 이 점토의 간극비$(e_0)$는 2.0이고 액성한계$(w_l)$는 70%이다. 압밀하중을 2kg/cm²에서 4kg/cm²로 증가시킬 때 예상되는 압밀침하량은?(단, 압축지수 $C_c$는 Skempton의 식 $C_c=0.009(w_l-10)$을 이용한다.)

① 0.33m  
② 0.49m  
③ 0.65m  
④ 0.87m

**해설**

$$\Delta H = \frac{C_c}{1+e_1}\log\frac{P_2}{P_1}H$$
$$= \frac{0.54}{1+2}\times\log\frac{40}{20}\times 6 = 0.33$$
$$[C_c = 0.009(w_\ell-10) = 0.009(70-10) = 0.54]$$

**11** 어떤 흙 시료에 대하여 일축압축시험을 실시한 결과, 일축압축강도$(q_u)$가 3kg/cm², 파괴면과 수평면이 이루는 각은 45°이었다. 이 시료의 내부마찰각$(\phi)$과 점착력(c)은?

① $\phi=0$, $c=1.5$kg/cm²  
② $\phi=0$, $c=3$kg/cm²  
③ $\phi=90°$, $c=1.5$kg/cm²  
④ $\phi=45°$, $c=0$

**해설**

• 내부마찰각$(\phi)$

$$\theta = 45° + \frac{\phi}{2} = 45° \quad \therefore\ \phi=0$$

• $q_u = 2c \cdot \tan\left(45°+\dfrac{\phi}{2}\right)$

$$3 = 2c \cdot \tan\left(45°+\dfrac{0}{2}\right)$$
$$\therefore\ c = 1.5\text{kg/cm}^2$$

**12** 사질토 지반에서 직경 30cm인 평판재하시험 결과 30t/m²인 압력이 작용할 때 침하량이 5mm라면, 직경 1.5m의 실제 기초에 30t/m²의 하중이 작용할 때 침하량의 크기는?

① 28mm  
② 50mm  
③ 14mm  
④ 25mm

**해설**

재하시험에 의한 사질토층의 즉시 침하

$$S_{(기초)} = S_{(재하판)} \cdot \left\{\frac{2\cdot B_{(기초)}}{B_{(기초)}+B_{(재하판)}}\right\}^2 = 5\times\left\{\frac{2\times1.5}{1.5+0.3}\right\}^2$$
$$= 14\text{mm}$$

**정답** 07 ② 08 ④ 09 ① 10 ① 11 ① 12 ③

## 13 흙 속에서 물의 흐름에 영향을 주는 주요 요소가 아닌 것은?

① 흙의 유효입경　　② 흙의 간극비
③ 흙의 상대밀도　　④ 유체의 점성계수

[해설]

$$k = D_s^2 \cdot \frac{\gamma_w}{\mu} \cdot \frac{e^2}{1+e} \cdot C$$

- $k$(투수계수)는 $D_s^2$(입경)에 비례
- $k$(투수계수)는 $\mu$(점성계수)에 비례
- $k$(투수계수)는 $\gamma_w$(물의 단위중량)에 비례
- $k$(투수계수)는 $C$(형상계수)에 비례

∴ 흙의 상대밀도는 물의 흐름에 영향을 주지 않는다.

## 14 기초의 구비조건에 대한 설명으로 틀린 것은?

① 기초는 상부하중을 안전하게 지지해야 한다.
② 기초의 침하는 절대 없어야 한다.
③ 기초는 최소 동결깊이보다 깊은 곳에 설치해야 한다.
④ 기초는 시공이 가능하고 경제적으로 만족해야 한다.

[해설]

기초의 침하는 허용값 이내여야 한다.

## 15 토압의 종류로는 주동토압, 수동토압 및 정지토압이 있다. 다음 중 그 크기의 순서로 옳은 것은?

① 주동토압 > 수동토압 > 정지토압
② 수동토압 > 정지토압 > 주동토압
③ 정지토압 > 수동토압 > 주동토압
④ 수동토압 > 주동토압 > 정지토압

[해설]

토압의 크기 : 수동토압 > 정지토압 > 주동토압

## 16 다음 사운딩(Sounding)방법 중에서 동적 사운딩은?

① 이스키미터(Iskymeter)
② 베인 전단시험(Vane Shear Test)

③ 화란식 원추관입시험(Dutch Cone Penetration)
④ 표준관입시험(Standard Penetration Test)

[해설]

**동적 사운딩**
- 표준관입시험(SPT)
- 동적 원추관시험

## 17 다음의 기초형식 중 직접기초가 아닌 것은?

① 말뚝기초　　② 독립기초
③ 연속기초　　④ 전면기초

[해설]

**기초의 분류**
㉠ 얕은(직접)기초
　(1) 확대(footing)기초
　　- 독립확대기초
　　- 복합확대기초
　　- 연속확대기초
　(2) 전면(mat)기초

㉡ 깊은기초
　- 말뚝기초
　- 피어(pier)기초
　- 케이슨기초

## 18 아래 표의 Terzaghi의 극한 지지력 공식에 대한 설명으로 틀린 것은?

$$q_u = \alpha c N_c + \beta \gamma_1 B N_\gamma + \gamma_2 D_f N_q$$

① $\alpha$, $\beta$는 기초형상계수이다.
② 원형기초에서 $B$는 원의 직경이다.
③ 정사각형 기초에서 $\alpha$의 값은 1.3이다.
④ $N_c$, $N_\gamma$, $N_q$는 지지력계수로서 흙의 점착력에 의해 결정된다.

[해설]

$N_c$, $N_\gamma$, $N_q$는 지지력계수로서 흙의 내부마찰각에 의해 결정된다.

**19** 모래치환법에 의한 현장 흙의 단위무게시험에서 표준모래를 사용하는 이유는?

① 시료의 부피를 알기 위해서
② 시료의 무게를 알기 위해서
③ 시료의 입경을 알기 위해서
④ 시료의 함수비를 알기 위해서

해설 ----------------------------------------
들밀도시험 방법인 모래치환 방법에서 모래(표준사)는 현장에서 파낸 구멍의 체적을 알기 위해 쓰인다.

**20** 다음과 같은 토질시험 중에서 현장에서 이루어지지 않는 시험은?

① 베인(Vane)전단시험
② 표준관입시험
③ 수축한계시험
④ 원추관입시험

해설 ----------------------------------------
수축한계시험은 실내시험으로서 흙의 물리적 성질을 구할 때 이용한다.

**01** 어떤 시료에 대해 액압 $1.0\text{kg/cm}^2$를 가해 각 수직변위에 대응하는 수직하중을 측정한 결과가 아래 표와 같다. 파괴 시의 축차응력은?(단, 피스톤의 지름과 시료의 지름은 같다고 보며, 시료의 단면적 $A_O = 18\text{cm}^2$, 길이 $L = 14\text{cm}$이다.)

| $\Delta L$ (1/100mm) | 0 | ⋯ | 1,000 | 1,100 | 1,200 | 1,300 | 1,400 |
|---|---|---|---|---|---|---|---|
| $P$(kg) | 0 | ⋯ | 54.0 | 58.0 | 60.0 | 59.0 | 58.0 |

① $3.05\text{kg/cm}^2$      ② $2.55\text{kg/cm}^2$
③ $2.05\text{kg/cm}^2$      ④ $1.55\text{kg/cm}^2$

**해설**
- 최대 수직하중 : 60kg
- $\sigma = \sigma_1 - \sigma_3 = \dfrac{P}{A_0} = \dfrac{P}{\dfrac{A}{1-\varepsilon}} = \dfrac{P}{\dfrac{A}{1-\dfrac{\Delta L}{L}}}$

$$= \dfrac{60}{\dfrac{18}{1-\dfrac{1.2}{14}}} = 3.05\text{kg/cm}^2$$

**02** 전단마찰각이 25°인 점토의 현장에 작용하는 수직응력이 $5\text{t/m}^2$이다. 과거 작용했던 최대 하중이 $10\text{t/m}^2$이라고 할 때 대상지반의 정지토압계수를 추정하면?

① 0.40      ② 0.57
③ 0.82      ④ 1.14

**해설**
$K_o$(과압밀) $= K_o$(정규압밀) $\sqrt{\text{OCR}}$
$$= (1-\sin\phi)\sqrt{\dfrac{P_c}{P_o}} = (1-\sin 25°) \times \sqrt{\dfrac{10}{5}} = 0.82$$

**03** 무게가 3ton인 단동식 증기 hammer를 사용하여 낙하고 1.2m에서 pile을 타입할 때 1회 타격당 최종 침하량이 2cm이었다. Engineering News 공식을 사용하여 허용 지지력을 구하면 얼마인가?

① 13.3t      ② 26.7t
③ 80.8t      ④ 160t

**해설**
$$Q_a = \dfrac{Q_u}{F_s} = \dfrac{WH}{F_s(S+0.25)}$$
$$= \dfrac{3 \times 120}{6(2+0.25)} = 26.7\text{t}$$

**04** 점토지반의 강성기초의 접지압 분포에 대한 설명으로 옳은 것은?

① 기초 모서리 부분에서 최대 응력이 발생한다.
② 기초 중앙 부분에서 최대 응력이 발생한다.
③ 기초 밑면의 응력은 어느 부분이나 동일하다.
④ 기초 밑면에서의 응력은 토질에 관계없이 일정하다.

**해설**
강성기초의 접지압

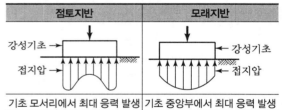

| 점토지반 | 모래지반 |
|---|---|
| 기초 모서리에서 최대 응력 발생 | 기초 중앙부에서 최대 응력 발생 |

**05** 다음 그림과 같이 피압수압을 받고 있는 2m 두께의 모래층이 있다. 그 위의 포화된 점토층을 5m 깊이로 굴착하는 경우 분사현상이 발생하지 않기 위한 수심($h$)은 최소 얼마를 초과하도록 하여야 하는가?

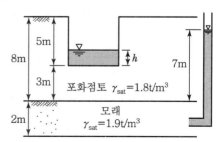

① 1.3m      ② 1.6m
③ 1.9m      ④ 2.4m

**정답**    **01** ①    **02** ③    **03** ②    **04** ①    **05** ②

**해설**

분사현상은 유효응력이 0일 때 발생
- $\sigma = 1 \times h + 1.8 \times 3 = h + 5.4$
- $u = 1 \times 7 = 7$
- $\sigma' = \sigma - u = h + 5.4 - 7 = 0$    $\therefore \ h = 1.6 \mathrm{m}$

**06** 내부마찰각 $\phi_u = 0$, 점착력 $c_u = 4.5\mathrm{t/m^2}$, 단위중량이 $1.9\mathrm{t/m^3}$ 되는 포화된 점토층에 경사각 $45°$로 높이 $8\mathrm{m}$인 사면을 만들었다. 그림과 같은 하나의 파괴면을 가정했을 때 안전율은?(단, $ABCD$의 면적은 $70\mathrm{m^2}$이고, $ABCD$의 무게중심은 $O$점에서 $4.5\mathrm{m}$거리에 위치하며, 호 $AC$의 길이는 $20.0\mathrm{m}$이다.)

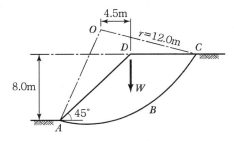

① 1.2          ② 1.8
③ 2.5          ④ 3.2

**해설**

$$F_s = \frac{cRL}{We} = \frac{4.5 \times 12 \times 20}{(70 \times 1.9) \times 4.5} = 1.8$$

**07** 다음 중 임의 형태 기초에 작용하는 등분포하중으로 인하여 발생하는 지중응력계산에 사용하는 가장 적합한 계산법은?

① Boussinesq법      ② Osterberg법
③ Newmark 영향원법    ④ 2 : 1 간편법

**해설**

Newmark 영향원법
- 등분포하중으로 인해 발생하는 지중응력 계산에 사용
- $\sigma_z = 0.005 nq$
  여기서, $n$ : 면적요소 수, $q$ : 등분포하중

**08** 노건조한 흙 시료의 부피가 $1,000\mathrm{cm^3}$, 무게가 $1,700\mathrm{g}$, 비중이 $2.65$이라면 간극비는?

① 0.71          ② 0.43
③ 0.65          ④ 0.56

**해설**

$$\gamma_d = \frac{W_s}{V} = \frac{G_s}{1+e}\gamma_w$$

$$\frac{1,700}{1,000} = \frac{2.65}{1+e} \times 1$$

$\therefore$ 간극비$(e) = 0.56$

**09** 흙의 공학적 분류방법 중 통일 분류법과 관계없는 것은?

① 소성도          ② 액성한계
③ No.200체 통과율    ④ 군지수

**해설**

군지수는 AASHTO 분류법과 관계있다.

**10** 수조에 상방향의 침투에 의한 수두를 측정한 결과, 그림과 같이 나타났다. 이때, 수조 속에 있는 흙에 발생하는 침투력을 나타낸 식은?(단, 시료의 단면적은 $A$, 시료의 길이는 $L$, 시료의 포화단위중량은 $\gamma_{sat}$, 물의 단위중량은 $\gamma_w$이다.)

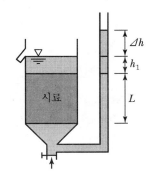

① $\triangle h \cdot \gamma_w \cdot \dfrac{A}{L}$       ② $\triangle h \cdot \gamma_w \cdot A$

③ $\triangle h \cdot \gamma_{sat} \cdot A$       ④ $\dfrac{\gamma_{sat}}{\gamma_w} \cdot A$

**해설**

• 단위면적당 침투수압

$$F = i\gamma_w z = \frac{\Delta h}{L} \times \gamma_w \times L = \Delta h \cdot \gamma_w$$

• 시료면적에 작용하는 침투수압

$$F = \Delta h \cdot \gamma_w \cdot A$$

**11** 포화단위중량이 $1.8 t/m^3$인 흙에서의 한계동수경사는 얼마인가?

① 0.8      ② 1.0

③ 1.8      ④ 2.0

**해설**

$$i_c = \frac{\gamma_{sub}}{\gamma_w} = \frac{G_s - 1}{1 + e} = \frac{0.8}{1} = 0.8$$

**12** 입경이 균일한 포화된 사질지반에 지진이나 진동 등 동적하중이 작용하면 지반에서는 일시적으로 전단강도를 상실하게 되는데, 이러한 현상을 무엇이라고 하는가?

① 분사현상(quick sand)

② 틱소트로피현상(thixotropy)

③ 히빙현상(heaving)

④ 액상화현상(liquefaction)

**해설**

액상화현상 : 간극수압의 상승으로 유효응력이 감소되고 그 결과 사질토가 외력에 대한 전단저항을 잃게 되는 현상

**13** 다음 시료채취에 사용되는 시료기(sampler) 중 불교란시료 채취에 사용되는 것만 고른 것으로 옳은 것은?

(1) 분리형 원통 시료기(split spoon sampler)
(2) 피스톤 튜브 시료기(piston tube sampler)
(3) 얇은 관 시료기(thin wall tube sampler)
(4) Laval 시료기(Laval sampler)

① (1), (2), (3)      ② (1), (2), (4)

③ (1), (3), (4)      ④ (2), (3), (4)

**해설**

교란시료 채취 : 분리형 원통 시료기(split spoon sampler)

**14** 점토의 다짐에서 최적함수비보다 함수비가 적은 건조 측 및 함수비가 많은 습윤 측에 대한 설명으로 옳지 않은 것은?

① 다짐의 목적에 따라 습윤 및 건조 측으로 구분하여 다짐계획을 세우는 것이 효과적이다.

② 흙의 강도 증가가 목적인 경우, 건조 측에서 다지는 것이 유리하다.

③ 습윤 측에서 다지는 경우, 투수계수 증가효과가 크다.

④ 다짐의 목적이 차수를 목적으로 하는 경우, 습윤 측에서 다지는 것이 유리하다.

**해설**

습윤 측에서 다지면 투수계수 감소효과가 크다.

**15** 어떤 지반에 대한 토질시험결과 점착력 $c = 0.50 kg/cm^2$, 흙의 단위중량 $\gamma = 2.0 t/m^3$이었다. 그 지반에 연직으로 7m를 굴착했다면 안전율은 얼마인가?(단, $\phi = 0$이다.)

① 1.43      ② 1.51

③ 2.11      ④ 2.61

**해설**

안전율$(F_s) = \dfrac{H_c}{H}$

• 한계고$(H_c) = \dfrac{4c}{\gamma_t} \tan\left(45° + \dfrac{\phi}{2}\right) = \dfrac{4 \times 5}{2.0} \tan\left(45° + \dfrac{0°}{2}\right)$

       $= 10m$

   $(c = 0.5 kg/cm^2 = 5 t/m^2$이다.$)$

• $H = 7m$

∴ 연직사면의 안전율$(F_s) = \dfrac{H_c}{H} = \dfrac{10}{7} = 1.43$

**정답**    11 ①   12 ④   13 ④   14 ③   15 ①

**16** 다음 그림과 같이 점토질 지반에 연속기초가 설치되어 있다. Terzaghi 공식에 의한 이 기초의 허용지지력은?(단, $\phi=0$이며, 폭$(B)=2$m, $N_c=5.14$, $N_q=1.0$, $N_\gamma=0$, 안전율 $F_S=3$이다.)

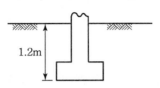

1.2m

점토질 지반 $\gamma=1.92$t/m³
일축압축강도 $q_u=14.86$t/m²

① $6.4$t/m² ② $13.5$t/m²
③ $18.5$t/m² ④ $40.49$t/m²

【해설】

| 형상계수 | 원형기초 | 정사각형기초 | 연속기초 |
|---|---|---|---|
| $\alpha$ | 1.3 | 1.3 | 1.0 |
| $\beta$ | 0.3 | 0.4 | 0.5 |

- $q_{ult}=\alpha c N_c+\beta\gamma_1 BN_\gamma+\gamma_2 D_f N_q$

$=1\times\left(\frac{14.86}{2}\right)\times5.14+0.5\times1.92\times2\times0$

$+1.92\times1.2\times1=40.49$t/m²

- $q_a=\dfrac{q_u}{F_s}=\dfrac{40.49}{3}=13.5$t/m²

**17** Meyerhof의 극한지지력 공식에서 사용하지 않는 계수는?

① 형상계수 ② 깊이계수
③ 시간계수 ④ 하중경사계수

【해설】

Meyerhof의 극한지지력 공식에 포함되는 계수
- 형상계수 · 근입깊이계수 · 하중경사계수

**18** 토질조사에 대한 설명 중 옳지 않은 것은?

① 사운딩(Sounding)이란 지중에 저항체를 삽입하여 토층의 성상을 파악하는 현장 시험이다.
② 불교란시료를 얻기 위해서 Foil Sampler, Thin wall tube sampler 등이 사용된다.

③ 표준관입시험은 로드(Rod)의 길이가 길어질수록 $N$치가 작게 나온다.
④ 베인시험은 정적인 사운딩이다.

【해설】

표준관입시험은 로드(Rod) 길이가 길어지면 타격에너지가 손실되어 $N$치가 커진다.

**19** $2.0$kg/cm²의 구속응력을 가하여 시료를 완전히 압밀한 다음, 축차응력을 가하여 비배수 상태로 전단시켜 파괴 시 축변형률 $\varepsilon_f=10\%$, 축차응력 $\triangle\sigma_f=2.8$kg/cm², 간극수압 $\triangle u_f=2.1$kg/cm²를 얻었다. 파괴시 간극수압계수 $A$는?(단, 간극수압계수 $B$는 $1.0$으로 가정한다.)

① $0.44$ ② $0.75$
③ $1.33$ ④ $2.27$

【해설】

$A$계수$=\dfrac{D계수}{B계수}=\dfrac{0.75}{1}=0.75$

$\left(D계수=\dfrac{\Delta u}{\Delta\sigma_1-\Delta\sigma_3}=\dfrac{2.1}{2.8}=0.75\right)$

**20** 다음 그림과 같이 3개의 지층으로 이루어진 지반에서 수직방향 등가투수계수는?

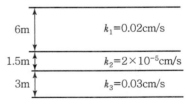

6m $k_1=0.02$cm/s
1.5m $k_2=2\times10^{-5}$cm/s
3m $k_3=0.03$cm/s

① $2.516\times10^{-6}$cm/s ② $1.274\times10^{-5}$cm/s
③ $1.393\times10^{-4}$cm/s ④ $2.0\times10^{-2}$cm/s

【해설】

$K_v=\dfrac{H_1+H_2+H_3}{\frac{H_1}{K_1}+\frac{H_2}{K_2}+\frac{H_3}{K_3}}=\dfrac{600+150+300}{\frac{600}{0.02}+\frac{150}{2\times10^{-5}}+\frac{300}{0.03}}$

$=1.393\times10^{-4}$cm/s

정답 16 ② 17 ③ 18 ③ 19 ② 20 ③

**01** 말뚝재하실험 시 연약점토지반인 경우는 pile 의 타입 후 20여 일이 지난 다음 말뚝재하실험을 한다. 그 이유로 가장 타당한 것은?

① 주면 마찰력이 너무 크게 작용하기 때문에
② 부마찰력이 생겼기 때문에
③ 타입 시 주변이 교란되었기 때문에
④ 주위가 압축되었기 때문에

**해설**

말뚝재하시험(평판재하시험) 시 파일 타입 후 즉시 재하시험을 실시하지 않는 이유는 말뚝 주변이 교란되었기 때문이다.

**02** 다음의 흙 중 암석이 풍화되어 원래의 위치에서 토층이 형성된 흙은?

① 충적토
② 이탄
③ 퇴적토
④ 잔적토

**해설**

잔적토 : 풍화작용에 의해 생성된 흙이 운반되지 않고 원래 암반 상에 남아서 토층을 형성하고 있는 흙

**03** 어느 흙의 액성한계가 35%, 소성한계가 22% 일 때 소성지수는 얼마인가?

① 12
② 13
③ 15
④ 17

**해설**

소성지수($I_p$) = 액성한계 − 소성한계
= 35 − 22 = 13

**04** 다음 중 사면의 안정해석법과 관계가 없는 것은?

① 비숍(Bishop)의 방법
② 마찰원법
③ 펠레니우스(Fellenius)의 방법
④ 뷰지네스크(Boussinesq)의 이론

**해설**

사면의 안정해석
㉠ 질량법(마찰원법)
㉡ 절편법(분할법)
  • Fellenius법
  • Bishop법
  • Spencer법

**05** 노상토의 지지력을 나타내는 CBR값의 단위는?

① $kg/cm^2$
② $kg/cm$
③ $kg/cm^3$
④ %

**해설**

• CBR 단위 : %
• $CBR(\%) = \dfrac{시험(전)하중}{표준(전)하중} \times 100$

**06** 압밀시험에서 시간−침하곡선으로부터 직접 구할 수 있는 사항은?

① 선행압밀압력
② 점성보정계수
③ 압밀계수
④ 압축지수

**해설**

압밀시험에 따른 성과표

| 시간−침하곡선 | 간극비 하중($e$−$\log P$)곡선 |
| --- | --- |
| • 체적변화계수($m_v$) | • 압축계수($a_v$) |
| • 투수계수($k$) | • 압축지수($C_c$) |
| • 압밀계수($C_v$) | • 선행압밀하중($P_c$) |
| • 1차 압밀비 | • 공극비($e$) |

**07** 그림과 같은 지반에서 포화토 $A-A$면에서의 유효응력은?

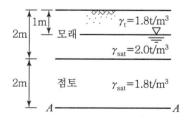

① $2.4\text{t/m}^2$  ② $4.4\text{t/m}^2$

③ $5.6\text{t/m}^2$  ④ $7.2\text{t/m}^2$

**해설**

$\sigma' = (1.8 \times 1) + [(2-1) \times 1] + [(1.8-1) \times 2] = 4.4\text{t/m}^2$

**08** 다음 중 사운딩(sounding)이 아닌 것은?

① 표준관입시험  ② 일축압축시험

③ 원추관입시험  ④ 베인시험

**해설**

| 정적 사운딩 | • 휴대용 콘(원추)관입시험(연약한 점토)<br>• 화란식 콘(원추)관입시험(일반 흙)<br>• 스웨덴식 관입시험(자갈 이외의 흙)<br>• 이스키미터(연약한 점토, 인발)<br>• 베인전단시험(연약한 점토, 회전) |
|---|---|
| 동적 사운딩 | • 동적 원추관 시험 : 자갈 이외의 흙<br>• 표준관입시험(S.P.T) : 사질토 적합, 성토 가능 |

**09** 다음 중 얕은 기초에 속하지 않는 것은?

① 피어기초  ② 전면기초

③ 독립확대기초  ④ 복합확대기초

**해설**

기초의 분류

㉠ 얕은(직접)기초

  (1) 확대(footing)기초

    • 독립확대기초

    • 복합확대기초

    • 연속확대기초

  (2) 전면(Mat)기초

㉡ 깊은기초

  • 말뚝기초

  • 피어(pier)기초

  • 케이슨기초

**10** 어느 흙에 대하여 직접 전단시험을 하여 수직응력이 $3.0\text{kg/cm}^2$일 때 $2.0\text{kg/cm}^2$의 전단강도를 얻었다. 이 흙의 점착력이 $1.0\text{kg/cm}^2$이면 내부마찰각은 약 얼마인가?

① $15.2°$  ② $18.4°$

③ $21.3°$  ④ $24.6°$

**해설**

$S = c + \sigma'\tan\phi$

$2 = 1 + 3\tan\phi$

$\therefore \ \phi = 18.4°$

**11** 그림과 같은 모래 지반에서 흙의 단위중량이 $1.8\text{t/m}^3$이다. 정지토압 계수가 $0.5$이면 깊이 $5\text{m}$ 지점에서의 수평응력은 얼마인가?

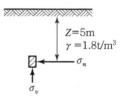

① $4.5\text{t/m}^2$  ② $8.0\text{t/m}^2$

③ $13.5\text{t/m}^2$  ④ $15.0\text{t/m}^2$

**해설**

$\sigma_h = \sigma_v \cdot k$

$\quad = (1.8 \times 5) \times 0.5 = 4.5\text{t/m}^2$

**12** 다음 그림과 같은 다층지반에서 연직방향의 등가투수계수는?

| | |
|---|---|
| $\updownarrow$ 1m | $K_1 = 5.0 \times 10^{-2}\text{cm/sec}$ |
| $\updownarrow$ 2m | $K_2 = 4.0 \times 10^{-3}\text{cm/sec}$ |
| $\updownarrow$ 1.5m | $K_3 = 2.0 \times 10^{-2}\text{cm/sec}$ |

① $5.8 \times 10^{-3}\text{cm/sec}$  ② $6.4 \times 10^{-3}\text{cm/sec}$

③ $7.6 \times 10^{-3}\text{cm/sec}$  ④ $1.4 \times 10^{-2}\text{cm/sec}$

**해설**

$$K_v = \frac{H_1 + H_2 + H_3}{\dfrac{H_1}{K_1} + \dfrac{H_2}{K_2} + \dfrac{H_3}{K_3}} = \frac{1 + 2 + 1.5}{\dfrac{1}{5 \times 10^{-2}} + \dfrac{2}{4 \times 10^{-3}} + \dfrac{1.5}{2 \times 10^{-2}}}$$

$$= 7.6 \times 10^{-3}\text{cm/sec}$$

**13** 다음 중 느슨한 모래의 전단변위와 시료의 부피변화 관계곡선으로 옳은 것은?

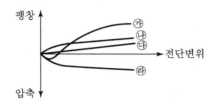

① ㉮

② ㉯

③ ㉰

④ ㉱

[해설]

느슨한 모래는 전단파괴에 도달하기 전에 체적이 감소하고, 조밀한 모래는 체적이 증가한다.

**14** 비중이 2.60이고 간극비가 0.60인 모래지반의 한계동수경사는?

① 1.0

② 2.25

③ 4.0

④ 9.0

[해설]

$$i_c = \frac{h}{L} = \frac{G_s - 1}{1 + e} = \frac{2.60 - 1}{1 + 0.6} = 1$$

**15** 점토질 지반에서 강성기초의 접지압 분포에 관한 다음 설명 중 옳은 것은?

① 기초의 중앙 부분에서 최대의 응력이 발생한다.

② 기초의 모서리 부분에서 최대의 응력이 발생한다.

③ 기초 부분의 응력은 어느 부분이나 동일하다.

④ 기초 밑면에서의 응력은 토질에 관계없이 일정하다.

[해설]

강성기초의 접지압

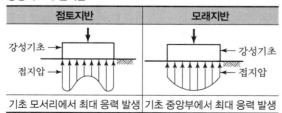

| 점토지반 | 모래지반 |
|---|---|
| 기초 모서리에서 최대 응력 발생 | 기초 중앙부에서 최대 응력 발생 |

**16** 포화점토의 일축압축시험 결과 자연상태 점토의 일축압축 강도와 흐트러진 상태의 일축압축 강도가 각각 $1.8 \text{kg/cm}^2$, $0.4 \text{kg/cm}^2$였다. 이 점토의 예민비는?

① 0.72

② 0.22

③ 4.5

④ 6.4

[해설]

$$예민비 = \frac{q_u}{q_{ur}} = \frac{1.8}{0.4} = 4.5$$

**17** 평판재하시험이 끝나는 조건에 대한 설명으로 틀린 것은?

① 침하량이 15mm에 달할 때

② 하중강도가 현장에서 예상되는 최대 접지압력을 초과할 때

③ 하중강도가 그 지반의 항복점을 넘을 때

④ 흙의 함수비가 소성한계에 달할 때

[해설]

평판재하시험이 끝나는 조건
• 침하량이 15mm에 달할 때
• 하중강도가 예상되는 최대 접지압력을 초과할 때
• 하중강도가 그 지반의 항복점을 넘을 때

**18** 어떤 모래의 입경가적곡선에서 유효입경 $D_{10}$ $= 0.01 \text{mm}$이었다. Hazen공식에 의한 투수계수는?(단, 상수($C$)는 100을 적용한다.)

① $1 \times 10^{-4} \text{cm/sec}$

② $2 \times 10^{-6} \text{cm/sec}$

③ $5 \times 10^{-4} \text{cm/sec}$

④ $5 \times 10^{-6} \text{cm/sec}$

[해설]

$$K = C \cdot D_{10}^{\,2} = 100 \times (0.001)^2 = 1 \times 10^{-4} \text{cm/sec}$$

**19** 다음 연약지반 처리공법 중 일시적인 공법은?

① 웰 포인트 공법

② 치환 공법

③ 콤포저 공법

④ 샌드 드레인 공법

정답    13 ④    14 ①    15 ②    16 ③    17 ④    18 ①    19 ①

일시적 지반개량 공법
• Well point 공법
• 동결 공법
• 대기압 공법(진공압밀 공법)

## 20 $A$방법에 의해 흙의 다짐시험을 수행하였을 때 다짐에너지($E_c$)는?

[$A$방법의 조건]
• 몰드의 부피($V$) : 1,000cm$^3$
• 래머의 무게($W$) : 2.5kg
• 래머의 낙하높이($h$) : 30cm
• 다짐 층수($N_l$) : 3층
• 각 층당 다짐횟수($N_b$) : 25회

① 4.625kg · cm/cm$^3$
② 5.625kg · cm/cm$^3$
③ 6.625kg · cm/cm$^3$
④ 7.625kg · cm/cm$^3$

다짐에너지

$$E_c = \frac{W_R H N_B N_L}{V} = \frac{2.5 \times 30 \times 25 \times 3}{1,000} = 5.63 \text{kg} \cdot \text{cm/cm}^3$$

**01** 점성토를 다지면 함수비의 증가에 따라 입자의 배열이 달라진다. 최적함수비의 습윤 측에서 다짐을 실시하면 흙은 어떤 구조로 되는가?

① 단립구조
② 봉소구조
③ 이산구조
④ 면모구조

[해설]
습윤 측(차수목적) : 이산구조(분산구조), 면모구조보다 투수계수가 작다.

**02** 토질실험 결과 내부마찰각($\phi$) = 30°, 점착력 $c = 0.5kg/cm^2$, 간극수압이 $8kg/cm^2$이고 파괴면에 작용하는 수직응력이 $30kg/cm^2$일 때 이 흙의 전단응력은?

① $12.7kg/cm^2$
② $13.2kg/cm^2$
③ $15.8kg/cm^2$
④ $19.5kg/cm^2$

[해설]
$S(\tau_f) = c + \sigma' \tan\phi = 0.5 + (30-8)\tan30°$
$\qquad = 13.2kg/cm^2$

**03** 다음 그림과 같은 점성토 지반의 굴착 저면에서 바닥융기에 대한 안전율을 Terzaghi의 식에 의해 구하면?(단, $\gamma = 1.731t/m^3$, $c = 2.4t/m^2$이다.)

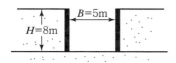

① 3.21
② 2.32
③ 1.64
④ 1.17

[해설]
히빙에 대한 안전율
$$F_s = \frac{5.7c}{\gamma \cdot H - \left(\dfrac{c \cdot H}{0.7B}\right)} = \frac{5.7 \times 2.4}{(1.731 \times 8) - \left(\dfrac{2.4 \times 8}{0.7 \times 5}\right)} = 1.64$$

**04** 흙의 투수계수에 영향을 미치는 요소들로만 구성된 것은?

| ㉮ 흙입자의 크기 | ㉯ 간극비 |
|---|---|
| ㉰ 간극의 모양과 배열 | ㉱ 활성도 |
| ㉲ 물의 점성계수 | ㉳ 포화도 |
| ㉴ 흙의 비중 | |

① ㉮, ㉯, ㉱, ㉳
② ㉮, ㉯, ㉰, ㉲, ㉳
③ ㉮, ㉯, ㉱, ㉲, ㉴
④ ㉯, ㉰, ㉲, ㉴

[해설]
- $K = D^2 \cdot \dfrac{\gamma_w}{\mu} \cdot \dfrac{e^3}{1+e} \cdot C$
- 투수계수($K$)는 비중과 무관하다.

**05** 흙의 다짐에 대한 일반적인 설명으로 틀린 것은?

① 다진 흙의 최대 건조밀도와 최적함수비는 어떻게 다짐하더라도 일정한 값이다.
② 사질토의 최대 건조밀도는 점성토의 최대 건조밀도보다 크다.
③ 점성토의 최적함수비는 사질토보다 크다.
④ 다짐에너지가 크면 일반적으로 밀도는 높아진다.

[해설]
다짐에너지가 증가하면 최대 건조밀도는 증가하고 최적함수비는 감소한다.

**06** 고성토의 제방에서 전단파괴가 발생되기 전에 제방의 외측에 흙을 돋우어 활동에 대한 저항모멘트를 증대시켜 전단파괴를 방지하는 공법은?

① 프리로딩공법
② 압성토공법
③ 치환공법
④ 대기압공법

[해설]
압성토공법은 저항모멘트를 증대시켜 전단파괴를 방지한다.

---

**정답** 01 ③  02 ②  03 ③  04 ②  05 ①  06 ②

## 07 말뚝의 부마찰력(Negative Skin Friction)에 대한 설명 중 틀린 것은?

① 말뚝의 허용지지력을 결정할 때 세심하게 고려해야 한다.
② 연약지반에 말뚝을 박은 후 그 위에 성토를 한 경우 일어나기 쉽다.
③ 연약한 점토에는 상대변위의 속도가 느릴수록 부마찰력이 크다.
④ 연약지반을 관통하여 견고한 지반까지 말뚝을 박은 경우 일어나기 쉽다.

해설

부마찰력 ∝ 상대변위속도

## 08 다음 그림의 파괴포락선 중에서 완전포화된 점토를 UU(비압밀 비배수) 시험했을 때 생기는 파괴포락선은?

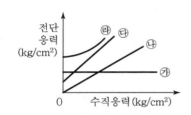

① ㉮
② ㉯
③ ㉰
④ ㉱

해설

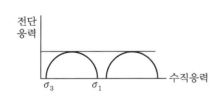

## 09 그림과 같은 지반에 대해 수직방향 등가투수계수를 구하면?

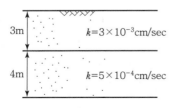

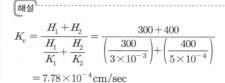

① $3.89 \times 10^{-4}$cm/sec
② $7.78 \times 10^{-4}$cm/sec
③ $1.57 \times 10^{-3}$cm/sec
④ $3.14 \times 10^{-3}$cm/sec

해설

$$K_v = \frac{H_1 + H_2}{\dfrac{H_1}{K_1} + \dfrac{H_2}{K_2}} = \frac{300 + 400}{\left(\dfrac{300}{3 \times 10^{-3}}\right) + \left(\dfrac{400}{5 \times 10^{-4}}\right)}$$
$$= 7.78 \times 10^{-4} \text{cm/sec}$$

## 10 얕은 기초 아래의 접지압력분포 및 침하량에 대한 설명으로 틀린 것은?

① 접지압력의 분포는 기초의 강성, 흙의 종류, 형태 및 깊이 등에 따라 다르다.
② 점성토지반에 강성기초 아래의 접지압분포는 기초의 모서리 부분이 중앙 부분보다 작다.
③ 사질토지반에서 강성기초인 경우 중앙 부분이 모서리 부분보다 큰 접지압을 나타낸다.
④ 사질토지반에서 유연성기초인 경우 침하량은 중심부보다 모서리 부분이 더 크다.

해설

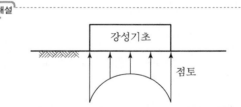

점토지반에서 강성기초의 접지압분포 : 기초 모서리에서 최대 응력 발생

## 11 다음 그림에서 활동에 대한 안전율은?

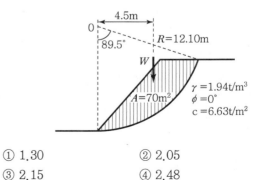

① 1.30
② 2.05
③ 2.15
④ 2.48

**해설**

유한사면($\phi = 0$, 질량법)

$$F_s = \frac{cRL}{We} = \frac{cRL}{(A \cdot l \cdot \gamma)e} = \frac{6.63 \times 12.1 \times 18.9}{(70 \times 1 \times 1.94) \times 4.5} = 2.48$$

$$\left( \frac{89.5°}{360°} = \frac{L}{2\pi R}, \ L = 18.9 \right)$$

**12** 연약점토지반에 압밀촉진공법을 적용한 후, 전체 평균압밀도가 90%로 계산되었다. 압밀촉진공법을 적용하기 전, 수직방향의 평균압밀도가 20%였다고 하면 수평방향의 평균압밀도는?

① 70%  ② 77.5%
③ 82.5%  ④ 87.5%

**해설**

평균압밀도$(u) = 1 - (1 - u_h)(1 - u_v)$
$0.9 = 1 - (1 - u_h)(1 - 0.2)$
$\therefore u_h = 87.5\%$

**13** 아래 표와 같은 흙을 통일 분류법에 따라 분류한 것으로 옳은 것은?

- No.4번 체(4.75mm체) 통과율이 37.5%
- No.200번 체(0.075mm체) 통과율이 2.3%
- 균등계수는 7.9
- 곡률계수는 1.4

① GW  ② GP
③ SW  ④ SP

**해설**

흙의 분류
㉠ 조립토[#200체(0.075mm) 통과량 ≤ 50%]
　세립토[#200체(0.075mm) 통과량 ≥ 50%]
㉡ 자갈[#4체(4.75mm) 통과량 ≤ 50%]
　모래[#4체(4.75mm) 통과량 ≥ 50%]
㉢ 양입도
- 일반흙 $C_u > 10$ 그리고 $1 < C_g < 3$
- 모래 $C_u > 6$ 그리고 $1 < C_g < 3$
- 자갈 $C_u > 4$ 그리고 $1 < C_g < 3$

$\therefore$ ・ #200체 통과율 2.3% → 조립토

- #4체 통과율 37.5% → 자갈
- 균등계수($C_u$) 7.9 → 양입도 자갈
- 곡률계수($C_g$) 1.4 → 양입도 자갈

따라서 입도가 양호한 자갈(GW)

**14** 실내시험에 의한 점토의 강도 증가율($C_u/P$) 산정 방법이 아닌 것은?

① 소성지수에 의한 방법
② 비배수 전단강도에 의한 방법
③ 압밀비배수 삼축압축시험에 의한 방법
④ 직접전단시험에 의한 방법

**해설**

㉠ 강도증가율 $= \dfrac{C_u(\text{비배수 점착력})}{\sigma_v'(\text{유효응력})}$

㉡ 강도 증가율 산정방법
- 소성지수에 의한 방법
- 비배수 전단강도에 의한 방법
- 압밀비배수 삼축압축시험에 의한 방법

**15** 간극률이 50%, 함수비가 40%인 포화토에 있어서 지반의 분사현상에 대한 안전율이 3.5라고 할 때 이 지반에 허용되는 최대 동수경사는?

① 0.21  ② 0.51
③ 0.61  ④ 1.00

**해설**

$$F_s = \frac{i_c}{i} = \frac{\dfrac{G_s - 1}{1 + e}}{\dfrac{h}{L}}$$

- $G_s$

$$G_s = \frac{Se}{\omega} = \frac{1 \times 1}{0.4} = 2.5$$

- $e$

$$e = \frac{n}{1 - n} = \frac{0.5}{1 - 0.5} = 1$$

$\therefore F_s(3.5) = \dfrac{\dfrac{2.5 - 1}{1 + 1}}{i}$　　따라서 $i = 0.21$

**16** 그림과 같이 2m×3m 크기 기초에 10t/m²의 등분포하중이 작용할 때, $A$점 아래 4m 깊이에서의 연직응력 증가량은?(단, 아래 표의 영향계수값을 활용하여 구하며, $m = \dfrac{B}{z}$, $n = \dfrac{L}{z}$이고, $B$는 직사각형 단면의 폭, $L$은 직사각형 단면의 길이, $z$는 토층의 깊이이다.)

[영향계수($I$)값]

| $m$ | 0.25 | 0.5 | 0.5 | 0.5 |
|---|---|---|---|---|
| $n$ | 0.5 | 0.25 | 0.75 | 1.0 |
| $I$ | 0.048 | 0.048 | 0.115 | 0.122 |

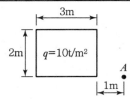

① 0.67t/m²
② 0.74t/m²
③ 1.22t/m²
④ 1.70t/m²

〔해설〕

연직응력의 증가량($\sigma_z$) $= I \cdot q$

• $m = \dfrac{4}{4} = 1$, $n = \dfrac{2}{4} = 0.5$

  ∴ $I = 0.1222$, $\sigma_z = 0.1222 \times 10 = 1.222$t/m²

• $m = \dfrac{1}{4} = 0.25$, $n = \dfrac{2}{4} = 0.5$

  ∴ $I = 0.048$, $\sigma_z = 0.048 \times 10 = 0.48$t/m²

따라서 $\sigma_z = 1.222 - 0.48 = 0.74$t/m²


**17** 토립자가 둥글고 입도분포가 양호한 모래지반에서 $N$치를 측정한 결과 $N = 19$가 되었을 경우, Dunham의 공식에 의한 이 모래의 내부마찰각 $\phi$는?

① 20°
② 25°
③ 30°
④ 35°

〔해설〕

$\phi = \sqrt{12 \times 19} + 20 = 35°$


**18** 포화된 흙의 건조단위중량이 1.70t/m³이고, 함수비가 20%일 때 비중은 얼마인가?

① 2.58
② 2.68
③ 2.78
④ 2.88

〔해설〕

$\gamma_d = \dfrac{G_s}{1+e}\gamma_w = \dfrac{G_s}{1+0.2G_s}\gamma_w$

∴ $G_s = 2.58$

$(G_s\omega = Se,\ e = 0.2G_s)$


**19** 표준관입시험에 대한 설명으로 틀린 것은?

① 질량 $(63.5 \pm 0.5)$kg인 해머를 사용한다.
② 해머의 낙하높이는 $(760 \pm 10)$mm이다.
③ 고정 piston 샘플러를 사용한다.
④ 샘플러를 지반에 300mm 박아 넣는 데 필요한 타격횟수를 $N$값이라고 한다.

〔해설〕

표준관입시험은 교란시료를 채취하기 위해 스플릿스푼 샘플러를 사용한다.


**20** 얕은 기초의 지지력 계산에 적용하는 Terzaghi의 극한지지력 공식에 대한 설명으로 틀린 것은?

① 기초의 근입깊이가 증가하면 지지력도 증가한다.
② 기초의 폭이 증가하면 지지력도 증가한다.
③ 기초지반이 지하수에 의해 포화되면 지지력은 감소한다.
④ 국부전단 파괴가 일어나는 지반에서 내부마찰각 $(\phi')$은 $\dfrac{2}{3}\phi$를 적용한다.

〔해설〕

국부전단 파괴가 일어나는 지반에서 점착력($c'$)은 $\dfrac{2}{3}c$이다.

**01** 저항체를 땅 속에 삽입해서 관입, 회전, 인발 등의 저항을 측정하여 토층의 상태를 탐사하는 원위치시험을 무엇이라 하는가?

① 오거보링      ② 테스트 피트
③ 샘플러      ④ 사운딩

**[해설]**

사운딩(sounding) 분류

| | |
|---|---|
| **정적 사운딩** | • 휴대용 콘(원추)관입시험(연약한 점토)<br>• 화란식 콘(원추)관입시험(일반 흙)<br>• 스웨덴식 관입시험(자갈 이외의 흙)<br>• 이스키미터 (연약한 점토, 인발)<br>• 베인전단시험(연약한 점토, 회전) |
| **동적 사운딩** | • 동적 원추관 시험 : 자갈 이외의 흙<br>• 표준관입시험(S.P.T) : 사질토 적합, 성토 가능 |

**02** 흙의 전단특성에서 교란된 흙이 시간이 지남에 따라 손실된 강도의 일부를 회복하는 현상을 무엇이라 하는가?

① Dilatancy      ② Thixotropy
③ Sensitivity      ④ Liquefaction

**[해설]**

thixotropy(틱소트로피)현상
점토는 되이김(remolding)하면 전단강도가 현저히 감소하는데, 시간이 경과함에 따라 그 강도의 일부를 다시 찾게 되는 현상

**03** 다짐에 대한 설명으로 틀린 것은?

① 점토를 최적함수비보다 작은 함수비로 다지면 분산구조를 갖는다.
② 투수계수는 최적함수비 근처에서 거의 최솟값을 나타낸다.
③ 다짐에너지가 클수록 최대 건조단위중량은 커진다.
④ 다짐에너지가 클수록 최적함수비는 작아진다.

**[해설]**

점토를 최적함수비보다 작은 함수비(건조 측)로 다지면 면모구조를 갖는다.

**04** 다음 중 표준관입시험으로부터 추정하기 어려운 항목은?

① 극한지지력      ② 상대밀도
③ 점성토의 연경도      ④ 투수성

**[해설]**

$N$값으로 추정할 수 있는 사항

| 사질지반 | 점성지반 |
|---|---|
| • 상대밀도<br>• 내부마찰각<br>• 지지력계수 | • 연경도(Consistency)<br>• 일축압축강도<br>• 허용지지력 및 비배수점착력 |

**05** 포화 점토층의 두께가 0.6m이고 점토층 위와 아래는 모래층이다. 이 점토층이 최종 압밀침하량의 70%를 일으키는 데 걸리는 기간은?(단, 압밀계수($C_v$) = $3.6 \times 10^{-3}$ cm²/s이고, 압밀도 70%에 대한 시간계수($T_v$) = 0.403이다.)

① 116.6일      ② 342일
③ 233.2일      ④ 466.4일

**[해설]**

$$t_{70} = \frac{T_v \cdot H^2}{C_v} = \frac{0.403 \times \left(\frac{600}{2}\right)^2}{3.6 \times 10^{-3}}$$
$$= 10,075,000초$$
$$= 116.6일$$

**06** 모래 치환법에 의한 현장 흙의 단위무게 실험 결과가 아래와 같다. 현장 흙의 건조단위무게는?

• 실험구멍에서 파낸 흙의 중량 : 1,600g
• 실험구멍에서 파낸 흙의 함수비 : 20%
• 실험구멍에 채워진 표준모래의 중량 : 1,350g
• 실험구멍에 채워진 표준모래의 단위중량 : 1.35g/cm³

① 0.93g/cm³      ② 1.13g/cm³
③ 1.33g/cm³      ④ 1.53g/cm³

**정답**    01 ④    02 ②    03 ①    04 ④    05 ①    06 ③

해설

• 표준모래의 단위중량

$$\gamma = \frac{W'}{V} \text{에서, } 1.35 = \frac{1,350}{V}$$

∴ 실험구멍의 체적 $V = 1,000 \text{cm}^3$

• 현장 흙의 습윤단위중량

$$\gamma_t = \frac{W}{V} = \frac{1,600}{1,000} = 1.6 \text{g/cm}^3$$

따라서 현장 흙의 건조단위중량

$$\gamma_d = \frac{\gamma_t}{1+\omega} = \frac{1.6}{1+0.2} = 1.33 \text{g/cm}^3$$

**07** 안지름이 0.6mm인 유리관을 15℃ 정수 중에 세웠을 때 모관상승고($h_c$)는?(단, 접촉각 $\alpha$는 0°, 표면장력은 0.075g/cm이다.)

① 6cm  ② 5cm
③ 4cm  ④ 3cm

해설

모관상승고($h_c$) $= \frac{4T\cos\alpha}{\gamma_w D} = \frac{4 \times 0.075 \times \cos 0°}{1 \times 0.06} = 5 \text{cm}$

**08** 다음 중 흙의 투수계수와 관계가 없는 것은?

① 간극비  ② 흙의 비중
③ 포화도  ④ 흙의 입도

해설

투수계수는 흙의 비중과 상관없다.

**09** 점토의 자연시료에 대한 일축압축강도가 0.38MPa이고, 이 흙을 되비볐을 때의 일축압축강도가 0.22MPa이었다. 이 흙의 점착력과 예민비는 얼마인가?(단, 내부마찰각 $\phi = 0$이다.)

① 점착력 : 0.19MPa, 예민비 : 1.73
② 점착력 : 1.9MPa, 예민비 : 1.73
③ 점착력 : 0.19MPa, 예민비 : 0.58
④ 점착력 : 1.9MPa, 예민비 : 0.58

해설

• 점착력($c$) $= \frac{q_u}{2} = \frac{0.38}{2} = 0.19 \text{MPa}$

• 예민비 $= \frac{q_u}{q_{ur}} = \frac{0.38}{0.22} = 1.73$

**10** 어떤 흙의 간극비($e$)가 0.52이고, 흙 속에 흐르는 물의 이론 침투속도($v$)가 0.214cm/s일 때 실제의 침투유속($v_s$)은?

① 0.424cm/s  ② 0.525cm/s
③ 0.626cm/s  ④ 0.727cm/s

해설

실제침투유속($v_s$) $= \frac{v}{n}$

• 평균유속($v$) $= 0.214 \text{cm/sec}$

• 간극률($n$) $= \frac{e}{1+e} = \frac{0.52}{1+0.52} = 0.342$

∴ $v_s = \frac{v}{n} = \frac{0.214}{0.342} = 0.626$

**11** 다음 중 사면의 안정해석방법이 아닌 것은?

① 마찰원법  ② Bishop의 간편법
③ 응력경로법  ④ Fellenius 방법

해설

사면의 안정해석
• 질량법(마찰원법)
• 절편법(분할법) : Fellenius법, Bishop법, Spencer법

**12** 흙의 액성한계·소성한계시험에 사용하는 흙 시료는 몇 mm체를 통과한 흙을 사용하는가?

① 4.75mm체  ② 2.0mm체
③ 0.425mm체  ④ 0.075mm체

해설

흙의 연경도시험은 No.40체(0.425mm)를 통과한 흙을 사용한다.

**13** 기초가 갖추어야 할 조건으로 가장 거리가 먼 것은?

① 동결, 세굴 등에 안전하도록 최소의 근입깊이를 가져야 한다.
② 기초의 시공이 가능하고 침하량이 허용치를 넘지 않아야 한다.
③ 상부로부터 오는 하중을 안전하게 지지하고 기초지반에 전달하여야 한다.
④ 미관상 아름답고 주변에서 쉽게 구득할 수 있고 값싼 재료로 설계되어야 한다.

[해설]
기초 구비조건
• 최소한의 근입깊이를 가질 것(동결깊이 이하)
• 지지력에 대해 안정할 것
• 침하에 대해 안정할 것(침하량이 허용침하량 이내일 것)
• 기초공 시공이 가능할 것
• 사용성 · 경제성이 좋을 것

**14** 연약지반 개량공법으로 압밀의 원리를 이용한 공법이 아닌 것은?

① 프리로딩 공법
② 바이브로 플로테이션 공법
③ 대기압 공법
④ 페이퍼 드레인 공법

[해설]
압밀배수 원리를 이용한 점성토 개량공법
• 샌드 드레인 공법(Sand drain)
• 페이퍼 드레인 공법(Paper drain)
• 팩 드레인 공법(Pack drain)
• 프리로딩 공법

**15** 자연함수비가 액성한계보다 큰 흙은 어떤 상태인가?

① 고체상태이다.
② 반고체상태이다.
③ 소성상태이다.
④ 액체상태이다.

[해설]
자연함수비가 액성한계보다 크면 액체상태이다.

**16** 다음 말뚝의 지지력 공식 중 정역학적 방법에 의한 공식은?

① Hiley 공식
② Engineering—News 공식
③ Sander 공식
④ Meyerhof의 공식

[해설]
말뚝의 지지력 산정방법

| 정역학적 공식 | 동역학적 공식(항타공식) |
|---|---|
| • Terzaghi 공식 | • Sander 공식 |
| • Meyerhof 공식 | • Engineering News 공식 |
| • Dörr 공식 | • Hiley 공식 |
| • Dunham 공식 | • Weisbach 공식 |

**17** 다음 중 순수한 모래의 전단강도($\tau$)를 구하는 식으로 옳은 것은?(단, $c$는 점착력, $\phi$는 내부마찰각, $\sigma$는 수직응력이다.)

① $\tau = \sigma \cdot \tan\phi$
② $\tau = c$
③ $\tau = c \cdot \tan\phi$
④ $\tau = \tan\phi$

[해설]

| 모아 – 쿨롱의 파괴규준 | 흙의 전단강도 식 |
|---|---|
| $c$ : 점착력 $\phi$ : 내부마찰각(전단저항각) | $S(\tau_f) = c + \sigma' \tan\phi$ |
| | **전응력($\sigma$)과 간극수압($u$)이 발생할 때** |
| | $S(\tau_f) = c + (\sigma - u)\tan\phi$ |

**18** 흙의 비중($G_s$)이 2.80, 함수비($w$)가 50%인 포화토에 있어서 한계동수경사($i_c$)는?

① 0.65
② 0.75
③ 0.85
④ 0.95

**[해설]**

한계동수경사

$$i_c = \frac{\gamma_{sub}}{\gamma_w} = \frac{G_s - 1}{1 + e} = \frac{2.5 - 1}{1 + 1} = 0.75$$

(여기서, $S \cdot e = G_s \cdot \omega$에서 $1 \times e = 2.5 \times 0.4$ $\therefore$ $e = 1$)

## 19 다음의 지반개량공법 중 모래질 지반을 개량하는 데 적합한 공법은?

① 다짐모래말뚝 공법
② 페이퍼 드레인 공법
③ 프리로딩 공법
④ 생석회 말뚝 공법

**[해설]**

사질토 개량공법

| 다짐공법 | 배수공법 | 고결 |
|---|---|---|
| • 다짐말뚝 공법<br>• compozer 공법<br>• vibro flotation 공법<br>• 전기충격식 공법<br>• 폭파다짐 공법 | Well point 공법 | 약액주입 공법 |

## 20 점착력($c$)이 0.4t/m², 내부마찰각($\phi$)이 30°, 흙의 단위중량($\gamma$)이 1.6t/m³인 흙에서 인장균열이 발생하는 깊이($z_0$)는?

① 1.73m      ② 1.28m
③ 0.87m      ④ 0.29m

**[해설]**

인장균열 깊이

$$Z_o = \frac{2c}{\gamma} \tan\left(45° + \frac{\phi}{2}\right)$$
$$= \frac{2 \times 0.4}{1.6} \tan\left(45° + \frac{30°}{2}\right) = 0.87\text{m}$$

**01** 다음 중 Rankine 토압이론의 기본가정에 속하지 않는 것은?

① 흙은 비압축성이고 균질의 입자이다.
② 지표면은 무한히 넓게 존재한다.
③ 옹벽과 흙과의 마찰을 고려한다.
④ 토압은 지표면에 평행하게 작용한다.

[해설]

| Rankine의 토압론 | Coulomb의 토압론 |
|---|---|
| 벽 마찰각 무시($\delta=0$) (소성론에 의한 토압산출) | 벽 마찰각 고려($\delta\neq0$) (강체역학에 기초를 둔 흙쐐기이론) |
| 작은 입자에 작용하는 응력이 전체를 대표한다는 원리(소성론) | 흙쐐기이론에 의한 이론 |
| 옹벽 저판의 길이가 긴 경우 | 옹벽의 저판 돌출부가 없거나 작은 경우 |

**02** 다음의 투수계수에 대한 설명 중 옳지 않은 것은?

① 투수계수는 간극비가 클수록 크다.
② 투수계수는 흙의 입자가 클수록 크다.
③ 투수계수는 물의 온도가 높을수록 크다.
④ 투수계수는 물의 단위중량에 반비례한다.

[해설]

**투수계수($k$)와 관계**
- 간극비($e$)가 클수록 $k$는 증가
- 물의 밀도가 클수록 $k$는 증가
- 물의 점성이 클수록 $k$는 감소
- 투수계수($k$)는 모래가 점토보다 크다.
- $k$는 토립자 비중과 무관하다.
- 포화도가 클수록 $k$는 증가(공기가 있으면 물의 흐름을 방해)

**03** 보링(boring)에 관한 설명으로 틀린 것은?

① 보링(boring)에는 회전식(rotary boring)과 충격식(percussion boring)이 있다.
② 충격식은 굴진속도가 빠르고 비용도 싸지만 분말상의 교란된 시료만 얻을 수 있다.

③ 회전식은 시간과 공사비가 많이 들 뿐만 아니라 확실한 코어(core)도 얻을 수 없다.
④ 보링은 지반의 상황을 판단하기 위해 실시한다.

[해설]

회전식 보링은 확실한 코어(시료) 채취가 가능하며 충격식 보링은 교란된 시료만 얻을 수 있다.

**04** 다음 그림과 같은 모래지반에서 깊이 4m 지점에서의 전단강도는?(단, 모래의 내부마찰각 $\phi=30°$, 점착력 $C=0$이다.)

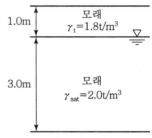

① $4.50\text{t/m}^2$ 　　　② $2.77\text{t/m}^2$
③ $2.32\text{t/m}^2$ 　　　④ $1.86\text{t/m}^2$

[해설]

$$\tau_f(S) = C+\sigma'\tan\phi$$
$$= 0+[(1.8\times1)+(1\times3)]\tan30°$$
$$= 2.77\text{t/m}^2$$

**05** 시료가 점토인지 아닌지 알아보고자 할 때 가장 거리가 먼 사항은?

① 소성지수 　　　② 소성도표 A선
③ 포화도 　　　④ 200번체 통과량

[해설]

포화도는 공극 중에 물이 차 있는 비율로서 점토판단기준과는 거리가 멀다.

**06** 비중이 2.67, 함수비가 35%이며, 두께 10m인 포화점토층이 압밀 후에 함수비가 25%로 되었다면, 이 토층 높이의 변화량은 얼마인가?

① 113cm          ② 128cm
③ 135cm          ④ 155cm

> **해설**
>
> $$\Delta H = \frac{e_1 - e_2}{1 + e_1} \cdot H = \frac{0.93 - 0.67}{1 + 0.93} \times 1,000 = 135\text{cm}$$
>
> • $e_1$ (초기 간극비)
>
> $\quad G_w = S_{e1}, \ 2.67 \times 0.35 = 1.0 \times e_1$
>
> $\quad \therefore \ e_1 = 0.93$
>
> • $e_2$ (압밀 후 간극비)
>
> $\quad G_w = S_{e2}, \ 2.67 \times 0.25 = 1.0 \times e_2$
>
> $\quad \therefore \ e_2 = 0.67$

**07** 100% 포화된 흐트러지지 않은 시료의 부피가 20.5cm³이고 무게는 34.2g이었다. 이 시료를 오븐(Oven)건조시킨 후의 무게는 22.6g이었다. 간극비는?

① 1.3          ② 1.5
③ 2.1          ④ 2.6

> **해설**
>
> $$e = \frac{V_v}{V_s} = \frac{V_v}{V - V_v} = \frac{34.2 - 22.6}{20.5 - (34.2 - 22.6)} = 1.3$$
>
> ($S = 1$일 때 $V_v = V_w = W_w$)

**08** 흙의 강도에 대한 설명으로 틀린 것은?

① 점성토에서는 내부마찰각이 작고 사질토에서는 점착력이 작다.
② 일축압축 시험은 주로 점성토에 많이 사용한다.
③ 이론상 모래의 내부마찰각은 0이다.
④ 흙의 전단응력은 내부마찰각과 점착력의 두 성분으로 이루어진다.

> **해설**
>
> 점토의 내부마찰각은 0이다.

**09** 흙댐에서 상류면 사면의 활동에 대한 안전율이 가장 저하되는 경우는?

① 만수된 물의 수위가 갑자기 저하할 때이다.
② 흙댐에 물을 담는 도중이다.
③ 흙댐이 만수되었을 때이다.
④ 만수된 물이 천천히 빠져나갈 때이다.

> **해설**
>
> | 상류 측(댐) 사면이 가장 위험할 때 | 하류 측 사면이 가장 위험할 때 |
> | --- | --- |
> | • 시공 직후<br>• 만수된 수위가 급강하 시 | • 만수위일 때<br>• 체제 내의 흐름이 정상 침투 시 |

**10** 어떤 사질 기초지반의 평판재하 시험결과 항복강도가 60t/m², 극한강도가 100t/m²이었다. 그리고 그 기초는 지표에서 1.5m 깊이에 설치될 것이고 그 기초 지반의 단위중량이 1.8t/m³일 때 지지력계수 $N_q = 5$이었다. 이 기초의 장기 허용지지력은?

① 24.7t/m²          ② 26.9t/m²
③ 30t/m²          ④ 34.5t/m²

> **해설**
>
> 장기 허용지지력 $(q_a) = q_t + \dfrac{\gamma_t \cdot D_f \cdot N_q}{3}$
>
> • $q_t$
>
> $\quad \dfrac{q_r}{2}$ or $\dfrac{q_u}{3}$ 중 작은 값
>
> $\quad \therefore \dfrac{60}{2}$ or $\dfrac{100}{3}$ 중 작은 값 $= 30\text{t/m}^2 (q_t)$
>
> $\therefore q_a = 30 + \dfrac{1.8 \times 1.5 \times 5}{3} = 34.5\text{t/m}^2$

**11** Meyerhof의 일반 지지력 공식에 포함되는 계수가 아닌 것은?

① 국부전단계수          ② 근입깊이계수
③ 경사하중계수          ④ 형상계수

---

**정답**　06 ③　07 ①　08 ③　09 ①　10 ④　11 ①

**해설**

Meyerhof의 일반 지지력 공식에 포함되는 계수
- 형상계수
- 근입깊이계수
- 하중경사계수
- 지지력계수

**12** 세립토를 비중계법으로 입도분석을 할 때 반드시 분산제를 쓴다. 다음 설명 중 옳지 않은 것은?

① 입자의 면모화를 방지하기 위하여 사용한다.
② 분산제의 종류는 소성지수에 따라 달라진다.
③ 현탁액이 산성이면 알칼리성의 분산제를 쓴다.
④ 시험 도중 물의 변질을 방지하기 위하여 분산제를 사용한다.

**해설**

비중계(침강) 분석
- 수중에서 흙입자가 침강하는 원리인 스톡스의 법칙 이용
- 0.075mm 체를 통과하는 세립자의 양을 침강속도를 통해 분석하는 방법
- 흙 입자는 모두 구로 간주(실제와는 오차가 생김)
- #200 이하의 부분에 대한 입도분석을 위해 #10체 통과분 시료에 대하여 비중계 시험법 실시
- 시료의 면모화를 방지하기 위해 분산제를 사용

**13** 다음 지반 개량공법 중 연약한 점토지반에 적당하지 않은 것은?

① 샌드 드레인 공법
② 프리로딩 공법
③ 치환 공법
④ 바이브로 플로테이션 공법

**해설**

바이브로 플로테이션 공법은 사질토 개량 공법이다.

**14** 흙의 다짐시험을 실시한 결과 다음과 같았다. 이 흙의 건조단위중량은 얼마인가?

① 몰드+젖은 시료 무게 : 3,612g
② 몰드 무게 : 2,143g
③ 젖은 흙의 함수비 : 15.4%
④ 몰드의 체적 : 944cm³

① $1.35\text{g/cm}^3$
② $1.56\text{g/cm}^3$
③ $1.31\text{g/cm}^3$
④ $1.42\text{g/cm}^3$

**해설**

- $W = 3,612 - 2,143 = 1,469\text{g}$
- $\gamma_t = \dfrac{W}{V} = \dfrac{1,469}{944} = 1.556\text{g/cm}^3$
- $\therefore \gamma_d = \dfrac{\gamma_t}{1+w} = \dfrac{1.556}{1+0.154} = 1.35\text{g/cm}^3$

**15** 연약점토지반에 성토제방을 시공하고자 한다. 성토로 인한 재하속도가 과잉간극수압이 소산되는 속도보다 빠를 경우, 지반의 강도정수를 구하는 가장 적합한 시험방법은?

① 압밀 배수시험
② 압밀 비배수시험
③ 비압밀 비배수시험
④ 직접전단시험

**해설**

UU(비압밀 비배수)시험
- 포화점토가 성토 직후 급속한 파괴가 예상될 때(포화된 점토지반 위에 급속하게 성토하는 제방의 안전성을 검토)
- 점토지반의 단기간 안정검토 시(시공 직후 초기 안정성 검토)
- 시공 중 압밀, 함수비와 체적의 변화가 없다고 예상
- 내부마찰각($\phi$) = 0(불안전 영역에서 강도정수 결정)
- 성토로 인한 재하속도가 과잉간극수압이 소산되는 속도보다 빠를 때

**정답** **12** ④ **13** ④ **14** ① **15** ③

## 16 기초가 갖추어야 할 조건이 아닌 것은?

① 동결, 세굴 등에 안전하도록 최소의 근입깊이를 가져야 한다.
② 기초의 시공이 가능하고 침하량이 허용치를 넘지 않아야 한다.
③ 상부로부터 오는 하중을 안전하게 지지하고 기초지반에 전달하여야 한다.
④ 미관상 아름답고 주변에서 쉽게 구득할 수 있는 재료로 설계되어야 한다.

**해설**

기초의 구비조건
• 최소한의 근입 깊이($D_f$)를 가질 것(최소동결깊이보다 깊은 곳에 설치)
• 지지력에 대해 안정할 것
• 침하에 대해 안정할 것(침하량이 허용 침하량 이내일 것)
• 기초공 시공이 가능할 것(내구적, 경제적)

## 17 유선망의 특징을 설명한 것 중 옳지 않은 것은?

① 각 유로의 투수량은 같다.
② 인접한 두 등수두선 사이의 수두손실은 같다.
③ 유선망을 이루는 사변형은 이론상 정사각형이다.
④ 동수경사는 유선망의 폭에 비례한다.

**해설**

유선망의 특징
• 각 유량의 침투 유량은 같다.
• 인접한 등수두선 사이에서 수두차(손실수두, 수두감소량)는 모두 같다.
• 유선과 등수두선은 서로 직교한다(유선과 다른 유선은 교차하지 않는다).
• 유선망을 이루는 사각형은 이론상 정사각형이다(폭=길이).
• 침투속도 및 동수구배는 유선망의 폭($L$)에 반비례한다.

침투속도$(v) = ki = k\dfrac{\Delta h}{L}$

## 18 유효응력에 관한 설명 중 옳지 않은 것은?

① 포화된 흙인 경우 전응력에서 공극수압을 뺀 값이다.
② 항상 전응력보다는 작은 값이다.
③ 점토지반의 압밀에 관계되는 응력이다.
④ 건조한 지반에서는 전응력과 같은 값으로 본다.

**해설**

$\sigma = \sigma' + u \quad \therefore \ \sigma \geq \sigma'$

## 19 말뚝에서 부마찰력에 관한 설명 중 옳지 않은 것은?

① 아래쪽으로 작용하는 마찰력이다.
② 부마찰력이 작용하면 말뚝의 지지력은 증가한다.
③ 압밀층을 관통하여 견고한 지반에 말뚝을 박으면 일어나기 쉽다.
④ 연약지반에 말뚝을 박은 후 그 위에 성토를 하면 일어나기 쉽다.

**해설**

부마찰력이 작용하면 말뚝의 지지력은 감소한다.

## 20 흙이 동상을 일으키기 위한 조건으로 가장 거리가 먼 것은?

① 아이스 렌즈를 형성하기 위한 충분한 물의 공급이 있을 것
② 양(+)이온을 다량 함유할 것
③ 0℃ 이하의 온도가 오랫동안 지속될 것
④ 동상이 일어나기 쉬운 토질일 것

**해설**

동상의 조건
• 0℃ 이하의 온도가 지속될 때
• 동상의 받기 쉬운 흙(silt)이 존재할 때
• 지하수 공급이 충분(아이스렌즈가 형성)될 때
• 모관상승고($h_c$), 투수성($k$)이 클 때
• 동결심도 하단에서 지하수면까지의 거리가 모관상승고보다 작을 때

**01** Hazen이 제안한 균등계수가 5 이하인 균등한 모래의 투수계수($k$)를 구할 수 있는 경험식으로 옳은 것은? (단, $C$는 상수이고, $D_{10}$은 유효입경이다.)

① $k = CD_{10}$ (cm/s)　② $k = CD_{10}^{\,2}$ (cm/s)

③ $k = CD_{10}^{\,3}$ (cm/s)　④ $k = CD_{10}^{\,4}$ (cm/s)

 해설

Hazen의 경험식

| 식 | 내용 |
|---|---|
| $k = CD_{10}^{\,2}$ | $k$ : 투수계수(cm/sec)<br>$D_{10}$ : 유효입경(cm)<br>$C$ : 100~150/cm · sec<br>(둥근 입자인 경우 $C = 150$) |

**02** 다음 중 말뚝의 정역학적 지지력공식은?

① Sander 공식

② Terzaghi 공식

③ Engineering News 공식

④ Hiley 공식

해설

말뚝의 지지력 산정방법

| 정역학적 공식 | 동역학적 공식(항타공식) |
|---|---|
| • Terzaghi 공식 | • Sander 공식 |
| • Meyerhof 공식 | • Engineering News 공식 |
| • Dörr 공식 | • Hiley 공식 |
| • Dunham 공식 | • Weisbach 공식 |

**03** 그림과 같은 모래지반에서 X–X 면의 전단강도는?(단, $\phi = 30°$, $c = 0$)

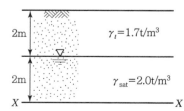

① $1.56 \text{t/m}^2$　　② $2.14 \text{t/m}^2$

③ $3.12 \text{t/m}^2$　　④ $4.27 \text{t/m}^2$

해설

$S(\tau_f) = C + \sigma' \tan\phi$

$\sigma' = 1.7 \times 2 + 1 \times 2 = 5.4$

$\therefore\ S(\tau_f) = 0 + 5.4 \tan 30° = 3.12 \text{t/m}^2$

**04** 포화단위중량이 $1.8 \text{t/m}^3$인 모래지반이 있다. 이 포화 모래지반에 침투수압의 작용으로 모래가 분출하고 있다면 한계동수경사는?

① 0.8　　　　② 1.0

③ 1.8　　　　④ 2.0

해설

$i_c = \dfrac{h}{L} = \dfrac{\gamma_{sub}}{\gamma_w} = \dfrac{0.8}{1} = 0.8$

**05** 다음 중 동해가 가장 심하게 발생하는 토질은?

① 실트　　　　② 점토

③ 모래　　　　④ 콜로이드

해설

동해가 심한 순서

실트 > 점토 > 모래 > 자갈

**06** 압밀계수가 $0.5 \times 10^{-2} \text{cm}^2/\text{s}$이고, 일면배수 상태의 5m 두께 점토층에서 90% 압밀이 일어나는 데 소요되는 시간은?(단, 90% 압밀도에서 시간계수($T$)는 0.848이다.)

① $2.12 \times 10^7$초　　② $4.24 \times 10^7$초

③ $6.36 \times 10^7$초　　④ $8.48 \times 10^7$초

해설

$T_v = \dfrac{C_v \cdot t}{H^2}$

$\therefore\ t = \dfrac{T_v \cdot H^2}{C_v} = \dfrac{0.848 \times 500^2}{0.5 \times 10^{-2}}$

$\quad = 4.24 \times 10^7$초

정답　01 ②　02 ②　03 ③　04 ①　05 ①　06 ②

**07** 입도분포곡선에서 통과율 10%에 해당하는 입경($D_{10}$)이 0.005mm이고, 통과율 60%에 해당하는 입경($D_{60}$)이 0.025mm일 때 균등계수($C_u$)는?

① 1      ② 3
③ 5      ④ 7

해설

$$C_u = \frac{D_{60}}{D_{10}} = \frac{0.025}{0.005} = 5$$

**08** 유선망을 이용하여 구할 수 없는 것은?

① 간극수압      ② 침투수량
③ 동수경사      ④ 투수계수

해설

유선망의 작도 목적
• 침투유량(수량) 결정
• 간극수압 결정
• 동수경사 결정

**09** 다음 그림과 같은 높이가 10m인 옹벽이 점착력이 0인 건조한 모래를 지지하고 있다. 모래의 마찰각이 36°, 단위중량이 1.6t/m³일 때 전 주동토압은?

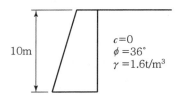

10m

$c=0$
$\phi = 36°$
$\gamma = 1.6\text{t/m}^3$

① 20.8t/m      ② 24.3t/m
③ 33.2t/m      ④ 39.5t/m

해설

$$P_a = \frac{1}{2}\gamma_t H^2 K_a (\text{t/m})$$

$$\left(K_a = \frac{1-\sin\theta}{1+\sin\theta} = \frac{1-\sin36°}{1+\sin36°} = 0.26\right)$$

$$= \frac{1}{2} \times 1.6 \times 10^2 \times 0.26$$

$$= 20.8\text{t/m}$$

**10** 다음 그림과 같은 접지압 분포를 나타내는 조건으로 옳은 것은?

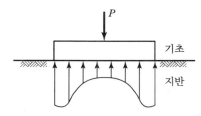

① 점토지반, 강성기초
② 점토지반, 연성기초
③ 모래지반, 강성기초
④ 모래지반, 연성기초

해설

강성 기초의 접지압

| 점토지반 | 모래지반 |
|---|---|
| 강성기초 → 접지압 ↑ | 강성기초 → 접지압 ↑ |
| 기초 모서리에서 최대응력 발생 | 기초 중앙부에서 최대응력 발생 |

**11** 진동이나 충격과 같은 동적외력의 작용으로 모래의 간극비가 감소하며 이로 인하여 간극수압이 상승하여 흙의 전단강도가 급격히 소실되어 현탁액과 같은 상태로 되는 현상은?

① 액상화 현상      ② 동상 현상
③ 다일러턴시 현상   ④ 틱소트로피 현상

해설

| 액상화 현상 | 틱소트로피 |
|---|---|
| 포화된 사질지반에 지진이나 진동 등 동적하중이 작용하면 지반에서 일시적으로 전단강도를 상실하는 현상 | 교란된 점토지반이 시간이 지남에 따라 강도의 일부를 회복하는 현상 |

**12** 간극비($e$) 0.65, 함수비($w$) 20.5%, 비중($G_s$) 2.69인 사질점토의 습윤단위중량($\gamma_t$)은?

① 1.02g/cm³　　② 1.35g/cm³
③ 1.63g/cm³　　④ 1.96g/cm³

해설

$$\gamma_t = \frac{W}{V} = \frac{G_s + S_e}{1+e} \cdot \gamma_w = \frac{2.69 + (0.848 \times 0.65)}{1+0.65}$$
$$= 1.96\text{g/cm}^3$$

$$\left( G_w = S_e, \ S = \frac{G_w}{e} = \frac{2.69 \times 0.205}{0.65} = 0.848 \right)$$

**13** 사질지반에 40cm×40cm 재하판으로 재하시험한 결과 16t/m²의 극한지지력을 얻었다. 2m×2m의 기초를 설치하면 이론상 지지력은 얼마나 되겠는가?

① 16t/m²　　② 32t/m²
③ 40t/m²　　④ 80t/m²

해설

$$q_u(기초) = q_u(재하판) \times \frac{B(기초)}{B(재하판)}$$
$$= 16 \times \frac{2}{0.4} = 80\text{t/m}^2$$

**14** 흙의 다짐시험에서 다짐에너지를 증가시킬 때 일어나는 변화로 옳은 것은?

① 최적함수비와 최대 건조밀도가 모두 증가한다.
② 최적함수비와 최대 건조밀도가 모두 감소한다.
③ 최적함수비는 증가하고 최대 건조밀도는 감소한다.
④ 최적함수비는 감소하고 최대 건조밀도는 증가한다.

해설

다짐에너지 증가 시 변화
• $\gamma_{d\max}$ 가 증가한다.
• OMC(최적함수비)는 작아진다.

**15** 점성토 지반에 사용하는 연약지반 개량공법이 아닌 것은?

① Sand drain 공법
② 침투압 공법
③ Vibro flotation 공법
④ 생석회 말뚝 공법

해설

사질토 개량공법

| 다짐공법 | 배수공법 | 고결 |
|---|---|---|
| • 다짐말뚝 공법<br>• compozer 공법<br>• virbro flotation 공법<br>• 전기충격식 공법<br>• 폭파다짐 공법 | Well point 공법 | 약액주입공법 |

**16** 모래 치환법에 의한 흙의 밀도 시험에서 모래(표준사)는 무엇을 구하기 위해 사용되는가?

① 흙의 중량　　② 시험구멍의 부피
③ 흙의 함수비　　④ 지반의 지지력

해설

모래(표준사)의 용도
시험구멍의 체적을 구하기 위해 사용한다(No.10체를 통과하고 No. 200체에 남은 모래를 사용).

**17** 어떤 포화점토의 일축압축강도($q_u$)가 3.0kg/cm² 이었다. 이 흙의 점착력($c$)은?

① 3.0kg/cm²　　② 2.5kg/cm²
③ 2.0kg/cm²　　④ 1.5kg/cm²

해설

$$q_u = 2c\tan\left(45 + \frac{\phi}{2}\right)$$
$$\therefore c = \frac{q_u}{2}(\phi = 0) = \frac{3}{2} = 1.5\text{kg/cm}^2$$

**18** 점토의 예민비(sensitivity ratio)는 다음 시험 중 어떤 방법으로 구하는가?

① 삼축압축시험      ② 일축압축시험
③ 직접전단시험      ④ 베인시험

[해설]

예민비
- 예민성은 일축압축시험을 실시하면 강도가 감소되는 성질이다.
- 예민비는 교란에 의해 감소되는 강도의 예민성을 나타내는 지표이다.(일축압축시험 결과로 얻는 일축압축강도를 이용하여 예민비를 구한다.)
- 예민비가 크면 진동이나 교란 등에 민감하여 강도가 크게 저하되므로 공학적 성질이 불량하다.(안전율을 크게 한다.)

$$S_t = \frac{q_u}{q_{ur}} = \frac{불교란시료의 일축압축강도(자연상태)}{교란시료의 일축압축강도(흐트러진 상태)}$$

**19** 연약점토지반($\phi = 0$)의 단위중량이 1.6t/m³, 점착력이 2t/m²이다, 이 지반을 연직으로 2m 굴착하였을 때 연직사면의 안전율은?

① 1.5      ② 2.0
③ 2.5      ④ 3.0

[해설]

$$F_s = \frac{H_c}{H} = \frac{5}{2} = 2.5$$

- $H_c = \frac{4c}{\gamma} \tan\left(45 + \frac{\phi}{2}\right)$

$\quad = \frac{4 \times 2}{1.6} \tan\left(45 + \frac{0}{2}\right) = 5m$

- $H = 2m$

**20** 다음은 불교란 흙 시료를 채취하기 위한 샘플러 선단의 그림이다. 면적비($A_r$)를 구하는 식으로 옳은 것은?

① $A_r = \dfrac{D_s{}^2 - D_e{}^2}{D_e{}^2} \times 100(\%)$

② $A_r = \dfrac{D_w{}^2 - D_e{}^2}{D_e{}^2} \times 100(\%)$

③ $A_r = \dfrac{D_s{}^2 - D_e{}^2}{D_w{}^2} \times 100(\%)$

④ $A_r = \dfrac{D_s{}^2 - D_e{}^2}{D_s{}^2} \times 100(\%)$

[해설]

| 샘플러 모식도 | 면적비 |
|---|---|
| $D_w$<br>$D_s$<br>$D_e$ | $A_R = \dfrac{D_w{}^2 - D_e{}^2}{D_e{}^2} \times 100(\%)$<br>- $D_w$ : sampler의 외경<br>- $D_e$ sampler의 선단(날끝) 내경 |

## 01 말뚝의 부마찰력에 대한 설명 중 틀린 것은?

① 부마찰력이 작용하면 지지력이 감소한다.
② 연약지반에 말뚝을 박은 후 그 위에 성토를 한 경우 일어나기 쉽다.
③ 부마찰력은 말뚝 주변 침하량이 말뚝의 침하량보다 클 때 아래로 끌어내리려는 마찰력을 말한다.
④ 연약한 점토에 있어서는 상대변위의 속도가 느릴수록 부마찰력은 크다.

[해설]

부마찰력의 특징
• 아래쪽으로 작용하는 말뚝의 주면 마찰력이다.
• 말뚝에 부마찰력이 발생하면 말뚝의 지지력은 부주면 마찰력만큼 감소한다.
• 연약지반을 관통하여 견고한 지반까지 말뚝을 박은 경우 일어나기 쉽다.
• 연약한 점토에서 부마찰력은 상대변위의 속도가 느릴수록 적게 발생한다.

## 02 다음 중 점성토 지반의 개량공법으로 거리가 먼 것은?

① Paper drain 공법
② Vibro-flotation 공법
③ Chemico pile 공법
④ Sand compaction pile 공법

[해설]

점성토 개량공법

| | |
|---|---|
| **탈수공법**<br>(압밀 촉진) | • 샌드 드레인 공법(Sand drain)<br>• 페이퍼 드레인 공법(Paper drain)<br>• 팩 드레인 공법(Pack drain)<br>• 프리로딩 공법(Preloading)<br>• 생석회 말뚝 공법 |
| **치환공법**<br>(공기단축, 공사비 저렴) | • 굴착 치환공법<br>• 자중에 의한 치환공법<br>• 폭파에 의한 치환공법 |

## 03 표준압밀실험을 하였더니 하중 강도가 2.4 kg/cm²에서 3.6kg/cm²로 증가할 때 간극비는 1.8에서 1.2로 감소하였다. 이 흙의 최종침하량은 약 얼마인가?(단, 압밀층의 두께는 20m이다.)

① 428.64cm
② 214.29cm
③ 642.86cm
④ 285.71cm

[해설]

$$\Delta H = \frac{e_1 - e_2}{1 + e_1} \cdot H = \frac{1.8 - 1.2}{1 + 1.8} \times 2,000 = 428.6 cm$$

## 04 다음 그림과 같은 3m×3m 크기의 정사각형 기초의 극한지지력을 Terzaghi 공식으로 구하면? (단, 내부마찰각($\phi$)은 20°, 점착력($c$)은 5t/m², 지지력계수 $N_c$=18, $N_\gamma$=5, $N_q$=7.5이다.)

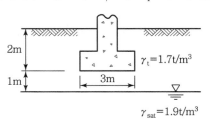

① 135.71t/m²
② 149.52t/m²
③ 157.26t/m²
④ 174.38t/m²

[해설]

• $\gamma_1 = \dfrac{\gamma_t \cdot d + \gamma_{sub}(B-d)}{B}$

$\quad = \dfrac{1.7 \times 1 + 0.9(3-1)}{3} = 1.167$

∴ $q_{ult} = \alpha N_c C + \beta \gamma_1 N_\gamma B + \gamma_2 N_q D_f$

$\quad = (1.3 \times 18 \times 5) + (0.4 \times 1.167 \times 5 \times 3) + (1.7 \times 7.5 \times 2)$

$\quad ≒ 149.52 t/m^2$

정답　01 ④　02 ②　03 ①　04 ②

**05** 다음 그림과 같이 지표면에 집중하중이 작용할 때 $A$점에서 발생하는 연직응력의 증가량은?

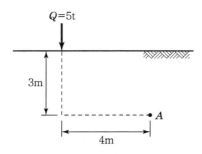

① $20.6\text{kg/m}^2$
② $24.4\text{kg/m}^2$
③ $27.2\text{kg/m}^2$
④ $30.3\text{kg/m}^2$

**해설**

• $I = \dfrac{3}{2\pi}\left(\dfrac{Z}{R}\right)^5$

$= \dfrac{3}{2\pi} \cdot \left(\dfrac{3}{\sqrt{3^2+4^2}}\right)^5$

$= 0.0371$

$\therefore \Delta\sigma_z = \dfrac{IQ}{Z^2} = \dfrac{0.0371 \times 5}{3^2}$

$= 0.0206\text{t/m}^2 = 20.6\text{kg/m}^2$

**06** 모래지반에 30cm × 30cm의 재하판으로 재하실험을 한 결과 10t/m²의 극한지지력을 얻었다. 4m × 4m의 기초를 설치할 때 기대되는 극한지지력은?

① $10\text{t/m}^2$
② $100\text{t/m}^2$
③ $133\text{t/m}^2$
④ $154\text{t/m}^2$

**해설**

(극한)지지력은 모래에서 재하판 폭에 비례한다.
$0.3 : 10 = 4 : x$
$\therefore x = 133\text{t/m}^2$

**07** 단동식 증기 해머로 말뚝을 박았다. 해머의 무게 2.5t, 낙하고 3m, 타격당 말뚝의 평균관입량 1cm, 안전율 6일 때 Engineering News 공식으로 허용지지력을 구하면?

① 250t
② 200t
③ 100t
④ 50t

**해설**

$Q_a = \dfrac{Q_u}{F_s} = \dfrac{WH/S + 0.25}{F_s}$

$= \dfrac{2.5 \times 300/1 + 0.25}{6} = 100\text{t}$

※ 낙하고와 관입량은 cm 단위로 나타낸다.

**08** 예민비가 큰 점토란 어느 것인가?

① 입자의 모양이 날카로운 점토
② 입자가 가늘고 긴 형태의 점토
③ 다시 반죽했을 때 강도가 감소하는 점토
④ 다시 반죽했을 때 강도가 증가하는 점토

**해설**

예민비
• 예민성은 일축압축시험을 실시하면 강도가 감소되는 성질이다.
• 예민비는 교란에 의해 감소되는 강도의 예민성을 나타내는 지표이다.(일축압축시험 결과 얻는 일축압축강도를 이용하여 예민비를 구한다.)
• 예민비가 크면 진동이나 교란 등에 민감하여 강도가 크게 저하되므로 공학적 성질이 불량하다.(안전율을 크게 한다.)

$S_t = \dfrac{q_u}{q_{ur}} = \dfrac{\text{불교란 시료의 일축압축강도(자연상태)}}{\text{교란시료의 일축압축강도(흐트러진 상태)}}$

**09** 사면의 안전에 관한 다음 설명 중 옳지 않은 것은?

① 임계 활동면이란 안전율이 가장 크게 나타나는 활동면을 말한다.
② 안전율이 최소로 되는 활동면을 이루는 원을 임계원이라 한다.
③ 활동면에 발생하는 전단응력이 흙의 전단강도를 초과할 경우 활동이 일어난다.
④ 활동면은 일반적으로 원형활동면으로 가정한다.

**해설**

| 임계원 모식도 | 임계원 및 임계 활동면 |
|---|---|
| 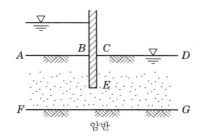 | • 임계원은 안전율이 최소인 활동원 이다.<br>• 임계활동면은 안전율이 최소인 활 동면으로 가장 불안전한 활동면을 말한다. |

**10** 다음과 같이 널말뚝을 박은 지반의 유선망을 작도하는 데 있어서 경계조건에 대한 설명으로 틀린 것은?

① $\overline{AB}$는 등수두선이다.
② $\overline{CD}$는 등수두선이다.
③ $\overline{FG}$는 유선이다.
④ $\overline{BEC}$는 등수두선이다.

**해설**

$\overline{BEC}$는 등수두선이 아니고 유선이다.

**11** 토립자가 둥글고 입도분포가 나쁜 모래 지반에서 표준관입시험을 한 결과 N치는 10이었다. 이 모래의 내부 마찰각을 Dunham의 공식으로 구하면?

① 21°  ② 26°
③ 31°  ④ 36°

**해설**

$\phi = \sqrt{12N} + 15 = \sqrt{12 \times 10} + 15 = 26°$

**12** 토압에 대한 다음 설명 중 옳은 것은?

① 일반적으로 정지토압 계수는 주동토압 계수보다 작다.
② Rankine 이론에 의한 주동토압의 크기는 Coulomb 이론에 의한 값보다 작다.
③ 옹벽, 흙막이벽체, 널말뚝 중 토압분포가 삼각형 분포에 가장 가까운 것은 옹벽이다.
④ 극한 주동상태는 수동상태보다 훨씬 더 큰 변위에서 발생한다.

**해설**

| 구분 | 토압분포도 | 내용 |
|---|---|---|
| | | • 연직한 옹벽<br>• 연직옹벽의 토압분포 모양은 삼각형이다. |

**13** 유선망의 특징을 설명한 것으로 옳지 않은 것은?

① 각 유로의 침투유량은 같다.
② 유선과 등수두선은 서로 직교한다.
③ 유선망으로 이루어지는 사각형은 이론상 정사각형 이다.
④ 침투속도 및 동수경사는 유선망의 폭에 비례한다.

**해설**

침투속도($V$) 및 동수경사($i$)는 유선망폭($L$)에 반비례한다.

$V = Ki = K \cdot \dfrac{\Delta h}{L}$

$\therefore i \cdot V \propto \dfrac{1}{L}$

**14** 어떤 종류의 흙에 대해 직접전단(일면전단) 시험을 한 결과 다음 표와 같은 결과를 얻었다. 이 값으로부터 점착력($c$)을 구하면?(단, 시료의 단면적은 10cm²이다.)

| 수직하중(Kg) | 10.0 | 20.0 | 30.0 |
|---|---|---|---|
| 전단력(Kg) | 24.785 | 25.570 | 26.355 |

① 3.0kg/cm²  ② 2.7kg/cm²
③ 2.4kg/cm²  ④ 1.9kg/cm²

**해설**

- 수직응력$(\delta) = \dfrac{P}{A}$, 전단응력$(\tau) = \dfrac{S}{A}$
- $A = 10\text{cm}^2$일 때

| $\delta$ | 1 | 2 | 3 |
|---|---|---|---|
| $\tau$ | 2.4785 | 2.5670 | 2.6355 |

- $\tau = C + \sigma\tan\phi$에서
  $2.4785 = C + 1 \times \tan\phi$ … ①
  $2.5570 = C + 2 \times \tan\phi$ … ②
  ①, ②식을 연립방정식으로 풀면
  $C = 2.4$

**15** 모래의 밀도에 따라 일어나는 전단특성에 대한 다음 설명 중 옳지 않은 것은?

① 다시 성형한 시료의 강도는 작아지지만 조밀한 모래에서는 시간이 경과됨에 따라 강도가 회복된다.
② 내부마찰각$(\phi)$은 조밀한 모래일수록 크다.
③ 직접 전단시험에 있어서 전단응력과 수평변위 곡선은 조밀한 모래에서는 peak가 생긴다.
④ 조밀한 모래에서는 전단변형이 계속 진행되면 부피가 팽창한다.

**해설**

| thixotropy(틱소트로피) 현상 | dilatancy(다이러턴시) 현상 |
|---|---|
| 점토는 되이김(remolding)하면 전단강도가 현저히 감소하는데, 시간이 경과함에 따라 그 강도의 일부를 다시 찾게 되는 현상 | 조밀한 사질토에서 전단이 진행됨에 따라 부피가 증가되는 현상 |

**16** 다음은 전단시험을 한 응력경로이다. 어느 경우인가?

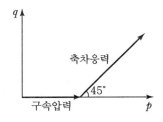

① 초기 단계의 최대 주응력과 최소 주응력이 같은 상태에서 시행한 삼축압축시험의 전응력 경로이다.
② 초기 단계의 최대 주응력과 최소 주응력이 같은 상태에서 시행한 일축압축시험의 전응력 경로이다.
③ 초기 단계의 최대 주응력과 최소 주응력이 같은 상태에서 $K_o = 0.5$인 조건에서 시행한 삼축압축시험의 전응력 경로이다.
④ 초기 단계의 최대 주응력과 최소 주응력이 같은 상태에서 $K_o = 0.7$인 조건에서 시행한 일축압축시험의 전응력 경로이다.

**해설**

초기 단계의 최대 주응력과 최소 주응력이 같은 상태에서 시행한 삼축압축시험의 전응력 경로이다.$(p = \sigma_v, \ q = 0)$

**17** 흙 입자의 비중은 2.56, 함수비는 35%, 습윤단위중량은 1.75g/$\text{cm}^3$일 때 간극률은 약 얼마인가?

① 32%
② 37%
③ 43%
④ 49%

**해설**

$$\gamma_t = \frac{G_s + S_e}{1 + e} \cdot \gamma_w$$

- $S_e = G_w = 2.56 \times 0.35 = 0.896$
- $e = \dfrac{G_s + S_e}{\gamma_t} - 1$

$$= \frac{2.56 + 0.896}{1.75} - 1 = 0.97$$

$\therefore n = \dfrac{e}{1+e} = \dfrac{0.97}{1+0.97} \times 100 = 49\%$

**18** 그림과 같이 모래층에 널말뚝을 설치하여 물막이 공 내의 물을 배수하였을 때, 분사현상이 일어나기 않게 하려면 얼마의 압력을 가하여야 하는가?(단, 모래의 비중은 2.65, 간극비는 0.65, 안전율은 3이다.)

① $6.5\text{t/m}^2$

② $16.5\text{t/m}^2$

③ $23\text{t/m}^2$

④ $33\text{t/m}^2$

**해설**

$$F_s = \frac{\sigma' + P}{F}$$

- $\sigma' = \gamma_{sub} \cdot h_2 = 1 \times 1.5 = 1.5\text{t/m}^2$

$$\left( \gamma_{sub} = \frac{G_s - 1}{1 + e} \times \gamma_w = \frac{2.65 - 1}{1 + 0.65} \times 1 = 1\text{t/m}^3 \right)$$

- $F = i\gamma_w z$

$$= \frac{h_1}{h_2} \cdot \gamma_w \cdot h_2 = h_1 \cdot \gamma_w$$

$$= 6 \times 1 = 6\text{t/m}^2$$

$$\therefore \; F_s = \frac{\sigma' + P}{F} = \frac{1.5 + P}{6} = 3$$

따라서 분사현상이 일어나지 않을 압력 $P = 16.5\text{t/m}^2$

**19** 흙의 다짐 효과에 대한 설명 중 틀린 것은?

① 흙의 단위중량 증가

② 투수계수 감소

③ 전단강도 저하

④ 지반의 지지력 증가

**해설**

**흙의 다짐효과**

- 투수성의 감소
- 압축성의 감소
- 흡수성 감소
- 전단강도의 증가 및 지지력의 증가
- 부착력 및 밀도 증가

**20** Rod에 붙인 어떤 저항체를 지중에 넣어 관입, 인발 및 회전에 의해 흙의 전단강도를 측정하는 원위치 시험은?

① 보링(Boring)

② 사운딩(Sounding)

③ 시료채취(Sampling)

④ 비파괴 시험(NDT)

**해설**

**사운딩**

로드(Rod) 끝에 설치한 저항체를 지중에 삽입하여 관입, 회전, 인발 등의 저항으로 토층의 물리적 성질과 상태를 탐사하는 시험이다.

**01** 모래치환에 의한 흙의 밀도 시험 결과 파낸 구멍의 부피가 1,980cm³이었고 이 구멍에서 파낸 흙 무게가 3,420g이었다. 이 흙의 토질시험 결과 함수비가 10%, 비중이 2.7, 최대 건조단위중량이 1.65 g/cm³이었을 때 이 현장의 다짐도는?

① 약 85%  　　　② 약 87%

③ 약 91%  　　　④ 약 95%

**해설**

다짐도$(RC) = \dfrac{\gamma_d}{\gamma_{d\max}} \times 100$

- $\gamma_t = \dfrac{W}{V} = \dfrac{3,420}{1,980} = 1.73 \text{g/cm}^3$

- $\gamma_d = \dfrac{\gamma_t}{1+w} = \dfrac{1.73}{1+0.1} = 1.57 \text{g/cm}^3$

$\therefore RC = \dfrac{1.57}{1.65} \times 100 = 95\%$

**02** 어떤 흙의 전단시험 결과 $c = 1.8 \text{kg/cm}^2$, $\phi = 35°$, 토립자에 작용하는 수직응력이 $\sigma = 3.6 \text{kg/cm}^2$일 때 전단강도는?

① 3.86kg/cm²  　　② 4.32kg/cm²

③ 4.89kg/cm²  　　④ 6.33kg/cm²

**해설**

$S(\tau_f) = C + \sigma' \tan\phi$
$\qquad = 1.8 + 3.6\tan 35°$
$\qquad = 4.32 \text{kg/cm}^2$

**03** 흙 지반의 투수계수에 영향을 미치는 요소로 옳지 않은 것은?

① 물의 점성  　　② 유효 입경

③ 간극비  　　　④ 흙의 비중

**해설**

흙의 비중은 투수계수와 무관하다.

**04** 그림에서 모래층에 분사현상이 발생되는 경우는 수두 $h$가 몇 cm 이상일 때 일어나는가? (단, $G_s = 2.68$, $n = 60\%$이다.)

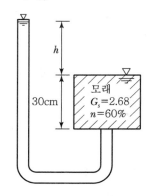

① 20.16cm  　　② 18.05cm

③ 13.73cm  　　④ 10.52cm

**해설**

- $i_c \le i$(분사현상 발생)

- $\dfrac{G_s - 1}{1+e} \le \dfrac{h}{L}$

$\qquad \left(\dfrac{2.68-1}{1+1.5}\right) \times 30 = h$

$\qquad e = \dfrac{n}{1-n} = \dfrac{0.6}{1-0.6} = 1.5$

$\therefore h = 20.16\text{cm}$

**05** 말뚝의 부마찰력에 관한 설명 중 옳지 않은 것은?

① 말뚝이 연약지반을 관통하여 견고한 지반에 박혔을 때 발생한다.
② 지반에 성토나 하중을 가할 때 발생한다.
③ 말뚝의 타입 시 항상 발생하며 그 방향은 상향이다.
④ 지하수위 저하로 발생한다.

**해설**

부마찰력의 방향은 하향이다.

**06** 연약한 점토지반의 전단강도를 구하는 현장 시험방법은?

① 평판재하 시험
② 현장 CBR 시험
③ 접전단 시험
④ 현장 베인 시험

> **해설**
>
> Vane test의 특징
> • 연약한 점토층에 실시하는 시험
> • 점착력 산정 기능
> • 지반의 비배수 전단강도($c_u$)를 측정
> • 비배수조건($\phi = 0$)에서 사면의 안정해석

**07** 흙의 다짐에 관한 설명 중 옳지 않은 것은?

① 최적 함수비로 다질 때 건조단위중량은 최대가 된다.
② 세립토의 함유율이 증가할수록 최적 함수비는 증대된다.
③ 다짐에너지가 클수록 최적 함수비는 커진다.
④ 점성토는 조립토에 비하여 다짐곡선의 모양이 완만하다.

> **해설**
>
> 다짐에너지가 커지면 $\gamma_{d\max}$ 는 증가하고, OMC는 감소한다.

**08** 점성토 지반의 개량공법으로 적합하지 않은 것은?

① 샌드 드레인 공법
② 바이브로 플로테이션 공법
③ 치환 공법
④ 프리로딩 공법

> **해설**
>
> 바이브로 플로테이션 공법은 사질토 지반개량 공법이다.

**09** 그림에서 주동토압의 크기를 구한 값은?(단, 흙의 단위중량은 1.8t/m³이고 내부마찰각은 30°이다.)

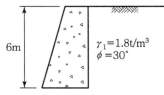

① 5.6t/m
② 10.8t/m
③ 15.8t/m
④ 23.6t/m

> **해설**
>
> • $K_a = \dfrac{1 - \sin\phi}{1 + \sin\phi} = \dfrac{1 - \sin 30°}{1 + \sin 30°} = 0.33$
>
> $\therefore\ P_a = \dfrac{1}{2}\gamma_t H^2 K_a$
>
> $\qquad = \dfrac{1}{2} \times 1.8 \times 6^2 \times 0.33 ≒ 10.8\text{t/m}$

**10** 느슨하고 포화된 사질토에 지진이나 폭파, 기타 진동으로 인한 충격을 받았을 때 전단강도가 급격히 감소하는 현상은?

① 액상화 현상
② 분사 현상
③ 보일링 현상
④ 다일러탠시 현상

> **해설**
>
> 액상화 현상(Liguefaction)
> 포화된 사질지반에 지진이나 진동 등 동적하중이 작용하면 지반에서 일시적으로 전단강도를 상실하는 현상이다.

**11** 예민비가 큰 점토란 다음 중 어떠한 것을 의미하는가?

① 점토를 교란시켰을 때 수축비가 작은 시료
② 점토를 교란시켰을 때 수축비가 큰 시료
③ 점토를 교란시켰을 때 강도가 많이 감소하는 시료
④ 점토를 교란시켰을 때 강도가 증가하는 시료

> **해설**
>
> 예민비가 큰 점토는 공학적으로 불량하며 흙을 다시 이겼을 때 강도가 감소한다.

---

**정답**  06 ④  07 ③  08 ②  09 ②  10 ①  11 ③

**12** 비중이 2.5인 흙에 있어서 간극비가 0.5이고 포화도가 50%이면 흙의 함수비는 얼마인가?

① 10%  ② 25%

③ 40%  ④ 62.5%

> **해설**
> $$G_w = Se$$
> $$w = \frac{Se}{G} = \frac{0.5 \times 0.5}{2.5}$$
> $$= 0.1 = 10\%$$

**13** 표준관입시험에 관한 설명으로 옳지 않은 것은?

① 시험의 결과로 N치를 얻는다.

② $(63.5 \pm 0.5)$kg 해머를 $(76 \pm 1)$cm 낙하시켜 샘플러를 지반에 30cm 관입시킨다.

③ 시험결과로부터 흙의 내부마찰각 등의 공학적 성질을 추정할 수 있다.

④ 이 시험은 사질토보다 점성토에서 더 유리하게 이용된다.

> **해설**
> 표준관입시험은 동적인 사운딩으로 사질토, 점성토 모두 적용 가능하지만 주로 사질토 지반의 특성을 잘 반영한다.

**14** 어떤 유선망에서 상하류면의 수두 차가 4m, 등수두면의 수가 13개, 유로의 수가 7개일 때 단위폭 1m당 1일 침투수량은 얼마인가?(단, 투수층의 투수계수 $K = 2.0 \times 10^{-4}$cm/s이다.)

① $9.62 \times 10^{-1}$m³/day

② $8.0 \times 10^{-1}$m³/day

③ $3.72 \times 10^{-1}$m³/day

④ $1.83 \times 10^{-1}$m³/day

> **해설**
> $$Q = K \cdot H \cdot \frac{N_f}{N_d}$$
> $$= \left( 2 \times 10^{-4} \times \frac{86,400}{100} \right) \times 4 \times \frac{7}{13}$$
> $$= 0.372 \text{m}^3/\text{day} = 3.72 \times 10^{-1} \text{m}^3/\text{day}$$

**15** 다음 중 얕은 기초는 어느 것인가?

① 말뚝 기초  ② 피어 기초

③ 확대 기초  ④ 케이슨 기초

> **해설**
> 깊은 기초의 분류
> • 말뚝 기초
> • 피어 기초
> • 케이슨 기초

**16** 사면의 안정해석 방법에 관한 설명 중 옳지 않은 것은?

① 마찰원법은 균일한 토질지반에 적용된다.

② Fellenius 방법은 절편의 양측에 작용하는 힘의 합력은 0이라고 가정한다.

③ Bishop 방법은 흙의 장기안정 해석에 유효하게 쓰인다.

④ Fellenius 방법은 간극수압을 고려한 $\phi = 0$ 해석법이다.

> **해설**

| Fellenius 방법의 특징 | Bishop 간편법의 특징 |
|---|---|
| • 전응력 해석법(간극수압을 고려하지 않음) | • 유효응력 해석법(간극수압 고려) |
| • 사면의 단기 안정문제 해석 | • 사면의 장기 안정문제 해석 |
| • 계산은 간단 | • 계산이 복잡하여 전산기 이용(많이 적용) |
| • 포화 점토 지반의 비배수 강도만 고려 | • $c - \phi$ 해석법 |
| • $\phi = 0$ 해석법 | • 절편에 작용하는 연직방향의 힘의 합력은 0이다. |
| • 절편의 양쪽에(수평, 연직) 작용하는 힘들의 합은 0이라고 가정 | |

**17** 어떤 점토의 압밀 시험에서 압밀계수($C_v$)가 $2.0 \times 10^{-3}$cm²/s라면 두께 2cm인 공시체가 압밀도 90%에 소요되는 시간은?(단, 양면배수 조건이다.)

① 5.02분  ② 7.07분

③ 9.02분  ④ 14.07분

[해설]

$$t_{90} = \frac{T_v \cdot H^2}{C_v} = \frac{0.848 \times \left(\frac{2}{2}\right)}{2 \times 10^{-3}}$$
$$= 424초 = 7.07분$$

**18** 흙의 동상을 방지하기 위한 대책으로 옳지 않은 것은?

① 배수구를 설치하여 지하수위를 저하시킨다.

② 지표의 흙을 화약약품으로 처리한다.

③ 포장하부에 단열층을 시공한다.

④ 모관수를 차단하기 위해 세립토층을 지하수면 위에 설치한다.

[해설]
모관수의 상승을 차단하기 위해 조립의 차단층을 지하수위보다 높은 위치에 설치한다.

**19** 흙의 2면 전단시험에서 전단응력을 구하려면 다음 중 어느 식이 적용되어야 하는가?(단, $\tau =$ 전단응력, $A =$ 단면적, $S =$ 전단력)

① $\tau = \dfrac{S}{A}$ 　　② $\tau = \dfrac{S}{2A}$

③ $\tau = \dfrac{2A}{S}$ 　　④ $\tau = \dfrac{2S}{A}$

[해설]
1면 · 2면 전단시험 비교

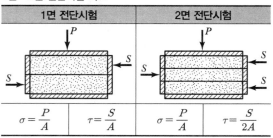

| 1면 전단시험 | | 2면 전단시험 | |
|---|---|---|---|
| $\sigma = \dfrac{P}{A}$ | $\tau = \dfrac{S}{A}$ | $\sigma = \dfrac{P}{A}$ | $\tau = \dfrac{S}{2A}$ |

**20** 해머의 낙하고 2m, 해머의 중량 4t, 말뚝의 최종 침하량이 2cm일 때 Sander 공식을 이용하여 말뚝의 허용지지력을 구하면?

① 50t 　　② 80t

③ 100t 　　④ 160t

[해설]
$$Q_a = \frac{W_h \cdot H}{8S} = \frac{4 \times 200}{8 \times 2} = 50t$$

**01** 예민비가 매우 큰 연약 점토지반에 대해서 현장의 비배수 전단강도를 측정하기 위한 시험방법으로 가장 적합한 것은?

① 압밀비배수시험  ② 표준관입시험
③ 직접전단시험  ④ 현장베인시험

〔해설〕

Vane test의 특징
• 연약한 점토층에 실시하는 시험
• 점착력 산정 기능
• 지반의 비배수 전단강도($c_u$)를 측정
• 비배수조건($\phi=0$)에서 사면의 안정해석

**02** Terzaghi는 포화점토에 대한 1차 압밀이론에서 수학적 해를 구하기 위하여 다음과 같은 가정을 하였다. 이 중 옳지 않은 것은?

① 흙은 균질하다.
② 흙은 완전히 포화되어 있다.
③ 흙 입자와 물의 압축성을 고려한다.
④ 흙 속에서의 물의 이동은 Darcy 법칙을 따른다.

〔해설〕

Terzaghi 압밀이론 기본가정
• 흙은 균질하다.
• 흙 속의 간극은 물로 완전 포화된다.
• 토립자와 물은 비압축성이다.
• 압력과 간극비의 관계는 이상적으로 직선 변화된다.

**03** 점성토 지반굴착 시 발생할 수 있는 Heaving 방지대책으로 틀린 것은?

① 지반개량을 한다.
② 지하수위를 저하시킨다.
③ 널말뚝의 근입 깊이를 줄인다.
④ 표토를 제거하여 하중을 작게 한다.

〔해설〕

히빙 방지대책
• 흙막이의 근입장을 깊게 한다.
• 표토를 제거하여 하중을 줄인다.
• 부분 굴착한다.

**04** 연약점토 지반에 말뚝을 시공하는 경우, 말뚝을 타입 후 어느 정도 기간이 경과한 후에 재하시험을 하게 된다. 그 이유로 가장 적합한 것은?

① 말뚝에 부마찰력이 발생하기 때문이다.
② 말뚝에 주면마찰력이 발생하기 때문이다.
③ 말뚝 타입 시 교란된 점토의 강도가 원래대로 회복하는 데 시간이 걸리기 때문이다.
④ 말뚝 타입 시 말뚝 자체가 받는 충격에 의해 두부의 손상이 발생할 수 있어 안정화에 시간이 걸리기 때문이다.

〔해설〕

흐트러진 점토 지반이 함수비의 변화 없이 시간이 경과할수록 원상태로 강도가 회복되는 현상을 틱스트로피라 하며 강도회복시간은 약 3주 정도 걸린다. 그래서 말뚝을 타입 후 어느 정도 기간이 경과한 후에 재하시험을 한다.

**05** 연약지반 처리공법 중 sand drain 공법에서 연직 및 수평 방향을 고려한 평균 압밀도 $U$는?(단, $U_v=0.20$, $U_h=0.71$이다.)

① 0.573  ② 0.697
③ 0.712  ④ 0.768

〔해설〕

$$U = 1 - (1 - U_h)(1 - U_v)$$
$$= 1 - (1 - 0.71)(1 - 0.20)$$
$$= 0.768$$

**06** 그림과 같은 사면에서 활동에 대한 안전율은?

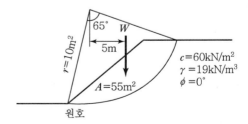

$$c = 60\text{kN/m}^2$$
$$\gamma = 19\text{kN/m}^3$$
$$\phi = 0°$$

① 1.30　　　　　② 1.50

③ 1.70　　　　　④ 1.90

[해설]

$$F_s = \frac{저항 M}{활동 M} = \frac{c \cdot r \cdot L}{W \cdot e}$$

$$(W = A \times l \times \gamma = 55 \times 1 \times 1.9 = 104.5)$$

$$= \frac{6 \times 10 \times \left(2 \times \pi \times 10 \times \dfrac{65°}{360°}\right)}{104.5 \times 5}$$

$$= 1.30$$

**07** 토질조사에 대한 설명 중 옳지 않은 것은?

① 표준관입시험은 정적인 사운딩이다.

② 보링의 깊이는 설계의 형태 및 크기에 따라 변한다.

③ 보링의 위치와 수는 지형조건 및 설계형태에 따라 변한다.

④ 보링 구멍은 사용 후에 흙이나 시멘트 그라우트로 메워야 한다.

[해설]

표준관입시험은 동적인 사운딩이다.

**08** 흙 시료의 일축압축시험 결과 일축압축강도가 0.3MPa이었다. 이 흙의 점착력은?(단, $\phi = 0$인 점토이다.)

① 0.1MPa

② 0.15MPa

③ 0.3MPa

④ 0.6MPa

[해설]

$$C = \frac{q_u}{2} = \frac{0.3}{2} = 0.15\text{MPa}$$

**09** 지표면에 집중하중이 작용할 때, 지중연직 응력증가량($\Delta\sigma_z$)에 관한 설명 중 옳은 것은?(단, Boussinesq 이론을 사용한다.)

① 탄성계수 $E$에 무관하다.

② 탄성계수 $E$에 정비례한다.

③ 탄성계수 $E$의 제곱에 정비례한다.

④ 탄성계수 $E$의 제곱에 반비례한다.

[해설]

**지중응력(연직응력 증가량)**

$$\Delta\sigma_z = \frac{Q}{z^2}I$$

∴ $E$(Young 계수, 탄성계수)와는 무관하다.

**10** 흙의 투수계수($k$)에 관한 설명으로 옳은 것은?

① 투수계수($k$)는 물의 단위중량에 반비례한다.

② 투수계수($k$)는 입경의 제곱에 반비례한다.

③ 투수계수($k$)는 형상계수에 반비례한다.

④ 투수계수($k$)는 점성계수에 반비례한다.

[해설]

**투수계수에 영향을 주는 인자**

$$k = D_s{}^2 \cdot \frac{\gamma_w}{\eta} \cdot \frac{e^3}{1+e} \cdot C$$

∴ 투수계수 $k$는 점성계수($\eta$)에 반비례한다.

**11** 널말뚝을 모래지반에 5m 깊이로 박았을 때 상류와 하류의 수두차가 4m이었다. 이때 모래지반의 포화단위중량이 19.62kN/m³이다. 현재 이 지반의 분사현상에 대한 안전율은?(단, 물의 단위중량은 9.81kN/m³이다.)

① 0.85

② 1.25

③ 1.85

④ 2.25

[해설]

- $i_c = \dfrac{\gamma_{sub}}{\gamma_w} = \dfrac{2-1}{9.81\text{kN/m}^3 \div 9.8} = \dfrac{1\text{t/m}^3}{1\text{t/m}^3} = 1$

  $(\gamma_{sat} = 19.62\text{kN/m}^3 \div 9.8 = 2\text{t/m}^3)$

∴ $F_s = \dfrac{i_c}{i} = \dfrac{i_c}{h/L} = \dfrac{1}{4/5} = 1.25$

**정답**　07 ①　08 ②　09 ①　10 ④　11 ②

**12** $\Delta h_1 = 5$이고, $k_{v2} = 10 k_{v1}$일 때, $k_{v3}$의 크기는?

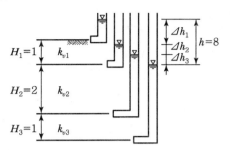

① $1.0 k_{v1}$  　　　　② $1.5 k_{v1}$

③ $2.0 k_{v1}$  　　　　④ $2.5 k_{v1}$

해설 ----------------------------------

수직방향 평균투수계수(동수경사 다름, 유량 일정)

$v = K_{v1} i_1 = K_{v2} i_2 = K_{v3} i_3$

$\quad = K_{v1} \dfrac{\Delta h_1}{1} = K_{v2} \dfrac{\Delta h_2}{2} = K_{v3} \dfrac{\Delta h_3}{1}$

$\quad = 5 K_{v1} = \dfrac{10 K_{v1} \Delta h_2}{2} = K_{v3} \Delta h_3$

$\quad = 5 K_{v1} = 5 K_{v1} \Delta h_2$

$\therefore \ \Delta h_2 = 1$

전체 손실수두 $h = 8$, $\Delta h_1 = 5$이므로, $\Delta h_3 = 2$

$v = K_{v3} \times \dfrac{\Delta h_3}{H_3} = K_{v3} \times \dfrac{2}{1} = 2 K_{v3} = 5 K_{v1}$

$\therefore \ K_{v3} = 2.5 K_{v1}$

**13** 흙의 다짐에 대한 설명으로 틀린 것은?

① 최적함수비는 흙의 종류와 다짐 에너지에 따라 다르다.
② 일반적으로 조립토일수록 다짐곡선의 기울기가 급하다.
③ 흙이 조립토에 가까울수록 최적함수비가 커지며 최대 건조단위중량은 작아진다.
④ 함수비의 변화에 따라 건조단위중량이 변하는데, 건조단위중량이 가장 클 때의 함수비를 최적함수비라 한다.

해설 ----------------------------------

세립토의 비율이 클수록 최대 건조단위중량($\gamma_{d\max}$)은 감소한다.

**14** 함수비 15%인 흙 2,300g이 있다. 이 흙의 함수비를 25%가 되도록 증가시키려면 얼마의 물을 가해야 하는가?

① 200g  　　　　② 230g

③ 345g  　　　　④ 575g

해설 ----------------------------------

• 함수비 15%일 때의 물의 무게

$\omega = \dfrac{W_w}{W_s} \times 100 = \dfrac{W_w}{W - W_w} \times 100$

$0.15 = \dfrac{W_w}{2,300 - W_w} \quad \therefore \ W_w = 300g$

• 함수비 25%로 증가시킬 때 물의 무게

$15 : 300 = 25 : W_w \quad \therefore \ W_w = 500g$

$\therefore$ 추가해야 할 물의 무게

$\quad 500 - 300 = 200g$

**15** 어떤 흙에 대해서 직접 전단시험을 한 결과 수직응력이 1.0MPa일 때 전단저항이 0.5MPa이었고, 수직응력이 2.0MPa일 때에는 전단저항이 0.8MPa이었다. 이 흙의 점착력은?

① 0.2MPa

② 0.3MPa

③ 0.8MPa

④ 1.0MPa

해설 ----------------------------------

전단저항(전단강도)

$\tau = c + \sigma' \tan\phi$

$5 = c + 10 \tan\phi \ \cdots\cdots\cdots$ ①

$8 = c + 20 \tan\phi \ \cdots\cdots\cdots$ ②

①, ②식을 연립방정식으로 정리

$\begin{aligned} & 10 = 2c + 20\tan\phi \\ \ominus\ & 8 = c + 20\tan\phi \\ \hline & 2 = c \end{aligned}$

$\therefore$ 점착력$(c) = 2 kg/cm^2 = 0.2MPa$

## 16 Mohr 응력원에 대한 설명 중 옳지 않은 것은?

① 임의 평면의 응력상태를 나타내는 데 매우 편리하다.
② $\sigma_1$과 $\sigma_3$의 차의 벡터를 반지름으로 해서 그린 원이다.
③ 한 면에 응력이 작용하는 경우 전단력이 0이면, 그 연직응력을 주응력으로 가정한다.
④ 평면기점($O_p$)은 최소 주응력이 표시되는 좌표에서 최소 주응력면과 평행하게 그은 Mohr 원과 만나는 점이다.

[해설]

Mohr 응력원
$\sigma_1$과 $\sigma_3$의 차를 지름으로 해서 그린 원이다.

## 17 모래치환법에 의한 밀도 시험을 수행한 결과 퍼낸 흙의 체적과 질량이 각각 365.0cm³, 745g이었으며, 함수비는 12.5%였다. 흙의 비중이 2.65이며, 실내표준다짐 시 최대 건조밀도가 1.90t/m³일 때 상대다짐도는?

① 88.7%
② 93.1%
③ 95.3%
④ 97.8%

[해설]

- $\gamma_d = \dfrac{\gamma_t}{1+\omega} = \dfrac{745/365}{1+0.125} = 1.813$

- $\gamma_{d\max} = 1.9$

∴ $RC = \dfrac{\gamma_d}{\gamma_{d\max}} = \dfrac{1.813}{1.9} \times 100 = 95.3\%$

## 18 접지압(또는 지반반력)이 그림과 같이 되는 경우는?

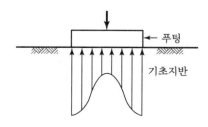

① 푸팅 : 강성, 기초지반 : 점토
② 푸팅 : 강성, 기초지반 : 모래
③ 푸팅 : 연성, 기초지반 : 점토
④ 푸팅 : 연성, 기초지반 : 모래

[해설]

점토지반에서 강성기초의 접지압 분포 : 기초 모서리에서 최대 응력 발생

## 19 통일분류법에 의해 흙의 MH로 분류되었다면, 이 흙의 공학적 성질로 가장 옳은 것은?

① 액성한계가 50% 이하인 점토이다.
② 액성한계가 50% 이상인 실트이다.
③ 소성한계가 50% 이하인 실트이다.
④ 소성한계가 50% 이상인 점토이다.

[해설]

- 압축성이 높음(H) : $\omega_L \geq 50\%$
- 압축성이 낮음(L) : $\omega_L \leq 50\%$
- 점토(C) : A선 위쪽
- 실트(M) : A선 아래쪽

**정답** 16 ② 17 ③ 18 ① 19 ②

**20** 직경 30cm 콘크리트 말뚝을 단동식 증기 해머로 타입하였을 때 엔지니어링 뉴스 공식을 적용한 말뚝의 허용지지력은?(단, 타격에너지=36kN · m, 해머효율=0.8, 손실상수=0.25cm, 마지막 25mm 관입에 필요한 타격횟수=5이다.)

① 640kN                    ② 1,280kN
③ 1,920kN                  ④ 3,840kN

┌─해설─┐

$$Q_a = \frac{Q_u}{F_s} = \frac{H_e \cdot 100 \cdot E}{6(S+0.25)}$$

• $H_e = 36$kN·m
• $E = 0.8$
• $S$(말뚝의 평균 관입량)$= \dfrac{25}{5} = 5$mm $= 0.5$cm

$$\therefore \ Q_a = \frac{36 \times 100 \times 0.8}{6(0.5+0.25)} = 640\text{kN}$$

**01** Dunham의 공식으로, 모래의 내부마찰각($\phi$)과 관입저항치($N$)와의 관계식으로 옳은 것은?(단, 토질은 입도배합이 좋고 둥근 입자이다.)

① $\phi = \sqrt{12N} + 15$    ② $\phi = \sqrt{12N} + 20$

③ $\phi = \sqrt{12N} + 25$    ④ $\phi = \sqrt{12N} + 30$

[해설]

$N$치와 내부 마찰력과의 관계

| 토립자 둥글고 입도 불량(입도 균등) | $\phi = \sqrt{12N} + 15$ |
|---|---|
| 토립자 둥글고 입도 양호<br>토립자 모나고 입도 불량(입도 균등) | $\phi = \sqrt{12N} + 20$ |
| 토립자 모나고 입도 양호 | $\phi = \sqrt{12N} + 25$ |

**02** 평판재하시험에서 재하판과 실제 기초의 크기에 따른 영향, 즉 Scale effect에 대한 설명 중 옳지 않은 것은?

① 모래지반의 지지력은 재하판의 크기에 비례한다.
② 점토지반의 지지력은 재하판의 크기와는 무관하다.
③ 모래지반의 침하량은 재하판의 크기가 커지면 어느 정도 증가하지만 비례적으로 증가하지는 않는다.
④ 점토지반의 침하량은 재하판의 크기와는 무관하다.

[해설]

점토지반의 침하량은 재하판 폭에 비례한다.

**03** 그림과 같은 옹벽에서 전주동 토압($P_a$)과 작용점의 위치($y$)는 얼마인가?

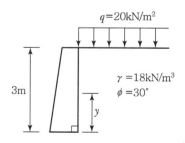

**01** ① $P_a = 37\text{kN/m}, \; y = 1.21\text{m}$

② $P_a = 47\text{kN/m}, \; y = 1.79\text{m}$

③ $P_a = 47\text{kN/m}, \; y = 1.21\text{m}$

④ $P_a = 54\text{kN/m}, \; y = 1.79\text{m}$

[해설]

• $K_a = \tan^2\left(45° - \dfrac{\phi}{2}\right) = \tan^2\left(45 - \dfrac{30°}{2}\right) = 0.333$

• $P_a = P_{a1} + P_{a2} = q \cdot H \cdot K_a + \dfrac{1}{2}\gamma H^2 K_a$

$= 20 \times 3 \times 0.333 + \dfrac{1}{2} \times 18 \times 3^2 \times 0.333$

$= 47\text{kN/m}$(전주동 토압)

• $h = \dfrac{P_{a1} \times \dfrac{H}{2} + P_{a2} \times \dfrac{H}{3}}{P_a}$

$= \dfrac{19.98 \times \dfrac{3}{2} + 26.97 \times \dfrac{3}{3}}{47}$

$= 1.21\text{m}$(작용점 위치)

**04** 모래치환법에 의한 흙의 밀도 시험에서 모래를 사용하는 목적은 무엇을 알기 위해서인가?

① 시험구멍의 부피
② 시험구멍의 밑면의 지지력
③ 시험구멍에서 파낸 흙의 중량
④ 시험구멍에서 파낸 흙의 함수상태

[해설]

모래(표준사)의 용도

No.10체를 통과하고 No.200체에 남은 모래를 사용하며 시험구멍의 체적을 구하기 위해 사용한다.

**05** 다음 중 투수계수를 좌우하는 요인과 관계가 먼 것은?

① 포화도
② 토립자의 크기
③ 토립자의 비중
④ 토립자의 형상과 배열

**해설**

토립자의 비중은 투수계수와 무관하다.

---

**06** 기존 건물에 인접한 장소에 새로운 깊은 기초를 시공하고자 한다. 이때 기존 건물의 기초가 얕아 보강하는 공법 중 적당한 것은?

① 압성토 공법　　② 언더피닝 공법
③ 프리로딩 공법　　④ 치환 공법

**해설**

언더피닝 공법
기존 구조물이 얕은 기초에 인접하고 있어 새로이 깊은 기초를 측조할 때 구 기초를 보강할 필요가 있는 보강공법이다.

---

**07** 파이핑(Piping) 현상을 일으키지 않는 동수경사($i$)와 한계 동수경사($i_c$)의 관계로 옳은 것은?

① $\dfrac{h}{L} > \dfrac{G_s-1}{1+e}$　　② $\dfrac{h}{L} < \dfrac{G_s-1}{1+e}$

③ $\dfrac{h}{L} > \dfrac{G_s-1}{1+e} \cdot \gamma_w$　　④ $\dfrac{h}{L} < \dfrac{G_s-1}{1+e} \cdot \gamma_w$

**해설**

분사현상이 일어나지 않을 조건

$i_c > i \rightarrow \dfrac{G_s-1}{1+e} > \dfrac{h}{L}$

---

**08** 도로공사 현장에서 다짐도 95%에 대한 다음 설명으로 옳은 것은?

① 포화도 95%에 대한 건조밀도를 말한다.
② 최적함수비의 95%로 다진 건조밀도를 말한다.
③ 롤러로 다진 최대 건조밀도 100%에 대한 95%를 말한다.
④ 실내 표준다짐 시험의 최대 건조밀도의 95%의 현장시공 밀도를 말한다.

---

**해설**

현장다짐도 95%
실내다짐 최대 건조밀도에 대한 95% 밀도를 말한다.

---

**09** 다음 중 흙 속의 전단강도를 감소시키는 요인이 아닌 것은?

① 공극수압의 증가
② 흙 다짐의 불충분
③ 수분증가에 따른 점토의 팽창
④ 지반에 약액 등의 고결제를 주입

**해설**

지반에 약액 등의 고결제를 주입하면 전단응력이 증가된다.

---

**10** 일축압축강도가 $32kN/m^2$, 흙의 단위중량이 $16kN/m^3$이고, $\phi=0$인 점토지반을 연직굴착할 때 한계고는 얼마인가?

① 2.3m　　② 3.2m
③ 4.0m　　④ 5.2m

**해설**

$H_c = 2Z_c = 2 \times \dfrac{2c}{\gamma_t} \tan\left(45° + \dfrac{\phi}{2}\right)$

$= \dfrac{2 \cdot q_u}{\gamma_t} = \dfrac{2 \times 32}{16} = 4m$

---

**11** 어느 흙 시료의 액성한계 시험결과 낙하횟수 40일 때 함수비가 48%, 낙하횟수 4일 때 함수비가 73%였다. 이때 유동지수는?

① 24.21%　　② 25.00%
③ 26.23%　　④ 27.00%

**해설**

유동지수 $= \dfrac{w_1 - w_2}{\log N_2 - \log N_1} = \dfrac{73-48}{\log 40 - \log 4} = 25\%$

---

**정답**　06 ②　07 ②　08 ④　09 ④　10 ③　11 ②

**12** 압축작용(pressure action)과 반죽작용(kneading action)을 함께 가지고 있는 롤러는?

① 평활 롤러(Smooth wheel roller)
② 양족 롤러(Sheep's foot roller)
③ 진동 롤러(Vibratory roller)
④ 타이어 롤러(Tire roller)

해설

압축작용과 반죽작용을 함께 가지고 있는 것은 타이어 롤러이다.

**13** 다음 중 전단강도와 직접적으로 관련이 없는 것은?

① 흙의 점착력
② 흙의 내부마찰각
③ Barron의 이론
④ Mohr－Coulomb의 파괴이론

해설

Barron의 이론은 압밀과 관계있다.

**14** 점토층에서 채취한 시료의 압축지수($C_c$)는 0.39, 간극비($e$)는 1.26이다. 이 점토층 위에 구조물이 축조되었다. 축조되기 이전의 유효압력은 80kN/m², 축조된 후에 증가된 유효압력은 60kN/m²이다. 점토층의 두께가 3m일 때 압밀침하량은 얼마인가?

① 12.6cm
② 9.1cm
③ 4.6cm
④ 1.3cm

해설

$$\Delta H = \frac{C_c}{1+e_1} \cdot \log \frac{P_2}{P_1} H$$
$$= \frac{0.39}{1+1.26} \times \log \frac{80+60}{80} \times 3$$
$$= 0.126 \text{m} = 12.6 \text{cm}$$

**15** 동해의 정도는 흙의 종류에 따라 다르다. 다음 중 우리나라에서 가장 동해가 심한 것은?

① 실트
② 점토
③ 모래
④ 자갈

해설

동해 현상이 가장 잘 일어날 수 있는 흙은 실트이다.

**16** 일반적인 기초의 필요조건으로 거리가 먼 것은?

① 지지력에 대해 안정할 것
② 시공성, 경제성이 좋을 것
③ 침하가 전혀 발생하지 않을 것
④ 동해를 받지 않는 최소한의 근입깊이를 가질 것

해설

침하량이 허용침하량 이내이어야 한다.

**17** 예민비가 큰 점토란 무엇을 의미하는가?

① 다시 반죽했을 때 강도가 증가하는 점토
② 다시 반죽했을 때 강도가 감소하는 점토
③ 입자의 모양이 날카로운 점토
④ 입자가 가늘고 긴 형태의 점토

해설

예민비가 큰 점토는 교란시켰을 때 강도가 많이 감소된다.

**18** 다음 그림과 같은 정수위 투수시험에서 시료의 길이는 $L$, 단면적은 $A$, $t$시간 동안 메스실린더에 개량된 물의 양이 $Q$, 수위차는 $h$로 일정할 때 이 시료의 투수계수는?

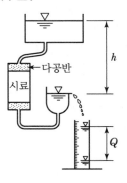

① $\dfrac{QL}{Aht}$    ② $\dfrac{Qh}{ALt}$

③ $\dfrac{Qt}{ALh}$    ④ $\dfrac{QA}{Lht}$

해설

정수위 투수시험$(k) = \dfrac{QL}{hAt}$

**19** 다음 중 사질토 지반의 개량공법에 속하지 않는 것은?

① 폭파다짐공법
② 생석회 말뚝공법
③ 모래다짐 말뚝공법
④ 바이브로 플로테이션 공법

해설

생석회 말뚝공법은 점성토 개량공법에 속한다.

**20** 포화도가 100%인 시료의 체적이 1,000cm³이었다. 노건조 후에 측정한 결과, 물의 질량이 400g이었다면 이 시료의 간극률$(n)$은 얼마인가?

① 15%    ② 20%
③ 40%    ④ 60%

해설

$n = \dfrac{V_v}{V} = \dfrac{W_w}{V}\,(S = 1$일 때$)$

$\quad = \dfrac{400}{1,000} = 0.4\,(40\%)$

**01** 어떤 흙의 입경가적곡선에서 $D_{10} = 0.05$mm, $D_{30} = 0.09$mm, $D_{60} = 0.15$mm이었다. 균등계수($C_u$)와 곡률계수($C_g$)의 값은?

① 균등계수=1.7, 곡률계수=2.45
② 균등계수=2.4, 곡률계수=1.82
③ 균등계수=3.0, 곡률계수=1.08
④ 균등계수=3.5, 곡률계수=2.08

**[해설]**

$$C_u = \frac{D_{60}}{D_{10}} = \frac{0.15}{0.05} = 3$$

$$C_g = \frac{D_{30}^2}{D_{10} \cdot D_{60}} = \frac{0.09^2}{0.05 \times 0.15} = 1.08$$

**02** 말뚝 지지력에 관한 여러 가지 공식 중 정역학적 지지력 공식이 아닌 것은?

① Dörr의 공식
② Terzaghi의 공식
③ Meyerhof의 공식
④ Engineering news 공식

**[해설]**

말뚝의 지지력 산정

| 정역학적 지지력 공식 | 동역학적 지지력 공식 |
|---|---|
| Meyerhof | Sander |
| Terzaghi | Hiley |
| | Engineering news |

**03** 압밀시험결과 시간−침하량 곡선에서 구할 수 없는 값은?

① 초기 압축비
② 압밀계수
③ 1차 압밀비
④ 선행압밀 압력

**[해설]**

| 시간침하곡선 | e−log P 곡선 |
|---|---|
| $C_v$ | |
| $a_v$ | $C_c$(압축지수) |
| $m_v$ | $P_o$(선행압밀 하중) |
| $K$ | |

**04** 그림과 같은 점토지반에서 안전수($m$)가 0.1인 경우 높이 5m의 사면에 있어서 안전율은?

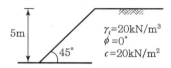

① 1.0
② 1.25
③ 1.50
④ 2.0

**[해설]**

$$F_s = \frac{H_c}{H}$$

$$H_c = \frac{N_c \cdot C}{\gamma} = \frac{\frac{1}{0.1} \times 20}{20} = 10$$

$$\therefore F_s = \frac{H_c}{H} = \frac{10}{5} = 2$$

**05** 얕은 기초에 대한 Terzaghi의 수정지지력 공식은 아래의 표와 같다. 4m×5m의 직사각형 기초를 사용할 경우 형상계수 $\alpha$와 $\beta$의 값으로 옳은 것은?

$$q_u = \alpha c N_c + \beta \gamma_1 B N_\gamma + \gamma_2 D_f N_q$$

① $\alpha = 1.18$, $\beta = 0.32$  ② $\alpha = 1.24$, $\beta = 0.42$
③ $\alpha = 1.28$, $\beta = 0.42$  ④ $\alpha = 1.32$, $\beta = 0.38$

**[해설]**

직사각형 기초

- $\alpha = 1 + 0.3\frac{B}{L} = 1 + 0.3\frac{4}{5} = 1.24$
- $\beta = 0.5 - 0.1\frac{B}{L} = 0.5 - 0.1\frac{4}{5} = 0.42$

**정답**  **01** ③  **02** ④  **03** ④  **04** ④  **05** ②

**06** 다음 중 일시적인 지반개량공법에 속하는 것은?

① 동결공법　　　　② 프리로딩 공법
③ 약액주입공법　　④ 모래다짐말뚝공법

> **해설**
>
> **일시적인 지반개량공법**
> • Well Point 공법
> • 동결공법
> • 대기압공법(진공압밀공법)

**07** 성토나 기초지반에 있어 특히 점성토의 압밀 완료 후 추가 성토 시 단기 안정문제를 검토하고자 하는 경우 적용되는 시험법은?

① 비압밀 비배수시험　　② 압밀 비배수시험
③ 압밀 배수시험　　　　④ 일축압축시험

> **해설**
>
> • 압밀 완료 후 : 배수($c$)
> • 단기안정 : 비배수($u$)

**08** 외경이 50.8mm, 내경이 34.9mm인 스플릿 스푼 샘플러의 면적비는?

① 112%　　　　② 106%
③ 53%　　　　　④ 46%

> **해설**
>
> $$A_r = \frac{50.8^2 - 34.9^2}{34.9^2} \times 100 = 112\%$$

**09** 사운딩(Sounding)의 종류에서 사질토에 가장 적합하고 점성토에서도 쓰이는 시험법은?

① 표준 관입 시험　　　② 베인 전단 시험
③ 더치 콘 관입 시험　④ 이스키미터(Iskymeter)

> **해설**
>
> **동적 사운딩**
> • 동적 원추관 시험(자갈 이외 흙)
> • SPT(사질토, 점토)

**10** 흙의 투수성에서 사용되는 Darcy의 법칙 $\left(Q = k \cdot \dfrac{\Delta h}{L} \cdot A\right)$에 대한 설명으로 틀린 것은?

① $\Delta h$는 수두차이다.
② 투수계수($k$)의 차원은 속도의 차원(cm/s)과 같다.
③ $A$는 실제로 물이 통하는 공극부분의 단면적이다.
④ 물의 흐름이 난류인 경우에는 Darcy의 법칙이 성립하지 않는다.

> **해설**
>
> $A$는 흙 전체의 단면적이다.

**11** 100% 포화된 흐트러지지 않은 시료의 부피가 20cm³이고 질량이 36g이었다. 이 시료를 건조로에서 건조시킨 후의 질량이 24g일 때 간극비는 얼마인가?

① 1.36　　　　② 1.50
③ 1.62　　　　④ 1.70

> **해설**
>
> $$e = \frac{V_v}{V_s} = \frac{V_v}{V - V_v}$$
>
> $$V_v : S = \frac{V_w}{V_v} = 1$$
>
> $$V_w = V_v = W_w = W - W_s = 36 - 24 = 12$$
>
> $$\therefore e = \frac{12}{20 - 12} = 1.5$$

**12** 어느 모래층의 간극률이 35%, 비중이 2.66이다. 이 모래의 분사현상(Quick Sand)에 대한 한계 동수경사는 얼마인가?

① 0.99　　　　② 1.08
③ 1.16　　　　④ 1.32

> **해설**
>
> $$i_c = \frac{\gamma_{sub}}{\gamma_w} = \frac{G_s - 1}{1 + e}$$
>
> • $G = 2.66$

- $e = \dfrac{n}{1-n} = \dfrac{0.35}{1-0.35} = 0.54$

$\therefore \; i_c = \dfrac{2.66-1}{1+0.54} = 1.08$

## 13 흙의 다짐에 대한 설명으로 틀린 것은?

① 최적함수비로 다질 때 흙의 건조밀도는 최대가 된다.
② 최대건조밀도는 점성토에 비해 사질토일수록 크다.
③ 최적함수비는 점성토일수록 작다.
④ 점성토일수록 다짐곡선은 완만하다.

 **해설**

최적함수비는 점성토일수록 크다.

## 14 평판재하시험에서 재하판의 크기에 의한 영향 (Scale Effect)에 관한 설명으로 틀린 것은?

① 사질토 지반의 지지력은 재하판의 폭에 비례한다.
② 점토지반의 지지력은 재하판의 폭에 무관하다.
③ 사질토 지반의 침하량은 재하판의 폭이 커지면 약간 커지기는 하지만 비례하는 정도는 아니다.
④ 점토지반의 침하량은 재하판의 폭에 무관하다.

**해설**

점토지반의 침하량은 재하판 폭에 비례

## 15 지표면에 설치된 2m×2m의 정사각형 기초에 100kN/m²의 등분포 하중이 작용하고 있을 때 5m 깊이에 있어서의 연직응력 증가량을 2 : 1 분포법으로 계산한 값은?

① 0.83kN/m²
② 8.16kN/m²
③ 19.75kN/m²
④ 28.57kN/m²

**해설**

$$\Delta\sigma_z = \dfrac{q \cdot B \cdot L}{(B+Z)(L+Z)} = \dfrac{100 \times 2 \times 2}{(2+5)(2+5)} = 8.16\text{kN/m}^2$$

## 16 Paper Drain 설계 시 Drain Paper의 폭이 10cm, 두께가 0.3cm일 때 Drain Paper의 등치환산원의 직경이 약 얼마이면 Sand Drain과 동등한 값으로 볼 수 있는가?(단, 형상계수($a$)는 0.75이다.)

① 5cm
② 8cm
③ 10cm
④ 15cm

**해설**

$2(A+B) \cdot \alpha = \pi D$
$2(10+0.3) \times 0.75 = \pi \times D$
$\therefore \; D = 5\text{cm}$

## 17 점착력이 8kN/m², 내부 마찰각이 30°, 단위중량이 16kN/m³인 흙이 있다. 이 흙에 인장균열은 약 몇 m 깊이까지 발생할 것인가?

① 6.92m
② 3.73m
③ 1.73m
④ 1.00m

**해설**

$$Z_c = \dfrac{q_u}{\gamma} = \dfrac{2}{\gamma} C \tan\left(45 + \dfrac{\phi}{2}\right)$$
$$= \dfrac{2}{16} \times 8 \times \tan\left(45 + \dfrac{30}{2}\right)$$
$$= 1.73$$

## 18 그림에서 A점 흙의 강도정수가 $c' = 30$kN/m², $\phi' = 30°$일 때, A점에서의 전단강도는?(단, 물의 단위중량은 9.81kN/m³이다.)

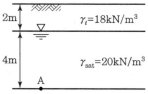

① 69.31kN/m²
② 74.32kN/m²
③ 96.97kN/m²
④ 103.92kN/m²

해설

$S(\tau_f) = C + \sigma' \tan\phi$

$\sigma_A' = 18 \times 2 + (20 - 9.81) \times 4 = 76.76$

$\therefore \ S = 30 + 76.76 \tan 30° = 74.32 \text{kN/m}^2$

## 19 Terzaghi의 1차원 압밀이론에 대한 가정으로 틀린 것은?

① 흙은 균질하다.

② 흙은 완전 포화되어 있다.

③ 압축과 흐름은 1차원적이다.

④ 압밀이 진행되면 투수계수는 감소한다.

해설

압밀이 진행되면 투수계수는 일정하다고 가정한다.

## 20 아래 그림과 같은 지반의 A점에서 전응력($\sigma$), 간극수압($u$), 유효응력($\sigma'$)을 구하면?(단, 물의 단위중량은 9.81kN/m³이다.)

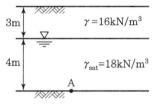

① $\sigma = 100 \text{kN/m}^2$, $u = 9.8 \text{kN/m}^2$, $\sigma' = 90.2 \text{kN/m}^2$

② $\sigma = 100 \text{kN/m}^2$, $u = 29.4 \text{kN/m}^2$, $\sigma' = 70.6 \text{kN/m}^2$

③ $\sigma = 120 \text{kN/m}^2$, $u = 19.6 \text{kN/m}^2$, $\sigma' = 100.4 \text{kN/m}^2$

④ $\sigma = 120 \text{kN/m}^2$, $u = 39.2 \text{kN/m}^2$, $\sigma' = 80.8 \text{kN/m}^2$

해설

- $\sigma' = 16 \times 3 + (18 - 9.81) \times 4$
  $= 80.8 \text{kN/m}^2$

- $u = 9.81 \times 4 = 39.2 \text{kN/m}^2$

- $\sigma = \sigma' + u = 120 \text{kN/m}^2$

**01** 점토 덩어리는 재차 물을 흡수하면 고체-반고체-소성-액성의 단계를 거치지 않고 물을 흡착함과 동시에 흙 입자 간의 결합력이 감소되어 액성상태로 붕괴한다. 이러한 현상을 무엇이라 하는가?

① 비화작용(Slaking)
② 팽창작용(Bulking)
③ 수화작용(Hydration)
④ 윤활작용(Lubrication)

해설

비화작용(Slaking)에 대한 설명이다.

**02** 흙 속에서의 물의 흐름 중 연직유효응력의 증가를 가져오는 것은?

① 정수압상태
② 상향흐름
③ 하향흐름
④ 수평흐름

해설

물 하향침투 – 침투수압만큼 유효응력은 증가

**03** 말뚝기초의 지지력에 관한 설명으로 틀린 것은?

① 부마찰력은 아래 방향으로 작용한다.
② 말뚝선단부의 지지력과 말뚝주변 마찰력의 합이 말뚝의 지지력이 된다.
③ 점성토 지반에는 동역학적 지지력 공식이 잘 맞는다.
④ 재하시험 결과를 이용하는 것이 신뢰도가 큰 편이다.

해설

동역학적 지지력 공식은 사질토 지반에 잘 맞는다.

**04** 채취된 시료의 교란 정도는 면적비를 계산하여 통상 면적비가 몇 %보다 작으면 여잉토의 혼입이 불가능한 것으로 보고 흐트러지지 않은 시료로 간주하는가?

① 10%
② 13%
③ 15%
④ 20%

해설

- 교란시료 : $A_r > 10\%$
- 불교란시료 : $A_r \leq 10\%$

**05** 평균 기온에 따른 동결지수가 520℃ · days였다. 이 지방의 정수($C$)가 4일 때 동결깊이는? (단, 데라다 공식을 이용한다.)

① 130.2cm
② 102.4cm
③ 91.2cm
④ 22.8cm

해설

$$Z = C\sqrt{F} = 4\sqrt{520} = 91.2\text{cm}$$

**06** 다음 기초의 형식 중 얕은 기초인 것은?

① 확대기초
② 우물통 기초
③ 공기 케이슨 기초
④ 철근콘크리트 말뚝기초

해설

직접(얕은) 기초는 푸팅(확대) 기초이다.

**07** 포화점토의 비압밀 비배수 시험에 대한 설명으로 틀린 것은?

① 시공 직후의 안정 해석에 적용된다.
② 구속압력을 증대시키면 유효응력은 커진다.
③ 구속압력을 증대한 만큼 간극수압은 증대한다.
④ 구속압력의 크기에 관계없이 전단강도는 일정하다.

해설

비배수 상태에서 구속압을 증가시키면 유효응력은 변화가 없다 (동일한 크기의 모어원).

---

정답   01 ①   02 ③   03 ③   04 ①   05 ③   06 ①   07 ②

**08** 수직 응력이 60kN/m²이고 흙의 내부 마찰각이 45°일 때 모래의 전단강도는?(단, 점착력($c$)은 0이다.)

① 24kN/m²
② 36kN/m²
③ 48kN/m²
④ 60kN/m²

 해설

$$s(\tau_f) = c + \sigma' \tan\phi = 0 + 60\tan45 = 60\text{kN/m}^2$$

**09** 가로 2m, 세로 4m의 직사각형 케이슨이 지중 16m까지 관입되었다. 단위면적당 마찰력 $f = 0.2$kN/m²일 때 케이슨에 작용하는 주면마찰력(Skin Friction)은 얼마인가?

① 38.4kN
② 27.5kN
③ 19.2kN
④ 12.8kN

해설

$$Q_f = f_n \cdot A_s = 0.2 \times (2+4)2 \times 16 = 38.4\text{kN}$$

**10** 아래 기호를 이용하여 현장밀도시험의 결과로부터 건조밀도($\rho_d$)를 구하는 식으로 옳은 것은?

- $\rho_d$ : 흙의 건조밀도(g/cm³)
- $V$ : 시험구멍의 부피(cm³)
- $m$ : 시험구멍에서 파낸 흙의 습윤 질량(g)
- $w$ : 시험구멍에서 파낸 흙의 함수비(%)

① $\rho_d = \dfrac{1}{V} \times \left( \dfrac{m}{1 + \dfrac{w}{100}} \right)$

② $\rho_d = m \times \left( \dfrac{V}{1 + \dfrac{w}{100}} \right)$

③ $\rho_d = \dfrac{1}{m} \times \left( \dfrac{V}{1 + \dfrac{w}{100}} \right)$

④ $\rho_d = V \times \left( \dfrac{w}{1 + \dfrac{m}{100}} \right)$

해설

$$\gamma_d = \frac{\gamma_t}{1+w}, \quad \gamma_t = \frac{W(m)}{V}$$

$$\therefore \gamma_d = \frac{1}{V} \times \left( \frac{W(m)}{1 + \dfrac{w}{100}} \right)$$

**11** 비교란 점토($\phi = 0$)에 대한 일축압축강도($q_u$)가 36kN/m²이고 이 흙을 되비빔을 했을 때의 일축압축강도($q_{ur}$)가 12kN/m²이었다. 이 흙의 점착력($c_u$)과 예민비($S_t$)는 얼마인가?

① $c_u = 24$kN/m², $S_t = 0.3$
② $c_u = 24$kN/m², $S_t = 3.0$
③ $c_u = 18$kN/m², $S_t = 0.3$
④ $c_u = 18$kN/m², $S_t = 3.0$

해설

- $c_u$

$$q_u = 2c\tan\left(45 + \frac{\phi}{2}\right)$$

$$36 = 2c, \quad \therefore c = 18$$

- $S_t = \dfrac{q_u(\text{불교란})}{q_u(\text{교란})} = \dfrac{36}{12} = 3$

**12** 아래 그림의 투수층에서 피에조미터를 꽂은 두 지점 사이의 동수경사($i$)는 얼마인가?(단, 두 지점 간의 수평거리는 50m이다.)

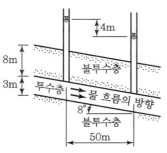

① 0.063
② 0.079
③ 0.126
④ 0.162

해설
$$동수경사(i) = \frac{\Delta h}{L} = \frac{4}{50/\cos 8°} = 0.079$$

**13** 그림에서 분사현상에 대한 안전율은 얼마인가?(단, 모래의 비중은 2.65, 간극비는 0.6이다.)

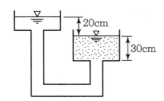

① 1.01           ② 1.55
③ 1.86           ④ 2.44

해설
$$F_s = \frac{i_c}{i} = \frac{\dfrac{G-1}{1+e}}{\dfrac{\Delta h}{L}} = \frac{\dfrac{2.65-1}{1+0.6}}{\dfrac{20}{30}} = 1.55$$

**14** 주동토압계수를 $K_a$, 수동토압계수를 $K_p$, 정지토압계수를 $K_o$라 할 때 토압계수 크기의 비교로 옳은 것은?

① $K_o > K_p > K_a$     ② $K_o > K_a > K_p$
③ $K_p > K_o > K_a$     ④ $K_a > K_o > K_p$

해설
수동토압계수($K_p$) > 정지토압계수($K_o$) > 주동토압계수($K_a$)

**15** 풍화작용에 의하여 분해되어 원 위치에서 이동하지 않고 모암의 광물질을 덮고 있는 상태의 흙은?

① 호성토(Lacustrine soil)
② 충적토(Alluvial soil)
③ 빙적토(Glacial soil)
④ 잔적토(Residual soil)

해설
잔적토에 대한 설명이다.

**16** 절편법에 의한 사면의 안정해석 시 가장 먼저 결정되어야 할 사항은?

① 절편의 중량
② 가상파괴 활동면
③ 활동면상의 점착력
④ 활동면상의 내부마찰각

해설
절편법에 의한 사면 안정 해석 시 가상파괴 활동면을 가장 먼저 결정해야 한다.

**17** 실내다짐시험 결과 최대건조단위중량이 15.6 kN/m³이고, 다짐도가 95%일 때 현장의 건조단위중량은 얼마인가?

① 13.62kN/m³     ② 14.82kN/m³
③ 16.01kN/m³     ④ 17.43kN/m³

해설
$$다짐도 = \frac{현장\ 건조단위중량}{실내\ 건조단위중량}$$

$$0.95 = \frac{\gamma_{d(현장)}}{15.6}$$

$$\therefore \gamma_{d(현장)} = 14.82\text{kN/m}^3$$

**18** Sand Drain 공법에서 $U_v$(연직방향의 압밀도)=0.9, $U_h$(수평방향의 압밀도)=0.15인 경우, 수직 및 수평방향을 고려한 압밀도($U_{vh}$)는 얼마인가?

① 99.15%         ② 96.85%
③ 94.5%          ④ 91.5%

해설

$$U = 1 - (1 - U_h)(1 - U_v)$$
$$= 1 - (1 - 0.9)(1 - 0.15) = 0.915$$

∴ 압밀도는 91.5%이다.

## 19 흙의 다짐에 대한 설명으로 틀린 것은?

① 건조밀도-함수비 곡선에서 최적함수비와 최대건조밀도를 구할 수 있다.
② 사질토는 점성토에 비해 흙의 건조밀도-함수비 곡선의 경사가 완만하다.
③ 최대건조밀도는 사질토일수록 크고, 점성토일수록 작다.
④ 모래질 흙은 진동 또는 진동을 동반하는 다짐방법이 유효하다.

해설

사질토는 점성토에 비해 흙의 건조밀도-함수비 곡선의 경사가 급하다.

## 20 10개의 무리 말뚝기초에 있어서 효율이 0.8, 단항으로 계산한 말뚝 1개의 허용지지력이 100kN일 때 군항의 허용지지력은?

① 500kN
② 800kN
③ 1,000kN
④ 1,250kN

해설

$$Q_{ag} = Q_a \times N \times E$$
$$= 100 \times 10 \times 0.8$$
$$= 800kN$$

## 01 흙의 활성도에 대한 설명으로 틀린 것은?

① 점토의 활성도가 클수록 물을 많이 흡수하여 팽창이 많이 일어난다.

② 활성도는 2$\mu$m 이하의 점토함유율에 대한 액성지수의 비로 정의된다.

③ 활성도는 점토광물의 종류에 따라 다르므로 활성도로부터 점토를 구성하는 점토광물을 추정할 수 있다.

④ 흙 입자의 크기가 작을수록 비표면적이 커져 물을 많이 흡수하므로, 흙의 활성은 점토에서 뚜렷이 나타난다.

해설

$$\text{활성도}(A) = \frac{I_P(\text{소성지수})}{2\mu m \text{ 이하의 점토 함유율}}$$

## 02 그림과 같은 지반에서 유효응력에 대한 점착력 및 마찰각이 각각 $c' = 10\text{kN/m}^2$, $\phi' = 20°$일 때, A점에서의 전단강도는?(단, 물의 단위중량은 9.81 kN/m³이다.)

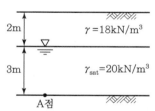

① 34.25kN/m²  ② 44.94kN/m²
③ 54.25kN/m²  ④ 66.17kN/m²

해설

$$S(I_p) = C + \sigma'\tan\phi$$
$$= 10 + (18 \times 2) + (20 - 9.81) \times 3$$
$$= 34.23\text{kN/m}^2$$

## 03 흙의 다짐에 대한 설명 중 틀린 것은?

① 일반적으로 흙의 건조밀도는 가하는 다짐에너지가 클수록 크다.

② 모래질 흙은 진동 또는 진동을 동반하는 다짐 방법이 유효하다.

③ 건조밀도-함수비 곡선에서 최적 함수비와 최대건조밀도를 구할 수 있다.

④ 모래질을 많이 포함한 흙의 건조밀도-함수비 곡선의 경사는 완만하다.

해설

사질토(조립토)는 흙의 건조밀도-함수비 곡선의 경사가 급하다.

## 04 표준관입시험(SPT)을 할 때 처음 150mm 관입에 요하는 $N$값은 제외하고, 그 후 300mm 관입에 요하는 타격수로 $N$값을 구한다. 그 이유로 옳은 것은?

① 흙은 보통 150mm 밑부터 그 흙의 성질을 가장 잘 나타낸다.

② 관입봉의 길이가 정확히 450mm이므로 이에 맞도록 관입시키기 위함이다.

③ 정확히 300mm를 관입시키기가 어려워서 150mm 관입에 요하는 $N$값을 제외한다.

④ 보링구멍 밑면 흙이 보링에 의하여 흐트러져 150 mm 관입 후부터 $N$값을 측정한다.

해설

보링 시 보링구멍 밑면의 흙이 흐트러지기 때문에 15cm 관입 후 $N$값을 추정한다.

## 05 연약지반 개량공법에 대한 설명 중 틀린 것은?

① 샌드드레인 공법은 2차 압밀비가 높은 점토 및 이탄 같은 유기질 흙에 큰 효과가 있다.

② 화학적 변화에 의한 흙의 강화공법으로는 소결 공법, 전기화학적 공법 등이 있다.

③ 동압밀공법 적용 시 과잉간극 수압의 소산에 의한 강도증가가 발생한다.

④ 장기간에 걸친 배수공법은 샌드드레인이 페이퍼 드레인보다 유리하다.

**해설**

2차 압밀비가 높은 점토 및 이탄 같은 유기질 흙에 샌드드레인공법은 큰 효과가 없다.

**06** 흐트러지지 않은 시료를 이용하여 액성한계 40%, 소성한계 22.3%를 얻었다. 정규압밀점토의 압축지수($C_c$)값을 Terzaghi와 Peck의 경험식에 의해 구하면?

① 0.25 　　　　　 ② 0.27
③ 0.30 　　　　　 ④ 0.35

**해설**

$C_c$(불교란시료) $= 0.009(w_L - 10) = 0.009(40 - 10) = 0.27$

**07** 다음 중 흙댐(Dam)의 사면안정 검토 시 가장 위험한 상태는?

① 상류사면의 경우 시공 중과 만수위일 때
② 상류사면의 경우 시공 직후와 수위 급강하일 때
③ 하류사면의 경우 시공 직후와 수위 급강하일 때
④ 하류사면의 경우 시공 중과 만수위일 때

**해설**

• 상류 : 시공 직후, 수위 급강하 시
• 하류 : 만수위 시

**08** 모래지층 사이에 두께 6m의 점토층이 있다. 이 점토의 토질시험 결과가 아래 표와 같을 때, 이 점토층의 90% 압밀을 요하는 시간은 약 얼마인가? (단, 1년은 365일로 하고, 물의 단위중량($\gamma_w$)은 9.81kN/m³이다.)

• 간극비($e$) = 1.5
• 압축계수($a_v$) $= 4 \times 10^{-3} \text{m}^2/\text{kN}$
• 투수계수($k$) $= 3 \times 10^{-7} \text{cm/s}$

① 50.7년 　　　　 ② 12.7년
③ 5.07년 　　　　 ④ 1.27년

**해설**

$t = \dfrac{T_v \cdot H^2}{C_v} = \dfrac{0.848 \times 3^2}{1.911 \times 10^{-7}} = 1.27$년

• $T_v = 0.848$

• $H = \dfrac{6}{2} = 3$

• $C_v = \dfrac{k}{m_v \cdot \gamma_w} = \dfrac{3 \times 10^{-7} \times 0.01\text{m}}{\left(\dfrac{4 \times 10^{-3}}{1 + 1.5}\right) \times 9.81} = 1.911 \times 10^{-7}\text{m}^2/\text{sec}$

**09** 5m×10m의 장방형 기초 위에 $q = 60\text{kN/m}^2$의 등분포하중이 작용할 때, 지표면 아래 10m에서의 연직응력증가량($\Delta\sigma_v$)은?(단, 2 : 1 응력분포법을 사용한다.)

① 10kN/m² 　　　 ② 20kN/m²
③ 30kN/m² 　　　 ④ 40kN/m²

**해설**

$\Delta\sigma_v = \dfrac{qBL}{(B+Z)(L+Z)} = \dfrac{60 \times 5 \times 10}{(5+10)(10+10)} = 10\text{kN/m}^2$

**10** 도로의 평판재하시험방법(KS F 2310)에서 시험을 끝낼 수 있는 조건이 아닌 것은?

① 재하 응력이 현장에서 예상할 수 있는 가장 큰 접지압력의 크기를 넘으면 시험을 멈춘다.
② 재하 응력이 그 지반의 항복점을 넘을 때 시험을 멈춘다.
③ 침하가 더 이상 일어나지 않을 때 시험을 멈춘다.
④ 침하량이 15mm에 달할 때 시험을 멈춘다.

**해설**

평판재하시험 시 시험을 끝낼 수 있는 조건
• 침하량 15mm 도달
• 하중강도(재하응력) > 접지압력
• 하중강도(재하응력) > 항복점

**정답**　06 ②　07 ②　08 ④　09 ①　10 ③

**11** 그림에서 흙의 단면적이 40cm²이고 투수계수가 0.1cm/s일 때 흙 속을 통과하는 유량은?

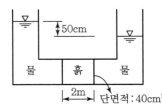

① 1m³/h  ② 1cm³/s
③ 100m³/h  ④ 100cm³/s

해설

$$Q = A \cdot V = A \cdot k \cdot \frac{\Delta h}{L} = 40 \times 0.1 \times \frac{50}{200}$$
$$= 1 \text{cm}^3/\text{s}$$

**12** Terzaghi의 얕은 기초에 대한 수정지지력 공식에서 형상계수에 대한 설명 중 틀린 것은?(단, $B$는 단변의 길이, $L$은 장변의 길이이다.)

① 연속기초에서 $\alpha = 1.0$, $\beta = 0.5$이다.
② 원형기초에서 $\alpha = 1.3$, $\beta = 0.6$이다.
③ 정사각형기초에서 $\alpha = 1.3$, $\beta = 0.4$이다.
④ 직사각형기초에서 $\alpha = 1 + 0.3\frac{B}{L}$, $\beta = 0.5 - 0.1\frac{B}{L}$ 이다.

해설

원형기초에서 $\alpha = 1.3$, $\beta = 0.3$이다.

**13** 포화된 점토에 대하여 비압밀비배수($UU$) 삼축압축시험을 하였을 때의 결과에 대한 설명으로 옳은 것은?(단, ø는 마찰각이고 $c$는 점착력이다.)

① ø와 $c$가 나타나지 않는다.
② ø와 $c$가 모두 "0"이 아니다.
③ ø는 "0"이고, $c$는 "0"이 아니다.
④ ø는 "0"이 아니지만, $c$는 "0"이다.

해설

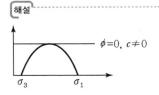

**14** 흙의 동상에 영향을 미치는 요소가 아닌 것은?

① 모관 상승고
② 흙의 투수계수
③ 흙의 전단강도
④ 동결온도의 계속시간

해설

흙의 동상에 가장 큰 영향을 미치는 요소는 물, 온도이다.

**15** 아래 그림에서 각 층의 손실수두 $\Delta h_1$, $\Delta h_2$, $\Delta h_3$를 각각 구한 값으로 옳은 것은?(단, $k$는 cm/s, $H$와 $\Delta h$는 $m$단위이다.)

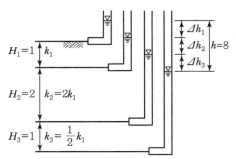

① $\Delta h_1 = 2$, $\Delta h_2 = 2$, $\Delta h_3 = 4$
② $\Delta h_1 = 2$, $\Delta h_2 = 3$, $\Delta h_3 = 3$
③ $\Delta h_1 = 2$, $\Delta h_2 = 4$, $\Delta h_3 = 2$
④ $\Delta h_1 = 2$, $\Delta h_2 = 5$, $\Delta h_3 = 1$

해설

$$V = k_1 i_1 = k_2 i_2 = k_3 i_3$$
$$= k_1\left(\frac{\Delta h_1}{H_1}\right) = k_2\left(\frac{\Delta h_2}{H_2}\right) = k_3\left(\frac{\Delta h_3}{H_3}\right)$$
$$= k_1\left(\frac{\Delta h_1}{1}\right) = 2k_1\left(\frac{\Delta h_2}{2}\right) = \frac{1}{2}k_1\left(\frac{\Delta h_3}{1}\right)$$

$$\therefore \ \Delta h_1 = \Delta h_2 = \frac{\Delta h_3}{2}$$

따라서 $h_{(8)} = \Delta h_1 + \Delta h_2 + \Delta h_3 = \Delta h_1 + \Delta h_1 + 2\Delta h_1$

$$\Delta h_1 = 2 = \Delta h_2, \ \Delta h_3 = 4$$

**16** 다짐되지 않은 두께 2m, 상대밀도 40%의 느슨한 사질토 지반이 있다. 실내시험 결과 최대 및 최소 간극비가 0.80, 0.40으로 각각 산출되었다. 이 사질토를 상대밀도 70%까지 다짐할 때 두께는 얼마나 감소되겠는가?

① 12.41cm      ② 14.63cm

③ 22.71cm      ④ 25.83cm

해설

$$\Delta H = \frac{e_1 - e_2}{1 + e_1} H$$

• 상대밀도 40% → $e_1$

    $D_r = \dfrac{e_{max} - e_1}{e_{max} - e_{min}}, \ e_1 = 0.64$

• 상대밀도 70% → $e_2$

    $D_r = \dfrac{e_{max} - e_2}{e_{max} - e_{min}}, \ e_2 = 0.52$

$$\therefore \ \Delta H = \left(\frac{0.64 - 0.52}{1 + 0.64}\right) 200 = 14.63\text{cm}$$

**17** 모래나 점토 같은 입상재료를 전단할 때 발생하는 다일러턴시(Dilatancy) 현상과 간극수압의 변화에 대한 설명으로 틀린 것은?

① 정규압밀 점토에서는 (−) 다일러턴시에 (+)의 간극수압이 발생한다.

② 과압밀 점토에서는 (+) 다일러턴시에 (−)의 간극수압이 발생한다.

③ 조밀한 모래에서는 (+) 다일러턴시가 일어난다.

④ 느슨한 모래에서는 (+) 다일러턴시가 일어난다.

해설

느슨한 모래에서는 (−) 다일러턴시, (+) 간극수압이 발생한다.

**18** 그림과 같이 수평지표면 위에 등분포하중 $q$가 작용할 때 연직옹벽에 작용하는 주동토압의 공식으로 옳은 것은?(단, 뒤채움 흙은 사질토이며, 이 사질토의 단위중량을 $\gamma$, 내부마찰각을 $\phi$라 한다.)

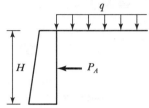

① $P_a = \left(\dfrac{1}{2}\gamma H^2 + qH\right)\tan^2\left(45° - \dfrac{\phi}{2}\right)$

② $P_a = \left(\dfrac{1}{2}\gamma H^2 + qH\right)\tan^2\left(45° + \dfrac{\phi}{2}\right)$

③ $P_a = \left(\dfrac{1}{2}\gamma H^2 + qH\right)\tan^2\phi$

④ $P_a = \left(\dfrac{1}{2}\gamma H^2 + q\right)\tan^2\phi$

해설

• $K_a = \dfrac{1 - \sin\phi}{1 + \sin\phi} = \tan\left(45 - \dfrac{\phi}{2}\right)$

• $P_a = \gamma H^2 K_a \times \dfrac{1}{2} + q K_a H$

**19** 기초의 구비조건에 대한 설명 중 틀린 것은?

① 상부하중을 안전하게 지지해야 한다.

② 기초 깊이는 동결 깊이 이하여야 한다.

③ 기초는 전체침하나 부등침하가 전혀 없어야 한다.

④ 기초는 기술적, 경제적으로 시공 가능하여야 한다.

해설

기초는 허용침하 이내이어야 한다.

**20** 중심 간격이 2m, 지름 40cm인 말뚝을 가로 4개, 세로 5개씩 전체 20개의 말뚝을 박았다. 말뚝 한 개의 허용지지력이 150kN이라면 이 군항의 허용지지력은 약 얼마인가?(단, 군말뚝의 효율은 Converse–Labarre 공식을 사용한다.)

① 4,500kN        ② 3,000kN

③ 2,415kN       ④ 1,215kN

> 해설

$Q_{ag} = Q_a \cdot N \cdot E = 150 \times 20 \times 0.805 = 2,415\text{kN}$

$\left( E = 1 - \theta \left[ \dfrac{(m-1)n + m(n-1)}{90mn} \right] \right.$

$\left. \quad = 1 - \tan^{-1}\left(\dfrac{40}{200}\right)\left[\dfrac{15+16}{90 \times 4 \times 5}\right] = 0.805 \right)$

**01** 말뚝의 재하시험 시 연약점토지반인 경우는 말뚝 타입 후 소정의 시간이 경과한 후 말뚝재하시험을 한다. 그 이유로 옳은 것은?

① 부 마찰력이 생겼기 때문이다.
② 타입된 말뚝에 의해 흙이 팽창되었기 때문이다.
③ 타입 시 말뚝 주변의 흙이 교란되었기 때문이다.
④ 주면 마찰력이 너무 크게 작용하였기 때문이다.

[해설]
타입 시 말뚝 주변의 흙이 교란되기 때문에 말뚝 타입 후 소정의 시간이 경과한 후 말뚝 재하시험을 한다.

**02** 연약지반 개량공법에서 Sand Drain 공법과 비교한 Paper Drain 공법의 특징이 아닌 것은?

① 공사비가 비싸다.
② 시공속도가 빠르다.
③ 타입 시 주변 지반 교란이 적다.
④ Drain 단면이 깊이 방향에 대해 일정하다.

[해설]

| 구분 | Sand Drain | Paper Drain |
|------|-----------|-------------|
| 재료 | 모래 | PaPer |
| 공사비 | 높다. | 낮다. |
| 공사속도 | 낮다. | 높다. |

**03** 두께 6m의 점토층에서 시료를 채취하여 압밀시험한 결과 하중강도가 200kN/m²에서 400kN/m²로 증가되고 간극비는 2.0에서 1.8로 감소하였다. 이 시료의 압축계수($a_v$)는?

① 0.001m²/kN  ② 0.003m²/kN
③ 0.006m²/kN  ④ 0.008m²/kN

[해설]

$$a_v = \frac{e_1 - e_2}{P_2 - P_1} = \frac{2 - 1.8}{400 - 200} = 0.001 \text{m}^2/\text{kN}$$

**04** 주동토압을 $P_A$, 정지토압을 $P_o$, 수동토압을 $P_P$라 할 때 크기의 비교로 옳은 것은?

① $P_A > P_o > P_P$
② $P_P > P_A > P_o$
③ $P_o > P_A > P_P$
④ $P_P > P_o > P_A$

[해설]
수동토압($P_P$) > 정지토압($P_o$) > 주동토압($P_A$)

**05** 흙의 연경도에 대한 설명 중 틀린 것은?

① 액성한계는 유동곡선에서 낙하횟수 25회에 대한 함수비를 말한다.
② 수축한계 시험에서 수은을 이용하여 건조토의 무게를 정한다.
③ 흙의 액성한계·소성한계시험은 $425\mu\text{m}$체를 통과한 시료를 사용한다.
④ 소성한계는 시료를 실 모양으로 늘렸을 때, 시료가 3mm의 굵기에서 끊어질 때의 함수비를 말한다.

[해설]
수축한계시험에서 수은을 이용하여 건조토의 부피를 정한다.

**06** 흙 속의 물이 얼어서 빙층(Ice Lens)이 형성되기 때문에 지표면이 떠오르는 현상은?

① 연화현상
② 동상현상
③ 분사현상
④ 다일러턴시

[해설]
동상현상의 설명이다.

**07** 말뚝기초에서 부주면마찰력(Negative Skin Friction)에 대한 설명으로 틀린 것은?

① 지하수위 저하로 지반이 침하할 때 발생한다.
② 지반이 압밀진행 중인 연약점토지반인 경우에 발생한다.
③ 발생이 예상되면 대책으로 말뚝 주면에 역청 등으로 코팅하는 것이 좋다.
④ 말뚝 주면에 상방향으로 작용하는 마찰력이다.

> **해설**
> 부주면마찰력은 하방향으로 작용하는 마찰력이다.

**08** 2면 직접전단시험에서 전단력이 300N, 시료의 단면적이 10cm²일 때의 전단응력은?

① 75kN/m²
② 150kN/m²
③ 300kN/m²
④ 600kN/m²

> **해설**
> $$\tau = \frac{s}{2p} = \frac{300 \times 10^3 kN}{2 \times 10^3 \times \frac{1}{100^3} m^3} = 150 kN/m^2$$

**09** 어느 모래층의 간극률이 20%, 비중이 2.65이다. 이 모래의 한계 동수경사는?

① 1.28
② 1.32
③ 1.38
④ 1.42

> **해설**
> $$i = \frac{G_s - 1}{1 + e} = \frac{2.65 - 1}{1 + 0.25} = 1.32$$
> $$\left( e = \frac{n}{1-n} = \frac{0.2}{1-0.2} = 0.25 \right)$$

**10** 통일분류법에서 실트질 자갈을 표시하는 기호는?

① GW
② GP
③ GM
④ GC

> **해설**
> • GW : 입도가 양호한 자갈
> • GP : 입도가 불량한 자갈
> • GM : 실트질의 자갈

**11** 흙의 전단강도에 대한 설명으로 틀린 것은?

① 흙의 전단강도와 압축강도는 밀접한 관계에 있다.
② 흙의 전단강도는 입자 간의 내부마찰각과 점착력으로부터 주어진다.
③ 외력이 증가하면 전단응력에 의해서 내부의 어느 면을 따라 활동이 일어나 파괴된다.
④ 일반적으로 사질토는 내부마찰각이 작고 점성토는 점착력이 작다.

> **해설**
> • 사질토 : $c = 0$, $\phi \neq 0$
> • 점성토 : $c \neq 0$, $\phi = 0$

**12** 흙의 다짐 특성에 대한 설명으로 옳은 것은?

① 다짐에 의하여 흙의 밀도와 압축성은 증가된다.
② 세립토가 조립토에 비하여 최대건조밀도가 큰 편이다.
③ 점성토를 최적함수비보다 습윤 측으로 다지면 이산구조를 가진다.
④ 세립토는 조립토에 비하여 다짐 곡선의 기울기가 급하다.

> **해설**
> • 다짐 후 압축성은 감소된다.
> • 세립토가 조립토에 비해 최적함수비(OMC)가 크다.

**13** 어떤 퇴적지반의 수평방향 투수계수가 $4.0 \times 10^{-3}$cm/s, 수직방향 투수계수가 $3.0 \times 10^{-3}$cm/s일 때 이 지반의 등가 등방성 투수계수는 얼마인가?

① $3.46 \times 10^{-3}$cm/s
② $5.0 \times 10^{-3}$cm/s
③ $6.0 \times 10^{-3}$cm/s
④ $6.93 \times 10^{-3}$cm/s

---

**정답**  07 ④  08 ②  09 ②  10 ③  11 ④  12 ③  13 ①

해설

$$K = \sqrt{k_h \cdot k_v} = \sqrt{(4 \times 10^{-3}) \times (3 \times 10^{-3})}$$
$$= 3.46 \times 10^{-3} \text{cm/s}$$

**14** 흙의 다짐 에너지에 대한 설명으로 틀린 것은?

① 다짐 에너지는 램머(Rammer)의 중량에 비례한다.
② 다짐 에너지는 램머(Rammer)의 낙하고에 비례한다.
③ 다짐 에너지는 시료의 체적에 비례한다.
④ 다짐 에너지는 타격 수에 비례한다.

해설

다짐 에너지는 시료의 체적에 반비례한다.

**15** 포화점토에 대해 베인전단시험을 실시하였다. 베인의 지름과 높이는 각각 75mm와 150mm이고 시험 중 사용한 최대 회전 모멘트는 30N·m이다. 점성토의 비배수 전단강도($c_u$)는?

① 1.62N/m²
② 1.94N/m²
③ 16.2kN/m²
④ 19.4kN/m²

해설

$$c_u = \frac{M_{max}}{\pi D^2 \left( \frac{H}{2} + \frac{D}{6} \right)} = \frac{300}{\pi \cdot 75^2 \left( \frac{15}{2} + \frac{7.5}{6} \right)} = 1.94 \text{N/cm}^2$$

$$\therefore 1.94 \times 10^{-3} \text{kN} \times 100^2 \text{m}^2 = 19.4 \text{kN/m}^2$$

**16** 그림과 같은 파괴 포락선 중 완전 포화된 점성토에 대해 비압밀비배수 삼축압축($UU$)시험을 했을 때 생기는 파괴포락선은 어느 것인가?

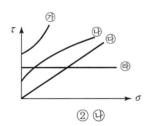

① ㉮
② ㉯
③ ㉰
④ ㉱

해설

(그래프: $\tau$ - $\sigma$, $\phi = 0$)

**17** 분할법으로 사면안정 해석 시에 가장 먼저 결정되어야 할 사항은?

① 가상파괴 활동면
② 분할 세편의 중량
③ 활동면상의 마찰력
④ 각 세편의 간극수압

해설

분할법으로 사면안정 해석 시 가장 먼저 결정되어야 할 사항은 가상파괴 활동면이다.

**18** 흙의 투수계수에 대한 설명으로 틀린 것은?

① 투수계수는 온도와는 관계가 없다.
② 투수계수는 물의 점성과 관계가 있다.
③ 흙의 투수계수는 보통 Darcy 법칙에 의하여 정해진다.
④ 모래의 투수계수는 간극비나 흙의 형상과 관계가 있다.

해설

온도가 높으면 점성계수는 작아지며 투수계수는 커진다.

**19** 사질토 지반에 있어서 강성기초의 접지압분포에 대한 설명으로 옳은 것은?

① 기초 밑면에서의 응력은 불규칙하다.
② 기초의 중앙부에서 최대응력이 발생한다.
③ 기초의 밑면에서는 어느 부분이나 응력이 동일하다.
④ 기초의 모서리 부분에서 최대응력이 발생한다.

해설

강성기초의 접지압

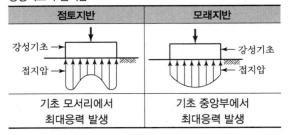

| 점토지반 | 모래지반 |
|---|---|
| 기초 모서리에서<br>최대응력 발생 | 기초 중앙부에서<br>최대응력 발생 |

**20** 도로의 평판재하시험(KS F 2310)에서 변위계 지지대의 지지 다리 위치는 재하판 및 지지력 장치의 지지점에서 몇 m 이상 떨어져 설치하여야 하는가?

① 0.25m      ② 0.50m

③ 0.75m      ④ 1.00m

해설

평판재하시험(KS F 2310)에서 변위계 지지대의 다리 위치는 지지력 장치 지점에서 1m 이상 떨어져 설치해야 한다.

**01** 현장 흙의 밀도시험 중 모래치환법에서 모래는 무엇을 구하기 위하여 사용하는가?

① 시험구멍에서 파낸 흙의 중량
② 시험구멍의 체적
③ 지반의 지지력
④ 흙의 함수비

해설

- $\gamma_d = \dfrac{\gamma_t}{1+w}$
- $\gamma_t = \dfrac{W}{V}$

여기서, $V$ : 시험구멍의 체적

**02** 사질토에 대한 직접 전단시험을 실시하여 다음과 같은 결과를 얻었다 내부마찰각은 약 얼마인가?

| 수직응력(kN/m²) | 30 | 60 | 90 |
|---|---|---|---|
| 최대전단응력(kN/m²) | 17.3 | 34.6 | 51.9 |

① 25°
② 30°
③ 35°
④ 40°

해설

$17.3 = 30\tan\phi$

$\therefore \ \phi = 30°$

**03** Terzaghi의 극한지지력 공식에 대한 설명으로 틀린 것은?

① 기초의 형상에 따라 형상계수를 고려하고 있다.
② 지지력계수 $N_c$, $N_q$, $N_\gamma$는 내부마찰각에 의해 결정된다.
③ 점성토에서의 극한지지력은 기초의 근입깊이가 깊어지면 증가된다.
④ 사질토에서의 극한지지력은 기초의 폭에 관계없이 기초 하부의 흙에 의해 결정된다.

해설

사질토에서 극한지지력은 기초의 폭에 비례한다.

**04** 그림과 같은 모래시료의 분사현상에 대한 안전율을 3.0 이상이 되도록 하려면 수두차 $h$를 최대 얼마 이하로 하여야 하는가?

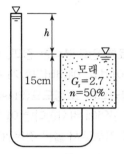

① 12.75cm
② 9.75cm
③ 4.25cm
④ 3.25cm

해설

- $F_s = \dfrac{i_c}{i} = \dfrac{\dfrac{G_s-1}{1+e}}{\dfrac{\Delta h}{L}} = 3$

- $\dfrac{\dfrac{2.7-1}{1+1}}{\dfrac{h}{15}} = 3 \quad \therefore \ h = 4.25\text{cm}$

$\left(e = \dfrac{n}{1-n} = \dfrac{0.5}{1-0.5} = 1\right)$

**05** 그림과 같이 $c=0$인 모래로 이루어진 무한사면이 안정을 유지(안전율 ≥1)하기 위한 경사각($\beta$)의 크기로 옳은 것은?(단, 물의 단위중량은 9.81kN/m³이다.)

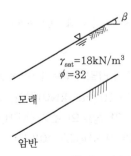

① $\beta \leq 7.94°$
② $\beta \leq 15.87°$
③ $\beta \leq 23.79°$
④ $\beta \leq 31.76°$

해설

$$F_s = \frac{\gamma_{sub}}{\gamma_{sat}} \cdot \frac{\tan\phi}{\tan\beta} \ge 1 = \frac{18 - 9.81}{18} \cdot \frac{\tan 32°}{\tan\beta} \ge 1$$

$$\therefore \ \beta \le 15.87°$$

**06** 어떤 시료를 입도분석한 결과, 0.075mm 체 통과율이 65%이었고, 애터버그한계 시험결과 액성 한계가 40%이었으며 소성도표(Plasticity Chart) 에서 A선 위의 구역에 위치한다면 이 시료의 통일분 류법(USCS)상 기호로서 옳은 것은?(단, 시료는 무 기질이다.)

① CL      ② ML
③ CH      ④ MH

해설
- 0.075mm(No.200) 체 통과량 65% → 세립토
- 액성한계($\omega_L$) = 40% → 압축성이 낮은(L)
- A선 위에 위치 → 점토(C)
∴ 세립토인 저압축성 점토(CL)

**07** 유선망의 특징에 대한 설명으로 틀린 것은?

① 각 유로의 침투유량은 같다.
② 유선과 등수두선은 서로 직교한다.
③ 인접한 유선 사이의 수두 감소량(Head Loss)은 동 일하다.
④ 침투속도 및 동수경사는 유선망의 폭에 반비례한다.

해설
인접한 등수두선 사이의 수두 감소량은 동일하다.

**08** 어떤 점토의 압밀계수는 $1.92 \times 10^{-7} m^2/s$, 압 축계수는 $2.86 \times 10^{-1} m^2/kN$이었다. 이 점토의 투 수계수는?(단, 이 점토의 초기간극비는 0.8이고, 물의 단위중량은 9.81kN/m³이다.)

① $0.99 \times 10^{-5} cm/s$      ② $1.99 \times 10^{-5} cm/s$
③ $2.99 \times 10^{-5} cm/s$      ④ $3.99 \times 10^{-5} cm/s$

해설

$$K = C_v m_v \gamma_w$$
$$= 1.92 \times 10^{-7} \times \frac{2.86 \times 10^{-1}}{1 + 0.8} \times 9.81$$
$$= 0.000000299 m/s$$
$$= 2.99 \times 10^{-5} cm/s$$

**09** 사운딩에 대한 설명으로 틀린 것은?

① 로드 선단에 지중저항체를 설치하고 지반 내 관입, 압입 또는 회전하거나 인발하여 그 저항치로부터 지 반의 특성을 파악하는 지반조사방법이다.
② 정적 사운딩과 동적 사운딩이 있다.
③ 압입식 사운딩의 대표적인 방법은 Standard Penetration Test(SPT)이다.
④ 특수사운딩 중 측압사운딩의 공내횡방향 재하시험 은 보링공을 기계적으로 수평으로 확장시키면서 측 압과 수평변위를 측정한다.

해설
SPT는 동적 사운딩이다.

**10** 두께 $H$인 점토층에 압밀하중을 가하여 요구 되는 압밀도에 달할 때까지 소요되는 기간이 단면배 수일 경우 400일이었다면 양면배수일 때는 며칠이 걸리겠는가?

① 800일      ② 400일
③ 200일      ④ 100일

해설
- $t \propto H^2$
- $t_{단면배수} : t_{양면배수} = H^2 : \left(\frac{H}{2}\right)^2$

$$t_{양면배수} = t_{단면배수} \times \frac{1}{4} = 400 \times \frac{1}{4} = 100일$$

**11** 전체 시추코어 길이가 150cm이고 이중 회수된 코어 길이의 합이 80cm이었으며, 10m 이상인 코어 길이의 합이 70cm이었을 때 코어의 회수율(TCR)은?

① 55.67%  ② 53.33%
③ 46.67%  ④ 43.33%

해설

$$TCR = \frac{채취길이}{관입깊이} \times 100$$
$$= \frac{80}{150} \times 100 = 53.33\%$$

**12** 동상 방지대책에 대한 설명으로 틀린 것은?

① 배수구 등을 설치하여 지하수위를 저하시킨다.
② 지표의 흙을 화학약품으로 처리하여 동결온도를 내린다.
③ 동결 깊이보다 깊은 흙을 동결하지 않는 흙으로 치환한다.
④ 모관수의 상승을 차단하기 위해 조립의 차단층을 지하수위보다 높은 위치에 설치한다.

해설

동결 깊이보다 상단 흙을 동결하지 않는 흙으로 치환한다.

**13** 다음 지반개량공법 중 연약한 점토지반에 적당하지 않은 것은?

① 프리로딩 공법
② 샌드 드레인 공법
③ 생석회 말뚝 공법
④ 바이브로 플로테이션 공법

해설

사질토(충격공법) – 바이브로 플로테이션 공법

**14** 두 개의 규소판 사이에 한 개의 알루미늄판이 결합된 3층 구조가 무수히 많이 연결되어 형성된 점토광물로서 각 3층 구조 사이에는 칼륨이온($K^+$)으로 결합되어 있는 것은?

① 일라이트(Illite)
② 카올리나이트(Kaolinite)
③ 할로이사이트(Halloysite)
④ 몬모릴로나이트(Montmorillonite)

해설

일라이트(Illite)
• 보통 점토로서 3층 구조(칼륨이온($K^+$)으로 결합)
• $0.75 \leq 활성도(A) \leq 1.25$

**15** 단위중량($\gamma_t$)=19kN/m³, 내부마찰각($\phi$)=30°, 정지토압계수($K_o$)=0.5인 균질한 사질토 지반이 있다. 이 지반의 지표면 아래 2m 지점에 지하수위면이 있고 지하수위면 아래의 포화단위중량($\gamma_{sat}$)=20kN/m³이다. 이때 지표면 아래 4m 지점에서 지반 내 응력에 대한 설명으로 틀린 것은?(단, 물의 단위중량은 9.81kN/m³이다.)

① 연직응력($\sigma_v$)은 80kN/m²이다.
② 간극수압($u$)은 19.62kN/m²이다.
③ 유효연직응력($\sigma_v'$)은 58.38kN/m²이다.
④ 유효수평응력($\sigma_h'$)은 29.19kN/m²이다.

해설

• $\sigma_v' = 19 \times 2 + (20 - 9.81) \times 2 = 53.38 kN/m^2$
• $u = \gamma_w \cdot h = (1t/m^3 \times 9.81) \times 2 = 19.62 kN/m^2$
• $\sigma_v = \sigma_v' - u = 53.38 - 19.62 = 38.76 kN/m^2$
• $\sigma_h' = k_o \cdot \sigma_v' = 0.5 \times 53.38 = 29.19 kN/m^2$

**16** $\gamma_t = 19\text{kN/m}^3$, $\phi = 30°$인 뒤채움 모래를 이용하여 8m 높이의 보강토 옹벽을 설치하고자 한다. 폭 75mm, 두께 3.69mm의 보강띠를 연직방향 설치간격 $S_v = 0.5\text{m}$, 수평방향 설치간격 $S_h = 1.0\text{m}$로 시공하고자 할 때, 보강띠에 작용하는 최대 힘 ($T_{\max}$)의 크기는?

① 15.33kN      ② 25.33kN
③ 35.33kN      ④ 45.33kN

**해설**

$T_{\max} = \sigma_h \cdot S_h \cdot S_v$

- $\sigma_{h\max} = k_a \cdot \sigma_h$

$$= \left(\frac{1-\sin\phi}{1+\sin\phi}\right) \times (19 \times 8)$$
$$= 50.616$$

- $T_{\max} = 50.616 \times 0.5 \times 1 = 25.33\text{kN}$

**17** 말뚝기초의 지반거동에 대한 설명으로 틀린 것은?

① 연약지반상에 타입되어 지반이 먼저 변형하고 그 결과 말뚝이 저항하는 말뚝을 주동말뚝이라 한다.
② 말뚝에 작용한 하중은 말뚝 주변의 마찰력과 말뚝선단의 지지력에 의하여 주변 지반에 전달된다.
③ 기성말뚝을 타입하면 전단파괴를 일으키며 말뚝 주위의 지반은 교란된다.
④ 말뚝 타입 후 지지력의 증가 또는 감소현상을 시간효과(Time Effect)라 한다.

**해설**

주동말뚝과 수동말뚝

| 주동말뚝 | 수동말뚝 |
|---|---|
| • 말뚝이 변형함에 따라 지반이 저항<br>• 말뚝이 움직이는 주체가 됨 | 연약지반상에서 지반이 먼저 변형하고 그 결과 말뚝이 저항하는 말뚝 |

**18** 사질토 지반에 축조되는 강성기초의 접지압 분포에 대한 설명으로 옳은 것은?

① 기초 모서리 부분에서 최대응력이 발생한다.
② 기초에 작용하는 접지압 분포는 토질에 관계 없이 일정하다.
③ 기초의 중앙 부분에서 최대응력이 발생한다.
④ 기초 밑면의 응력은 어느 부분이나 동일하다.

**해설**

강성기초의 접지압

| 점토지반 | 모래지반 |
|---|---|
| 기초 모서리에서<br>최대응력 발생 | 기초 중앙부에서<br>최대응력 발생 |

**19** 습윤단위중량이 19kN/m³, 함수비 25%, 비중이 2.7인 경우 건조단위중량과 포화도는?(단, 물의 단위중량은 9.81kN/m³이다.)

① 17.3kN/m³, 97.8%
② 17.3kN/m³, 90.9%
③ 15.2kN/m³, 97.8%
④ 15.2kN/m³, 90.9%

**해설**

- $\gamma_d = \dfrac{\gamma_t}{1+w} = \dfrac{19}{1+0.25} = 15.2\text{kN/m}^2$

- $\gamma_d = \dfrac{G}{1+e}\gamma_w$

$$e = \frac{G}{\gamma_d}\gamma_w - 1$$
$$= \frac{2.7}{15.2} \times 9.81 - 1 = 0.74$$

- $Gw = Se$, $S = \dfrac{Gw}{e} = \dfrac{2.7 \times 0.25}{0.74} = 91\%$

**정답**    16 ②   17 ①   18 ③   19 ④

**20** 아래의 공식은 흙 시료에 삼축압력이 작용할 때 흙 시료 내부에 발생하는 간극수압을 구하는 공식이다. 이 식에 대한 설명으로 틀린 것은?

$$\Delta u = B\left[\Delta\sigma_3 + A(\Delta\sigma_1 - \Delta\sigma_3)\right]$$

① 포화된 흙의 경우 $B = 1$이다.
② 간극수압계수 $A$값은 언제나 (+)의 값을 갖는다.
③ 간극수압계수 $A$값은 삼축압축시험에서 구할 수 있다.
④ 포화된 점토에서 구속응력을 일정하게 두고 간극수압을 측정했다면, 축차응력과 간극수압으로부터 $A$값을 계산할 수 있다.

해설
• 완전건조토 $B = 0$
• 과압밀점토($-$)

**01** 포화단위중량($\gamma_{sat}$)이 19.62kN/m³인 사질토로 된 무한사면이 20°로 경사져 있다. 지하수위가 지표면과 일치하는 경우 이 사면의 안전율이 1 이상이 되기 위해서 흙의 내부마찰각이 최소 몇 도 이상이어야 하는가?(단, 물의 단위중량은 9.81kN/m³이다.)

① 18.21°　　　② 20.52°
③ 36.06°　　　④ 45.47°

$$F_s = \frac{c}{\gamma_{sat}\, z\sin i\cos i} + \frac{\tan\phi}{\tan i} \cdot \frac{\gamma_{sub}}{\gamma_{sat}}$$

$$1 = \frac{\tan\phi}{\tan 20°} \cdot \frac{19.62 - 9.81}{19.62}$$

$$\therefore \ \phi = 36.06°$$

**02** 그림에서 지표면으로부터 깊이 6m에서의 연직응력($\sigma_v$)과 수평응력($\sigma_h$)의 크기를 구하면?(단, 토압계수는 0.6이다.)

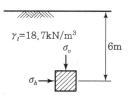

① $\sigma_v = 87.3\text{kN/m}^2$, $\sigma_h = 52.4\text{kN/m}^2$
② $\sigma_v = 95.2\text{kN/m}^2$, $\sigma_h = 57.1\text{kN/m}^2$
③ $\sigma_v = 112.2\text{kN/m}^2$, $\sigma_h = 67.3\text{kN/m}^2$
④ $\sigma_v = 123.4\text{kN/m}^2$, $\sigma_h = 74.0\text{kN/m}^2$

[해설]

- $\sigma_v = \gamma \cdot h = 18.7 \times 6 = 112.2\text{kN/m}^2$
- $\sigma_h = \sigma_v \cdot k = 112.2 \times 0.6 = 67.3\text{kN/m}^2$

**03** 흙의 분류법인 AASHTO 분류법과 통일분류법을 비교·분석한 내용으로 틀린 것은?

① 통일분류법은 0.075mm체 통과율 35%를 기준으로 조립토와 세립토로 분류하는데 이것은 AASHTO 분류법보다 적합하다.

② 통일분류법은 입도분포, 액성한계, 소성지수 등을 주요 분류인자로 한 분류법이다.

③ AASHTO 분류법은 입도분포, 군지수 등을 주요 분류인자로 한 분류법이다.

④ 통일분류법은 유기질토 분류방법이 있으나 AASHTO 분류법은 없다.

[해설]

| 구분 | 조립토 | 세립토 |
|---|---|---|
| 통일분류법 | 0.075mm (#200체) 통과량 50% 이하 | 0.075mm (#200체) 통과량 50% 이상 |
| AASHTO 분류법 | 0.075mm (#200체) 통과량 35% 이하 | 0.075mm (#200체) 통과량 35% 이상 |

**04** 흙 시료의 전단시험 중 일어나는 다일러턴시(Dilatancy) 현상에 대한 설명으로 틀린 것은?

① 흙이 전단될 때 전단면 부근의 흙입자가 재배열되면서 부피가 팽창하거나 수축하는 현상을 다일러턴시라 부른다.

② 사질토 시료는 전단 중 다일러턴시가 일어나지 않는 한계의 간극비가 존재한다.

③ 정규압밀 점토의 경우 정(+)의 다일러턴시가 일어난다.

④ 느슨한 모래는 보통 부(−)의 다일러턴시가 일어난다.

[해설]

정규압밀점토(느슨한 모래)일 때 부(−)의 다일러턴시가 일어난다.

**05** 도로의 평판재하시험에서 시험을 멈추는 조건으로 틀린 것은?

① 완전히 침하가 멈출 때
② 침하량이 15mm에 달할 때
③ 재하응력이 지반의 항복점을 넘을 때
④ 재하응력이 현장에서 예상할 수 있는 기장 큰 접지압력의 크기를 넘을 때

---

해설

평판재하시험이 끝나는 조건
- 침하량이 15mm에 달할 때
- 하중강도(재하응력)가 예상되는 최대 접지압력을 초과할 때
- 하중강도(재하응력)가 그 지반의 항복점을 넘을 때

**06** 압밀시험에서 얻은 $e - \log P$ 곡선으로 구할 수 있는 것이 아닌 것은?

① 선행압밀압력　　② 팽창지수
③ 압축지수　　　　④ 압밀계수

해설

압밀계수는 시간침하곡선으로 구할 수 있다.

**07** 상·하층이 모래로 되어 있는 두께 2m의 점토층이 어떤 하중을 받고 있다. 이 점토층의 투수계수가 $5 \times 10^{-7}$cm/s, 체적변화계수($m_v$)가 5.0cm²/kN일 때 90% 압밀에 요구되는 시간은?(단, 물의 단위중량은 9.81kN/m³이다.)

① 약 5.6일　　　　② 약 9.8일
③ 약 15.2일　　　④ 약 47.2일

해설

- $C_v = \dfrac{K}{m_v \cdot \gamma_w} = \dfrac{5 \times 10^{-7} \text{cm/s}}{5 \times 9.8 \times \dfrac{1}{100^3} (\text{cm}^3)} = 0.0102$

- $t_{90} = \dfrac{T_v \cdot H^2}{C_v} = \dfrac{0.848 \times \left(\dfrac{200}{2}\right)^2}{0.0102} = 831,040$초 = 약 9.8일

**08** 어떤 지반에 대한 흙의 입도분석 결과 곡률계수($C_g$)는 1.5, 균등계수($C_u$)는 15이고 입자는 모난 형상이었다. 이때 Dunham의 공식에 의한 흙의 내부마찰각($\phi$)의 추정치는?(단, 표준관입시험 결과 $N$치는 10이었다.)

① 25°　　　　② 30°
③ 36°　　　　④ 40°

해설

$\phi = \sqrt{12N} + 25 = \sqrt{12 \times 10} + 25 = 36°$

**09** 흙의 내부마찰각이 20°, 점착력이 50kN/m², 습윤단위중량이 17kN/m³, 지하수위 아래 흙의 포화단위중량이 19kN/m³일 때 3m×3m 크기의 정사각형 기초의 극한지지력을 Terzaghi의 공식으로 구하면?(단, 지하수위는 기초바닥 깊이와 같으며 물의 단위중량은 9.81kN/m³이고, 지지력계수 $N_c = 18$, $N_\gamma = 5$, $N_q = 7.50$이다.)

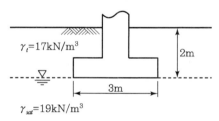

$\gamma_t = 17$kN/m³　2m
$\gamma_{sat} = 19$kN/m³　3m

① 1,231.24kN/m²　　② 1,337.31kN/m²
③ 1,480.14kN/m²　　④ 1,540.42kN/m²

해설

$q_u = \alpha N_c C + \beta \gamma_1 N_r B + \gamma_2 N_q D_f$
$\quad = 1.3 \times 18 \times 50 + 0.4 \times (19 - 9.8) \times 5 \times 3 + 17 \times 7.5 \times 2$
$\quad = 1,480.14$kN/m²
(정사각형 $\alpha = 1.3$, $\beta = 0.4$)

**10** 그림에서 $a - a'$면 바로 아래의 유효응력은?(단, 흙의 간극비($e$)는 0.4, 비중($G_s$)은 2.65, 물의 단위중량은 9.81kN/m³이다.)

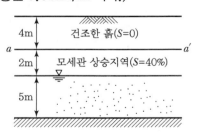

4m　건조한 흙(S=0)
$a$ ――――――――― $a'$
2m　모세관 상승지역(S=40%)
5m

① 68.2kN/m²　　② 82.1kN/m²
③ 97.4kN/m²　　④ 102.1kN/m²

**[해설]**

$$\sigma_A{}' = \sigma_A - u_A$$
$$= \gamma_d \times 4 - (-\gamma_w \cdot h \cdot s)$$
$$= 18.57 \times 4 - (-9.81 \times 2 \times 0.4)$$
$$= 82.1 \text{kN/m}^2$$
$$\left( \gamma_d = \frac{G \cdot \gamma_w}{1+e} = \frac{2.65 \times 9.81}{1+0.4} = 18.57 \text{kN/m}^3 \right)$$

**11** 시료채취 시 샘플러(Sampler)의 외경이 6cm, 내경이 5.5cm일 때 면적비는?

① 8.3%  ② 9.0%
③ 16%  ④ 19%

**[해설]**

$$A_r = \frac{6^2 - 5.5^2}{5.5^2} \times 100 = 19\%$$

**12** 다짐에 대한 설명으로 틀린 것은?

① 다짐에너지는 래머(Rammer)의 중량에 비례한다.
② 입도배합이 양호한 흙에서는 최대건조단위중량이 높다.
③ 동일한 흙일지라도 다짐기계에 따라 다짐효과는 다르다.
④ 세립토가 많을수록 최적함수비가 감소한다.

**[해설]**

세립토가 많을수록 최적함수비는 증가한다.

**13** 20개의 무리말뚝에 있어서 효율이 0.75이고, 단항으로 계산된 말뚝 한 개의 허용지지력이 150kN 일 때 무리말뚝의 허용지지력은?

① 1,125kN  ② 2,250kN
③ 3,000kN  ④ 4,000kN

**[해설]**

$$Q_{ag} = Q_a \times N \times E$$
$$= 150 \times 20 \times 0.75 = 2,250 \text{kN}$$

**14** 연약지반 위에 성토를 실시한 다음, 말뚝을 시공하였다. 시공 후 발생될 수 있는 현상에 대한 설명으로 옳은 것은?

① 성토를 실시하였으므로 말뚝의 지지력은 점차 증가한다.
② 말뚝을 암반층 상단에 위치하도록 시공하였다면 말뚝의 지지력에는 변함이 없다.
③ 압밀이 진행됨에 따라 지반의 전단강도가 증가되므로 말뚝의 지지력은 점차 증가한다.
④ 압밀로 인해 부주면마찰력이 발생되므로 말뚝의 지지력은 감소한다.

**[해설]**

연약지반에 부마찰력이 생기면 지지력은 감소한다.

**15** 아래와 같은 상황에서 강도정수 결정에 적합한 삼축압축시험의 종류는?

최근에 매립된 포화 점성토지반 위에 구조물을 시공한 직후의 초기 안정 검토에 필요한 지반 강도정수 결정

① 비압밀 비배수시험(UU)
② 비압밀 배수시험(UD)
③ 압밀 비배수시험(CU)
④ 압밀 배수시험(CD)

**[해설]**

비압밀 비배수시험(UU-Test)
• 단기 안정 검토 – 성토 직후 파괴
• 초기재하 시, 전단 시 간극수 배출 없음
• 기초지반을 구성하는 점토층이 시공 중 압밀이나 함수비의 변화가 없는 조건

---

**정답**  11 ④  12 ④  13 ②  14 ④  15 ①

**16** 베인전단시험(Vane Shear Test)에 대한 설명으로 틀린 것은?

① 베인전단시험으로부터 흙의 내부마찰각을 측정할 수 있다.
② 현장 원위치시험의 일종으로 점토의 비배수 전단강도를 구할 수 있다.
③ 연약하거나 중간 정도의 점성토 지반에 적용된다.
④ 십자형의 베인(Vane)을 땅 속에 압입한 후, 회전모멘트를 가해서 흙이 원통형으로 전단파괴될 때 저항모멘트를 구함으로써 비배수 전단강도를 측정하게 된다.

해설
베인전단시험은 연약점토 지반에서 점착력($c$)을 구하는 시험이다.

**17** 연약지반 개량공법 중 점성토 지반에 이용되는 공법은?

① 전기충격공법
② 폭파다짐공법
③ 생석회 말뚝공법
④ 바이브로 플로테이션 공법

해설
생석회 말뚝공법 : 점성토 개량공법(탈수공법)

**18** 어떤 모래층의 간극비($e$)는 0.2, 비중($G_s$)은 2.60이었다. 이 모래가 분사현상(Quick Sand)이 일어나는 한계동수경사($i_c$)는?

① 0.56
② 0.95
③ 1.33
④ 1.80

해설

$$F_s = \frac{i_c}{i} = \frac{\dfrac{G-1}{1+e}}{\dfrac{h}{L}} = \frac{\dfrac{2.6-1}{1+0.2}}{i} \leq 1$$

$$\therefore \ i = 1.33$$

**19** 주동토압을 $P_A$, 수동토압을 $P_P$, 정지토압을 $P_O$ 라 할 때 토압의 크기를 비교한 것으로 옳은 것은?

① $P_A > P_P > P_O$
② $P_P > P_O > P_A$
③ $P_P > P_A > P_O$
④ $P_O > P_A > P_P$

해설
주동토압($P_A$) < 정지토압($P_O$) < 수동토압($P_P$)

**20** 그림과 같은 지반 내의 유선망이 주어졌을 때 폭 10m에 대한 침투 유량은?(단, 투수계수($K$)는 $2.2 \times 10^{-2}$cm/s이다.)

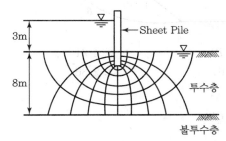

① 3.96cm³/s
② 39.6cm³/s
③ 396cm³/s
④ 3,960cm³/s

해설

$$침투수량(Q) = k \cdot H \cdot \frac{N_f}{N_d}$$

$$= 2.2 \times 10^{-2} \times 300 \times \frac{6}{10} \times 1,000 = 3,960 \text{cm}^3/\text{sec}$$

**01** 흙의 포화단위중량이 20kN/m³인 포화점토층을 45° 경사로 8m를 굴착하였다. 흙의 강도정수 $C_u = 65$kN/m², $\phi = 0°$이다. 그림과 같은 파괴면에 대하여 사면의 안전율은?(단, $ABCD$의 면적은 70m²이고 $O$점에서 $ABCD$의 무게중심까지의 수직거리는 4.5m이다.)

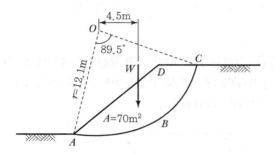

① 4.72　　　　② 4.21
③ 2.67　　　　④ 2.36

해설

$$F_s = \frac{CRL}{We}$$

• $L$ 계산

$$\frac{89.5}{360} = \frac{L}{2\pi R}$$

$$\therefore L = 18.90$$

• $W$ 계산

$$W = \gamma \cdot v = 20 \times (70 \times 1) = 1,400$$

$$\therefore F_s = \frac{CRL}{We} = \frac{65 \times 12.1 \times 18.90}{1,400 \times 4.5} = 2.36$$

**02** 통일분류법에 의한 분류기호와 흙의 성질을 표현한 것으로 틀린 것은?

① SM : 실트 섞인 모래
② GC : 점토 섞인 자갈
③ CL : 소성이 큰 무기질 점토
④ GP : 입도분포가 불량한 자갈

해설

CL : 압축성이 낮은 점토

**03** 다음 중 연약점토지반 개량공법이 아닌 것은?

① 프리로딩(Pre-loading) 공법
② 샌드 드레인(Sand Drain) 공법
③ 페이퍼 드레인(Paper Drain) 공법
④ 바이브로 플로테이션(Vibro Flotation) 공법

해설

바이브로 플로테이션 공법은 사질토 개량공법이다.

**04** 그림과 같은 지반에 재하순간 수주(水柱)가 지표면으로부터 5m이었다. 20% 압밀이 일어난 후 지표면으로부터 수주의 높이는?(단, 물의 단위중량은 9.81kN/m³이다.)

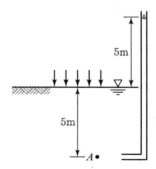

① 1m　　　　② 2m
③ 3m　　　　④ 4m

해설

$$U_z = \frac{u_i - u_t}{u_i}$$

$$0.2 = \frac{5 - u_t}{5}$$

$$\therefore u_t = 4$$

**05** 내부마찰각이 30°, 단위중량이 18kN/m³인 흙의 인장균열 깊이가 3m일 때 점착력은?

① 15.6kN/m²　　　　② 16.7kN/m²
③ 17.5kN/m²　　　　④ 18.1kN/m²

> **해설**

$$H_c = 2Z_c = 2 \cdot \frac{q_u}{\gamma} = 2 \cdot \frac{2C\tan\left(45° + \dfrac{\phi}{2}\right)}{\gamma}$$

$$\therefore \ 3 = \frac{2 \times C}{18}\tan\left(45° + \frac{30°}{2}\right)$$

$C$(점착력) $= 15.6 \text{kN/m}^2$

**06** 일반적인 기초의 필요조건으로 틀린 것은?

① 침하를 허용해서는 안 된다.
② 지지력에 대해 안정해야 한다.
③ 사용성, 경제성이 좋아야 한다.
④ 동해를 받지 않는 최소한의 근입깊이를 가져야 한다.

> **해설**

침하량이 허용침하량 이내이어야 한다.

**07** 흙 속에 있는 한 점의 최대 및 최소 주응력이 각각 200kN/m² 및 100kN/m²일 때 최대 주응력과 30°를 이루는 평면상의 전단응력을 구한 값은?

① 10.5kN/m²
② 21.5kN/m²
③ 32.3kN/m²
④ 43.3kN/m²

> **해설**

전단응력$(\tau) = \dfrac{\sigma_1 - \sigma_2}{2}\sin 2\theta$

$\qquad = \dfrac{200-100}{2}\sin(2 \times 30°) = 43.3 \text{kN/m}^2$

**08** 토립자가 둥글고 입도분포가 양호한 모래지반에서 $N$치를 측정한 결과 $N = 19$가 되었을 경우, Dunham의 공식에 의한 이 모래의 내부마찰각($\phi$)은?

① 20°
② 25°
③ 30°
④ 35°

> **해설**

$\phi = \sqrt{12N} + 20 = \sqrt{12 \times 19} + 20 = 35°$

**09** 그림과 같은 지반에 대해 수직방향 등가투수계수를 구하면?

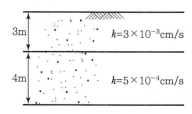

① $3.89 \times 10^{-4} \text{cm/s}$
② $7.78 \times 10^{-4} \text{cm/s}$
③ $1.57 \times 10^{-3} \text{cm/s}$
④ $3.14 \times 10^{-3} \text{cm/s}$

> **해설**

$$K_v = \frac{H_1 + H_2}{\dfrac{H_1}{K_1} + \dfrac{H_2}{K_2}} = \frac{300 + 400}{\dfrac{300}{3 \times 10^{-3}} + \dfrac{400}{5 \times 10^{-4}}} = 7.78 \times 10^{-4}\text{cm/s}$$

**10** 다음 중 동상에 대한 대책으로 틀린 것은?

① 모관수의 상승을 차단한다.
② 지표 부근에 단열재료를 매립한다.
③ 배수구를 설치하여 지하수위를 낮춘다.
④ 동결심도 상부의 흙을 실트질 흙으로 치환한다.

> **해설**

동결심도 상부의 흙을 모래, 자갈로 치환해야 한다.

**11** 흙의 다짐곡선은 흙의 종류나 입도 및 다짐에너지 등의 영향으로 변한다. 흙의 다짐 특성에 대한 설명으로 틀린 것은?

① 세립토가 많을수록 최적함수비는 증가한다.
② 점토질 흙은 최대건조단위중량이 작고 사질토는 크다.
③ 일반적으로 최대건조단위중량이 큰 흙일수록 최적함수비도 커진다.
④ 점성토는 건조 측에서 물을 많이 흡수하므로 팽창이 크고 습윤 측에서는 팽창이 작다.

> **해설**

최대건조단위중량($\gamma_{d\max}$)이 큰 흙은 최적함수비(OMC)가 작아진다.

---

**정답**   06 ①   07 ④   08 ④   09 ②   10 ④   11 ③

**12** 현장에서 채취한 흙 시료에 대하여 아래 조건과 같이 압밀시험을 실시하였다. 이 시료에 320kPa의 압밀압력을 가했을 때, 0.2cm의 최종 압밀침하가 발생되었다면 압밀이 완료된 후 시료의 간극비는?(단, 물의 단위중량은 9.81kN/m³이다.)

- 시료의 단면적($A$) = 30cm²
- 시료의 초기 높이($H$) = 2.6cm
- 시료의 비중($G_s$) = 2.5
- 시료의 건조중량($W_s$) = 1.18N

① 0.125  ② 0.385
③ 0.500  ④ 0.625

해설

- 초기 간극비($e_1$)

$$V = A \cdot H = 30 \times 2.6 = 78\text{cm}^3$$

$$\gamma_d = \frac{W}{V} = \frac{120}{78} = 1.54\text{g/cm}^3$$

$$\gamma_d = \frac{G_s}{1+e_1}\gamma_w \text{ 에서 } 1.54 = \frac{2.5}{1+e_1} \times 1$$

$$\therefore e_1 = 0.62$$

- 압밀침하량($\Delta H$) = $\dfrac{e_1 - e_2}{1+e_1} \cdot H$ 에서

$$0.2 = \frac{0.62 - e_2}{1+0.62} \times 2.6$$

$$\therefore \text{압밀이 완료된 후 시료의 간극비}(e_2) = 0.5$$

**13** 노상토 지지력비(CBR)시험에서 피스톤 2.5mm 관입될 때와 5.0mm 관입될 때를 비교한 결과, 관입량 5.0mm에서 CBR이 더 큰 경우 CBR 값을 결정하는 방법으로 옳은 것은?

① 그대로 관입량 5.0mm일 때의 CBR 값으로 한다.
② 2.5mm 값과 5.0mm 값의 평균을 CBR 값으로 한다.
③ 5.0mm 값을 무시하고 2.5mm 값을 표준으로 하여 CBR 값으로 한다.
④ 새로운 공시체로 재시험을 하며, 재시험 결과도 5.0mm 값이 크게 나오면 관입량 5.0mm일 때의 CBR 값으로 한다.

해설

CBR$_{5.0}$ > CBR$_{2.5}$일 때 재시험한다.
- CBR$_{5.0}$ > CBR$_{2.5}$이면 CBR 값은 CBR$_{5.0}$이다.
- CBR$_{5.0}$ < CBR$_{2.5}$이면 CBR 값은 CBR$_{2.5}$이다.

**14** 다음 중 사운딩 시험이 아닌 것은?

① 표준관입시험  ② 평판재하시험
③ 콘관입시험  ④ 베인시험

해설

| 정적 사운딩 | 동적 사운딩 |
| --- | --- |
| - 베인전단시험 | - 표준관입시험(SPT) |
| - 콘관입시험 | - 동적 원추관시험 |

**15** 단면적이 100cm², 길이가 30cm인 모래 시료에 대하여 정수두 투수시험을 실시하였다. 이때 수두차가 50cm, 5분 동안 집수된 물이 350cm³이었다면 이 시료의 투수계수는?

① 0.001cm/s  ② 0.007cm/s
③ 0.01cm/s  ④ 0.07cm/s

해설

정수위 투수시험의 투수계수

$$k = \frac{QL}{hAt} = \frac{350 \times 30}{50 \times 100 \times 5 \times 60} = 0.07\text{cm/s}$$

**16** 아래와 같은 조건에서 AASHTO 분류법에 따른 군지수($GI$)는?

- 흙의 액성한계 : 45%
- 흙의 소성한계 : 25%
- 200번체 통과율 : 50%

① 7  ② 10
③ 13  ④ 16

해설

$$GI = 0.2a + 0.005ac + 0.01db$$

- $a = P\#200 - 35 = 50 - 35 = 15\,(0 \leq a \leq 40)$

- $b = P\#200 - 15 = 50 - 15 = 35\,(0 \leq a \leq 40)$
- $c = \omega_L - 40 = 45 - 40 = 5\,(0 \leq c \leq 20)$
- $d = I_P - 10 = 20 - 10 = 10\,(0 \leq c \leq 20)$
  $(I_P = \omega_L - \omega_P = 45 - 25 = 20)$
$\therefore\ GI = 0.2 \times 15 + 0.005 \times 15 \times 5 + 0.01 \times 10 \times 35 = 6.9 = 7$

**17** 연속기초에 대한 Terzaghi의 극한지지력 공식은 $q_u = cN_c + 0.5\gamma_1 BN_\gamma + \gamma_2 D_f N_q$로 나타낼 수 있다. 아래 그림과 같은 경우 극한지지력 공식의 두 번째 항의 단위중량($\gamma_1$)의 값은?(단, 물의 단위중량은 9.80kN/m³이다.)

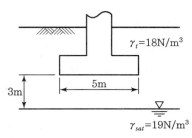

① 14.48kN/m³          ② 16.00kN/m³
③ 17.45kN/m³          ④ 18.20kN/m³

**해설**

$$\gamma_1(\gamma_2) = \frac{\gamma_d + \gamma_{sub}(B-d)}{B}$$
$$= \frac{18 \times 3 + (19 - 9.81) \times (5-2)}{5}$$
$$= 14.48\text{kN/m}^3$$

**18** 점토층 지반 위에 성토를 급속히 하려 한다. 성토 직후에 있어서 이 점토의 안정성을 검토하는 데 필요한 강도정수를 구하는 합리적인 시험은?

① 비압밀 비배수시험(UU-test)
② 압밀 비배수시험(CU-test)
③ 압밀 배수시험(CD-test)
④ 투수시험

**해설**

UU 시험의 특징
- 포화점토가 성토 직후 급속한 파괴가 예상될 때(포화된 점토 지반 위에 급속하게 성토하는 제방의 안전성을 검토)
- 점토지반의 단기간 안정 검토 시(시공 직후 초기 안정성 검토)
- 시공 중 압밀, 함수비와 체적의 변화가 없다고 예상
- 내부마찰각($\phi$) = 0 (불안전 영역에서 강도정수 결정)
- 성토로 인한 재하속도가 과잉간극수압이 소산되는 속도보다 빠를 때

**19** 점토지반에 있어서 강성 기초와 접지압 분포에 대한 설명으로 옳은 것은?

① 접지압은 어느 부분이나 동일하다.
② 접지압은 토질에 관계없이 일정하다.
③ 기초의 모서리 부분에서 접지압이 최대가 된다.
④ 기초의 중앙 부분에서 접지압이 최대가 된다.

**해설**

강성기초의 접지압

| 점토 | 모래 |
|---|---|
| 기초 모서리에서 최대응력 발생 | 기초 중앙부에서 최대응력 발생 |

**20** 토질시험 결과 내부마찰각이 30°, 점착력이 50kN/m², 간극수압이 800kN/m², 파괴면에 작용하는 수직응력이 3,000kN/m²일 때 이 흙의 전단응력은?

① 1,270kN/m²          ② 1,320kN/m²
③ 1,580kN/m²          ④ 1,950kN/m²

**해설**

$S(\tau_f) = C + \sigma'\tan\phi = 50 + (3,000 - 800)\tan30°$
$\qquad\qquad = 1,320\text{kN/m}^2$

**01** 두께 2cm의 점토시료의 압밀시험 결과 전압밀량의 90%에 도달하는 데 1시간이 걸렸다. 만일 같은 조건에서 같은 점토로 이루어진 2m의 토층 위에 구조물을 축조한 경우 최종 침하량의 90%에 도달하는 데 걸리는 시간은?

① 약 250일
② 약 368일
③ 약 417일
④ 약 525일

해설

• $C_v = \dfrac{T_v \cdot H^2}{t}$, $t \propto H^2$

• 1시간 : $0.02^2 = x : 2^2$

∴ $x = \dfrac{10,000시간}{24} = 417일$

**02** 유효응력에 대한 설명으로 틀린 것은?

① 항상 전응력보다는 작은 값이다.
② 점토지반의 압밀에 관계되는 응력이다.
③ 건조한 지반에서는 전응력과 같은 값으로 본다.
④ 포화된 흙인 경우 전응력에서 간극수압을 뺀 값이다.

해설

• $\sigma' = \sigma - u$ $(\sigma' < \sigma)$
• 모관현상$(-u)$일 때 $\sigma' = \sigma + u$ $(\sigma' > \sigma)$

**03** 그림과 같은 지반에서 $x - x'$단면에 작용하는 유효응력은?(단, 물의 단위중량은 $9.81kN/m^3$이다.)

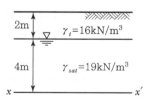

① $46.7kN/m^2$
② $68.8kN/m^2$
③ $90.5kN/m^2$
④ $108kN/m^2$

해설

$\sigma' = \gamma_t \cdot h_1 + \gamma_{sub} \cdot h_2$
  $= 16 \times 2 + (19 - 9.81) \times 4$
  $= 68.8kN/m^2$

**04** 다음 중 사면의 안정해석방법이 아닌 것은?

① 마찰원법
② 비숍(Bishop)의 방법
③ 펠레니우스(Fellenius) 방법
④ 테르자기(Terzaghi)의 방법

해설

사면의 안정해석

| 질량법 | 절편법(분할법) |
|--------|----------------|
| 마찰원법 | • Fellenius 방법<br>• Bishop 방법 |

**05** 보링(Boring)에 대한 설명으로 틀린 것은?

① 보링(Boring)에는 회전식(Rotary Boring)과 충격식(Percussion Boring)이 있다.
② 충격식은 굴진속도가 빠르고 비용도 싸지만 분말상의 교란된 시료만 얻어진다.
③ 회전식은 시간과 공사비가 많이 들뿐만 아니라 확실한 코어(Core)도 얻을 수 없다.
④ 보링은 지반의 상황을 판단하기 위해 실시한다.

해설

회전식 보링의 특징
• 시간, 공사비가 많이 든다.
• 확실한 시료(Core) 채취
• 작업이 능률적
• 대부분 지반에 적용
• 현재 가장 많이 사용

**06** 4m×4m 크기인 정사각형 기초를 내부마찰각 $\phi = 20°$, 점착력 $c = 30kN/m^2$인 지반에 설치하였다. 흙의 단위중량 $\gamma = 19kN/m^3$이고 안전율(FS)을 3으로 할 때 Terzaghi 지지력 공식으로 기초의 허용하중을 구하면?(단, 기초의 근입깊이는 1m이고, 전반전단파괴가 발생한다고 가정하며, 지지력 계수 $N_c = 17.69$, $N_q = 7.44$, $N_\gamma = 4.97$이다.)

① 3,780kN
② 5,239kN
③ 6,750kN
④ 8,140kN

정답  **01** ③  **02** ①  **03** ②  **04** ④  **05** ③  **06** ②

- $q_u = \alpha N_c C + \beta \gamma_1 N_r B + \gamma_2 N_q D_f = 1,010.516 \text{kN/m}^2$
  $(\alpha = 1.3, \ \beta = 0.4)$
- $q_a = \dfrac{q_u}{F_s} = \dfrac{1,010.516}{3} = 336.84 \text{kN/m}^2$
- $Q_a(\text{kN}) = q_a \times A = 336.84 \times (4 \times 4) = 5,239 \text{kN}$

## 07 다짐곡선에 대한 설명으로 틀린 것은?

① 다짐에너지를 증가시키면 다짐곡선은 왼쪽 위로 이동하게 된다.
② 사질성분이 많은 시료일수록 다짐곡선은 오른쪽 위에 위치하게 된다.
③ 점성분이 많은 흙일수록 다짐곡선은 넓게 퍼지는 형태를 가지게 된다.
④ 점성분이 많은 흙일수록 오른쪽 아래에 위치하게 된다.

해설

사질성분이 많은 시료일수록 다짐곡선은 왼쪽 위로 이동한다.

## 08 하중이 완전히 강성(剛性) 푸팅(Footing) 기초판을 통하여 지반에 전달되는 경우의 접지압(또는 지반반력) 분포로 옳은 것은?

①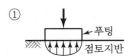
②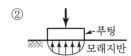
③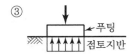
④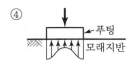

해설

강성 기초의 접지압

| 점토지반 | 모래지반 |
|---|---|
| 강성<br>기초 →<br>접지압 → | → 강성<br>기초<br>← 접지압 |
| 기초 모서리에서 최대응력<br>발생 | 기초 중앙부에서 최대응력<br>발생 |

## 09 수조에 상방향의 침투에 의한 수두를 측정한 결과, 그림과 같이 나타났다. 이때 수조 속에 있는 흙에 발생하는 침투력을 나타낸 식은?(단, 시료의 단면적은 $A$, 시료의 길이는 $L$, 시료의 포화단위중량은 $\gamma_{sat}$, 물의 단위중량은 $\gamma_w$이다.)

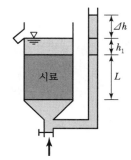

① $\Delta h \cdot \gamma_w \cdot A$
② $\Delta h \cdot \gamma_w \cdot \dfrac{A}{L}$
③ $\Delta h \cdot \gamma_{sat} \cdot A$
④ $\dfrac{\gamma_{sat}}{\gamma_w} \cdot A$

해설

- 단위면적당 침투수압
  $F = i\gamma_w Z = \dfrac{\Delta h}{L} \cdot \gamma_w \cdot L = \Delta h \cdot \gamma_w$
- 시료면적에 작용하는 침투수압
  $F = \Delta h \cdot \gamma_w \cdot A$

## 10 포화상태에 있는 흙의 함수비가 40%이고, 비중이 2.60이다. 이 흙의 간극비는?

① 0.65
② 0.065
③ 1.04
④ 1.40

해설

$Gw = Se, \ e = \dfrac{Gw}{s} = \dfrac{2.6 \times 0.4}{1} = 1.04$

## 11 자연 상태의 모래지반을 다져 $e_{\min}$에 이르도록 했다면 이 지반의 상대밀도는?

① 0%
② 50%
③ 75%
④ 100%

**[해설]**

$$D_r = \frac{e_{\max} - e}{e_{\max} - e_{\min}} \times 100 = \frac{e_{\max} - e_{\min}}{e_{\max} - e_{\min}} \times 100 = 100$$

**12** 말뚝에서 부주면마찰력에 대한 설명으로 틀린 것은?

① 아래쪽으로 작용하는 마찰력이다.
② 부주면마찰력이 작용하면 말뚝의 지지력은 증가한다.
③ 압밀층을 관통하여 견고한 지반에 말뚝을 박으면 일어나기 쉽다.
④ 연약지반에 말뚝을 박은 후 그 위에 성토를 하면 일어나기 쉽다.

**[해설]**

부주면마찰력이 작용하면 말뚝의 지지력은 감소한다.

**13** 포화된 점토에 대한 일축압축시험에서 파괴 시 축응력이 0.2MPa일 때, 이 점토의 점착력은?

① 0.1MPa    ② 0.2MPa
③ 0.4MPa    ④ 0.6MPa

**[해설]**

$$q_u = 2c(\phi = 0)$$

$$c = \frac{q_u}{2} = \frac{0.2}{2} = 0.1\text{MPa}$$

**14** 포화된 점토지반에 성토하중으로 어느 정도 압밀된 후 급속한 파괴가 예상될 때, 이용해야 할 강도정수를 구하는 시험은?

① CU-test    ② UU-test
③ UC-test    ④ CD-test

**[해설]**

CU시험의 특징
• Pre-loading(압밀 진행) 후 갑자기 파괴 예상 시
• 제방, 흙댐에서 수위가 급강하 시 안정 검토
• 점토 지반이 성토하중에 의해 압밀 후 급속히 파괴가 예상될 시

• 간극수압을 측정하면 압밀배수와 같은 전단강도 값을 얻을 수 있다.
• 유효응력항으로 표시

**15** Coulomb토압에서 옹벽배면의 지표면 경사가 수평이고, 옹벽배면 벽체의 기울기가 연직인 벽체에서 옹벽과 뒤채움 흙 사이의 벽면마찰각($\delta$)을 무시할 경우, Coulomb토압과 Rankine토압의 크기를 비교할 때 옳은 것은?

① Rankine토압이 Coulomb토압보다 크다.
② Coulomb토압이 Rankine토압보다 크다.
③ Rankine토압과 Coulomb토압의 크기는 항상 같다.
④ 주동토압은 Rankine토압이 더 크고, 수동토압은 Coulomb토압이 더 크다.

**[해설]**

| Rankine의 토압론 | Coulomb의 토압론 |
|---|---|
| 벽마찰각 무시($\delta = 0$) (소성론에 의한 토압산출) | 벽마찰각 고려($\delta \neq 0$) (강체역학에 기초를 둔 흙쐐기이론) |

만약 벽면 마찰각을 무시할 경우 Rankine의 토압과 Coulomb의 토압은 항상 같다.

**16** 표준관입시험에 대한 설명으로 틀린 것은?

① 표준관입시험의 $N$값으로 모래지반의 상대밀도를 추정할 수 있다.
② 표준관입시험의 $N$값으로 점토지반의 연경도를 추정할 수 있다.
③ 지층의 변화를 판단할 수 있는 시료를 얻을 수 있다.
④ 모래지반에 대해서 흐트러지지 않은 시료를 얻을 수 있다.

**[해설]**

표준관입시험(SPT) 정의
64kg 해머로 76cm 높이에서 30cm 관입될 때까지의 타격횟수 $N$치를 구하는 시험(교란시료를 채취하여 시험)

---

**정답    12 ②    13 ①    14 ①    15 ③    16 ④**

**17** 현장 도로 토공에서 모래치환법에 의한 흙의 밀도 시험 결과 흙을 파낸 구멍의 체적과 파낸 흙의 질량은 각각 1,800cm³, 3,950g이었다. 이 흙의 함수비는 11.2%이고, 흙의 비중은 2.65이다. 실내시험으로부터 구한 최대건조밀도가 2.05g/cm³일 때 다짐도는?

① 92%       ② 94%
③ 96%       ④ 98%

> **해설**
>
> $Rc$(상대다짐도)$= \dfrac{\gamma_d}{\gamma_{d\max}} \times 100 = \dfrac{1.973}{2.05} \times 100 = 96\%$
>
> $\left(\gamma_d = \dfrac{\gamma_t}{1+\omega} = \dfrac{\dfrac{3,950}{1,800}}{1+0.112} = 1.973\right)$

**18** 지반개량공법 중 연약한 점성토 지반에 적당하지 않은 것은?

① 치환 공법       ② 침투압 공법
③ 폭파다짐 공법     ④ 샌드 드레인 공법

> **해설**
>
> 폭파다짐 공법은 사질토 개량공법이다.

**19** 그림과 같은 지반에서 재하순간 수주(水柱)가 지표면(지하수위)으로부터 5m이었다. 40% 압밀이 일어난 후 $A$점에서의 전체 간극수압은?(단, 물의 단위중량은 9.81kN/m³이다.)

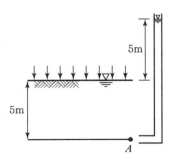

① 19.62kN/m²       ② 29.43kN/m²
③ 49.05kN/m²       ④ 78.48kN/m²

> **해설**
>
> • $u$(압밀도)$= \dfrac{u_i - u_t}{u_i}$, $0.4 = \dfrac{49.05 - u_t}{49.05}$
>
>   ∴ $u_t = 29.43\text{kN}$
>
>   $(u_i = \gamma_w \cdot h = 9.81 \times 5 = 49.05\text{kN/m}^2)$
>
> • $A$점 간극수압 = 정수압($u_i$) + 과잉간극수압($u_t$)
>
>   $= 49.05 + 29.43 = 78.48\text{kN/m}^2$

**20** 아래 그림에서 투수계수 $k = 4.8 \times 10^{-3}$ cm/s일 때 Darcy 유출속도($v$)와 실제 물의 속도(침투속도, $v_s$)는?

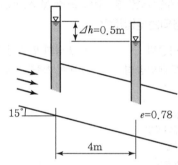

① $v = 3.4 \times 10^{-4}$cm/s, $v_s = 5.6 \times 10^{-4}$cm/s
② $v = 3.4 \times 10^{-4}$cm/s, $v_s = 9.4 \times 10^{-4}$cm/s
③ $v = 5.8 \times 10^{-4}$cm/s, $v_s = 10.8 \times 10^{-4}$cm/s
④ $v = 5.8 \times 10^{-4}$cm/s, $v_s = 13.2 \times 10^{-4}$cm/s

> **해설**
>
> • Darcy의 유출속도
>
>   $V = K\dfrac{\Delta h}{l} = 4.8 \times 10^{-3} \times \dfrac{50}{\dfrac{400}{\cos 15°}} = 5.8 \times 10^{-4}\text{cm/sec}$
>
> • 침투속도
>
>   $V_s = \dfrac{V}{n} = \dfrac{5.8 \times 10^{-4}}{0.44} = 13.2 \times 10^{-4}\text{cm/sec}$
>
>   $\left(\because n = \dfrac{e}{1+e} = \dfrac{0.78}{1+0.78} = 0.44\right)$

정답   **17** ③   **18** ③   **19** ④   **20** ④

**01** 두께 9m의 점토층에서 하중강도 $P_1$일 때 간극비는 2.0이고 하중강도를 $P_2$로 증가시키면 간극비는 1.8로 감소되었다. 이 점토층의 최종압밀침하량은?

① 20cm　　　　② 30cm
③ 50cm　　　　④ 60cm

해설

$$\Delta H = \frac{e_1 - e_2}{1 + e_1} H = \frac{2 - 1.8}{1 + 2} \times 900 = 60\text{cm}$$

**02** 지반개량공법 중 주로 모래질 지반을 개량하는 데 사용되는 공법은?

① 프리로딩공법　　　② 생석회 말뚝공법
③ 페이퍼드레인공법　④ 바이브로플로테이션공법

해설

**점성토 탈수방법**
• 페이퍼드레인공법
• 프리로딩공법
• 생석회말뚝공법

**03** 포화된 점토에 대하여 비압밀비배수(UU)시험을 하였을 때 결과에 대한 설명으로 옳은 것은? (단, $\phi$ : 내부마찰각, $c$ : 점착력)

① $\phi$와 $c$가 나타나지 않는다.
② $\phi$와 $c$가 모두 "0"이 아니다.
③ $\phi$는 "0"이 아니지만 $c$는 "0"이다.
④ $\phi$는 "0"이고 $c$는 "0"이 아니다.

해설

포화된 점토의 UU−Test

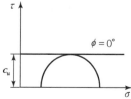

∴ 내부마찰각 $\phi = 0°$이고 점착력 $c_u \neq 0$이다.

**04** 점토지반으로부터 불교란시료를 채취하였다. 이 시료의 지름이 50mm, 길이가 100mm, 습윤질량이 350g, 함수비가 40%일 때 이 시료의 건조밀도는?

① 1.78g/cm³　　　② 1.43g/cm³
③ 1.27g/cm³　　　④ 1.14g/cm³

해설

• $\gamma_t = \dfrac{W}{V} = \dfrac{350}{A \times l} = \dfrac{350}{\dfrac{\pi \cdot 5^2}{4} \times 10} = 1.78$

• $\gamma_d = \dfrac{\gamma_t}{1 + \omega} = \dfrac{1.78}{1 + 0.4} = 1.27\text{g/cm}^3$

**05** 말뚝의 부주면마찰력에 대한 설명으로 틀린 것은?

① 연약한 지반에서 주로 발생한다.
② 말뚝 주변의 지반이 말뚝보다 더 침하될 때 발생한다.
③ 말뚝주면에 역청 코팅을 하면 부주면마찰력을 감소시킬 수 있다.
④ 부주면마찰력의 크기는 말뚝과 흙 사이의 상대적인 변위속도와는 큰 연관성이 없다.

해설

연약한 점토에서 부마찰력은 상대변위의 속도가 느릴수록 적고, 빠를수록 크다.

**06** 말뚝기초에 대한 설명으로 틀린 것은?

① 군항은 전달되는 응력이 겹쳐지므로 말뚝 1개의 지지력에 말뚝 개수를 곱한 값보다 지지력이 크다.
② 동역학적 지지력 공식 중 엔지니어링 뉴스 공식의 안전율($F_s$)은 6이다.
③ 부주면마찰력이 발생하면 말뚝의 지지력은 감소한다.
④ 말뚝기초는 기초의 분류에서 깊은 기초에 속한다.

해설

군항의 허용지지력은 단항의 지지력보다 효율($E$)만큼 작다.
$Q_{ag} = E \cdot Q_a \cdot N \ (E < 1)$

정답　　01 ④　02 ④　03 ④　04 ③　05 ④　06 ①

**07** 그림과 같이 폭이 2m, 길이가 3m인 기초에 100kN/m²의 등분포하중이 작용할 때, A점 아래 4m 깊이에서의 연직응력 증가량은?(단, 아래 표의 영향계수값을 활용하여 구하며, $m = \dfrac{B}{z}$, $n = \dfrac{L}{z}$ 이고, B는 직사각형 단면의 폭, $L$은 직사각형 단면의 길이, $z$는 토층의 깊이이다.)

[영향계수($I$)값]

| $m$ | 0.25 | 0.5 | 0.5 | 0.5 |
|---|---|---|---|---|
| $n$ | 0.5 | 0.25 | 0.75 | 1.0 |
| $I$ | 0.048 | 0.048 | 0.115 | 0.122 |

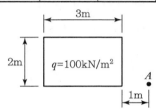

① 6.7kN/cm²
② 7.4kN/cm²
③ 12.2kN/cm²
④ 17.0kN/cm²

해설

구형 등분포하중에 의한 지중응력

$\sigma_z = \sigma_{z(1234)} - \sigma_{z(2546)}$

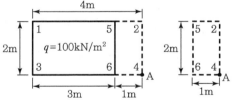

- $\sigma_{z(1234)} = I \cdot q$

  ($m = \dfrac{B}{z} = \dfrac{2}{4} = 0.5$, $n = \dfrac{L}{z} = \dfrac{4}{4} = 1$, $I = 0.1222$)

  $\therefore \sigma_{z(1234)} = I_\sigma g = 0.1222 \times 100 = 12.22$

- $\sigma_{z(2546)} = I \cdot q$

  ($m = \dfrac{B}{z} = \dfrac{1}{4} = 0.25$, $n = \dfrac{L}{z} = \dfrac{2}{4} = 0.5$, $I = 0.048$)

  $\therefore \sigma_{z(2546)} = I \cdot g = 0.048 \times 100 = 4.8$

따라서 $\sigma_z = \sigma_{z(1234)} - \sigma_{z(2546)} = 12.22 - 4.8 = 7.4\text{kN/m}^2$

**08** 기초가 갖추어야 할 조건이 아닌 것은?

① 동결, 세굴 등에 안전하도록 최소한의 근입깊이를 가져야 한다.
② 기초의 시공이 가능하고 침하량이 허용치를 넘지 않아야 한다.
③ 상부로부터 오는 하중을 안전하게 지지하고 기초지반에 전달하여야 한다.
④ 미관상 아름답고 주변에서 쉽게 구득할 수 있는 재료로 설계되어야 한다.

해설

기초의 구비조건
- 동해를 받지 않는 최소한의 근입깊이($D_f$)를 가질 것(기초깊이는 동결깊이보다 깊어야 한다.)
- 지지력에 대해 안정할 것
- 침하에 대해 안정할 것(침하량이 허용침하량 이내일 것)
- 기초공 시공이 가능할 것(내구적, 경제적)

**09** 평판재하시험에 대한 설명으로 틀린 것은?

① 순수한 점토지반의 지지력은 재하판 크기와 관계 없다.
② 순수한 모래지반의 지지력은 재하판의 폭에 비례한다.
③ 순수한 점토지반의 침하량은 재하판의 폭에 비례한다.
④ 순수한 모래지반의 침하량은 재하판의 폭에 관계없다.

해설

순수한 모래지반의 침하량은 재하판의 폭에 비례하지 않고 약간 증가한다.

**10** 두께 2cm의 점토시료에 대한 압밀시험 결과 50%의 압밀을 일으키는 데 6분이 걸렸다. 같은 조건하에서 두께 3.6m의 점토층 위에 축조한 구조물이 50%의 압밀에 도달하는 데 며칠이 걸리는가?

① 1,350일
② 270일
③ 135일
④ 27일

**[해설]**

- $t \propto H^2$
- 6분 : $\left(\dfrac{2}{2}\right)^2 = X$분 : $\left(\dfrac{360}{2}\right)^2$

$$\therefore = X일 = 194,400분 \times \frac{1}{60} \times \frac{1}{24} = 135일$$

**11** 비교적 가는 모래와 실트가 물속에서 침강하여 고리모양을 이루며 작은 아치를 형성한 구조로, 단립구조보다 간극비가 크고 충격과 진동에 약한 흙의 구조는?

① 봉소구조      ② 낱알구조
③ 분산구조      ④ 면모구조

**[해설]**

봉소(벌집)구조
- 미세한 모래와 실트가 작은 아치를 형성한 고리모양의 구조
- 단립구조보다 간극(간극비)이 크고 충격에 약하다(충격하중을 받으면 흙 구조가 부서짐).

**12** 아래의 그림과 같은 흙의 구성도에서 체적 $V$를 1로 했을 때의 간극의 체적은?(단, 간극률은 $n$, 함수비는 $w$, 흙입자의 비중은 $G_s$, 물의 단위중량은 $\gamma_w$)

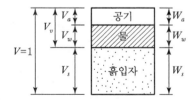

① $n$      ② $wG_s$
③ $\gamma_w(1-n)$      ④ $[G_s - n(G_s - 1)]\gamma_w$

**[해설]**

- $V = V_v + V_s$
- $\dfrac{V}{V} = \dfrac{V_v}{V} + \dfrac{V_s}{V}$
- $1 = n + (1-n)$

$\therefore$ 간극의 체적은 $\dfrac{V_v}{V} = n$

**13** 유선망의 특징에 대한 설명으로 틀린 것은?

① 각 유로의 침투수량은 같다.
② 동수경사는 유선망의 폭에 비례한다.
③ 인접한 두 등수두선 사이의 수두손실은 같다.
④ 유선망을 이루는 사변형은 이론상 정사각형이다.

**[해설]**

유선망의 특징
- 유선망은 이론상 정사각형
- 침투속도 및 동수경사는 유선망 폭에 반비례

**14** 벽체에 작용하는 주동토압을 $P_a$, 수동토압을 $P_p$, 정지토압을 $P_o$라 할 때 크기의 비교로 옳은 것은?

① $P_a > P_p > P_o$      ② $P_p > P_o > P_a$
③ $P_p > P_a > P_o$      ④ $P_o > P_a > P_p$

**[해설]**

$P_p$(수동토압) $> P_o$(정지토압) $> P_a$(주동토압)

**15** 그림과 같이 3개의 지층으로 이루어진 지반에서 토층에 수직한 방향의 평균 투수계수($k_v$)는?

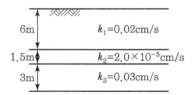

① $2.516 \times 10^{-6}$cm/s      ② $1.274 \times 10^{-5}$cm/s
③ $1.393 \times 10^{-4}$cm/s      ④ $2.0 \times 10^{-2}$cm/s

**[해설]**

$$k_v = \frac{H_1 + H_2 + H_3}{\dfrac{H_1}{k_1} + \dfrac{H_2}{k_2} + \dfrac{H_3}{k_3}} = \frac{600 + 150 + 300}{\dfrac{600}{0.02} + \dfrac{150}{2 \times 10^{-5}} + \dfrac{300}{0.03}}$$

$$= 1.393 \times 10^{-4} \text{cm/s}$$

**정답**    **11** ①    **12** ①    **13** ②    **14** ②    **15** ③

**16** 응력경로(stress path)에 대한 설명으로 틀린 것은?

① 응력경로는 특성상 전응력으로만 나타낼 수 있다.
② 응력경로란 시료가 받는 응력의 변화과정을 응력공간에 궤적으로 나타낸 것이다.
③ 응력경로는 Mohr의 응력원에서 전단응력이 최대인 점을 연결하여 구한다.
④ 시료가 받는 응력상태에 대한 응력경로는 직선 또는 곡선으로 나타난다.

해설

• 응력경로 : Mohr의 응력원에서 각 원의 전단응력이 최대인 점(p, q)을 연결하여 그린 선분
• 응력경로는 전응력 경로와 유효응력 경로로 나눌 수 있다.

**17** 암반층 위에 5m 두께의 토층이 경사 15°의 자연사면으로 되어 있다. 이 토층의 강도정수 $c = 15$ kN/m², $\phi = 30°$이며, 포화단위중량($\gamma_{sat}$)은 18 kN/m³이다. 지하수면의 토층의 지표면과 일치하고 침투는 경사면과 대략 평행이다. 이때 사면의 안전율은?(단, 물의 단위중량은 9.81kN/m³이다.)

① 0.85
② 1.15
③ 1.65
④ 2.05

해설

반무한 사면의 안전율(점착력 $c \neq 0$이고, 지하수위가 지표면과 일치하는 경우)

$$F_s = \frac{c}{\gamma_{sat} \cdot z \cdot \sin i \cdot \cos i} + \frac{\gamma_{sub}}{\gamma_{sat}} \cdot \frac{\tan\phi}{\tan i}$$
$$= \frac{15}{18 \times 5 \times \sin 15° \times \cos 15°} + \frac{18 - 9.81}{18} \times \frac{\tan 30°}{\tan 15°} = 1.65$$

**18** 모래시료에 대해서 압밀배수 삼축압축시험을 실시하였다. 초기단계에서 구속응력($\sigma_3$)은 100 kN/m²이고, 전단파괴 시에 작용된 축차응력($\sigma_{df}$)은 200kN/m²이었다. 이와 같은 모래시료의 내부 마찰각($\phi$) 및 파괴면에 작용하는 전단응력($\tau_f$)의 크기는?

① $\phi = 30°$, $\tau_f = 115.47$kN/m²
② $\phi = 40°$, $\tau_f = 115.47$kN/m²
③ $\phi = 30°$, $\tau_f = 86.60$kN/m²
④ $\phi = 40°$, $\tau_f = 86.60$kN/m²

해설

• $\phi = \sin^{-1}\left(\frac{\sigma_1 - \sigma_3}{\sigma_1 + \sigma_3}\right) = \sin^{-1}\left(\frac{300 - 100}{300 + 100}\right) = 30°$

• $\tau_f = \frac{\sigma_1 - \sigma_3}{2}\sin 2\theta = \frac{300 - 100}{2}\sin(2 \times 30)$
  $= 86.60$kN/m²

**19** 흙의 다짐시험에서 다짐에너지를 증가시킬 때 일어나는 결과는?

① 최적함수비는 증가하고, 최대건조단위중량은 감소한다.
② 최적함수비는 감소하고, 최대건조단위중량은 증가한다.
③ 최적함수비와 최대건조단위중량이 모두 감소한다.
④ 최적함수비와 최대건조단위중량이 모두 증가한다.

해설

다짐에너지가 클수록 최대건조밀도($\gamma_{d\max}$)는 커지고 최적함수비(OMC)는 작아진다.

**20** 토립자가 둥글고 입도분포가 나쁜 모래지반에서 표준관입시험을 한 결과 $N$값은 10이었다. 이 모래의 내부마찰각($\phi$)을 Dunham의 공식으로 구하면?

① 21°
② 26°
③ 31°
④ 36°

해설

$\phi = \sqrt{12N} + 15$
$= \sqrt{12 \times 10} + 15 = 26°$

정답　16 ①　17 ③　18 ③　19 ②　20 ②

**01** 4.75mm체(4번 체) 통과율이 90%, 0.075mm체(200번 체) 통과율이 4%이고, $D_{10}=0.25$mm, $D_{30}=0.6$mm, $D_{60}=2$mm인 흙을 통일분류법으로 분류하면?

① GP
② GW
③ SP
④ SW

> [해설]

- #200체(0.075mm)통과율 4% → 조립토(G.S)
- #4체(4.75mm)통과율 90% → 모래(S)
- $C_u = \dfrac{D_{60}}{D_{10}} = \dfrac{2}{0.25} = 8$
- $C_g = \dfrac{D_{30}^{\;2}}{D_{10} \cdot D_{60}} = \dfrac{0.6^2}{0.25 \times 2} = 0.72$

∴ 입도불량(P)
따라서, SP(입도분포가 불량한 모래)

**02** 그림과 같은 정사각형 기초에서 안전율을 3으로 할 때 Terzaghi의 공식을 사용하여 지지력을 구하고자 한다. 이때 한 변의 최소길이($B$)는?(단, 물의 단위중량은 $9.81$kN/m³, 점착력($c$)은 $60$kN/m², 내부마찰각($\phi$)은 0°이고, 지지력계수 $N_c=5.7$, $N_q=1.0$, $N_\gamma=0$이다.)

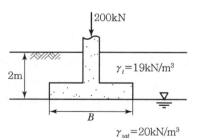

① 1.12m
② 1.43m
③ 1.51m
④ 1.62m

> [해설]

| 형상계수 | 원형 기초 | 정사각형 기초 | 연속기초 |
|---|---|---|---|
| $\alpha$ | 1.3 | 1.3 | 1.0 |
| $\beta$ | 0.3 | 0.4 | 0.5 |

- 극한지지력
$$q_{ult} = \alpha c N_c + \beta \gamma_1 B N_r + \gamma_2 D_f N_q$$

$= 1.3 \times 60 \times 5.7 + 0.4 \times (20 - 9.8) \times B \times 0 + 19 \times 2 \times 1.0$
$= 482.6$kN/m²

- 허용지지력($q_a$) $= \dfrac{q_{ult}}{F_s} = \dfrac{482.6}{3} = 160.87$kN/m²

따라서 허용하중($Q_a$) $= q_a \cdot A$에서 $200 = 160.87 \times B^2$
∴ $B = 1.115$m

**03** 접지압(또는 지반반력)이 그림과 같이 되는 경우는?

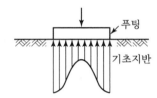

① 푸팅 : 강성, 기초지반 : 점토
② 푸팅 : 강성, 기초지반 : 모래
③ 푸팅 : 연성, 기초지반 : 점토
④ 푸팅 : 연성, 기초지반 : 모래

> [해설]

강성기초의 접지압

| 점토 | 모래 |
|---|---|
| 기초 모서리에서 최대응력 발생 | 기초 중앙부에서 최대응력 발생 |

**04** 지표면이 수평이고 옹벽의 뒷면과 흙과의 마찰각이 0°인 연직옹벽에서 Coulomb토압과 Rankine토압은 어떤 관계가 있는가?(단, 점착력은 무시한다.)

① Coulomb토압은 항상 Rankine토압보다 크다.
② Coulomb토압과 Rankine토압은 같다.
③ Coulomb토압은 Rankine토압보다 작다.
④ 옹벽의 형상과 흙의 상태에 따라 클 때도 있고 작을 때도 있다.

> [해설]

Coulomb의 토압론은 벽마찰각을 고려하고 Rankine의 토압은 벽마찰각을 무시하는데 Coulomb의 토압론에서 벽마찰각을 고려하지 않으면 Rankine의 토압과 같아진다.

---

**정답** 01 ③ 02 ① 03 ① 04 ②

**05** 도로의 평판재하시험에서 1.25mm 침하량에 해당하는 하중강도가 250kN/m²일 때 지반반력계수는?

① 100MN/m³
② 200MN/m³
③ 1,000MN/m³
④ 2,000MN/m³

**해설**

$$K = \frac{q}{y} = \frac{250}{0.125} = 200,000\text{kN/m}^3$$
$$= 200\text{MN/m}^3$$
$$(1\text{MN} = 10^3\text{kN})$$

**06** 다음 지반개량공법 중 연약한 점토지반에 적합하지 않은 것은?

① 프리로딩공법
② 샌드드레인공법
③ 페이퍼드레인공법
④ 바이브로플로테이션공법

**해설**

점성토 탈수방법
• 페이퍼드레인공법
• 프리로딩공법
• 생석회말뚝공법

**07** 표준관입시험(S.P.T) 결과 $N$값이 25이었고, 이때 채취한 교란시료로 입도시험을 한 결과 입자가 둥글고, 입도분포가 불량할 때 Dunham의 공식으로 구한 내부마찰각($\phi$)은?

① 32.3°
② 37.3°
③ 42.3°
④ 48.3°

**해설**

$$\phi = \sqrt{12N} + 15 = \sqrt{12 \times 25} + 15 = 32.3°$$

**08** 현장에서 완전히 포화되었던 시료라 할지라도 시료 채취 시 기포가 형성되어 포화도가 저하될 수 있다. 이 경우 생성된 기포를 원상태로 용해시키기 위해 작용시키는 압력을 무엇이라고 하는가?

① 배압(back pressure)
② 축차응력(deviator stress)
③ 구속압력(confined pressure)
④ 선행압밀압력(preconsolidation pressure)

**해설**

배압(back pressure)
실험실에서 흙시료를 100% 포화하기 위해 흙시료 속으로 가하는 수압

**09** 그림과 같은 지반에서 하중으로 인하여 수직응력($\Delta\sigma_1$)이 100kN/m² 증가되고 수평응력($\Delta\sigma_3$)이 50kN/m² 증가되었다면 간극수압은 얼마나 증가되었는가?(단, 간극수압계수 $A = 0.5$이고, $B = 1$이다.)

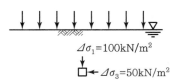

① 50kN/m²
② 75kN/m²
③ 100kN/m²
④ 125kN/m²

**해설**

$$\Delta u = B \cdot \Delta\sigma_3 + D \cdot \Delta\sigma = B[\Delta\sigma_3 + A(\Delta\sigma_1 - \Delta\sigma_3)]$$
$$= [50 + 0.5(100 - 50)] = 75\text{kN/m}^2$$

**10** 어떤 점토지반에서 베인시험을 실시하였다. 베인의 지름이 50mm, 높이가 100mm, 파괴 시 토크가 59N·m일 때 이 점토의 점착력은?

① 129kN/m²
② 157kN/m²
③ 213kN/m²
④ 276kN/m²

해설

$$C_u = \frac{M_{max}}{\pi D^2 \left(\frac{H}{2} + \frac{D}{6}\right)}$$

$$= \frac{59 \times 10^{-3} \text{kN} \cdot \text{m}}{\pi \times (50 \times 10^{-3}) \times \left(\frac{100 \times 10^{-3}}{2} + \frac{50 \times 10^{-3}}{6}\right)}$$

$$= 129 \text{kN/m}^2$$

**11** 그림과 같이 동일한 두께의 3층으로 된 수평모래층이 있을 때 토층에 수직한 방향의 평균투수계수($k_v$)는?

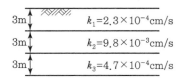

① $2.38 \times 10^{-3}$cm/s  　② $3.01 \times 10^{-4}$cm/s
③ $4.56 \times 10^{-4}$cm/s  　④ $5.60 \times 10^{-4}$cm/s

해설

수직방향 투수계수

$$k_v = \frac{H_1 + H_2 + H_3}{\frac{H_1}{k_1} + \frac{H_2}{k_2} + \frac{H_3}{k_3}}$$

$$= \frac{300 + 300 + 300}{\frac{300}{2.3 \times 10^{-4}} + \frac{300}{9.8 \times 10^{-3}} + \frac{300}{4.7 \times 10^{-4}}}$$

$$= 4.56 \times 10^{-4} \text{cm/sec}$$

**12** Terzaghi의 1차 압밀에 대한 설명으로 틀린 것은?

① 압밀방정식은 점토 내에 발생하는 과잉간극수압의 변화를 시간과 배수거리에 따라 나타낸 것이다.
② 압밀방정식을 풀면 압밀도를 시간계수의 함수로 나타낼 수 있다.
③ 평균압밀도는 시간에 따른 압밀침하량을 최종압밀침하량으로 나누면 구할 수 있다.
④ 압밀도는 배수거리에 비례하고, 압밀계수에 반비례한다.

해설

• 압밀도($u$) ∝ 시간계수 $\left(T_V = \frac{C_V \cdot t}{H^2}\right)$
• 압밀도는 배수거리($H$)의 제곱에 반비례
• 압밀도는 압밀계수($C_V$)에 비례

**13** 흙의 다짐에 대한 설명으로 틀린 것은?

① 다짐에 의하여 간극이 작아지고 부착력이 커져서 역학적 강도 및 지지력은 증대하고, 압축성, 흡수성 및 투수성은 감소한다.
② 점토를 최적함수비보다 약간 건조 측의 함수비로 다지면 면모구조를 가지게 된다.
③ 점토를 최적함수비보다 약간 습윤 측에서 다지면 투수계수가 감소하게 된다.
④ 면모구조를 파괴시키지 못할 정도의 작은 압력으로 점토시료를 압밀할 경우 건조 측 다짐을 한 시료가 습윤 측 다짐을 한 시료보다 압축성이 크게 된다.

해설

면모구조를 파괴시키지 못할 정도의 작은 압력으로 점토시료를 압밀할 경우 건조 측 다짐을 한 시료가 습윤 측 다짐을 한 시료보다 압축성이 작게 된다.

**14** 3층 구조로 구조결합 사이에 치환성 양이온이 있어서 활성이 크며, 시트(sheet) 사이에 물이 들어가 팽창·수축이 크며, 공학적 안정성이 약한 점토광물은?

① sand  　　　② illite
③ kaolinite  　④ montmorillonite

해설

montmorillonite는 활성도가 크므로 팽창, 수축이 크고 공학적으로 불안정하다.

**15** 간극비 $e_1 = 0.80$인 어떤 모래의 투수계수가 $k_1 = 8.5 \times 10^{-2}$cm/s일 때, 이 모래를 다져서 간극비를 $e_2 = 0.57$로 하면 투수계수 $k_2$는?

**정답**　11 ③　12 ④　13 ④　14 ④　15 ③

① $4.1 \times 10^{-1}$cm/s     ② $8.1 \times 10^{-2}$cm/s

③ $3.5 \times 10^{-2}$cm/s     ④ $8.5 \times 10^{-3}$cm/s

**해설**

간극비와 투수계수의 관계

$$k_1 : k_2 = \frac{e_1{}^3}{1+e_1} : \frac{e_2{}^3}{1+e_2}$$

$$8.5 \times 10^{-2} : k_2 = \frac{0.80^3}{1+0.80} : \frac{0.57^3}{1+0.57}$$

$$\therefore k_2 = 3.5 \times 10^{-2} \text{cm/sec}$$

**16** 사면안정 해석방법에 대한 설명으로 틀린 것은?

① 일체법은 활동면 위에 있는 흙덩어리를 하나의 물체로 보고 해석하는 방법이다.

② 마찰원법은 점착력과 마찰각을 동시에 갖고 있는 균질한 지반에 적용된다.

③ 절편법은 활동면 위에 있는 흙을 여러 개의 절편으로 분할하여 해석하는 방법이다.

④ 절편법은 흙이 균질하지 않아도 적용이 가능하지만, 흙속에 간극수압이 있을 경우 적용이 불가능하다.

**해설**

④ 절편법은 흙이 균질하지 않아도 적용이 가능하지만, 흙속에 간극수압이 있을 경우 적용이 가능하다.

**17** 그림과 같이 지표면에 집중하중이 작용할 때 $A$ 점에서 발생하는 연직응력의 증가량은?

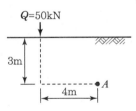

① $0.21$kN/m$^2$     ② $0.24$kN/m$^2$

③ $0.27$kN/m$^2$     ④ $0.30$kN/m$^2$

**해설**

$$\Delta \sigma_z = \frac{Q}{z^2} I = \frac{Q}{z^2} \times \frac{3}{2\pi} \left( \frac{z}{R} \right)^5$$

$$= \frac{50}{3^2} \times \frac{3}{2 \times \pi} \left( \frac{3}{5} \right)^5 = 0.21 \text{kN/m}^2$$

(여기서, $R = \sqrt{3^2 + 4^2} = 5$)

**18** 지표에 설치된 3m×3m의 정사각형 기초에 80kN/m²의 등분포하중이 작용할 때, 지표면 아래 5m 깊이에서의 연직응력의 증가량은?(단, 2 : 1 분포법을 사용한다.)

① $7.15$kN/m$^2$     ② $9.20$kN/m$^2$

③ $11.25$kN/m$^2$     ④ $13.10$kN/m$^2$

**해설**

$$\Delta \sigma_z = \frac{qBL}{(B+Z)(L+Z)} = \frac{80 \times 3 \times 3}{(3+5)(3+5)} = 11.25 \text{kN/m}^2$$

**19** 다음 연약지반 개량공법 중 일시적인 개량공법은?

① 치환공법     ② 동결공법

③ 약액주입공법     ④ 모래다짐말뚝공법

**해설**

일시적인 연약지반 개량공법

- 웰포인트(well point)공법
- 동결공법
- 진공압밀공법(대기압공법)

**20** 연약지반에 구조물을 축조할 때 피에조미터를 설치하여 과잉간극수압의 변화를 측정한 결과 어떤 점에서 구조물 축조 직후 과잉간극수압이 100kN/m² 이었고, 4년 후에 20kN/m²이었다. 이때의 압밀도는?

① 20%     ② 40%

③ 60%     ④ 80%

**해설**

압밀도($U_z$) $= \dfrac{u_i - u_t}{u_i} \times 100$

$$= \frac{100 - 20}{10} \times 100$$

$$= 80\%$$

**01** 직경 30cm의 평판재하시험에서 작용압력이 30t/m²일 때 평판의 침하량이 30mm이었다면, 직경 3m의 실제 기초에 30t/m²의 압력이 작용할 때의 침하량은?(단, 지반은 사질토지반이다.)

① 30mm
② 99.2mm
③ 187.4mm
④ 300mm

**해설**

사질토층의 재하시험에 의한 즉시 침하

$$S_F = S_P \cdot \left\{ \frac{2 \cdot B_F}{B_F + B_P} \right\}^2 = 30 \times \left\{ \frac{2 \times 3}{3 + 0.3} \right\}^2 = 99.2 \text{mm}$$

**02** 다음 그림과 같은 $p - q$ 다이어그램에서 $K_f$ 선이 파괴선을 나타낼 때 이 흙의 내부마찰각은?

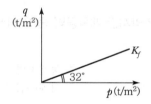

① 32°
② 36.5°
③ 38.7°
④ 40.8°

**해설**

응력경로($K_f$ Line)와 파괴포락선(Mohr − Coulomb)의 관계

$\sin\phi = \tan\alpha$ ∴ $\phi = \sin^{-1} \cdot \tan 32° = 38.7°$

**03** 기초폭 4m의 연속기초를 지표면 아래 3m 위치의 모래지반에 설치하려고 한다. 이때 표준 관입시험 결과에 의한 사질지반의 평균 $N$값이 10일 때 극한지지력은?(단, Meyerhof 공식 사용)

① 420t/m²
② 210t/m²
③ 105t/m²
④ 75t/m²

**해설**

사질토지반의 지지력 공식(Meyerhof)

$$q_u = 3 \cdot N \cdot B \cdot \left( 1 + \frac{D_f}{B} \right) = 3 \times 10 \times 4 \times \left( 1 + \frac{3}{4} \right) = 210 \text{t/m}^2$$

**04** 어떤 흙의 입도분석 결과 입경가적곡선의 기울기가 급경사를 이룬 빈입도일 때 예측할 수 있는 사항으로 틀린 것은?

① 균등계수는 작다.
② 간극비는 크다.
③ 흙을 다지기가 힘들 것이다.
④ 투수계수는 작다.

**해설**

빈입도(경사가 급한 경우)
• 입도분포가 불량하다.
• 균등계수가 작다.
• 공학적 성질이 불량하다.
• 간극비가 커서 투수계수와 함수량이 크다.
∴ 투수계수는 크다.

**05** 통일분류법으로 흙을 분류할 때 사용하는 인자가 아닌 것은?

① 입도분포
② 애터버그한계
③ 색, 냄새
④ 군지수

**해설**

군지수는 AASHTO분류법으로 흙을 분류할 때 사용하는 인자이다.

**06** 다음 중 투수계수를 좌우하는 요인이 아닌 것은?

① 토립자의 크기
② 공극의 형상과 배열
③ 포화도
④ 토립자의 비중

**해설**

투수계수에 영향을 주는 인자

$$K = D_s^2 \cdot \frac{r}{\eta} \cdot \frac{e^3}{1+e} \cdot C$$

• 입자의 모양
• 간극비
• 포화도
• 점토의 구조
• 유체의 점성계수
• 유체의 밀도 및 농도
∴ 흙입자의 비중은 투수계수와 관계가 없다.

정답    01 ②    02 ③    03 ②    04 ④    05 ④    06 ④

**07** 어떤 흙에 대한 일축압축시험 결과 일축압축 강도는 $1.0\text{kg/cm}^2$, 파괴면과 수평면이 이루는 각은 50°였다. 이 시료의 점착력은?

① $0.36\text{kg/cm}^2$
② $0.42\text{kg/cm}^2$
③ $0.5\text{kg/cm}^2$
④ $0.54\text{kg/cm}^2$

 해설

일축압축강도

$q_u = 2 \cdot C \cdot \tan\left(45° + \dfrac{\phi}{2}\right) = 2 \cdot C \cdot \tan\theta$ 에서,

$1 = 2 \cdot C \cdot \tan 50°$  ∴ $C = 0.42\text{kg/cm}^2$

**08** 내부마찰각 30°, 점착력 $1.5\text{t/m}^2$ 그리고 단위 중량이 $1.7\text{t/m}^3$인 흙에 있어서 인장균열(tension crack)이 일어나기 시작하는 깊이는 약 얼마인가?

① 2.2m
② 2.7m
③ 3.1m
④ 3.5m

 해설

점착고(인장균열깊이)

$Z_c = \dfrac{2 \cdot c}{r} \tan\left(45° + \dfrac{\phi}{2}\right) = \dfrac{2 \times 1.5}{1.7} \times \tan\left(45° + \dfrac{30°}{2}\right) = 3.1\text{m}$

**09** 말뚝의 지지력 공식 중 정역학적 방법에 의한 공식은 다음 중 어느 것인가?

① Meyerhof의 공식
② Hiley공식
③ Engineering-News공식
④ Sander공식

 해설

| 정역학적 공식 | 동역학적 공식 |
|---|---|
| • Terzaghi공식 | • Sander공식 |
| • Meyerhof공식 | • Engineering-News공식 |
| • Dörr공식 | • Hiley공식 |
| • Dunham공식 | • Weisbach공식 |

**10** 아래 그림과 같은 폭($B$) 1.2m, 길이($L$) 1.5m 인 사각형 얕은 기초에 폭($B$) 방향에 편심이 작용하는 경우 지반에 작용하는 최대압축응력은?

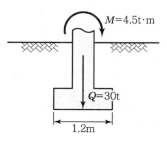

① $29.2\text{t/m}^2$
② $38.5\text{t/m}^2$
③ $39.7\text{t/m}^2$
④ $41.5\text{t/m}^2$

 해설

기초지반에 작용하는 최대압력

$\sigma_{\max} = \dfrac{\sum V}{B}\left(1 \pm \dfrac{6e}{B}\right)$

$= \dfrac{30}{1.2 \times 1.5} \times \left(1 \pm \dfrac{6 \times 0.15}{1.2}\right) = 29.2\text{t/m}^2$

여기서, 편심거리 $e = \dfrac{M}{Q} = \dfrac{4.5}{30} = 0.15\text{m}$

**11** 그림과 같이 3m×3m 크기의 정사각형 기초 가 있다. Terzaghi 지지력공식 $q_u = 1.3cN_c + \gamma_1 D_f N_q + 0.4\gamma_2 BN_\gamma$ 을 이용하여 극한지지력을 산정할 때 사용되는 흙의 단위중량($\gamma_2$)의 값은?

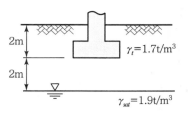

① $0.9\text{t/m}^3$
② $1.17\text{t/m}^3$
③ $1.43\text{t/m}^3$
④ $1.7\text{t/m}^3$

 해설

지하수위의 영향(지하수위가 기초바닥면 아래에 위치한 경우)
기초폭 $B$와 지하수위까지 거리 $d$ 비교
• $B \leq d$ : 지하수위 영향 없음
• $B > d$ : 지하수위 영향 고려

즉, 기초폭 $B=3\text{m} >$ 지하수위까지 거리 $d=2\text{m}$이므로

$\gamma = r_{ave} = r_{sub} + \dfrac{d}{B}(r_t - r_{sub})$값 사용

$\therefore \gamma = (1.9-1) + \dfrac{2}{3} \times \{1.7 - (1.9-1)\} = 1.43\text{t/m}^3$

**12** 어떤 흙의 변수위투수시험을 한 결과 시료의 직경과 길이가 각각 5.0cm, 2.0cm이었으며, 유리관의 내경이 4.5mm, 1분 10초 동안에 수두가 40cm에서 20cm로 내렸다. 이 시료의 투수계수는?

① $4.95 \times 10^{-4}\text{cm/s}$  ② $5.45 \times 10^{-4}\text{cm/s}$

③ $1.60 \times 10^{-4}\text{cm/s}$  ④ $7.39 \times 10^{-4}\text{cm/s}$

 **해설**

변수위투수시험

$K = 2.3 \dfrac{aL}{At} \log \dfrac{h_1}{h_2}$

$\quad = 2.3 \times \dfrac{\dfrac{\pi \times 0.45^2}{4} \times 2}{\dfrac{\pi \times 5^2}{4} \times 70} \log \dfrac{40}{20}$

$\quad = 1.6 \times 10^{-4}\text{cm/s}$

**13** 지표면에 4t/m²의 성토를 시행하였다. 압밀이 70% 진행되었다고 할 때 현재의 과잉간극수압은?

① $0.8\text{t/m}^2$  ② $1.2\text{t/m}^2$

③ $2.2\text{t/m}^2$  ④ $2.8\text{t/m}^2$

**해설**

압밀도

$U = \dfrac{u_i - u}{u_i} \times 100$에서,

$70 = \dfrac{4-u}{4} \times 100$

$\therefore$ 현재의 과잉간극수압 $u = 1.2\text{t/m}^2$

**14** sand drain공법에서 sand pile을 정삼각형으로 배치할 때 모래기둥의 간격은?(단, pile의 유효지름은 40cm이다.)

① 35cm  ② 38cm

③ 42cm  ④ 45cm

**해설**

정삼각형 배열일 때 영향원의 지름

$d_e = 1.05d$에서,

$40 = 1.05d$

$\therefore$ sand pile의 간격 $d = 38\text{cm}$

**15** 어느 흙댐의 동수경사가 1.0, 흙의 비중이 2.65, 함수비가 40%인 포화토에 있어서 분사현상에 대한 안전율을 구하면?

① 0.8  ② 1.0

③ 1.2  ④ 1.4

**해설**

분사현상 안전율

$F_s = \dfrac{i_c}{i} = \dfrac{\dfrac{G_s - 1}{1+e}}{\dfrac{\Delta h}{L}} = \dfrac{\dfrac{2.65-1}{1+1.06}}{1.0} = 0.8$

(여기서, 간극비 $e$는 상관식 $s \cdot e = G_s \cdot w$에서 $1 \times e = 2.65 \times 0.4$

$\quad \therefore e = 1.06$)

**16** 10m 깊이의 쓰레기층을 동다짐을 이용하여 개량하려고 한다. 사용할 해머 중량이 20t, 하부 면적 반경 2m의 원형 블록을 이용한다면, 해머의 낙하고는?

① 15m  ② 20m

③ 25m  ④ 23m

**해설**

개량심도와 추의 무게 및 낙하고 간의 경험공식

$D = a\sqrt{W_H \cdot H}$

$10 = 0.5\sqrt{20 \times H}$

$H = 20$

**17** rod에 붙인 어떤 저항체를 지중에 넣어 관입, 인발 및 회전에 의해 흙의 전단강도를 측정하는 원위치시험은?

① 보링(boring)

② 사운딩(sounding)

③ 시료 채취(sampling)

④ 비파괴 시험(NDT)

> **해설**
>
> 사운딩(sounding)
> rod 선단의 저항체를 땅속에 넣어 관입, 회전, 인발 등의 저항으로 토층의 강도 및 밀도 등을 체크하는 방법의 원위치시험

**18** 2m×2m 정방향 기초가 1.5m 깊이에 있다. 이 흙의 단위중량 $\gamma = 1.7 t/m^3$, 점착력 $c = 0$이며, $N_\gamma = 19$, $N_q = 22$이다. Terzaghi의 공식을 이용하여 전 허용하중($Q_{all}$)을 구한 값은?(단, 안전율 $F_s = 3$으로 한다.)

① 27.3t

② 54.6t

③ 81.9t

④ 109.3t

> **해설**
>
> | 형상계수 | 원형 기초 | 정사각형 기초 | 연속기초 |
> |---|---|---|---|
> | $\alpha$ | 1.3 | 1.3 | 1.0 |
> | $\beta$ | 0.3 | 0.4 | 0.5 |
>
> • 극한지력
> $$q_u = \alpha \cdot c \cdot N_c + \beta \cdot r_1 \cdot B \cdot N_r + r_2 \cdot D_f \cdot N_q$$
> $$= 1.3 \times 0 \times N_c + 0.4 \times 1.7 \times 2 \times 19 + 1.7 \times 1.5 \times 22$$
> $$= 81.94 t/m^2$$
>
> • 허용지력 $q_a = \dfrac{q_u}{F} = \dfrac{81.94}{3} = 27.31 t/m^2$
>
> • 허용하중 $Q_a = q_a \cdot A = 27.31 \times 2 \times 2 = 109.3 t$

**19** 그림과 같은 점성토지반의 토질실험 결과 내부마찰각 $\phi = 30°$, 점착력 $c = 1.5 t/m^2$일 때 $A$점의 전단강도는?

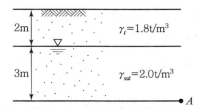

① $5.31 t/m^2$

② $5.95 t/m^2$

③ $6.38 t/m^2$

④ $7.04 t/m^2$

> **해설**
>
> • 전응력 $\sigma = r_t \cdot H_1 + r_{sat} \cdot H_2$
> $$= 1.8 \times 2 + 2.0 \times 3 = 9.6 t/m^2$$
> • 간극수압 $u = r_w \cdot h = 1 \times 3 = 3 t/m^2$
> • 유효응력 $\sigma' = \sigma - u = 9.6 - 3 = 6.6 t/m^2$
>   또는 유효응력 $\sigma' = \sigma - u$
> $$= r_t \cdot H_1 + (r_{sat} - r_w) \cdot H_2$$
> $$= 1.8 \times 2 + (2.0 - 1) \times 3$$
> $$= 6.6 t/m^2$$
> • 전단강도 $\tau = C + \sigma \tan\phi$
> $$= 1.5 + 6.6 \tan 30° = 5.31 t/m^2$$

**20** $\gamma_{sat} = 2.0 t/m^3$인 사질토가 20°로 경사진 무한사면이 있다. 지하수위가 지표면과 일치하는 경우 이 사면의 안전율이 1 이상이 되기 위해서는 흙의 내부마찰각이 최소 몇 도 이상이어야 하는가?

① 18.21°

② 20.52°

③ 36.06°

④ 45.47°

> **해설**
>
> 반무한사면의 안전율
> $C = 0$인 사질토, 지하수위가 지표면과 일치하는 경우
> $$F = \frac{r_{sub}}{r_{sat}} \cdot \frac{\tan\phi}{\tan\beta} = \frac{2.0 - 1}{2.0} \times \frac{\tan\phi}{\tan 20°} \geq 1$$
> 여기서, 안전율 ≧ 1이므로 $\phi = 36.06°$

## 01 압밀이론에서 선행압밀하중에 대한 설명 중 옳지 않은 것은?

① 현재 지반 중에서 과거에 받았던 최대의 압밀하중이다.

② 압밀소요시간의 추정이 가능하여 압밀도 산정에 사용된다.

③ 주로 압밀시험으로부터 작도한 e-log P 곡선을 이용하여 구할 수 있다.

④ 현재의 지반 응력상태를 평가할 수 있는 과압밀비 산정 시 이용된다.

**[해설]**

**선행압밀하중**

시료가 과거에 받았던 최대의 압밀하중을 말하며, 하중과 간극비 곡선으로 구하고 과압밀비(OCR) 산정에 이용된다.

## 02 그림과 같은 옹벽에 작용하는 주동토압의 합력은?(단, $\gamma_{sat} = 18kN/m^3$, $\phi = 30°$, 벽마찰각 무시)

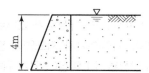

① 100kN/m
② 60kN/m
③ 20kN/m
④ 10kN/m

**[해설]**

주동토압계수

$$K_a = \tan^2\left(45° - \frac{\phi}{2}\right) = \tan^2\left(45° - \frac{30}{2}\right) = 0.333$$

∴ 전 주동토압

$$P_a = \frac{1}{2}K_a\gamma_{sub}H^2 + \frac{1}{2}\gamma_w H^2$$

$$= \frac{1}{2} \times 0.333 \times (18-9.8) \times 4^2 + \frac{1}{2} \times 1 \times 9.8 \times 4^2$$

$$= 100.24kN/m$$

## 03 그림과 같은 지층 단면에서 지표면에 가해진 $5t/m^2$의 상재하중으로 인한 점토층(정규압밀점토)의 1차 압밀최종침하량과 침하량이 5cm일 때 평균압밀도는?

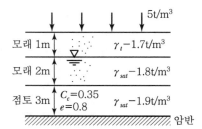

① $S = 18.5cm$, $U = 27\%$
② $S = 14.7cm$, $U = 22\%$
③ $S = 18.5cm$, $U = 22\%$
④ $S = 14.7cm$, $U = 27\%$

**[해설]**

압밀최종침하량

$$\Delta H = \frac{C_c}{1+e}\log\frac{P_2}{P_1} \cdot H$$

$$= \frac{0.35}{1+0.8} \times \log\frac{9.65}{4.65} \times 300 = 18.5cm$$

여기서, $P_1$ = 점토층 중앙단면의 유효응력

즉, 전응력 $\sigma = \gamma_1 \cdot H_1 + \gamma_2 \cdot H_2 + \gamma_3 \cdot H_3$

$$= 1.7 \times 1 + 1.8 \times 2 + 1.9 \times \frac{3}{2}$$

$$= 8.15t/m^2$$

간극수압 $u = \gamma_w \cdot h = 1 \times \left(2 + \frac{3}{2}\right) = 3.5t/m^2$

유효응력 $\sigma' = \sigma - u = 8.15 - 3.5 = 4.65t/m^2$

혹은 유효응력

$$\sigma' = \gamma \cdot H_1 + \gamma_{sub} \cdot H_2 + \gamma_{sub} \cdot H_3$$

$$= 1.7 \times 1 + (1.8-1) \times 2 + (1.9-1) \times \frac{3}{2} = 4.65t/m^2$$

∴ $P_1 = 4.65t/m^2$

$P_2 = P_1 + P = 4.65 + 5 = 9.65t/m^2$

평균압밀도 $U = \frac{5}{18.5} \times 100 = 27\%$

**04** 다짐에 대한 다음 설명 중 옳지 않은 것은?

① 세립토의 비율이 클수록 최적함수비는 증가한다.
② 세립토의 비율이 클수록 최대건조단위중량은 증가한다.
③ 다짐에너지가 클수록 최적함수비는 감소한다.
④ 최대건조단위중량은 사질토에서 크고 점성토에서 작다.

**해설**

• 다짐 $E \uparrow$ $\gamma_{dmax}$ $\uparrow$ OMC $\downarrow$ 양입도, 조립토, 급한 경사
• 다짐 $E \downarrow$ $\gamma_{dmax}$ $\downarrow$ OMC $\uparrow$ 빈입도, 세립토, 완만한 경사
∴ 세립토의 비율이 클수록 최대건조단위중량($\gamma_{dmax}$)은 감소한다.

**05** Paper Drain 설계 시 Paper Drain의 폭이 10cm, 두께가 0.3cm일 때 Paper Drain의 등치환산원의 지름이 얼마이면 Sand Drain과 동등한 값으로 볼 수 있는가?(단, 형상계수 : 0.75)

① 5cm
② 7.5cm
③ 10cm
④ 15cm

**해설**

등치환산원의 지름

$$D = \alpha \frac{2(A+B)}{\pi} = 0.75 \times \frac{2 \times (10+0.3)}{\pi} = 5\text{cm}$$

**06** 현장 도로 토공에서 들밀도시험을 실시한 결과 파낸 구멍의 체적이 1,980cm³이었고, 이 구멍에서 파낸 흙무게가 3,420g이었다. 이 흙의 토질실험 결과 함수비가 10%, 비중이 2.7, 최대건조 단위무게가 1.65g/cm³이었을 때 현장의 다짐도는?

① 80%
② 85%
③ 91%
④ 95%

**해설**

• 현장 흙의 습윤단위중량

$$\gamma_t = \frac{W}{V} = \frac{3,420}{1,980} = 1.73\text{g/cm}^3$$

• 현장 흙의 건조단위중량

$$\gamma_d = \frac{\gamma_t}{1+\omega} = \frac{1.73}{1+0.1} = 1.57\text{g/cm}^3$$

• 상대다짐도

$$RC = \frac{\gamma_d}{\gamma_{d\max}} \times 100 = \frac{1.57}{1.65} \times 100 = 95\%$$

**07** 부마찰력에 대한 설명이다. 틀린 것은?

① 부마찰력을 줄이기 위하여 말뚝표면을 아스팔트 등으로 코팅하여 타설한다.
② 지하수의 저하 또는 압밀이 진행 중인 연약지반에서 부마찰력이 발생한다.
③ 점성토 위에 사질토를 성토한 지반에 말뚝을 타설한 경우에 부마찰력이 발생한다.
④ 부마찰력은 말뚝을 아래 방향으로 작용시키는 힘이므로 결국에는 말뚝의 지지력을 증가시킨다.

**해설**

부마찰력
압밀침하를 일으키는 연약 점토층을 관통하여 지지층에 도달한 지지말뚝의 경우에는 연약층의 침하에 의하여 하향의 주면마찰력이 발생하여 지지력이 감소하고 도리어 하중이 증가하는 주면마찰력으로 상대변위의 속도가 빠를수록 부마찰력은 크다.

**08** 그림과 같은 경우의 투수량은?(단, 투수지반의 투수계수는 $2.4 \times 10^{-3}$cm/sec이다.)

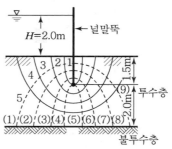

① 0.0267cm³/sec
② 0.267cm³/sec
③ 0.864cm³/sec
④ 0.0864cm³/sec

해설

침투유량

$$Q = K \cdot H \cdot \frac{N_f}{N_d} = 2.4 \times 10^{-3} \times 200 \times \frac{5}{9}$$

$$= 0.267 \text{cm/sec}$$

여기서, $N_f$ : 유로의 칸수

$N_d$ : 등수두선면의 수 혹은 포텐셜면의 수

**09** 흙의 비중이 2.60, 함수비가 30%, 간극비가 0.80일 때 포화도는?

① 24.0%　　　　　② 62.4%

③ 78.0%　　　　　④ 97.5%

해설

상관식 $S \cdot e = G_s \cdot w$

$S \times 0.8 = 2.6 \times 0.3$

∴ 포화도 $S = 97.5\%$

**10** 다음 그림과 같이 물이 흙 속으로 아래에서 침투할 때 분사현상이 생기는 수두차($\Delta h$)는 얼마인가?

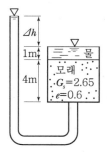

① 1.16m　　　　　② 2.27m

③ 3.58m　　　　　④ 4.13m

해설

분사현상 안전율

$$F = \frac{i_c}{i} = \frac{\dfrac{G_s - 1}{1 + e}}{\dfrac{\Delta h}{L}} = \frac{\dfrac{2.65 - 1}{1 + 0.6}}{\dfrac{\Delta h}{4}} = \frac{1.03}{\dfrac{\Delta h}{4}}$$

안전율이 1보다 작은 경우, 즉 $i > i_c$인 경우 분사현상이 발생한다.

∴ $\dfrac{\Delta h}{4} > 1.03$이므로 $\Delta h > 4.125$m인 경우 분사현상 발생

**11** 어떤 점토의 토질실험 결과 일축압축강도는 0.48kg/cm², 단위중량은 1.7t/m³ 이었다. 이 점토의 한계고는 얼마인가?

① 6.34m　　　　　② 4.87m

③ 9.24m　　　　　④ 5.65m

해설

한계고 : 연직절취깊이

$$H_c = \frac{4 \cdot c}{\gamma} \tan\left(45° + \frac{\phi}{2}\right)$$

여기서, 점토의 내부마찰각 $\phi = 0°$이므로

$$H_c = \frac{4 \cdot c}{\gamma} = \frac{4 \times 2.4}{1.7} = 5.65\text{m}$$

여기서, 점착력 $c = \dfrac{q_u}{2} = \dfrac{0.48}{2} = 0.24\text{kg/cm}^2 = 2.4\text{t/m}^2$

**12** 표준관입시험(SPT) 결과 $N$치가 25였고, 그때 채취한 교란시료로 입도시험을 한 결과 입자가 둥글고, 입도분포가 불량할 때 Dunham 공식에 의하여 구한 내부마찰각은?

① 29.8°　　　　　② 30.2°

③ 32.3°　　　　　④ 33.8°

해설

Dunham 공식

• 토립자가 모나고 입도분포가 양호한 경우
$$\phi = \sqrt{12 \cdot N} + 25$$

• 토립자가 모나고 입도분포가 불량한 경우
$$\phi = \sqrt{12 \cdot N} + 20$$

• 토립자가 둥글고 입도분포가 양호한 경우
$$\phi = \sqrt{12 \cdot N} + 20$$

• 토립자가 둥글고 입도분포가 불량한 경우
$$\phi = \sqrt{12 \cdot N} + 15$$

∴ $\phi = \sqrt{12 \cdot N} + 15 = 32.3°$

**13** 다음 연약지반 개량공법에서 일시적인 개량공법은 어느 것인가?

① Well Point

② 치환 공법

③ Paper Drain 공법

④ Sand Compaction Pile 공법

정답　　09 ④　　10 ④　　11 ④　　12 ③　　13 ①

## 해설

일시적인 연약지반 개량공법
- 웰포인트(Well Point) 공법
- 동결공법
- 소결공법
- 진공압밀공법(대기압공법)

## 14 접지압(또는 지반반력)이 그림과 같이 되는 경우는?

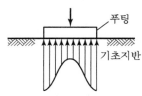

① 푸팅 : 강성, 기초지반 : 점토
② 푸팅 : 강성, 기초지반 : 모래
③ 푸팅 : 휨성, 기초지반 : 점토
④ 푸팅 : 휨성, 기초지반 : 모래

## 해설

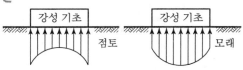

- 점토지반 접지압 분포 : 기초 모서리에서 최대응력 발생
- 모래지반 접지압 분포 : 기초 중앙부에서 최대응력 발생

## 15 2m×3m 크기의 직사각형 기초에 60kN/m²의 등분포하중이 작용할 때 기초 아래 10m 되는 깊이에서의 응력 증가량을 2 : 1 분포법으로 구한 값은?

① 2.3kN/m²
② 5.4kN/m²
③ 13kN/m²
④ 18kN/m²

## 해설

2 : 1 분포법에 의한 지중응력 증가량
$$\Delta\sigma = \frac{P \cdot B \cdot L}{(B+Z)(L+Z)} = \frac{60 \times 2 \times 3}{(2+10)(3+10)}$$
$$= 2.3\text{kN/m}^2$$

## 16 어떤 흙의 전단시험결과 $c = 1.8\text{kg/cm}^2$, $\phi = 35°$, 토립자에 작용하는 수직응력 $\sigma = 3.6\text{kg/cm}^2$일 때 전단강도는?

① 4.89kg/cm²
② 4.32kg/cm²
③ 6.33kg/cm²
④ 3.86kg/cm²

## 해설

전단강도
$$S(\tau_f) = c + \sigma' \tan\phi = 1.8 + 3.6\tan 35° = 4.32\text{kg/cm}^2$$

## 17 다음 현장시험 중 Sounding의 종류가 아닌 것은?

① 평판재하시험
② Vane 시험
③ 표준관입시험
④ 동적 원추관입시험

## 해설

사운딩(Sounding)의 종류
- 정적 사운딩 : 휴대용 원추관입시험기, 화란식 원추관입시험기, 스웨덴식 관입시험기, 이스키미터, 베인시험기
- 동적 사운딩 : 동적 원추관입시험기, 표준관입시험기
※ 평판재하시험(PBT) : 기초지반의 허용지내력 및 탄성계수를 산정하는 지반조사 방법

## 18 어떤 흙의 시료에 대하여 일축압축시험을 실시하여 구한 파괴강도는 360kN/m²이었다. 이 공시체의 파괴각이 52°이면, 이 흙의 점착력($c$)과 내부마찰각($\phi$)은?

① $c = 141\text{kN/m}^2$, $\phi = 14°$
② $c = 180\text{kN/m}^2$, $\phi = 14°$
③ $c = 141\text{kN/m}^2$, $\phi = 0°$
④ $c = 180\text{kN/m}^2$, $\phi = 0°$

## 해설

내부마찰각과 점착력
- 파괴각$(\theta) = 45° + \dfrac{\phi}{2} = 52°$

  ∴ 내부마찰각$(\phi) = 14°$
- 일축압축강도$(q_u) = 2c \cdot \tan\left(45° + \dfrac{\phi}{2}\right)$

  $360 = 2 \times c \times \tan\left(45° + \dfrac{14°}{2}\right)$

  ∴ $c = 141\text{kN/m}^2$

**19** 두께가 5m인 점토층을 90% 압밀하는 데 50일이 걸렸다. 같은 조건하에서 10m의 점토층을 90% 압밀하는 데 걸리는 시간은?

① 100일 　　　　② 160일
③ 200일 　　　　④ 240일

> **해설**
>
> 침하시간 $t_{90} = \dfrac{T_v \cdot H^2}{C_v}$ 에서
>
> $\therefore t_{90} \propto H^2$ 관계
>
> $t_1 : H_1{}^2 = t_2 : H^2$
>
> $50 : 5^2 = t_2 : 10^2$
>
> $\therefore t_2 = 200$일

**20** 크기가 30cm×30cm인 평판을 이용하여 사질토 위에서 평판재하 시험을 실시하고 극한 지지력 200kN/m²를 얻었다. 크기가 1.8m×1.8m인 정사각형 기초의 총허용하중은 약 얼마인가?(단, 안전율 3을 사용)

① 220kN 　　　　② 660kN
③ 1,300kN 　　　④ 1,500kN

> **해설**
>
> 사질토 지반의 지지력은 재하판의 폭에 비례한다.
>
> 즉, $0.3 : 200 = 1.8 : q_u$
>
> $\therefore$ 극한 지지력 $q_u = 1,200 \text{kN/m}^2$
>
> 허용지지력 $q_a = \dfrac{q_u}{F} = \dfrac{1,200}{3} = 400 \text{kN/m}^2$
>
> $\therefore$ 허용하중
>
> $Q_a = q_a \cdot A = 400 \times 1.8 \times 1.8 = 1,296 \text{kN}$

**01** 도로의 평판재하시험을 끝낼 수 있는 조건이 아닌 것은?

① 하중강도가 현장에서 예상되는 최대 접지압을 초과 시
② 하중강도가 그 지반의 항복점을 넘을 때
③ 침하가 더 이상 일어나지 않을 때
④ 침하량이 15mm에 달할 때

〔해설〕

평판재하시험의 종료 조건
침하 측정은 침하가 15mm에 달하거나 하중강도가 현장에서 예상되는 가장 큰 접지압력의 크기 또는 지반의 항복점을 넘을 때까지 실시한다.

**02** 크기가 2m×3m인 직사각형 기초에 58.8kN/m²의 등분포하중이 작용할 때 기초 아래에 10m 되는 깊이에서의 응력 증가량을 2 : 1 분포법으로 구한 값은?

① 2.26kN/m²
② 5.31kN/m²
③ 1.33kN/m²
④ 1.83kN/m²

〔해설〕

2 : 1 분포법에 의한 지중응력 증가량
$$\Delta\sigma_z = \frac{qBL}{(B+Z)(L+Z)} = \frac{58.8\times2\times3}{(2+10)(3+10)} = 2.26\text{kN/m}^2$$

**03** 다음 그림과 같은 샘플러(Sampler)에서 면적비는 얼마인가?

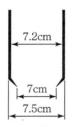

7.2cm

7cm
7.5cm

① 5.80%
② 5.97%
③ 14.62%
④ 14.80%

〔해설〕

면적비
$$A_r = \frac{D_w^{\ 2} - D_e^{\ 2}}{D_e^{\ 2}} \times 100 = \frac{7.5^2 - 7^2}{7^2} \times 100 = 14.80\%$$

**04** 점착력이 10kN/m², 내부마찰각이 30°인 흙에 수직응력 2,000kN/m²를 가할 경우 전단응력은?

① 2,010kN/m²
② 675kN/m²
③ 116kN/m²
④ 1,165kN/m²

〔해설〕

전단응력
$$S(\tau_f) = c + \sigma'\tan\phi = 10 + 2,000\tan30°$$
$$= 1,165\text{kN/m}^2$$

**05** 흙 속에 있는 한 점의 최대 및 최소 주응력이 각각 200kN/m² 및 100kN/m²일 때 최대 주응력면과 30°를 이루는 평면상의 전단응력을 구한 값은?

① 10.5kN/m²
② 21.5kN/m²
③ 32.3kN/m²
④ 43.3kN/m²

〔해설〕

전단응력
$$\tau = \frac{\sigma_1 - \sigma_3}{2}\sin2\theta$$
$$= \frac{200 - 100}{2}\sin(2\times30°)$$
$$= 43.3\text{kN/m}^2$$

**06** 연약점토지반에 성토제방을 시공하고자 한다. 성토로 인한 재하속도가 과잉간극수압이 소산되는 속도보다 빠를 경우, 지반의 강도정수를 구하는 가장 적합한 시험방법은?

① 압밀 배수시험
② 압밀 비배수시험
③ 비압밀 비배수시험
④ 직접전단시험

〔해설〕

비압밀 비배수실험(UU-Test)
• 단기 안정검토-성토 직후 파괴
• 초기재하 및 전단 시 간극수 배출 없음
• 기초지반을 구성하는 점토층 시공 중 압밀이나 함수비의 변화가 없는 조건
• 성토로 인한 재하속도가 과잉간극수압이 소산되는 속도보다 빠를 경우

**정답** 01 ③  02 ①  03 ④  04 ④  05 ④  06 ③

**07** $\gamma_{sat} = 20\text{kN/m}^3$인 사질토가 20°로 경사진 무한사면이 있다. 지하수위가 지표면과 일치하는 경우 이 사면의 안전율이 1 이상이 되기 위해서는 흙의 내부마찰각이 최소 몇 도 이상이어야 하는가? (단, 물의 단위중량은 10kN/m³이다.)

① 18.21°  ② 20.52°
③ 36.06°  ④ 45.47°

 해설

반무한사면의 안전율
$C = 0$인 사질토, 지하수위가 지표면과 일치하는 경우

$$F = \frac{\gamma_{sub}}{\gamma_{sat}} \cdot \frac{\tan\phi}{\tan\beta} = \frac{20-10}{20} \times \frac{\tan\phi}{\tan 20°} \geq 1$$

여기서, 안전율 ≥ 1이므로 $\phi = 36.06°$

**08** 그림과 같은 지반에서 유효응력에 대한 점착력 및 마찰각이 각각 $c' = 10\text{kN/m}^2$, $\phi' = 20°$일 때 $A$점에서의 전단강도는?(단, 물의 단위중량은 9.81kN/m³이다.)

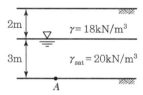

① 34.23kN/m²  ② 44.94kN/m²
③ 54.25kN/m²  ④ 66.17kN/m²

해설

$$S_A(\tau_f) = c' + \sigma' \tan\phi$$
$$= 10 + [(18 \times 2) + (20 - 9.81) \times 3]\tan 20°$$
$$= 34.23\text{kN/m}^2$$

**09** 점착력 1.0t/m², 내부마찰각 30°, 흙의 단위중량이 1.9t/m³인 현장의 지반에서 흙막이벽체 없이 연직으로 굴착 가능한 깊이는?

① 1.82m  ② 2.11m
③ 2.84m  ④ 3.65m

해설

연직으로 굴착 가능한 깊이(한계고)
$$H_c = \frac{4c}{\gamma_t} \tan\left(45° + \frac{\phi}{2}\right)$$
• $c : 1.0\text{t/m}^2$
• $\phi : 30°$

$$\therefore \ H_c = \frac{4c}{\gamma_t}\tan\left(45° + \frac{\phi}{2}\right) = \frac{4 \times 1.0}{1.9}\tan\left(45° + \frac{30°}{2}\right) = 3.65\text{m}$$

**10** 평판재하실험에서 재하판의 크기에 의한 영향(Scale Effect)에 관한 설명으로 틀린 것은?

① 사질토 지반의 지지력은 재하판의 폭에 비례한다.
② 점토지반의 지지력은 재하판의 폭에 무관하다.
③ 사질토 지반의 침하량은 재하판의 폭이 커지면 약간 커지기는 하지만 비례하는 정도는 아니다.
④ 점토지반의 침하량은 재하판의 폭에 무관하다.

해설

점토지반의 침하량은 재하판의 폭에 비례한다.

**11** Rod에 붙인 어떤 저항체를 지중에 넣어 관입, 인발 및 회전에 의해 흙의 전단강도를 측정하는 원위치 시험은?

① 보링(Boring)  ② 사운딩(Sounding)
③ 시료채취(Sampling)  ④ 비파괴시험(NDT)

해설

사운딩(Sounding)
Rod 선단의 저항체를 땅속에 넣어 관입, 회전, 인발 등의 저항으로 토층의 강도 및 밀도 등을 체크하는 원위치시험방법이다.

**12** 어느 흙댐의 동수경사가 1.0, 흙의 비중이 2.65, 함수비가 40%인 포화토에 있어서 분사현상에 대한 안전율을 구하면?

① 0.8  ② 1.0
③ 1.2  ④ 1.4

② $5.45 \times 10^{-4}$cm/s
③ $1.60 \times 10^{-4}$cm/s ④ $7.39 \times 10^{-4}$cm/s

해설

**변수위 투수시험**

$$K = 2.3 \frac{aL}{At} \log \frac{h_1}{h_2}$$

$$= 2.3 \times \frac{\frac{\pi \times 0.45^2}{4} \times 2}{\frac{\pi \times 5^2}{4} \times 70} \log \frac{40}{20}$$

$$= 1.6 \times 10^{-4} \text{cm/s}$$

해설

**분사현상 안전율**

$$F_s = \frac{i_c}{i} = \frac{\frac{G_s - 1}{1+e}}{\frac{\Delta h}{L}} = \frac{\frac{2.65-1}{1+1.06}}{\frac{1.0}{1.0}} = 0.8$$

여기서, 간극비 $e$는 상관식 $s \cdot e = G_s \cdot w$에서
$1 \times e = 2.65 \times 0.4$ ∴ $e = 1.06$

**13** Sand Drain 공법에서 Sand Pile을 정삼각형으로 배치할 때 모래기둥의 간격은?(단, Pile의 유효지름은 40cm이다.)

① 35cm ② 38cm
③ 42cm ④ 45cm

해설

정삼각형 배열일 때 영향원의 지름
$d_e = 1.05d$에서
$40 = 1.05d$
∴ Sand Pile의 간격 $d = 38$cm

**14** 흙의 다짐에 관한 사항 중 옳지 않은 것은?

① 최적 함수비로 다질 때 최대 건조단위중량이 된다.
② 조립토는 세립토보다 최대 건조단위중량이 커진다.
③ 점토를 최적함수비보다 작은 건조 측 다짐을 하면 흙구조가 면모구조로, 흡윤 측 다짐을 하면 이산구조가 된다.
④ 강도 증진을 목적으로 하는 도로 토공의 경우 습윤 측 다짐을, 차수를 목적으로 하는 심벽재의 경우 건조 측 다짐이 바람직하다.

해설

• 강도 증진 목적 : 건조 측 다짐
• 차수 목적 : 습윤 측 다짐

**15** 어떤 흙의 변수위 투수시험을 한 결과 시료의 직경과 길이가 각각 5.0cm, 2.0cm이었으며, 유리관의 내경이 4.5mm, 1분 10초 동안에 수두가 40cm에서 20cm로 내렸다. 이 시료의 투수계수는?

**16** 사면의 안정문제는 보통 사면의 단위길이를 취하여 2차원 해석을 한다. 이렇게 하는 가장 중요한 이유는?

① 흙의 특성이 등방성(isotropic)이라고 보기 때문이다.
② 길이방향의 응력도(stress)를 무시할 수 있다고 보기 때문이다.
③ 실제 파괴형태가 이와 같기 때문이다.
④ 길이방향의 변형도(strain)를 무시할 수 있다고 보기 때문이다.

해설

**평면변형(Plane strain) 개념**
길이가 매우 긴 옹벽이나 사면 등의 3차원 문제를 해석할 경우 평면변형(Plane strain) 개념에 바탕을 둔 2차원 해석을 한다.

**17** 어떤 흙의 입도분석 결과 입경가적곡선의 기울기가 급경사를 이룬 빈입도일 때 예측할 수 있는 사항으로 틀린 것은?

① 균등계수는 작다.
② 간극비는 크다.
③ 흙을 다지기가 힘들 것이다.
④ 투수계수는 작다.

해설

빈입도(경사가 급한 경우)
• 입도분포가 불량하다.
• 균등계수가 작다.

• 공학적 성질이 불량하다.
• 간극비가 커서 투수계수와 함수량이 크다.
∴ 투수계수는 크다.

---

**18** 동해(凍害)의 정도는 흙의 종류에 따라 다르다. 다음 중 우리나라에서 가장 동해가 심한 것은?

① Silt
② Colloid
③ 점토
④ 굵은 모래

> **해설**
>
> 동해가 심한 순서
> 실트 > 점토 > 모래 > 자갈

---

**19** 통일분류법에 의한 흙의 분류에서 조립토와 세립토를 구분할 때 기준이 되는 체의 호칭번호와 통과율로 옳은 것은?

① No. 4(4.75mm)체, 35%
② No. 10(2mm)체, 50%
③ No. 200(0.075mm)체, 35%
④ No. 200(0.075mm)체, 50%

> **해설**
>
> ㉠ 조립토와 세립토의 분류기준
> • 조립토 : No.200체(0.075mm)통과량≤50%
> • 세립토 : No.200체(0.075mm)통과량≥50%
> ㉡ 자갈과 모래의 분류기준
> • 자갈(G) : No.4체(4.75mm)통과량≤50%
> • 모래(S) : No.4체(4.75mm)통과량≥50%

---

**20** 어떤 흙의 입경가적곡선에서 $D10=0.05$mm, $D30=0.09$mm, $D60=0.15$mm였다. 균등계수 $C_u$와 곡률계수 $C_g$의 값은?

① $C_u=3.0$, $C_g=1.08$
② $C_u=3.5$, $C_g=2.08$
③ $C_u=3.0$, $C_g=2.45$
④ $C_u=3.5$, $C_g=1.82$

---

> **해설**
>
> • 균등계수$(C_u) = \dfrac{D_{60}}{D_{10}} = \dfrac{0.15}{0.05} = 3$
>
> • 곡률계수$(C_g) = \dfrac{D_{30}^2}{D_{10} \times D_{60}} = \dfrac{0.09^2}{0.05 \times 0.15} = 1.08$

---

정답  18 ①  19 ④  20 ①

**01** 어떤 흙에 대해서 직접전단시험을 한 결과 수직응력이 1.0MPa일 때 전단저항이 0.5MPa이었고, 수직응력이 2.0MPa일 때에는 전단저항이 0.8MPa 이었다. 이 흙의 점착력은?

① 0.2MPa
② 0.3MPa
③ 0.8MPa
④ 1.0MPa

**[해설]**

전단저항(전단강도)

$\tau = c + \sigma' \tan\phi$

$5 = c + 10\tan\phi$ ·············· ①

$8 = c + 20\tan\phi$ ·············· ②

①, ②식을 연립방정식으로 정리

$$\begin{array}{r} 10 = 2c + 20\tan\phi \\ \ominus \quad 8 = c + 20\tan\phi \\ \hline 2 = c \end{array}$$

∴ 점착력($c$) = $2\text{kg/cm}^2$ = 0.2MPa

**02** 널말뚝을 모래지반에 5m 깊이로 박았을 때 상류와 하류의 수두차가 4m였다. 이때 모래지반의 포화단위중량이 19.62kN/m³이다. 현재 이 지반의 분사현상에 대한 안전율은?(단, 물의 단위중량은 9.81kN/m³이다.)

① 0.85
② 1.25
③ 1.85
④ 2.25

**[해설]**

분사현상 안전율

$$i_c = \frac{\gamma_{sub}}{\gamma_w} = \frac{2-1}{9.81\text{kN/m}^3 \div 9.8} = \frac{1\text{t/m}^3}{1\text{t/m}^3} = 1$$

$$\gamma_{sat} = 19.62\text{kN/m}^3 \div 9.8 = 2\text{t/m}^3$$

$$\therefore F_s = \frac{i_c}{i} = \frac{i_c}{h/L} = \frac{1}{4/5} = 1.25$$

**03** 현장 도로 토공에서 들밀도 시험을 했다. 파낸 구멍의 체적이 $V = 1,980\text{cm}^3$이었고 이 구멍에서 파낸 흙 무게가 3,420g이었다. 이 흙의 토질실험 결과 함수비가 10%, 비중이 2.7, 최대 건조 밀도는 1.65g/cm³이었을 때 이 현장의 다짐도는?

① 85%
② 87%
③ 91%
④ 95%

**[해설]**

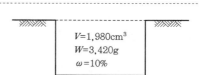

$V = 1,980\text{cm}^3$
$W = 3,420\text{g}$
$\omega = 10\%$

- 습윤 밀도($\gamma_t$) $= \dfrac{W}{V} = \dfrac{3,420}{1,980} = 1.73\text{g/cm}^3$

- 건조 밀도($\gamma_d$) $= \dfrac{\gamma_t}{1+\omega} = \dfrac{1.73}{1+0.10} = 1.57\text{g/cm}^3$

∴ 다짐도(RC) $= \dfrac{\gamma_d}{\gamma_{d\max}} = \dfrac{1.57}{1.65} \times 100 = 95\%$

**04** 그림에서 모래층에 분사현상이 발생되는 경우는 수두 $h$가 몇 cm 이상일 때 일어나는가?(단, $G_s = 2.68$, $n = 60\%$이다.)

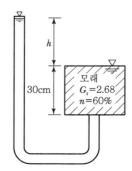

① 20.16cm
② 18.05cm
③ 13.73cm
④ 10.52cm

**[해설]**

- $i_c \leq i$(분사현상 발생)

- $\dfrac{G_s - 1}{1+e} \leq \dfrac{h}{L}$

$$\left(\frac{2.68-1}{1+1.5}\right) \times 30 = h$$

$$e = \frac{n}{1-n} = \frac{0.6}{1-0.6} = 1.5$$

∴ $h = 20.16\text{cm}$

**05** 흙의 다짐시험에서 다짐에너지를 증가시킬 때 일어나는 변화로 옳은 것은?

① 최적함수비와 최대 건조밀도가 모두 증가한다.
② 최적함수비와 최대 건조밀도가 모두 감소한다.
③ 최적함수비는 증가하고 최대 건조밀도는 감소한다.
④ 최적함수비는 감소하고 최대 건조밀도는 증가한다.

[해설]

다짐에너지 증가 시 변화
• $\gamma_{d\,max}$ 가 증가한다.
• OMC(최적함수비)는 작아진다.

**06** 그림과 같은 옹벽에 작용하는 주동토압의 크기를 Rankine의 토압공식으로 구하면?

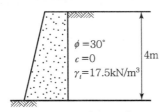

① 4.2t/m
② 3.7t/m
③ 4.7t/m
④ 5.2t/m

[해설]

• 주동토압계수
$$K_a = \tan^2\left(45° - \frac{\phi}{2}\right) = 0.333$$

• 전주동토압
$$P_a = \frac{1}{2} K_a \gamma H^2$$
$$= \frac{1}{2} \times 0.333 \times 1.75 \times 4^2 = 4.7\text{t/m}$$

**07** 단동식 증기 해머로 말뚝을 박았다. 해머의 무게가 2.5t, 낙하고가 3m, 타격당 말뚝의 평균관입량이 1cm, 안전율이 6일 때 Engineering−News 공식으로 허용지지력을 구하면?

① 250t
② 200t
③ 100t
④ 50t

[해설]

Engineering−News공식(단동식 증기해머)에서 허용지지력은
$$Q_a = \frac{Q_u}{F_s} = \frac{W_h \cdot H}{6(S + 0.25)} = \frac{2.5 \times 300}{6(1 + 0.25)} = 100\text{t}$$
(Engineering−News공식의 안전율 $F_s = 6$)

**08** 아래 그림과 같이 지표면에 집중하중이 작용할 때 $A$점에서 발생하는 연직응력의 증가량은?

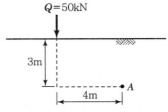

① 0.21kN/m²
② 9.20kN/m²
③ 11.25kN/m²
④ 13.10kN/m²

[해설]

$$\Delta\sigma_z = \frac{Q}{z^2} I = \frac{Q}{z^2} \times \frac{3}{2\pi}\left(\frac{z}{R}\right)^5$$
$$= \frac{50}{3^2} \times \frac{3}{2 \times \pi}\left(\frac{3}{5}\right)^5 = 0.21\text{kN/m}^2$$
(여기서, $R = \sqrt{3^2 + 4^2} = 5$)

**09** 연약지반 처리공법 중 Sand Drain 공법에서 연직 및 수평방향을 고려한 평균압밀도 $U$는?(단, $U_v = 0.20$, $U_h = 0.71$이다.)

① 0.573
② 0.697
③ 0.712
④ 0.768

[해설]

$$U = 1 - (1 - U_h)(1 - U_v)$$
$$= 1 - (1 - 0.71)(1 - 0.20)$$
$$= 0.768$$

---

**정답**  **05** ④  **06** ③  **07** ③  **08** ①  **09** ④

**10** 다음 그림과 같은 접지압 분포를 나타내는 조건으로 옳은 것은?

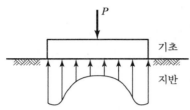

① 점토지반, 강성기초
② 점토지반, 연성기초
③ 모래지반, 강성기초
④ 모래지반, 연성기초

> 해설

강성기초의 접지압

| 점토지반 | 모래지반 |
|---|---|
| 강성기초 ← ↓ → 강성기초 ← 접지압 | ↓ → 강성기초 ← 접지압 |
| 기초 모서리에서 최대응력 발생 | 기초 중앙부에서 최대응력 발생 |

**11** 모래질 지반에 30cm×30cm 크기로 재하시험을 한 결과 15t/m²의 극한지지력을 얻었다. 2m×2m의 기초를 설치할 때 기대되는 극한지지력은?

① 100t/m²
② 50t/m²
③ 30t/m²
④ 2.5t/m²

> 해설

사질토에서 지지력은 재하판 폭에 비례한다.
$0.3 : 15 = 2 : q_{u(기초)}$

$\therefore q_{u(기초)} = \dfrac{2}{0.3} \times 15 = 100 \text{t/m}^2$

**12** 입도분포곡선에서 통과율 10%에 해당하는 입경($D_{10}$)이 0.005mm이고, 통과율 60%에 해당하는 입경($D_{60}$)이 0.025mm일 때 균등계수($C_u$)는?

① 1
② 3
③ 5
④ 7

> 해설

$$C_u = \dfrac{D_{60}}{D_{10}} = \dfrac{0.025}{0.005} = 5$$

**13** 그림과 같은 옹벽에 작용하는 주동토압의 합력은?(단, $\gamma_{sat} = 18\text{kN/m}^3$, $\phi = 30°$, 벽마찰각 무시)

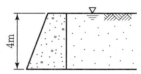

① 100kN/m
② 60kN/m
③ 20kN/m
④ 10kN/m

> 해설

• 주동토압계수

$$K_a = \tan^2\left(45° - \dfrac{\phi}{2}\right) = \tan^2\left(45° - \dfrac{30}{2}\right) = 0.333$$

• 전주동토압

$$P_a = \dfrac{1}{2} K_a \gamma_{sub} H^2 + \dfrac{1}{2} \gamma_w H^2$$
$$= \dfrac{1}{2} \times 0.333 \times (18-9.8) \times 4^2 + \dfrac{1}{2} \times 1 \times 9.8 \times 4^2 = 100.24\text{kN/m}$$

**14** 압밀계수가 $0.5 \times 10^{-2}\text{cm}^2/\text{s}$이고, 일면배수 상태의 5m 두께 점토층에서 90% 압밀이 일어나는 데 소요되는 시간은?[단, 90% 압밀도에서 시간계수($T$)는 0.848이다.]

① $2.12 \times 10^7$초
② $4.24 \times 10^7$초
③ $6.36 \times 10^7$초
④ $8.48 \times 10^7$초

> 해설

$$T_v = \dfrac{C_v \cdot t}{H^2}$$

$$\therefore t = \dfrac{T_v \cdot H^2}{C_v} = \dfrac{0.848 \times 500^2}{0.5 \times 10^{-2}}$$
$$= 4.24 \times 10^7 \text{초}$$

**15** 말뚝에서 부마찰력에 관한 설명 중 옳지 않은 것은?

① 아래쪽으로 작용하는 마찰력이다.
② 부마찰력이 작용하면 말뚝의 지지력은 증가한다.
③ 압밀층을 관통하여 견고한 지반에 말뚝을 박으면 일어나기 쉽다.
④ 연약지반에 말뚝을 박은 후 그 위에 성토를 하면 일어나기 쉽다.

 **해설**

부마찰력이 작용하면 말뚝의 지지력은 감소한다.

**16** 다음 그림 중 $A$점에서 자연 시료를 채취하여 압밀시험한 결과 선행 압축력이 $0.81\text{kg/cm}^2$이었다. 이 흙은 무슨 점토인가?

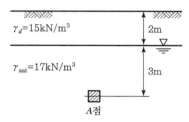

① 압밀 진행 중인 점토    ② 정규 압밀 점토
③ 과압밀 점토    ④ 이것으로는 알 수 없다.

**해설**

- 유효 상재 하중($P$) $= \gamma_d \cdot h_1 + \gamma_{sub} \cdot h_2$
  $= (1.5 \times 2) + (1.7 - 1) \times 3 = 5.1\text{t/m}^2$
- $OCR$(과압밀비) $= \dfrac{P_c}{P} = \dfrac{8.1}{5.1} = 1.588$

  $OCR(1.588) > 1$

  ∴ 과압밀 점토
  ※ $0.81\text{kg/cm}^2 = 8.1\text{t/m}^2$

**17** 그림과 같은 사면에서 활동에 대한 안전율은?

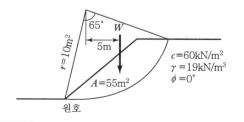

① 1.30    ② 1.50
③ 1.70    ④ 1.90

**해설**

$$F_s = \frac{저항\,M}{활동\,M} = \frac{c \cdot r \cdot L}{W \cdot e}$$
$$(W = A \times l \times \gamma = 55 \times 1 \times 1.9 = 104.5)$$
$$= \frac{6 \times 10 \times \left(2 \times \pi \times 10 \times \dfrac{65°}{360°}\right)}{104.5 \times 5}$$
$$= 1.30$$

**18** 연약점토지반에 성토제방을 시공하고자 한다. 성토로 인한 재하속도가 과잉간극수압이 소산되는 속도보다 빠를 경우, 지반의 강도정수를 구하는 가장 적합한 시험방법은?

① 압밀 배수시험
② 압밀 비배수시험
③ 비압밀 비배수시험
④ 직접전단시험

**해설**

UU(비압밀 비배수)시험
- 포화점토가 성토 직후 급속한 파괴가 예상될 때(포화된 점토지반 위에 급속하게 성토하는 제방의 안전성을 검토)
- 점토지반의 단기간 안정검토 시(시공 직후 초기 안정성 검토)
- 시공 중 압밀, 함수비와 체적의 변화가 없다고 예상
- 내부마찰각($\phi$) = 0(불안전 영역에서 강도정수 결정)
- 성토로 인한 재하속도가 과잉간극수압이 소산되는 속도보다 빠를 때

**19** 어떤 사질 기초지반의 평판재하시험 결과 항복강도가 $60\text{t/m}^2$, 극한강도가 $100\text{t/m}^2$이었다. 그리고 그 기초는 지표에서 $1.5\text{m}$ 깊이에 설치될 것이고 그 기초 지반의 단위중량이 $1.8\text{t/m}^3$일 때 지지력계수 $N_q = 5$이었다. 이 기초의 장기 허용지지력은?

① $24.7\text{t/m}^2$    ② $26.9\text{t/m}^2$
③ $30\text{t/m}^2$    ④ $34.5\text{t/m}^2$

---

**정답**    15 ②    16 ③    17 ①    18 ③    19 ④

해설

• 재하시험에 의한 허용지지력

$$q_t = \frac{q_y}{2} = \frac{60}{2} = 30\text{t/m}^2$$

$$q_t = \frac{q_u}{3} = \frac{100}{3} = 33.3\text{t/m}^2$$

중 작은 값

$$\therefore \ q_t = 30\text{t/m}^2$$

• 장기 허용지지력

$$q_a = q_t + \frac{1}{3}\gamma D_f N_q = 30 + \frac{1}{3} \times 1.8 \times 1.5 \times 5 = 34.5\text{t/m}^2$$

**20** 흙의 다짐시험을 실시한 결과가 다음과 같다. 이 흙의 건조단위중량은 얼마인가?

① 몰드+젖은 시료 무게 : 3,612N
② 몰드 무게 : 2,143N
③ 젖은 흙의 함수비 : 15.4%
④ 몰드의 체적 : 944cm³

① 1.35N/cm³        ② 1.56N/cm³
③ 1.31N/cm³        ④ 1.42N/cm³

해설

• $W = 3,612 - 2,143 = 1,469\text{N}$

• $\gamma_t = \dfrac{W}{V} = \dfrac{1,469}{944} = 1.556\text{N/cm}^3$

$\therefore \ \gamma_d = \dfrac{\gamma_t}{1+w} = \dfrac{1.556}{1+0.154} = 1.35\text{N/cm}^3$

**01** 그림과 같은 1 : 1.5의 사면을 만드는 데 있어 가능한 절취한계 높이 $H$는 얼마인가?(단, 점착력 $=10\text{kN/m}^2$, 단위 중량 $=18\text{kN/m}^3$, 내부마찰각 $=10°$)

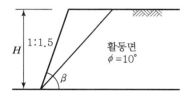

① 9.87m      ② 12.16m

③ 14.40m      ④ 9.12m

〔해설〕

• 사면의 경사각($\beta$)

$$\beta = \tan^{-1}\left(\frac{수직거리}{수평거리}\right) = \tan^{-1}\left(\frac{1.0}{1.5}\right)$$
$$= 33°\ 14'\ 24''$$

• 한계고($H_c$)

$$H_c = \frac{4C}{\gamma_t}\ \frac{\sin\beta \cdot \cos\phi}{1 - \cos(\beta - \phi)}$$
$$= \frac{4 \times 10}{18} \times \frac{\sin(33°\ 41'\ 24'') \times \cos 10°}{1 - \cos(33°\ 41'\ 24'' - 10°)}$$
$$= 14.4\text{m}$$

**02** 어떤 흙시료의 변수위 투수시험을 한 결과 다음 값을 얻었다. 15℃에서의 투수계수는?(단, 스탠드파이프 내경 $d = 3\text{mm}$, 측정개시시간 $t_1 = 09:20$, 측정완료시간 $t_2 = 09:30$, 시료의 직경 $D = 5.0\text{cm}$, 시료길이 $L = 20.0\text{cm}$, $t_1$에서 수위 $H_1 = 30\text{cm}$, $t_2$에서 수위 $H_2 = 15\text{cm}$, 수온 15℃임)

① $1.746 \times 10^{-3}\text{cm/sec}$

② $1.709 \times 10^{-4}\text{cm/sec}$

③ $3.931 \times 10^{-4}\text{cm/sec}$

④ $7.423 \times 10^{-5}\text{cm/sec}$

〔해설〕

변수위 투수시험공식

$$K = \frac{aL}{AT}\log_e\frac{h_1}{h_2} = 2.303\frac{aL}{AT}\log_{10}\frac{h_1}{h_2}$$
$$= 2.303\frac{0.145 \times 20}{19.63 \times 600}\log_{10}\left(\frac{30}{15}\right)$$
$$= 1.705 \times 10^{-4}\text{cm/sec}$$

• Stand Pipe의 단면적($a$)

$$a = \frac{\pi \times 0.43^2}{4} = 0.145\text{cm}^2$$

• 시료의 단면적($A$)

$$A = \frac{\pi \times 5^2}{4} = 19.63\text{cm}^2$$

• 측정시간($T$) $= 10 \times 60 = 600\text{sec}$

$$\therefore\ K = 1.705 \times 10^{-4}\text{cm/sec}$$

**03** 함수비 15%인 흙 2,300g이 있다. 이 흙의 함수비를 25%로 증가시키려면 얼마의 물을 가해야 하는가?

① 200g      ② 230g

③ 345g      ④ 575g

〔해설〕

• 흙입자만의 중량($W_s$)

$$W_s = \frac{W}{1 + \frac{W}{100}} = \frac{2,300}{1 + \frac{15}{100}} = 2,000\text{g}$$

• $w = 15\%$일 때 물의 중량($W_{w(15\%)}$)

$$W_{w(15\%)} = W - W_s$$
$$= 2,300 - 2,000 = 300\text{g}$$

• $w = 25\%$일 때 물의 중량($W_{w(25\%)}$)

$$W_{w(25\%)} = \frac{w}{100} \times W_s$$
$$= \frac{25}{100} \times 2,000 = 500\text{g}$$

• 첨가해야 할 물의 양($W_w$)

$$W_w = W_{w(25\%)} - W_{w(15\%)} = 500 - 300 = 200\text{g}$$

$$\therefore\ W_w = 200\text{g}$$

**04** 그림과 같은 모래층에 널말뚝을 설치하여 물막이 공내의 물을 배수하였을 때, 분사현상이 일어나지 않게 하려면 얼마의 압력을 가하여야 하는가? (단, 모래의 비중은 2.65, n=39.4%, 안전율은 3으로 한다.)

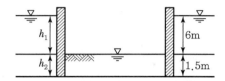

① $6.5t/m^2$      ② $13t/m^2$

③ $33t/m^2$      ④ $16.5t/m^2$

**해설**

분사현상이 발생하지 않기 위해 가해야 할 압력($P$)

• 간극비($e$)

$$e = \frac{n}{100-n} = \frac{39.4}{100-39.4} = 0.65$$

• 포화단위중량($\gamma_{sat}$)

$$\gamma_{sat} = \frac{G_s + e}{1+e}\gamma_w = \frac{2.65+0.65}{1+0.65} \times 1 = 2.0t/m^3$$

• 안전율($F_s$)

$$F_s = \frac{\sigma' + p}{U} = \gamma = \frac{(2.0-1.0) \times 1.5 + P}{1 \times 6} = 3$$

$$\therefore P = 16.5t/m^2$$

**05** 자연상태 실트질 점토의 액성한계가 65%, 소성한계 30%, 0.002mm보다 가는 입자의 함유율이 29%이다. 이 흙의 활성도(Activity)는?

① 0.8      ② 1.0

③ 1.2      ④ 1.4

**해설**

• 활성도
  점토함유율에 대한 소성지수의 비를 말하며 흙의 팽창성 판단의 기준이 된다.

• 활성도($A$) $= \dfrac{PI}{2\mu \text{이하의 점토함유율(\%)}}$

  $= \dfrac{65-30}{29\%} = 1.21$

$\therefore$ 활성도($A$) ≒ 1.2

**06** 아래 그림과 같이 지표까지가 모관상승지역이라 할 때 지표면 바로 아래에서의 유효응력은?(단, 모관상승지역의 포화도는 90%이다.)

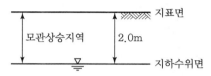

① $0.9t/m^2$      ② $1.8t/m^2$

③ $1.0t/m^2$      ④ $2.0t/m^2$

**해설**

• 모관상승지역에서는 부($-$)의 간극수압이 발생하여 유효응력을 증가시킨다.

• $u = -\left(\dfrac{S}{100}\right)r_w \times h_c = -\left(\dfrac{90}{100}\right) \times 1 \times 2 = -1.8t/m^2$

• 유효응력

  $\sigma' = \sigma - u = 0 - (-1.8) = 1.8t/m^2$

$\therefore \sigma' = 1.8t/m^2$

**07** 흙의 투수계수에 대한 설명 중 잘못된 것은?

① 투수계수는 점성계수와 수두차에 반비례한다.

② Darcy법칙에서의 투수계수는 속도의 차원과 같다.

③ 세립토의 투수계수는 변수위투수시험으로 구한다.

④ 투수계수에 영향을 미치는 요소로는 토립자의 비중, 유효입경, 흙의 공극비, 물의 점성계수, 포화도 등이 있다.

**해설**

투수계수에 영향을 미치는 요소

• $K = D_s^2 \cdot \dfrac{r_w}{\mu} \cdot \dfrac{e^3}{1+e} \cdot C$

  여기서, $D_s$ : 흙의 입경
  $\mu$ : 물의 정성계수
  $e$ : 간극비
  $C$ : 합성형상계수

• $K = C(D_{10})^2$

  $D_{10}$ : 유효입경

• 포화도가 클수록 투수계수는 증가한다.

$\therefore$ 토립자의 비중($G_s$)은 투수계수와 무관하다.

**정답**    04 ④   05 ③   06 ②   07 ④

**08** 표준관입시험에 관한 설명 중 틀린 것은?

① 고정 Piston 샘플러를 사용한다.
② 해머 무게 64kg이다.
③ 해머 낙하높이 76cm이다.
④ 30cm 관입에 필요한 낙하횟수를 N치라 한다.

**해설**

표준관입시험(SPT)

| 개요 | 목적 |
|---|---|
| Split Spoon Sampler(이동식)를 64kg의 해머로 낙하하고 76cm에서 타격하여 30cm 관입시키는데 소요되는 타격횟수 N치를 구하는 시험 | • 흐트러진 시료 채취<br>• 현장의 지반 강도 추정<br>• 점토지반의 연경도 추정<br>• 지층의 구성 관계 판단<br>• 내부마찰각($\phi$), 점착력 일축압축강도, 콘지수, 지지력추정 |

**09** 다음 중 얕은 기초의 지지력에 영향을 미치지 않는 것은?

① 기초의 형상(Shape)
② 기초의 두께(Thickness)
③ 기초의 깊이(Depth)
④ 지반의 경사(Inclination)

**해설**

얕은 기초의 지지력에 영향을 주는 요소에는 지반의 경사, 기초의 깊이, 기초의 형상, 기초의 고쳐차 등이 있다.
∴ 기초의 두께는 얕은 기초의 지지력과 무관하다.

**10** 최대주응력이 $10t/m^2$, 최소주응력이 $4t/m^2$일 때 최소주응력면과 45°를 이루는 평면에 일어나는 수직응력은?

① $7t/m^2$
② $3t/m^2$
③ $6t/m^2$
④ $4\sqrt{2}\,t/m^2$

**해설**

• 최대주응력면과 파괴면이 이루는 각($\theta$)
$\theta = 90° - 45° = 45°$
• 파괴면에 작용하는 수식응력($\sigma$)

$\sigma = \dfrac{\sigma_1 + \sigma_3}{2} + \dfrac{\sigma_1 - \sigma_3}{2}\cos 2\theta = \dfrac{10+4}{2} + \dfrac{10-4}{2}\cos(2\times45)$

$= 7.0 t/m^2$　　∴ $\sigma = 7.0 t/m^2$

**11** 현장에서 들밀도 시험을 한 결과 파낸 구멍의 용적은 $2,000cm^3$이고 파낸 흙의 중량이 $3,240g$이며 함수비는 8%였다. 이 흙의 간극비는 얼마인가? (여기서 이 흙의 비중은 2.70이다.)

① 0.80
② 0.76
③ 0.70
④ 0.66

**해설**

• 현장의 습윤단위중량($r_t$)

$r_t = \dfrac{W}{V} = \dfrac{3,240}{2,000} = 1.62 g/cm^3$

• 현장의 건조단위중량($r_d$)

$r_d = \dfrac{r_t}{1+\dfrac{w}{100}} = \dfrac{1.62}{1+\dfrac{8}{100}} = 1.50 g/cm^3$

• 간극비($e$)

$e = \dfrac{r_w}{r_d} G_s - 1 = \dfrac{1}{1.50} \times 2.70 - 1 = 0.8$

∴ $e = 0.8$

**12** 포화된 점토지반 위에 급속하게 성토하는 제방의 안정성을 점토할 때 이용해야 할 강도정수를 구하는 시험은?

① UU-test
② CU-test
③ CD-test
④ CU-test

**해설**

배수 방법에 따른 전단시험법(삼축압축시험) 적용

| 시험법 | 적용 |
|---|---|
| CD-Test<br>(압밀<br>배수시험) | • 연약점토지반 위에 완속성토를 하는 경우<br>• 간극수압 측정이 곤란할 때<br>• 흙댐에서 정상침투 시 안정해석 |
| CU-Test<br>(압밀<br>비배수시험) | • 성토하중으로 어느 정도 압밀 후, 급속파괴예상될 때<br>• Preloading 후 급격한 재하 시 안정해석<br>• 기존하천제방, 흙댐에서 수위가 급강하하는 경우 |
| UU-Test<br>(비압밀<br>비배수시험) | • 포화점토지반 위에 급속성토 시 안정성 점토<br>• 압밀과 함수비의 변화 없이 급속한 파괴 예상 시<br>• 점토지반의 단기안정해석 |

**정답**　08 ①　09 ②　10 ①　11 ①　12 ①

**13** 그림과 같은 지반에 등분포하중 $\Delta P = 6.0\text{t/m}^2$을 가하였다. 점토층의 1차 압밀에 의한 침하량은 얼마인가?(단, 지하수면은 지표면과 일치한다.)

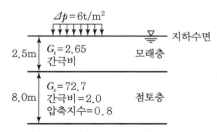

① 102.1cm
② 51.1cm
③ 38.9cm
④ 76.3cm

해설

• 각 층의 단위중량
  - 모래층
  $$\gamma_{sat} = \frac{G_s + e}{1+e}\gamma_w = \frac{2.65 + 0.7}{1+0.7} \times 1 = 1.971\text{t/m}^3$$
  - 점토층
  $$\gamma_{sat} = \frac{G_s + e}{1+e}\gamma_w = \frac{2.7 + 2.0}{1+2.0} \times 1 = 1.567\text{t/m}^3$$

• 점토층 중앙부까지의 유효응력($P_o{}'$)
  $$P_o{}' = \gamma_{sub(모)} \times H_1 + r_{sub(점)} \times \frac{H_2}{2}$$
  $$= (1.971 - 1) \times 2.5 + (1.567 - 1) \times \frac{8}{2}$$
  $$= 4.700\text{t/m}^2$$

• 점토층의 1차 압밀침하량($S$)
  $$S = \frac{C_c}{1+e} H \log \frac{P_o{}' + \Delta P}{P_o{}'}$$
  $$= \frac{0.8}{1+2.0} \times 800 \times \log \frac{4.700 + 6}{4.700} = 76.2\text{cm}$$
  $$\therefore\ 76.2\text{cm}$$

**14** 다음 그림은 얕은 기초의 파괴영역이다. 설명이 옳은 것은?

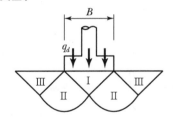

① 파괴순서는 Ⅲ → Ⅱ → Ⅰ 이다.
② 영역 Ⅲ에서 수평면과 $45° + \phi/2$의 각을 이룬다.
③ 영역 Ⅲ은 수동영역이다.
④ 국부전단파괴의 형상이다.

해설

기초의 파괴형태

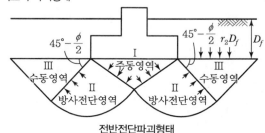

전반전단파괴형태

∴ Ⅲ 영역은 수동영역이다.

**15** Sand Drain에 대한 Paper Drain 공법의 장점 설명 중 옳지 않은 것은?

① 횡방향력에 대한 저항력이 크다.
② 시공지표면에 Sand Mat가 필요 없다.
③ 시공속도가 빠르고 타설 시 주변을 교란시키지 않는다.
④ 배수단면이 깊이에 따라 일정하다.

해설

Sand Drain 공법과 비교한 Paper Drain 공법의 특징

| 장점 | 단점 |
| --- | --- |
| • 시공속도가 빠르다. <br>• 타입 시 주변지반을 교란시키지 않는다. <br>• Drain 단면이 깊이방향에 대하여 일정하다. <br>• 공사비가 경제적이다. <br>• 횡방력에 대한 저항력이 크다. | • 지반 중에 장애물이 존재하는 경우 시공이 어렵다. <br>• 장기간 사용 시 막힘현상이 발생하여 배수효과가 떨어진다. <br>• 특수타입기계가 필요하다. |

**16** 그림에서 전주동토압은 얼마인가?(단, 소수 셋째자리에서 반올림하시오.)

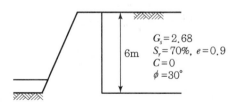

$G_s = 2.68$
$S_r = 70\%$, $e = 0.9$
$C = 0$
$\phi = 30°$

6m

① 84.6kN/m
② 94.6kN/m
③ 104.4kN/m
④ 114.4kN/m

 해설

• 습윤단위중량($r_t$)

$$r_t = \frac{G_s + s \cdot e}{1+e} r_w = \frac{2.68 + 0.7 \times 0.9}{1+0.9} \times 10 = 17.42 \text{kN/m}^3$$

• 전주동토압($P_A$)
  − 토압계수($K_A$)

$$K_A = \tan^2\left(45 - \frac{\phi}{2}\right) = \tan^2\left(45 - \frac{30}{2}\right) = 0.333$$

  − 전수동토압($P_A$)

$$P_A = \frac{1}{2} r \times H^2 \times K_A = \frac{1}{2} \times 17.42 \times 6^2 \times 0.333$$
$$= 104.4 \text{kN/m}$$
$$\therefore P_A = 104.4 \text{kN/m}$$

**17** 흙의 다짐에 관한 다음 설명 중 옳지 않은 것은?

① 점성토지반을 다질 때는 진동 롤러로 다지는 것이 가장 좋다.
② 세립토가 많을수록 최적함수비는 증가한다.
③ 다짐에너지가 커질수록 최적함수비는 작다.
④ 비중이 같은 흙은 최대건조밀도가 높은 흙일수록 최적 함수비가 낮다.

 해설

다짐의 특성
• 세립토가 많을수록 최적함수비는 증가하고 최대건조밀도는 작아진다.
• 다짐에너지가 클수록 최적함수비는 작아지고 최대건조밀도는 커진다.
• 양입도일수록 최적함수비는 작아지고 최대건조밀도는 커진다.
• 세립토가 많을수록 다짐곡선의 기울기는 완만하다.
• 조립토(사질토)는 다질 때 진동롤러로 다지는 것이 효과적이다.

**18** 평판재하시험에 대한 설명 중 옳지 않은 것은?

① 순수한 점토의 지지력은 재하판 크기와 관계 없다.
② 순수한 모래지반의 지지력은 재하판의 폭에 비례한다.
③ 순수한 점토의 침하량은 재하판의 폭에 비례한다.
④ 순수한 모래지반의 침하량은 재하판의 폭에 비례한다.

 해설

Scale Effect를 고려한 각 지반의 지지력 및 침하량

| 구분 | 점토 지반 | 모래 지반 |
|------|-----------|-----------|
| 지지력 | $q_{u(F)} = q_{u(t)}$ | $q_{u(F)} = \dfrac{B_{(F)}}{B_{(t)}} q_{u(t)}$ |
| 침하량 | $S_{(F)} = \dfrac{B_{(F)}}{B_{(t)}} S_{(t)}$ | $S_{(F)} = \left[\dfrac{2B_{(F)}}{B_{(t)} + B_{(F)}}\right]^2 S_{(t)}$ |

여기서, $q_{u(F)}$ : 실제기초의 지지력
$q_{u(t)}$ : 재하시험에 의한 지지력
$S_{(F)}$ : 실제기초의 침하량
$S_{(t)}$ : 재하시험에 의한 침하량
$B_{(F)}$ : 실제기초의 폭
$B_{(t)}$ : 재하판의 폭

**19** 점성토에 대한 압밀배수 삼축압축시험 결과를 p−qdiagram에 그린 결과, kf−line의 경사각 $\alpha$ 는 20°이고 절편 $m$은 3.4kg/cm²이었다. 이 점성토의 내부마찰각($\phi$) 및 점착력($C$)의 크기는?

① $\phi = 21.34°$, $C = 3.65$kg/cm²
② $\phi = 23.54°$, $C = 3.71$kg/cm²
③ $\phi = 21.34°$, $C = 9.34$kg/cm²
④ $\phi = 23.54°$, $C = 8.58$kg/cm²

 해설

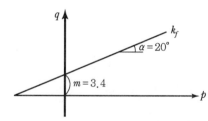

- 내부마찰각($\phi$)

$$\sin\phi = \tan\alpha$$
$$\phi = \sin^{-1}(\tan\alpha) = \sin^{-1}(\tan 20°) = 21.34°$$

- 점착력($C$)

$$C = \frac{m}{\cos\phi} = \frac{3.4}{\cos 21.34°} = 3.65\text{kg/cm}^2$$

## 20 Vane Test에서 Vane의 지름 50mm, 높이 10cm, 파괴 시 토크가 590kg·cm일 때 점착력은?

① 1.29kg/cm²      ② 1.57kg/cm²

③ 2.13kg/cm²      ④ 2.76kg/cm²

해설 -----

- 베인전단시험(Vane Test)

로드선단에 십자형의 베인을 달아 지중에 박은 후 회전모멘트를 가하여 전단강도를 구하는 현장시험이다.

- 점착력($C$)

$$C = \frac{M_{max}}{\pi D^2 \left(\frac{H}{2} + \frac{D}{6}\right)}$$
$$= \frac{590}{\pi \times 5^2 \times \left(\frac{10}{2} + \frac{5}{6}\right)} = 1.29\text{kg/cm}^2$$

$$\therefore \; C = 1.29\text{kg/cm}^2$$

**01** 데라다(寺田)의 동결깊이를 구하는 공식으로 다음 조건일 때 동결깊이는 얼마인가?(단, 기온이 −10℃로 20일간 계속됨. C=2.94임)

① 41.6cm  ② 0.14cm
③ 30.8cm  ④ 52.3cm

해설

동결깊이($D$)
$D = C\sqrt{F} = 2.94\sqrt{|-10℃ \times 20|} = 41.58cm$
∴ $D = 41.6cm$

**02** 다음 중 직접기초에 속하는 것은?

① 후팅기초  ② 말뚝기초
③ 피어기초  ④ 케이슨기초

해설

기초의 종류

| 구분 | 종류 |
|---|---|
| 얕은 기초<br>(직접 기초) | • Footing 기초<br>  −독립 Footing 기초<br>  −복합 Footing 기초<br>  −연속 기초<br>• 전면 기초(Mat Foundution) |
| 깊은 기초 | • 말뚝 기초(Pile Foundation)<br>• 피어 기초(Pier Foundation)<br>• 케이슨 기초(Caisson Foundation) |

**03** 선행압밀하중($P_c$)에 대한 설명 중 옳지 않은 것은?

① 흙이 현재 지반에서 과거에 최대로 받았을 때의 압밀하중을 말한다.
② $e-\log P$ 곡선상에 구한다.
③ 정규압밀 점토와 과압밀 점토를 구분할 수 있다.
④ 압밀 소요시간 계산에 이용된다.

해설

선행압밀하중($P_c$)
• 흙이 현재 지반에서 과거에 최대로 받았을 때의 압밀하중을 말한다.
• 압밀시험 결과를 이용한 $e-\log P$ 곡선에서 구한다.
• 과압밀비를 산정하여 정규압밀점토와 과압밀점토를 구분하는 데 이용된다.

**04** 말뚝기초에 있어서 말뚝의 동역학적 지지력 공식은 어느 것인가?

① Dörr 공식  ② Meyerhof 공식
③ Hiley 공식  ④ Skempton 공식

해설

Pile 기초의 지지력 산정 공식

| 구분 | 종류 |
|---|---|
| 정역학적<br>이론 공식 | • Terzaghi의 지지력 공식<br>• Meyerhof 공식<br>• Dörr 공식 |
| 동역학적<br>지지력 공식 | • Hiley의 공식<br>• Engineering News 공식<br>• Sander의 공식 |
| 재하시험에 의한<br>지지력 공식 | • 말뚝 정재하 시험<br>• 말뚝 동재하 시험 |

**05** 다음 연약지반 개량공법 중 기본원리가 다른 공법은?

① 프리로딩(Preloading)공법
② 샌드드래인(Sand Drain)공법
③ 페이퍼드래인(Paper Drain)공법
④ 콤포저(Compozer)공법

해설

연약지반 개량공법

| 구분 | 기본원리 | 종류 |
|---|---|---|
| 점성토<br>지반<br>개량공법 | • 치환<br>• 탈수 | • 치환공법<br>• Preloading 공법<br>• Sand Drain 공법<br>• Paper Drain 공법<br>• 생석회 pile 공법 |
| 사질토<br>지반<br>개량공법 | • 진동<br>• 충격 | • 다짐말뚝 공법<br>• 다짐모래말뚝 공법<br>• Vibroflotation 공법<br>• Vibro−compozer 공법<br>• 전기 충격 공법 |

**정답**  01 ①  02 ①  03 ④  04 ③  05 ④

## 06 흙의 표준관입시험 방법에서 해머(Hammer)의 중량은?

① 80kg  ② 75kg
③ 64kg  ④ 55kg

**해설**

표준관입시험(SPT)

| 개요 | 목적 |
|---|---|
| Split Spoon Sampler(이동식)를 64kg의 해머로 낙하고 76cm에서 타격하여 30cm 관입시키는데 소요되는 타격횟수 N치를 구하는 시험 | • 흐트러진 시료 채취<br>• 현장의 지반 강도 추정<br>• 점토지반의 연경도 추정<br>• 지층의 구성관계 판단<br>• 내부마찰각($\phi$), 점착력 일축압축강도, 콘지수, 지지력 추정 |

## 07 흙의 다짐에 대한 다음 설명 중 옳지 않은 것은?

① 최적함수비로 다질 때에 건조밀도는 최대가 된다.
② 세립토의 함유율이 증가할수록 최적함수비는 증대된다.
③ 다짐에너지가 클수록 최적함수비는 커진다.
④ 점성토는 조립토에 비하여 다짐곡선의 모양이 완만하다.

**해설**

다짐의 특성
• 세립토가 많을수록 최적함수비는 증가하고 최대건조밀도는 작아진다.
• 다짐에너지가 클수록 최적함수비는 작아지고 최대건조밀도는 커진다.
• 양입도일수록 최적함수비는 작아지고 최대건조밀도는 커진다.
• 세립토가 많을수록 다짐곡선의 기울기는 완만하다.
• 조립토(사질토)는 다질 때 진동롤러로 다지는 것이 효과적이다.

## 08 흙의 전단강도에 관한 다음 설명 중 옳지 않은 것은?

① 압밀이 진행되면 전단강도는 증가한다.
② 입자 간 내부마찰각과 점착력으로부터 얻어진다.
③ 점성이 강한 흙일수록 마찰력에 의한 전단강도가 크게 나타난다.
④ 전단응력이 전단강도보다 크면 파괴가 일어난다.

**해설**

전단강도($\tau_f$)

$\tau_f = C + \sigma' \tan\phi$

• 전단강도는 점착력과 내부마찰각으로 얻어진다.
• 압밀이 진행되면 $\sigma'$이 증가되어 전단강도는 증가한다.
• 전단응력이 전단강도보다 크면 파괴가 발생한다.
  ∴ 점착력이 강한 흙은 점착력에 의해 전단강도가 결정된다.

## 09 그림과 같은 조건의 옹벽에서 벽면 마찰을 무시할 때 주동토압계수가 0.4이다. 이때 옹벽에 작용하는 전주동토압의 합력은?(단, 흙의 포화단위중량은 18kN/m³, 물의 단위중량은 10kN/m³)

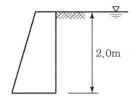

① 26.4kN/m  ② 14.4kN/m
③ 6.4kN/m  ④ 34.4kN/m

**해설**

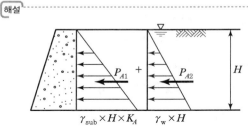

$P_A = \dfrac{1}{2}\gamma_{sub} \times H^2 \times K_A + \dfrac{1}{2}\gamma_w H^2$

$\quad = \dfrac{1}{2} \times 8 \times 2^2 \times 0.4 + \dfrac{1}{2} \times 1 \times 2^2$

$\quad = 26.4 \text{kN/m}$

## 10 사질토층에 물이 침투할 때 침투유량이 같은 조건에서 만약 사질토의 입경이 2배로 커진다면 침투 동수구배는 몇 배로 변하는가?

① 4배  ② 1/4배
③ 같다.  ④ 1/2배

**해설**

침투유량이 같은 조건에서

$i \alpha \dfrac{1}{K}$, 사질토에서 $K = C D_s^2$

$i \alpha \dfrac{1}{K} = \dfrac{1}{C D_s^2} = \dfrac{1}{C \times (2D_s)^2} = \dfrac{1}{4 \times C D_s^2}$

$\therefore D_s$이 2배 커지면 $i$는 $\dfrac{1}{4}$배가 된다.

**11** 영공극곡선(Zero Air Void Curve)은 다음 중 어떤 토질시험 결과로 얻어지는가?

① 액성한계시험      ② 다짐시험
③ 직접전단시험      ④ 압밀시험

**해설**

다짐시험에서 얻어지는 값
- 최적함수비(OMC)
- 최대건조단위중량($\gamma_{d\max}$)
- 다짐곡선
- 영공기간극곡선(Zero Air Void Curve)

**12** 단위체적중량이 16kN/m³, 점착력 $c = 15$ kNt/m³, 마찰각 $\phi = 0$인 점토지반에 폭 $B = 2$m, 근입깊이 $D_f = 3$m의 연속기초의 극한지지력은? (단, Terzaghi식을 이용, 지지력계수 $N_c = 5.7$, $N_r = 0$, $N_q = 1.0$, 형상계수 $\alpha = 1.0$, $\beta = 0.5$)

① 101.5kN/m²      ② 133.5kN/m²
③ 154.2kN/m²      ④ 181.2kN/m²

**해설**

극한지지력($q_u$)

$q_u = \alpha C N_c + B r_1 B N_r + r_2 D_f N_g$
$\quad = 1.0 \times 15 \times 5.7 + 0.5 \times 16 \times 2 \times 0 + 16 \times 3 \times 1.0$
$\quad = 133.5 \text{kN/m}^2$

**13** 항타공식을 적용하여 지지력을 산출할 때 실제와 가장 잘 부합되는 흙은?

① 조밀한 모래지반      ② 연약한 점토지반
③ 예민한 점토지반      ④ 느슨한 모래지반

**해설**

항타공식은 동적인 하중을 가하여 말뚝의 관입량을 이용하는 지지력 공식으로 조밀한 사질지반에 적용 시 정확한 지지력이 산정된다.

**14** 어느 흙댐에서 동수구배 1.0, 흙의 비중이 2.65, 함수비 45%인 포화토에 있어서 분사현상에 대한 안전율은 얼마인가?

① 1.33      ② 1.04
③ 0.90      ④ 0.75

**해설**

- 분사현상
  침투압의 증가로 인해 토립자가 물과 함께 유출되는 현상으로 주로 사질지반에서 발생한다.
- 간극비($e$)
  $s \cdot e = w \cdot G_s$에서
  $e = \dfrac{w \cdot G_s}{S} = \dfrac{45 \times 2.65}{100} = 1.19$
- 안전율($F_s$)
  $F_s = \dfrac{i_{cr}}{i} = \dfrac{\dfrac{G_s - 1}{1 + e}}{i} = \dfrac{\dfrac{2.65 - 1}{1 + 1.19}}{1} = 0.75$

**15** 흙의 삼상(三相)에서 흙입자인 고체 부분만의 체적을 "1"로 가정한다면 공기 부분만이 차지하는 체적은 다음 중 어느 것인가?(단, 포화도 $S$ 및 간극률 $n$의 단위는 %이다.)

① $e\left(1 - \dfrac{S}{100}\right)$      ② $\dfrac{S \cdot e}{100}$
③ $\dfrac{n}{100}\left(1 - \dfrac{S}{100}\right)$      ④ $e \dfrac{S \cdot n}{10,000}$

**해설**

- 공극비($e$)
  $e = \dfrac{V_v}{V_s} \Rightarrow V_v = e \times V_s = e \times 1 = e$
- 포화도($s$)
  $S = \dfrac{V_w}{V_v} \times 100(\%) \Rightarrow V_w = \dfrac{S \cdot V_v}{100} = \dfrac{S \cdot e}{100}$

**정답**    11 ②    12 ②    13 ①    14 ④    15 ①

• 공기부분의 체적($V_a$)

$$V_a = V_v - V_w = e - \frac{s \cdot e}{100} = e\left(1 - \frac{S}{100}\right)$$

$$\therefore \ V_a = e\left(1 - \frac{S}{100}\right)$$

**16** 수직응력이 $6.0 \text{kg/cm}^2$이고 흙의 내부마찰각이 45°일 때 모래의 전단강도는?

① $6.0 \text{kg/cm}^2$  ② $4.8 \text{kg/cm}^2$
③ $3.6 \text{kg/cm}^2$  ④ $2.4 \text{kg/cm}^2$

> **해설**
> 전단강도($\tau_f$)
> $\tau_f = C + \sigma' \tan\phi$
> 여기서, 모래이므로 $C = 0$
> $\tau_f = \sigma' \tan\phi = 6 \times \tan45° = 6.0 \text{kg/cm}^2$

**17** 지하수위가 지표면과 일치되며 내부마찰각이 30°, 포화밀도가 $2.0 \text{t/m}^3$인 비점성토로 된 반무한사면이 15°로 경사져 있다. 이때 이 사면의 안전율은?

① 1.00  ② 1.08
③ 2.00  ④ 2.15

> **해설**
> 침투류가 있는 반무한사면의 안전율
>
>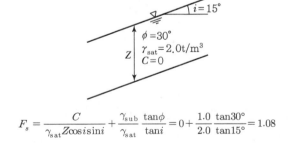
>
> $$F_s = \frac{C}{\gamma_{sat} Z \cos i \sin i} + \frac{\gamma_{sub}}{\gamma_{sat}} \frac{\tan\phi}{\tan i} = 0 + \frac{1.0}{2.0} \frac{\tan30°}{\tan15°} = 1.08$$

**18** 공극비(Void Ratio)가 $0.25$인 모래의 공극률(Porosity)은 얼마인가?

① 15%  ② 20%
③ 25%  ④ 30%

> **해설**
> 공극비($e$)와 공극률($n$)의 상호관계공식
> $$e = \frac{n}{100 - n}, \ n = \frac{e}{1+e} \times 100$$
> $$n = \frac{0.25}{1 + 0.25} \times 100 = 20\%$$

**19** 다음 중에서 사운딩(Sounding)이 아닌 것은 어느 것인가?

① 표준관입시험(Standard Penetration Test)
② 일축압축시험(Unconfined Compression Test)
③ 원추관입시험(Cone Penetrometer Test)
④ 베인시험(Vane Test)

> **해설**
> Sounding
>
> | 개요 | | 종류 |
> |---|---|---|
> | Rod 선단에 설치한 저항체를 지중에 삽입하여 관입, 회전 인발 시의 저항값을 측정하여 토층의 성질을 조사하는 개략적인 지반조사 | 정적 사운딩 | • 휴대용 원추관입시험<br>• 화란식 원추관입시험<br>• 스웨덴식 관입시험<br>• 베인시험<br>• 이스키미터 |
> | | 동적 사운딩 | • 동적원추관입시험<br>• 표준관입시험(SPT) |
>
> $\therefore$ 일축압축시험은 Sounding이 아니다.

**20** 예민비가 큰 점토란 어느 것인가?

① 입자의 모양이 둥근 점토
② 흙을 다시 이겼을 때 강도가 증가하는 점토
③ 입자가 가늘고 긴 형태의 점토
④ 흙을 다시 이겼을 때 강도가 감소하는 점토

> **해설**
> 예민비(Sensitivity)
> $$S_t = \frac{q_u}{q_{ur}}$$
> 여기서, $q_u$ : 흐트러지지 않는 시료의 일축압축강도
> $\quad\quad\quad q_{ur}$ : 재성형(Remolding)한 시료의 일축압축강도
> $\therefore$ 예민비가 큰 시료란 $q_{ur}$ 값이 감소하는 시료를 말한다.

---

**정답**　16 ①　17 ②　18 ②　19 ②　20 ④

**01** 토질조사에 대한 다음 설명 중 옳지 않은 것은?

① 보링의 위치와 수는 지형조건과 설계형태에 따라 변한다.

② 보링의 깊이는 설계의 형태와 크기에 따라 변한다.

③ 보링 구멍은 사용 후에 흙이나 시멘트 그라우트로 메워야 한다.

④ 표준관입시험은 정적인 사운딩이다.

**[해설]**

• Boring

지반을 직접 뚫어 지하수위 파악, 시료채취, 지반의 토질조사 등의 목적으로 실시되는 가장 확실한 지반조사방법이다.

• 사운딩(Sounding)

| 개요 | 종류 | |
|---|---|---|
| Rod 선단에 설치한 저항체를 지중에 삽입하여 관입, 회전 인발 시의 저항값을 측정하여 토층의 성질을 조사하는 개략적인 지반조사 | 정적 사운딩 | • 휴대용 원추관입시험<br>• 화란식 원추관입시험<br>• 스웨덴식 관입시험<br>• 베인시험<br>• 이스키미터 |
| | 동적 사운딩 | • 동적원추관입시험<br>• 표준관입시험(SPT) |

**02** 통일분류법에 의해 분류한 흙의 분류기호 중 도로노반으로서 가장 좋은 흙은?

① CL           ② ML

③ SP           ④ GW

**[해설]**

통일분류법상 GW는 입도분포가 양호한 자갈로 도로 노반재료로서 가장 적합한 흙이다.

**03** 접지압(또는 지반반력)이 그림과 같이 되는 경우는?

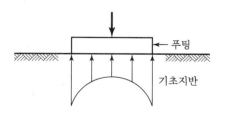

① 푸팅 : 강성, 기초지반 : 점토

② 푸팅 : 강성, 기초지반 : 모래

③ 푸팅 : 휨성, 기초지반 : 점토

④ 푸팅 : 휨성, 기초지반 : 모래

**[해설]**

기초의 접지압 분포형태

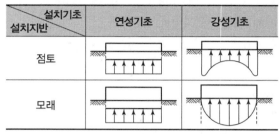

| 설치기초<br>설치지반 | 연성기초 | 강성기초 |
|---|---|---|
| 점토 | | |
| 모래 | | |

∴ 점토지반의 강성기초는 기초 모서리 부분에서 최대 응력이 발생한다.

**04** 다음 그림의 불안전영역(Unstable Zone)의 붕괴를 막기 위해 강도가 더 큰 흙으로 치환을 하였다. 이때 안정성을 검토하기 위해 요구되는 삼축압축시험의 종류는 어떤 것인가?

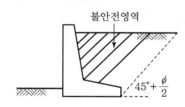

① UU−test         ② CU−test

③ CD−test         ④ UC−test

**[해설]**

비압밀비배수시험(UU−Test)을 적용하는 경우

• 포화점토지반 위에 급속 성토 시 안정성 검토

• 압밀과 함수비의 변화 없이 급속한 파괴 예상 시

• 점토지반의 단기안정해석

• 연약점토를 강도가 더 큰 흙으로 치환 시 안정성 검토

**정답**    01 ④    02 ④    03 ①    04 ①

**05** 기초폭 4m의 연속기초를 지표면 아래 3m 위치의 모래 지반에 설치하려고 한다. 이때 표준 관입시험 결과에 의한 사질지반의 평균 $N$값이 10일 때 극한 지지력은?(단, Meyerhof 공식 사용)

① 420t/m²      ② 210t/m²
③ 105t/m²      ④ 75t/m²

**해설**

Meyerhof 경험공식
표준관입 저항값을 이용한 공식을 적용하면

$$q_u = 3NB\left(1 + \frac{D_f}{B}\right)$$
$$= 3 \times 10 \times 4\left(1 + \frac{3}{4}\right) = 210\text{t/m}^2$$

**06** 지표면 아래 1m되는 곳에 점A가 있다. 본래 이 지층은 건조해 있었으나 댐 건설로 현재는 지표면까지 지하수위가 도달하였다. 다른 요인을 무시할 때 A점의 과입밀비(OCR)는?(단, 흙의 건조단위중량은 1.6t/m³, 포화단위중량은 2.0t/m³)

① 1.00      ② 1.25
③ 1.60      ④ 0.80

**해설**

과압밀비(OCR)

$$\text{OCR} = \frac{P_c{}'}{P_o{}'}$$

여기서, $P_c{}'$ : 선행압밀응력
        $P_o{}'$ : 현재 지반이 받고 있는 응력

• 선행압밀응력($P_c{}'$)
$$P_c{}' = r_d \times H = 1.6 \times 1 = 1.6\text{t/m}^2$$
• 현재지반이 받고 있는 응력($P_o{}'$)
$$P_o{}' = r_{sub} \times H = (2.0 - 1.0) \times 1 = 1\text{t/m}^2$$
• 과압밀비
$$\text{OCR} = \frac{P_c{}'}{P_o{}'} = \frac{1.6}{1.0} = 1.6$$

**07** 어느 점토의 압밀계수 $C_v = 1.640 \times 10^{-4}$cm²/sec, 압축계수 $a_v = 2.820 \times 10^{-2}$cm²/kg일 때 이 점토의 투수계수는?(단, 공극비 $e = 1.0$)

① $2.014 \times 10^{-6}$cm/sec
② $3.646 \times 10^{-6}$cm/sec
③ $4.624 \times 10^{-6}$cm/sec
④ $2.312 \times 10^{-6}$cm/sec

**해설**

투수계수 : 압밀시험에 의한 간접적인 투수계수공식을 적용하면

$$K = C_v\,m_v\,\gamma_w = C_v\,\frac{a_v}{1+e}\gamma_w$$
$$= (1.640 \times 10^{-4}) \times \frac{(2,820 \times 10^{-2})}{1+1.0} \times 0.001$$
$$= 2.312 \times 10^{-6}\text{cm/sec}$$

**08** 포화단위중량이 1.8m³인 흙에서의 한계동수경사는 얼마인가?(단, $G_s = 2.65$)

① 0.8      ② 1.0
③ 1.8      ④ 2.0

**해설**

• 간극비($e$)
$$\gamma_{sat} = \frac{G_s + e}{1+e}\gamma_w = \frac{2.65 + e}{1+e} \times 1 = 1.8\text{에서}$$
$$e = 1.0625$$
• 한계동수경사($i_{cr}$)
$$i_{cr} = \frac{G_s - 1}{1+e} = \frac{2.65 - 1}{1 + 1.0625} = 0.8 \qquad \therefore i_{cr} = 0.8$$

**09** Compozer공법에 대한 다음 설명 중 적당하지 않은 것은?

① 느슨한 모래지반을 개량하는 데 좋은 공법이다.
② 충격, 진동에 의해 지반을 개량하는 공법이다.
③ 효과는 의문이나, 연약한 점토지반에도 사용할 수 있는 공법이다.
④ 시공관리가 매우 간편한 공법이다.

---

**정답**    05 ②    06 ③    07 ④    08 ①    09 ④

**해설**

- Compozer 공법 : 연약지반층에 연직방향으로 진동 또는 충격하중을 가하여 지반에 모래말뚝을 형성시킴으로써 공극을 감소시켜 지반의 전단강도를 증대시키는 공법이다.
- Compozer 공법의 특징
  - 느슨한 모래지반을 개량하는데 효과적이다.
  - 주변지반을 교란시킨다.
  - 시공관리가 어렵다(Hammering Compozer 공법).
  - 강력한 타격에너지가 생긴다.
  - Hammering Compozer 공법과 Vibro Compozer 공법이 있다.

## 10 흙의 다짐에 관한 설명 중 옳지 않은 것은?

① 최대건조밀도가 큰 흙일수록 최적함수비는 작은 것이 보통이다.
② 조립토는 세립토보다 최적함수비가 작다.
③ 비중이 같은 흙은 최대건조밀도가 흙은 흙일수록 최적함수비가 낮다.
④ 몰드, 램머 및 시료가 같은 경우 다짐일량을 증가시킬수록 최적함수비는 증가한다.

**해설**

다짐의 특성
- 세립토가 많을수록 최적함수비는 증가하고 최대건조밀도는 작아진다.
- 다짐에너지가 클수록 최적함수비는 작아지고 최대건조밀도는 커진다.
- 양입도일수록 최적함수비는 작아지고 최대건조밀도는 커진다.
- 세립토가 많을수록 다짐곡선의 기울기는 완만하다.
- 조립토(사질토)는 다질 때 진동롤러로 다지는 것이 효과적이다.

## 11 허용지내력에 대한 다음 설명 중 옳지 않은 것은?

① 극한 지지력에 대해서 소정의 안전율을 가지며 침하량이 허용치 이하가 되게 하는 하중강도의 최대의 것을 말한다.
② 지지력을 기준하면 점성토는 일정하고 사질토는 기초폭에 비례하여 커진다.

③ 침하량을 기준하면 점성토는 기초폭에 관계없이 일정하고 사질토는 기초폭의 증가에 따라 작아진다.
④ 일반적으로 작은 기초의 허용지내력은 지지력에 의하여 결정되고 큰 기초의 허용지내력은 침하에 의하여 결정된다.

**해설**

- 허용지내력은 침하량과 지지력에 의해 결정된다.
- 허용지내력 산정 시 지지력을 기준하면 점성토는 일정하고 사질토는 기초폭에 비례하여 커진다.
- 허용지내력 산정 시 침하량을 기준하면 점성토는 기초폭에 비례해서 커지고, 사질토에서는 일정 탄성식에 비례해서 커진다.

## 12 한 요소에 작용하는 응력의 상태가 그림과 같다면 n−n면에 작용하는 수직응력과 전단응력은?

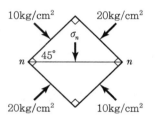

|     | 수직응력 | 전단응력 |
|-----|---------|---------|
| ①   | $15\text{kg/cm}^2$ | $5\text{kg/cm}^2$ |
| ②   | $10\text{kg/cm}^2$ | $5\text{kg/cm}^2$ |
| ③   | $20\text{kg/cm}^2$ | $10\text{kg/cm}^2$ |
| ④   | $\dfrac{5}{2}\sqrt{3}\,\text{kg/cm}^2$ | $\dfrac{\sqrt{3}}{2}\,\text{kg/cm}^2$ |

**해설**

- 수직응력

$$\sigma_n = \frac{\sigma_1 + \sigma_3}{2} + \frac{\sigma_1 - \sigma_3}{2}\cos 2\theta$$

$$= \frac{20+10}{2} + \frac{20-10}{2}\cos(2\times 45°)$$

$$= 15\text{kg/cm}^2$$

- 전단응력

$$\tau = \frac{\sigma_1 - \sigma_3}{2}\sin 2\theta$$

$$= \frac{20-10}{2}\sin(2\times 45) = 5\text{kg/cm}^2$$

## 13 암질을 나타내는 항목 중 직접 관계가 없는 것은?

① N치　　　　　　② RQD값
③ 탄성파속도　　　④ 균열의 간격

> 해설

암질의 평가 항복
- 암질지수(RQD)　　• 균열의 간격
- 탄성파속도　　　　• 암석의 일축압축강도
- 불연속면의 상태

## 14 유선망에서 등수두선이란 수두(Head)가 같은 점들을 연결한 선이다. 이때 수두란?

① 압력수두　　　　② 위치수두
③ 속도수두　　　　④ 전수두

> 해설

등수두선이란 유선상에 있어서 전수두가 서로 같은 점을 연결한 궤적을 말한다.

## 15 그림과 같은 옹벽에 작용하는 주동토압은 얼마인가?(단, 흙의 단위중량 $\gamma = 1.7t/m^3$, 내부마찰각 $\phi = 30$, 점착력 $C = 0$)

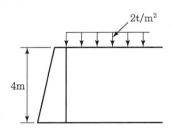

① 3.6t/m　　　　　② 4.53t/m
③ 7.2t/m　　　　　④ 12.47t/m

> 해설

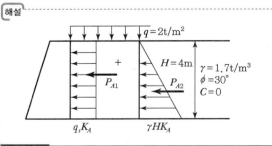

- 주동토압계수($K_A$)

$$K_A = \tan^2\left(45 - \frac{\theta}{2}\right)$$
$$= \tan^2\left(45 - \frac{30}{2}\right) = 0.333$$

- 전주동토압

$$P_A = P_{A1} + P_{A2}$$
$$= q_s K_A H + \frac{1}{2}\gamma H^2 K_A$$
$$= 2 \times 0.333 \times 4 + \frac{1}{2} \times 1.7 \times 4^2 \times 0.333$$
$$= 7.19t/m$$

## 16 흙의 입도분포에서 균등계수가 가장 큰 흙은?

① 특히 모래자갈이 많은 흙
② 실트나 점토가 많은 흙
③ 모래자갈 및 실트 점토가 골고루 섞인 흙
④ 모래나 실트가 특히 않은 흙

> 해설

입도분포가 양호할수록 $C_u$는 크고, 입도양호하다는 말은 크기가 다른 흙이 골고루 섞여 있음을 나타낸다.

## 17 그림과 같은 지반에서 유효응력에 대한 점착력 및 마찰각이 각각 $c' = 10kN/m^2$, $\phi' = 20°$일 때, A점에서의 전단강도는?(단, 물의 단위중량은 9.81 kN/m³이다.)

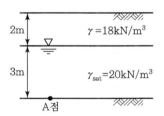

① 34.23kN/m²　　　② 44.94kN/m²
③ 54.25kN/m²　　　④ 66.17kN/m²

> 해설

$$S(I_p) = C + \sigma'\tan\phi$$
$$= 10 + (18 \times 2) + (20 - 9.81) \times 3$$
$$= 34.23kN/m^2$$

## 18 그림에서 A점의 유효응력 $\sigma$를 구하면?

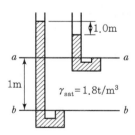

① $\sigma' = 4.0\text{t/m}^2$  ② $\sigma' = 4.5\text{t/m}^2$

③ $\sigma' = 5.4\text{t/m}^2$  ④ $\sigma' = 5.8\text{t/m}^2$

해설

• A점 전응력($\sigma_A$)

$$\sigma_A = \gamma_d H_1 + \gamma_{sat} \cdot H_2$$
$$= 1.6 \times 2 + 1.8 \times 1 = 5.0\text{t/m}^2$$

• A점 공극수압($u_A$) : 모관상승지역

$$u_A = -\left(\frac{s}{100}\right)\gamma_w H_c$$
$$= -\left(\frac{40}{100}\right) \times 1 \times 2 = -0.8\text{t/m}^2$$

• A점의 유효응력($\sigma_A'$)

$$\sigma_A' = \sigma_A - u_A$$
$$= 5.0 - (-0.8) = 5.8\text{t/m}^2$$

## 19 두께 1m인 흙의 공극에 물이 흐른다. a–a면과 b–b면에 피조미터를 세웠을 때 그 수두차가 0.1m였다면 다음 중 가장 올바른 설명은?

① 물은 $a-a$면에서 $b-b$면으로 흐르는데 그 침투압은 1t/m²이다.

② 물은 $b-b$면에서 $a-a$면으로 흐르는데 그 침투압은 1t/m²이다.

③ 물은 $a-a$면에서 $b-b$면으로 흐르는데 그 침투압은 0.1t/m²이다.

④ 물은 $b-b$면에서 $a-a$면으로 흐르는데 그 침투압은 0.1t/m²이다.

해설

• 물은 전수두가 높은 곳에서 낮은 곳으로 흐른다.

• 침투수압($U$)

$$U = \gamma_w \cdot \Delta h = 1 \times 0.1 = 0.1\text{t/m}^2$$

## 20 모래시료에 대해서 압밀배수 삼축압축시험을 실시하였다. 초기단계에서 구속응력($\sigma_3$)은 100 kN/m²이고, 전단파괴 시에 작용된 축차응력($\sigma_{df}$)은 200kN/m²이었다. 이와 같은 모래시료의 내부마찰각($\phi$) 및 파괴면에 작용하는 전단응력($\tau_f$)의 크기는?

① $\phi = 30°$, $\tau_f = 115.47\text{kN/m}^2$

② $\phi = 40°$, $\tau_f = 115.47\text{kN/m}^2$

③ $\phi = 30°$, $\tau_f = 86.60\text{kN/m}^2$

④ $\phi = 40°$, $\tau_f = 86.60\text{kN/m}^2$

해설

• $\phi = \sin^{-1}\left(\frac{\sigma_1 - \sigma_3}{\sigma_1 + \sigma_3}\right) = \sin^{-1}\left(\frac{300 - 100}{300 + 100}\right) = 30°$

• $\tau_f = \frac{\sigma_1 - \sigma_3}{2}\sin 2\theta = \frac{300 - 100}{2}\sin(2 \times 30)$
$$= 86.60\text{kN/m}^2$$

**정답** 18 ④ 19 ④ 20 ③

# 부록 2

# 파이널 핵심정리

# 01 흙의 기본적 성질

## 1. 흙의 상태정수

| 부피와 관계된 상대정수 | | 면적과 관계된 상대정수 | |
|---|---|---|---|
| 간극비($e$) | $e = \dfrac{V_v}{V_s}$ | 함수비($w$) | $w = \dfrac{W_w}{W_s} \times 100$ |
| 간극률($n$) | $n = \dfrac{V_v}{V} \times 100$ | 함수율($u'$) | $u' = \dfrac{W_w}{W} \times 100$ |
| 포화도($S$) | $S = \dfrac{V_w}{V_v} \times 100$ | $G_s \cdot \omega = S \cdot e$ | |

## 2. 간극비와 간극률의 상호관계

| 부피와 관계된 상대정수 | $e$와 $n$의 관계식 |
|---|---|
| 간극비($e$) | $e = \dfrac{n}{1-n}$ |
| 간극률($n$) | $n = \dfrac{e}{1+e} \times 100$ |
| 포화도($S$) | $S = \dfrac{V_w}{V_v} \times 100$ , $V_w = S \times V_v = S \cdot e$ |

## 3. 단위중량

| 단위중량, 밀도(t/m³) | 식 |
|---|---|
| 1. 습윤단위중량($\gamma_t$) <br> $0 < S < 100$ | $\gamma_t = \dfrac{W}{V} = \dfrac{G_s + Se}{1+e}\gamma_w$ |
| 2. 건조단위중량($\gamma_d$) <br> $S = 0$ | $\gamma_d = \dfrac{W_s}{V} = \dfrac{G_s \gamma_w}{1+e} = \dfrac{\gamma_t}{1+\omega}$ |
| 3. 포화단위중량($\gamma_{sat}$) <br> $S = 100\%$ | $\gamma_{sat} = \dfrac{G_s + e}{1+e}\gamma_w$ |

## 4. 상대밀도

| 상대밀도는 사질토(모래)가 느슨한 상태에 있는가<br>조밀한 상태에 있는가를 나타내는 것 |
|---|

① $D_r = \dfrac{e_{max} - e}{e_{max} - e_{min}} \times 100(\%)$

② $D_r = \dfrac{\gamma_{dmax}}{\gamma_d} \cdot \dfrac{\gamma_d - \gamma_{dmin}}{\gamma_{dmax} - \gamma_{dmin}} \times 100(\%)$

## 5. 흙의 연경도

| 애터버그 한계(컨시스턴시 한계, 함수비와 체적과의 관계) | | |
|---|---|---|
| ① 액성한계($w_L$) <br> 액체상태를 나타내는 최소의 함수비 | | |
| ② 소성한계($w_P$) <br> 소성상태를 나타내는 최소의 함수비 | | |
| ③ 수축한계($w_S$) <br> 함수비를 감소시켜도 더 이상 체적이 감소되지 않는 한계의 함수비 | 소성지수 | $I_P = w_L - w_P$ |
| | 액성지수 | $I_L \geq 1$ 액성상태(불안정) |

## 6. 활성도

| 활성도 식 | 내용 |
|---|---|
| $A = \dfrac{I_P(\%)}{2\mu \text{ 이하의 점토함유율}(\%)}$ | ① $I_P = w_L - w_P$ <br> ② $2\mu = 0.002mm$ |
| 활성도가 크면 공학적으로 불안하며 팽창, 수축의 가능성이 커진다. | |

## 7. 점토광물

| 점토광물 | 활성도($A$) | 공학적 안정성 | 팽창·수축성 |
|---|---|---|---|
| Kaolinite <br> (카오리나이트) | $A < 0.75$ | 안정 | 작다 |
| Illite <br> (일라이트) | $0.75 \leq A \leq 1.25$ | 보통 | 보통 |
| Montmorillonite <br> (몬모릴로나이트) | $A > 1.25$ | 불안정 | 크다 |

## 02 흙의 분류

### 1. 흙의 분류

| 분류 | 내용 |
|---|---|
| 조립토(사질토, 비점성토) | 자갈($G$) |
| | 모래($S$) |
| 세립토(점성토) | 실트($M$) |
| | 점토($C$) |
| | 유기질이 소량 함유된 흙($O$) |
| 유기질토 | 이탄($P_t$) |

### 2. 균등계수와 곡률계수

| 균등계수($C_u$) | 곡률계수($C_g$) |
|---|---|
| $C_u = \dfrac{D_{60}}{D_{10}}$ | $C_g = \dfrac{(D_{30})^2}{D_{10} \times D_{60}}$ |

### 3. 입도 분포가 좋은 양입도

| 양입도 | 내용 |
|---|---|
| | ① 입경 가적곡선의 기울기가 완만한 구배<br>② 조립토와 세립토가 혼합되어야 입도가 양호<br>③ 균등계수가 큼<br>④ 투수계수 및 공극비가 작음 |

### 4. 통일분류법의 문자

| 제1문자(입경) | | | 제2문자(입도 및 성질) | |
|---|---|---|---|---|
| 조립토 | 자갈(Gravel) | $G$ | 세립분이 거의 없고 입도 양호 (Well-graded) | $W$ |
| | | | 세립분이 거의 없고 입도 불량 (Poor-graded) | $P$ |
| | 모래(Sand) | $S$ | 실트질(Silty) | $M$ |
| | | | 점토질(Clayey) | $C$ |
| 세립토 | 실트(Silt) | $M$ | 압축성이 낮음 (Low Compressibility) $w_L \leq 50\%$ | $L$ |
| | 점토(Clay) | $C$ | | |
| | 유기질 점토 | $O$ | 압축성이 높음 (High Compressibility) $w_L \geq 50\%$ | $H$ |

### 5. 통일 분류법

| 조립토 | #200체(0.075mm) 통과량 50% 이하인 흙 |
|---|---|
| 세립토 | #200체(0.075mm) 통과량 50% 이상인 흙 |
| 자갈 | #4체(4.75mm) 통과량 50% 이하인 흙 |
| 모래 | #4체(4.75mm) 통과량 50% 이상인 흙 |
| 양입도 | ① 모래 : $C_u > 6$이고 $1 < C_g < 3$<br>② 자갈 : $C_u > 4$이고 $1 < C_g < 3$ |

### 6. 소성도표

① A선의 방정식 : $I_P = 0.73(\omega_L - 20)$
② B선의 방정식 : $\omega_L = 50(\%)$

### 7. AASHTO 분류법

| AASHTO 분류법 | 군지수($GI$)공식 |
|---|---|
| 조립토<br>#200체 통과량<br>35% 이하 | $GI = 0.2a + 0.005ac + 0.01bd$ |
| 세립토<br>#200체 통과량<br>35% 이상 | ① $a = P_{\#200} - 35 \ (0 \leq a \leq 40)$<br>② $b = P_{\#200} - 15 \ (0 \leq b \leq 40)$<br>③ $c = \omega_L - 40 \ (0 \leq c \leq 20)$<br>④ $d = I_P - 10 \ (0 \leq d \leq 20)$ |

## 03 지반 내 물의 흐름

### 1. 흙의 모관상승고

| 모관상승고($h_c$) 공식 | $\alpha = 0°$, 수온 15℃일 때 ($T = 0.075g/cm$) |
|---|---|
| $h_c = \dfrac{4\,T\cos\alpha}{\gamma_w\,D}$ | $h_c = \dfrac{0.3}{D}$ |
| $h_c \propto \dfrac{1}{D} \propto \dfrac{1}{\alpha} \propto \dfrac{1}{e} \propto \dfrac{1}{D_{10}}$ | **실험적 모관수두** |
| | $h_c = \dfrac{C}{e\,D_{10}}$ |

## 2. 모관상승고의 특징

| 구분 | 조립토 | 세립토 |
|---|---|---|
| 간극 | 크다 | 작다 |
| 모관상승고 | 낮다 | 높다 |
| 모관상승속도 | 빠르다 | 느리다 |
| 투수계수 | 크다 | 작다 |

## 3. Darcy 법칙

| 단위시간당 침투유량 | 실제 침투유속($V_s$) |
|---|---|
| $Q = Av = k\dfrac{\Delta h}{L}\,A = kiA$ | $v_s = \dfrac{v}{n}$ |

층류에서만 Darcy 법칙이 성립함. 특히, $R_e < 4$인 층류에서 적용

## 4. 투수계수

| Taylor 공식 | 투수계수($k$)와 관계 |
|---|---|
| $k = D_s^2 \cdot \dfrac{\gamma_w}{\mu} \cdot \dfrac{e^3}{1+e} \cdot C$ | ① 공극비($e$), 밀도가 클수록 $k$는 증가<br>② 점성계수가 클수록 $k$는 감소<br>③ $k$는 토립자 비중과 무관함<br>④ 포화도가 클수록 $k$는 증가 |

## 5. 투수계수 측정

| 정수위 투수시험(조립토) | 변수위 투수시험(세립토) |
|---|---|
| $k = \dfrac{QL}{h\,A\,t}$ | $k = 2.3\,\dfrac{aL}{AT}\log_{10}\dfrac{h_1}{h_2}$ |

## 6. 성토층의 투수계수

| 수평방향 투수계수 | $k_h = \dfrac{k_1 H_1 + k_2 H_2 + k_3 H_3}{H_1 + H_2 + H_3}$ |
|---|---|
| 수직방향 투수계수 | $k_v = \dfrac{H}{\dfrac{H_1}{k_1} + \dfrac{H_2}{k_2} + \dfrac{H_3}{k_3}}$ |
| 평균투수계수 | $k = \sqrt{k_h \cdot k_v}$ |

## 7. 유선망

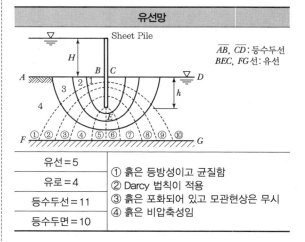

유선망

$\overline{AB}$, $\overline{CD}$ : 등수두선
$BEC$, $FG$선 : 유선

| 유선 = 5 | ① 흙은 등방성이고 균질함 |
|---|---|
| 유로 = 4 | ② Darcy 법칙이 적용 |
| 등수두선 = 11 | ③ 흙은 포화되어 있고 모관현상은 무시 |
| 등수두면 = 10 | ④ 흙은 비압축성임 |

## 8. 유선망의 특징

① 각 유량의 침투 유량은 같다.
② 인접한 등수두선 간의 수두차(손실수두)는 모두 같다.
③ 유선과 등수두선은 서로 직교한다(유선과 다른 유선은 교차하지 않는다).
④ 유선망을 이루는 사각형은 이론상 정사각형(폭 = 길이)
⑤ 침투 속도 및 동수구배는 유선망의 폭에 반비례한다.

## 9. 침투유량

| 침투유량(단위폭) | $Q = k \cdot H \cdot \dfrac{N_f}{N_d}$ |
|---|---|
| 널말뚝 전체 폭($B$)에 대한 침투유량($Q'$) | $Q' = k \cdot H \cdot \dfrac{N_f}{N_d} \cdot B$ |

# 04 동상

## 1. 동상의 조건

① 0℃ 이하의 온도가 계속 지속할 때
② 동상을 받기 쉬운 흙(Silt)이 존재할 때(실트)
③ 지하수 공급이 충분(아이스렌즈 형성)할 때
④ 모관상승고($h_c$), 투수성($K$)이 클 때
⑤ 동결심도 하단에서 지하수면까지의 거리가 모관상승고보다 작을 때

## 2. 동상현상의 방지대책

| 치환공법 | 실트질 흙을 모래나 자갈로 치환(모관 상승 억제, 동결깊이보다 상부에 있는 흙을 동결되지 않는 흙으로 치환) |
|---|---|
| 단열공법 | 0℃ 이하가 안 되도록 스티로폼을 깔아서 온도 차단(지표면에 단열재 시공) |
| 차단공법 | 배수구 설치하여 지하수위 저하(모관수 상승을 방지하기 위해 지하수위보다 높은 곳에 조립토로 차단층을 설치) |
| 안정처리공법 (동결온도 낮춤) | 화학적 안정처리, 석회 안정처리 |

## 3. 동결심도(동결깊이)

| 공식 | 내용 |
|---|---|
| $Z = C\sqrt{F}$ | ① $Z$ : 동결심도(cm) ② $C$ : 정수(3∼5) ③ $F$ : 동결지수[영하의 도(℃)×지속일수(days)] |

# 05 유효응력

## 1. 토층이 물속에 있을 때 유효응력

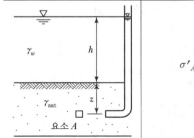

$$\sigma'_A = \sigma - u$$
$$= \gamma_{sub} \cdot z$$

## 2. 공극수압계 설치 시 유효응력

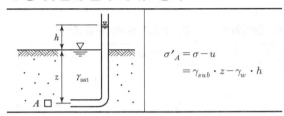

$$\sigma'_A = \sigma - u$$
$$= \gamma_{sub} \cdot z - \gamma_w \cdot h$$

## 3. 상재 하중이 작을 때 유효응력

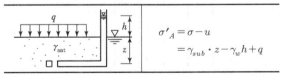

$$\sigma'_A = \sigma - u$$
$$= \gamma_{sub} \cdot z - \gamma_w h + q$$

## 4. 모관현상이 있는 경우 각 측점에서의 전응력

| 모식도 | 전응력($\sigma$) | 간극수압($u$) |
|---|---|---|
| | $\sigma_A = 0$ | $u_A = 0$ |
| | $\sigma_B = \gamma_d \cdot h_1$ | $u_B = -\gamma_w h_2$ |
| | $\sigma_C = \gamma_d \cdot h_1 + \gamma_{sat} \cdot h_2$ | $u_C = 0$ |
| | $\sigma_D = \gamma_d \cdot h_1 + \gamma_{sat} \cdot h_2 + \gamma_{sat} \cdot z$ | $u_D = \gamma_w Z$ |

## 5. 분사현상의 조건

| 분사현상 | |
|---|---|
| 모래지반에서 상향침투가 있을 때, 모래 입자의 하향중량보다 상향침투압이 크면 모래 입자가 상향으로 떠올라서 지반이 파괴되는 현상 | |
| 한계동수경사$(i_c)$ | $i_c = \dfrac{h}{L} = \dfrac{\gamma_{sub}}{\gamma_w} = \dfrac{G_s - 1}{1 + e}$ |
| 안전율$(F_s)$ | $F_s = \dfrac{i_c}{i} = \dfrac{\text{한계동수구배}}{\text{동수구배}}$ |
| 분사현상이 일어날 조건 (불안정) | $F_s \leq 1,\ i \geq i_c \rightarrow \left( \dfrac{h}{L} \geq \dfrac{G_s - 1}{1 + e} \right)$ |
| 분사현상이 안 일어날 조건 (안정) | $F_s > 1,\ i < i_c \rightarrow \left( \dfrac{h}{L} < \dfrac{G_s - 1}{1 + e} \right)$ |

## 6. 상향침투가 있는 포화토층의 유효응력

| 모식도 | |
|---|---|

| | 침투수압$(F_B)$ | $F_B = i\gamma_w z = \dfrac{\Delta h}{H_2}\gamma_w z$ |
|---|---|---|
| B점 | 유효응력$(\sigma_B')$ | $\sigma_B' = (\sigma_B - u_B) - F_B$ $= \gamma_{sub}z - i\gamma_w z$ $= \gamma_{sub}z - \left(\dfrac{\Delta h}{H_2}\gamma_w z\right)$ |
| | 침투수압$(F_C)$ | $F_C = i\gamma_w z = \dfrac{h}{H_2}\gamma_w H_2 = h\gamma_w$ |
| C점 | 유효응력$(\sigma_C')$ | $\sigma_C' = (\sigma_C - u_C) - F_C$ $= \gamma_{sub}H_2 - i\gamma_w z$ $= \gamma_{sub}H_2 - \left(\dfrac{h}{H_2}\gamma_w H_2\right)$ $= \gamma_{sub}H_2 - h\gamma_w$ |

## 7. 널말뚝의 침투

| 널말뚝에서 침투에 의한 지중응력 | |
|---|---|

| | 전응력$(\sigma_B)$ | $\sigma_B = \gamma_{sat} z_B$ |
|---|---|---|
| | 침투수압$(F_B)$ (전수두, 과잉 간극수압) | $F_B = i\gamma_w z = \dfrac{\Delta h}{L}\gamma_w z = \dfrac{h}{6}\gamma_w \times 1$ |
| B점 | 간극수압$(u_B)$ (중립응력) | $u_B = \gamma_w z_B + \dfrac{1}{6}\gamma_w h$ |
| | 유효응력$(\sigma_B')$ | $\sigma_B' = \sigma_B - u_B = \gamma_{sub}z_B - \dfrac{1}{6}\gamma_w h$ |
| | 침투유량 | $Q = kH\dfrac{N_f}{N_d}$ |

## 8. 히빙

| Heaving 현상 | Heaving 방지대책 |
|---|---|
| 연약한 점토질 지반에서 주로 발생되며 굴착 저면이 부푸는 현상 | ① 흙막이 근입깊이를 깊게 함 ② 표토를 제거(하중을 줄임) ③ 굴착면의 하중을 증가 ④ 부분굴착(Trench cut) ⑤ 지반 개량(양질의 재료) |

## 06 지중응력

### 1. 지중응력

| 모식도 | 연직응력의 증가량 |
|---|---|
| 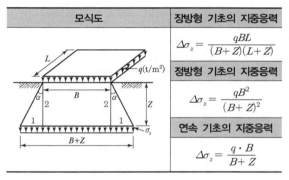 | $\Delta\sigma_z = \sigma_z = \dfrac{Q}{Z^2} I_\sigma$ |
| | **집중하중점에서 $r$만큼 떨어질 경우 $I_\sigma$** |
| | $I = \dfrac{3}{2\pi}\left(\dfrac{z}{R}\right)^5,\ \left(R = \sqrt{r^2 + z^2}\right)$ |
| | **집중하중점 직하 $I_\sigma$** |
| | $I_\sigma = \dfrac{3}{2\pi}$ |

### 2. 2 : 1 분포법

| 모식도 | 장방형 기초의 지중응력 |
|---|---|
| | $\Delta\sigma_z = \dfrac{qBL}{(B+Z)(L+Z)}$ |
| | **정방형 기초의 지중응력** |
| | $\Delta\sigma_z = \dfrac{qB^2}{(B+Z)^2}$ |
| | **연속 기초의 지중응력** |
| | $\Delta\sigma_z = \dfrac{q\cdot B}{B+Z}$ |

### 3. 강성 기초의 접지압

| 점토지반 | 모래지반 |
|---|---|
| 강성기초 · 접지압 | 강성기초 · 접지압 |
| 기초 모서리에서 최대응력 발생 | 기초 중앙부에서 최대응력 발생 |

## 07 압밀

### 1. 1차원 압밀이론의 가정

**Terzaghi의 1차원 압밀이론의 기본 가정**

① 흙은 균질함
② 흙은 완전 포화되어 있음
③ 토립자와 물은 비압축성임
④ 투수와 압축은 수직적(1차원)임
⑤ Darcy 법칙이 타당(투수계수는 압력의 크기에 관계없이 일정)
⑥ 대단위 해안 매립지등에 적용
⑦ 압밀 시 압력−간극비 관계는 이상적으로 직선적 변화를 함

### 2. 투수계수

| 식 | 내용 |
|---|---|
| $k = C_v\, m_v\, \gamma_w$ | $C_v$ : 압밀계수, $m_v = \dfrac{a_v}{1+e_1}$<br>$a_v$ : 압축계수, $e_1$ : 초기 간극비 |

### 3. 압밀계수

| 압밀계수 식 | |
|---|---|
| $C_v = \dfrac{T_v \cdot H^2}{t}\,(\text{cm}^2/\text{sec})$ | $T_v$ : 시간계수<br>$H$ : 배수거리(cm)<br>$t$ : 압밀시간(sec) |

| $\log t$법 | $\sqrt{t}$법 |
|---|---|
| 압밀도 50%일 때 $T_v = 0.197$ | 압밀도 90%일 때 $T_v = 0.848$ |
| $C_v = \dfrac{T_{50}H^2}{t_{50}} = \dfrac{0.197H^2}{t_{50}}$ | $C_v = \dfrac{T_{90}H^2}{t_{90}} = \dfrac{0.848H^2}{t_{90}}$ |

| $H$ : 배수거리(cm) | |
|---|---|
| 일면(단면) 배수 : $H$ | 양면(이면) 배수 : $\dfrac{H}{2}$ |
| 투수층 / 점토층 $H$ / 불투수층 | 투수층 / $\dfrac{H}{2}$ / 점토층 $H$ / 투수층 |
| 한쪽만 모래층 | 상하 모래층 |

### 4. 압축계수($a_v$)와 압축지수($C_c$)

| | |
|---|---|
| $a_v = \dfrac{e_1 - e_2}{P_2 - P_1} = \dfrac{\Delta e}{\Delta P}$ | $C_c = \dfrac{e_1 - e_2}{\log P_2 - \log P_1}$ |

## 5. 압축지수의 경험식

| 불교란(흐트러지지 않은) 점토 | 교란(흐트러진) 점토 |
|---|---|
| $C_c = 0.009(\omega_L - 10)$ | $C_c = 0.007(\omega_L - 10)$ |

## 6. 선행압밀하중

| 선행압밀하중($P_c$) 정의 | 과압밀비($OCR$) |
|---|---|
| 시료가 과거에 받았던 최대의 압밀하중을 말하며, 하중과 간극비 곡선으로 구하고 과압밀비($OCR$) 산정에 이용된다. | $OCR = \dfrac{P_c}{P}$ <br><br> $P_c$ : 선행압밀하중(선행압밀 응력) <br> $P$ : 현재 하중(유효 연직 응력, $\sigma'$) |

## 7. 정규압밀 점토 및 과압밀 점토

| 정규압밀 점토 | 과압밀 점토 |
|---|---|
| $OCR = 1$ | $OCR > 1$ |

## 8. 압밀도

| 깊이 $z$되는 지점에서 압밀도($U_z$) |
|---|
| $U_z = \dfrac{u_i - u_t}{u_i} \times 100 = \dfrac{P - u_t}{P} \times 100$ |

## 9. 압밀침하량

| $\Delta H$(압밀침하량) | 내용 |
|---|---|
| $\begin{aligned} \Delta H &= m_v \cdot \Delta P \cdot H \\ &= \dfrac{a_v}{1+e_1} \cdot \Delta P \cdot H \\ &= \dfrac{e_1 - e_2}{1+e_1} \cdot H \\ &= \dfrac{C_c}{1+e_1} \cdot \log\dfrac{P_2}{P_1} \cdot H \end{aligned}$ | ① $m_v = \dfrac{a_v}{1+e_1}$ <br><br> ② $a_v = \dfrac{e_1 - e_2}{\Delta P}$ <br><br> ③ $C_c = \dfrac{e_1 - e_2}{\log\dfrac{P_2}{P_1}}$ |

## 10. 압밀침하

| 1차 압밀침하 | 2차 압밀침하 |
|---|---|
| 과잉 간극수압이 0이 되면서 일어나는 압밀(점성토에서 주로 발생) | 1차 압밀이 100% 진행된 이후의 압밀(유기질이 많은 흙에서 크게 일어나며 점토층 두께가 클수록 2차압밀이 큼) |

# 08 전단강도

## 1. 전단응력을 증가시키는 요인

① 함수비 증가로 흙의 단위중량 증가
② 지반에 고결제(약액) 주입
③ 인장응력에 의한 균열 발생(인장응력 발생 부분에 압축잔류응력 발생)
④ 지진, 발파에 의한 충격(포화된 느슨한 모래층에서는 감소)

## 2. 흙의 종류에 따른 전단강도

| 일반 흙 및 실트 ($c \neq 0$, $\phi \neq 0$) | 모래(사질토) ($c = 0$, $\phi \neq 0$) | 점토(점성토) ($c \neq 0$, $\phi = 0$) |
|---|---|---|
| | | |
| $S = c + \sigma' \tan\phi$ | $S = \sigma' \tan\phi$ | $S = c$ |

## 3. Mohr 응력원과 파괴면이 주응력과 이루는 각

| 수직응력 (파괴 시) | $\sigma = \dfrac{\sigma_1 + \sigma_3}{2} + \dfrac{\sigma_1 - \sigma_3}{2} \cos 2\theta$ |
|---|---|
| 전단응력 (파괴 시) | $\tau_f = \dfrac{\sigma_1 - \sigma_3}{2} \sin 2\theta$ |

| 파괴면과 수평선(최대 주응력)이 이루는 각도 | 파괴면과 연직선(최소 주응력)이 이루는 각도 |
|---|---|
| $\theta = 45° + \dfrac{\phi}{2}$ <br> ($\phi$ : 내부 마찰각) | $\theta' = 45° - \dfrac{\phi}{2}$ <br> ($\phi$ : 내부 마찰각) |

## 4. Mohr−Coulomb 파괴포락선

| Mohr−Coulomb 파괴포락선 모식도 | Mohr 원 | 내용 |
|---|---|---|
| | A점 | 전단파괴가 일어나지 않음 |
| | B점 | 전단파괴가 일어남 |
| | C점 | 전단파괴가 이미 발생 (존재할 수 없음) |

## 5. 전단응력

| 일면 전단시험 | | 2면 전단시험 | |
|---|---|---|---|
| $\sigma = \dfrac{P}{A}$ | $\tau = \dfrac{S}{A}$ | $\sigma = \dfrac{P}{A}$ | $\tau = \dfrac{S}{2A}$ |

## 6. 일축압축강도

| 일축압축강도($q_u$) 산정식 | 완전 포화된 점토일 경우 |
|---|---|
| $q_u = 2c \tan\left(45° + \dfrac{\phi}{2}\right)$ | ① $\phi = 0$<br>② $c = \dfrac{q_u}{2}$ ∴ $q_u = 2c$ |

## 7. 일축압축시험 시 전단강도

| 시료의 단면 모식도 | 점토의 일축압축강도 시험식과 전단강도 |
|---|---|
| | ① 일축압축강도<br>$\sigma(q_u) = \dfrac{P}{A_o} = \dfrac{P}{\dfrac{A}{1-\varepsilon}}$<br>$= \dfrac{P}{\dfrac{A}{1-\dfrac{\Delta L}{L}}}$<br>② 일축압축강도($q_u$)와 $N$값의 관계<br>$q_u = 2c = \dfrac{N}{8}(\phi = 0)$<br>③ 전단강도($S$, $\tau_f$)<br>$S(\tau_f) = c = \dfrac{q_u}{2}(\phi = 0)$ |

## 8. 예민비

① 예민성은 일축압축시험을 실시하면 강도가 감소되는 성질
② 예민비가 크면 진동이나 교란 등에 민감하여 강도가 크게 저하되므로 공학적 성질이 불량(안전률을 크게 함)

$$S_t = \frac{q_u}{q_{ur}} = \frac{\text{불교란 시료의 일축압축강도(자연 상태)}}{\text{교란 시료의 일축압축강도(흐트러진 상태)}}$$

## 9. Thixotropy

| Thixotropy(틱소트로피) 현상 |
|---|
| 점토는 되이김(Remolding)하면 전단강도가 현저히 감소하는데 시간이 경과함에 따라 그 강도의 일부를 다시 찾게 되는 현상 |

## 10. 3축 압축시험

| 축차응력($\sigma$, 압축응력) |
|---|
| ① $\sigma = \sigma_1 - \sigma_3$<br>② $\sigma_1 =$ 최소 주응력 + 축차응력 $= \sigma_3 + (\sigma_1 - \sigma_3)$ |

## 11. 전단시험의 배수방법

| 비압밀 비배수시험(UU시험) |
|---|
| ① 포화점토가 성토 직후 급속한 파괴가 예상될 때(포화된 점토 지반 위에 급속하게 성토하는 제방의 안전성을 검토)<br>② 점토지반의 단기간 안정 검토 시(시공 직후 초기 안정성 검토)<br>③ 시공 중 압밀, 함수비와 체적의 변화가 없다고 예상<br>④ 내부마찰각($\phi$) = 0(불안전 영역에서 강도정수 결정)<br>⑤ 성토로 인한 재하속도가 과잉간극수압이 소산되는 속도보다 빠를 때 |

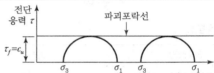

비압밀 비배수 결과는 수직응력의 크기가 증가해도 전단응력은 일정

| 압밀 배수시험(CD시험) |
|---|
| ① 점토지반의 장기간 안정 검토 시<br>② 압밀이 서서히 진행되고 파괴도 완만하게 진행될 때<br>③ 간극수압이 발생되지 않거나 전단 시 배수를 허용할 때 |

| 정규압밀점토(느슨한 모래) | 과압밀점토(조밀한 모래) |
|---|---|
| 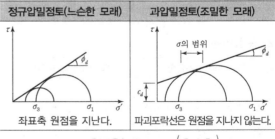 | |
| 좌표축 원점을 지난다. | 파괴포락선은 원점을 지나지 않는다. |

$$\sin\phi = \frac{\sigma_1 - \sigma_3}{\sigma_1 + \sigma_3}, \ \phi = \sin^{-1}\left(\frac{\sigma_1 - \sigma_3}{\sigma_1 + \sigma_3}\right)$$

## 12. 응력경로(삼축압축시험)

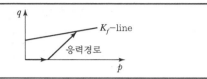

## 13. 다이레이턴시 현상

| 체적변화 |
|---|
| 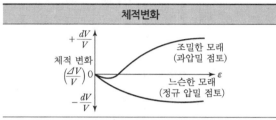 |

① 조밀한 모래는 간극비가 감소하다가 증가, (+)의 다이레이턴시
② 느슨한 모래는 전단파괴 이전에 체적 감소, (−)의 다이레이턴시

# 09 토압

## 1. 주동토압

| 주동토압($P_a$) | 내용 |
|---|---|
| (그림) | ① 벽체가 벽면(배면)에 있는 흙으로부터 떨어지도록 작용하는 토압<br>② $\theta$(수평면과 파괴면의 각도)<br>$\theta = 45° + \dfrac{\phi}{2}$ |
| 토압의 크기 | $P_p > P_0 > P_a$ |

## 2. 토압이론

| Rankine의 토압론 | Coulomb의 토압론 |
|---|---|
| 벽 마찰각 무시($\delta = 0$) | 벽 마찰각 고려($\delta \neq 0$) |

벽마찰각을 무시하면 Coulomb의 주동토압과 Rankine의 주동토압은 같다.

| Rankine 토압론의 기본 가정 |
|---|
| ① 흙은 비압축성이고 균질하다.<br>② 지표면은 무한히 넓다.<br>③ 토압은 지표면에 평행하게 작용한다.<br>④ 지표면에 작용하는 하중은 등분포하중이다.<br>⑤ 흙은 입자간의 마찰력에 의해 평형을 유지한다. |

## 3. 토압분포도

| 구분 | 토압분포도 | 구분 | 토압분포도 |
|---|---|---|---|
| 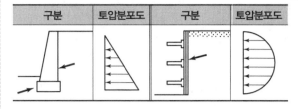 |  |  |  |

## 4. 정지토압계수

| 사질토에서 정지토압계수(Jaky) | 과압밀 점토일 때 정지토압계수 |
|---|---|
| $K_0 = 1 - \sin \phi'$ | $K_{과압밀} = K_0 \times \sqrt{OCR}$ |

## 5. 주동, 수동토압계수

| 주동토압계수($K_a$) | 수동토압계수($K_p$) |
|---|---|
| $K_a = \dfrac{1-\sin\phi}{1+\sin\phi}$ <br> $= \tan^2\left(45° - \dfrac{\phi}{2}\right)$ | $K_p = \dfrac{1+\sin\phi}{1-\sin\phi}$ <br> $= \tan^2\left(45° + \dfrac{\phi}{2}\right)$ |
| $K_p > K_o > K_a$ ||

## 6. 토압계산

| 등분포하중 작용 시(뒤채움 흙이 수평, 사질토) |
|---|
| 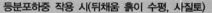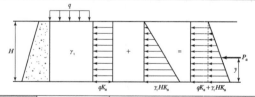 |

| 전주동토압 | 등분포하중 작용 시 주동토압($P_{a_1}$) | $P_{a_1} = q K_a H$ |
|---|---|---|
| | 균일 지반일 경우 주동토압($P_{a_2}$) | $P_{a_2} = \dfrac{1}{2}\gamma_t H^2 K_a$ |
| | 전주동토압($P_a$) | $P_{a_1} + P_{a_2} = (q K_a H) + \left(\dfrac{1}{2}\gamma_t H^2 K_a\right)$ |
| 주동토압(합력)의 작용점 | | $P_a \times y = P_{a_1} \times \dfrac{H}{2} + P_{a_2} \times \dfrac{H}{3}$ <br> $\therefore y = \dfrac{P_{a_1} \times \dfrac{H}{2} + P_{a_2} \times \dfrac{H}{3}}{P_a}$ |

## 7. 점착고 및 한계고

| 점착고 $(Z_c)$ | $Z_c = \dfrac{2c}{\gamma} \cdot \tan\left(45° + \dfrac{\phi}{2}\right)$ |
|---|---|
| 한계고 $(H_c)$ | ① 토압의 합력이 0이 되는 깊이(한계굴착 깊이)<br>② 점성토에 있어서 연직으로 굴착 가능한 깊이<br>③ 흙막이 구조물을 설치하지 않고 굴착해도 사면이 유지되는 깊이<br><br>$H_c = 2Z_c = \dfrac{4c}{\gamma}\tan\left(45° + \dfrac{\phi}{2}\right)$ |

# 10 다짐

## 1. 다짐의 목적 및 효과

| 다짐시험의 목적 | 다짐의 효과 |
|---|---|
| 최적함수비($OMC$)와 최대건조밀도($\gamma_{d\max}$)를 구한다. | ① 투수성의 저하<br>② 압축성의 감소<br>③ 흡수성 감소<br>④ 전단강도의 증가 및 지지력의 증대<br>⑤ 부착력 및 밀도 증가 |

## 2. 최적함수비

| 최대건조단위중량($\gamma_{d\max}$)과 최적함수비($OMC$) |
|---|
| 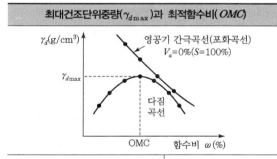 |

| ① 흙이 가장 잘 다져지는 함수비<br>② 최대건조밀도일 때의 함수비<br>③ 최적함수비($OMC$)로 다지면 최대건조중량($\gamma_{d\max}$)를 얻는다. | $\gamma_t = \dfrac{W}{V} = \dfrac{G_s + Se}{1+e}\gamma_w$ |
|---|---|
| 영공기 간극곡선 | 흙 속에 공기 간극이 전혀 없는 곡선<br>($S=100\%$, 다짐곡선의 오른쪽)<br><br>$\gamma_d = \dfrac{W_s}{V} = \dfrac{G_s\gamma_w}{1+e} = \dfrac{\gamma_t}{1+\omega}$ |

## 3. 상대 다짐도와 다짐에너지

| (상대)다짐도($RC$) | 다짐에너지($E_c$) |
|---|---|
| $RC = \dfrac{\gamma_{d(현장)}}{\gamma_{d\max(실험실)}} \times 100(\%)$ | $E_c = \dfrac{W_R H N_B N_L}{V}$ |

## 4. 다짐곡선의 특징

| 다짐에너지가 크면 | |
|---|---|
| ① $\gamma_{d\max}$ 증가<br>② OMC는 작아짐 | 다짐횟수를 증가시키면 다짐곡선이 좌측 상향으로 이동 |

| 다짐곡선 모식도 | 다짐곡선 상향<br>(좌측으로 갈수록) |
|---|---|
| 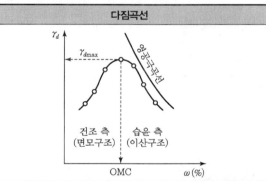 | ① 조립토<br>② 양입도<br>③ 다짐에너지 증가<br>④ $\gamma_{d\max}$ 증가<br>⑤ $OMC$ 감소<br>⑥ 경사 급함 |

## 5. 다짐한 점성토의 공학적 특징

| 다짐곡선 |
|---|
| 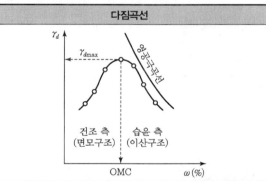 |

| 건조 측 | 습윤 측 |
|---|---|
| 면모 구조 | 이산 구조 |
| 투수성 큼 | 투수성 작음 |
| 전단강도 큼 | 전단강도 작음 |
| 팽창성 큼<br>(압축성 작음) | 팽창성 작음<br>(압축성 큼) |
| 전단강도 확보 | 차수 목적 |

## 6. 함수비 변화에 의한 효과

| 다짐곡선<br>모식도 | 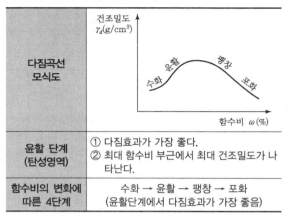 |
|---|---|
| 윤활 단계<br>(탄성영역) | ① 다짐효과가 가장 좋다.<br>② 최대 함수비 부근에서 최대 건조밀도가 나타난다. |
| 함수비의 변화에<br>따른 4단계 | 수화 → 윤활 → 팽창 → 포화<br>(윤활단계에서 다짐효과가 가장 좋음) |

## 7. CBR 시험

| 단위하중 | | 전하중 | |
|---|---|---|---|
| $CBR_y = \dfrac{\text{시험 단위하중}}{\text{표준 단위하중}}$ | | $CBR_y = \dfrac{\text{시험 전하중}}{\text{표준 전하중}}$ | |
| 관입량(mm) | 표준 단위하중<br>(kg/cm²) | | 표준 전하중(kg) |
| 2.5 | 70 | | 1,370 |
| 5.0 | 105 | | 2,030 |
| $CBR_{2.5} > CBR_{5.0}$ | $CBR_{2.5}$를 설계에 이용 | | |
| $CBR_{2.5} < CBR_{5.0}$ | 재<br>시<br>험 | $CBR_{2.5} > CBR_{5.0} : CBR_{2.5}$ | |
| | | $CBR_{2.5} < CBR_{5.0} : CBR_{5.0}$ | |

# 11 사면의 안정

## 1. 사면파괴의 원인

| 사면파괴 원인 | 상류측(댐) 사면이<br>가장 위험할 때 |
|---|---|
| ① 간극수압의 상승<br>② 자중의 증가<br>③ 강도 저하 | ① 시공 직후<br>② 만수된 수위가 급강하 시 |

## 2. 유한사면의 안정해석(평면 파괴면)

| 유한사면의 한계고 |
|---|
| $H_c = \dfrac{4c}{\gamma_t}\left[\dfrac{\sin\beta \cdot \cos\phi}{1-\cos(\beta-\phi)}\right]$ |

| 직립사면의 한계고 $(\beta = 90°)$ |
|---|
| $H_c = 2Z_c = 2 \times \dfrac{2c}{\gamma_t}\tan\left(45^o + \dfrac{\phi}{2}\right) = \dfrac{4c}{\gamma_t}\tan\left(45^o + \dfrac{\phi}{2}\right) = \dfrac{2q_u}{\gamma_t}$ |

| 안정도표에 의한 한계고 |
|---|
| $H_c = \dfrac{N_s c}{\gamma_t}$ , $N_s$ : 안정계수 $\left(\dfrac{1}{\text{안정수}}\right)$, $N_s > 1$ |

| 인장균열을 고려하지 않는 경우 | 인장균열을 고려하는 경우 |
|---|---|
| $F_s = \dfrac{H_c}{H}$ | $F_s = \dfrac{H_c'}{H}$ $\left(H_c' = \dfrac{2}{3}H_c\right)$ |

## 3. 유한사면의 안정해석(질량법, 원호파괴면)

| 사면의 안정해석 | 질량법 |
|---|---|
| ① 질량법(마찰원법)<br>② 절편법(분할법)<br>　• Fellenius법<br>　• Bishop법<br>　• Spencer법 | ① 사면이 동일토층, 지하수위가 없을 때<br>② $\phi = 0$의 사면안정 해석<br>③ 마찰원법 |

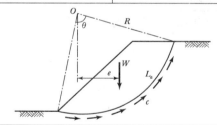

| 안전율 | $F_s = \dfrac{\text{저항모멘트의 합}}{\text{작용모멘트의 합}} = \dfrac{\sum M_r}{\sum M_d} = \dfrac{SRL_a}{We}$<br><br>$= \dfrac{(c+\sigma'\tan\phi)RL_a}{We} = \dfrac{cRL_a}{We} = \dfrac{cRL_a}{A\gamma e}$ |
|---|---|

## 4. 유한사면의 안정해석(절편법, 분할법)

| Fellenius 방법의 특징 | Bishop 간편법의 특징 |
|---|---|
| ① 전응력 해석법(간극수압 고려하지 않음) | ① 유효응력 해석법(간극수압 고려) |
| ② 사면의 단기 안정문제 해석 | ② 사면의 장기 안정문제 해석 |
| ③ 계산은 간단함 | ③ 계산이 복잡하여 전산기 이용 |
| ④ $\phi = 0$ 해석법 | ④ $c - \phi$ 해석법 |
| ⑤ 절편의 양 연직면에 작용하는 힘들의 합은 0이라고 가정 | ⑤ 절편에 작용하는 연직방향의 힘의 합력은 0임 |

## 5. 무한사면의 안정해석

| 지하수위가 파괴면 아래에 있는 경우(침투류가 없는 경우) |
|---|

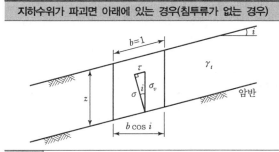

| 점성토 지반 안전율 | $F_s = \dfrac{S}{\tau} = \dfrac{전단강도}{전단응력}$ <br> $\therefore F_s = \dfrac{c}{\gamma_t z \sin i \cos i} + \dfrac{\tan\phi}{\tan i}$ | | |
|---|---|---|---|
| 사질토 지반 안전율 | $c = 0$이면 <br> $\therefore F_s = \dfrac{\tan\phi}{\tan i}$ | 안정 조건 | $F_s = \dfrac{S}{\tau} \geq 1$ |

| 지하수위와 지표면이 일치하는 경우(침투류가 있는 경우) |
|---|

| 점성토 지반 안전율 | $F_s = \dfrac{c}{\gamma_{sat} z \sin i \cos i} + \dfrac{\gamma_{sub} \tan\phi}{\gamma_{sat} \tan i}$ |
|---|---|
| 사질토 지반 안전율 | $F_s = \dfrac{\gamma_{sub} \tan\phi}{\gamma_{sat} \tan i} \fallingdotseq \dfrac{1}{2} \cdot \dfrac{\tan\phi}{\tan i}$ |

# 12 지반조사

## 1. 보링(Boring)의 개요 및 목적

| 개요 | 목적 |
|---|---|
| 각종 토질 시험을 하기 위한 시료를 채취하기 위해 지중에 구멍을 뚫는 것 | ① 지반조사 <br> ② 지하수위 파악 <br> ③ 불교란 시료의 채취 <br> ④ N치 측정(표준관입 시험) |

## 2. 면적비($A_R$)

| 샘플러 모식도 | 면적비 |
|---|---|
| $D_w$ <br> $D_s$ <br> $D_e$ | $A_R = \dfrac{D_w^2 - D_e^2}{D_e^2} \times 100(\%)$ |
| | ① $D_w$ : sampler의 외경 |
| | ② $D_e$ : sampler의 선단(날끝) 내경 |

## 3. 사운딩

| 개요 | 사운딩 |
|---|---|
| Rod 끝에 설치한 저항체를 지중에 삽입하여 관입, 회전, 인발 등의 저항으로 토층의 물리적 성질과 상태를 탐사하는 것 | ① 정적 사운딩 <br> ② 동적 사운딩 <br> [표준 관입시험(S.P.T)] |

## 4. 베인시험

| 전단강도($S$) = 점착력($c_u$)식 |
|---|
| $c_u(\text{vane}) = \dfrac{M_{max}}{\pi D^2 \left( \dfrac{H}{2} + \dfrac{D}{6} \right)}$ |

- $c_u$ : 점착력($\text{kg/cm}^2$)
- $H$ : 높이($\text{cm}$)
- $D$ : 폭($\text{cm}$)
- $M_{max}$ : 회전저항 모멘트, 파괴 시 토크($\text{kg} \cdot \text{cm}$)

| Vane Test 특징 |
|---|
| ① 연약한 점토층에 실시하는 시험 <br> ② 점착력 산정 가능 <br> ③ 비배수 전단강도($c_u$)를 측정 |

## 5. 표준관입시험

| 표준관입시험 모식도 | 정의 |
|---|---|
| 해머 64kg / 76cm / 로드 / 샘플러 / 30cm | ① 64kg 햄머로 76cm 높이에서 30cm 관입될 때까지의 타격횟수 $N$치를 구하는 시험(교란시료를 채취하여 시험) <br> ② 표준관입시험은 동적인 사운딩으로 사질토, 점성토 모두 적용 가능하지만 주로 사질토에 가장 적합하다. |

## 6. $N$치와 내부 마찰력과의 관계

| 둥글고 입도 불량(입도 균등) | $\phi = \sqrt{12N} + 15$ |
|---|---|
| 둥글고 입도 양호 <br> 모나고 입도 불량(입도 균등) | $\phi = \sqrt{12N} + 20$ |
| 모나고 입도 양호 | $\phi = \sqrt{12N} + 25$ |

## 7. 평판재하시험($PBT$)

| 지지력 계수 | 크기에 따른 지지력 계수 |
|---|---|
| $K_d(\text{kg/cm}^3) = \dfrac{q(\text{kg/cm}^2)}{y(\text{cm})}$ | • $K_{30} = 2.2K_{75}$ <br> • $K_{30} = 1.3K_{40}$ |
| **장기 허용 지지력** | **단기허용 지지력** |
| $q_a = q_t + \dfrac{1}{3}\gamma_t\, D_f\, N_q$ | $q_a = 2q_t + \dfrac{1}{3}\gamma_t\, D_f\, N_q$ |

| 설계 허용 지지력($q_t$) | | $q_t$ 결정 |
|---|---|---|
| ① $q_t = \dfrac{q_y(\text{항복강도})}{2}$ | ② $q_t = \dfrac{q_u(\text{극한강도})}{3}$ | ①, ② 값 중 작은 값 |

## 8. 평판재하시험이 끝나는 조건

① 침하량이 15mm에 달할 때
② 하중 강도가 예상되는 최대 접지 압력을 초과할 때
③ 하중 강도가 그 지반의 항복점을 넘을 때

## 9. 재하판의 크기에 따른 보정

| 지지력 | ① 점토지반일 때 지지력은 재하판 폭에 무관 <br> $q_{u(기초)} = q_{u(재하판)}$ |
|---|---|
| | ② 모래지반일 때 지지력은 재하판 폭에 비례 <br> $q_{u(기초)} = q_{u(재하판)} \cdot \dfrac{B_{(기초)}}{B_{(재하판)}}$ |
| 침하량 | ① 점토지반일 때 침하량은 재하판 폭에 비례 <br> $S_{(기초)} = S_{(재하판)} \cdot \dfrac{B_{(기초)}}{B_{(재하판)}}$ |
| | ② 모래지반일 때 침하량은 재하판의 크기가 커지면 약간 커짐(비례하지는 않음) <br> $S_{(기초)} = S_{(재하판)} \cdot \left[\dfrac{2B_{(기초)}}{B_{(기초)} + B_{(재하판)}}\right]^2$ |

## 10. 안전율

| 안전율 | 허용하중 |
|---|---|
| $F_s(\text{안전율}) = \dfrac{Q_u(\text{극한하중})}{Q_a(\text{허용하중})}$ | $Q_a(\text{t}) = \dfrac{Q_u}{F_s}$ |
| $Q_u(\text{t}) = q_u(\text{t/m}^2) \times A(\text{m}^2)$ | |

# 13 직접 기초

## 1. 기초지반의 전단파괴

| 전반 전단파괴 | 국부 전단파괴 |
|---|---|
| | |
| ① 흙 전체가 전단파괴 발생 <br> ② 굳은 점토지반에서 발생 | ① 부분적으로 지반이 전단파괴 <br> ② 연약한 점토지반에서 발생 |

## 2. Terzaghi의 기초 파괴형태

| 기초 파괴형태 모식도 |
| --- |

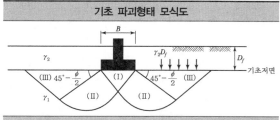

| 특징 |
| --- |

① Ⅰ영역 : 탄성영역(흙쐐기 영역)
② Ⅱ영역 : 방사상 전단영역(대수나선 전단영역)
③ Ⅲ영역 : Rankine의 수동영역(흙의 선형 전단파괴영역)
④ 전단파괴 순서 : Ⅰ→Ⅱ→Ⅲ
⑤ Ⅲ영역에서 수평면과 파괴면이 이루는 각도 : $45° - \dfrac{\phi}{2}$

## 3. 직접기초(얕은기초)에서 수정 극한지지력 공식

| 수정 극한지지력($q_{ult}$) |
| --- |
| $q_{ult} = \alpha c N_c + \beta B \gamma_1 N_r + \gamma_2 D_f N_q$ |

$N_c$, $N_r$, $N_q$(지지력계수)는 내부마찰각($\phi$)에 의해 결정[점착력($C$)과 무관]

|  | 연속<br>기초 | 정사각형<br>기초 | 원형<br>기초 | 직사각형 기초 |
| --- | --- | --- | --- | --- |
| $\alpha$ | 1.0 | 1.3 | 1.3 | $1.0 + 0.3\dfrac{B}{L}$ |
| $\beta$ | 0.5 | 0.4 | 0.3 | $0.5 - 0.1\dfrac{B}{L}$ |

| 모래지반에 기초 설치 | 점토지반에 기초 설치 |
| --- | --- |
| $q_{ult} = \beta B \gamma_1 N_r + \gamma_2 D_f N_q$<br>$(c = 0)$ | $q_{ult} = \alpha C N_c + \gamma_2 D_f N_q$<br>$(\phi = 0, N_r = 0)$ |

## 4. 지하수위 영향에 허용지지력 ①

| 모식도 | $\gamma_1$, $\gamma_2$ |
| --- | --- |
|  | ① $\gamma_1 = \gamma_{sub}$<br><br>② $\gamma_2 = \dfrac{\gamma_t d_1 + \gamma_{sub} d_2}{D_f}$<br>$(\gamma_2 D_f = \gamma_t d_1 + \gamma_{sub} d_2)$ |
| $q_{ult} = \alpha c N_c + \beta B \gamma_1 N_r + \gamma_2 D_f N_q$ | |

## 5. 지하수위 영향에 허용지지력 ②

| 모식도 | $\gamma_1$, $\gamma_2$ |
| --- | --- |
|  | ① $\gamma_1 = \dfrac{\gamma_t d + \gamma_{sub}(B - d)}{B}$<br>$[\gamma_1 B = \gamma_t d + \gamma_{sub}(B - d)]$<br>② $\gamma_2 = \gamma_t$ |
| $q_{ult} = \alpha c N_c + \beta B \gamma_1 N_r + \gamma_2 D_f N_q$ | |

## 6. 허용지지력

| 허용지지력(t/m²) | 허용 총 하중(t) |
| --- | --- |
| $q_a = \dfrac{q_{ult}}{F_s} = \dfrac{\text{극한지지력}}{\text{안전율}}$ | $Q_a = q_a \times A$ |

## 7. Meyerhof 공식(모래지반의 극한지지력)

| 극한지지력 공식 | 내용 |
| --- | --- |
| $q_{ult} = 3NB\left(1 + \dfrac{D_f}{B}\right)$ | ① $N$ : 표준관입시험치<br>② $B$ : 기초의 폭<br>③ $D_f$ : 근입 깊이 |

## 8. 직접기초의 굴착공법

① Open cut 공법
② 아일랜드 공법
③ 트렌치 컷 공법

## 9. 압축응력

| 편심하중 | 압축응력 |
| --- | --- |
|  | $\sigma_{max} = \dfrac{Q}{B}\left(1 + \dfrac{6e}{B}\right)$<br><br>$\sigma_{min} = \dfrac{Q}{B}\left(1 - \dfrac{6e}{B}\right)$ |

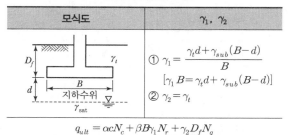

# 14 깊은 기초

## 1. 단항과 군항 판정기준

| 지중응력이 미치는 범위(직경) | 단항 | 군항 |
|---|---|---|
| $D_o = 1.5\sqrt{r \cdot l}$ | $D_o < S$ | $D_o > S$ |
| **단항(단말뚝)의 허용지지력** | **군항(군말뚝)의 허용지지력** | |
| $Q_{as} = Q_a \cdot N$ | $Q_{ag} = E \cdot Q_a \cdot N$ | |

| 군항의 효율 | $\theta$ |
|---|---|
| $E = 1 - \theta\left[\dfrac{(m-1)n + (n-1)m}{90mn}\right]$ | $\theta(^\circ) = \tan^{-1}\left(\dfrac{d}{S}\right)$ |

## 2. 말뚝의 지지력 산정방법

| 정역학적 공식 | 동역학적 공식 |
|---|---|
| ① Terzaghi 공식 | ① Sander 공식 |
| ② Meyerhof 공식 | ② Engineering News 공식 |
| ③ Dörr 공식 | ③ Hiley 공식 |
| ④ Dunham 공식 | ④ Weisbach 공식 |

## 3. 정역학적 지지력

| 말뚝의 하중 부담 | 정역학적 공식에 의한 극한 지지력 |
|---|---|
| 　마찰의 지지력　$Q_f$　선단의 지지력　$Q_p$　$Q_a$ | $Q_u = Q_p + Q_f$ ① $Q_u$ : 정역학적 공식에 의한 극한 지지력 ② $Q_p$ : 선단지지에 의한 말뚝의 지지력 ③ $Q_f$ : 주면마찰에 의한 말뚝의 지지력 |
|  | **선단 지지력($Q_p$, Meyerhof법)** |
|  | $Q_p = A_p(c_u N_c + q' N_q)$ *$\phi = 0$일 때 $N_c = 9$, $N_q = 0$ |

## 4. 부마찰력

| 부마찰력 크기 | |
|---|---|
| $Q_{nf} = f_n A_s$ | ① $f_n$ : 단위면적당 부마찰력 (연약 점토 시 $f_n = \dfrac{1}{2}q_u$) ② $A_s = l\pi D$ |

① 아래쪽으로 작용하는 말뚝의 주면 마찰력
② 말뚝에 부마찰력이 발생하면 말뚝의 지지력은 부주면 마찰력만큼 감소
③ 연약 지반을 관통하여 견고한 지반까지 말뚝을 박은 경우 일어나기 쉬움
④ 연약한 점토에서 부마찰력은 상대 변위의 속도가 느릴수록 적음

## 5. 동역학 지지력 공식(항타공식) : Sander 공식

| 극한지지력 | 허용지지력 |
|---|---|
| $Q_u = \dfrac{W_h \cdot h}{S}$ | $Q_a = \dfrac{Q_u}{F_s} \rightarrow Q_a = \dfrac{W_h \cdot h}{8\,S}$ |

① $Q_u$ : 극한지지력　② $W_h$ : 해머의 무게(t)
③ $h$ : 낙하고(cm)　④ $S$ : 타격당 말뚝의 평균 관입량(cm)
⑤ $Q_a$ : 허용지지력　⑥ $F_s$ : 안전율

## 6. 동역학 지지력 공식(항타공식) : EN 공식

| Drop Hammer (낙하 해머) | 극한지지력 | | $Q_u = \dfrac{W_h\, h}{S + 2.54}$ |
|---|---|---|---|
|  | 허용지지력 | | $Q_a = \dfrac{W_h\, h}{F_s(S + 2.54)} = \dfrac{W_h\, h}{6(S + 2.54)}$ |
| Steam Hammer (증기 해머) | 단동식 | 극한지지력 | $Q_u = \dfrac{W_h\, h}{S + 0.254}$ |
|  |  | 허용지지력 | $Q_a = \dfrac{W_h\, h}{F_s(S + 0.254)} = \dfrac{W_h\, h}{6(S + 0.254)}$ |

① $Q_u$ : 극한지지력　② $W_h$ : 해머의 무게(t)
③ $h$ : 낙하고(cm)　④ $S$ : 타격당 말뚝의 평균 관입량(cm)
⑤ $Q_a$ : 허용지지력　⑥ $P$ : 해머에 작용하는 증기압(t/cm²)
⑦ $A_p$ : 피스톤의 면적(cm²)

## 7. 피어(Pier)기초의 종류

| 기계굴착 | 올케이싱 공법 | 베노토 공법(Hammer Grab) |
|---|---|---|
|  |  | 돗바늘 공법 |
|  | RCD(Reverse Circulation Drill) 공법 | |
|  | 어스드릴(Earth Drill) 공법 | |
| 인력굴착 | Chicago 공법 | |
|  | Gow 공법 | |

## 8. 공기케이슨

| 정의 |
|---|
| 케이슨 밑에 작업실을 만들고 압축공기에 의해 지하수 유입을 막으며 굴착, 침하시키는 공법(Boiling, Heaving 방지) |

| 공기케이슨, 뉴메틱 케이슨 단점 |
|---|
| ① 노무관리비가 많이 든다(노동자와 노동조건의 제약). ② 소규모 공사에서는 비경제적이다(기계설비가 고가). ③ 잠수병이 염려된다(고압 내에서 작업함). ④ 굴착 깊이에 제한(30~40m 이상 심도가 깊은 공사는 곤란) |

# 15 지반 개량공법

## 1. 점성토 개량공법

| 탈수공법 | ① 샌드 드레인 공법(Sand Drain) ② 페이퍼 드레인 공법(Paper Drain) ③ 팩 드레인 공법(Pack Drain) ④ 프리로딩 공법(Preloading) ⑤ 생석회 말뚝 공법 |
|---|---|
| 치환공법 | ① 굴착 치환공법 ② 자중에 의한 치환공법 ③ 폭파에 의한 치환공법 |

## 2. 사질토 및 일시적인 개량공법

| 사질토 개량공법 | 일시적인 지반개량 공법 |
|---|---|
| ① 다짐 말뚝 공법 ② Compozer 공법 ③ Vibro Flotation 공법 ④ 전기 충격식 공법 ⑤ 폭파다짐 공법 | ① Well Point 공법 ② 동결공법 ③ 대기압 공법(진공압밀공법) |

## 3. Sand Drain 공법

| 목적 | ① 점성토층의 배수거리를 짧게 하여 압밀침하를 촉진 ② 2차 압밀비 높은 점토, 이탄 등은 효과 없음 |
|---|---|

| 정삼각형 배치 | 정사각형 배치 |
|---|---|
| 유효직경$(d_e) = 1.05s$ | 유효직경$(d_e) = 1.13s$ |

## 4. 평균압밀도

| 평균압밀도($U$) | |
|---|---|
| $U = 1 - (1 - U_h)(1 - U_v)$ | ① $U_h$ : 수평방향 압밀도 ② $U_v$ : 연직방향 압밀도 |

## 5. Paper Drain 환산원의 직경

| 등치 환산원의 직경($d_w$) | |
|---|---|
| $d_w = \alpha \dfrac{2(A+B)}{\pi}$ | $d_w$ : 등치 환산원의 직경 $\alpha$ : 형상 계수(보통 $\alpha = 0.75$) $A$ : Paper Drain의 폭 $B$ : Paper Drain의 두께 |

## 6. Preloading 공법

| Preloading | 내용 |
|---|---|
| | 공사 전에 큰 하중을 재하하여 미리 침하시키는 공법으로 초기 효과는 크나 공사 기간이 길어서 실제 시공이 불편한 공법 |

## 7. 토목섬유

| 토목섬유 종류 | 토목섬유 주요기능 |
|---|---|
| ① 지오텍스타일 ② 지오멤브레인 ③ 지오그리드 ④ 지오매트 | ① 배수 ② 보강 ③ 방수 및 차단 ④ 필터 |

# 토질 및 기초 토목기사산업기사 필기

| 발행일 | 2018. 1. 20 | 초판발행 |
|---|---|---|
| | 2018. 3. 30 | 초판 2쇄 |
| | 2019. 1. 20 | 개정 1판1쇄 |
| | 2020. 1. 20 | 개정 2판1쇄 |
| | 2021. 1. 15 | 개정 3판1쇄 |
| | 2021. 5. 10 | 개정 3판2쇄 |
| | 2022. 1. 10 | 개정 4판1쇄 |
| | 2023. 1. 10 | 개정 5판1쇄 |
| | 2024. 1. 10 | 개정 6판1쇄 |
| | 2025. 1. 10 | 개정 7판1쇄 |
| | 2025. 3. 10 | 개정 8판1쇄 |

저  자 | 조준호
발행인 | 정용수
발행처 | 예문사

주 소 | 경기도 파주시 직지길 460(출판도시) 도서출판 예문사
TEL | 031) 955-0550
FAX | 031) 955-0660
등록번호 | 11-76호

정가 : 26,000원

ISBN 978-89-274-5779-4  13530